AF545779

SAP® Cloud Integration

SAP PRESS ist eine gemeinschaftliche Initiative von SAP SE und der Rheinwerk Verlag GmbH. Unser Ziel ist es, Ihnen als Anwendern qualifiziertes SAP-Wissen zur Verfügung zu stellen. SAP PRESS vereint das Know-how der SAP und die verlegerische Kompetenz von Rheinwerk. Die Bücher bieten Ihnen Expertenwissen zu technischen wie auch zu betriebswirtschaftlichen SAP-Themen.

Damit Sie nach weiteren Titeln Ihres Interessengebiets nicht lange suchen müssen, haben wir eine kleine Auswahl zusammengestellt.

Kiwon, Lehmann, Männle, Tieves
SAP-Schnittstellenmanagement
Der praktische Leitfaden für die hybride Integration
2021, 512 Seiten, geb.
ISBN 978-3-8362-7982-6
www.sap-press.de/5217

Kästner, Bührig, Holm, Klee, Löbbert, Scherbinek, Schmid
SAP Data Intelligence
Das umfassende Handbuch
2021, 611 Seiten, geb.
ISBN 978-3-8362-7724-2
www.sap-press.de/5138

Martin Koch, Siegfried Zeilinger
SAP Business Technology Platform – Sicherheit und Berechtigungen
2021, 394 Seiten, geb.
ISBN 978-3-8362-8098-3
www.sap-press.de/5262

Finauer, Hößler, Kast, Lehmann, Zinn
SAP Business Workflow
Management, Erweiterung, Entwicklung
2021, 505 Seiten, geb.
ISBN 978-3-8362-7826-3
www.sap-press.de/5170

Lars Pülm

SAP® Cloud Integration

Das umfassende Handbuch

Liebe Leserin, lieber Leser,

vielen Dank, dass Sie sich für ein Buch von SAP PRESS entschieden haben.

Was für eine Aufregung im SAP-Lektorat, als SAP Ende Januar 2021 verkündete, den Produktnamen »SAP Cloud Platform« nicht mehr weiterzuführen! Das Angebot sollte nun unter dem Mantel der SAP Business Technology Platform laufen. Dieses Buch befand sich gerade im Manuskriptstatus, und Lars Pülm und ich hatten alle Hände voll zu tun, um das Manuskript im Eiltempo anzupassen: alle Screenshots mussten neu erstellt und alle Servicenamen aktualisiert werden.

Für CPI hatte SAP ebenfalls eine neue Bezeichnung eingeführt: SAP Cloud Integration. Getreu diesem Namen führt Sie dieses umfassende Handbuch in die Integration von Cloud- und On-Premise-Lösungen ein, stellt Ihnen alle Funktionen der Lösung vor und veranschaulicht den Aufbau von Integration Flows an praktischen Beispielen. Damit sind Sie bestens für die hybriden Landschaften der Zukunft gerüstet. (Auch wenn SAP die ein oder andere Lösung morgen wieder umbenennen sollte.)

Wir freuen uns stets über Lob, aber auch über kritische Anmerkungen, die uns helfen, unsere Bücher zu verbessern. Scheuen Sie sich nicht, sich bei mir zu melden. Ihr Feedback ist jederzeit willkommen.

Ihre Janina Schweitzer
Lektorat SAP PRESS

janina.schweitzer@rheinwerk-verlag.de
www.rheinwerk-verlag.de
Rheinwerk Verlag · Rheinwerkallee 4 · 53227 Bonn

Auf einen Blick

Wir hoffen, dass Sie Freude an diesem Buch haben und sich Ihre Erwartungen erfüllen. Ihre Anregungen und Kommentare sind uns jederzeit willkommen. Bitte bewerten Sie doch das Buch auf unserer Website unter **www.rheinwerk-verlag.de/feedback**.

An diesem Buch haben viele mitgewirkt, insbesondere:

Lektorat Janina Schweitzer
Korrektorat Claudia Lötschert, Neuss
Herstellung Vera Brauner
Typografie und Layout Vera Brauner
Einbandgestaltung Silke Braun
Coverbild iStock: 539100682©cmart7327
Satz Typographie & Computer, Krefeld
Druck Beltz Grafische Betriebe, Bad Langensalza

Dieses Buch wurde gesetzt aus der TheAntiquaB (9,35/13,7 pt) in FrameMaker. Gedruckt wurde es auf chlorfrei gebleichtem Offsetpapier (90 g/m²). Hergestellt in Deutschland.

Bibliografische Information der Deutschen Nationalbibliothek:
Die Deutsche Nationalbibliothek verzeichnet diese Publikation in der Deutschen Nationalbibliografie; detaillierte bibliografische Daten sind im Internet über *http://dnb.dnb.de* abrufbar.

ISBN 978-3-8362-8053-2

1. Auflage 2021

Informationen zu unserem Verlag und Kontaktmöglichkeiten finden Sie auf unserer Verlagswebsite **www.rheinwerk-verlag.de**. Dort können Sie sich auch umfassend über unser aktuelles Programm informieren und unsere Bücher und E-Books bestellen.

Inhalt

13 Beispiele für Integrationsszenarien 505

Einleitung

SAP Cloud Integration ist einer der umfangreichsten Services der SAP Business Technology Platform (SAP BTP). Es handelt sich um eine Middleware, die Sie verwenden können, um einen Großteil der Produkte des SAP-Portfolios miteinander zu verbinden. Neben der Nutzung von Standardintegrationen, z. B. zur Kommunikation zwischen SAP CRM und SAP ERP, können Sie mit SAP Cloud Integration auch individuelle Integrationen aufbauen und sogar eigene Produkte und Lösungen miteinander kommunizieren lassen.

In diesem Buch stelle ich Ihnen die Möglichkeiten von SAP Cloud Integration vor. Es unterteilt sich in 14 Kapitel, beginnend mit den Grundlagen und der Vorstellung der Arbeitsumgebung. Anschließend stelle ich Ihnen die verschiedenen Komponenten, Adapter und Grundfunktionen vor und erläutere verschiedene Integrationsszenarien. Sie erfahren auch, wie Sie sich zum Thema Cloud Integration weiterbilden können.

Zielgruppe und Voraussetzungen

Der Inhalt dieses Buchs richtet sich in erster Linie an Personen, die sich zum ersten Mal mit SAP Cloud Integration auseinandersetzen. Als Voraussetzung müssen Sie lediglich Grundkenntnisse der Informatik sowie grundlegende SAP- und Programmierkenntnisse mitbringen. Aber auch Fortgeschrittenen, die sich schon intensiver mit SAP Cloud Integration befasst haben, kann dieses Buch als Nachschlagewerk zu einzelnen Bereichen nützlich sein. Ein Zugang zu SAP Cloud Integration ist hilfreich, aber nicht zwingend notwendig, da die Erstellung eines Trial-Kontos zum Ausprobieren in diesem Buch erklärt wird. Im späteren Verlauf des Buchs stelle ich Ihnen einige Szenarien vor, die die Verbindung mit anderen SAP-Produkten beschreiben. Wenn Sie diese Szenarien nachbauen wollen, sollten Ihnen die entsprechenden Systeme zur Verfügung stehen.

[«]

Änderungen von Funktionen und Benutzeroberflächen

Die Cloud-Services der SAP BTP werden in großem Tempo weiterentwickelt. Aus diesem Grund kann es vorkommen, dass Services wie SAP Cloud Integration schon morgen neue Funktionen oder auch ein anderes Aussehen aufweisen als in diesem Buch dargestellt.

Aufbau dieses Buchs

Im Folgenden beschreibe ich den Aufbau dieses Buchs.

In **Kapitel 1**, »Grundlagen«, beschreibe ich die gängigen Cloud-Servicemodelle, die unser Leben im privaten und geschäftlichen Bereich immer mehr beeinflussen. Des Weiteren stelle ich die verschiedenen Bereitstellungsmodelle für SAP-Produkte vor. Im Anschluss lernen Sie den Aufbau der SAP BTP und des Cloud-Integration-Service kennen. Der Cloud-Integration-Service ist Teil der SAP Integration Suite, die eine wichtige Rolle in der Integrationsstrategie von SAP spielt.

Zum jetzigen Zeitpunkt existieren zwei Umgebungen der SAP BTP, die Neo- und die Cloud-Foundry-Umgebung. Die SAP BTP in der Cloud-Foundry-Umgebung können Sie mit einem kostenlosen Trial Account testen. SAP wird den Fokus zukünftig auf die Cloud-Foundry-Umgebung setzen. Dennoch erläutere ich Ihnen in **Kapitel 2**, »Einrichtung von SAP Cloud Integration«, für beide Umgebungen, wie Sie SAP Cloud Integration einrichten.

Ab **Kapitel 3**, »Discover-Oberfläche«, führe ich Sie in die verschiedenen Bereiche der Oberfläche des Cloud-Integration-Service ein. Ich beginne mit der **Discover**-Ansicht, die einen Katalog vorgefertigter Integrationsszenarien bereitstellt, die Sie für Ihre Systemlandschaft nutzen können. Die Szenarien können Sie in Ihren Arbeitsbereich kopieren, um sie dort zu konfigurieren oder anzupassen.

Der zweite Bereich heißt **Design** und ist Ihr Arbeitsbereich, in dem Sie Integrationen erstellen, bearbeiten und konfigurieren können. In **Kapitel 4**, »Design-Oberfläche«, stelle ich diesen Bereich vor. Die einzelnen Integrationsartefakte werden in Paketen verwaltet, die eine gewisse Strukturierung erlauben. Sobald Sie ein Integrationsszenario aufgebaut haben, können Sie es veröffentlichen und damit zur Nutzung freigeben.

Zur Vorbereitung Ihrer Integrationsszenarien müssen Zugangsdaten für die Adapter bereitgestellt werden. Nachdem eine Kommunikation stattgefunden hat, können Sie im **Monitor**-Bereich die durchgeführten Nachrichtenflüsse überwachen und bei Bedarf auf Fehler hin analysieren. Diese Funktionen erläutere ich in **Kapitel 5**, »Monitor-Oberfläche«. In diesem Bereich können Sie auch gespeicherte Daten verwalten und Überwachungsprotokolle einsehen.

Mit den entsprechenden Berechtigungen können Sie den vierten Bereich, **Settings**, einsehen, den ich in **Kapitel 6**, »Settings-Oberfläche«, vorstelle. Dort können Sie Transporteinstellungen, Produktprofile und Tags für Ihre Integrationspakete definieren.

Kapitel 7, »Komponenten und Adapter«, beschreibt die Komponenten und Adapter, die innerhalb von SAP Cloud Integration zur Verfügung stehen. Mit den Komponenten können Sie Nachrichten bearbeiten und Nachrichtenflüsse steuern. Mit Adaptern werden Verbindungen zu Drittsystemen aufgebaut. Die Adapter unterscheiden sich nach eingehenden und ausgehenden Nachrichten.

In **Kapitel 8**, »Wichtige Grundfunktionen«, stelle ich weitere, übergreifende Funktionen vor, beispielsweise das Framework *Apache Camel*, das als Grundlage für SAP Cloud Integration dient. Des Weiteren werden Vergleichsoperatoren, Expressions sowie XML und XPath erläutert, die für die Nachrichtenverarbeitung innerhalb der Komponenten und Konnektoren verwendet werden. Zum Abschluss des Kapitels erfahren Sie etwas über das Partner Directory, mit dessen Hilfe Sie mehrere Kommunikationspartner über einen einzelnen Integration Flow anbinden können.

Einige Drittanbieter-Werkzeuge können eine nützliche Ergänzung bei Ihrer Integrationsentwicklung darstellen. Die in der Regel kostenlos verfügbaren Funktionen der in **Kapitel 9**, »Ergänzende Werkzeuge«, vorgestellten Werkzeuge können Sie dabei unterstützen, Daten in andere Formate zu konvertieren, an SAP Cloud Integration zu senden oder Rückgabewerte zu analysieren. Des Weiteren können Sie externe Editoren nutzen und damit Quellcode in Groovy oder JavaScript entwickeln, um den Funktionsumfang des Integration Service zu erweitern.

Kapitel 10, »Design Guidelines zur Anwendung der Komponenten«, beschreibt einige vordefinierte Integrationsszenarien, die SAP in den *Design Guidelines* für SAP Cloud Integration vorstellt. Sie können diese Szenarien in Ihren Arbeitsbereich kopieren, um sie dort zu konfigurieren und zu veröffentlichen. Im Anschluss können Sie sogenannte *Postman Collections* für die Szenarien importieren, die Ihnen Daten zum Testen der Integrationen bereitstellen.

In **Kapitel 11**, »Prüfen, Testen und Debugging«, erfahren Sie, wie Sie Ihre Integrationen testen können. Es werden drei Vorgehensweisen vorgestellt: der Simulationsmodus, mit dem Sie Ihre Integration Flows bereits während der Erstellung prüfen können, die beiden Log Level **Debug** und **Trace**, die Daten während eines Nachrichtenflussdurchlaufs aufzeichnen, und das Aufzeichnen von Daten während der Laufzeit mithilfe eines Skripts.

Kapitel 12, »Konnektivität«, behandelt unter anderem verschiedene Möglichkeiten des Transports von Integrationen von einem Tenant zum anderen. Im Anschluss wird der Cloud Connector vorgestellt, der als Schnittstelle zwischen der SAP BTP in der Cloud und Ihrer On-Premise-Landschaft dient. Des Weiteren stelle ich die Nutzung von Application Programming Interfaces (APIs) für SAP Cloud Integration vor sowie weitere Services der SAP BTP, die den Cloud-Integration-Service sinnvoll ergänzen können.

In **Kapitel 13**, »Beispiele für Integrationsszenarien«, zeige ich Ihnen drei exemplarische Integrationsszenarien für die SAP-Produkte SAP Sales Cloud, SAP Field Service Management und SAP S/4HANA Cloud. Dabei gehe ich auch auf die nötigen Konfigurationen in den anzubindenden Lösungen ein und erläutere, wie man die Integrationsszenarien noch erweitern könnte.

Als letztes folgt **Kapitel 14**, »Ausblick und weiterführende Informationen«. Hier stelle ich Ihnen einige Möglichkeiten vor, wie Sie Ihr Wissen rund um den Cloud-Integration-Service erweitern können. Darunter fallen Videos, Podcasts, die SAP Community und viele weitere Quellen. Zum Abschluss erfahren Sie, wo Sie Informationen zu angekündigten Neuerungen finden.

Informationskästen

In hervorgehobenen Informationskästen finden Sie in diesem Buch Inhalte, die wissenswert und hilfreich sind, aber etwas außerhalb der eigentlichen Erläuterung stehen. Damit Sie diese Informationen sofort einordnen können, haben wir die Kästen mit entsprechenden Symbolen gekennzeichnet:

[»] In Kästen, die mit diesem Symbol gekennzeichnet sind, finden Sie Informationen zu *weiterführenden Themen* oder wichtigen Inhalten, die Sie sich merken sollten.

[+] Die mit diesem Symbol gekennzeichneten *Tipps* geben Ihnen spezielle Empfehlungen aus unserer Projektpraxis, die Ihnen die Arbeit erleichtern können.

Material zum Herunterladen

Die exemplarischen Integration Flows aus Kapitel 13 und den Quellcode für XML-Daten und Skripte aus den verschiedenen Beispielen des Buchs finden Sie im Download-Bereich dieses Buchs auf der Seite *www.sap-press.de/5248*. Navigieren Sie auf dieser Seite zum Reiter **Materialien**.

Danksagung

Dieses Buch ist mit der Unterstützung mehrerer Personen entstanden, denen ich hiermit meinen Dank aussprechen möchte:

- **Familie**
  Ein Buch zu schreiben, nimmt viel Zeit in Anspruch. Dieser Umstand kann manchmal sehr nervenaufreibend oder auch frustrierend sein. Dennoch hat mich meine Frau Sarah stetig motiviert und mich in jeglicher Form unterstützt. Dafür vielen Dank!

  Zusätzliche Motivation hat mir unser Sohn Tayo gegeben, der quasi in das Projekt »Buch« hineingeboren wurde und mir viel Kraft geschenkt hat.

- **Firma und Kolleg*innen**
  Während meiner Schreibphase haben mich viele meiner Kolleg*innen aus diversen Bereichen unterstützt. Darunter fällt Martina Mohr, die mich zu diesem Projekt ermutigt und dabei unterstützt hat und durch

die der Kontakt zum Rheinwerk Verlag überhaupt erst zustande gekommen ist.

Johann Bergmann hat mich mit seinem Wissen rund um den Cloud Connector unterstützt.

Paul Richard stand mir mit seiner Expertise zu SAP Field Service Management zur Seite.

Markus Kinzel, Richard Hesse und Andreas Czech lieferten mir als Senior Berater im Umfeld von SAP Customer Experience wertvolle Informationen.

Zum Abschluss möchte ich meinem Arbeitgeber, der Sycor GmbH in Göttingen, meinen Dank aussprechen, die mir die Möglichkeit gegeben hat, auch während der Arbeitszeit an diesem Buch zu arbeiten.

- **Lektorat**
  Zusätzlich möchte ich meiner Lektorin Frau Janina Schweitzer danken, die mich bei allen Fragen rund um das Buch unterstützt hat.
- **SAP Community**
  Selbstverständlich muss ich auch der großartigen SAP Community danken, die haufenweise Blogs postet, Fragen stellt und diese beantwortet, Tools entwickelt und dadurch einen großen Beitrag zur Wissensverteilung im Bereich SAP leistet. Sie hat mich in den letzten Jahren dabei unterstützt, mein Wissen rund um SAP Cloud Integration aufzubauen und zu erweitern.

Abschließend möchte ich Ihnen viel Spaß mit diesem Buch wünschen und hoffe, dass Sie ein Teil der SAP Community werden. Des Weiteren empfehle ich Ihnen, immer am Ball zu bleiben, denn die Cloud ist eine schnelllebige Welt, die sich ständig erweitert und verändert.

Lars Pülm

Kapitel 1
Grundlagen

In diesem Kapitel erläutere ich einige grundlegende Begriffe zum Thema Cloud Computing und stelle Ihnen den Aufbau der SAP Business Technology Platform und der SAP Integration Suite mit deren Services vor.

Die Cloud als Datenspeicher und Datenverarbeitungswerkzeug gehört heute zum Alltag vieler Menschen und Unternehmen. Die größten Unsicherheiten rund um das Cloud Computing sind inzwischen passé. Die meisten Menschen und Unternehmen können abwägen, ob der Einsatz der Cloud für sie sinnvoll ist oder nicht. In diesem Kapitel wird der grundsätzliche Einsatz von Cloud-Lösungen daher nicht infrage gestellt. In Abschnitt 1.1, »Cloud Computing«, gehe ich vielmehr auf die unterschiedlichen Service- und Bereitstellungsmodelle für Cloud-Lösungen ein. Diese sind ein wichtiger Teil der *SAP Business Technology Platform* (SAP BTP, vormals *SAP Cloud Platform*), die ich in Abschnitt 1.2, »SAP Business Technology Platform«, vorstelle. In Abschnitt 1.3, »Einführung in SAP Cloud Integration«, lernen Sie den Aufbau der SAP BTP und die verschiedenen Versionen von *SAP Cloud Integration*, dem Service zur Anbindung von Cloud- und On-Premise-Lösungen, kennen, der im Zentrum dieses Buchs steht. SAP Cloud Integration ist Bestandteil der *SAP Integration Suite*, deren weitere Bestandteile ich in Abschnitt 1.4, »SAP Integration Suite«, vorstelle.

1.1 Cloud Computing

Cloud Computing ist ein Oberbegriff für alle Prozesse und Methoden, die mit der Cloud in Verbindung stehen. Eine wichtige Rolle spielen hier verschiedene Service- und Bereitstellungsmodelle, die ich Ihnen in diesem Abschnitt vorstelle.

1.1.1 Servicemodelle

Bekannte Servicemodelle

Cloud-Anbieter offerieren Ihnen eine Vielzahl an verschiedenen Services, die sich verschiedenen Kategorien zuordnen lassen. Im Folgenden stelle ich

Ihnen die drei bekanntesten Kategorien sowie zwei weniger bekannte vor. Die drei bekanntesten Servicemodelle sind:

- **Infrastructure as a Service**
  Beim Servicemodell *Infrastructure as a Service* (IaaS) stellt der Serviceanbieter die Infrastruktur zur Verfügung. Dazu zählen die Virtualisierung von Systemen, Server, Speicherplatz und Netzwerkstrukturen. Der IaaS-Anbieter besitzt die Hardware und ist für Unterbringung, den Betrieb und die Wartung dieser Hardware verantwortlich. Das Ziel eines IaaS-Anbieters ist es, eine flexible und standardisierte virtuelle Betriebsumgebung bereitzustellen, die die Grundlage für andere Cloud-Angebote sein kann. Bekannte IaaS-Anbieter sind Amazon mit den *Amazon Web Services* (AWS), Google mit der *Google Cloud* und Microsoft mit *Azure*. Auch SAP tritt mit den *SAP HANA Infrastructure Services* als IaaS-Anbieter auf.
- **Platform as a Service**
  Platform as a Service (PaaS) ist die nächste Stufe innerhalb der Servicemodelle. Hier wird eine Entwicklungsumgebung mit zusätzlichen Dienstleistungen wie Persistenz, Benutzerverwaltung und Konnektivität bereitgestellt. Kunden haben die Möglichkeit, selbstständig Anwendungen auf der Plattform zu designen und zu entwickeln. Zu solchen PaaS-Angeboten zählen die SAP BTP, aber auch Microsoft Azure.
- **Software as a Service**
  Für den Einsatz von *Software as a Service* (SaaS), auch *On-Demand-Software* genannt, benötigt der Kunde lediglich eine sichere Internetverbindung und einen Standardwebbrowser. Er muss keine Hardware beschaffen oder Software vor Ort installieren. Die Software kann je nach Art noch individuell konfiguriert oder direkt verwendet werden. Die Abrechnung erfolgt in der Regel über ein Abonnement-Modell und monatliche Zahlungen, die auf der lizenzierten Anwendung und der Anzahl der Nutzer*innen basiert. Der Vorteil für den Kunden liegt darin, dass die Beschaffung und Wartung der Software und Hardware obsolet werden.

  Folgende SAP-Produkte zählen zu den SaaS-Angeboten:
  - SAP Sales Cloud und SAP Service Cloud
  - SAP S/4HANA Cloud
  - SAP Business ByDesign
  - SAP SuccessFactors
  - SAP Ariba

Weitere Servicemodelle

Neben diesen bekannten Servicemodellen gibt es weitere Angebote, die als Cloud-Service bereitgestellt werden, etwa die folgenden:

- **Function as a Service**
  Bei dem Modell *Function as a Service* (FaaS) ruft der Kunde einzelne Funktionen für eine spezielle Aufgabe auf. Nach der Verarbeitung erhält er ein Ergebnis, das bei Bedarf an eine weitere Funktion geschickt wird.

  FaaS sind *zustandslos*, was bedeutet, dass die Funktionen keinen Bezug zu früheren Ausführungen herstellen. Die Abrechnung erfolgt beispielsweise pro Funktionsaufruf oder auf Basis der Ausführungsdauer. Eine nicht ausgeführte Funktion verursacht somit keine Kosten.

  Anwendungsmöglichkeiten sind z. B. Bilderkennungssysteme. Diesen FaaS wird ein Bild als Parameter mitgegeben; und als Ergebnis wird das erkannte Objekt ausgegeben. Die Vorteile von FaaS sind, dass die Nutzer*innen keine eigene Infrastruktur aufbauen oder eigene Anwendungen bereitstellen müssen.

- **Backend as a Service**
  Das Servicemodell *Backend as a Service* (BaaS) ist häufig im Bereich von Anwendungen für Mobiltelefone zu finden. Durch einen solchen Service können Daten unabhängig vom Betriebssystem des Mobiltelefons in der Cloud gespeichert werden. Des Weiteren können zusätzliche Dienste wie Push-Nachrichten genutzt werden. Das vereinfacht die Entwicklung mobiler Anwendungen für einzelne Entwickler*innen ebenso wie für Großunternehmen. Der Aufwand, mehrere mobile Betriebssysteme wie Android, Apple iOS, Blackberry usw. in verschiedenen Versionen aktuell und fehlerfrei zu halten, wäre dagegen sehr groß.

  Eine Problematik ist hier, wie auch bei den anderen Cloud-Servicemodellen, dass die Datenhoheit an den Cloud-Anbieter abgegeben wird. Dabei müssen die Datenschutzrichtlinien des jeweiligen Lands beachtet werden. Es gibt bereits Unternehmen, die damit beginnen, Rechenzentren in den jeweiligen Ländern ihrer Kunden zu errichten oder Kooperationen mit Unternehmen vor Ort zu tätigen.

  Der Unterschied zwischen BaaS und PaaS ist das spezielle Einsatzgebiet von BaaS. Während es sich bei PaaS um einen allgemeinen Dienst handelt, der viele Einsatzbereiche abdeckt und Entwicklungspotenzial beinhaltet, sind BaaS einem Spezialgebiet, nämlich der Entwicklung mobiler Anwendungen, zugeordnet.

Der Servicegedanke spielt in der heutigen IT-Welt eine wichtige Rolle. Es ist daher sehr wahrscheinlich, dass in Zukunft weitere Servicemodelle angeboten werden.

1.1.2 Bereitstellungsmodelle

Bereitstellungsmodelle beschreiben, auf welche Art und Weise Unternehmen ihren Kunden und Mitarbeitenden Software zur Verfügung stellen. Es gibt verschiedene Ansätze in Bezug auf Infrastruktur, Software Lifecycle Management und Lizenzierung. Das gewählte Modell sollte zu den Rahmenbedingungen des servicenehmenden Unternehmens passen. Dazu zählen die Unternehmensgröße, das Budget, die Datensensibilität und Sicherheitsstandards.

Eigenschaften von Bereitstellungsmodellen

Jedes Bereitstellungsmodell hat spezifische Eigenschaften, die sich mit folgenden Parametern beschreiben lassen:

- Ein- oder Mehrkundensystem
- Zugriffstyp (Virtual Private Network, kurz VPN, oder Webzugriff)
- Hardwarestandort (eigene Standorte, externe Anbieter oder Cloud-Dienstleister)
- Infrastruktur- und Softwareanbieter (eigene, externe Anbieter oder Cloud-Dienstleister)
- manuelle oder automatische Softwareupdates
- Erweiterbarkeit
- Konfigurationsmodell (standardisiert, Vollzugriff, Teilzugriff)
- Preismodelle

Anhand der genannten Parameter lassen sich die folgenden Bereitstellungsmodelle unterscheiden:

- On-Premise
- Public Cloud
- Private Cloud
- Hybrid Cloud
- Managed Cloud

On-Premise

Das Bereitstellungsmodell *On-Premise* beschreibt lokal installierte Software oder auch Inhouse-Lösungen. Die Verantwortung für die Anschaffung und Wartung der Hardware liegt bei diesem Modell beim Lizenznehmer. Neben der Hardware für den Server, auf dem die Software läuft, benötigt eine On-Premise-Landschaft auch eine entsprechende Infrastruktur. Diese beinhaltet neben Verwaltungssoftware Firewalls, Web Dispatcher, Proxy usw.

Der Softwareanbieter hat nur eingeschränkte oder zeitlich begrenzte Zugriffsmöglichkeiten auf das System. Diese werden in der Regel nur im Rahmen des Supports wahrgenommen. Wie jedes Bereitstellungsmodell hat

On-Premise seine Vor- und Nachteile, die je nach Geschäftsschwerpunkt unterschiedlich gewichtet werden können.

Public Cloud

Bei der öffentlichen Cloud (*Public Cloud*) stellt ein Cloud-Anbieter die Hard- und Softwareressourcen mehreren Kunden gleichzeitig zur Verfügung. Bei den Angeboten in der Public Cloud kann es sich sowohl um kostenlose Dienste wie *Google Docs* oder *Dropbox* als auch um kostenpflichtige Angebote wie SAP Business ByDesign oder Microsoft Office 365 handeln.

Um die Services einer großen Menge an Kunden anzubieten und sie warten zu können, sind Public-Cloud-Systeme nur schwer bis gar nicht anpassbar. Dadurch lassen sich ihr Preis ebenso wie die Zeiten für Wartungsarbeiten und Ausfälle reduzieren, da die Cloud-Anbieter nicht auf individuelle, auf den Kunden zugeschnittene Systeme eingehen müssen.

Private Cloud

Eine *Private Cloud* ist stets einem speziellen Kunden zugewiesen. Die Infrastruktur gehört einem Drittanbieter oder dem Kunden selbst. Wenn der Kunde den Kauf, Aufbau und den Betrieb der Infrastruktur selbst übernimmt, entspricht das System einer On-Premise-Landschaft. Der Unterschied besteht darin, dass die Infrastruktur auch für andere Kunden genutzt werden kann. Die Daten werden aus Sicherheitsgründen mit einem VPN voneinander isoliert.

Das Private-Cloud-Modell eignet sich vor allem für Anwendungen, die lokalen oder gesetzlichen Standards entsprechen müssen, die besagen, dass der Kunde die volle Kontrolle über seine Daten haben muss. Ein weiterer Vorteil ist die Anpassbarkeit und Erweiterbarkeit der Systeme, da diese nicht zur Sicherstellung der Einfachheit standardisiert sind. Dafür kann der Kunde von deutlich höheren Kosten im Vergleich zu einer Private Cloud ausgehen.

Managed Cloud

Die *Managed Cloud* ist einem einzelnen Kunden des Cloud-Anbieters (*Single User*) zugeordnet. Der Zugriff erfolgt über einen VPN-Zugang. Die Infrastruktur gehört dem Cloud-Anbieter und wird von diesem in seinen Rechenzentren verwaltet und betrieben. Dennoch können die Services innerhalb der Managed Cloud an die Bedürfnisse des Kunden angepasst werden. Der Kunde hat damit den Vorteil, dass er kein eigenes Know-how im Bereich der Infrastruktur aufbauen muss. Dadurch kann er mehr Ressourcen in sein Kerngeschäft investieren. Er sollte bei der Auswahl des Anbieters darauf achten, dass dieser seinen Anforderungen in den Bereichen Infrastruktur, Flexibilität und Datensicherheit genügt. Die Managed Cloud ähnelt der Private Cloud, indem sie dem Kunden einen eigenen von anderen Kunden isolierten Bereich bietet. Als Beispiel für einen Managed-Cloud-Service kann die *SAP HANA Enterprise Cloud* herangezogen werden.

Abbildung 1.1 stellt die Unterscheidungsmerkmale aller Bereitstellungsmodelle mit Ausnahme der Hybrid Cloud gegenüber.

<table>
<tr><th></th><th>Public Cloud</th><th>Managed Cloud</th><th>Private Cloud</th><th>On-Premise</th></tr>
<tr><td>Infrastruktur/ Anwendungen, Kundenzuordnung</td><td>Mehrkunden-systeme</td><td colspan="3">Einzelkundensysteme</td></tr>
<tr><td>Infrastruktur/ Anwendungen werden verwaltet von</td><td colspan="2">Cloud-Anbieter</td><td colspan="2">Kunde oder Fremdanbieter</td></tr>
<tr><td>Aktualisierungs-zyklus</td><td>Cloud-Anbieter</td><td colspan="3">Kunde</td></tr>
<tr><td>Erweiterbarkeit</td><td>nicht möglich</td><td colspan="3">möglich</td></tr>
<tr><td>Konfigurierbarkeit</td><td>standardisiert</td><td colspan="3">voll konfigurierbar</td></tr>
<tr><td>In-App-Erweiterbarkeit</td><td>nur durch ausgewählte Benutzermöglich</td><td colspan="3">durch Standardbenutzer und ausgewählte Benutzer erweiterbar</td></tr>
</table>

Abbildung 1.1 Bereitstellungsmodelle in der Cloud

Hybrid Cloud

Das *Hybrid-Cloud-Modell* ist kein eigenständiges Bereitstellungsmodell, sondern kann aus verschiedenen Einzelmodellen nach den Bedürfnissen des Kunden zusammengestellt werden. Aus diesem Grund taucht die Hybrid Cloud nicht in Abbildung 1.1 auf. Zur Umsetzung des Modells müssen jede Datenressource und jede Anwendung überprüft werden, um den passenden Aufbau der Hybrid Cloud festzulegen. Durch die Verknüpfung von Public-Cloud-, Private-Cloud- und On-Premise-Anwendungen kann so eine Landschaft geschaffen werden, die das Optimum an Komfort und Sicherheit bietet.

1.2 SAP Business Technology Platform

Die SAP BTP ist im Grunde eine Entwicklungs- und Verwaltungsplattform, mit deren Funktionen und Services sich Cloud-Anwendungen entwickeln, betreiben und integrieren lassen. Die SAP-Plattform soll Sie bei Ihren Geschäftsprozessen unterstützen, indem sie Ihnen Werkzeuge zur Entwicklung mobiler Anwendungen, zur Erweiterung von SAP-Produkten wie SAP

S/4HANA und zur Integration bereitstellt. Außerdem finden Sie auf der SAP BTP Datenbanklösungen, Blockchain- und Machine-Learning-Technologien. Die Services werden entweder verbrauchsbasiert oder nach einem Abonnement-Modell abgerechnet.

[«]

Kostenkalkulation für einzelne Services

Wenn Sie sich für mögliche Kosten einzelner Services interessieren, können Sie das Estimator Tool nutzen. Dieses Kalkulationswerkzeug für die Services der SAP BTP wird unter folgender URL angeboten: *http://s-prs.de/v805334*.

Im Folgenden erläutere ich den Aufbau und die grundlegenden Funktionalitäten der SAP BTP.

1.2.1 Aufbau der SAP Business Technology Platform

Global Account

Die SAP BTP ist in Accounts strukturiert. Ein globales Konto (*Global Account*) ist unabhängig von der Region, in der die Cloud-Services in Rechenzentren betrieben werden, und dient zur Verwaltung von Unterkonten, Mitgliedern, Berechtigungen und verschiedenen Kontingenten.

Es gibt zwei Arten von Global Accounts: das bezahlte Unternehmenskonto und das kostenlose Testkonto (*Trial Account*). Die Art des Global Accounts bestimmt die Preise, die Nutzungsbedingungen, die Ressourcen, die verfügbaren Services und den Umfang der bereitgestellten Funktionen.

In Abbildung 1.2 sehen Sie die Übersicht eines Global Accounts im *SAP BTP Cockpit*, der Verwaltungsumgebung Ihres Accounts. Hier wird die Anzahl der Subaccounts angezeigt, auf deren Bedeutung ich in diesem Abschnitt noch eingehe. Außerdem finden Sie hier Informationen zum Ressourcenverbrauch.

Regionen

Die *Regionen*, aus denen Sie für den Betrieb Ihrer Subaccounts wählen können, repräsentieren die geografischen Standorte der Rechenzentren. Die Standorte werden auf der Benutzeroberfläche der SAP BTP jeweils durch ihren Namen und die Flagge des Lands, in dem sich das Rechenzentrum befindet, gekennzeichnet. Außerdem wird häufig der Name einer Stadt oder eine andere genauere Lokalisierung angegeben.

Jeder Standort hat seine eigene Infrastruktur. Diese kann auf den Infrastrukturen der sogenannten *Hyperscaler* wie AWS, Azure, Google Cloud (GCP) oder Alibaba Cloud aufsetzen. Es gibt auch Rechenzentren, die von SAP direkt betrieben werden.

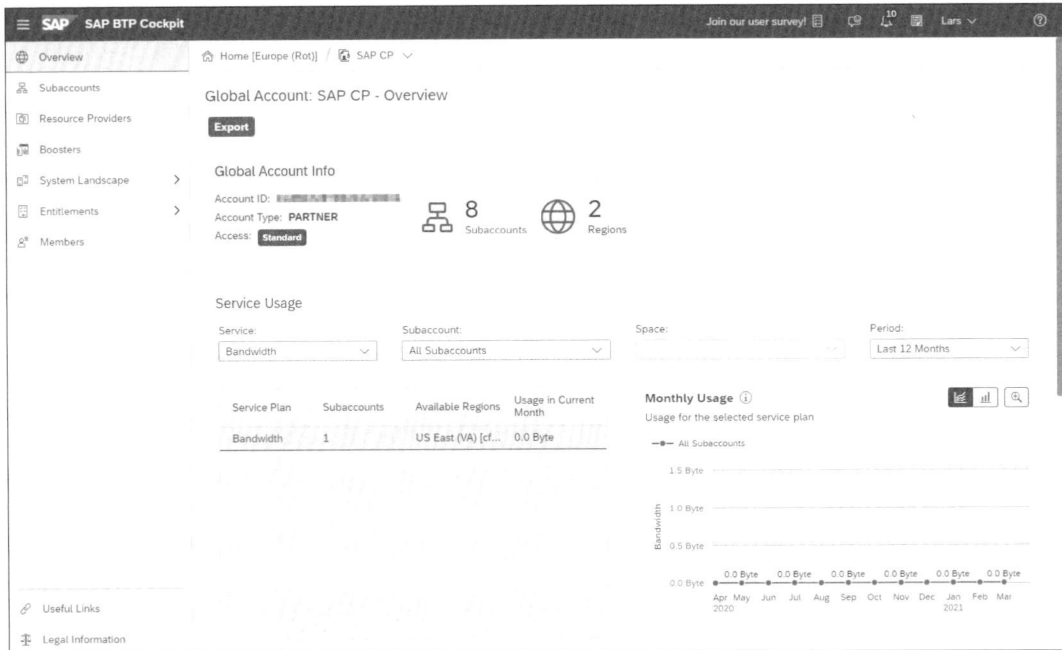

Abbildung 1.2 Global Account im SAP BTP Cockpit

SAP stellt eine interaktive Karte mit allen derzeit verfügbaren Standorten zur Verfügung (siehe Abbildung 1.3). Für jeden Standort sind andere Kombinationen von Services verfügbar. Die Karten finden Sie unter anderem im *SAP Discovery Center* unter folgendem Link:

http://s-prs.de/v805335

Wählen Sie in den Filtereinstellungen die Schaltfläche mit der Erdkugel (🌐).

Die Region wird auf der Ebene der Subaccounts zusammen mit der Laufzeitumgebung ausgewählt. Die Wahl der Region hat Einfluss auf die verfügbaren Services und auf die Dauer von Antwort- und Reaktionszeiten. Des Weiteren arbeitet jede Region unabhängig von den anderen. Wenn Ihr Unternehmen mehrere Standorte in unterschiedlichen Teilen der Welt besitzt, sollten Sie darauf achten, dass die zu veröffentlichenden Anwendungen an jedem Standort separat bereitgestellt werden müssen.

Subaccounts Mit den Subaccounts können Sie Ihren Global Account Ihrer Unternehmensstruktur entsprechend auf Ihre Mitarbeitenden und Services aufschlüsseln und Berechtigungen vergeben. Jeder Subaccount ist einer Region zugeordnet und damit abhängig von der Infrastruktur vor Ort. Ähnlich wie die Regionen sind die einzelnen Subaccounts unabhängig voneinander.

Abbildung 1.3 Regionen und Rechenzentren der SAP Business Technology Platform

Subaccounts in der *Cloud-Foundry-Umgebung*, die ich in Abschnitt 1.2.3, »Neo- und Cloud-Foundry-Umgebungen«, umfassender erläutere, weisen noch eine weitere Hierarchieebene auf, die sich *Space* nennt. Jeder Subaccount kann mehrere Spaces enthalten und diese wiederum mehrere Mitglieder und Berechtigungen. Zusätzlich kann jeder Space eigene Speicher- und Servicekontingente nutzen.

[«]

Beta-Funktionen

Wenn Sie einen Subaccount erstellen, haben Sie die Möglichkeit, *Beta-Funktionen* zu aktivieren. Das erlaubt Ihnen, neue Services oder Zusatzfunktionalität der SAP BTP zu testen. Sie sollten bei der Aktivierung der Beta-Funktionen beachten, dass diese jederzeit von SAP geändert werden können. Die Nutzung der Beta-Funktionen erfolgt auf eigenes Risiko, und sie sind nicht für den produktiven Einsatz geeignet. Des Weiteren dürfen ohne eine zusätzliche schriftliche Vereinbarung im Rahmen der vertraglichen Datenverarbeitung keine personenbezogenen Daten durch Beta-Funktionalität verarbeitet werden.

SAP BTP Cockpit

Das SAP BTP Cockpit ist die webbasierte Administrationsoberfläche der SAP BTP. Hier können Sie Ihre veröffentlichten Anwendungen, Services und Subaccounts verwalteten. Des Weiteren haben Sie im Cockpit die Möglichkeit, den Verbrauch von Ressourcen zu kontrollieren sowie Sicherheitseinstellungen vorzunehmen, z. B. Berechtigungen einstellen. In Abschnitt 1.2.3, »Neo- und Cloud-Foundry-Umgebungen«, finden Sie Screenshots des Cockpits in den unterschiedlichen Umgebungen.

Services

Die Services der SAP BTP sind eigenständige Anwendungen, die auf der Plattform betrieben werden. Zur Verwaltung Ihrer Services gehören die Vergabe von Benutzerrechten, die Aktivierung der Services und die Ressourcenverteilung.

Die Palette der verfügbaren Services wird ständig erweitert und verbessert. Die Services lassen sich in verschiedene Kategorien einteilen:

- Kollaboration (SAP Jam, Gamification)
- Benutzererfahrung (Portal, Build)
- Integration (SAP Integration Suite, SAP Workflow Management und der integrierte Business-Rules-Service)
- Analytics (SAP Analytics Cloud, Predictive Analytics)
- Internet der Dinge
- Sicherheit (Identity Provisioning, Identity Authentication)
- Mobile (mobile Anwendungen)
- Services für Geschäftsanwendungen (Standort- und Steuerservices)
- Laufzeitumgebungen (virtuelle Maschinen)
- Datenspeicher (PostgreSQL, SAP HANA)
- Entwicklungsumgebungen (SAP Business Application Studio, SAP Web IDE, Monitoring)
- Intelligente Technologien (Blockchain, Machine Learning)

Die hier genannten Anwendungsbereiche und Beispiele stellen eine unvollständige Liste dar. In Zukunft können weitere Bereiche hinzukommen, und bestehende Services können verändert oder umbenannt werden.

Suiten

Im Bereich **Services** der SAP BTP unterteilt SAP die Services derzeit in unterschiedliche Suiten:

- Extension Suite – Development Efficiency
- Extension Suite – Digital Experience
- Extension Suite – Digital Process Automation
- Integration Suite

Welche Services Ihnen angeboten werden, kann abhängig von der Umgebung (Neo oder Cloud Foundry), der Account-Art (Standard, Partner oder Trial) und der Art der Servicebuchung bei SAP variieren. In Abbildung 1.4 ist ein Auszug der Services aus der Neo-Umgebung zu sehen.

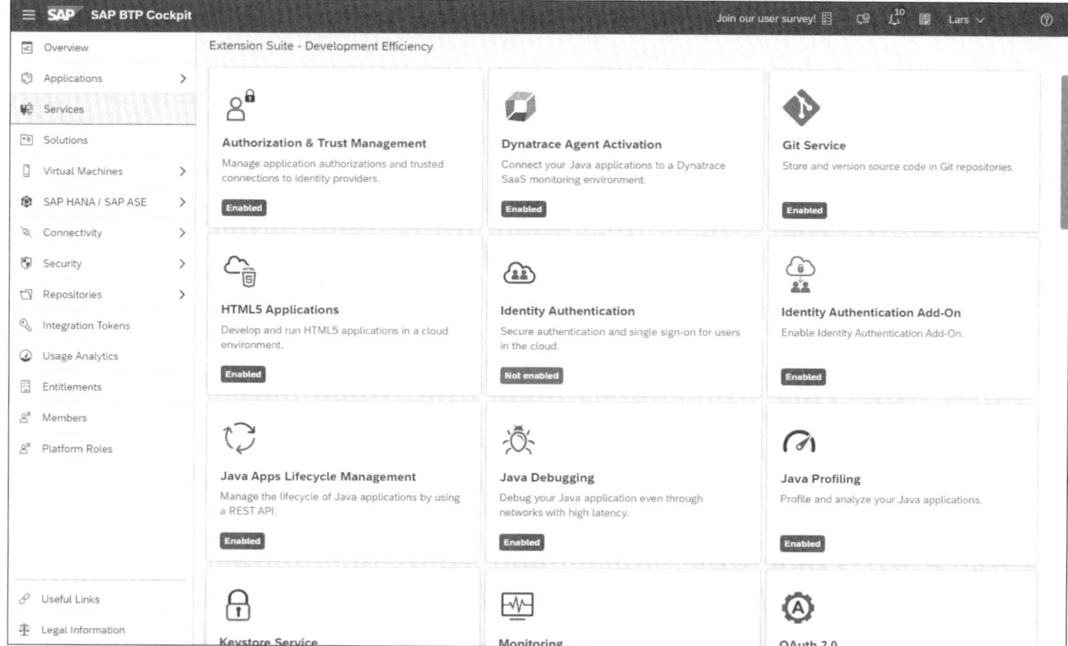

Abbildung 1.4 Auszug der Services in der Neo-Umgebung der SAP BTP

Trial Account

Über einen *Trial Account* stellt SAP die Funktionen der SAP BTP in einer kostenlosen Umgebung und zum Teil befristet zur Verfügung. Sie können einen solchen Trial Account problemlos selbstständig erstellen und konfigurieren. Trotz seiner vielen Funktionen weist der Trial Account ein paar Einschränkungen im Vergleich zu einem Global Account auf:

- Es muss ein Trial Account pro Nutzer*in eingerichtet werden.
- Es können Subaccounts angelegt werden.
- Die verfügbaren Regionen sind:
  - Europa
  - Nordamerika
  - Südamerika
  - Asien
  - Australien
- Es sind Produktiv- und Betaservices verfügbar.

- Es werden 4 GB Speicher für Anwendungen und 8 GB Speicher für Instanzen bereitgestellt.
- Sie erhalten 40 Services.
- Sie erhalten 20 Anwendungsinstanzen.
- Über den Cloud Connector können maximal zwei On-Premise-Systeme angeschlossen werden.
- Es gibt keine Service Level Agreements (SLA) mit SAP, die die Verfügbarkeit des Trail Accounts gewährleisten.
- Als HDI Container (SAP HANA Deployment Infrastructure) für geteilte SAP-HANA-Datenbanken sind nur `cf-eu10` oder `cf-us10` verfügbar. HDI Container erlauben Ihnen das Deployment von Datenbanken.

[»]

Umfang des Trial Accounts

Umfang und Limitierungen des Trial Accounts können von SAP jederzeit angepasst werden. Sollte es zu Änderungen kommen, werden Sie in der offiziellen Dokumentation im SAP Help Portal darüber informiert (*http://s-prs.de/v805336*).

Eine detailliertere Einführung in den Trial Accounts erhalten Sie in Abschnitt 2.1, »Einen Trial Account für SAP Cloud Integration einrichten«.

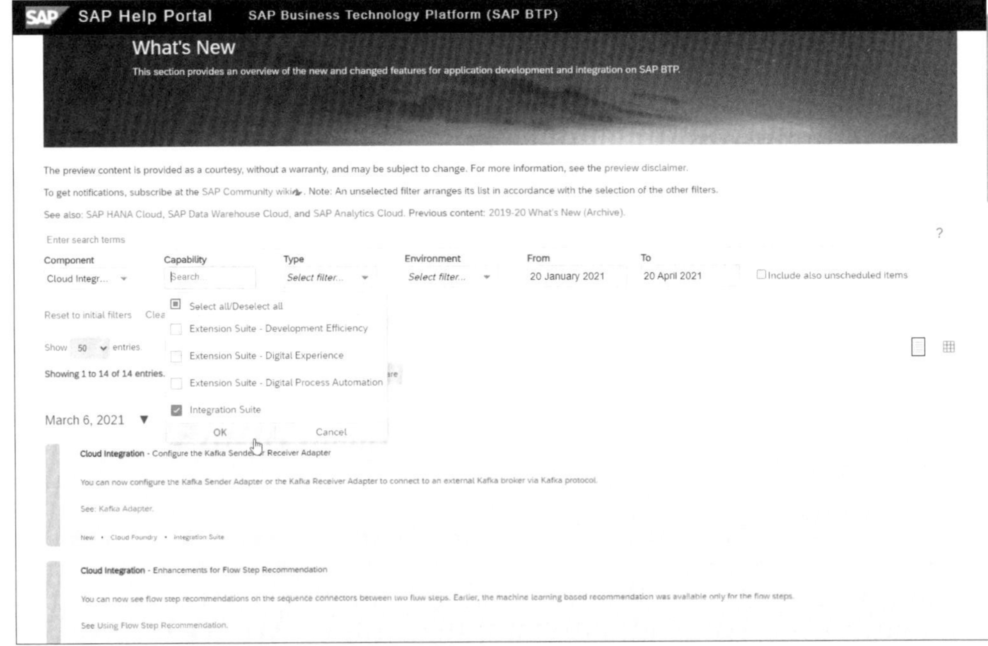

Abbildung 1.5 Produktupdates für die SAP Business Technology Platform

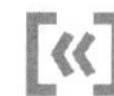

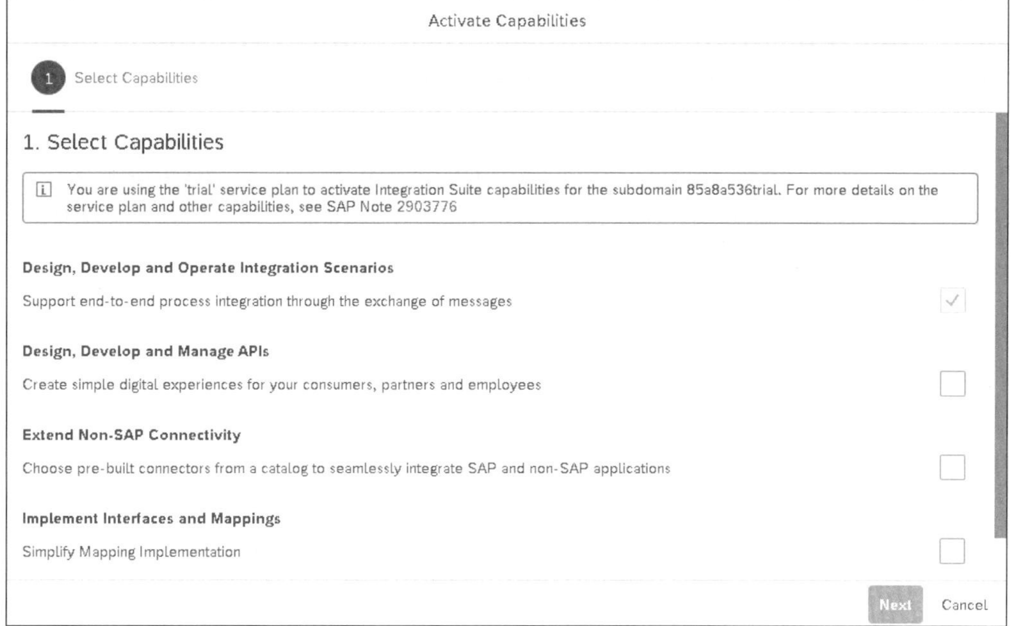

Zur SAP BTP und deren Services werden in regelmäßigen Abständen Erweiterungen und Fehlerbehebungen ausgeliefert. Diese sollten Sie hin und wieder überprüfen. Eine Liste der Änderungen finden Sie in der Dokumentation zur SAP BTP oder zu dem jeweiligen Service unter dem Eintrag **What's New**. Bei Bedarf können Sie die Anzeige der Änderungen mithilfe einer Suchanfrage oder einer Filterauswahl reduzieren. In Abbildung 1.5 sehen Sie die Produktupdates für SAP Cloud Integration vom 1. März 2021. Die Seite **What's New** finden Sie unter dem folgenden Link:

Produktupdates

http://s-prs.de/v805337

1.2.2 Sicherheit in der SAP Business Technology Platform

Damit Ihre Geschäftsdaten in der Cloud geschützt sind, werden verschiedene Sicherheitsfunktionen auf der SAP BTP bereitgestellt.

Identity Provider speichern die Benutzerdaten, die in Ihren Geschäftsanwendungen verwendet werden. Im Umfeld der SAP BTP haben Sie die Wahl, ob Sie den Identity Provider von SAP (den *SAP ID Service*) oder einen eigenen Identity Provider verwenden möchten. Jeder Subaccount kann seinen eigenen Identity Provider haben. Abbildung 1.6 zeigt mögliche Architekturen des Identity Managements in der SAP BTP.

Identity Provider

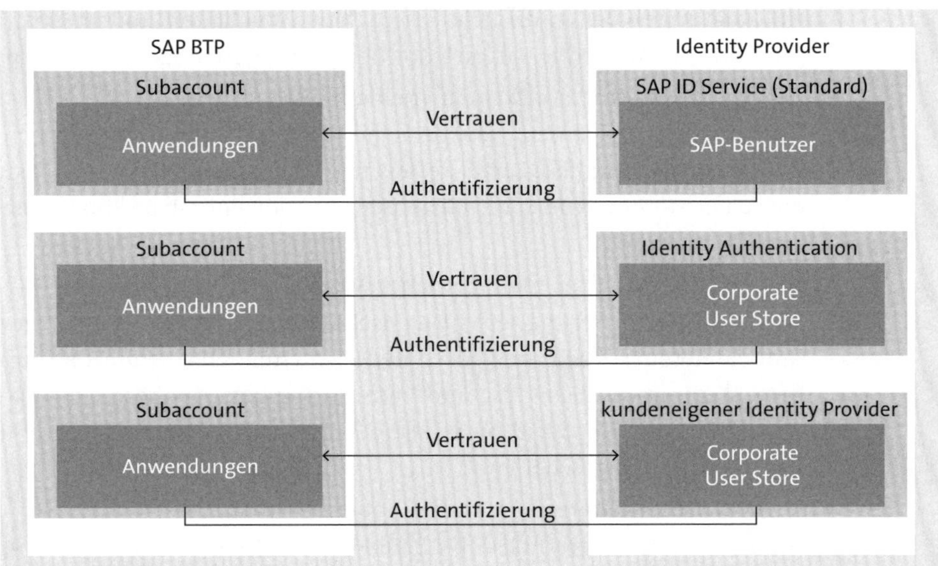

Abbildung 1.6 Identity Management in der SAP BTP (Quelle: SAP)

Über den SAP ID Service erhalten Sie den initialen Zugriff auf die SAP BTP. Dieser Service kommt nicht nur in der SAP BTP zum Einsatz, sondern wird

SAP ID Service

von SAP auf allen offiziellen Seiten, wie z. B. Partner- und Community-Seiten, verwendet. Der SAP ID Service bietet einen sicheren und zentralen Ort für Ihre Identitäten, an dem Sie auf Ihre gesicherten Ressourcen zugreifen können. Des Weiteren ermöglicht der Service ein standardisiertes *Single Sign-on* (SSO). Damit müssen sich Benutzer in einer Session nur einmal anmelden, um Zugriff auf alle Anwendungen zu erhalten, für die sie berechtigt sind. SSO ermöglicht so ein flüssiges Arbeiten innerhalb Ihres Ökosystems.

Zertifizierungen

SAP besitzt verschiedene Zertifizierungen für die SAP BTP, die zeigen sollen, dass das Unternehmen die Themen Datenschutz und Sicherheit in der Cloud sehr ernst nimmt. Die folgenden Zertifizierungen hat SAP in diesen Bereichen erhalten:

- **ISO/IEC 9001: Qualitätsmanagementsysteme**
  Qualitätsmanagementsysteme ermöglichen ständige Maßnahmen zur Verbesserung eines Produkts oder Prozesses. Die Maßnahmen dienen der Kundenzufriedenheit. Durch diese Zertifizierung grenzt sich SAP von Wettbewerbern ab und reduziert die Kosten, die bei einer nicht sichergestellten Qualität von Produkten und Prozessen entstehen können.
- **ISO/IEC 27001: IT-Sicherheitsverfahren – Informationssicherheits-Managementsysteme**
  Diese Zertifizierung sorgt für einen dokumentierten Nachweis, dass die Anforderungen der Informationssicherheit eingehalten und Maßnahmen zum Schutz von sensiblen Unternehmensdaten umgesetzt werden.
- **ISO/IEC 22301: Kontinuitätsmanagementsystem**
  Kontinuitätsmanagementsysteme dienen der Reduzierung von Betriebsunterbrechungen. Diese Zertifizierung beschreibt die Anforderungen an ein solches System von der Realisierung über den Betrieb bis hin zu dessen Überwachung.
- **BS10012: Datenschutz-Managementsystem**
  Durch die Zertifizierung eines Datenschutz-Managementsystems wird unter anderem sichergestellt, dass die Mitarbeitenden geschult sind, um korrekt mit der Speicherung und Vernichtung personenbezogener Daten umzugehen. Des Weiteren wird ein Bewusstsein für Sicherheits- und Risikobewertung geschaffen.
- **ISO/IEC 27018: Datenschutz in der Cloud**
  Die Einhaltung der Norm ISO/IEC 27018 kann nicht einzeln, sondern nur als Zusatz zur ISO/IEC 27001 zertifiziert werden. Dabei legt die ISO/IEC 27018 datenschutzrechtliche Anforderungen für die Anbieter von Cloud-Diensten fest und formuliert Überwachungsmechanismen und Richtlinien für die Implementierung von Maßnahmen, die den Schutz personenbezogener Daten in einer Cloud-Umgebung sicherstellen sollen. Da-

bei berücksichtigt die Norm datenschutzrechtliche Anforderungen, die in anderen Bereichen bereits existieren, und passt diese speziell auf Informationssicherheitsrisiken im Bereich des Cloud Computing an.

- **ISO/IEC 27017: Sicherheit von Cloud-Dienstleistern**
  Auch die Norm ISO/IEC 27017 wird zusammen mit der Norm ISO/IEC 27001 zertifiziert. Hier wird die Wichtigkeit der Kommunikation zwischen Unternehmen und ihren Kunden zur Erarbeitung geeigneter Security-Management-Prozesse betont. Es wird genau beschrieben, was Kunden von ihrem Anbieter erwarten können und was Anbieter selbst an Informationen für Kunden bereithalten sollten.

1.2.3 Neo- und Cloud-Foundry-Umgebungen

Es gibt im Wesentlichen zwei Laufzeitumgebungen für die SAP BTP: die Neo- und die Cloud-Foundry-Umgebung. Daneben wird seit einiger Zeit auch eine Kyma-Umgebung angeboten.

Neo

Die *Neo-Umgebung* ist die proprietäre Laufzeitumgebung von SAP für die SAP BTP. In dieser Umgebung lassen sich HTML5-, Java- und native SAP-HANA-Anwendungen auf Basis der *SAP HANA Extended Application Services* (SAP HANA XS) entwickeln. Die Neo-Umgebung läuft nur in den eigenen Rechenzentren von SAP. Abbildung 1.7 zeigt das SAP BTP Cockpit der Neo-Umgebung direkt nach dem Login.

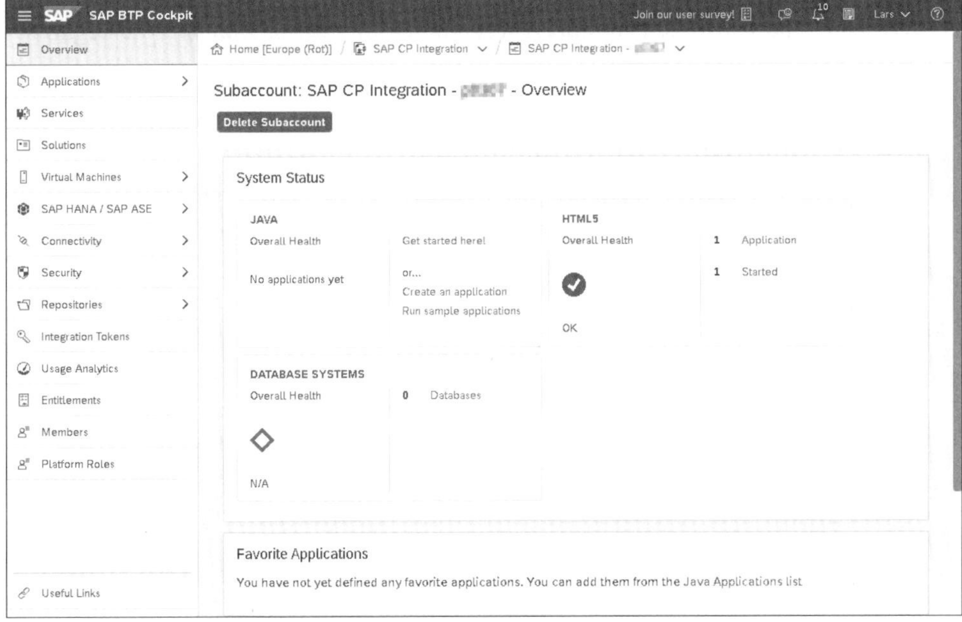

Abbildung 1.7 SAP BTP Cockpit in der Neo-Umgebung

Cloud Foundry

Cloud Foundry ist ein Industriestandard für PaaS-Lösungen, die auf Open-Source-Technologien basieren. Die Laufzeitumgebung soll bei der Entwicklung und Veröffentlichung von Anwendungen in privaten und öffentlichen Cloud-Umgebungen unterstützen.

Cloud Foundry erlaubt es Entwickler*innen, eine Vielzahl verschiedener Programmier- und Skriptsprachen einzusetzen. Darunter fallen unter anderem folgende Sprachen:

- Node.js
- PHP
- Java
- Ruby
- Go
- Python

Cloud Foundry wurde so entwickelt, dass sie auf verschiedenen Server-Infrastrukturen, also verschiedenen IaaS-Angeboten, laufen kann. SAP bietet die Cloud-Foundry-Umgebung der SAP BTP demnach auch in den Rechenzentren von Amazon, Microsoft, Google und Alibaba an. Zu den größten Geldgebern von Cloud Foundry gehören SAP, Dell EMC, Google, IBM Cloud for VMware und Suse.

Abbildung 1.8 zeigt das SAP BTP Cockpit der Cloud-Foundry-Umgebung. Im Unterschied zum Cockpit der Neo-Umgebung finden Sie hier im Menü links den Eintrag **Cloud Foundry**. Dieser beinhaltet unter anderem die Organisationseinheit **Spaces**.

[»]

Kyma-Umgebung

Neben der Neo- und der Cloud-Foundry-Umgebung bietet SAP seit 2020 auch eine Kyma-Umgebung für die SAP BTP an. Die Kyma-Umgebung ist eine neue Laufzeitumgebung für Kubernetes-Erweiterungen. Kubernetes ist eine Open-Source-Technologie zur Bereitstellung von Containern, in denen Anwendungen ausgeliefert werden können. SAP Cloud Integration wird sowohl in der Neo- als auch in der Cloud-Foundry-Umgebung angeboten. Die Neo-Umgebung ist zum Zeitpunkt der Drucklegung dieses Buchs am weitesten entwickelt und bietet den größeren Funktionsumfang. Die Cloud-Foundry-Umgebung holt jedoch mit großen Schritten auf, und es wird nicht mehr lange dauern, bis beide Umgebungen den gleichen Entwicklungsstand aufweisen.

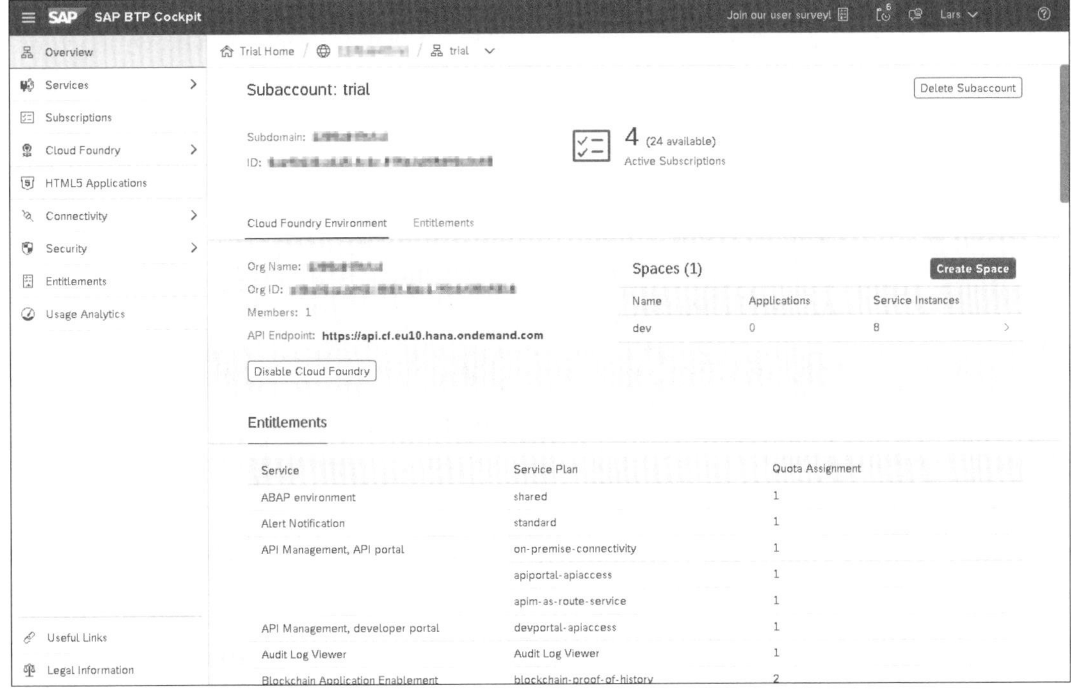

Abbildung 1.8 SAP BTP Cockpit in der Cloud-Foundry-Umgebung

Langfristig wird die Cloud-Foundry-Umgebung die Neo-Umgebung ablösen. Es gibt schon viele Funktionen und Services, die nur noch in der Cloud-Foundry-Umgebung entwickelt und angeboten werden. Der Trial Account der SAP BTP, der in Abschnitt 2.1, »Einen Trial Account für SAP Cloud Integration einrichten«, genauer beschrieben wird, basiert im Standard nur noch auf der Cloud-Foundry-Umgebung. Wenn Sie die Neo-Umgebung nutzen möchten, müssen Sie diese in einem separaten Bereich auswählen.

Empfehlung für Neukunden

Die SAP empfiehlt die Cloud-Foundry-Umgebung zur Nutzung der SAP-Cloud-Services. Für Neukunden wird nur noch diese Umgebung angeboten, Bestandskunden können auch weiterhin die Neo-Umgebung verwenden.

1.3 Einführung in SAP Cloud Integration

SAP Cloud Integration (vormals SAP Cloud Platform Integration, häufig mit SAP CPI abgekürzt) ist eine sogenannte *Middleware*. Wäre sie ein Beruf, handelte es sich um den der Übersetzerin oder des Übersetzers, die oder der zwischen zwei Sprachen vermittelt. Sie muss dabei auf alle Gegebenheiten der beiden Sprachen wie z. B. Dialekte, Redewendungen und Synonyme achten. Damit SAP Cloud Integration mit möglichst vielen Sprachen umgehen kann, hat SAP einen großen Satz an Funktionen zur Verfügung gestellt.

SAP Cloud Integration unterteilt sich in die Bereiche Discover, Design, Monitor und Settings, die ich Ihnen im Folgenden vorstelle. Über das Menü auf der linken Seite können Sie zwischen den Bereichen navigieren (siehe Abbildung 1.9). Standardmäßig werden hier nur die Symbole zum Aufruf der Bereiche angezeigt.

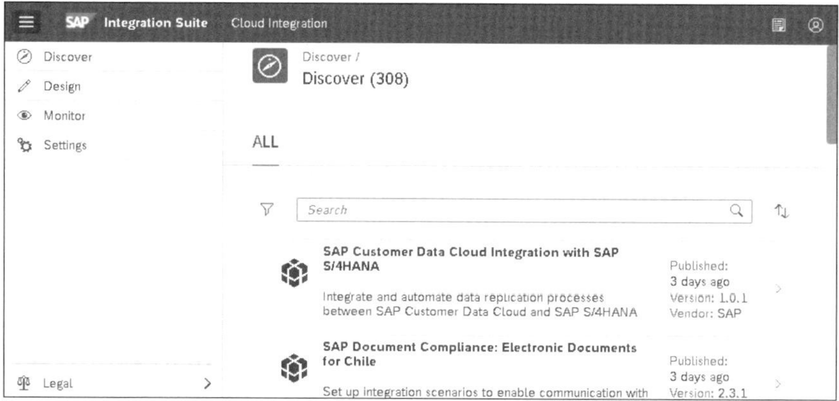

Abbildung 1.9 Menü von SAP Cloud Integration

Vordefinierte Integrationspakete

Um Ihnen das Anbinden verschiedener Systeme zu erleichtern, bieten SAP und SAP-Partner Ihnen einen Katalog an vordefinierten *Integrationspaketen* an. Diese enthalten alle nötigen Integrationen und Dokumentationen, um die Standardszenarien zur Anbindung zweier Systeme abzubilden. Ein Standardszenario kann beispielsweise den Datenaustausch zwischen einem SAP-S/4HANA-System und einer Cloud-Lösung wie SAP Sales Cloud darstellen. Nachdem Sie ein solches Paket in Ihren eigenen Arbeitsbereich kopiert haben, müssen Sie die einzelnen Integrationen mit den nötigen *Endpunkten* (d. h. den Adressen des Zielsystems) und Zugangsdaten konfigurieren. Nach der Konfiguration der Zielsysteme können Sie die Integrationen veröffentlichen und direkt nutzen.

Der Katalog enthält zum Zeitpunkt der Drucklegung dieses Buchs über 140 Application Programming Interfaces (APIs) sowie über 300 Integrationspakete verschiedener Anbieter, aus denen Sie die passenden abhängig von Ihrem Schwerpunkt auswählen können. Abbildung 1.10 zeigt einen Ausschnitt der vordefinierten Integrationspakete aus der **Discover**-Sicht des Werkzeugs.

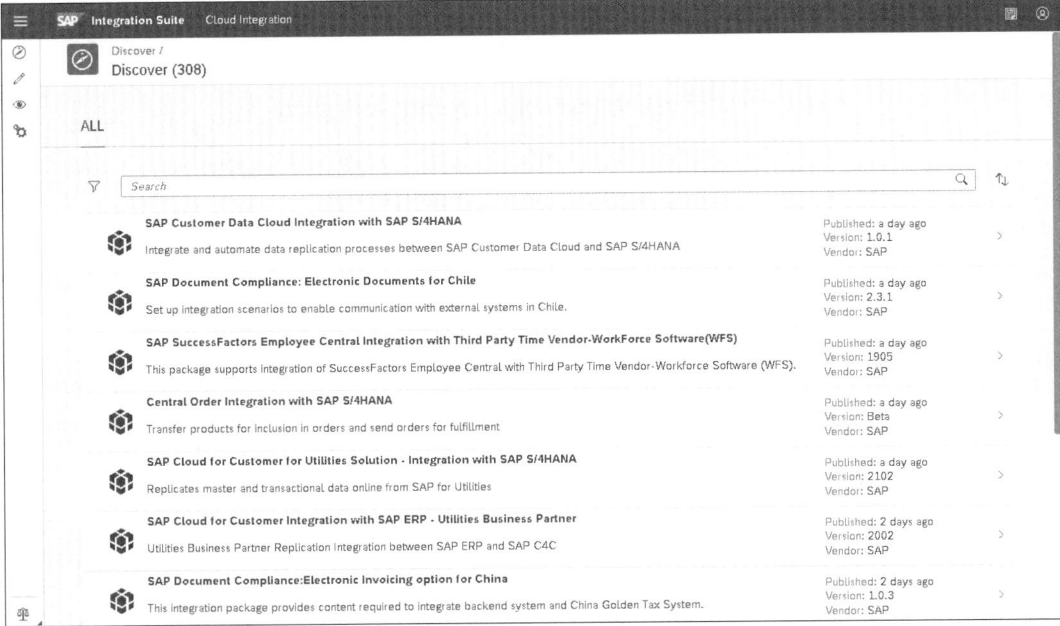

Abbildung 1.10 Vordefinierte Integrationspakete in SAP Cloud Integration

Arbeitsbereich

Damit Sie vordefinierte Integrationspakete bearbeiten oder eigene Pakete aufbauen können, steht Ihnen in SAP Cloud Integration ein eigener Arbeitsbereich mit der Bezeichnung **Design** zur Verfügung. Dieser erlaubt Ihnen, Integrationen in Paketen zu strukturieren und in verschiedenen Versionen abzuspeichern. Die Integrationen werden aus Komponenten verschiedener Kategorien zusammengebaut. Unter diese Bausteine fallen beispielsweise Ereignisse (*Events*), die auf weitere Ereignisse reagieren, *Adapter*, mit deren Hilfe Verbindungen zu anderen Systemen aufgebaut werden können, *Mappings*, um die Datenstruktur vom Sender- an das Zielsystem anzupassen, und viele weitere Komponenten, die ich Ihnen in Kapitel 7, »Komponenten und Adapter«, genauer vorstelle.

Monitoring

Im Bereich **Monitor** finden Sie alle Funktionen, um Ihre veröffentlichten Integrationen, Nachrichtenflüsse und deren Inhalte zu überwachen. Des Weiteren können Sie dort die Zugangsdaten und Zertifikate Ihrer Zielsysteme hinterlegen. Sie können die in Ihren Integration Flows gespeicherten Variablen prüfen sowie verschiedene Audits und Systemprotokolle Ihrer Systeme analysieren.

Architektur

Im Kern besteht SAP Cloud Integration aus mehreren *Integrationsknoten*. Jeder Knoten ist eine Instanz einer virtuellen Maschine. Von diesen Knoten gibt es zwei Arten:

- Verwaltungsknoten (*Tenant Management Nodes*)
- Arbeitsknoten (*Worker Nodes*)

Die Verwaltungsknoten haben folgende Aufgaben:

- Aufruf der Arbeitsknoten
- Sicherstellen, dass die Arbeitsknoten laufen
- Speichern aller Bereitstellungsartefakte
- Aktualisierung der Arbeitsknoten
- Gewährleistung der Ausfallsicherheit der Arbeitsknoten

Die Arbeitsknoten hingegen beinhalten die Laufzeitumgebung der Integrationen und sind für alle Nachrichtenprozesse verantwortlich. Die Abhängigkeit der Knoten zueinander sehen Sie in Abbildung 1.11.

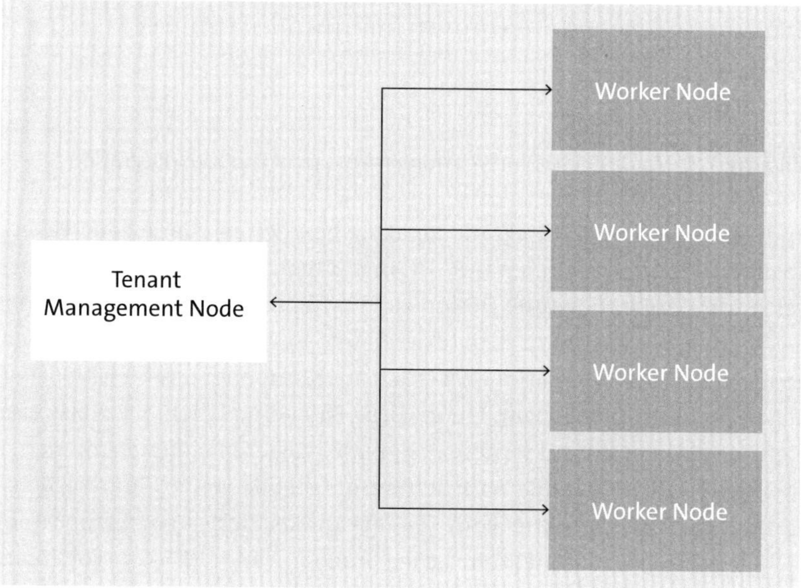

Abbildung 1.11 Knoten in SAP Cloud Integration

Versionen SAP Cloud Integration wird von SAP in mehreren Versionen angeboten. Die Liste der verfügbaren Versionen wird unter folgendem Link regelmäßig von SAP aktualisiert: *http://s-prs.de/v805338*

Tabelle 1.1 bezieht sich auf den Stand dieses Dokuments von Januar 2021.

Version	Beschreibung
SAP Cloud Integration, Data Integration (DI) Edition	Beinhaltet die Funktion zur Datenintegration. Es fehlt jedoch die Funktion zur Prozessintegration. Ermöglicht drei Verbindungen (Connections) zu anderen Systemen.
SAP Cloud Integration, Process Integration (PI) Edition	Stellt das Gegenstück zur DI Edition dar und beinhaltet statt der Datenintegrationsfunktionen nur die Funktionen zur Prozessintegration. Ermöglicht drei Verbindungen (Connections) zu anderen Systemen.
SAP Cloud Integration, Additional Connections	Dieses Ergänzung wird verwendet, um eine bestehende Version mit zusätzlichen Verbindungen (Connections) zu erweitern.
Partner Edition	Für SAP-Partner gibt es eine eigene Version, um selbstständig Integrationen zu entwickeln und den Kunden bereitzustellen. Für diese Version gelten abweichende Begrenzungen der Verbindungen und Bandbreite. Sie darf nicht für den produktiven Einsatz verwendet werden.

Tabelle 1.1 Versionen von SAP Cloud Integration

1.4 SAP Integration Suite

Bei der SAP Integration Suite (vormals SAP Cloud Platform Integration Suite) handelt es sich um einen Werkzeugkasten, der neben SAP Cloud Integration verschiedene weitere Integrationswerkzeuge von SAP enthält. In den folgenden Abschnitten stelle ich Ihnen alle Werkzeuge der SAP Integration Suite kurz vor.

Abbildung 1.12 zeigt die Startseite der SAP Integration Suite, auf der die einzelnen Services aktiviert werden.

[«]

Verfügbarkeit der Services

Die Auswahl der Services der SAP Integration Suite unterscheidet sich je nach Version der SAP Integration Suite. In Abschnitt 1.4.7, »Versionen der SAP Integration Suite«, finden Sie eine tabellarische Auflistung der Services nach Versionen.

SAP Cloud Integration

Im Zentrum der SAP Integration Suite steht SAP Cloud Integration als Middleware-Lösung zur Integration verschiedener Systeme. Da dieses Werkzeug das Kernthema dieses Buchs ist, wird es an dieser Stelle nur der Vollständigkeit halber erwähnt. Neben SAP Cloud Integration sind die im Folgenden vorgestellten Werkzeuge Teil der Suite.

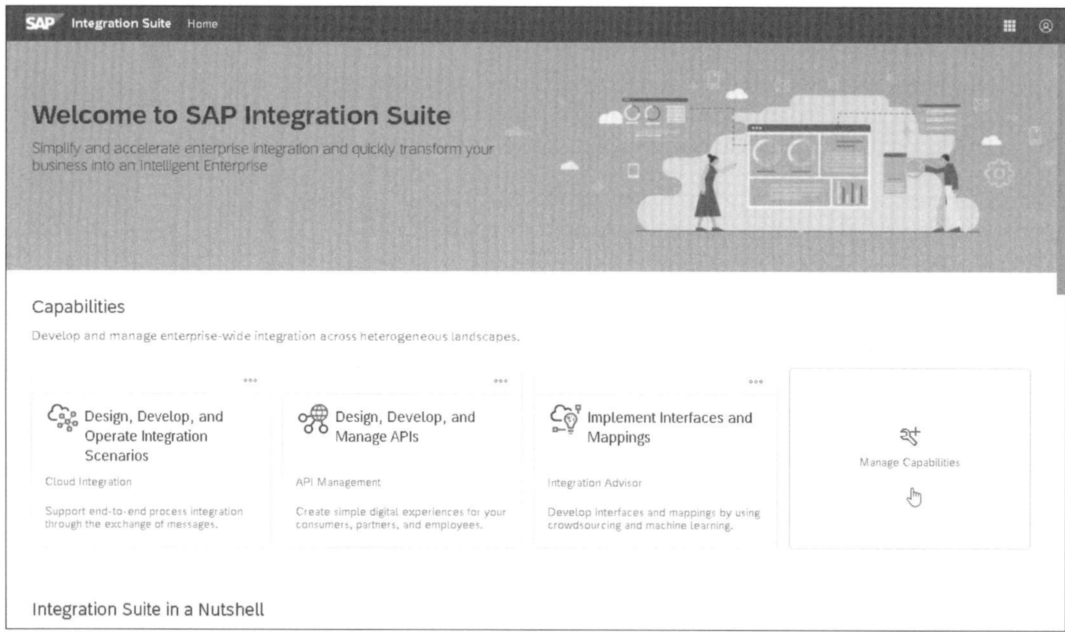

Abbildung 1.12 Services der SAP Integration Suite

1.4.1 SAP API Management

REST-APIs

Viele Unternehmen möchten ihre Daten Geschäftspartnern oder Kunden zur Verfügung stellen. Auf diese Weise können gemeinsam neue Produkte entwickelt oder neuer Umsatz generiert werden. Für diesen Zweck gibt es schon seit vielen Jahren sogenannte *REST-APIs*. REST steht für *Representational State Transfer* und meint eine Schnittstelle, die eine Kommunikation zwischen Client und Server im Internet ermöglicht.

Verwaltung der Programmierschnittstellen

Je mehr solcher APIs ein Unternehmen zur Verfügung stellt, desto höher ist der Verwaltungsaufwand. Deren Auslastung muss überwacht, die Nutzung durch Kunden muss abgerechnet und die Systeme müssen vor nicht autorisierten Zugriffen oder externen Angriffen geschützt werden. Um diese Herausforderungen zu meistern, hat SAP den Service *SAP API Management* entwickelt, der folgende Funktionen bietet:

- einen API-Designer, der auf dem Standard *OpenAPI Specification* basiert
- einen API-Katalog mit einer großen Auswahl vorgefertigter APIs
- die Abrechnung von API-Zugriffen nach Aufrufen oder nach einem festgelegten Kontingent
- umfassende Analysen der Zugriffe über die letzten sechs Monate einschließlich der API-Reaktionszeiten und -Verarbeitungslatenzen

Policy Editor

Um eine Zugangskontrolle zu realisieren, wird der *Policy Editor* verwendet, dessen Oberfläche in Abbildung 1.13 zu sehen ist. Der Screenshot zeigt Ihnen beispielhaft die Oberfläche von SAP API Management.

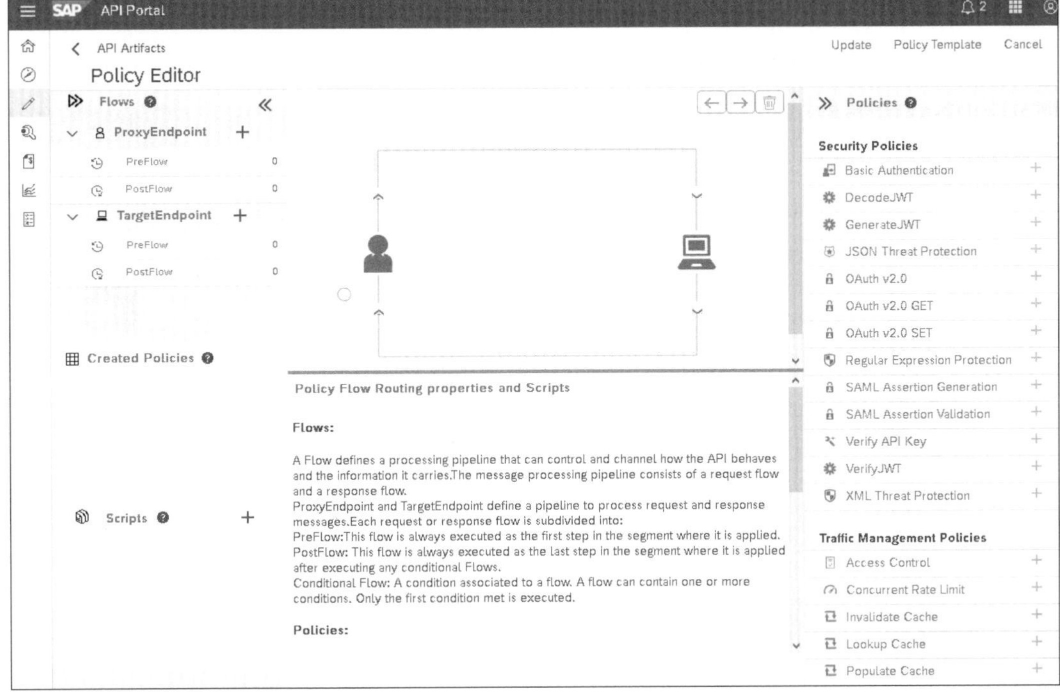

Abbildung 1.13 Policy Editor in SAP API Management

1.4.2 SAP Open Connectors

SAP Open Connectors stellt eine Bibliothek mit über 165 Konnektoren für Fremdanwendungen zur Verfügung. *Konnektoren* sind Anbindungspunkte, die alle notwendigen Informationen und Einstellungsmöglichkeiten für die Anbindung an das jeweilige Fremdsystem enthalten. Die Konnektoren sind bereits vordefiniert und lassen sich durch REST-APIs nahtlos in eigene Integrationsszenarien integrieren.

Kategorien von Konnektoren

Jeder Konnektor gehört einer Kategorie an. Unter anderen werden die folgenden Kategorien unterschieden:

- Customer Relationship Management (**CRM**)
- Datenbanken (**Databases**)
- Dokumente (**Documents**)
- E-Commerce
- Enterprise Relationship Management (**ERP**)

- Finanzwesen (**Finance**)
- **Marketing**
- Bezahldienste (**Payment**)
- Soziale Medien (**Social**)

Abbildung 1.14 zeigt einen Auszug der verfügbaren Konnektoren.

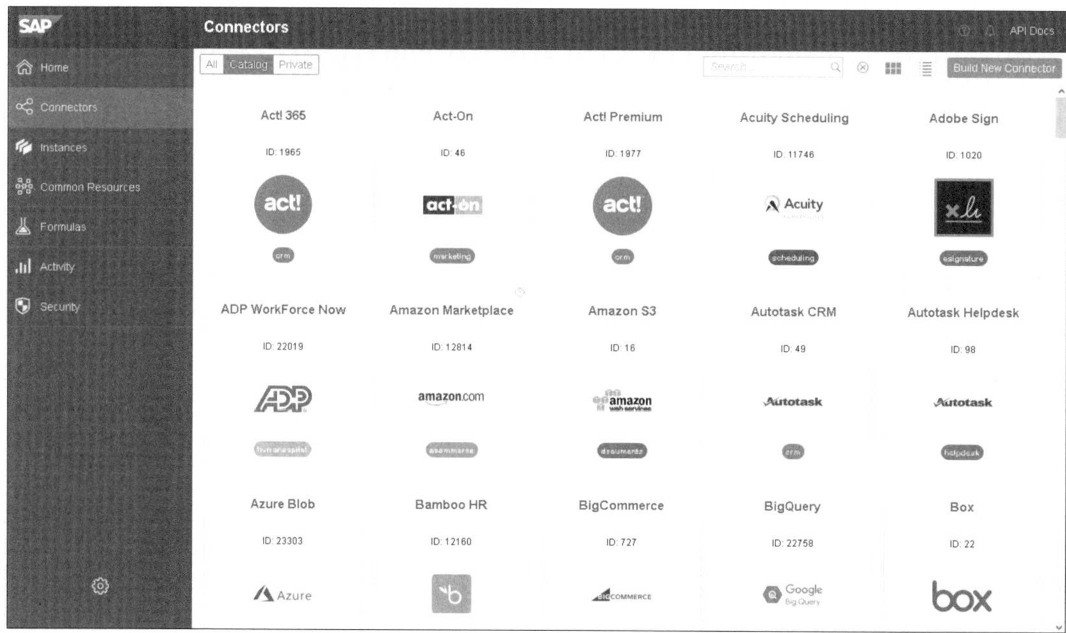

Abbildung 1.14 SAP Open Connectors – Liste von Konnektoren

Gemeinsame Ressourcen

Über die gemeinsamen Ressourcen (**Common Resources**) können Sie infolge eines Mappings mehrere Fremdsysteme ansprechen. SAP spricht hier von einer »One-to-many-Codierungserfahrung«. Die Endpunkte der Verbindungen können REST- oder SOAP-Services, Software Development Kits (SDKs) oder Datenbanken sein.

Formeln

Mit SAP Open Connectors können außerdem Formelvorlagen für den Aufruf von APIs gebaut werden, die unabhängig von API-Anbietern sind. Sie sind ähnlich wie Workflows aufgebaut und enthalten Komponenten wie Events, Filter, Schleifen und Abfragen an andere Datenquellen. Mithilfe dieser Vorlagen können die Systeme synchron gehalten, Daten migriert oder Geschäftsabläufe automatisiert werden.

1.4.3 SAP Integration Advisor

Kommunikation zwischen Systemen aufbauen

Der *SAP Integration Advisor* stellt eine neue Vorgehensweise bereit, um die Kommunikation zwischen verschiedenen Systemen auf Basis von Vorlagen aufzubauen. Die Einrichtung der Kommunikation erfolgt dabei in fünf Schritten:

1. Im ersten Schritt wird aus einer Bibliothek von Industriestandards eine Kommunikationsart ausgewählt. Jeder Standard beinhaltet eine detaillierte Dokumentation der Kommunikation.
2. Für den Nachrichtenaustausch werden *Message Implementation Guidelines* (MIG) bereitgestellt. In diesem Schritt kann die Struktur der auszutauschenden Daten, wie z. B. die Feldlänge, verändert werden.
3. Für das Mapping der Datenstrukturen im Ausgangs- und Zielsystem werden *Mapping Guidelines* (MAG) zur Verfügung gestellt. In diesem Schritt können Anpassungen am Mapping vorgenommen und im Anschluss simuliert werden.
4. Die in den vorangehenden Schritten generierten Daten für die Kommunikation werden in diesem Schritt in ein Archiv heruntergeladen.
5. Im fünften und letzten Schritt werden die Daten aus dem Archiv in SAP Cloud Integration hochgeladen und veröffentlicht. Dort kann die Integration dann im Anschluss überwacht werden.

1.4.4 SAP Alert Notification Service

Warnsignal-Schaltzentrale

Mithilfe des *SAP Alert Notification Service* können Nachrichten zur Überwachung von System- und Serviceverfügbarkeiten sowie weitere Warnsignale gesteuert werden. Der Service ist eine Art Vermittler, der keine eigenen Warnsignale erzeugt, sondern diese von den Services und Anwendungen erhält, die mit ihm in Verbindung stehen. Neben den von den angebundenen Services erzeugten Warnsignalen wird auch deren Verfügbarkeit geprüft. Auch hier kann eine Warnung ausgegeben werden, wenn ein Service nicht verfügbar ist.

Der SAP Alert Notification Service leitet die Warnsignale wiederum an einen signalverarbeitenden Service weiter. Dabei kann es sich um allgemeine Services oder Programme wie E-Mail-Clients oder Trackingsysteme handeln, aber auch spezifische Werkzeuge wie Slack, SAP Solution Manager, Microsoft Teams oder ServiceNow.

Zusätzlich bietet der SAP Alert Notification Service die Möglichkeit, Signale zu wiederholen, wenn diese nicht an das Zielsystem ausgeliefert werden konnten. Der Abstand zwischen den Wiederholungen vergrößert sich nach jedem neuen Zustellungsversuch. Es werden standardmäßig sieben Neuzustellungen getätigt. Sollten weniger Versuche gewünscht sein, kann dies über die Fall-Back-Funktion konfiguriert werden. Zusätzlich kann bei einem Fall-Back ein alternatives Vorgehen eingestellt werden. Wenn auch dieses fehlschlägt, kann ein weiterer Fall-Back ausgelöst werden. Dieser Vorgang ist maximal drei Mal möglich.

[»]

Testen des SAP Alert Notification Service

Der SAP Alert Notification Service kann in der Cloud-Foundry-Umgebung des Trial Accounts SAP BTP getestet werden.

1.4.5 SAP Cloud Transport Management

Cloud-Transportwesen

Die Aufgabe des Service *SAP Transport Management* besteht darin, Anwendungen und andere Inhalte innerhalb der Landschaften der SAP BTP zu transportieren, z. B. aus Testumgebungen in Produktivumgebungen. Der Service steht nur in der Cloud-Foundry-Umgebung zur Verfügung, ist aber dennoch in der Lage, Inhalte in die Neo-Umgebung zu transportieren. Die Quell- und Zielsysteme werden als *Knoten* und die Transportwege als *Routen* modelliert. Dabei kann die Komplexität der Cloud-Systemlandschaft die einer standardmäßigen Drei-Systemlandschaft übersteigen.

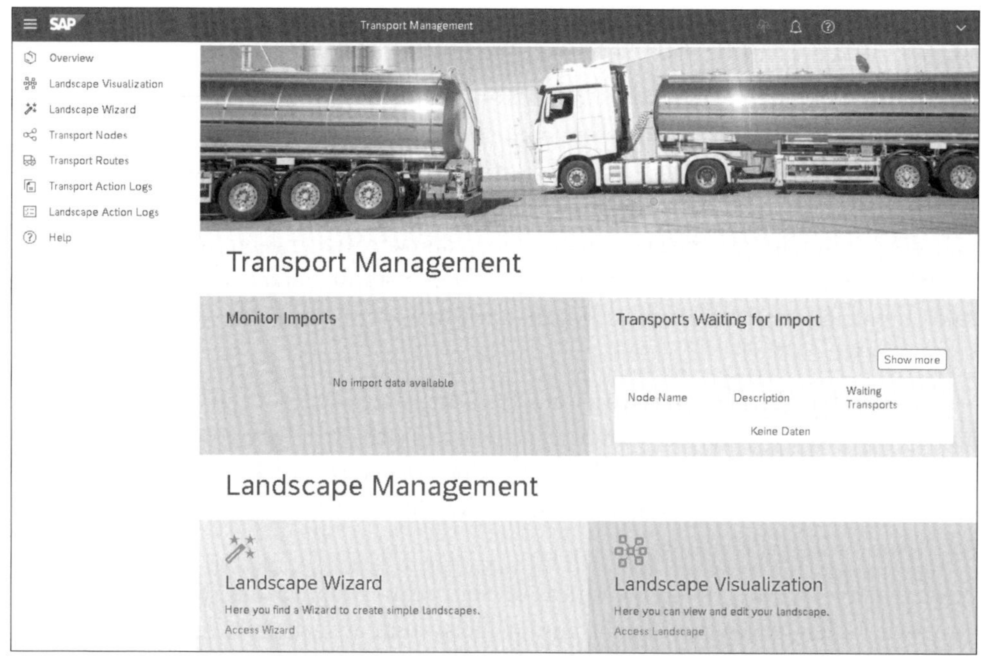

Abbildung 1.15 Startseite von SAP Cloud Transport Management

Transportierbare Objekte

Folgende Arten von Objekten können mit SAP Cloud Transport Management transportiert werden:

- Multi-Target Applications (MTA)
- Integrationspakete aus SAP Cloud Integration
- Entwicklungseinheiten (*Development Units*, kurz DU) aus SAP HANA

Abbildung 1.15 zeigt die Startseite von SAP Cloud Transport Management.

1.4.6 Weitere Integrationswerkzeuge

Der Service *SAP API Business Hub* und das On-Premise-Werkzeug *Cloud Connector* sind keine direkten Bestandteile der SAP Integration Suite. Es handelt sich um Zusatzangebote, die die Integrationsservices erweitern. Sie werden häufig in Verbindung mit der SAP Integration Suite genannt, weil sie aus vielen Integrationsszenarien nicht wegzudenken sind.

SAP API Business Hub

Der SAP API Business Hub (*https://api.sap.com/*) stellt verschiedene vordefinierte Inhalte zu unterschiedlichen SAP-Cloud-Produkten bereit. Das können Integrationsflüsse (*Integration Flows*, kurz iFlows), Mappings, Vorlagen für Berechtigungsrichtlinien (*Policy Templates*), Events usw. sein. Zusätzlich werden diverse OData-APIs bereitgestellt, für die Sie jeweils eine detaillierte Beschreibung mit ihren Endpunkten, Parametern, Rückgabewerten und Statuscodes im SAP API Business Hub finden.

Suchen und Filtern

Um die richtigen APIs oder Inhalte für Ihre Anwendungszwecke zu finden, bietet der SAP API Business Hub diverse Filtermöglichkeiten. Auf der Startseite (siehe Abbildung 1.16) können Sie beispielsweise nach Lösungen (**Solutions**), Arten von Inhalten (**Content Types**) und Themen (**Themes**) filtern.

Wenn Sie in der Suchleiste im Kopfbereich der Startseite nach einem Begriff suchen, erscheinen neben den Suchergebnissen weitere Filtermöglichkeiten, die die Ergebnisanzahl weiter reduzieren.

Favoriten

Wenn Sie ein interessantes API-Paket gefunden haben, können Sie dieses über die Funktion **Mark as Favorite** den eigenen Favoriten hinzufügen. Diese Funktion befindet sich oben in der Menüleiste unter **My Favorites**.

Eigene Umgebung konfigurieren

Der SAP API Business Hub bietet darüber hinaus nützliche Funktionen, um APIs in Ihren eigenen Systemen zu testen. Dafür wählen Sie eine API aus und klicken oben rechts auf **Configure Environments**. Es öffnet sich ein Pop-up-Fenster mit der Aufforderung, die benötigten Systeminformationen einzugeben. Dabei können Sie entscheiden, ob die Informationen gespeichert oder nur für diese Sitzung behalten werden sollen.

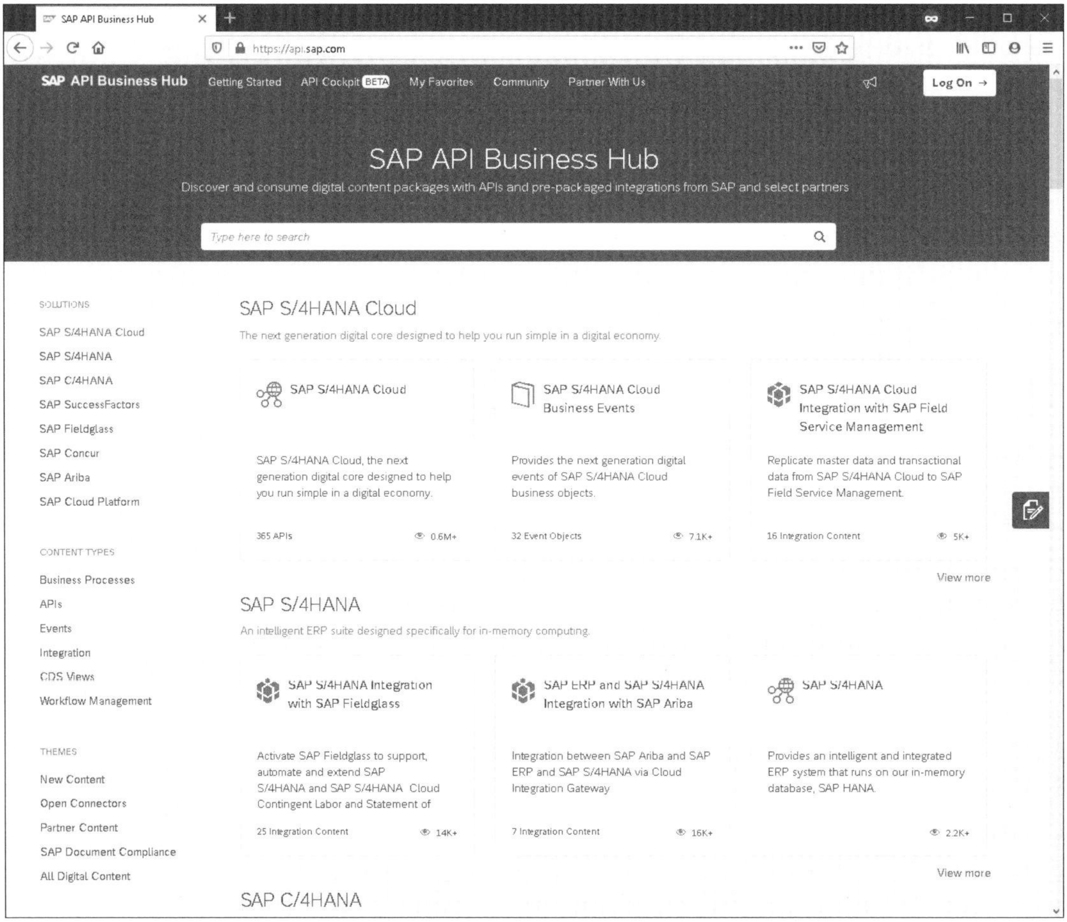

Abbildung 1.16 Startseite des SAP API Business Hub

APIs testen

Nachdem Sie Ihre eigenen Zugänge konfiguriert haben, können Sie die OData-APIs testen. Dafür wählen Sie einen API-Endpunkt aus und klicken auf die Schaltfläche **Try out**. Nachdem Sie die benötigten Parameter eingegeben und **Execute** ausgewählt haben, wird das Ergebnis in einem dunklen Kasten angezeigt.

Weiterführende Informationen zum SAP API Business Hub

Wenn Sie sich für mehr Informationen zum SAP API Business Hub interessieren, bietet der Menüpunkt **Community** eine Vielzahl an Links zu SAP-Community-Seiten und Blogeinträgen.

Cloud Connector

Der Cloud Connector ist eine kostenlose Software von SAP, mit der Sie eine sichere Verbindung zwischen der SAP BTP und Ihrer On-Premise-Landschaft einrichten können. In Abbildung 1.17 sehen Sie einen installierten Cloud Connector. Anhand der Einträge in der Tabelle **Subaccount Dashboard** können Sie erkennen, dass der Cloud Connector mit fünf verschiedenen Subaccounts der SAP BTP verbunden wurde. In Abschnitt 12.2, »Cloud Connector«, stelle ich dieses Werkzeug ausführlicher vor.

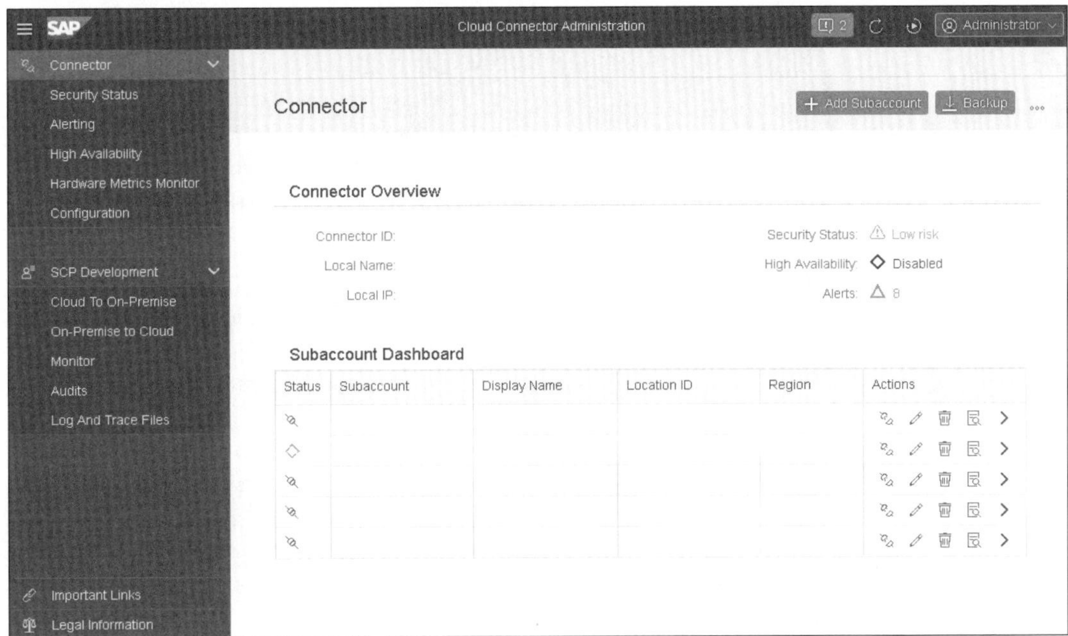

Abbildung 1.17 SAP Cloud Connector

1.4.7 Versionen der SAP Integration Suite

Ähnlich wie von SAP Cloud Integration gibt es auch von der SAP Integration Suite mehrere Versionen. Eine aktuelle Übersicht finden Sie im SAP Help Portal unter *http://s-prs.de/v805339*.

Verfügbare Versionen

Die Übersicht in Tabelle 1.2 basiert auf dem Dokumentenstand von Januar 2021 für die SAP Integration Suite. Häufig wird der Begriff *Tenant* erwähnt. Ein Tenant entspricht einem Konto, über das der Kunde auf die gemieteten Ressourcen zugreifen kann. Ein Kunde kann je nach Systemlandschaft mehrere Tenants gemietet haben. Beispielsweise besteht eine Landschaft mit einem Test- und einem Produktivsystem aus zwei Tenants.

Version	Beschreibung/Funktionsumfang
SAP Cloud Integration Suite, Basic Edition	■ ein Tenant ■ SAP Cloud Integration ohne Unterstützung für asynchrone Nachrichtenwarteschlangen ■ Abrechnung erfolgt nach Nachrichten
SAP Integration Suite, Standard Edition	■ ein Tenant ■ Abrechnung erfolgt nach Nachrichten ■ SAP Cloud Integration mit Unterstützung für asynchrone Nachrichtenwarteschlangen ■ SAP API Management ■ SAP Open Connectors ■ SAP Integration Advisor
SAP Integration Suite, Premium Edition	■ drei Tenants ■ 1.000.000 Nachrichten pro Monat ■ SAP Cloud Integration mit Unterstützung für asynchrone Nachrichtenwarteschlangen ■ SAP API Management ■ SAP Open Connectors ■ SAP Integration Advisor ■ SAP Alert Notification Service ■ SAP Cloud Transport Management
SAP Integration Suite, Premium Edition, Additional Instance	■ Erlaubt den Kauf eines weiteren Tenants
SAP Integration Suite, Additional Messages	■ Erlaubt den Kauf von zusätzlichen Nachrichtenblöcken ■ Jeder Block beinhaltet 10.000 Nachrichten

Tabelle 1.2 Versionen der SAP Integration Suite

Abrechnung nach Nachrichten

Die Nutzung der SAP Integration Suite wird nach der Anzahl verarbeiteter Nachrichten abgerechnet. Jede Nachricht wird mit einer Größe von 250 Kilobytes gewertet. Sollte eine Nachricht größer ausfallen, wird dies als weitere Nachricht gewertet.

1.5 Zusammenfassung

In diesem Kapitel wurden zunächst die Grundlagen zu den Service- und Bereitstellungsmodellen im Bereich Cloud Computing behandelt. Die Kenntnis dieser Modelle ermöglicht Ihnen ein besseres Verständnis für die Cloud-Strategie von SAP.

Im Anschluss habe ich Ihnen den Aufbau der SAP BTP mit ihren Services und Funktionen nähergebracht. Sie haben erfahren, in welchen Regionen die SAP BTP angeboten wird, und konnten sich mit einigen Sicherheitsaspekten vertraut machen.

Darauf basierend habe ich in den im Zentrum dieses Buchs stehenden Service SAP Cloud Integration eingeführt und erläutert, aus welchen Komponenten sich dieser Service zusammensetzt. In den folgenden Kapiteln werde ich diese Themen vertiefen.

Zum Abschluss dieses Kapitels habe ich Ihnen die SAP Integration Suite als Sammlung von Services zur Integration von Cloud-Lösungen erläutert. Ich habe die verschiedenen enthaltenen Services und die verschiedenen Versionen der Suite beschrieben.

Kapitel 2
Einrichtung von SAP Cloud Integration

In diesem Kapitel zeige ich Ihnen, wie Sie Ihr eigenes Konto für den Cloud-Integration-Service erstellen und den Service aktivieren. Bald können Sie so Ihre erste Integration umsetzen.

In diesem Kapitel lernen Sie zum einen, wie Sie einen Trial Account für die Cloud-Foundry-Umgebung erstellen und den Service SAP Cloud Integration dort konfigurieren. Zum anderen erfahren Sie, wie Sie den Cloud-Integration-Service in der Enterprise Edition in der Neo-Umgebung einrichten. Darauf aufbauend zeige ich Ihnen, wie Sie Ihre erste eigene Integration erstellen und ausführen können. Schließlich erfahren Sie, wie Sie einige Zusatzinformationen über den Cloud-Integration-Service aufrufen können. Dazu zählen die Dokumentation und rechtliche Hinweise von SAP. Ich stelle Ihnen außerdem einen Service vor, der die Onlineverfügbarkeit der Rechenzentren anzeigt, in denen die SAP Business Technology Platform (SAP BTP) läuft.

2.1 Einen Trial Account für SAP Cloud Integration einrichten

Damit Sie gleich damit beginnen können, Ihre eigenen Integrationen aufzubauen und zu testen, zeige ich Ihnen in diesem Abschnitt die Einrichtung eines Trial Accounts für die Cloud-Foundry-Umgebung der SAP BTP. Damit werden Sie die SAP Integration Suite aktivieren, Berechtigungen für Ihren eigenen Benutzer vergeben und einen Service Key generieren.

Trial Account parallel zu den produktiven Accounts nutzen

Den Trial Account für die SAP BTP können Sie auch als Testumgebung nutzen. Neue Funktionen, wie z. B. Erweiterungen der Weboberfläche, werden zunächst für den Trial Account veröffentlicht, bevor sie in Ihrem offiziellen Test- oder Produktiv-Tenant der SAP-BTP-Services auftauchen.

2.1.1 Trial Account anlegen

Um den Trial Account der SAP BTP nutzen zu können, müssen Sie sich zunächst registrieren. Rufen Sie dafür folgenden Link in Ihrem favorisierten Webbrowser auf:

https://www.sap.com/cmp/td/sap-cloud-platform-trial.html

Alternativ finden Sie die Registrierung für die Trial-Version auf der offiziellen Seite der SAP BTP.

Empfohlener Webbrowser

SAP empfiehlt für die Nutzung der SAP BTP den Webbrowser Google Chrome. Selbstverständlich können Sie auch jeden anderen Webbrowser verwenden.

Registrierung

Über die Auswahl **Register for Free** (kostenlose Registrierung) öffnen Sie ein Pop-up-Fenster, das Ihnen die Eingabe Ihrer Registrierungsdaten ermöglicht (siehe Abbildung 2.1).

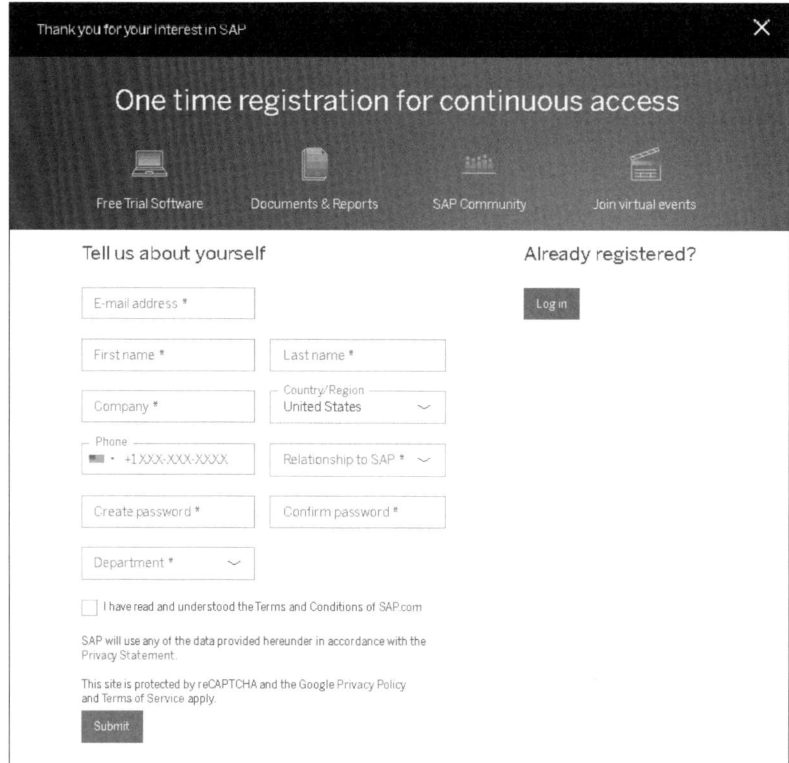

Abbildung 2.1 Registrierung eines Trial Accounts für die SAP Business Technology Platform

Trial Account starten

Nachdem Sie alle Pflichtfelder ausgefüllt und die allgemeinen Geschäftsbedingungen von SAP bestätigt haben, ist der erste Teil des Registrierungsvorgangs abgeschlossen. Sie erhalten im zweiten Teil eine E-Mail mit einem Bestätigungslink, der Ihre Registrierung abschließt.

Nach der Auswahl des Links werden Sie zu einem Startbildschirm mit Ihrer persönlichen P-User-ID weitergeleitet. Nach einem Klick auf **Click here to start your trial!** werden Sie zu einer Seite des SAP ID Service weitergeleitet, auf der Sie die Geschäftsbedingungen (**Legal Disclaimer**) bestätigen müssen. Im Anschluss gelangen Sie auf die Startseite des SAP BTP Trial. Bei zukünftigen Besuchen müssen Sie sich neu anmelden (siehe Abbildung 2.2). Dies ist im Rahmen der initialen Registrierung nicht erforderlich.

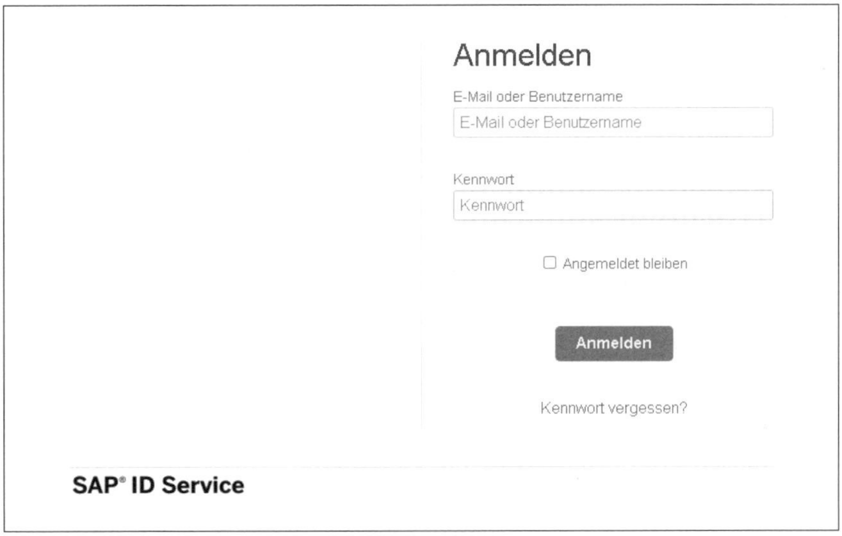

Abbildung 2.2 Anmeldeseite für den SAP BTP Trial

Startseite

Auf der Startseite in Abbildung 2.3 finden Sie die Schaltfläche **Enter Your Trial Account**, über die Sie direkt in die Cloud-Foundry-Umgebung der SAP BTP gelangen. Des Weiteren finden Sie dort mehrere Schnellzugrifflinks, beispielsweise für das SAP Business Application Studio und zu verschiedenen Tutorials.

Tutorials

Im Bereich **Starter Scenarios** erhalten Sie Zugriff auf verschiedene Tutorials zum Einsatz der SAP BTP. Für jedes Tutorial finden Sie eine kurze Beschreibung, den Schwierigkeitsgrad und die ungefähre Dauer.

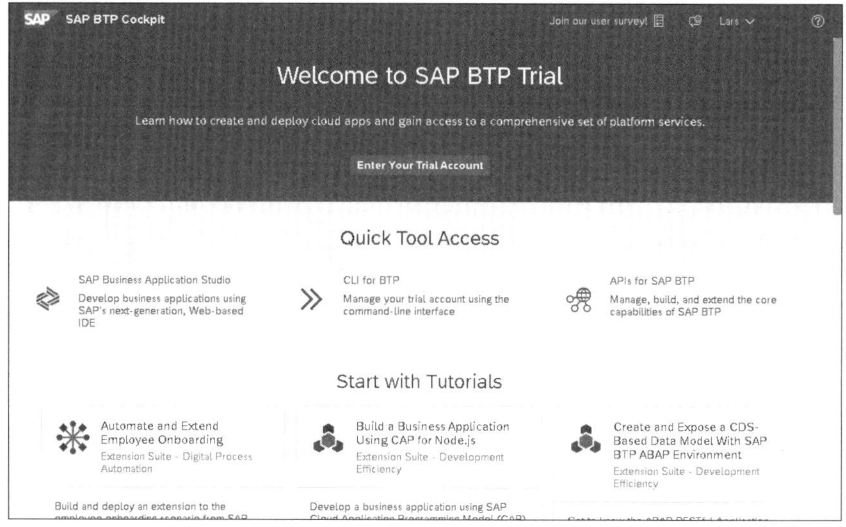

Abbildung 2.3 Startseite des SAP Business Technology Platform Trial

[»]

Kein Trial Account in der Neo-Umgebung

Es kann vorkommen, dass Sie veraltete Hinweise zur Neo-Umgebung im Trial Account entdecken. Seit November 2020 wird der Trial Account auf Basis der Neo-Umgebung von SAP nicht mehr angeboten. Alle bestehenden Services in der Neo-Umgebung wurden gelöscht.

Registrierungsbestätigung

Nachdem Sie **Enter Your Trial Account** ausgewählt haben, gelangen Sie einmalig zum SAP ID Service, um Ihre Telefonnummer einzugeben, sofern Sie dies nicht schon bei der Registrierung getan haben. Ihre Telefonnummer ist für die Zwei-Faktor-Authentifizierung erforderlich. Sie erhalten im Anschluss eine SMS oder einen Anruf von einer digitalen Stimme, die Ihnen einen einmalig verwendbaren Bestätigungscode mitteilt, den Sie eingeben müssen.

Regionsauswahl

Als Nächstes werden Sie aufgefordert, eine Region in Ihrer Nähe zu wählen und die Anlage des Trial Accounts mit **Create Account** zu bestätigen (siehe Abbildung 2.4).

Initialisierungsprozess

SAP startet im Anschluss einen Initialisierungsprozess, der einige Minuten dauern kann. Ihnen wird nach der Fertigstellung eine Übersicht angezeigt, in der Ihnen die ausgewählte Region, der Global Account, Ihr Subaccount, die Organization und Ihr Space dargestellt werden. Abschließend werden Sie in Ihren Global Account weitergeleitet und dort in einem Pop-up-Fenster begrüßt.

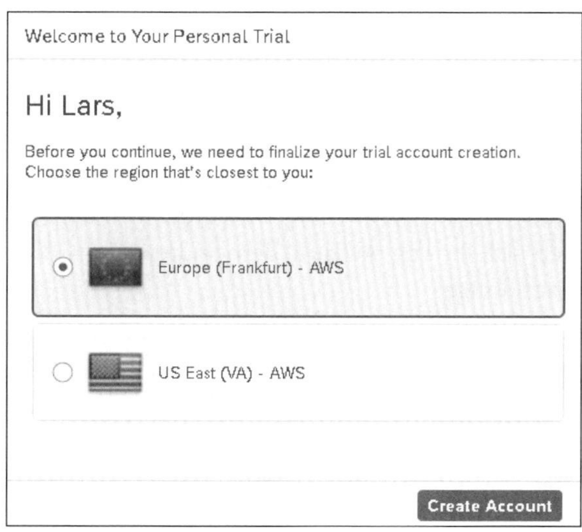

Abbildung 2.4 Auswahl der Region für den SAP Business Technology Platform Trial

Es informiert Sie über aktuelle Neuigkeiten und Änderungen in der SAP BTP. In dem Begrüßungs-Pop-up in Abbildung 2.5 werden Sie beispielsweise darauf hingewiesen, dass der Trial Account zukünftig eine Gültigkeit von bis zu 365 Tagen haben kann, bevor er gelöscht wird und Sie einen neuen initialisieren müssen.

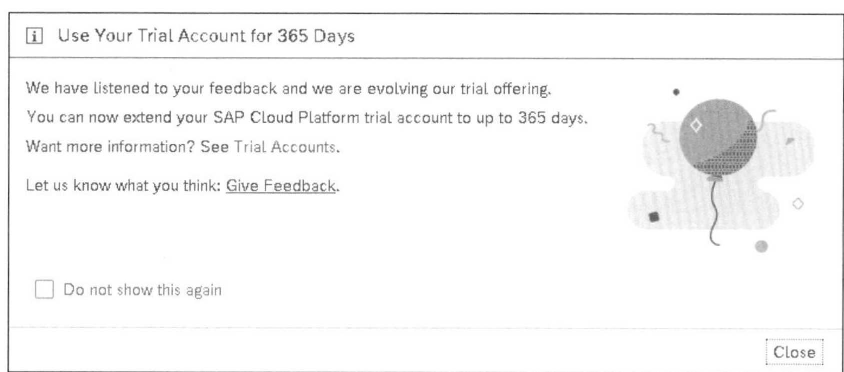

Abbildung 2.5 Begrüßung im Global Account des SAP Business Technology Platform Trial

Gültigkeit des Trial Accounts

Standardmäßig hat der Trial Account eine Gültigkeit von 30 Tagen. Nach diesen 30 Tagen können Sie ihn um weitere 30 Tage verlängern. Diesen Schritt können Sie so häufig wiederholen, bis 365 Tage vergangen sind. Danach wird Ihr Trial Account automatisch gelöscht, und Sie haben keinen Zugriff mehr darauf. Nachdem Ihr Account gelöscht wurde, können Sie jederzeit einen neuen anlegen.

Wann Ihr Trial Account abläuft, können Sie über das Symbol **Trial Period** () rechts oben auf der Überblickseite nachsehen. Die verbleibenden Tage werden zusätzlich in dem kleinen Kreis neben dem Symbol farbig dargestellt. Wenn Ihr Account neu ist oder gerade erst verlängert wurde, wird die Zahl grün hervorgehoben. Nähert sich Ihr Trial Account dem Ende seiner Gültigkeit, ändert sich die Farbe zu Orange.

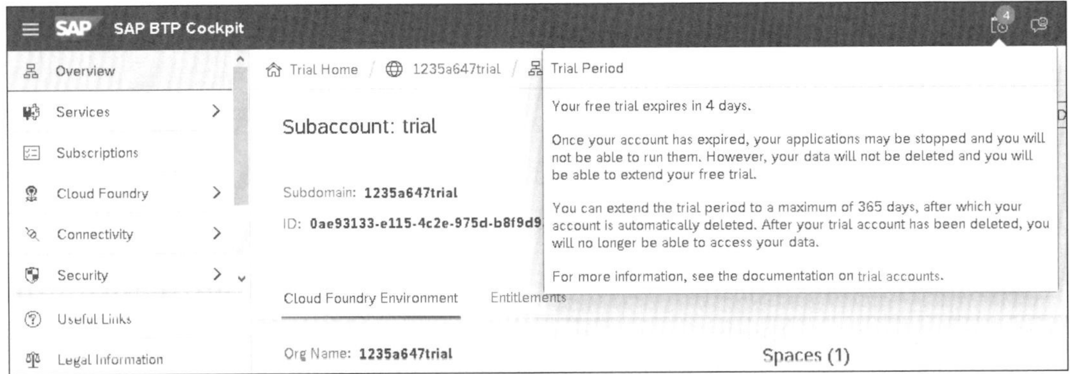

Abbildung 2.6 Gültigkeit des Trial Account anzeigen

Trial Account verlängern

Sobald Ihr Account abgelaufen ist, erhalten Sie bei der nächsten Anmeldung den Hinweis, dass Sie Ihren Account verlängern können, sofern die maximale Anzahl an Verlängerungen noch nicht erreicht wurde. Wenn Sie Ihren Account verlängern wollen, klicken Sie auf **Extend Account** (siehe Abbildung 2.7). Andernfalls können Sie Ihren Account mit **Delete Account** löschen. Nach einer kurzen Wartezeit wird die Gültigkeit Ihres Accounts verlängert, und Sie können die SAP BTP mit **Enter Trial Account** öffnen.

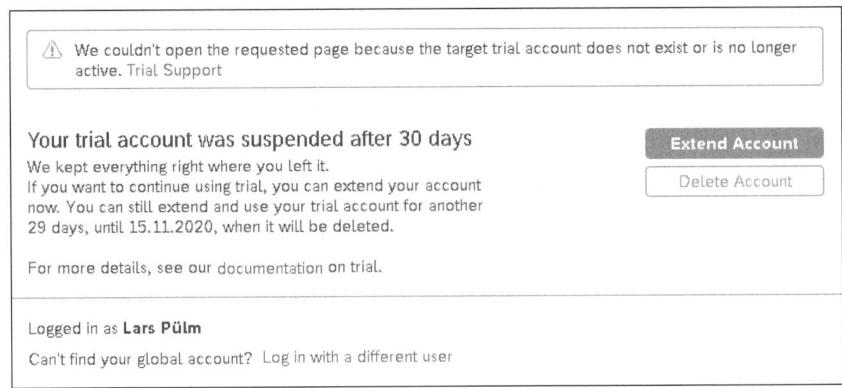

Abbildung 2.7 Trial Account verlängern

2.1.2 SAP Cloud Integration aktivieren

Subaccount-Übersicht

Nachdem Sie Ihren Trial Account erfolgreich angelegt haben, klicken Sie auf die Kachel **trial**, um in Ihren Subaccount zu gelangen. Ihnen wird eine Übersichtsseite angezeigt, die Ihnen alle wichtigen Informationen über Ihren Subaccount anzeigt (siehe Abbildung 2.8). Auf der linken Seite finden Sie eine Menüleiste, über die Sie alle wichtigen Funktionen erreichen können. Im oberen Bereich sehen Sie eine Breadcrumb-Navigation, über die Sie immer zur vorherigen Seite zurückkehren können. Der Arbeitsbereich zeigt Ihnen alle Informationen zur ausgewählten Funktion an.

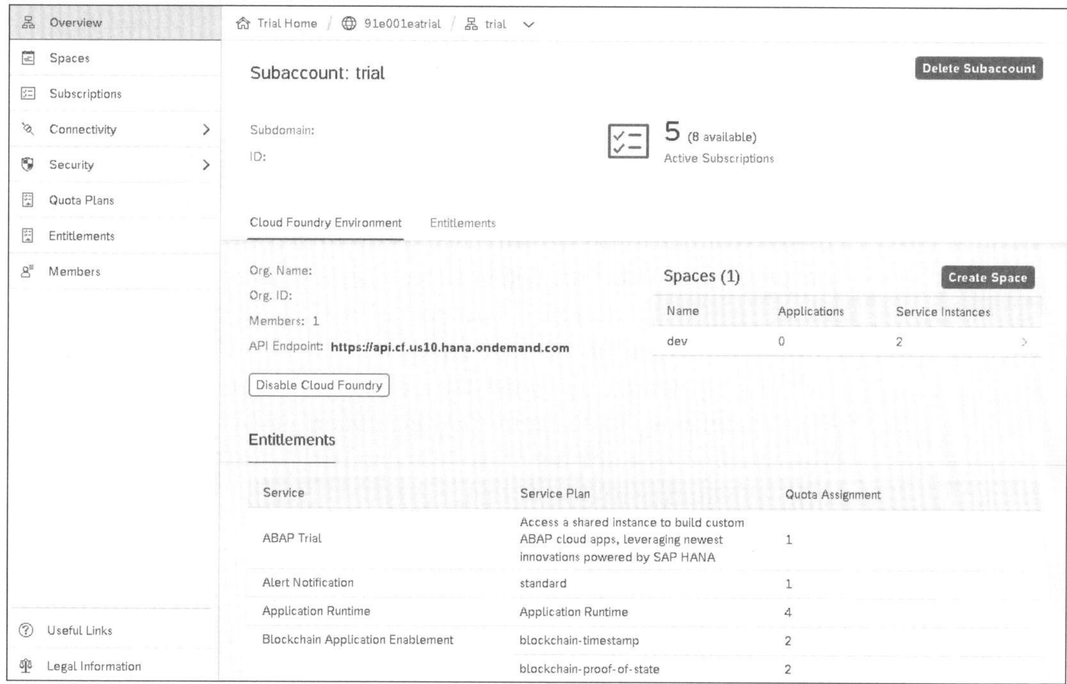

Abbildung 2.8 Subaccount-Übersicht im SAP Business Technology Platform Trial

SAP Integration Suite aktivieren

Als Nächstes wählen Sie im Menü auf der rechten Seite den Eintrag **Subscriptions** aus. Klicken Sie in der Kategorie **Integration Suite** auf die Kachel **Integration Suite**. Unter der Serviceüberschrift sollte mit grauem Hintergrund **Not Subscribed** stehen. Wenn dies der Fall ist, können Sie den Service über die Schaltfläche **Subscribe** aktivieren. Nach einer kurzen Aktivierungsphase wird das Informationsfeld **Subscribed** mit einem grünen Hintergrund dargestellt (siehe Abbildung 2.9).

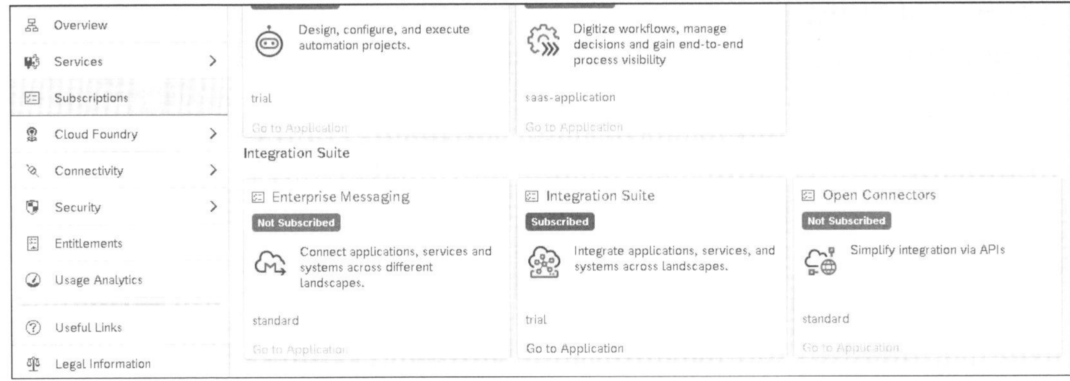

Abbildung 2.9 Integration Suite aktivieren

Berechtigung für die Integration Suite

Zum aktuellen Zeitpunkt haben Sie noch keine Berechtigung, die SAP Integration Suite aufzurufen. Wenn Sie es dennoch versuchen, erhalten Sie den Hinweis **Looks like you do not have access to the requested page**. Unter **Security • Role Collection** im seitlichen Menü finden Sie alle vordefinierten *Role Collections*. Dabei handelt es sich um zu einer Sammlung zusammengefasste Berechtigungsrollen. Suchen Sie die Role Collection `Integration_Provisioner`, öffnen Sie diese, und aktivieren Sie über den Button **Edit** den Bearbeitungsmodus. Im Bereich **User** können Sie über einen Klick auf das Plus-Symbol einen neuen Benutzer hinzufügen. Verwenden Sie als **User ID** Ihre E-Mail-Adresse, mit der Sie sich für den Trial Account registriert hatten (siehe Abbildung 2.10).

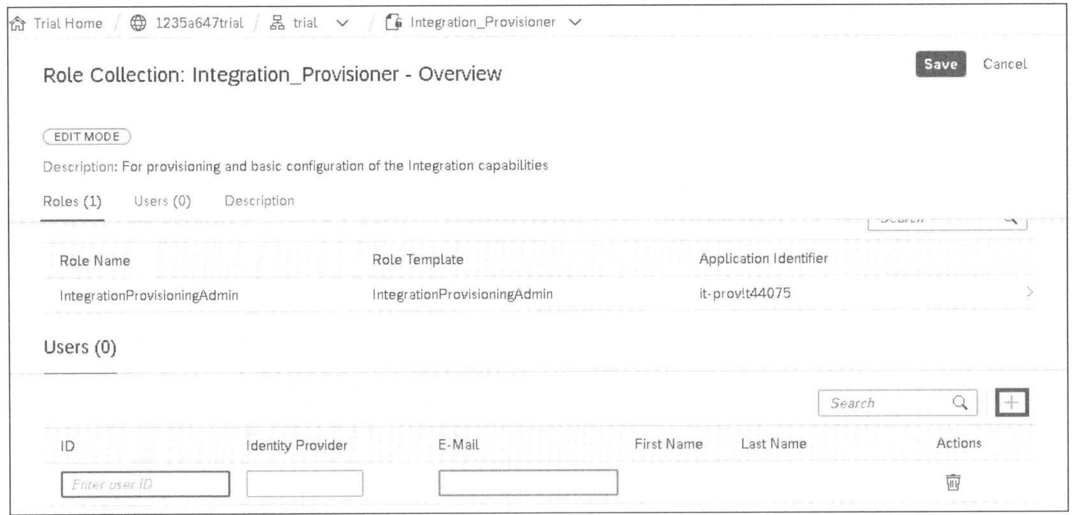

Abbildung 2.10 Berechtigung für die Integration Suite vergeben

[«]

Zugriffsverweigerung trotz Berechtigung

Es kann auch nach der Berechtigungsvergabe noch dazu kommen, dass Ihnen der Zugriff verweigert wird. Dies liegt dann daran, dass Ihre aktuelle Websession die Berechtigung für Ihren Benutzer noch nicht aktualisiert hat. Sie können diesen Vorgang beschleunigen, indem Sie sich in Ihrem Tenant neu anmelden oder den Browser komplett schließen und erneut öffnen.

Integration Service aktivieren

Rufen Sie als nächsten Schritt unter **Subscriptions** die **Integration Suite** auf, und wählen Sie **Go to Application**. Sie werden zur Auswahl der *Capabilities* der SAP Integration Suite weitergeleitet, d. h. zur Auswahl der in der Suite enthaltenen Funktionen bzw. Services. Durch einen Klick auf die Kachel **Manage Capabilities** können Sie Ihrer Integration Suite einen neuen Service hinzufügen. Jeder Eintrag steht für einen eigenen Service. Zur Auswahl des Service SAP Cloud Integration wählen Sie den ersten Eintrag **Design, Develop and Operate Integration Scenarios** (siehe Abbildung 2.11).

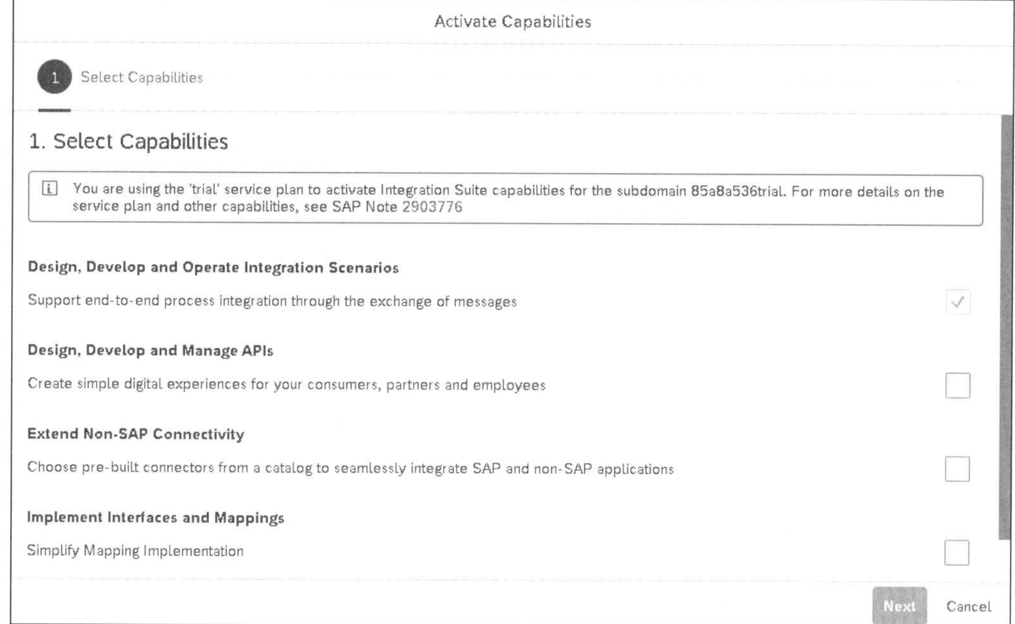

Abbildung 2.11 Capability für die SAP Integration Suite aktivieren

Mit **Next** gelangen Sie zur Einstellung der Nachrichtenwarteschleifen (**Message Queues**). Diese können Sie aktivieren, wenn Sie asynchrone Nachrichtenflüsse nutzen wollen. Durch die Aktivierung können Sie die Adapter JMS, AS2 Sender und den XI in SAP Cloud Integration verwenden. Die Adapter werden in Kapitel 7, »Komponenten und Adapter«, erläutert.

Klicken Sie erneut auf **Next**. Im letzten Schritt wird Ihnen eine Zusammenfassung Ihrer Konfiguration angezeigt. Mit **Activate** bestätigen Sie Ihre Eingaben.

Bereitstellungsübersicht

Im Anschluss werden Sie auf die Seite **Provisioning** der SAP Integration Suite weitergeleitet. Dort können Sie die Aktivierung des Service der SAP Integration Suite beobachten. Dieser Vorgang kann bis zu 20 Minuten dauern. Nach der erfolgreichen Aktivierung wird eine URL angezeigt, über die Sie den Service SAP Cloud Integration erreichen können (siehe Abbildung 2.12). Speichern Sie diese URL in Ihren Favoriten, damit Sie bei einem erneuten Aufruf nicht mehr über die Seite der SAP Integration Suite zum Cloud-Integration-Service navigieren müssen.

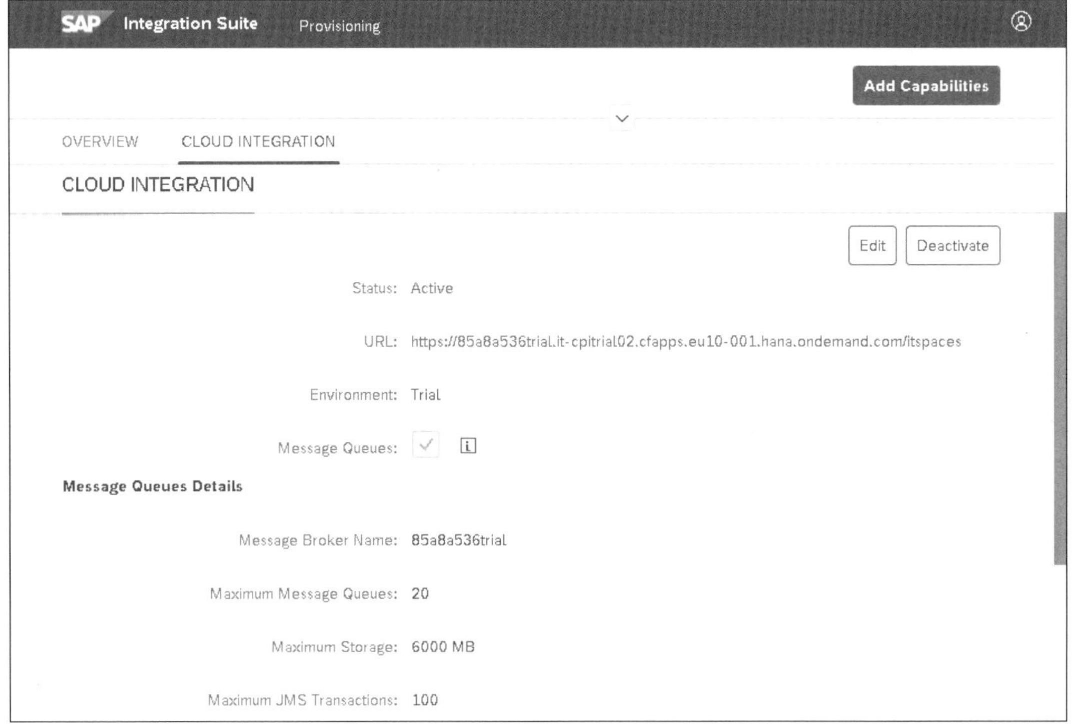

Abbildung 2.12 Bereitstellungsübersicht der SAP Integration Suite

Wenn Sie zurück zur Startseite der SAP Integration Suite navigieren, sollte dort nun die Kachel **Design, Develop, and Operate Integration Scenarios** angezeigt werden, die Sie in Abbildung 2.13 sehen. Mit einem Klick auf diese Kachel öffnet sich der Cloud-Integration-Service. Voraussetzung ist, dass Sie die entsprechenden Berechtigungen haben, die wir im nächsten Schritt vergeben.

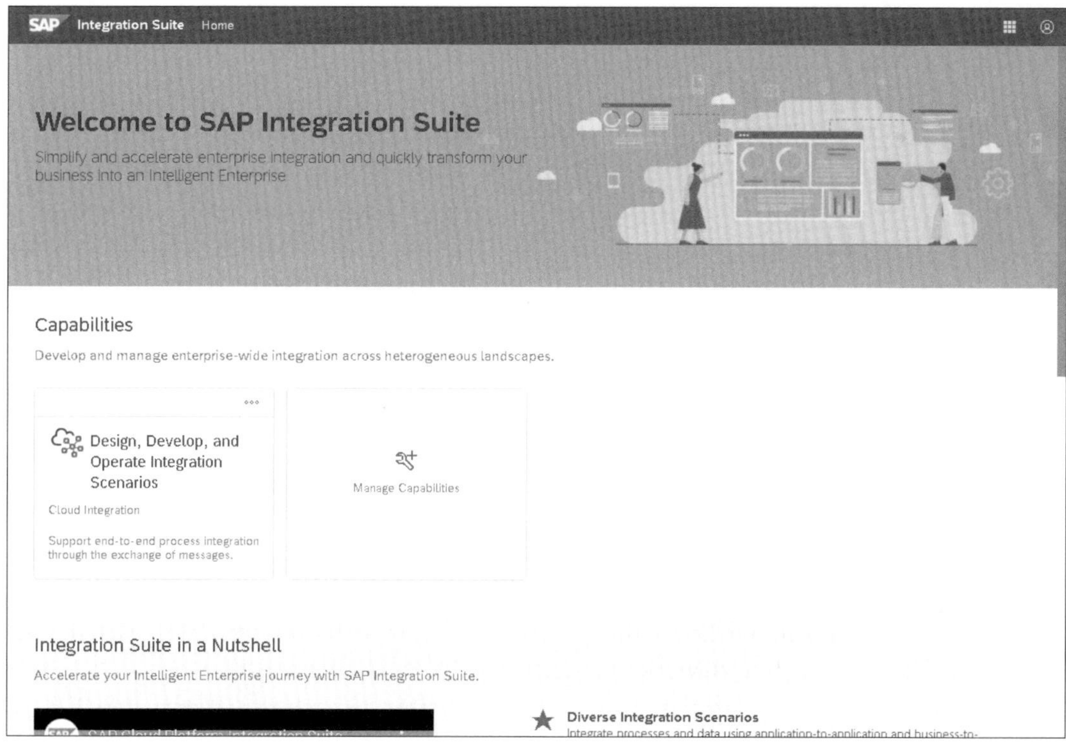

Abbildung 2.13 Startseite der SAP Integration Suite

Berechtigungen für SAP Cloud Integration

Ähnlich wie für die SAP Integration Suite müssen Sie auch für den Cloud-Integration-Service die Berechtigungen besitzen. Diese werden Ihnen unter **Security • Role Collection** angezeigt, nachdem Sie den Service in der SAP Integration Suite aktiviert haben. Alle Role Collections, die für den Cloud-Integration-Service verfügbar sind, sind mit dem Präfix `PI_` (für Process Integration) gekennzeichnet:

- `PI_Administrator`
- `PI_Business_Expert`
- `PI_Integration_Developer`
- `PI_Read_Only`

Da Sie in der Trial-Umgebung arbeiten, empfehle ich Ihnen, Ihrem Benutzer alle Role Collections mit dem Präfix `PI_` zuzuordnen, um einen angenehmen Arbeitsfluss zu gewährleisten (siehe Abbildung 2.14). In einer produktiven Umgebung empfiehlt es sich, eigene Role Collections mit den benötigten Rollen für die entsprechenden Nutzer als Kopien der Standard-Collections zu erstellen.

Abbildung 2.14 Berechtigung für SAP Cloud Integration vergeben

Serviceinstanz erstellen

Im nächsten Schritt müssen Sie eine *Serviceinstanz* für den Cloud-Integration-Service anlegen. Eine Serviceinstanz entspricht der funktionsfähigen Kopie eines eigenständigen Service in der SAP Cloud:

1. Rufen Sie dazu den Menüpunkt **Cloud Foundry • Spaces • dev** auf. *Dev* ist ein Space, der für die Trial-Umgebung von SAP automatisch erstellt wird.
2. Navigieren Sie in diesem Space über den Menüpfad **Services • Marketplace** zum Service **Process Integration Runtime**.
3. Klicken Sie auf die Schaltfläche **Create Instances**, woraufhin sich der Assistent **New Instance** öffnet (siehe Abbildung 2.15).

Abbildung 2.15 Serviceinstanz erstellen

4. Im ersten Schritt **Basic Info** ist als Service **Process Integration Runtime** voreingestellt. Wählen Sie zusätzlich den **Service Plan** `integration-flow`, und geben Sie der Instanz einen Namen. Klicken Sie auf das Informationssymbol ([i]), erhalten Sie Empfehlungen für den Namensaufbau.

[»]

Servicepläne in der SAP Business Technology Platform

Servicepläne beschreiben den Ressourcenverbrauch und die Abrechnung einzelner Services in der SAP BTP.

Wählen Sie hier die Kachel **Complete Portfolio** aus. In der folgenden Ansicht können Sie in einer Baumstruktur oder über die Suche nach einem Best-Practices-Paket suchen, das für Ihr Szenario interessant ist. Suchen Sie beispielsweise nach Paketen für SAP S/4HANA Cloud. Wenn Sie das passende Paket gefunden haben, können Sie dies über einen Klick auf den Listeneintrag öffnen (siehe Abbildung 3.24).

Integrationsszenarien

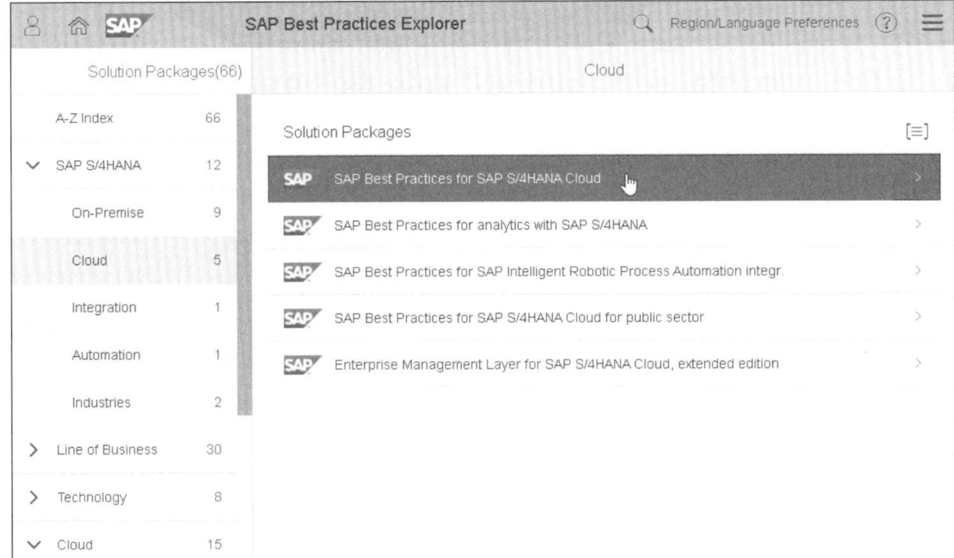

Abbildung 3.24 Paketauswahl innerhalb einer Baumstruktur

Es stehen Ihnen Best-Practices-Pakete für folgende Kategorien zur Verfügung:

- SAP S/4HANA
- Geschäftsbereich (**Line of Business**)
- Technologie (**Technology**)
- Cloud-Produkte (**Cloud**)
- Kürzlich aktualisierte Pakete (**Recent Updates**)
- Pakete für die SAP Model Company

Abbildung 3.25 zeigt die Detailsicht des Pakets **SAP Best Practices for SAP S/4HANA Cloud**. Sie können die Sprache der Seite bei Bedarf anpassen. Die folgenden Reiter strukturieren den Inhalt des Pakets:

Übersicht eines Best-Practices-Pakets

- **Übersicht**
  Auf dem Reiter **Übersicht** finden Sie Informationen über den Paketumfang und die Produkte, die mit SAP S/4HANA Cloud interagieren können, sowie Prozessbeschreibungen.

- **Lösungsumfang**
  Der Reiter **Lösungsumfang** zeigt die Umfangsbestandteile in einer Baumstruktur. Ein Umfangsbestandteil ist eine Vorgehensweise, um ein Ziel zu erreichen, beispielweise das Verarbeiten einer Verkaufsmöglichkeit (*Opportunity*). Jeder Ast der Baumstruktur enthält eine Beschreibung des Inhalts.
- **Beschleuniger**
  Im Bereich **Beschleuniger** finden Sie weiterführende Links zu Informationen außerhalb des SAP Best Practices Explorers. Das können z. B. Blogeinträge in der SAP Community sein.
- **Weitere Informationen**
  Auf dem Reiter **Weitere Informationen** finden Sie Verlinkungen zu weiteren Best-Practices-Paketen, die zu dem ausgewählten Paket passen könnten.

Um in dem Bereich **Lösungsumfang** die Baumstruktur in Abbildung 3.25 anzuzeigen, wählen Sie in der Drop-down-Liste auf der rechten Seite den Eintrag **SAP S/4HANA Cloud Integration**.

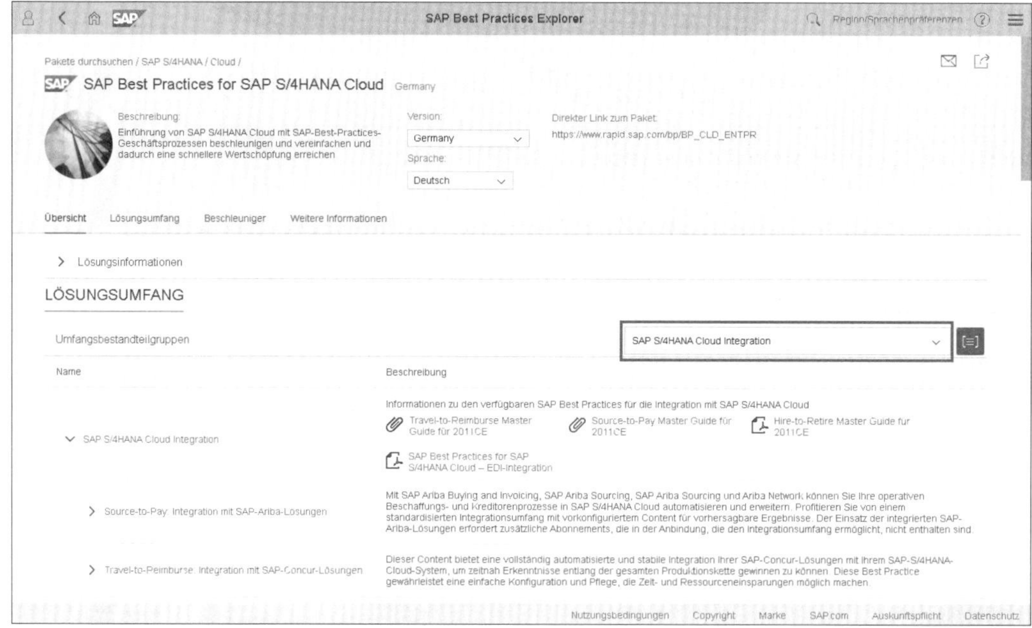

Abbildung 3.25 Inhalt des Pakets »SAP Best Practices for SAP S/4HANA Cloud«

Beispielpaket

Für die folgenden Abbildungen wurde das Paket **Opportunity in Auftrag mit SAP Cloud for Customer (1VP)** im Bereich **SAP C/4 Hana Cloud Integration • Integration mit SAP Cloud for Customer** gewählt. Das Paket beschreibt die

Standardintegration zwischen SAP S/4HANA Cloud und SAP Sales Cloud (siehe Abbildung 3.26).

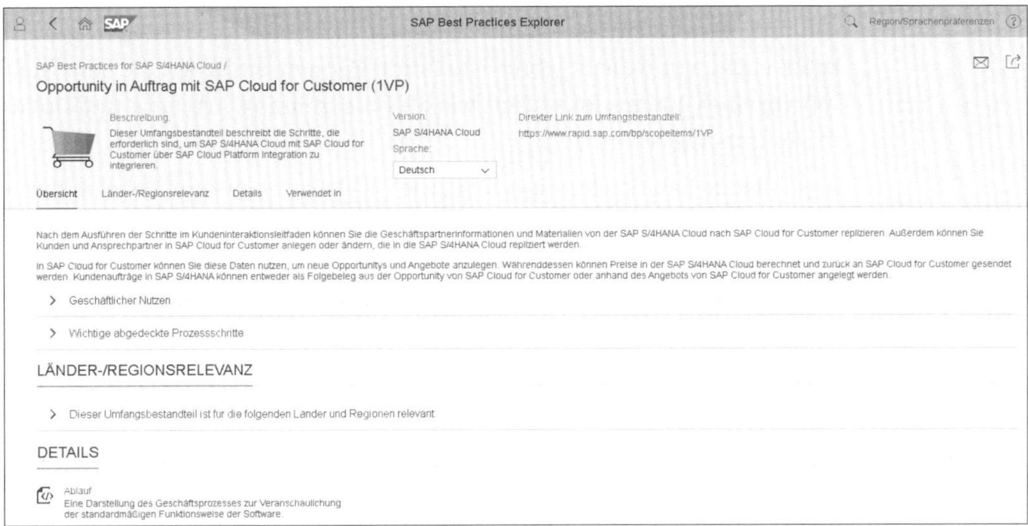

Abbildung 3.26 Best-Practices-Paket »Opportunity in Auftrag mit SAP Cloud for Customer«

Für manche Pakete finden Sie weitere Zusatzinformationen, wie zum Beispiel einen Prozessablaufplan. Einen solchen Plan für das genannte Paket sehen Sie in Abbildung 3.27.

Zusatzinformationen

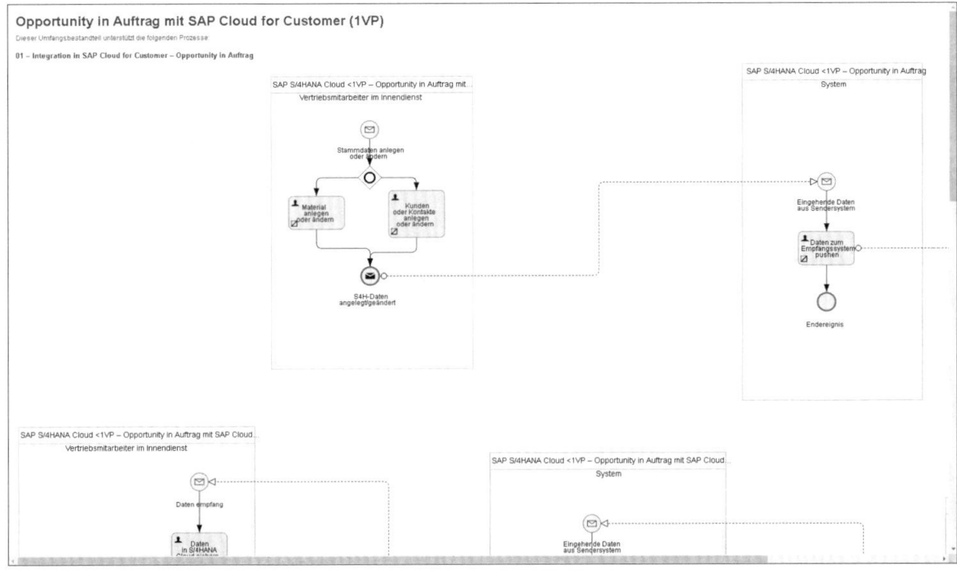

Abbildung 3.27 Prozessablaufplan im Paket »Opportunity in Auftrag mit SAP Cloud for Customer«

3.4 Zusammenfassung

In diesem Kapitel haben Sie die **Discover**-Ansicht von SAP Cloud Integration kennengelernt. Sie wissen nun, wie Sie nach vorgefertigten Integrationspaketen suchen und die Ergebnisliste filtern können. Sie haben die einzelnen Inhalte eines Integrationspakets wie die Beschreibung, Artefakte und Dokumentationen gesehen.

Anschließen habe ich Ihnen gezeigt, wie Sie ein vorgefertigtes Paket in Ihren eigenen Arbeitsbereich kopieren und dort konfigurieren können. Vorgefertigte Pakete erhalten in regelmäßigen Abständen Updates. Sie haben gelernt, wie Sie einzelne Integrationen oder ganze Pakete manuell aktualisieren.

Schließlich habe ich Ihnen zwei Integrationsszenarien vorgestellt, die mit SAP Cloud Integration häufig umgesetzt werden. Außerdem haben Sie den SAP Best Practices Explorer als zusätzliche Informationsquelle kennengelernt.

Kapitel 4
Design-Oberfläche

In diesem Kapitel mache ich Sie mit dem Arbeitsbereich vertraut, in dem Sie sich beim Umgang mit SAP Cloud Integration die meiste Zeit aufhalten werden. In dieser sogenannten Design-Oberfläche können Sie Ihre Integrationen aus den bereitgestellten Komponenten zusammenbauen, in Paketen strukturieren und versionieren.

In der **Design**-Umgebung werden Sie sich voraussichtlich die meiste Zeit über aufhalten, wenn Sie Ihre Integrationen erstellen. Zunächst legen Sie hier Pakete zur Organisation Ihrer Integrationen an. Dieses Vorgehen beschreibe ich in Abschnitt 4.1, »Pakete und Artefakte«. In dieser Arbeitsumgebung finden Sie außerdem alle Funktionen und Komponenten zur Erstellung neuer Integrationen und zur Bearbeitung bestehender Integrationen. In Abschnitt 4.2, »Versionierung«, erkläre ich, wie Sie die angelegten Integrationen in Versionen verwalten können. In Abschnitt 4.3, »Grundlagen zur Erstellung einer Integration«, lernen Sie jeden einzelnen Bereich der Arbeitsumgebung kennen und vertiefen Ihre ersten Kenntnisse zum Aufbau von Integrationen.

4.1 Pakete und Artefakte

Integrationen werden in SAP Cloud Integration als *Artefakte* (engl. *Artifacts*) angelegt. Ein Artefakt kann neben einer Integration auch ein OData-Service oder ein Value Mapping sein. Um bei mehreren Artefakten nicht die Übersicht zu verlieren, werden diese in *Paketen* zu *Szenarien* zusammengefasst. In diesem Abschnitt erfahren Sie, wie Sie Pakete in der Design-Umgebung anlegen und ihnen neue Artefakte zuweisen.

4.1.1 Pakete anlegen und verwalten

Übersicht der Pakete

Wenn Sie die Weboberfläche von SAP Cloud Integration geöffnet haben, finden Sie im Menü auf der linken Seite den Eintrag **Design** mit einem Stift-Symbol (✎) und der Quickinfo **Click to work with content packages**, die angezeigt wird, wenn Sie mit dem Mauszeiger über das Symbol fahren. Klicken

Sie auf dieses Symbol, gelangen Sie direkt zu der Übersicht **Packages** innerhalb der **Design**-Oberfläche (siehe Abbildung 4.1). Die bestehenden Pakete werden hier in einer Liste dargestellt. Hier können Sie Pakete anlegen oder importieren sowie nach bestehenden Paketen suchen. Sie können die Liste der Pakete filtern sowie die einzelnen Einträge öffnen oder löschen.

Abbildung 4.1 Übersicht der Pakete

Eigenschaften von Paketen

In Abbildung 4.1 sehen Sie alle Pakete, die von Integrationsentwickler*innen erstellt oder aus dem Katalog des **Discover**-Bereichs in den **Design**-Bereich kopiert wurden. Für jedes Paket in der Listenansicht finden Sie folgende Angaben:

- **Name**
  Der Name des Pakets sollte stets dessen Inhalt oder das übergeordnete Szenario beschreiben. Er ist nicht eindeutig, d. h., ein Paketname kann im ungünstigen Fall mehrmals vorkommen. Dies sollte allerdings vermieden werden. Die Eindeutigkeit wird bei der Paketerstellung durch den technischen Namen gewährleistet.
- **Mode**
  Die Spalte **Mode** beschreibt die Bearbeitungsmöglichkeiten eines Pakets. In der Regel befindet sich ein Paket im Modus **Editable**. Es kann jedoch Pakete von Drittanbietern geben, die das Verändern des Pakets samt Inhalt verbieten.
- **Version**
  Die Version ist bei der Paketerstellung eine optionale Angabe. Die Spalte **Version** zeigt bei einem kopierten Integrationsszenario den Versionsstand der Kopie an.

- **Created By**
  Durch die Benutzerkennung wird der Ersteller oder die Erstellerin des Pakets definiert, dies kann ein S- oder P-User oder eine E-Mail-Adresse sein.
- **Created Date**
  Diese Spalte zeigt das Datum und die Uhrzeit der Paketerstellung an, zum Beispiel »Fri, 07 Feb 2020 06:09:30 GMT«.
- **Description**
  Die Spalte **Description** zeigt die Kurzbeschreibung des Pakets an. Sie sollte mehr Informationen als den Namen des Pakets beinhalten.
- **Action**
  In der Spalte **Action** werden Funktionen angezeigt, die Sie für ein ausgewähltes Paket ausführen können. Für Pakete steht nur die Löschen-Funktion zur Verfügung, die durch ein Mülltonnen-Symbol (🗑) dargestellt wird.

Paket anlegen

Um eine Integration zu erstellen, müssen Sie als Erstes ein neues Paket anlegen:

1. Klicken Sie auf **Create** am oberen rechten Bildschirmrand. Damit öffnen Sie die Oberfläche zur Erstellung eines neuen Pakets.
2. Auf dem ersten Reiter **Header** geben Sie die grundlegenden Daten des Pakets ein (siehe Abbildung 4.2). Im Feld **Name** sollten Sie einen aussagekräftigen Namen eingeben.

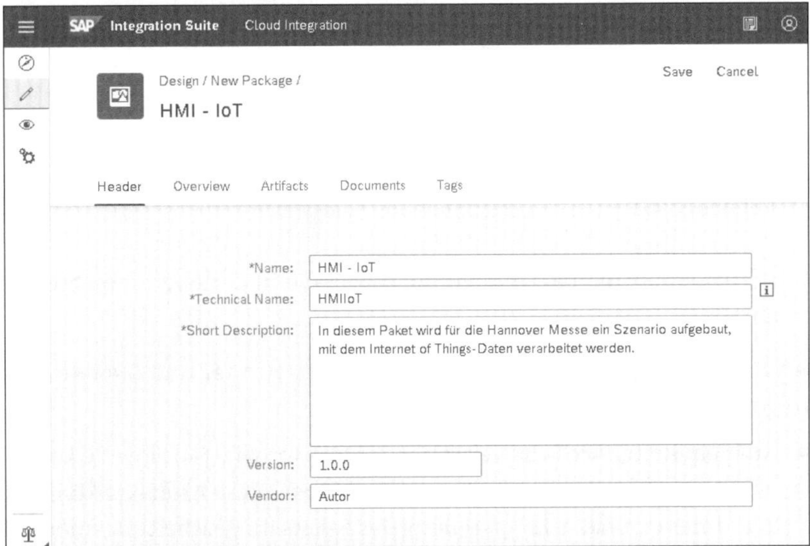

Abbildung 4.2 Ein neues Paket anlegen

3. SAP Cloud Integration füllt das Feld **Technical Name** daraufhin automatisch mit einem Vorschlag, basierend auf dem Namen des Pakets. Der technische Name darf in Ihrem Tenant nur einmal vorkommen und kann im Nachhinein nicht geändert werden. Sollten Sie einen anderen technischen Namen bevorzugen, können Sie den Vorschlag jedoch an dieser Stelle ändern.
4. Im Anschluss geben Sie eine Kurzbeschreibung im Feld **Short Description** ein.
5. Optional können eine **Version** sowie einen Anbieter im Feld **Vendor** angeben. Letzteres bietet sich an, wenn Sie Ihr Paket anderen SAP-Kunden zur Verfügung stellen möchten.
6. Bei Bedarf können Sie auf dem Reiter **Overview** eine ausführlichere Beschreibung eingeben. Bei dem Beschreibungsfeld handelt es sich um einen vollwertigen Editor mit verschiedenen Formatierungsmöglichkeiten (siehe Abbildung 4.3).

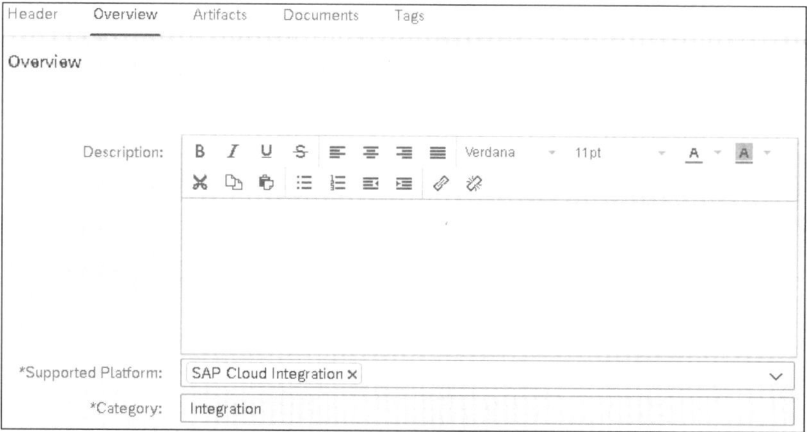

Abbildung 4.3 Editor zur Beschreibung eines Pakets

7. Schließen Sie die Paketerstellung über **Save** in der oberen rechten Ecke ab.

Weitere Reiter

Im Anlagedialog haben Sie neben den Reitern **Header** und **Overview** noch folgende weitere Reiter gesehen:

- Auf dem Reiter **Artifacts** verwalten Sie Ihre Integration Flows, OData-Services und Value Mappings (Value Mappings). Diese Artefakte können Sie allerdings erst nach der Erstellung des Pakets im Bearbeitungsmodus anlegen, daher zeigt dieser Reiter zunächst keine Inhalte. Wie Sie Artefakte anlegen, erfahren Sie in Abschnitt 4.1.2, »Artefakte anlegen und verwalten«.

- Auf dem Reiter **Documents** können Sie Dokumente als Datei oder über eine Zugriffs-URL hinterlegen. Dies ist ebenfalls erst nach der Erstellung des Pakets möglich.
- Auf dem Reiter **Tags** können Sie Ihr Paket mithilfe von Stichwörtern kategorisieren. Es stehen Ihnen die fünf Standard-Tags **Product**, **Country**, **Keyword**, **Lines of Business** und **Industry** zur Verfügung. Zusätzlich werden auf diesem Reiter die kundeneigenen Tags (*Custom Tags*) angezeigt, über die Sie in Abschnitt 6.4, »Custom Tags«, mehr erfahren.

Pakete bearbeiten

Nach dem Erstellen des Pakets öffnet sich automatisch die Detailansicht des Pakets, und Ihnen werden oben rechts die folgenden Bedienfelder angezeigt (siehe Abbildung 4.4):

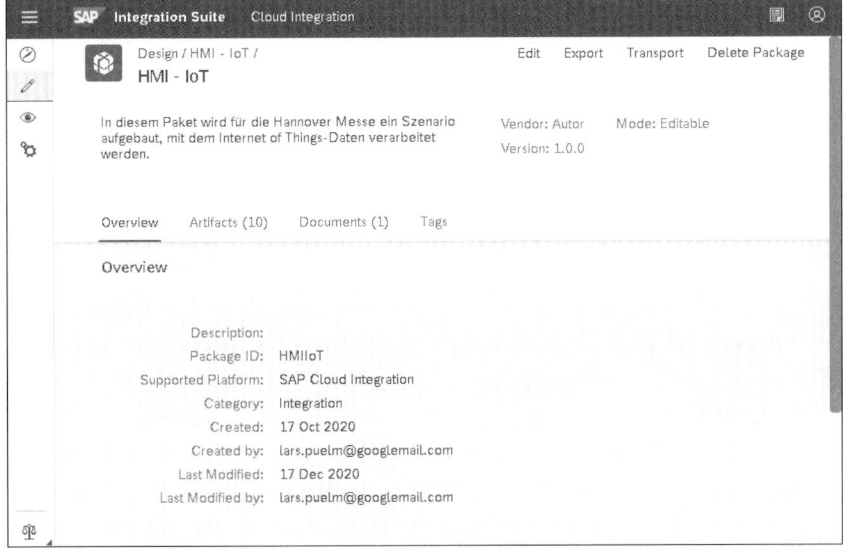

Abbildung 4.4 Funktionen innerhalb eines Pakets

- **Edit**
  Mit dem Bedienfeld **Edit** können Sie das Paket bearbeiten. Im Bearbeitungsmodus lassen sich die Reiter **Header**, **Overview**, **Artifacts**, **Documents** und **Tags** pflegen. Der Reiter **Header** wird nur im Bearbeitungsmodus des Pakets angezeigt. Anders als während der Paketerstellung haben Sie im Bearbeitungsmodus auf dem Reiter **Overview** die Möglichkeit, ein Bild für das Paket einzufügen (siehe Abbildung 4.5). Des Weiteren können Sie in diesem Modus Artefakte anlegen und Dokumente hinterlegen.
- **Export**
  Ein Klick auf **Export** erlaubt Ihnen, das komplette Paket in den Standardordner Ihres Webbrowsers herunterzuladen. Es wird ein **.zip**-Archiv er-

zeugt, das den Namen des Pakets trägt. Durch den Export haben Sie ein Backup zur Verfügung sowie die Möglichkeit, das Paket in einem anderen Tenant zu importieren.

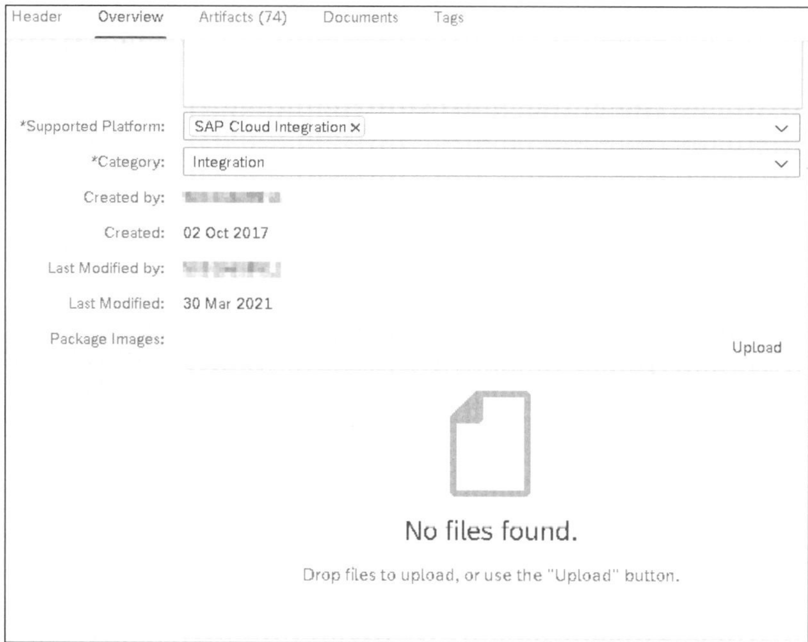

Abbildung 4.5 Hochladen eines Paketbilds im Bearbeitungsmodus

- **Delete Package**
  Die Funktion **Delete Package** löscht das komplette Paket. Sie sollten sich absolut sicher sein, dass Sie das Paket nicht mehr benötigen, bevor Sie diese Aktion ausführen. Erstellen Sie vor der Löschung mit der Export-Funktion sicherheitshalber ein Backup. Aus eigener Erfahrung kann ich berichten, dass es sehr hilfreich sein kann, wenn man ältere Integrationen und deren Konfiguration noch als Blaupause für neue Integrationen verwenden kann.

  Wenn Sie sich für eine Löschung entschieden und die entsprechende Option ausgewählt haben, erhalten Sie eine Warnung, dass ein gelöschtes Paket nicht wiederhergestellt werden kann. Mit der Auswahl der Checkbox **I agree to delete the package** wird das Paket nach einem weiteren Klick auf **Delete** gelöscht (siehe Abbildung 4.6).

Abbildung 4.6 Paket löschen

- **Update package**
  Die Auswahlmöglichkeit **Update package** erhalten Sie nur für die updatefähige Kopie eines Standardpakets aus dem Katalog, wenn dieses Paket eine neue Version erhalten hat.
- **Transport**
  Mit der Funktion **Transport** können Sie Ihr Paket für den Transport in ein anderes System vorbereiten. Diese Funktion ist standardmäßig ausgeblendet und wird erst angezeigt, wenn Sie die Transportart in den Einstellungen Ihres Tenants konfiguriert haben.

  Bevor Sie diese Funktion ausführen können, müssen Sie eine Transportbeschreibung festlegen und sicherstellen, dass alle Artefakte des Pakets versioniert wurden und sich nicht mehr im Entwurfsmodus befinden. Alle weiteren Informationen zum Transport erhalten Sie in Abschnitt 12.1, »Transport von Integrationen«.

4.1.2 Artefakte anlegen und verwalten

In diesem Abschnitt beschreibe ich die Anlage und Verwaltung von Artefakten. Artefakte sind eine Objektkategorie innerhalb der SAP Integration Suite. Zu den Artefakten gehören Integration Flows, OData-Services und Value Mappings.

Artefakt anlegen

Damit Sie in Ihrem Paket ein neues Artefakt anlegen können, müssen Sie zunächst über **Edit** in der oberen rechten Ecke in den Bearbeitungsmodus wechseln. Anschließend wechseln Sie auf den Reiter **Artifacts** und klicken auf die Schaltfläche **Add** oberhalb der Liste der Artefakte (siehe Abbildung 4.7). Es öffnet sich ein Menü, in dem Sie zwischen den Artefakt-Typen OData-Service, Value Mapping und Integration Flow wählen können.

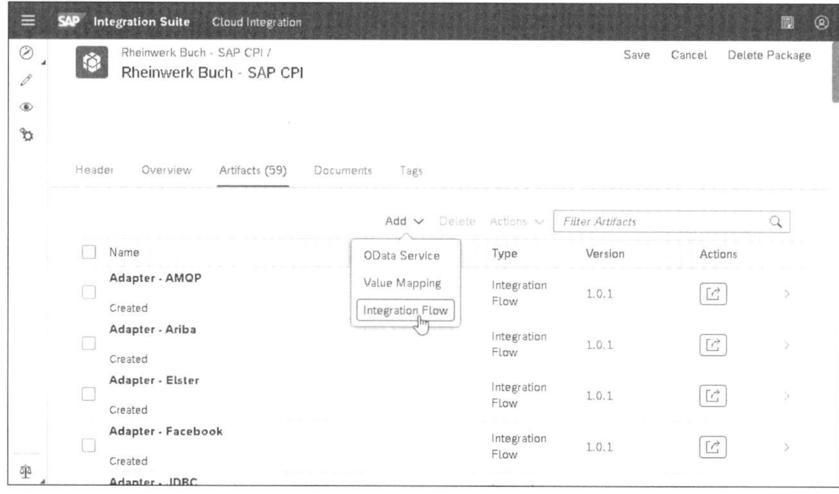

Abbildung 4.7 Artefakt anlegen

Integration Flows

Integration Flow anlegen

Über den Eintrag **Integration Flow** erstellen Sie eine neue Integration:

1. Es öffnet sich ein Pop-up-Fenster, in dem Sie entweder eine neue Integration erstellen (Option **Create**) oder eine vorhandene von Ihrer Festplatte hochladen können (Option **Upload**). Wählen Sie hier die Option **Create**.
2. Füllen Sie die zwei Pflichtfelder **Name** und **ID** (siehe Abbildung 4.8) aus. Bei der Eingabe des Namens schlägt Ihnen SAP Cloud Integration einen technischen Namen vor, den Sie jedoch nicht verwenden müssen.

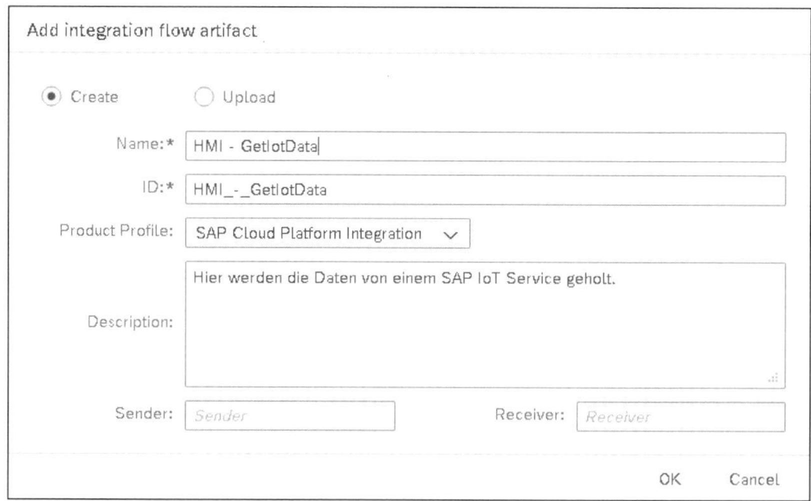

Abbildung 4.8 Integration anlegen

[+]

Paketnamen in technischen Namen integrieren

Ich empfehle Ihnen, den Namen der Integration um einen Hinweis auf das übergeordnete Paket in Form eines Suffixes zu ergänzen. Wenn Sie beispielsweise ein Integrationsszenario für die Hannover Messe, kurz HMI, vorbereiten, könnten Sie Ihre Integrationen nach dem Muster `[paketname]_[integrationsname]` benennen, also z. B. `hmi21_createCustomer`. Dieses Vorgehen erleichtert es Ihnen, im Monitoring die Übersicht über eine große Zahl an Integrationen zu behalten.

[«]

ID-Prüfung auf Einheitlichkeit

Das Feld **ID** wird rot umrandet, wenn Sie eine ID für ein Artefakt ein zweites Mal verwenden möchten. Außerdem erhalten Sie den Hinweis, dass die eingegebene ID bereits existiert und Sie eine neue wählen sollten (siehe Abbildung 4.9). Über den Link **Show More** erhalten Sie zusätzlich die Information, welche Integration diese ID bereits besitzt und in welchem Paket sie sich befindet.

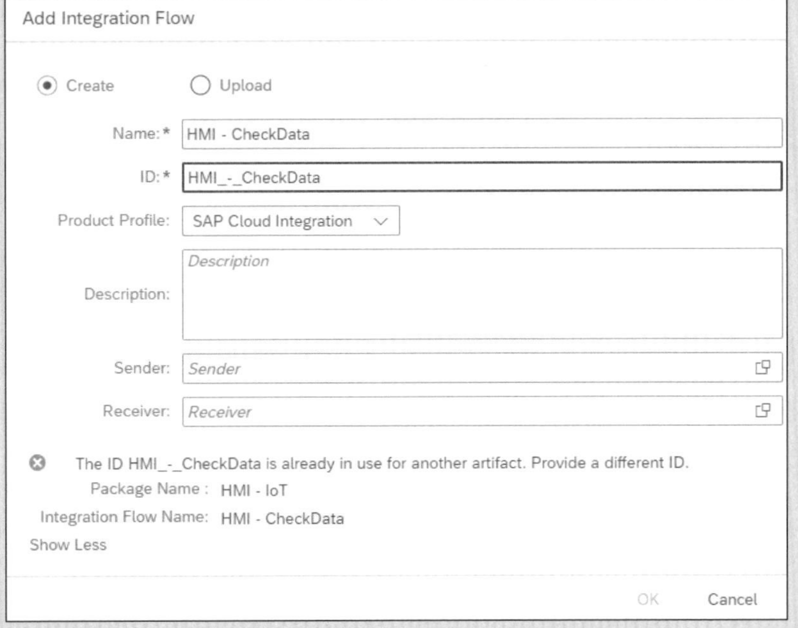

Abbildung 4.9 Fehlermeldung bei einer bereits vergebenen ID

3. In der Drop-down-Liste **Product Profile** wird standardmäßig nur der Eintrag **SAP Cloud Platform Integration** angeboten. In Abschnitt 6.1, »Pro-

duktprofile«, erfahren Sie, was es damit auf sich hat und wie Sie weitere Profile konfigurieren können.

4. In den Feldern **Sender** und **Receiver** können Sie über die Wertehilfe (⧉) optional ein oder mehrere Systeme (siehe Abbildung 4.10) hinterlegen. Sollte das gewünschte System nicht zur Auswahl stehen, können Sie eigene Eingaben tätigen und diese mit der [⇆]-Taste bestätigen.

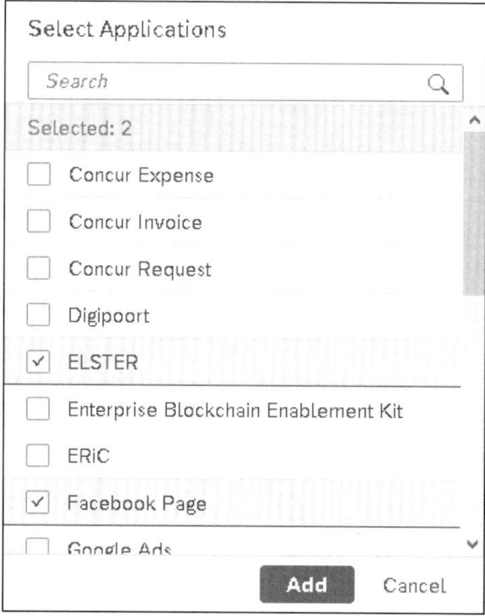

Abbildung 4.10 Sender und Receiver

5. Klicken Sie abschließend auf **OK**, woraufhin die Integration angelegt wird.

Sie finden die Integration nun in der Artefaktliste Ihres Pakets (siehe Abbildung 4.7).

OData-Services

Über das Artefakt OData-Service haben Sie die Möglichkeit, anderen Clients Datenquellen als OData-Endpunkte zur Verfügung zu stellen. Zu den möglichen Datenquellen gehören neben OData-Services:

- SOAP-Webservices
- ODC-Services
- REST-Services

Anders als bei einem Integration Flow kann der Client selbstständig entscheiden, welche CRUDQ-Methode er für seine Anfrage verwenden möchte. Die CRUDQ-Methoden heißen Create, Read, Update, Delete und Query.

OData-Service anlegen

Um ein Artefakt vom Typ OData-Service anzulegen, gehen Sie wie folgt vor:

1. Öffnen Sie das Menü **Add** oberhalb der Artefaktliste und wählen Sie den Eintrag **OData Service**.
2. Es öffnet sich ein Wizard zur Anlage eines neuen OData-Service (siehe Abbildung 4.11). Auf der linken Seite der Startseite wird der Ablauf der Erstellung bis hin zur Bearbeitung und zum Deployment dargestellt. Auf der rechten Seite finden Sie für jeden der Ablaufschritte eine Verlinkung zum SAP Help Portal mit weiteren Informationen.

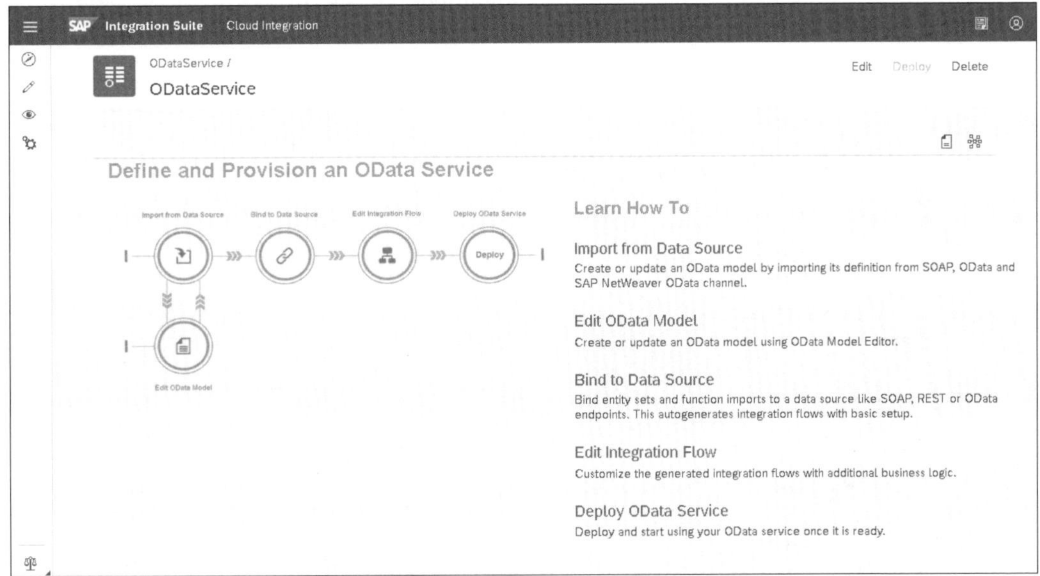

Abbildung 4.11 Startseite des Anlageassistenten für einen neuen OData-Service

3. Wechseln Sie über **Edit** in den Bearbeitungsmodus. Nun können Sie über die Schaltfläche **Import Model Wizard** in einem Drei-Schritt-Verfahren Ihren OData-Service konfigurieren.

[+]

OData-Service für Testzwecke

Auf der Seite *www.odata.org* gibt es einen OData-Service, den Sie zum Testen verwenden können. Sie finden die Services unter folgendem Link:

http://s-prs.de/v805327

4. Im ersten Schritt wählen Sie die Art der Quelle aus (SOAP, OData oder ODC). Zusätzlich müssen Sie eine Strukturdatei hochladen. Klicken Sie dazu auf **Browse**, und wählen Sie die Datei auf Ihrem lokalen Rechner aus.

[»]

Strukturdatei herunterladen

Die Strukturdatei eines OData-Service können Sie z. B. in dem Programm *Postman*, das ich Ihnen in Abschnitt 9.1, »HTTP-Anfragen mit Postman verschicken«, vorstelle, herunterladen.

5. Im zweiten Schritt definieren Sie die Struktur für Ihren OData-Service (siehe Abbildung 4.12). Dazu wählen Sie die Felder der Datenquelle aus, deren Werte Sie exponieren möchten. Sie können auch mehrere Strukturen kombinieren. Wenn Sie sich für eine Struktur entschieden haben, werden die zugehörigen Felder standardmäßig ausgewählt.

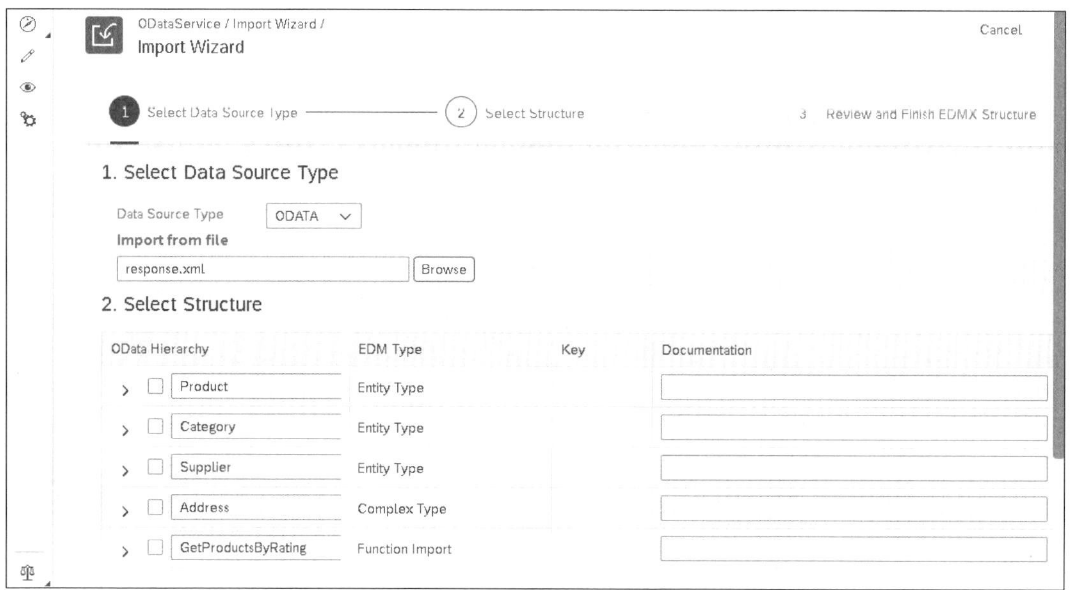

Abbildung 4.12 Wahl der Datenquelle und -struktur

6. Der dritte Schritt erlaubt Ihnen das Umbenennen von Feldern, das Definieren von EDMX-Typen (Datentypen wie String, Boolean usw.) und das Festlegen von Schlüsselfeldern. Bei Bedarf können Sie jedes Feld zu Dokumentationszwecken mit einer Beschreibung versehen (siehe Abbildung 4.13).

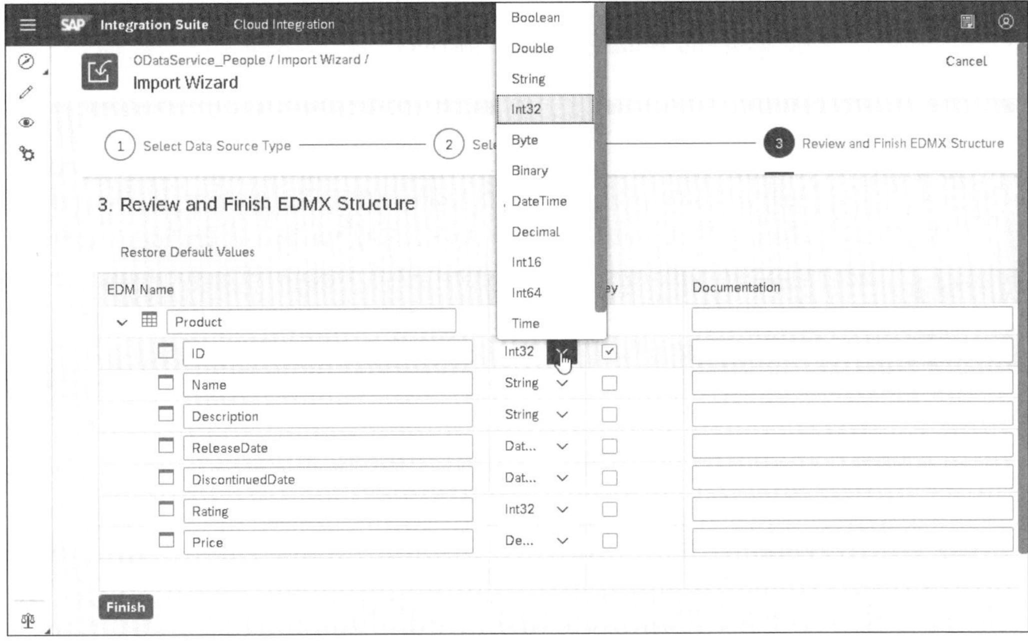

Abbildung 4.13 Datentypen und Beschreibungen für die Felder vergeben

7. Nachdem Sie Ihre Konfiguration abgeschlossen haben, können Sie den Wizard über die Schaltfläche **Finish** beenden.

CRUDQ-Methoden

Nachdem Sie die Konfiguration beendet haben, werden Sie zu einer Ansicht weitergeleitet, in der Sie die CRUDQ-Methoden aktivieren können, die Sie verwenden wollen (siehe Abbildung 4.14). Klicken Sie dazu in der Zeile der jeweiligen Methode auf das Link-Symbol (🔗).

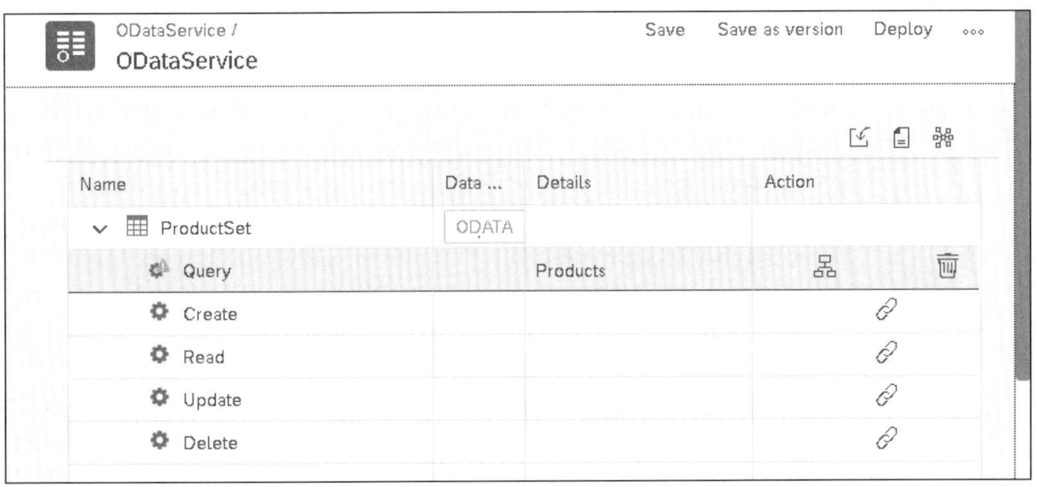

Abbildung 4.14 CRUDQ-Methoden für den OData-Service aktivieren

Es öffnet sich ein Pop-up-Fenster, in dem Sie die **Entity Sets** und den zugehörigen **End Point** festlegen müssen.

EDMX-Editor

Nachdem Sie alle benötigten CRUDQ-Methoden konfiguriert haben, können Sie den OData-Service mit dem *EDMX-Editor* bearbeiten, um die Entitäten, Zuordnungen und Vererbungsbeziehungen innerhalb Ihres Datenmodells zu definieren. Den EDMX-Editor öffnen Sie über das Blatt-Symbol () oben rechts in der Übersicht der CRUDQ-Methoden. Im Editor können Sie unter anderem die Namen der Felder anpassen (siehe Abbildung 4.15).

Design / Rheinwerk Buch - SAP CPI / ODataService / Edmx Editor /

Edmx Editor

```
<edmx:Edmx
    xmlns:edmx="http://schemas.microsoft.com/ado/2007/06/edmx"
    xmlns:sap="http://www.sap.com/Protocols/SAPData" Version="1.0">
    <edmx:DataServices
        xmlns:m="http://schemas.microsoft.com/ado/2007/08/dataservices/metadata" m:DataServiceVersion="2.0">
        <Schema
            xmlns="http://schemas.microsoft.com/ado/2008/09/edm" Namespace="S1">
            <EntityContainer Name="EC1" m:IsDefaultEntityContainer="true">
                <EntitySet Name="ProductSet" EntityType="S1.Product"></EntitySet>
            </EntityContainer>
            <EntityType Name="Product">
                <Documentation/>
                <Key>
                    <PropertyRef Name="ProductID"></PropertyRef>
                </Key>
                <Property Name="ProductID" Type="Edm.Int32" Nullable="false"></Property>
                <Property Name="Name" Type="Edm.String" Nullable="true"></Property>
                <Property Name="Description" Type="Edm.String" Nullable="true"></Property>
                <Property Name="ReleaseDate" Type="Edm.DateTime" Nullable="true"></Property>
                <Property Name="DiscontinuedDate" Type="Edm.DateTime" Nullable="true"></Property>
                <Property Name="Rating" Type="Edm.Int32" Nullable="true"></Property>
                <Property Name="Price" Type="Edm.Decimal" Nullable="true"></Property>
            </EntityType>
        </Schema>
    </edmx:DataServices>
</edmx:Edmx>
```

Abbildung 4.15 OData-Service im EDMX-Editor bearbeiten

Integration-Flow-Editor

Neben der Anpassung im EDMX-Editor ist die Anpassung des OData-Service im grafischen *Integration-Flow-Editor* möglich. Sobald Sie eine der CRUDQ-Methoden angelegt haben, verändern sich die verfügbaren Funktionen in der Spalte **Action** (siehe Abbildung 4.14). Klicken Sie auf das Integration-Flow-Symbol (), um den Editor zu öffnen. SAP Cloud Integration hat für den OData-Service eine Integration generiert, die Ihnen hier als grafisches Flussmodell angezeigt wird. Sie können diesen Integration Flow genauso bearbeiten wie Ihre eigenen Integration Flows. Sie können hier auch z. B. die Verbindungsdetails wie die Adresse des OData-Service, den Proxy-Typ und die Authentifizierungsmethode konfigurieren. Die Änderungen werden übernommen, wenn Sie auf **OK** oben rechts im Editor klicken (siehe Abbildung 4.16).

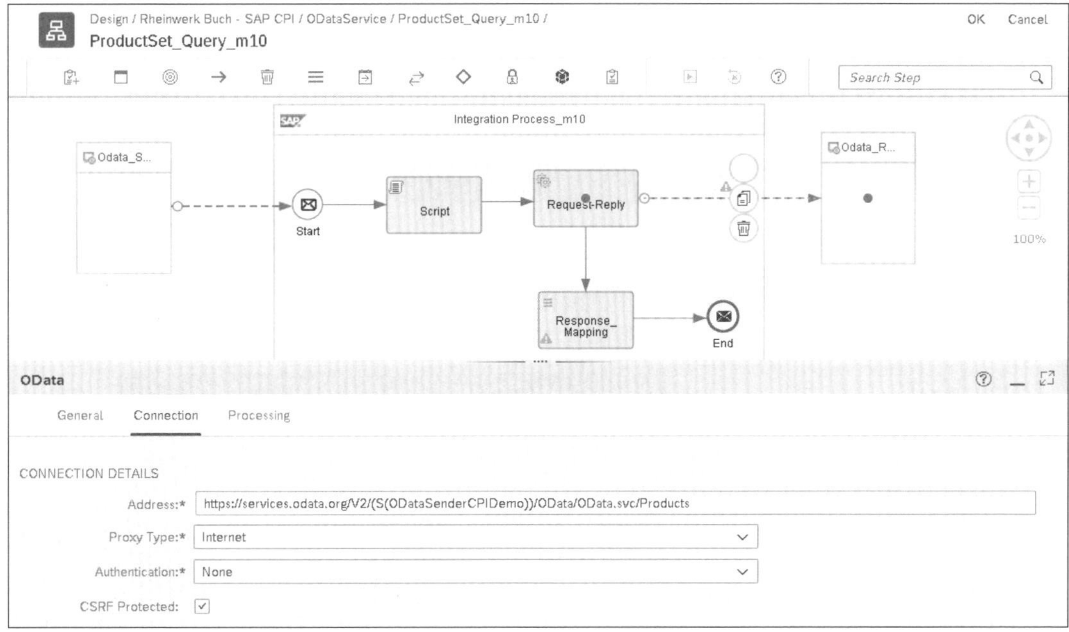

Abbildung 4.16 OData-Service im Integration-Flow-Editor bearbeiten

Nachdem Sie alle benötigten CRUDQ-Methoden konfiguriert und alle gewünschten Änderungen in den Editoren vorgenommen haben, können Sie den OData-Service speichern und deployen.

Authentifizierung per X-CSRF-Token bei OData-Services

Um keine Angriffsfläche für X-CSRF-Attacken (Cross-Site Request Forgery) zu bieten, wird für das Artefakt OData-Service automatisch die Token-Abfrage konfiguriert. Wenn Sie bei einem POST-Aufruf keinen Token mitsenden, erhalten Sie den Fehlercode 403. Um ein X-CRSF-Token zu erhalten, müssen Sie mit der festgelegten Authentifizierung eine GET-Anfrage senden, die als Header folgenden Wert aufweist:

```
X-CSRF-Token = fetch
```

Als Rückgabe-Header erhalten Sie das Token. Dieses müssen Sie in den Header der Anfrage eintragen:

```
X-CSRF-Token = <Token>
```

Wenn Sie das Token versenden, ist keine weitere Authentifizierungsmethode notwendig.

Monitoring

Das Artefakt OData-Service verhält sich im Monitoring genauso wie ein Integration Flow. Im Monitor **Message Processing** ist allerdings standardmäßig der Artefakttyp **All Integration Flows** voreingestellt. Aus diesem Grund wird Ihnen die Ausführung eines OData-Service nicht direkt angezeigt. Wählen Sie hier stattdessen den Typ **All OData Services** (siehe Abbildung 4.17).

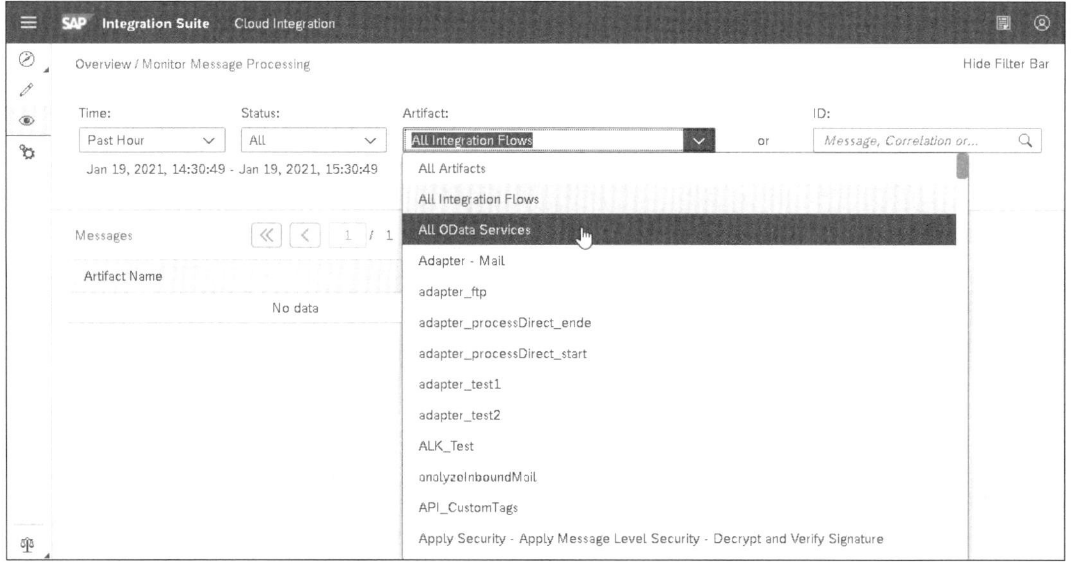

Abbildung 4.17 Monitoring-Sicht eines OData-Service

Für das Monitoring müssen Sie sich eine neue Kachel anlegen oder die Filtereinstellung einer bestehenden anpassen. Wie dies funktioniert, erfahren Sie in Kapitel 5, »Monitor-Oberfläche«.

Value Mappings

Mit einem Value Mapping (dt. *Werte-Mapping*) können Sie in SAP Cloud Integration eine Wertezuordnung zwischen Quell- und Zielsystem vornehmen. Verschiedene Systeme nutzen für ähnliche Funktionen oder Begriffe unterschiedliche Feldbezeichner und Datentypen. Damit es nicht zu Fehlern oder Missverständnissen bei der Datenübertragung kommt, müssen diese Felder und Werte anhand einer Wertezuordnung aufeinander abgestimmt werden.

Value Mapping anlegen

Um ein Value Mapping anzulegen, wählen Sie im Menü **Add** über der Artefaktliste den Eintrag **Value Mapping**. Geben Sie anschließend einen Namen für das Value Mapping an. Optional können Sie eine Beschreibung sowie das Quell- (**Source**) und Zielsystem (**Target**) angeben. Bestätigen Sie die Anlage über **OK** (siehe Abbildung 4.18). Nun können Sie das Value Mapping aus der Artefaktliste des Pakets auswählen, um es zu bearbeiten.

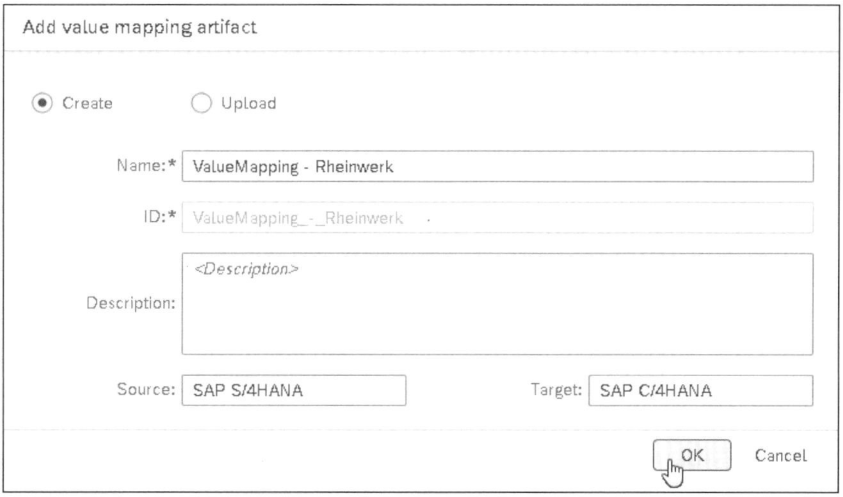

Add value mapping artifact

Create Upload

Name:* ValueMapping - Rheinwerk

ID:* ValueMapping_-_Rheinwerk

Description: <Description>

Source: SAP S/4HANA Target: SAP C/4HANA

OK Cancel

Abbildung 4.18 Value Mapping anlegen

Sie haben die Möglichkeit, die Zuordnungswerte manuell einzutragen oder eine CSV-Datei mit den Werten über die Schaltfläche **Import** hochzuladen. Um die Werte manuell einzutragen, wählen Sie die Option **Add**. **Werte zuordnen**

In Abbildung 4.19 sehen Sie ein geöffnetes Value Mapping.

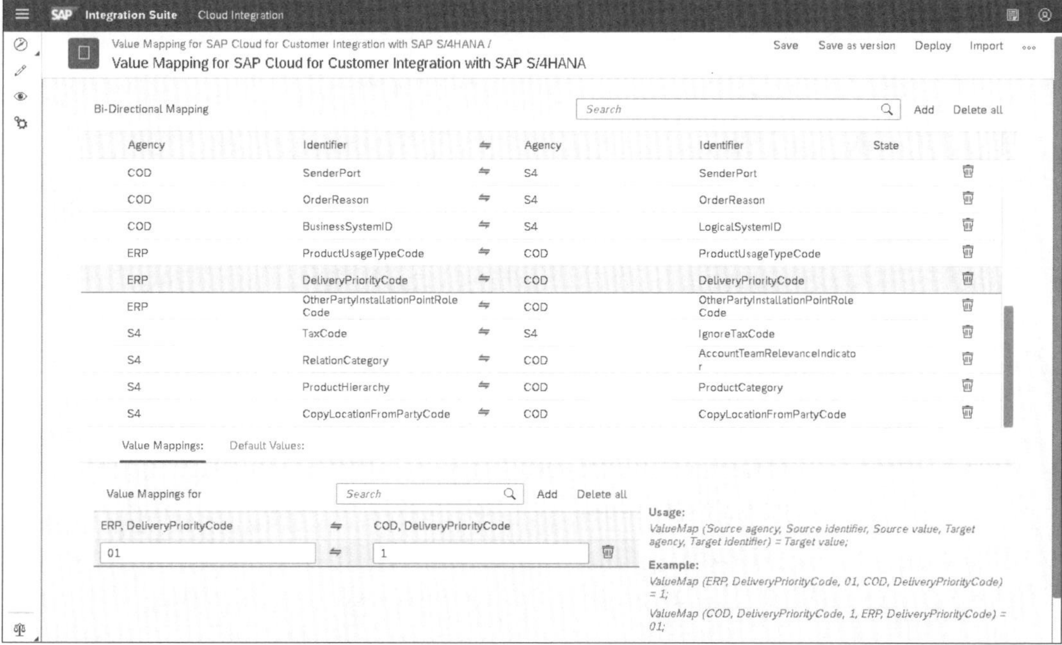

Abbildung 4.19 Value Mapping konfigurieren

Die linke Seite enthält das Systemkürzel (**Agency**) und den Feldnamen (*Identifier*) des sendenden Systems. Die rechte Seite stellt das Systemkürzel und die Feldnamen im Zielsystem dar. Nachdem ein Eintrag angelegt wurde, können Sie das Feld auswählen und im unteren Bereich Wertepaare festlegen. Im Beispiel in Abbildung 4.19 wird das Feld `DeliveryPriorityCode`, das dem System ERP zugeordnet ist, dem Feld `DeliveryPriorityCode` im System COD zugeordnet. Sollte im laufenden Betrieb der Wert »01« gesendet werden, wird der Wert in das Format »1« umgewandelt (gemappt).

Value Mapping modellieren

Das Value Mapping wird über die Komponente **Message Mapping** in Ihren Integration Flow eingebunden. Diese Komponente stelle ich Ihnen in Abschnitt 7.1.5, »Mappings«, ausführlicher vor. Nachdem Sie die Mapping-Struktur festgelegt haben, fügen Sie den Funktionsbaustein **valueMapping** per Drag-and-drop zwischen mindestens zwei Werten ein. Im Anschluss müssen Sie für beide Seiten das System (Source Agency und Target Agency) sowie einen Identifier (Source Identifier und Target Identifier) auswählen. Diese Werte pflegen Sie so wie zuvor im Value Mapping.

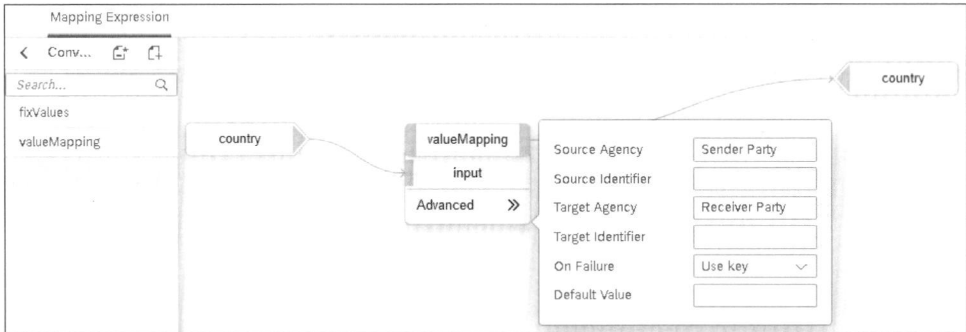

Abbildung 4.20 Value Mapping in einer Mapping-Komponente in den Integration Flow einbinden

Artefakte verwalten

Funktionen der Artefaktliste

Nachdem Sie die benötigten Artefakte angelegt haben, werden sie in einer Liste angezeigt. In der Spalte **Actions** können Sie über das Absprung-Symbol (⧉) in das Aktionsmenü gelangen (siehe Abbildung 4.21). Die hier verfügbaren Aktionen unterscheiden sich je nach Artefakttyp leicht. Im Folgenden stelle ich sie Ihnen vor.

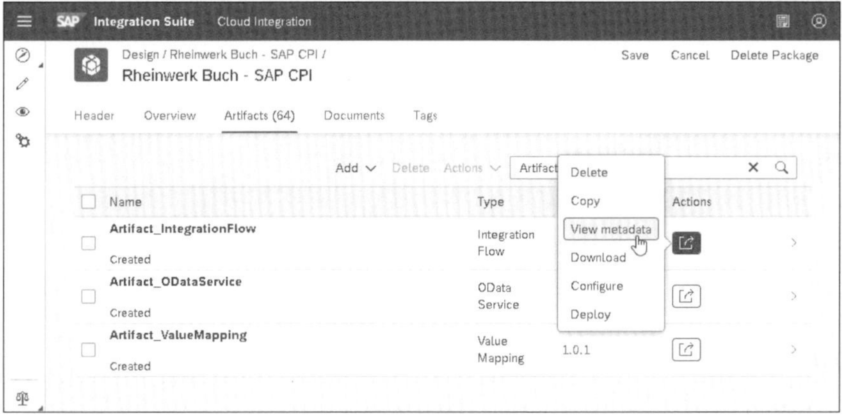

Abbildung 4.21 Aktionsmenü in der Artefaktliste

Löschen

Über den Eintrag **Delete** können Sie das ausgewählte Artefakt löschen. Vor jedem Löschvorgang werden Sie vom System gefragt, ob Sie das Artefakt wirklich löschen möchten. Sie sollten Artefakte vor dem Löschen über einen Download als Backup sichern.

Kopieren

Über den Eintrag **Copy** können Sie einen Integration Flow in ein anderes Paket kopieren. Es öffnet sich ein Pop-up-Fenster, das Ihnen den Namen, die technische ID und das aktuelle Paket anzeigt. Über die Schaltfläche **Select** wählen Sie das neue Paket aus und bestätigen den Vorgang mit **Copy** (siehe Abbildung 4.22). Zum Abschluss werden Sie gefragt, ob Sie direkt in das ausgewählte Paket weitergeleitet werden möchten. Dies können Sie bei Bedarf mit **Navigate** bestätigen.

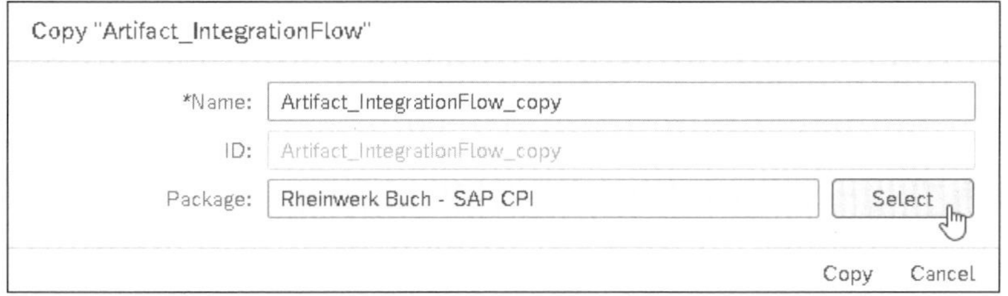

Abbildung 4.22 Integration Flow in ein anderes Paket kopieren

Metadaten anzeigen

Die Aktion **View metadata** erlaubt Ihnen, die Detaildaten des ausgewählten Artefakts einzusehen und mit einem Klick auf **Edit** zu bearbeiten. Sie können den Namen, die Beschreibung und weitere Felder bearbeiten. Im Falle eines Integration Flows können Sie im Feld **Integration Flow** über die Schaltfläche **Browse...** eine andere Version der Integration hochladen. Im Anschluss speichern Sie Ihre Änderungen über **Save** oder legen über **Save as version** eine neue Version des Artefakts an (siehe Abbildung 4.23).

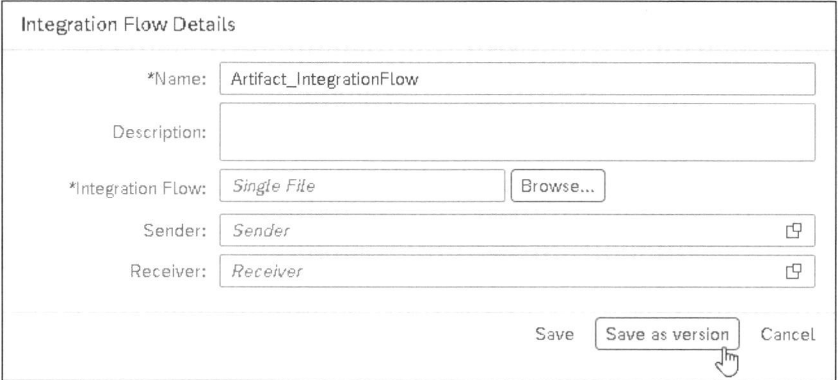

Abbildung 4.23 Metadaten eines Artefakts bearbeiten

Parameter herunterladen

Wenn Sie den Eintrag **Download** im Aktionsmenü auswählen, öffnet sich ein Pop-up-Fenster, in dem Sie gefragt werden, wie mit den externalisierten Parametern (*Externalized Parameters*) umgegangen werden soll (siehe auch Abschnitt 8.4, »Parametrisierung mit der Funktion ›Externalize‹«). Für einen ersten Test dieser Funktion können Sie die Standardauswahl beibehalten und mit einem Klick auf **Download** bestätigen.

Die Daten werden in einem **.zip**-Archiv heruntergeladen. Abbildung 4.24 zeigt den Inhalt dieses Archivs am Beispiel eines Integration Flows. Wenn Sie das Verzeichnis **src** öffnen und dem Pfad **\src\main\resources\scenarioflows\integrationflow** folgen, finden Sie die Datei **<integration flow>.iflw**. Der Inhalt dieser Datei wird im XML-Format bereitgestellt. Sie können die Datei mit einem beliebigen Editor öffnen und sich den Aufbau Ihrer Integration mit den gesetzten Werten ansehen, z. B. die Positionen von Komponenten usw.

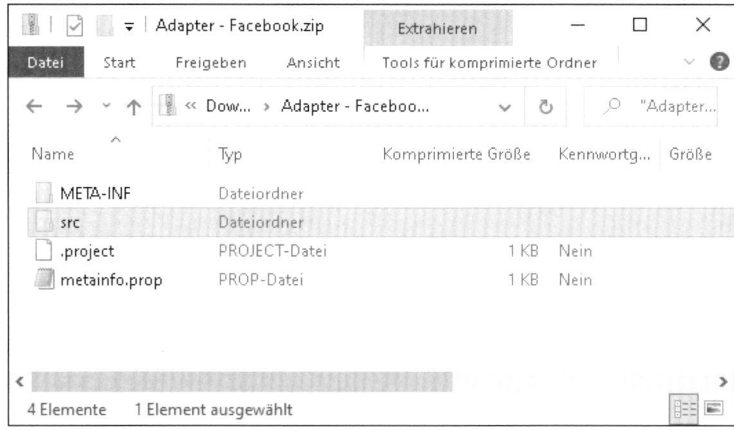

Abbildung 4.24 Inhalt des Download-Archivs eines Integration Flows

Konfiguration bearbeiten

Mit der Aktion **Configure** können Sie die Werte der Parameter Ihres Artefakts bearbeiten, die als externalisierte Parameter definiert wurden. Sollte das Artefakt keine externalisierten Parameter enthalten, erhalten Sie die folgende Meldung:

> *»No attributes available for configuration in the selected artifact.«*

Die Bearbeitung der Parameter erfolgt in einem Pop-up-Fenster, das Sie in Abbildung 4.25 am Beispiel einer von SAP vordefinierten Integration sehen. Sie können hier die Parameter des Senders, des Empfängers und weitere Parameter anpassen. Auf dem Reiter **More** konfigurieren Sie die Parameter, die keinem Adapter, sondern einer Komponente zur Nachrichtenbearbeitung zugeordnet sind.

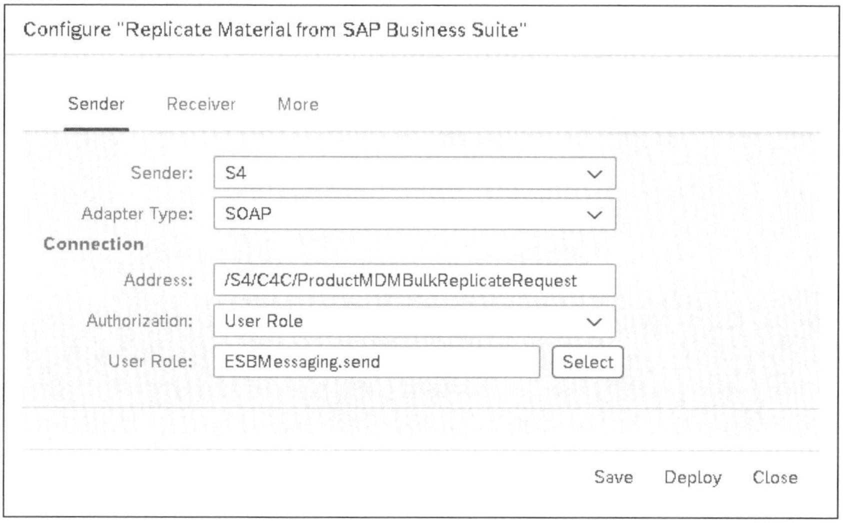

Configure "Replicate Material from SAP Business Suite"

Sender Receiver More

Sender: S4
Adapter Type: SOAP
Connection
Address: /S4/C4C/ProductMDMBulkReplicateRequest
Authorization: User Role
User Role: ESBMessaging.send Select

Save Deploy Close

Abbildung 4.25 Konfiguration eines Integration Flows anpassen

Deployment

Die Funktion **Deploy** entspricht inhaltlich der gleichnamigen Funktion im grafischen Editor eines geöffneten Artefakts. Der Eintrag im Aktionsmenü dient als Shortcut, falls Sie Ihre Integration aufgrund eines vorherigen Undeployments erneut bereitstellen oder sie noch einmal ausführen lassen möchten.

4.2 Versionierung

Im Laufe der Integrationsentwicklung werden Sie voraussichtlich mehrere Versionen Ihrer Integration erstellen. Dadurch haben Sie die Möglichkeit, bei Fehlern oder anderen Problemen zu einer älteren Version Ihrer Integration zurückzukehren.

Version einer neuen Integration

Sobald Sie eine neue Integration angelegt haben, wird dieser Integration automatisch die Version 1.0.0 zugeordnet. Die Versionsnummer einer Integration finden Sie in der Listenansicht des Pakets in der Spalte **Version**. Wenn Sie auf die Versionsnummer Ihrer Integration klicken, werden Ihnen die aktuelle Version, das Erstellungsdatum und die Benutzerkennung der erstellenden Person angezeigt (siehe Abbildung 4.26). Über den Link **More** öffnen Sie den Beschreibungstext, den Sie bei jeder neuen Version optional hinzufügen können. Über den Link **Less** blenden Sie ihn wieder aus.

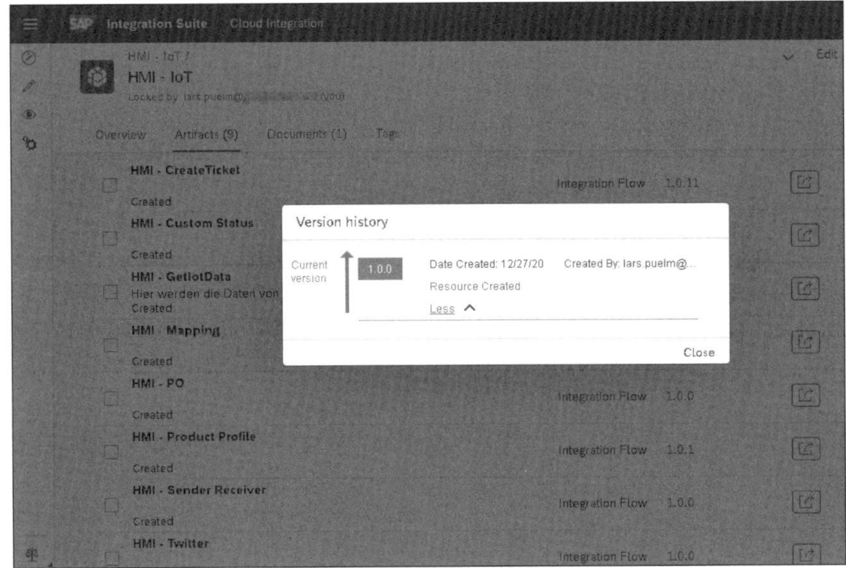

Abbildung 4.26 Versionsinformationen nach Erstellung einer neuen Integration

Neue Version erstellen

Sobald Sie eine Integration öffnen, eine Änderung vornehmen und diese mit **Save** abspeichern, ändert sich der Status der Version auf **Draft** (Entwurf). Wenn Sie von der Draft-Version zu einer älteren zurückspringen, verfallen alle Änderungen, die Sie seit der letzten Version getätigt haben. Die aus dem Speichern mit **Save** resultierende Draft-Version dient daher nur als Zwischenspeicherung. Um Ihre Integration endgültig als versioniert abzuspeichern, müssen Sie oben rechts **Save as version** auswählen. Daraufhin wird Ihnen ein Pop-up-Fenster angezeigt, in das Sie die Nummer der Version und einen Freitext eingeben können (siehe Abbildung 4.27). In dem Freitext können Sie die Änderungen, die für die neue Version vorgenommen wurden, beschreiben. Die Funktion **Save as version** steht Ihnen nur im Bearbeitungsmodus zur Verfügung.

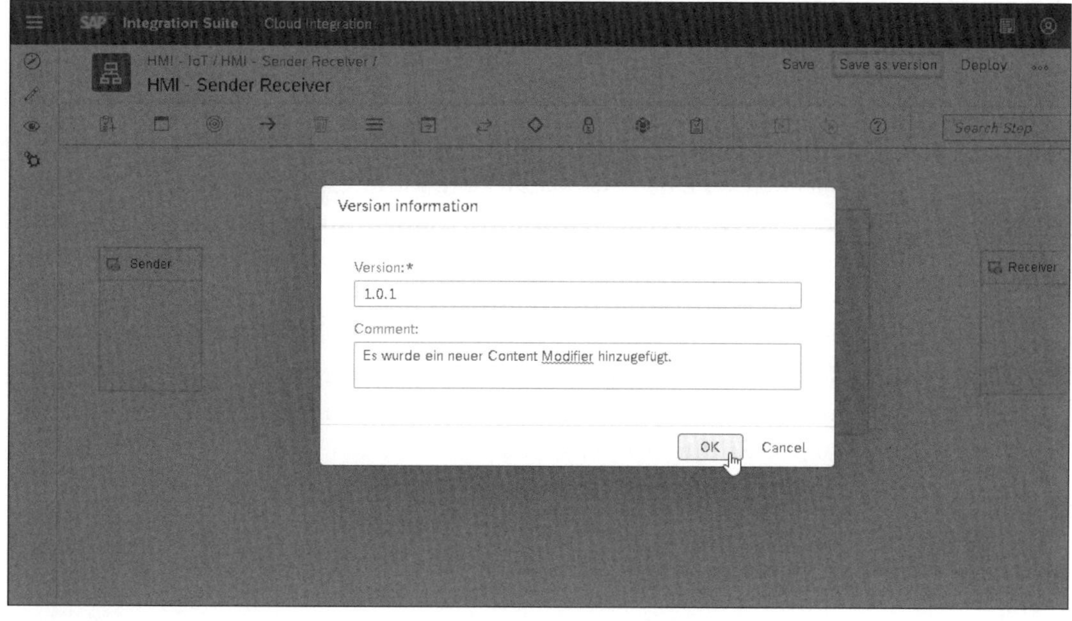

Abbildung 4.27 Informationen zu einer neuen Version hinterlegen

Versionshistorie

Abbildung 4.28 zeigt Ihnen den Versionsverlauf einer bestehenden Integration. Über das Uhren-Symbol (◷) können Sie zu einer älteren Version zurückspringen. Wenn Sie sich für eine ältere Version entschieden haben, öffnet sich ein Pop-up-Fenster, in dem Sie die Version und die Beschreibung bearbeiten können. Die Daten werden als neuer Eintrag in Ihrer Versionshistorie hinterlegt.

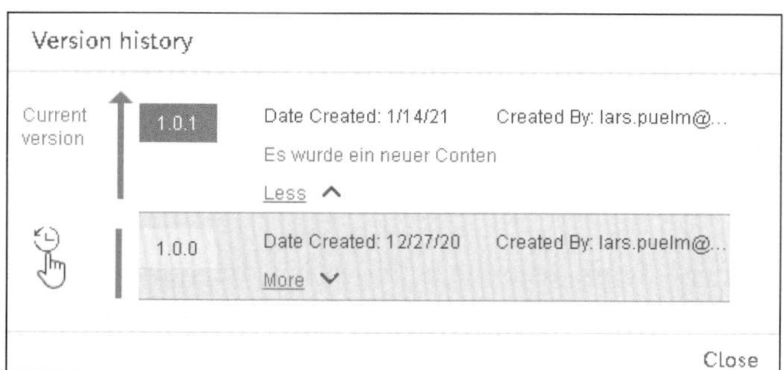

Abbildung 4.28 Versionsverlauf einer Integration

4.3 Grundlagen zur Erstellung einer Integration

In Abschnitt 2.3, »Ihre erste Integration erstellen«, haben Sie bereits eine erste Integration erstellt und veröffentlicht, ohne sich weiter mit den Details zu befassen. In diesem Abschnitt sehen wir uns jeden Vorgang der Integrationsentwicklung genauer an.

4.3.1 Integration Flow im grafischen Editor bearbeiten

Aufbau des Arbeitsbereichs

Nachdem Sie einen Integration Flow, wie in Abschnitt 4.1.2, »Artefakte anlegen und verwalten«, beschrieben, angelegt und geöffnet haben, sehen Sie diese in Ihrem Arbeitsbereich des Integration-Flow-Editors. Im Kopfbereich werden Ihnen der Name des Integration Flows und das Paket angezeigt, in dem sich der Integration Flow befindet (siehe Abbildung 4.29).

Funktionen in der Funktionsleiste

Auf der rechten Seite finden Sie die Schaltfläche **Edit**, um in den Bearbeitungsmodus zu wechseln. Mit **Configure** können Sie einzelne Eigenschaften, die als externalisierte Parameter definiert wurden, bearbeiten, ohne in den Bearbeitungsmodus wechseln zu müssen. Führen Sie eine Konfiguration auf diese Weise durch, können Sie bei vordefinierten Paketen und Integrationen auch weiterhin Updates erhalten.

Abbildung 4.29 Kopfbereich des Integration-Flow-Editors

Über **Deploy** veröffentlichen Sie Ihren Integration Flow und sorgen dafür, dass dieser einsatzbereit und damit nutzbar ist. Mit der Auswahl **Delete** löschen Sie Ihren Integration Flow (nach erneuter Bestätigung).

Symbolleiste

Die Symbolleiste darunter teilt sich in drei Bereiche auf:

- Links sind Symbole für die Kategorie der verfügbaren Komponenten zu sehen. Diese sind in Abbildung 4.29 ausgegraut, weil sich die Arbeitsoberfläche nicht im Bearbeitungsmodus befinden. Mehr zu den einzelnen Kategorien und Komponenten erfahren Sie in Kapitel 7, »Komponenten und Adapter«.
- Neben den Komponenten-Kategorien befinden sich drei Auswahloptionen für den *Simulationsmodus*. Diese werden erst aktiv, wenn Sie eine Start- und eine Stoppposition für diesen Modus festgelegt haben. Über das Fragezeichen-Symbol werden Sie zur offiziellen Dokumentation des Simulationsmodus weitergeleitet. Wie Sie den Simulationsmodus einsetzen, erkläre ich in Abschnitt 11.1, »Simulation«.
- Rechts finden Sie ein Suchfeld, über das Sie nach Komponenten suchen können.

Bearbeitungsmodus

Sobald Sie in den Bearbeitungsmodus gewechselt sind, können Sie die Komponenten-Kategorien auswählen und in der Suchleiste nach Komponenten suchen. Die angebotenen Komponenten reduzieren sich mit jedem eingegebenen Zeichen (siehe Abbildung 4.30).

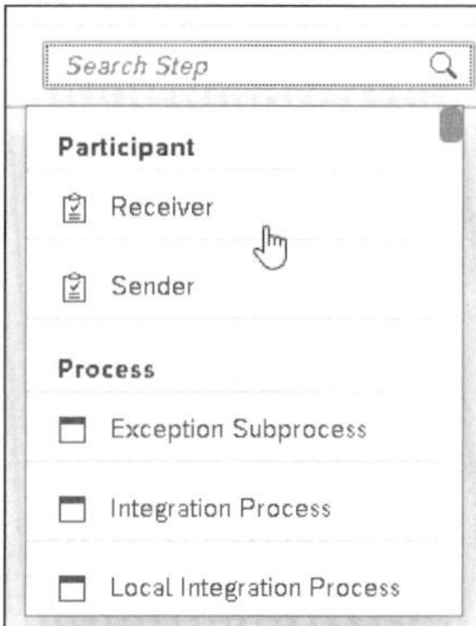

Abbildung 4.30 Geöffnetes Suchmenü

Zusätzlich verändern sich die Bedienfelder in der Funktionsleiste oben rechts. Sie können Ihren Integration Flow nun über **Save** zwischenspeichern oder ihn über **Save as version** unter einer neuen Versionsnummer abspeichern. Über **Cancel** können Sie den Bearbeitungsmodus beenden.

Mittlerer Arbeitsbereich

Im mittleren Bereich der Arbeitsoberfläche wird der Integrationsprozess als grafisches Modell dargestellt (siehe Abbildung 4.31). Hier fügen Sie alle Komponenten mit verschiedenen Konnektoren zusammen und definieren damit Ihren Nachrichtenfluss.

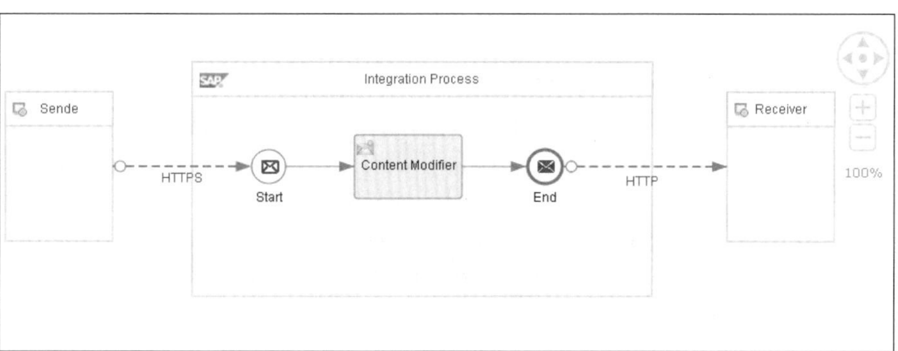

Abbildung 4.31 Mittlerer Arbeitsbereich

BPMN 2.0

Die Gestaltung und die Symbole für die Komponenten orientieren sich an dem Modellierungsstandard Business Process Model and Notation 2.0 (BPMN 2.0). Sie können grob in die drei folgenden Gruppen eingeteilt werden:

- **Aktivitäten**
  Aktivitäten werden im grafischen Modell durch ein Rechteck mit abgerundeten Ecken dargestellt. Beispiele für Komponenten sind **Content Modifier** (mittig in Abbildung 4.31, siehe auch Abschnitt 7.1.6, »Transformationen«) oder **Request Replay**.
- **Gateways**
  Ein Gateway kann eine Nachricht in unterschiedliche Richtungen oder in mehrere Richtungen gleichzeitig leiten. Gateway-Komponenten haben die Form einer Raute.
- **Events**
  Events werden mit Kreisen visualisiert. Sie können in den Beginn einer Nachricht und das Ende einer Nachricht aufgeteilt werden. Ein Beispiel sehen Sie mit den Events **Start** und **End** in Abbildung 4.31. Events sind ereignisbasiert und können von einem System oder einer Aktivität ausgelöst werden. Daneben können sie selbst auch eine Aktion wie das Senden einer Nachricht auslösen.

Navigationselement

Auf der rechten Seite stehen Ihnen Navigationselemente zur Verfügung. Diese erlauben Ihnen, den Fokus der Ansicht zu verschieben sowie näher heran oder weiter heraus zu zoomen. Alternativ zu diesen Navigationselementen können Sie auch Ihre Maus nutzen. Mit gedrückter linker Maustaste können Sie den Fokus der Ansicht verschieben und mit dem Rädchen der Maus zoomen.

Konfigurationsbereich

Der untere Bereich stellt den Konfigurationsbereich für die Komponenten dar, die Sie im oberen Bereich ausgewählt haben. Auch die gesamte Integration können Sie hier bearbeiten. Um die Einstellungsmöglichkeiten für Ihren Integration Flow anzuzeigen, müssen Sie auf die weiße Hintergrundfläche im mittleren Modellierungsbereich klicken.

In der Funktionsleiste des unteren Arbeitsbereichs finden Sie drei Symbole, mit denen Sie die Dokumentation zur jeweils ausgewählten Komponente im SAP Help Portal aufrufen (?) oder den unteren Arbeitsbereich entweder minimieren (_) oder größer einblenden (⤢) können (siehe Abbildung 4.32). Sie können die Größe des Konfigurationsbereichs manuell einstellen, indem Sie dessen oberen Rand mit der Maustaste anklicken und bei gedrückter Maustaste verschieben.

Abbildung 4.32 zeigt den Konfigurationsbereich für die Komponente **Content Modifier**. Die Schaltfläche **Externalize** ist nur im Bearbeitungsmodus sichtbar und erlaubt die Konfiguration der externalisierten Parameter für die ausgewählte Komponente.

Content Modifier   Externalize

General | Message Header | Exchange Property | Message Body

Headers: Add   Delete

Action	Name	Type	Data Type	Value	Default
Create	headerName1	Constant		headerWert1	
Delete		Constant			

Select

Abbildung 4.32 Konfiguration im unteren Arbeitsbereich

4.3.2 Integration Flow konfigurieren

Im Konfigurationsbereich des Integration Flows können Sie globale Einstellungen tätigen und erhalten Informationen zu Ressourcen und Hinweise zu Problemen. Die Einstellungen werden auf fünf Reitern vorgenommen, die ich im Folgenden vorstelle. Sie gelangen in den Konfigurationsbereich, nachdem Sie einen Integration Flow geöffnet, aber noch keine Komponente innerhalb des Editors ausgewählt haben. Um die aktuelle Auswahl einer Komponente aufzuheben, damit Ihnen der globale Konfigurationsbereich angezeigt wird, klicken Sie auf den weißen Hintergrund Ihres grafischen Modells im Arbeitsbereich.

General

Auf dem Reiter **General** erhalten Sie allgemeine Informationen zur Integration, wie den Namen, die technische ID und die Beschreibung (**Description**) der Integration. Die Beschreibung können Sie hier bei Bedarf anpassen (siehe Abbildung 4.33).

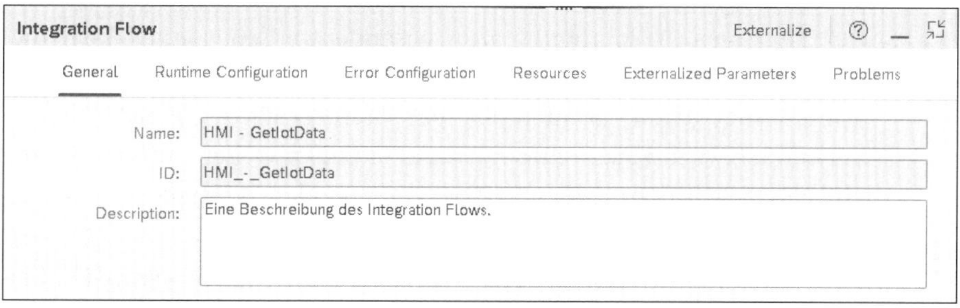

Abbildung 4.33 Allgemeine Informationen zum Integration Flow auf dem Reiter »General«

Laufzeitkonfiguration

Auf dem Reiter **Runtime Configuration** können Sie allgemeine Einstellungen zur Laufzeit Ihrer Integration vornehmen. Dazu zählen folgende Einstellungen (siehe Abbildung 4.34):

- **Product Profile**
  Im Feld **Product Profile** können Sie die Produktgrundlage des Integration Flows bearbeiten. Standardmäßig ist nur das Produktprofil **SAP Cloud Integration** verfügbar. Weitere Informationen zu diesem Thema erhalten Sie in Abschnitt 6.1, »Produktprofile«.

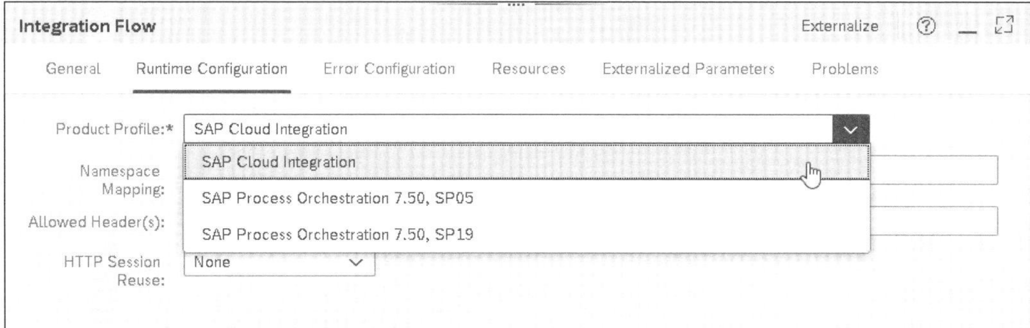

Abbildung 4.34 Einstellungen auf dem Reiter »Runtime Configuration«

- **Namespace Mapping**
  Das Feld **Namespace Mapping** erlaubt Ihnen, XML-Namensräume (*Namespaces*) in der Form `<prefix>=<namespace>` zu definieren. Getrennt durch Semikolons können Sie mehrere Namensräume hintereinander festlegen. Diese werden für die Komponenten **Router**, **Content Modifier** und **Filter** benötigt, wenn der zu verarbeitende XML-Inhalt Namensräume aufweist.
- **Allowed Header(s)**
  Bei eingehenden Nachrichten können HTTP-Header-Informationen vom Sender mitgesendet werden. Um sicherzugehen, dass nur die gewünschten Daten an SAP Cloud Integration gesendet werden, können Sie in dieses Feld die entsprechenden Header eintragen. Sollte es keine Header-Beschränkung geben, können Sie das Stern-Zeichen (*) als Wildcard verwenden. Wenn Sie mehrere Header erlauben wollen, müssen Sie die einzelnen Header mit einem | (Pipe) voneinander trennen.
- **HTTP Session Reuse (Session Handling)**
  Das Feld **HTTP Session Reuse** kommt dann zum Tragen, wenn Sie in einem Integrationsszenario mehrere HTTP-Aufrufe durchführen. In diesen Fällen kann die Performance verbessert werden, wenn die Authentifizierung nur einmal durchgeführt werden muss oder Sie die Eigenschaften eines Stateful Service (Statusspeicherung) nutzen. Damit Sie die Reuse-Funktion nutzen können, muss der Zielservice diese Funktion unterstützen. Sie erhalten dazu für eine vom Zielserver festgelegte Zeit einen sogenannten *Session Cookie*.

Im Feld **HTTP Session Reuse** können Sie folgende Optionen auswählen:

- **None**: Es wird keine Wiederverwendung durchgeführt.
- **On Exchange**: Die Reuse-Funktion kann für einen Integrationsdurchlauf verwendet werden.
- **On Integration Flow**: Diese Einstellung kann bei der Mehrfachverwendung einer Integration genutzt werden. Hierbei werden nur stateless (statuslose) Services unterstützt.

Wenn Sie den Cloud Connector nutzen, müssen Sie für die Reuse-Funktion Cookie-Domänen im Bereich **Cloud To On-Premise** konfigurieren. Weitere Informationen hierzu erhalten Sie in Abschnitt 12.2, »Cloud Connector«.

Fehlerbehandlung

Nachdem Sie eine Integration fertig entwickelt und produktiv geschaltet haben, kann es durchaus passieren, dass während der Laufzeit Fehler auftreten. Dazu kann es verschiedene Ursachen geben, über die die Fehlerbeschreibungen Auskunft geben. Damit keine sensiblen Daten an das Sendersystem zurückgegeben werden, ist die Checkbox auf dem Reiter **Error Configuration** standardmäßig **Return Exception to Sender** deaktiviert (siehe Abbildung 4.35). Bei Bedarf können Sie diese Checkbox aktivieren. Die Funktion kann bei der Integrationsentwicklung von Vorteil sein, da Sie im Sender-Client die Fehlerbeschreibung als Rückgabewert von SAP Cloud Integration erhalten. Die Fehlerbeschreibungen können Sie auch im Monitoring einsehen.

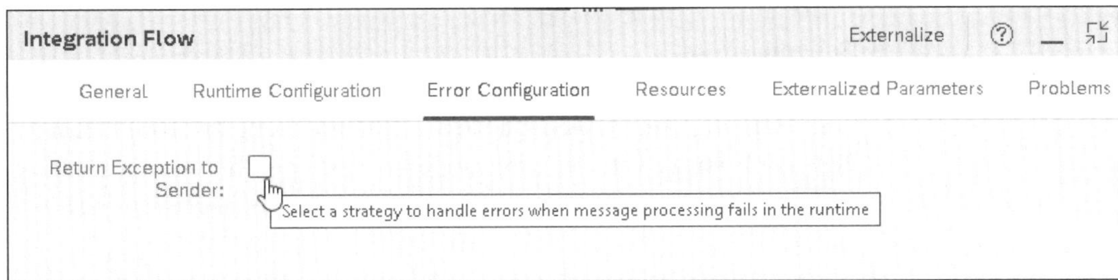

Abbildung 4.35 Rückmeldung von Fehlerbeschreibungen auf dem Reiter »Error Configuration« einstellen

Ressourcen

Im Laufe einer Integrationsentwicklung schreiben Sie Skripte, legen Mappings an und laden Strukturdateien hoch. Damit Sie den Überblick nicht verlieren, gibt es den Reiter **Resources**. Hier können Sie die angelegten Ressourcen einsehen und bearbeiten, ohne die dazugehörige Komponente suchen zu müssen. Jede Ressource hat einen Namen, ist einer Kategorie zugeordnet, besitzt einen Typ und kann separat heruntergeladen werden.

Zusätzlich können Sie Ihrer Integration über die Schaltfläche **Add** hier weitere Ressourcen aus anderen Quellen hinzufügen (siehe Abbildung 4.36).

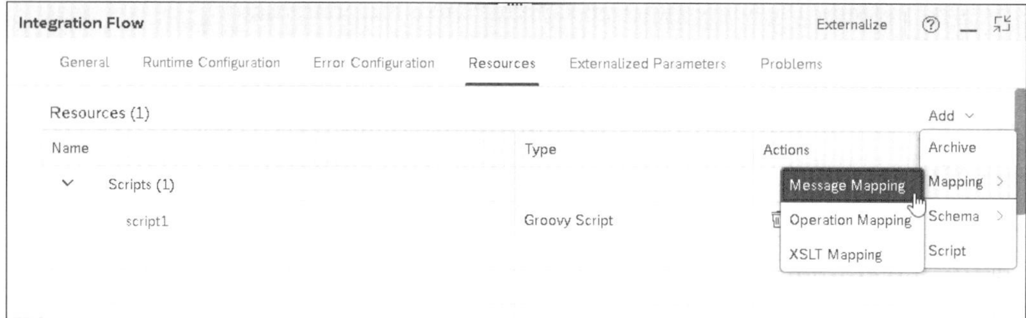

Abbildung 4.36 Eine neue Ressource hinzufügen

Ressourcentypen Folgende Ressourcen können Sie Ihrer Integration hinzufügen:

- **Archive**
  Mit dem Menüeintrag **Archive** können Sie Ihrer Integration Ressourcen in Form von **.jar**-Dateien (Java-Archive) hinzufügen.
- **Mapping**
  In Abschnitt 7.1.5, »Mappings«, lernen Sie die Mapping-Komponenten kennen. Diese gibt es in den drei Kategorien **Message Mapping**, **Operation Mapping** und **XSLT Mapping**. Jede dieser Kategorien definiert ein eigenes Format, das Sie Ihrer Integration aus einer externen Quelle hinzufügen können.
- **Schema**
  Schemas sind Strukturdateien, die Sie hauptsächlich für Ihre Adapter und Mappings verwenden. Da Sie die Dateien häufig lokal auf Ihrem Arbeitsgerät entwickeln oder aus anderen Systemen herunterladen, können Sie die Dateien direkt zu Beginn Ihrer Integrationsentwicklung hochladen.
- **Script**
  Mit *Skripten* können Sie Aufgaben erledigen, bei denen die Standardkomponenten an ihre Grenzen stoßen.

Quellen für Ressourcen Wenn Sie sich für eine Ressource entschieden haben, müssen Sie eine der folgenden Quellen auswählen (siehe Abbildung 4.37):

- **File System**
  Mit der Auswahl **File System** können Sie auf lokale Daten auf Ihrem PC zugreifen. Diese Option kann sinnvoll sein, wenn Sie in der Vergangenheit Mappings, Skripte und Strukturdateien zur Sicherung heruntergeladen oder auf Ihrem PC erstellt haben.

- **Integration Flow**
  Die Option **Integration Flow** erlaubt Ihnen, auf andere Integrationen zuzugreifen, um deren Ressourcen in der neuen Integration zu nutzen.
- **ES Repository**
  Das *ES Repository* ist ein Werkzeug, um Ressourcen zu verteilen. In Abschnitt 6.3, »ES Repository«, erläutere ich, wie Sie das ES Repository konfigurieren.

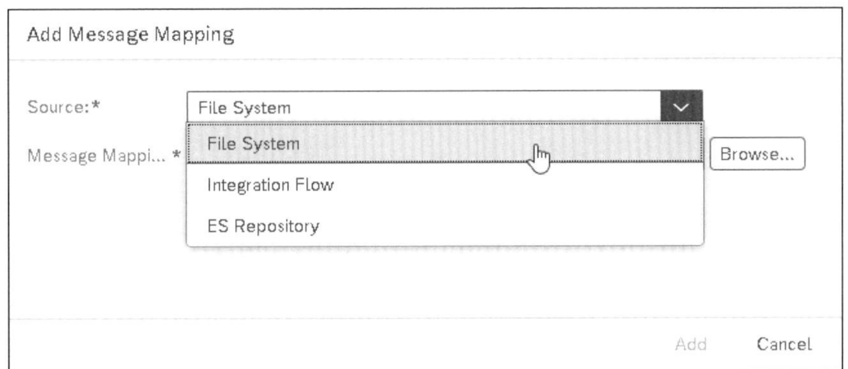

Abbildung 4.37 Quellenauswahl während eines Ressourcenimports

Ressourcen über Komponenten hinzufügen

Um Ressourcen hinzuzufügen, müssen Sie nicht unbedingt den Reiter **Resources** verwenden, sondern können die Dateien auch direkt in den Komponenten hochladen. Dennoch bietet der Reiter eine gute Übersicht über die bisher genutzten Ressourcen. Abbildung 4.38 zeigt die Ressourcen einer SAP-Standardintegration. In diesem Beispiel beinhalten sie eine Mapping- und drei Strukturdateien.

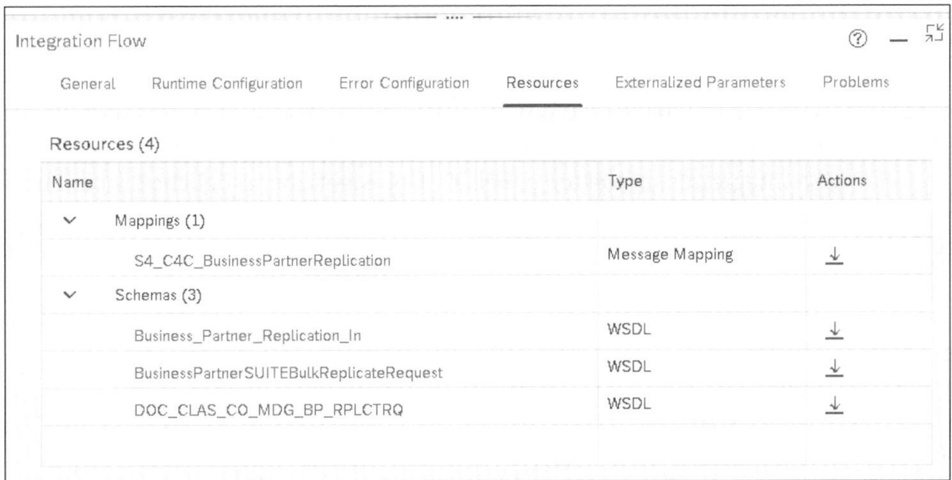

Abbildung 4.38 Ressourcen einer SAP-Standardintegration

Externalized Parameters

Auf dem Reiter **Externalized Parameters** können Sie Ihre Komponenten parametrisieren. Die externalisierten Parameter können Sie dann mit der **Config**-Option konfigurieren. Des Weiteren können Sie Felder mehrerer Komponenten gleichzeitig mit denselben Werten befüllen.

Abbildung 4.39 zeigt den Reiter **Externalized Parameters** einer SAP-Standardintegration. Jeder Eintrag beinhaltet einen Namen, einen möglichen Standardwert und einen konfigurierten Wert. In Abschnitt 8.4, »Parametrisierung mit der Funktion ›Externalize‹«, gehe ich genauer auf die Parametrisierung ein.

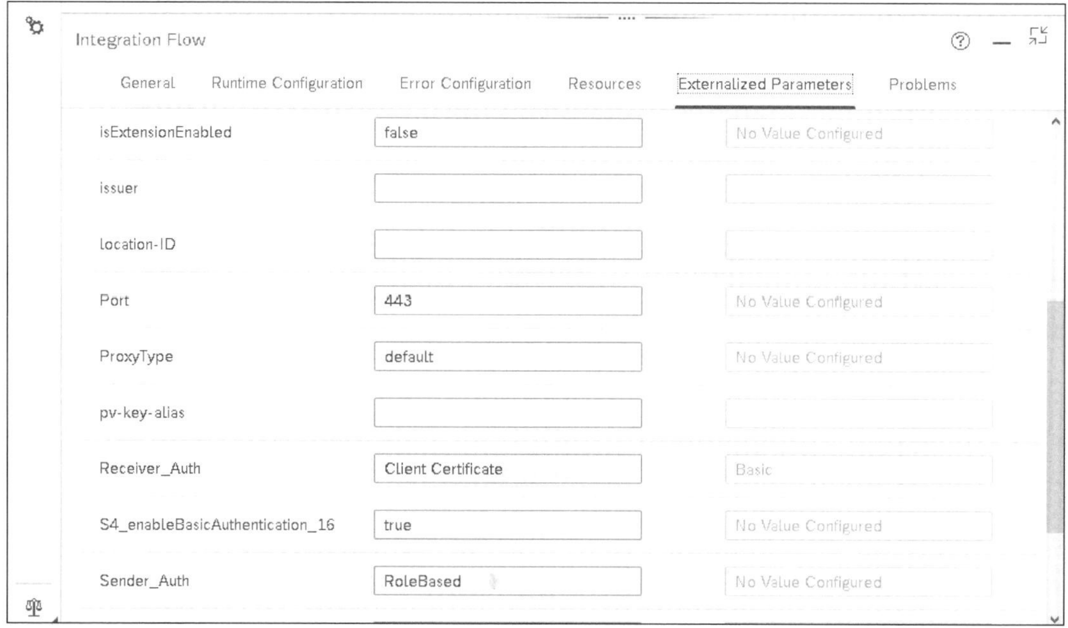

Abbildung 4.39 Reiter »Externalized Parameters«

Problems

Der Reiter **Problems** zeigt Ihnen alle Fehler und Warnungen zu einzelnen Integrationskomponenten und Ressourcen an. Die Ansicht hilft Ihnen in großen Integrationsprojekten dabei, die Übersicht über mögliche Probleme zu behalten. In Abbildung 4.40 sehen Sie eine Integration, für die drei mögliche Probleme festgestellt wurden:

- **Warnung**
  »Start event should have an incoming message flow«
  Das Nachrichten-Event hat keinen Nachrichteneingang.
- **Fehler**
  »Mapping is not defined«
  Der Mapping-Komponente ist keine Mapping-Ressource zugewiesen.

- **Fehler**
  »Enter a valid address, for example http(s)://example«
  Der HTTPS-Adapter benötigt ein gefülltes Adressfeld.

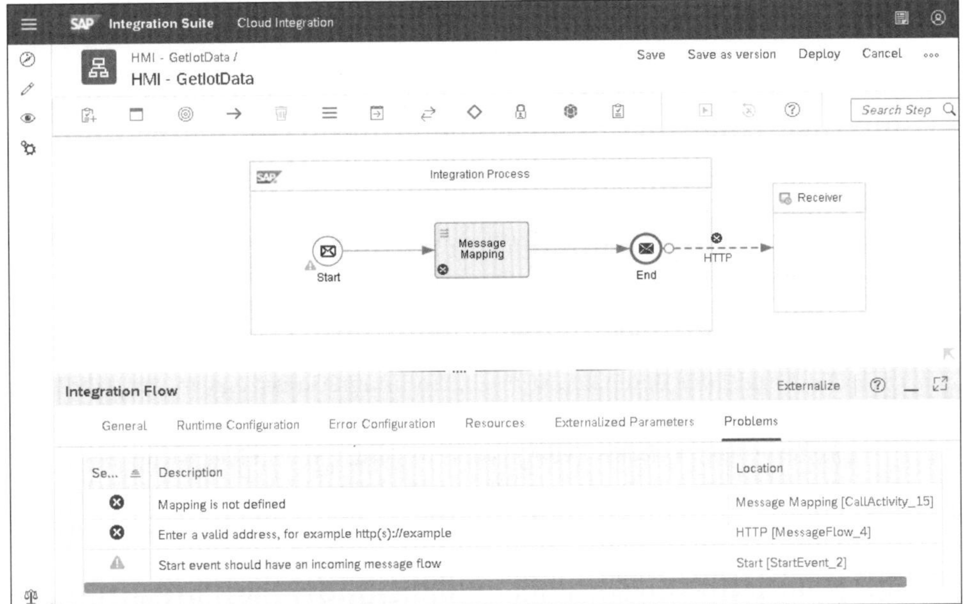

Abbildung 4.40 Anzeige von Fehlern und Warnungen auf dem Reiter »Problems«

Die möglichen Probleme werden tabellarisch dargestellt. Die erste Spalte zeigt anhand eines Symbols, wie schwerwiegend das Problem ist. In der zweiten Spalte **Description** wird das Problem beschrieben. In der dritten Spalte **Location** werden die betroffenen Komponenten aufgelistet. Wenn Sie eine Komponente in der Liste anklicken, wird diese im mittleren Arbeitsbereich fokussiert. Im unteren Bereich wird der Reiter mit der fehlerhaften Einstellung zu dieser Komponente geöffnet.

4.3.3 Integration modellieren

Aufbau einer Integration

Eine Integration besteht in der Regel aus drei Abschnitten (siehe Abbildung 4.41).

1. Den ersten Abschnitt bildet der **Sender**, der das sendende System repräsentiert. Dieser schickt über einen Adapter Informationen an SAP Cloud Integration.
2. Der mittlere Bereich **Integration Process** stellt die Prozesse in SAP Cloud Integration dar.

3. Das Zielsystem, als **Receiver** bezeichnet, empfängt die Daten ebenfalls über einen Adapter.

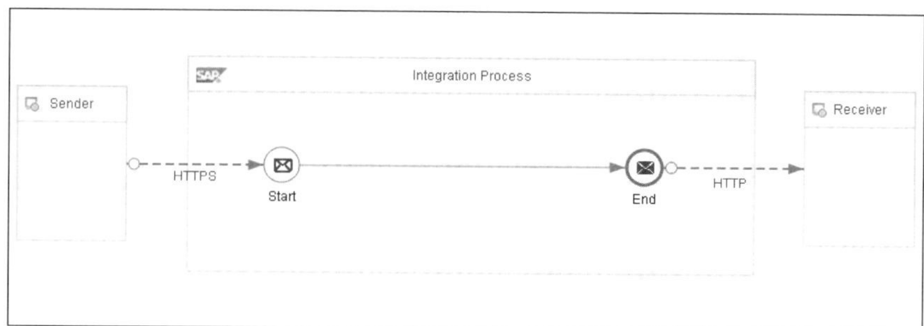

Abbildung 4.41 Aufbau einer Standardintegration mit Sender, Bearbeitungsbereich und Zielsystem

Die Anzahl der Bereiche kann je nach Integrationsszenario variieren. Beispielsweise wird kein Sender benötigt, wenn die Integration über ein zeitgesteuertes Event (**Timer Event**) gestartet wird. Ein Receiver wird nicht benötigt, wenn Sie sich ein Szenario bauen, das XML-Daten verarbeitet und diese an sich selbst zurückschickt. Alle gerade genannten Komponenten stelle ich in Kapitel 7, »Komponenten und Adapter«, detailliert vor.

Komponenten einbauen

Um eine Komponente zu nutzen, müssen Sie diese in der Symbolleiste aus einer der möglichen Kategorien auswählen und im Arbeitsbereich platzieren. Markieren Sie eine Komponente im grafischen Modell, werden Ihnen die Konfigurationsmöglichkeiten im unteren Arbeitsbereich angezeigt. Außerdem sehen Sie direkt neben der Komponente mehrere Auswahlmöglichkeiten in Form von Symbolen, die sich je nach Situation verändern können (siehe Abbildung 4.42).

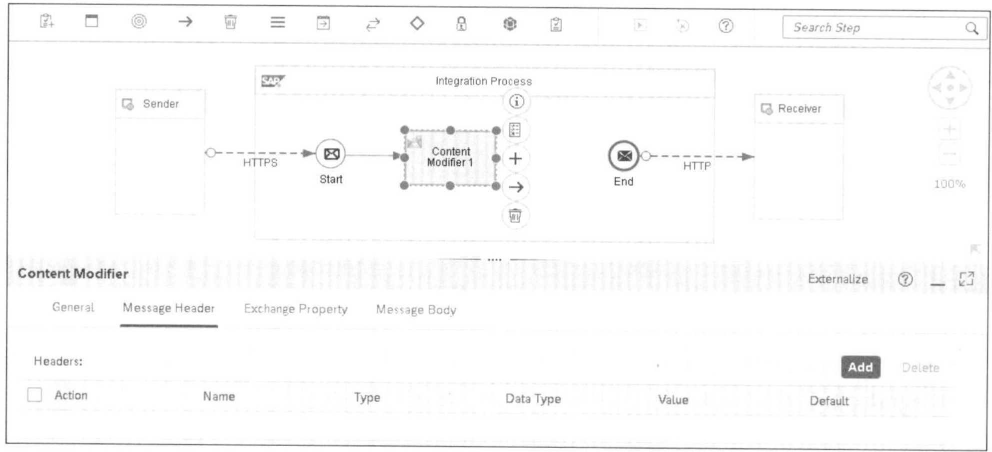

Abbildung 4.42 Auswahlmöglichkeiten neben einer Komponente

Die folgenden Auswahlmöglichkeiten stehen Ihnen über diese Symbole zur Verfügung:

- **Technische Informationen** (ⓘ)
  Jede Komponente hat eine eigene eindeutige ID, die Sie nutzen können, um die Komponente in den Nachrichtenlogs zu identifizieren. Zusätzlich wird über dieses Symbol die Version der Komponente angezeigt. In gewissen Abständen werden Komponenten von SAP aktualisiert. Anhand der Version können Sie feststellen, ob ein Update verfügbar und für Sie interessant ist. Wie Sie Komponenten aktualisieren, erfahren Sie in Abschnitt 8.5, »Migration von Komponenten«.
- **Add Flow Step** (⊕)
  Ein Klick auf das Plus-Symbol öffnet das Pop-up-Fenster in Abbildung 4.43. Es empfiehlt Ihnen eine passende Komponente, die Sie zum Integration Flow hinzufügen könnten. Außerdem können Sie hier in einer Liste nach geeigneten Komponenten suchen.

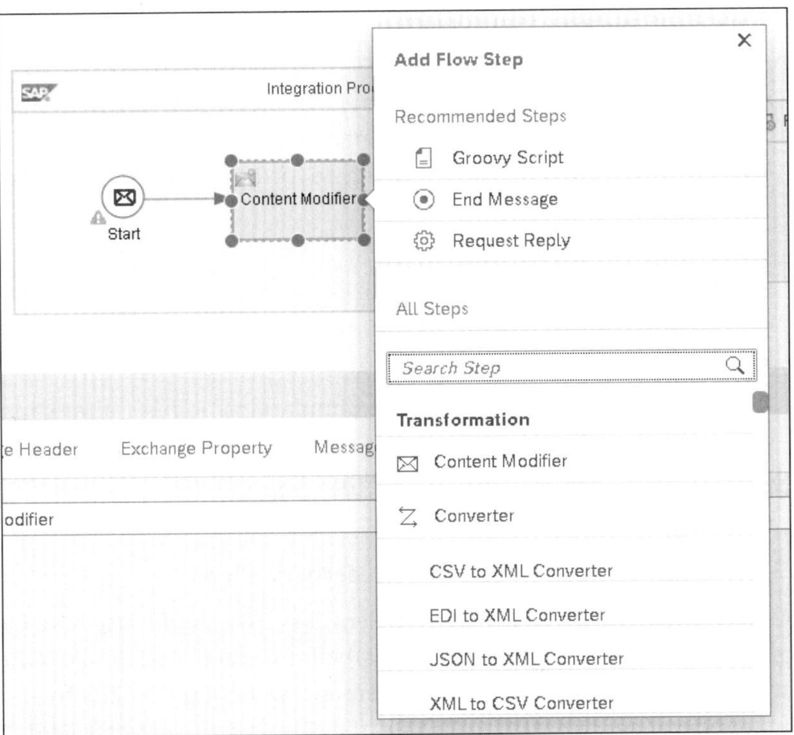

Abbildung 4.43 Pop-up-Fenster zur Auswahl einer Folgekomponente

- **Connector** (→)
  Über das Pfeil-Symbol erreichen Sie einen Konnektor, über den Sie Komponenten miteinander verbinden. Komponenten innerhalb des Integra-

tionsprozesses werden automatisch mit einem durchgezogenen Pfeil verbunden. Events, die mit einem Adapter verbunden werden, werden mit einem gestrichelten Pfeil dargestellt. Die Pfeile zeigen die Richtung des Nachrichtenflusses innerhalb des Integration Flows an.

- **Delete** (🗑)
  Ein Klick auf das Mülltonnen-Symbol löscht die ausgewählte Komponente aus Ihrer Integration. Eine gelöschte Komponente können Sie nicht wiederherstellen.
- **Copy Configuration** ()
  Diese Option wird Ihnen angezeigt, wenn Sie einen Adapter auswählen (gestrichelter Pfeil). Sie können darüber die Einstellungen eines Zielsystems kopieren, das Sie mehrmals in einem Integration Flow verwenden möchten.
- **Paste Configuration** ()
  Diese Funktion ist das Gegenstück zur Funktion **Copy Configuration** und erlaubt das Einfügen von kopierten Adaptereinstellungen.
- **Assign** ()
  Für Mapping- und Skript-Komponenten wird ebenfalls ein Klemmbrett-Symbol angezeigt. In diesem Fall dient es jedoch der Zuweisung von vorhandenen Ressourcen. Diese müssen zuvor erstellt oder hochgeladen worden sein.
- **Create** ()
  Über dieses Symbol können Sie neue Ressourcen anlegen. Diese Option wird auch bei Mapping- und Skript-Komponenten angeboten.
- **Add Simulation Response** ()
  Das Checklisten-Symbol gehört zum Simulationsmodus. Damit können selbst definierte Rückgabewerte von Fremdsystemen simuliert werden. Der Simulationsmodus wird in Abschnitt 11.1, »Simulation«, erläutert.

4.3.4 Integrationen sperren und wiederherstellen

Gesperrte Integrationen

SAP Cloud Integration muss sicherstellen, dass Pakete und Artefakte nicht von zwei Nutzer*innen gleichzeitig bearbeitet werden. Aus diesem Grund wird ein Paket oder eine Integration gesperrt, wenn das Objekt von einem Nutzer oder einer Nutzerin in den Bearbeitungsmodus versetzt wird. Des Weiteren schützt diese Funktion Ihre Integration, wenn Sie Ihren Browser schließen, er abstürzt oder Sie die Sitzung verlieren. Eine gesperrte Integration wird wie in Abbildung 4.44 dargestellt.

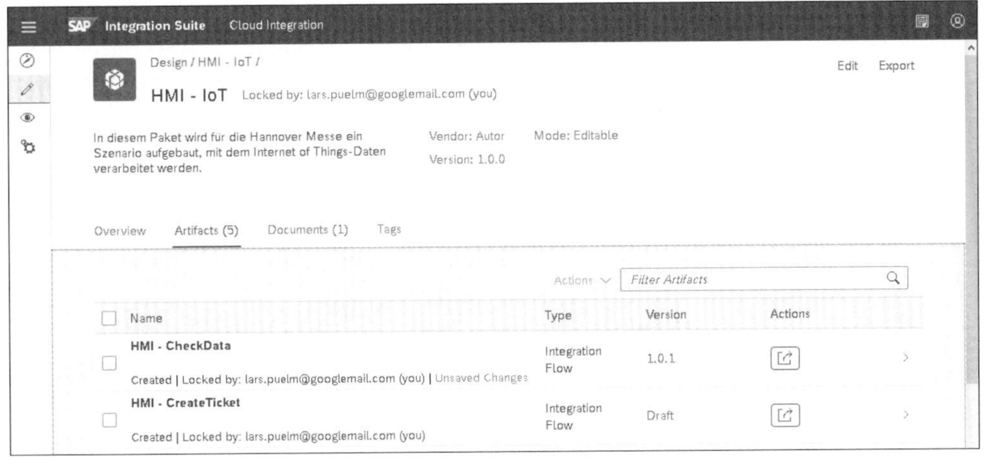

Abbildung 4.44 Gesperrtes Paket mit gesperrten Integration Flows

Um einen gesperrten Integration Flow wieder freizugeben, muss der oder die Nutzer*in, der oder die für die Sperrung verantwortlich ist, sich einloggen und den Integration Flow öffnen. Es wird noch einmal nachgefragt, ob die vorherige Sitzung geschlossen oder ob mit der Bearbeitung fortgefahren werden soll (siehe Abbildung 4.45). Ein anderer Nutzer oder eine andere Nutzerin kann den Integration Flow nicht entsperren.

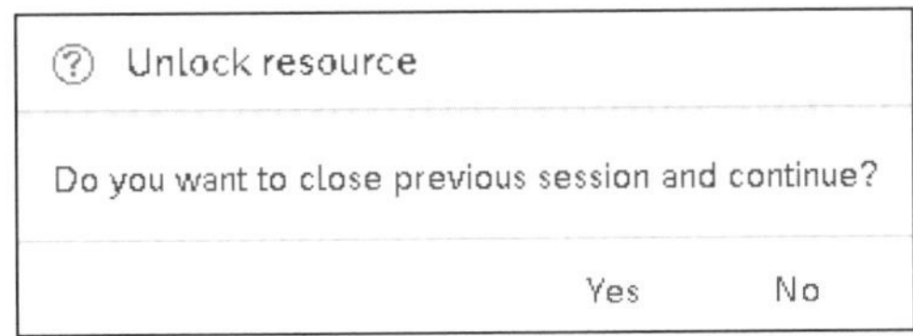

Abbildung 4.45 Integration entsperren

Änderungen wiederherstellen

Wenn Sie für einen gesperrten Integration Flow den Bearbeitungsmodus starten möchten, wird Ihnen die Frage gestellt, ob die nicht gespeicherten Änderungen mit der Option **Recover** wiederhergestellt werden sollen. Alternativ können Sie die nicht gespeicherten Änderungen mit der Option **Discard** verwerfen (siehe Abbildung 4.46).

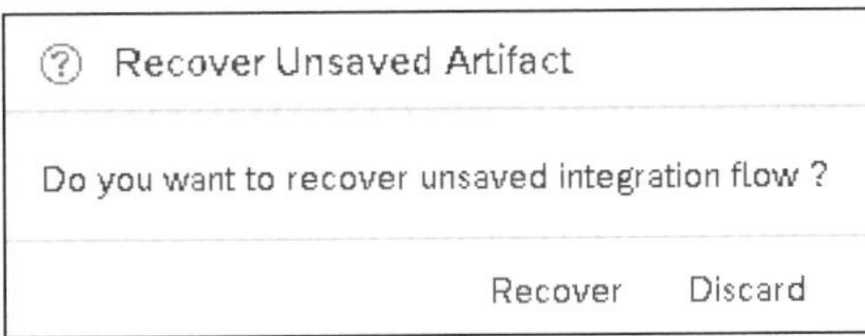

Abbildung 4.46 Nicht gespeicherte Änderungen wiederherstellen oder verwerfen

4.4 Zusammenfassung

In diesem Kapitel haben Sie die Arbeitsoberfläche zum Erstellen von Paketen und Artefakten kennengelernt. Sie haben sich mit den verschiedenen Arten von Artefakten vertraut gemacht: Integration Flows, OData-Services und Value Mappings. Des Weiteren haben Sie mit der Versionierung gearbeitet, die Ihnen Sicherheit bei der Erweiterung Ihrer Integration bietet. Im Anschluss haben Sie sich den Aufbau einer Integration und die Funktionen zur Modellierung im Detail angesehen.

Kapitel 5
Monitor-Oberfläche

Dieses Kapitel befasst sich mit der Monitoring-Oberfläche von SAP Cloud Integration, in der Sie sich neben dem »Design«-Bereich am häufigsten aufhalten werden. Im Monitoring können Sie die Veröffentlichung neu angelegter Integrationen und deren Nachrichtenflüsse überwachen. Des Weiteren nehmen Sie hier grundlegende Einstellungen vor, wie das Anlegen von Zugangsdaten.

Das *Monitoring* ist ein großer und wichtiger Bereich in SAP Cloud Integration. Hier kontrollieren Sie, ob Ihre Integrationen erfolgreich oder mit Fehlern veröffentlicht wurden und ob die Nachrichten erwartungsgemäß verarbeitet werden. Das Vorgehen beschreibe ich in Abschnitt 5.2, »Integration Flows überwachen«, und Abschnitt 5.3, »Veröffentlichte Artefakte überwachen«. Zur Protokollierung der Nachrichten können Sie ein Log Level festlegen. Das Log Level bezeichnet den Umfang und den Detailgrad einer Integration-Flow-Aufzeichnung. Mithilfe einer solchen Aufzeichnung können Sie gegebenenfalls Korrekturen vornehmen.

Neben der Überwachung finden Sie auch einige Grundeinstellungen im **Monitor**-Bereich. Dazu zählen Einstellungen zur Sicherheit (siehe Abschnitt 5.4, »Sicherheitseinstellungen«), wie die Verwaltung der Benutzerkennungen und Zertifikate. Auch können Sie die Daten, die während der Laufzeit einer Integration oder darüber hinaus gespeichert werden, im **Monitor**-Bereich einsehen oder löschen (siehe Abschnitt Abbildung 5.4, »Datenspeicherung verwalten«) und Log-Dateien und Sperren verwalten (siehe Abschnitt 5.6, »Log-Einträge«, und Abschnitt 5.7, »Gesperrte Objekte verwalten«).

5.1 Startseite der Monitor-Oberfläche im Überblick

SAP Fiori Launchpad

Im Gegensatz zu den anderen Bereichen von SAP Cloud Integration orientiert sich das Aussehen der **Monitor**-Oberfläche an dem *SAP Fiori Launchpad*, das Sie gegebenenfalls bereits aus SAP S/4HANA und anderen SAP-Anwendungen kennen. Die einzelnen Funktionen werden in Form von

Kacheln dargestellt. Abbildung 5.1 zeigt die **Monitor**-Startseite eines SAP-Partner-Accounts, die sich leicht von der eines Trial-Accounts unterscheidet. Beispielsweise stehen Ihnen in einem Trial-Account keine Kacheln im Bereich **Manage Logs** und für das **Certificate-to-User Mapping** zur Verfügung.

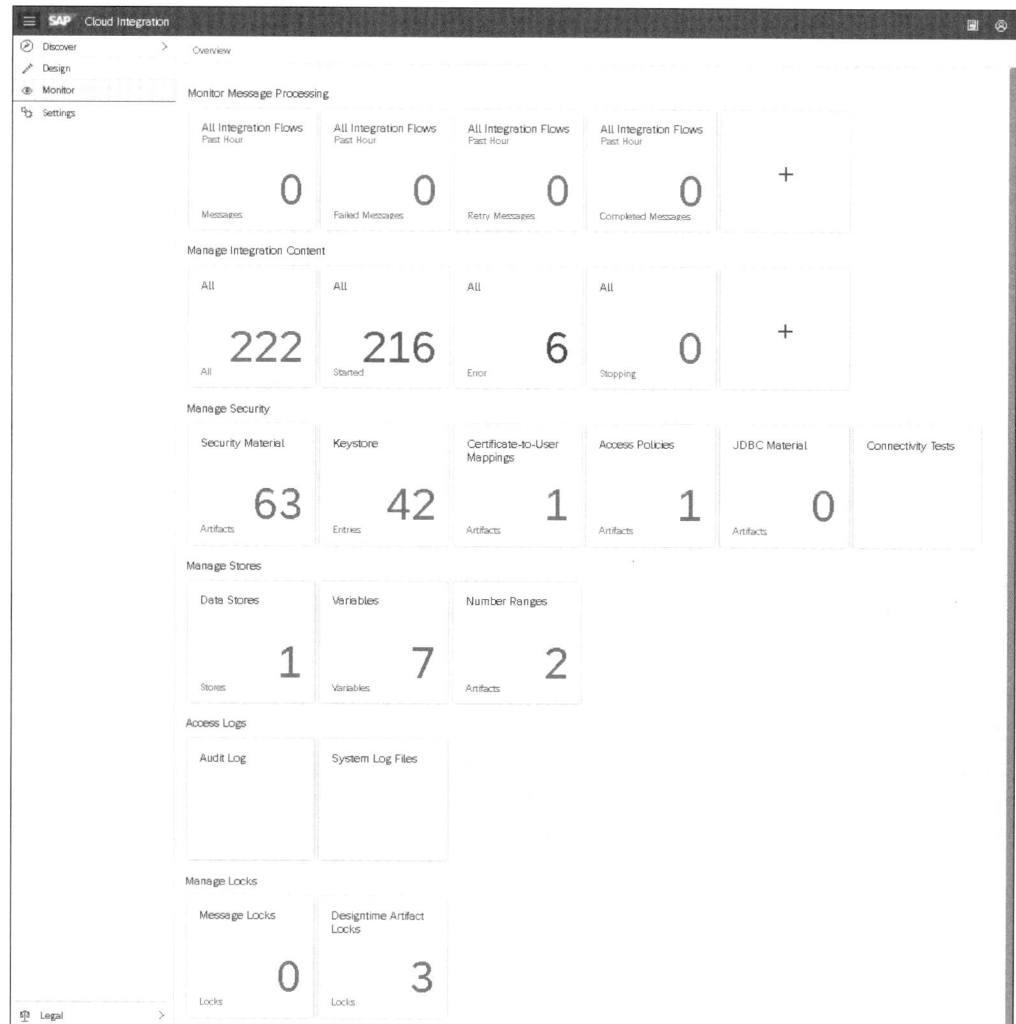

Abbildung 5.1 SAP Fiori Launchpad als Einstiegsseite des Bereichs »Monitor«

Kategorien im Monitor

Die Kacheln werden den folgenden Kategorien zugeordnet:

- **Monitor Message Processing**
  Die erste Kategorie zeigt ausgeführte Nachrichtenflüsse, die Sie nach verschiedenen Kriterien filtern und in benutzerdefinierten Kacheln darstellen können.

- **Manage Integration Content**
  In der Kategorie **Manage Integration Content** werden die deployten Artefakte dargestellt. Auch diese können Sie wie die Nachrichtenflüsse in eigenen Kacheln filtern.
- **Manage Security**
  In der Kategorie **Manage Security** werden Zugangsdaten und Zertifikate sowie Berechtigungen für das Betrachten von Datensätzen verwaltet.
- **Manage Stores**
  Wenn Sie während der Nachrichtenausführung Daten zwischenspeichern, können diese mit den Anwendungen in der Kategorie **Manage Stores** verwaltet werden.
- **Manage Locks**
  In der Kategorie **Manage Locks** können gesperrte Artefakte geprüft und bei Bedarf entsperrt werden. Objekte können vom System gesperrt werden, damit nicht mehrere Zugriffe gleichzeitig durchgeführt werden.

Kacheln verschieben

Die Kacheln mit einem Plus-Symbol erlauben es Ihnen, eigene Kacheln mit Monitoring-Daten anhand selbst definierter Filterkriterien zu erstellen. Diese Möglichkeit wird nur für die Kategorien Nachrichtenverarbeitungs-Monitoring (**Monitor Message Processing**) und Integrations-Content-Verwaltung (**Manage Integration Content**) angeboten. Alle Kacheln innerhalb dieser Kategorien können auch per Drag-and-drop innerhalb der Kategorie verschoben werden (siehe Abbildung 5.2). So können Sie vor- und selbst definierte Kacheln, auf die Sie häufiger zugreifen, beispielsweise günstiger positionieren.

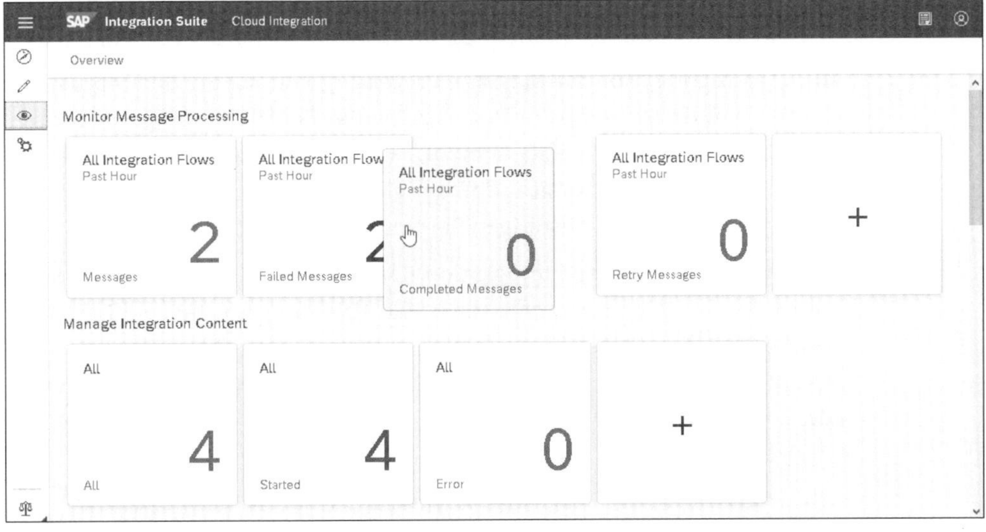

Abbildung 5.2 Verschieben einer Kachel

Kacheln bearbeiten

Jede Kachel in den genannten beiden Kategorie verfügt über ein Kontextmenü, das Sie mit einem Rechtsklick auf die Kachel öffnen können. Wählen Sie hier den Eintrag **Edit**, um die Filterkriterien der Kachel zu bearbeiten. Über den Eintrag **Delete** können Sie die Kachel bei Bedarf löschen (siehe Abbildung 5.3).

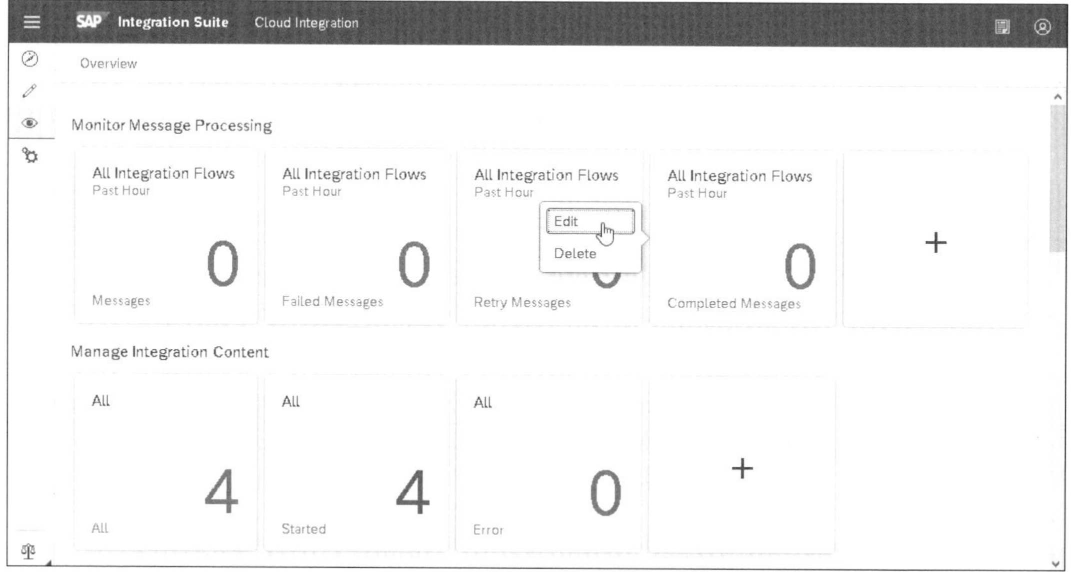

Abbildung 5.3 Kacheln auf der Startseite bearbeiten

Eigene Kachel anlegen

Sobald Sie mehrere Integrationsszenarien entwickelt und im Einsatz haben, wird es aufgrund der hohen Zahl an Nachrichtenflüssen oder Integration Flows schwieriger, die Übersicht im Monitoring zu behalten. Um die Übersicht nicht zu verlieren, können Sie eigene Kacheln definieren. Bei Kacheln in der Kategorie **Monitor Message Processing** können Sie den Status, den Zeitraum und das Artefakt festlegen, zu denen Sie Daten anzeigen möchten. Klicken Sie dazu auf das Plus-Symbol (+) in einer leeren Kachel. Abbildung 5.4 zeigt Ihnen die Konfigurationsmöglichkeiten. Nachdem Sie Ihre Auswahl getroffen haben, bestätigen Sie die Anlage der Kachel mit **OK**.

In der Kategorie **Manage Integration Content** stehen Ihnen die Filterkriterien Status und Typ zur Verfügung (siehe Abbildung 5.5). Im Feld **Type** wählen Sie die Art des Artefaktes aus, die Sie verwalten möchten. Die Arten von Artefakten haben Sie in Abschnitt 4.1, »Pakete und Artefakte«, kennengelernt.

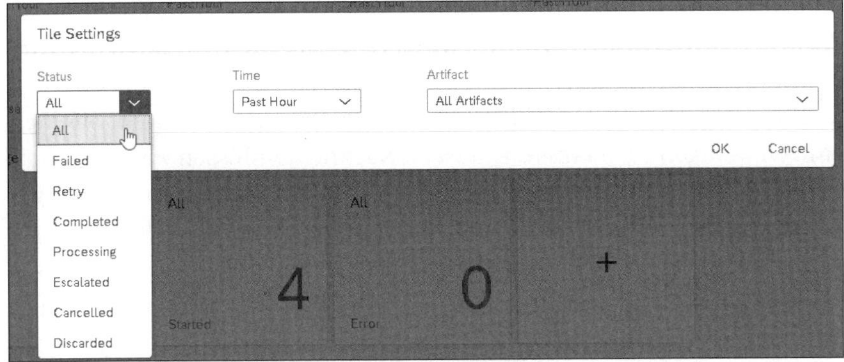

Abbildung 5.4 Eigene Kachel für Nachrichtenfluss definieren

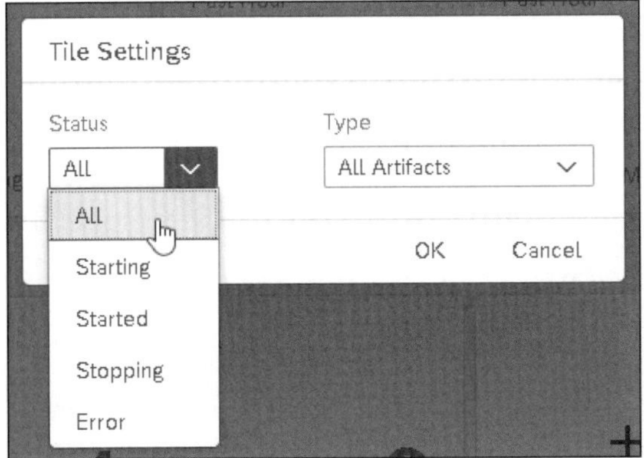

Abbildung 5.5 Eigene Kachel für Integrationen definieren

Speicherung der Konfiguration

Ihre Kachelkonfiguration wird innerhalb Ihres Clients (über den Webbrowser) und anhand Ihrer Benutzer-ID gespeichert. Solange Sie die Browserdaten nicht löschen, bleiben Ihre Einstellungen erhalten. Wenn Sie einen anderen Webbrowser verwenden oder Ihren Webbrowser im privaten Modus öffnen, stehen Ihnen die selbst definierten Kacheln nicht mehr zur Verfügung.

5.2 Integration Flows überwachen

Monitor Message Processing

Mit dem *Monitor Message Processing* können Sie Integration Flows überwachen. Für jeden Integration Flow werden verschiedene Parameter erfasst, die entweder durch SAP Cloud Integration, den Verlauf der Nachricht während der Durchführung oder durch Ihre Festlegungen beeinflusst werden.

Im Standard sind vier Kacheln in dieser Kategorie vordefiniert. Jede dieser Kacheln listet Nachrichtenflüsse mit einem bestimmten Status auf. Die Zahlen, die auf einer Kachel angezeigt werden, stellen die Anzahl der Nachrichtenflüsse innerhalb eines Zeitraums dar. Diese Anzahl kann sich zwischen einigen wenigen bis mehreren Tausend Nachrichtenflüssen während eines *Initial Loads* von Stammdaten bewegen. Ein Initial Load ist ein einmaliger kompletter Datentransport in ein neues System.

Farbsymbolik

Die Zahlen werden in den Farben Grün, Rot oder Grau dargestellt. Die Farbe Grün steht für eine erfolgreich übertragene Nachricht. Rot werden fehlerhafte Nachrichten gekennzeichnet. Die Farbe Grau stellt einen neutralen Status dar oder wird als Sammelkennzeichnung mehrerer unterschiedlicher Status verwendet (siehe Abbildung 5.6).

Abbildung 5.6 Kacheln der Kategorie »Monitor Message Processing«

Alle Integration Flows

Es gibt vier Standardkacheln in dieser Kategorie, die sich in ihren Filterkriterien unterscheiden. Wenn Sie die erste Standardkachel **All Integration Flows – Past Hour – Messages** anklicken, öffnet sich eine Listenansicht der Nachrichten, die innerhalb der letzten Stunde verarbeitet wurden. Sie können mit einem Rechtsklick die Filterkriterien einer Standardkachel bearbeiten.

5.2.1 Nachrichtenfilterung

Im oberen Bereich dieser Sicht finden Sie Filtermöglichkeiten, um das Ergebnis unabhängig von den Kacheleinstellungen einzuschränken oder zu erweitern (siehe Abbildung 5.7). In der Mitte der Filtereinstellungen finden Sie die Option **Use More Fields**, die Ihnen weitere Filteroptionen anbietet. Die Filteroptionen können Sie nach dem Einblenden mit der Option **Use Less Fields** wieder reduzieren.

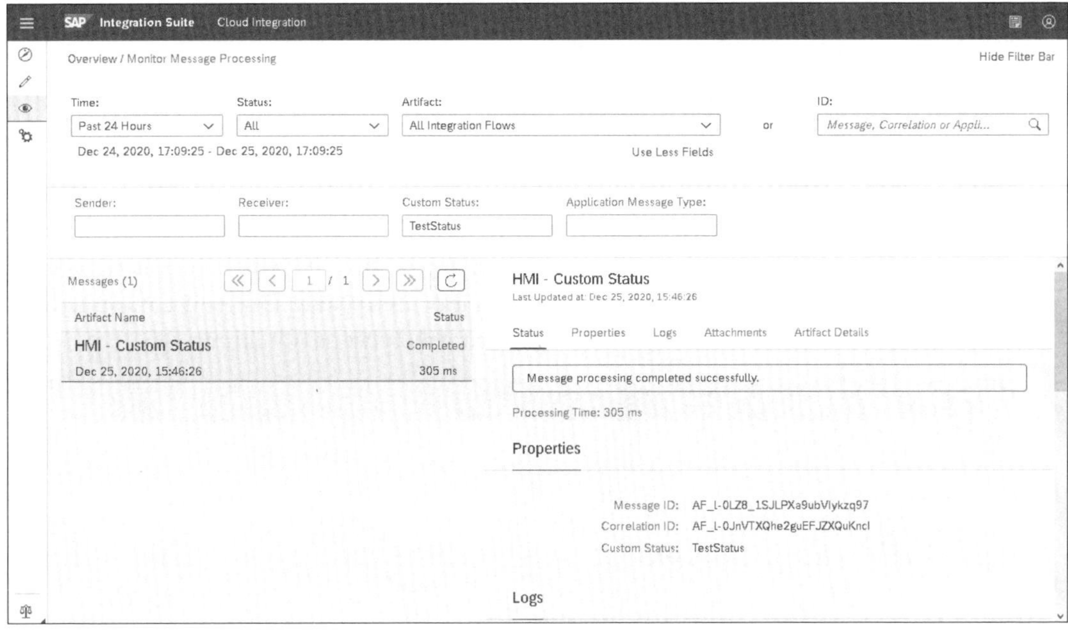

Abbildung 5.7 Filterkriterien für Ihre Nachrichtenflüsse

Filtereinstellungen ausblenden

Sollten Ihnen die Filterkriterien im Kopfbereiche zu viel Platz in Anspruch nehmen und möchten Sie mehr Nachrichtendetails sehen, können Sie die Filterungen über die Schaltfläche **Hide Filter Bar** komplett ausblenden und bei Bedarf wieder einblenden.

Im Laufe der Zeit kann die Anzahl der Integrationen und Nachrichtenflüsse rapide zunehmen. Aus diesem Grund wird die Arbeit mit den Filteroptionen einen wichtigen Teil Ihres Monitorings darstellen. Im Folgenden möchte ich Ihnen die Filtermöglichkeiten detaillierter vorstellen.

Zeitliches Intervall

Der zeitliche Aspekt der Nachrichtenfilterung kann Ihnen bei der Reduzierung der angezeigten Nachrichten sehr entgegenkommen. Häufig wissen Sie anhand eines Zeitstempels, zu welchem Zeitpunkt der Nachrichtenfluss verarbeitet wurde, den Sie untersuchen möchten, oder können das in den verbundenen Systemen nachsehen. Ihnen stehen die folgenden zeitlichen Intervalle zur Verfügung:

- alle (**All**)
- letzte Minute (**Past Minute**)
- letzte Stunde (**Past Hour**)

- letzte 24 Stunden (**Past 24 Hours**)
- letzte Woche (**Past Week**)
- letzter Monat (**Past Month**)
- benutzerdefinierter Zeitraum (**Custom**)

Selbst definiertes Intervall

Wählen Sie den Wert **Custom**, erhalten Sie zwei Datumsfelder zur Auswahl, in denen Sie das genaue Datum – also den Tag, den Monat und das Jahr sowie die Uhrzeit in Stunden und Minuten – einstellen können, bis zu dem Sie die Nachrichten zurückverfolgen möchten. Dabei können Sie nur maximal einen Monat in die Vergangenheit gehen (siehe Abbildung 5.8).

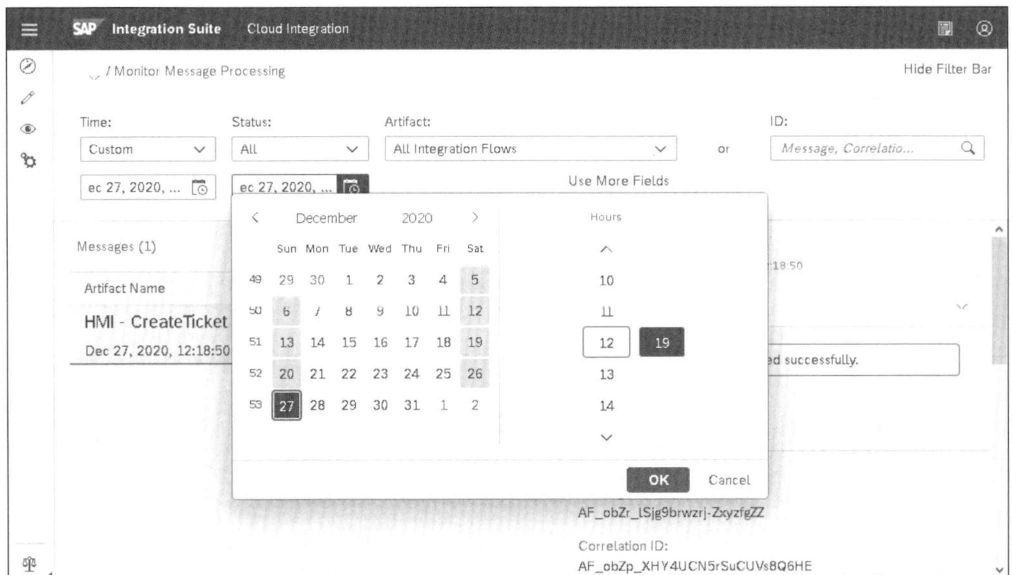

Abbildung 5.8 Filterung nach Datum

Statuswerte

Um Ihre Ergebnisliste weiter zu reduzieren, können Sie auch nach den folgenden Status filtern (siehe Abbildung 5.9):

- **All**
  Möchten Sie die Nachrichtenflüsse aller Status sehen, wählen Sie die Option **All** aus.
- **Failed**
  Der Status **Failed** beschreibt eine fehlgeschlagene Nachrichtenübertragung. Eine Nachricht mit diesem Status wurde nicht an das Zielsystem ausgeliefert und konnte auch nicht erneut gesendet werden.
- **Retry**
  Wird nach einem Problem ein erneuter Versuch gestartet, die Nachricht an das Zielsystem auszuliefern, befindet sich diese im Status **Retry**.

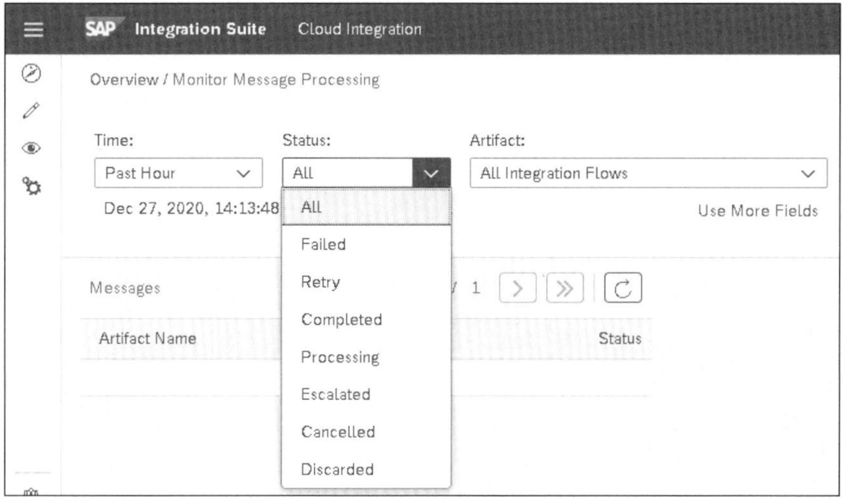

Abbildung 5.9 Filterung nach Status

- **Completed**
  Hat eine Nachricht den Status **Completed**, gab es während der Verarbeitung keine Probleme, und die Nachricht konnte an das Zielsystem ausgeliefert werden.
- **Processing**
  Eine Nachricht im Status **Processing** wird gerade von einem Worker Node bearbeitet.
- **Escalated**
  Es wurde ein Eskalations-Event ausgelöst. Die Nachricht wird nicht wiederholt. Bei einer synchronen Nachrichtenverarbeitung erhält der Sender eine Fehlermeldung.
- **Cancelled**
  Diesen Status erhält eine manuell unterbrochene Nachricht in der JMS-Warteschlange (Java Message Service). Wenn die Nachricht nach einer manuellen Unterbrechung weiterverarbeitet werden kann, wird der Status **Cancelled** durch einen neuen überschrieben.
- **Discarded**
  Dieser Status beschreibt eine Nachricht, die vom System nicht ausgeführt wurde. Dies kann bei zeitlichen Events (**Timer Start Event**) der Fall sein, wenn ein Tenant mehr als einen Worker Node besitzt und diese Nodes gleichzeitig versuchen, einen Integration Flow auszuführen.

Filterung nach Artefakten

Bei der Filterung im Feld **Artifact** können Sie nach den Kategorien **All Integration Flows** und **All OData Services** sowie nach dem Namen eines bestimmten Artefakts filtern (siehe Abbildung 5.10). Die gezielte Suche nach Artefakten hilft Ihnen vor allem, wenn Sie Integrationen mit einem Timer Event nutzen, die jede Sekunde einen Nachrichtenfluss starten können.

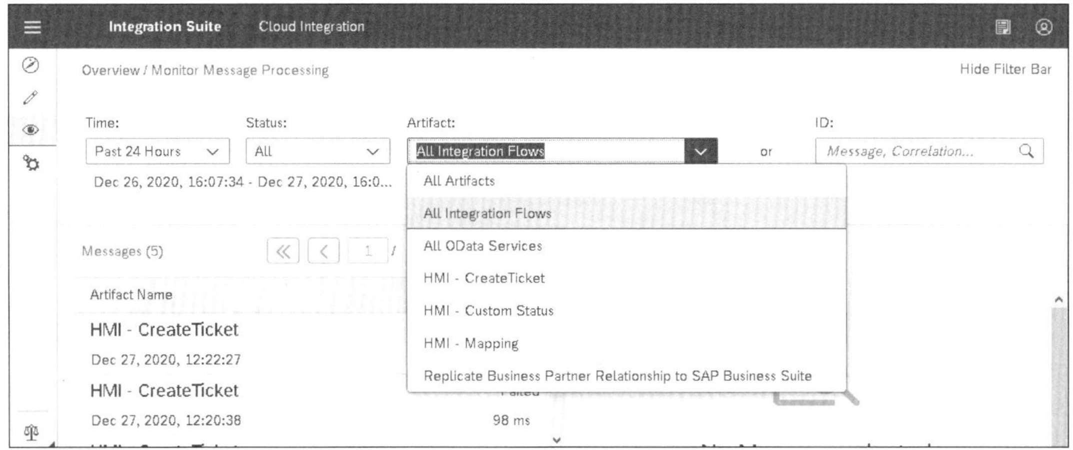

Abbildung 5.10 Filterung nach Artefakten

Suche nach IDs

Im Feld **ID** können Sie nach den folgenden Identifikationsnummern suchen:

- Nachrichten-ID (**Message ID**)
- Beziehungs-ID (**Correlation ID**)
- Anwendungs-ID (**Application ID**)

Die ersten beiden ID-Typen werden von SAP Cloud Integration automatisch vergeben und in Abschnitt 5.2.2, »Nachrichtendetails«, detailliert erläutert.

Anwendungs-ID

Die Anwendungs-ID hat keinen fest definierten Zweck und kann von Ihnen eingesetzt werden, um Werte zu speichern, die im Monitoring eingesehen werden können. Die Anwendungs-ID müssen Sie beim Aufbau einer Integration über die Header-Variable `SAP_ApplicationID` selbst definieren, wenn Sie diese nutzen wollen. Dazu wählen Sie beispielsweise eine **Content Modifier**-Komponente (siehe Abschnitt 7.1.6, »Transformationen«) im grafischen Modell des Integration Flows aus. Rufen Sie dann den Reiter **Message Header** auf, und geben Sie einen Wert für die genannte Variable im Feld **Value** an (siehe Abbildung 5.11).

Wurde die Anwendungs-ID gesetzt, wird sie Ihnen als **Application Message ID** ❶ in den Eigenschaften (**Properties**) eines Artefakts angezeigt (siehe Abbildung 5.12).

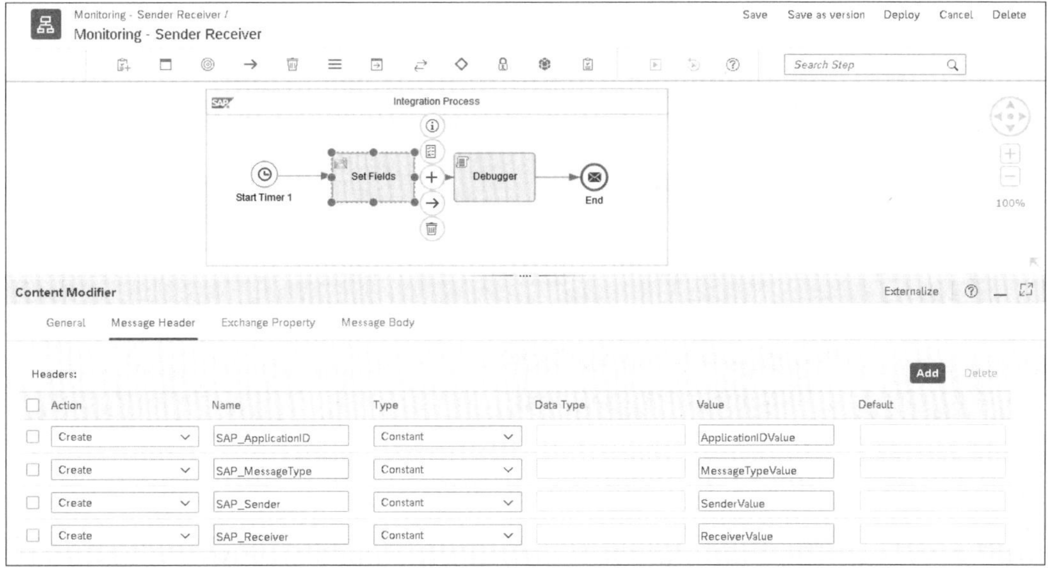

Abbildung 5.11 Wert für die Header-Variable »SAP_ApplicationID« festlegen

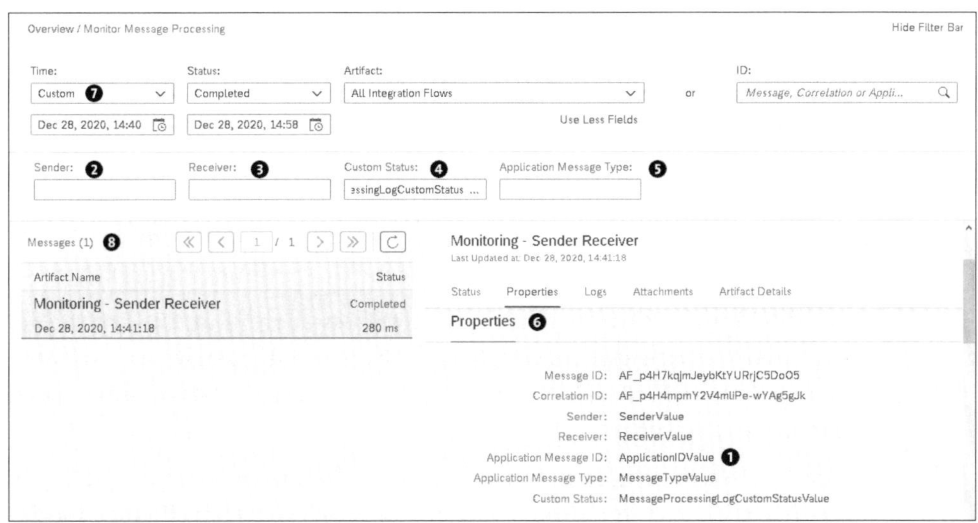

Abbildung 5.12 Weitere Suchfelder

Klicken Sie unterhalb der Filterkonfigurationsfelder auf den Link **Use More Fields**, öffnet sich ein Bereich mit den folgenden Suchfeldern:

Weitere Suchfelder

❷ **Sender**

- Name: SAP_Sender
- Typ: Header
- Maximale Länge: –

❸ **Receiver**

- Name: `SAP_Receiver`
- Typ: Header
- Maximale Länge: –

❹ **Custom Status**

- Name: `SAP_MessageProcessingLogCustomStatus`
- Typ: Header
- Maximale Länge: 40

❺ **Application Message Type**

- Name: `SAP_MessageType`
- Typ:100
- Maximal angezeigte Länge: 100

Jedes dieser Felder kann von Ihnen manuell mit einer Zeichenkette gefüllt werden und hat eine maximale Länge. Wenn diese Maximallänge von Ihrer Zeichenkette überschritten wird, wird automatisch der Wert `InputTooLong` in das Feld geschrieben.

Die hier definierten Felder tauchen auch auf dem Reiter **Properties** des Nachrichtenflusses rechts unten in der Ansicht ❻ auf. Sie können die Wirkungsweise dieser Felder testen, indem Sie einen kleinen Integration Flow mit einer einzelnen Komponente **Content Modifier** bauen. Zusätzlich sind die hier definierten Felder in den Properties der Nachrichtendetails enthalten, die zuvor nicht angezeigt wurden, da sie keine Werte enthielten. Die Nachrichtendetails erläutere ich im folgenden Abschnitt ausführlicher.

In Abbildung 5.12 wurde ein Nachrichtenfluss ausgeführt, für den die genannten Werte gesetzt wurden. In den Filtereinstellungen wurde nach dem Status **Custom** im Feld **Time** ❼ gefiltert. Die anderen Felder werden in den **Properties** angezeigt.

Die Anzahl der gefilterten Einträge wird in Klammern oberhalb der Ergebnisliste angezeigt. Im Beispiel in Abbildung 5.12 wurde nach einer spezifischen Nachricht gesucht, deswegen hier eine 1 in Klammern ❽ angegeben ist. Nach einem Initial Load kann der Wert mehrere Tausend betragen.

5.2.2 Nachrichtendetails

Übersicht der Nachrichtenflüsse

Wenn Sie einen Integration Flow zum ersten Mal erfolgreich ausführen und die erste Standardkachel **All Integration Flows – Past Hour – Messages** im Monitor unter **Monitor Message Processing** aufrufen, sehen Sie auf der linken Seite eine Liste mit allen Nachrichtenflüssen, die in das Filtermuster der Kachel passen (siehe Abbildung 5.13). Jeder Listeneintrag enthält den Namen des zugehörigen Artefakts, ein Ausführungsdatum der Nachricht mit Uhrzeit, einen Status und eine Dauer. Nach dem Öffnen der Kachel wird immer der erste Eintrag in dieser Liste ausgewählt. Für die ausgewählte Nachricht werden auf der rechten Seite weitere Informationen zur zugehörigen Integration angezeigt.

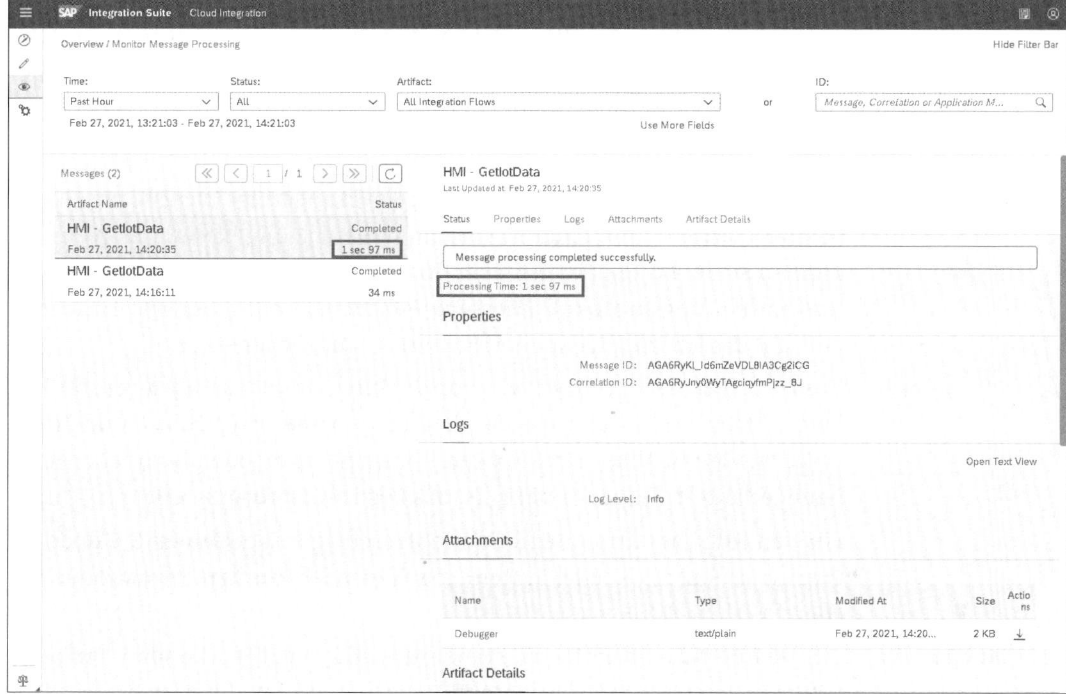

Abbildung 5.13 Nachrichtenübersicht und -details

Neben den Informationen, die auch in der Listenansicht zu sehen sind, finden Sie hier Detailinformationen auf den Reitern **Status**, **Properties**, **Logs**, **Attachments** und **Artifact Details**.

Status

Auf dem Reiter **Status** wird je nach Ausführungsergebnis der Status der Nachricht in einer farbig hinterlegten Meldung angezeigt. Erfolgreich verarbeitete Nachrichtenflüsse werden grün und fehlerhafte rot dargestellt. Das Feld **Processing Time** zeigt die Ausführungsdauer der Integration an.

Properties

Der Bereich **Properties** zeigt die folgenden Identifikationsnummern:

- **Message ID**
  Dieses Feld enthält die eindeutige ID der Nachricht. Diese steht direkt nach Beginn der Ausführung des Integration Flows zur Verfügung und

kann mit der Expression `${header/property.SAP_MessageProcessingLogID}` aufgerufen und während der Laufzeit genutzt werden. Expressions sind Datenaufrufe, die Sie während der Laufzeit der Nachricht nutzen können. Die verschiedenen Arten von Expressions werden in Kapitel 8, »Wichtige Grundfunktionen«, erläutert. Mit der Nachrichten-ID können Sie auch im Monitoring direkt nach einem Integrationsdurchlauf suchen.

- **Correlation ID**
  Durch die *Correlation ID* werden Nachrichten automatisch gruppiert. Dadurch können Sie zum Beispiel Nachrichten verfolgen, die mit dem Adapter **ProcessDirect** (siehe Abschnitt 7.2.14, »ProcessDirect«) über mehrere Integration Flows verteilt werden.

Logs

Im Bereich **Logs** wird das definierte Log Level angezeigt, das Zugang zu den protokollierten Daten einer Nachrichtenübertragung bietet. Des Weiteren können Sie in diesem Bereich über den Link **Open Text View** das Nachrichtenverarbeitungsprotokoll (*Message Processing Log*) einer Nachricht öffnen, auf das ich im folgenden Abschnitt ausführlicher eingehe.

Log Level

Das Log Level beschreibt, wie viel von der Integrationsausführung protokolliert werden soll. Es gibt die vier Log Level **None**, **Info**, **Debug** und **Trace**. Diese werden in Abschnitt 5.3, »Veröffentlichte Artefakte überwachen«, genauer erläutert. Standardmäßig ist das Log Level **Info** aktiviert.

Für den Fall, dass Ihre Integration fehlgeschlagen ist, können Sie über die **Process ID** auf der Kachel **System Log Files** nach Zusatzinformationen suchen.

Attachments

Der Reiter **Attachments** ist standardmäßig nicht vorhanden. Anlagen (*Attachments*) zu den Nachrichtenflüssen können von Ihnen selbst angelegt werden. Mehr dazu erfahren Sie in Abschnitt 11.3, »Debugging-Skripte«. Die Einträge zu den vorhandenen Anlagen bieten Ihnen folgende Informationen:

- **Name**
  Name des Attachments, den Sie in einem Skript mitgeben.
- **Type**
  Content-Typ, den Sie für das Attachment definiert haben. Für das Darstellen von einfachen Inhalten wird der Typ `text/plain` verwendet.
- **Modified At**
  Im Feld **Modified At** wird der Zeitpunkt der Attachment-Erstellung festgehalten.

- **Size**
  Das Feld **Size** stellt die Größe des Attachments dar. Es kann wenige Kilobytes bis mehrere Megabytes groß sein.
- **Actions**
  In der Spalte **Actions** können Sie das ausgewählte Attachment herunterladen. Dies kann zur Pflicht werden, wenn das Attachment eine Größe erreicht, die von SAP Cloud Integration nicht mehr angezeigt werden kann.

Artefaktdetails

Der Reiter **Artifact Details** enthält folgende grundlegende Informationen zum ausgeführten Integration Flow (siehe Abbildung 5.14):

- **Name**
  Name ist der Name des Integration Flows, der als Link dargestellt wird. Durch diese Verknüpfung gelangen Sie direkt zu einem Bereich im Monitor, in dem Sie die Integration im Lesemodus betrachten können. Ein Bearbeiten der Integration ist dort nicht erlaubt.
- **ID**
  Das Feld **ID** enthält den technischen Namen Ihrer Integration. Dieser ist einmalig in Ihrem Tenant definiert und kann nicht geändert werden.
- **Type**
  Das Feld **Type** stellt die Kategorie des Artefakts dar. Dies kann ein Integration Flow, ein OData-Service oder ein Value Mapping sein.
- **Package**
  Das Feld **Package** beschreibt das Paket, in dem sich die Integration befindet. Diese Information kann beispielsweise sehr hilfreich sein, wenn sich viele Pakete in Ihrem Tenant befinden und Sie eine ältere Integration bearbeiten wollen.

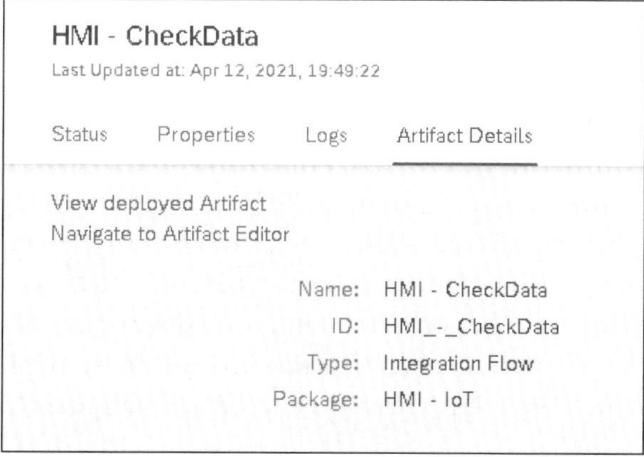

Abbildung 5.14 Nachrichtendetails eines ausgeführten Integration Flows

Fehlertext

Wenn während der Ausführung einer Integration ein Problem in einer Komponente auftritt, wird der Nachrichtenfluss an der entsprechenden Stelle unterbrochen. Im **Status**-Bereich der Nachrichtendetails wird dann in einem roten Kasten die Meldung **Message processing failed** ausgegeben und darunter mit der Überschrift **Error Details** ein Fehlertext angezeigt. Der Fehler in Abbildung 5.15 wurde beispielsweise durch ein Coding-Problem in einer Skript-Komponente ausgelöst.

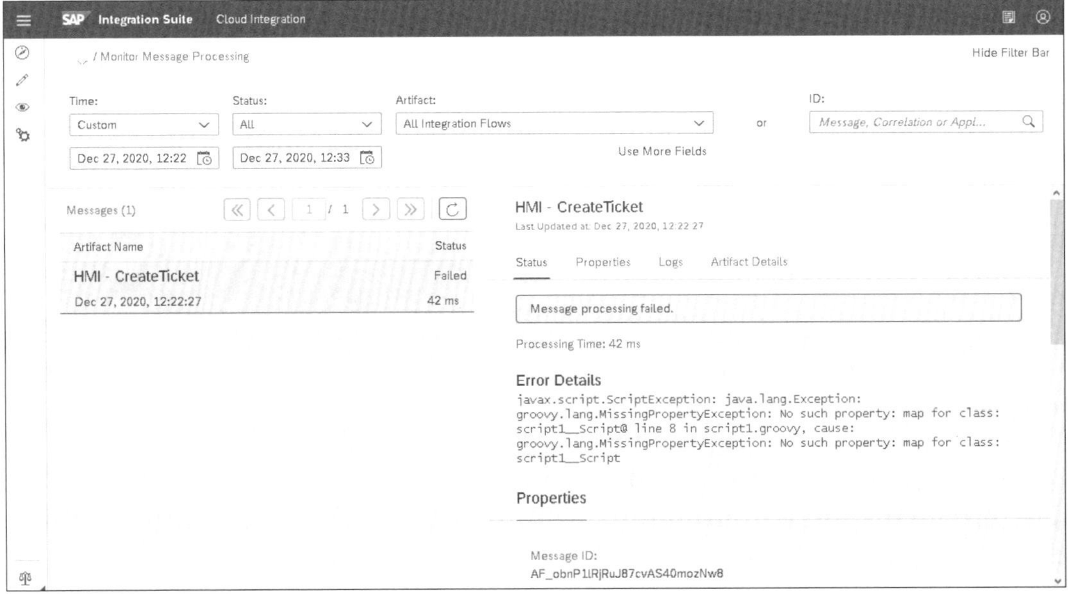

Abbildung 5.15 Fehlertext zu einem abgebrochenen Integrationsdurchlauf

5.2.3 Nachrichtenverarbeitungsprotokoll

Message Processing Log

Das Nachrichtenverarbeitungsprotokoll eines Nachrichtenflusses können Sie einsehen, wenn die zugehörige Integration im Modus **Debug Log** läuft. Sie öffnen das Nachrichtenverarbeitungsprotokoll (Message Processing Log, kurz MPL), indem Sie in der ausgeführten Nachricht im Monitor auf die Schaltfläche **Open Text View** klicken. Sie können die Log-Ansicht auch im Modus **Info** betrachten. Diese enthält dann nur rudimentäre Informationen wie beispielsweise den Start- und Endzeitpunkt sowie die Status und IDs des Nachrichtenflusses. Weitere Informationen zu den Protokollierungsmodi finden Sie in Abschnitt 5.3, »Veröffentlichte Artefakte überwachen«. Abbildung 5.16 zeigt Ihnen die im Protokoll gespeicherten Informationen, die auf dem Reiter **Log** zu finden sind.

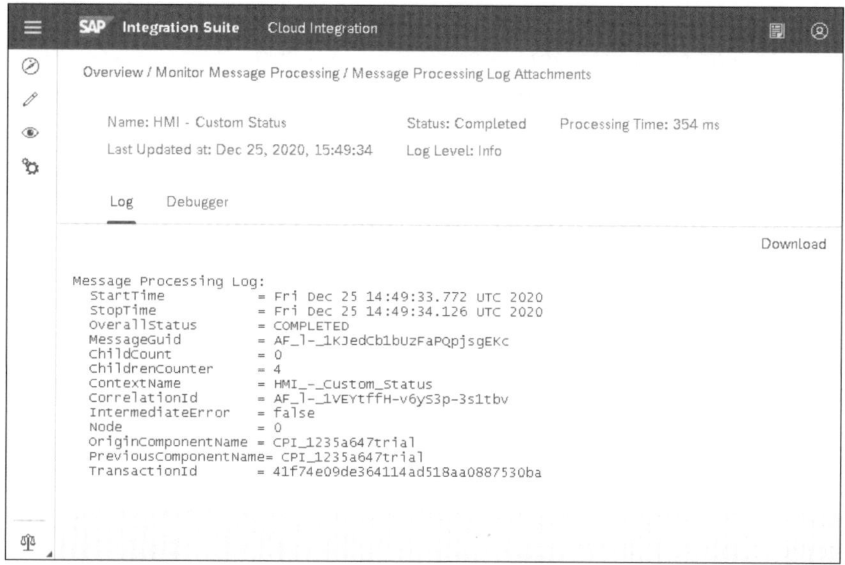

Abbildung 5.16 Nachrichtenverarbeitungsprotokoll

5.3 Veröffentlichte Artefakte überwachen

Manage Integration Content

Der Bereich **Manage Integration Content** der **Monitor**-Startseite ist ähnlich aufgebaut wie der Bereich **Monitor Message Processing**. Sie können an den Kacheln in dieser Kategorie auf einen Blick sehen, bei wie vielen Artefakten ein Veröffentlichungsversuch stattgefunden hat und wie viele davon erfolgreich bzw. nicht erfolgreich waren (siehe Abbildung 5.17). Auch hier können Sie außerdem eigene Kacheln definieren.

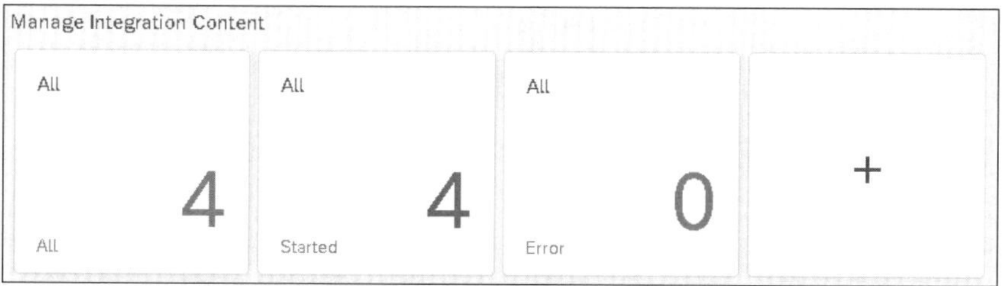

Abbildung 5.17 Manage Integration Content

Status und Typen

Ein Artefakt kann einen der folgenden Status oder Typen aufweisen:

- **Status**
  - Alle (**All**)
  - Startend (**Starting**)

  - Gestarted (**Started**)
  - Angehalten (**Stopping**)
  - Fehlerhaft (**Error**)
- **Typ**
  - Integration Flow
  - OData-Service
  - Value Mapping

Wenn Sie die erste Standardkachel in diesem Bereich öffnen, gelangen Sie zu einer ähnlichen Übersicht wie der der Nachrichtenflüsse. Auf der linken Seite können Sie eine Liste mit allen Artefakten erkennen (siehe Abbildung 5.18). Oberhalb der Liste finden Sie ein Suchfeld, eine Schaltfläche zur Aktualisierung (↻) und eine Schaltfläche, über die Sie die Liste sortieren können (⇅). Auf der rechten Seite finden Sie alle wichtigen Informationen zum ausgewählten Artefakt.

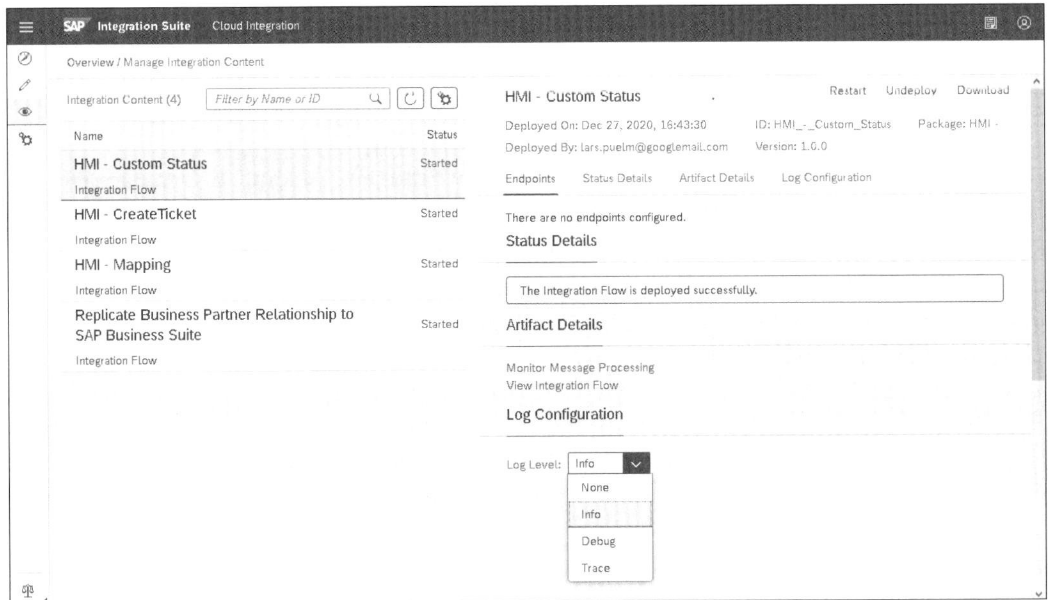

Abbildung 5.18 Übersicht und Details einer veröffentlichten Integration

Aktionen zu einer Integration

Im Kopf der Detailsicht auf der rechten Seite sehen Sie den Namen der Integration und daneben die drei folgenden Schaltflächen:

- **Restart**
  Über diese Schaltfläche **Restart** starten Sie den Integrationsdurchlauf neu. Der Vorgang muss bestätigt werden. Während des Neustarts können keine Nachrichten verarbeitet werden.

- **Undeploy**
  Mit der Schaltfläche **Undeploy** wird die Veröffentlichung der Integration rückgängig gemacht. Die Integration verschwindet aus der Liste. Wenn Sie die Integration erneut veröffentlichen wollen, müssen Sie dies über den **Design**-Bereich tun.
- **Download**
  Über die Schaltfläche **Download** wird Ihnen eine **.jar**-Datei zum Herunterladen angeboten. Deren Namen entspricht der technischen ID der Integration.

Integrationsdetails

Unterhalb des Namens finden Sie im Kopfbereich der Detailsicht einige Grundinformationen zur Integration, wie das Veröffentlichungsdatum und den veröffentlichenden Benutzer, die technische ID und die Version. Eine weitere wichtige Angabe ist das Paket, in dem sich die Integration befindet. Diese Angabe kann wichtig werden, wenn Sie Integrationen im Monitor finden und bearbeiten wollen, die Sie vor Jahren entwickelt haben.

Unter den Grundinformationen finden Sie die folgenden vier Reiter:

- **Endpoints**
  Auf dem Reiter **Endpoints** finden Sie die URLs der Sender-Endpunkte. Über diese URLs können Daten an SAP Cloud Integration gesendet werden.

  Zusätzlich werden Ihnen auf diesem Reiter Strukturdaten von Mappings angezeigt. Um die Handhabung zu vereinfachen, bietet Ihnen SAP Cloud Integration Auswahlfelder zum Kopieren und Herunterladen der Daten an. Wenn kein Endpunkt definiert wurde, erhalten Sie die Information **There are no endpoints configured** (siehe Abbildung 5.19).

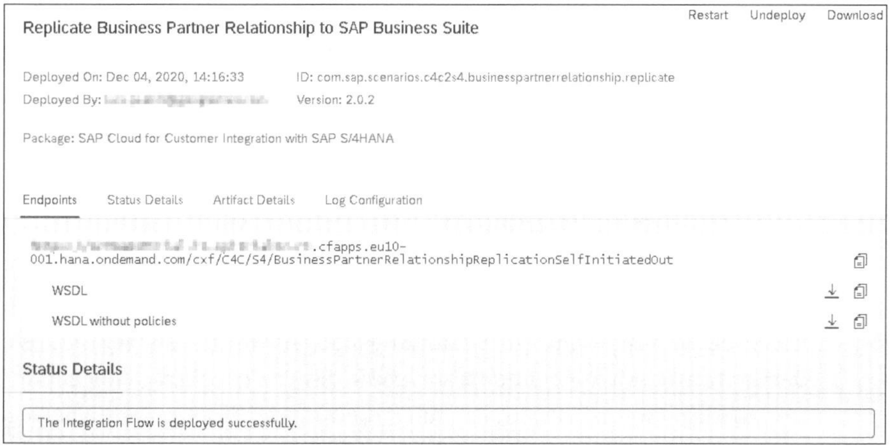

Abbildung 5.19 Exemplarischer Integration Flow mit einem Endpunkt und Strukturdateien zum Kopieren und Herunterladen

- **Status Details**
  Auf dem Reiter **Status Details** wird der aktuelle Status der Integration farbig hinterlegt angezeigt.
- **Artifact Details**
  Der Reiter **Artifact Details** enthält Verknüpfungen zur Integration (ohne Bearbeitungsmodus) und zur Nachrichtenübersicht. Dabei wird direkt auf die ausgewählte Integration gefiltert.
- **Log Configuration**
  Über das Log Level definieren Sie unterschiedliche Detailgrade der Sammlung von Informationen über den Integration Flow während der Laufzeit. Je höher der Detailgrad, desto mehr Daten, die den Tenant belasten, müssen gespeichert werden. Auf dem Reiter **Log Configuration** können die folgenden vier Log Level eingestellt werden:
  - **None**
    Das Log Level **None** bietet keine Details. Die Integration Flows werden im Monitoring nicht angezeigt.
  - **Info**
    Info ist das Standard-Log-Level und bietet rudimentäre Informationen wie den Status und die Dauer der Integrationsausführung.
  - **Debug**
    Im Debug-Modus erhalten Sie einen höheren Detailgrad der Protokollierung. Sie können den Pfad des Nachrichtenflusses in der Integration nachverfolgen und die Dauer und den Status einer jeden Komponente im Log Content nachverfolgen. Beachten Sie, dass das Log Level **Debug** nicht automatisch beendet wird.
  - **Trace**
    Das Log Level **Trace** bietet den größten Detailgrad. Es werden alle Informationen gespeichert. Wenn Sie den **Trace**-Bereich aufrufen, können Sie sich jeden Schritt einer Komponente mit ihren Inhalten anzeigen lassen. Sie finden den **Trace**-Bereich einer ausgeführten Nachricht im Bereich der Protokolle, indem Sie auf das Log Level **Trace** klicken (siehe Abbildung 5.20).

Der Modus **Trace** kostet viel Speicher und ist aus diesem Grund für maximal zehn Minuten aktiv. Die Daten der aufgezeichneten Integrationen stehen Ihnen 60 Minuten lang zur Verfügung, danach werden sie gelöscht. Nach dem automatischen Beenden können Sie das Log Level **Trace** bei Bedarf direkt wieder starten. Wie Sie sich durch die aufgezeichneten Daten bewegen, erfahren Sie in Abschnitt 11.2.2, »Log Level ›Trace‹«.

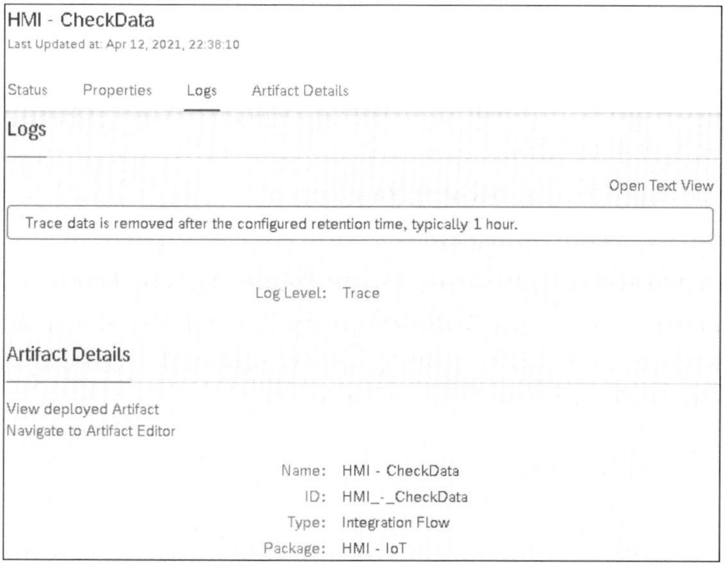

HMI - CheckData
Last Updated at: Apr 12, 2021, 22:38:10

Status Properties Logs Artifact Details

Logs

Open Text View

Trace data is removed after the configured retention time, typically 1 hour.

Log Level: Trace

Artifact Details

View deployed Artifact
Navigate to Artifact Editor

Name: HMI - CheckData
ID: HMI_-_CheckData
Type: Integration Flow
Package: HMI - IoT

Abbildung 5.20 Log Level »Trace« für einen ausgeführten Integration Flow

Protokolle aufrufen

Um die Protokolle einer Nachrichtenausführung aufzurufen, müssen Sie im Bereich **Monitor Message Processing** den gewünschten Nachrichtenfluss aufrufen. Auf dem Reiter **Logs** der Detailansicht finden Sie das Log Level. Wenn als Log Level **Debug** oder **Trace** konfiguriert wurde, können Sie dort auf den blauen Link klicken, der Sie zur Detailansicht des Nachrichtenflusses Ihres Integration Flows weiterleitet (siehe Abbildung 5.21). Die Detailansicht zeigt Ihnen die Daten der Komponenten zum Ausführungszeitpunkt.

Abbildung 5.21 Detailansicht einer Integration im Log Level »Trace«

5.4 Sicherheitseinstellungen

Manage Security

Im Bereich **Manage Security** auf der Startseite der **Monitor**-Oberfläche finden Sie alle sicherheitsrelevanten Informationen und Einstellungsmöglichkeiten (siehe Abbildung 5.22):

- Anlage von Zugangsdaten (**Security Materials**)
- Verwaltung von Zertifikaten (**Keystore**)
- Benutzer- und Rechtekonfiguration (**Access Policies** und **User Roles**)
- **JDBC Material** steht für *Java Database Connectivity* und beschreibt die Verbindung zu externen Datenbanken. Mehr zu diesem Thema erfahren Sie in Abschnitt 5.4.5, »JDBC-Datenquellen anlegen«.

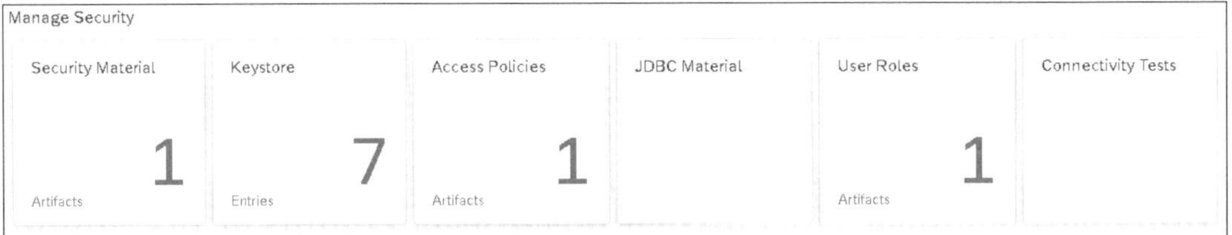

Abbildung 5.22 Kacheln der Kategorie »Manage Security«

Der Bereich **Manage Security** wird um die Kachel **Connectivity Tests** ergänzt. Darüber können andere Systeme angesprochen werden, um zu testen, ob eine grundlegende Verbindung zum Beispiel in Form der Erreichbarkeit besteht.

5.4.1 Zugangsdaten anlegen und verwalten

Security Material

Damit Sie mithilfe von Adaptern mit anderen Systemen kommunizieren können, benötigen Sie Zugangsdaten in verschiedenen Formen. Diese können Sie im Bereich **Security Material** anlegen. Wenn Sie bei der Anlage von Zugangsdaten für die einzelnen Systeme ein Passwort eingeben müssen, ist dieses nach der Anlage aus Sicherheitsgründen nicht mehr einsehbar. Bei der Erstellung eines Zugangs wird in der Regel ein Alias oder Name für den Zugang hinterlegt, den Sie während der Integrationserstellung auch in einem Adapter hinterlegen können. Dadurch ist keine erneute Eingabe des Passworts erforderlich. Dies erhöht die Sicherheit und reduziert die Fehleranfälligkeit durch Falscheingaben.

Zugangsdaten anlegen

Neben einer Authentifizierung per Zertifikat gibt es verschiedene Möglichkeiten, Zugangsdaten zu hinterlegen, die Ihnen im Menü **Create** angeboten werden (siehe Abbildung 5.24).

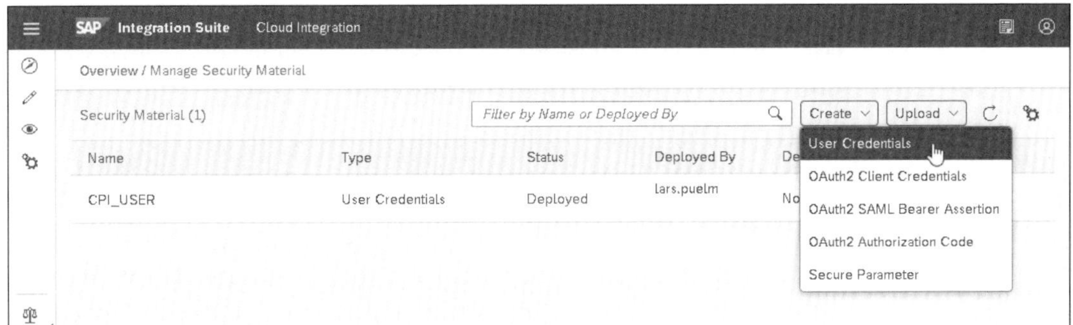

Abbildung 5.23 Zugangsdaten anlegen

User Credentials

Bei den **User Credentials** handelt es sich um die Kombination aus Benutzername und Passwort. Nach Auswahl dieses Menüeintrags öffnet sich ein Pop-up-Fenster zum Hinterlegen der Zugangsdaten (siehe Abbildung 5.24). Der **Name** von Zugangsdaten dieses Typs sollte aussagekräftig sein, damit Sie die Zugangsdaten bei mehreren Einträgen in der Liste **Security Material** problemlos einem System zuordnen können. Im Feld **Type** können Sie zwischen **User Credentials**, **OpenConnectors** und **SuccessFactors** wählen. Abhängig vom gewählten Typ unterscheiden sich einige Felder, die für die genannten SAP-Produkte SAP Open Connectors und SAP SuccessFactors spezifisch sind.

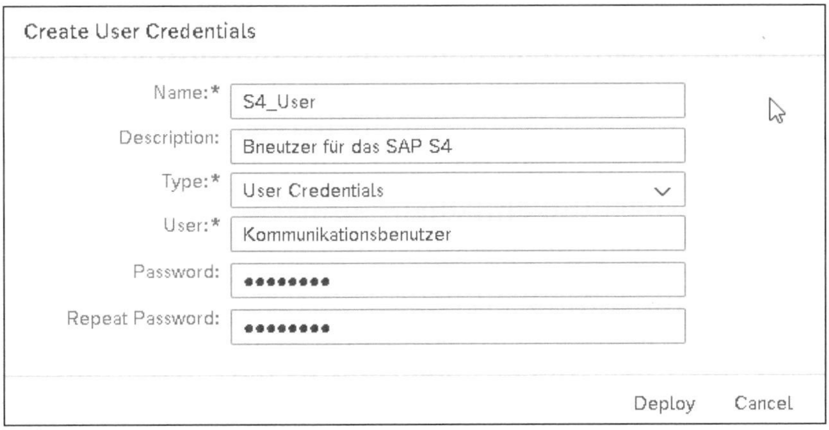

Create User Credentials

Name:* S4_User
Description: Bneutzer für das SAP S4
Type:* User Credentials
User:* Kommunikationsbenutzer
Password: ••••••••
Repeat Password: ••••••••

Deploy Cancel

Abbildung 5.24 Zugangsdaten vom Typ »User Credentials« anlegen

Den Zugangsdatentyp **User Credentials** werden Sie meiner Erfahrung nach am häufigsten einsetzen, da die Authentifizierung mit einem Benutzernamen und einem Passwort am weitesten verbreitet ist.

OAuth 2.0

Über das Protokoll *OAuth 2.0* kann eine Authentifizierung über einen Authentifizierungsserver aufgebaut werden. Dadurch kann einem Client erlaubt werden, Daten von einem Datenpool abzurufen, ohne dabei sensible Daten mitgeben zu müssen. SAP bietet die folgenden drei Typen von Zugangsdaten auf Basis von OAuth 2.0 an:

- **OAuth2 Client Credentials**
- **OAuth2 SAML Bearer Assertion**
- **OAuth2 Authorization Code**

Die Authentifizierung mit Zugangsdaten vom Typ **OAuth2 Client Credentials** wird unter anderem bei der Kommunikation mit SAP Field Service Management eingesetzt. Wie die Authentifizierung gegenüber diesem SAP-Produkt im Detail abläuft, erfahren Sie in dem Praxisbeispiel in Abschnitt 13.2, »Serviceabruf in SAP Field Service Management«. Abbildung 5.25 zeigt Ihnen die Eingabemaske nach Auswahl dieses Zugangsdatentyps. Der Typ der OAuth-2.0-Authentifizierung, den Sie im Menü **Create** ausgewählt haben, wird hier im Feld **Grant Type** angezeigt. Die Daten für die Pflichtfelder **Token Service URL**, **Client ID** und **Client Secret** werden von dem System vorgegeben, an dem Sie sich authentifizieren wollen.

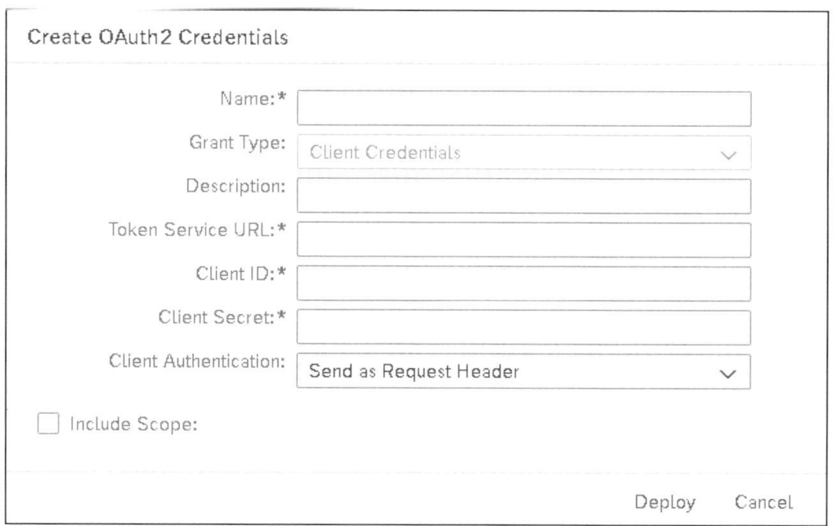

Abbildung 5.25 Zugangsdaten vom Typ »OAuth2 Client Credentials« anlegen

Sicherheitsrelevante Parameter speichern

Mit dem Zugangsdatentyp **Secure Parameter** können Sie sensible Daten wie beispielsweise Zugriffstoken, Benutzerschlüssel für ein Twitter-Konto oder einen beliebigen Parameter sicher speichern. Wenn Sie den Twitter-Adapter konfigurieren (siehe Abschnitt 7.2.19, »Twitter«), müssen Sie dann nur noch den Alias mitgeben, den Sie bei der Anlage der Zugangsdaten vom Typ **Secure Parameter** verwendet haben (siehe Abbildung 5.26). Der Alias entspricht dem Namen des sicherheitsrelevanten Parameters. Des Weiteren können Sie bei Bedarf innerhalb eines Skripts auf die Secure Parameter zugreifen, wodurch Sie keine sicherheitsrelevanten Werte in Klartext hinterlegen müssen. Wie Sie per Skript auf einen Secure Parameter zugreifen, erfahren Sie in Abschnitt 10.3.1, »Zugriff auf sicherheitsrelevante Parameter«.

Create Secure Parameter

Name:* Cloudservice_Token
Description: Beschreibung des Secure Parameters
Secure Parameter:* ••••••••
Repeat Secure Parameter:* ••••••••

Deploy Cancel

Abbildung 5.26 Secure Parameter anlegen

5.4.2 Keystore verwalten

Rufen Sie die Kachel **Keystore** auf, um Zertifikate und Schlüsselpaare zu verwalten. Dies umfasst auch das Importieren von Zertifikaten, die Sie von anderen Systemen erhalten haben, sowie den Download von Zertifikaten aus SAP Cloud Integration, die Sie für andere Systeme, wie SAP ERP, benötigen.

Zertifikatsverwaltung

Mithilfe von Zertifikaten können Sie mit anderen Systemen kommunizieren, Nachrichten verschlüsseln oder Daten decodieren. Es gibt zwei Arten von Besitzern von Zertifikaten und Schlüsselpaaren: den oder die Tenant-Administrator*in oder SAP selbst. Jeder Besitzer darf nur seine eigenen Zertifikate bearbeiten, die anderen Zertifikate sind in der Übersicht mit einem Schloss-Symbol (🔒) als gesperrt markiert. Den öffentlichen Teil eines Zertifikats können Sie jedoch herunterladen.

Einträge im Keystore

Zu jedem Eintrag im Keystore finden Sie die Angaben **Last Modified At** und **Valid Until**. Sie zeigen den Tag, den Monat, das Jahr und die Uhrzeit der letzten Änderung bzw. des Ablaufs eines Zertifikats oder Schlüsselpaars an. Sobald ein Zertifikat oder Schlüsselpaar abläuft, wird der Ablaufzeitpunkt in roter Schrift dargestellt.

In der Abbildung 5.27 sehen Sie die Zertifikate und ein Schlüsselpaar, die SAP bereitstellt. Das Schlüsselpaar ist abgelaufen. Um alle abgelaufenen Einträge zu überblicken, können Sie die Ansicht nach den Werten des Ablaufdatums sortieren. Für die Sortierung müssen Sie auf die Schaltfläche **Table Settings** (⇅) klicken. Anschließend können Sie die Spalte auswählen, nach deren Inhalten sortiert werden soll.

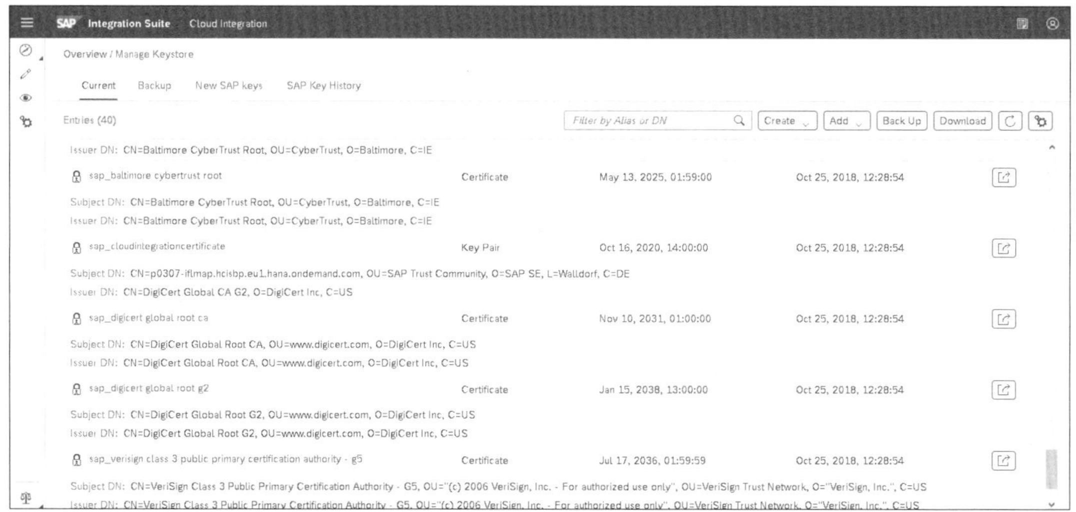

Abbildung 5.27 Keystore-Übersicht mit Zertifikaten von SAP

Detailansicht

Nachdem Sie ein Schlüsselpaar oder Zertifikat ausgewählt haben, werden Ihnen alle Details dazu angezeigt. Die linke Seite der Detailsicht stellt die Zertifikatskette dar, die rechte Seite liefert Informationen zum ausgewählten Objekt (siehe Abbildung 5.28). Eine Zertifikatskette besteht aus mehreren Zertifikaten, die eine Identität und den zugehörigen öffentlichen Schlüssel zueinander in Beziehung setzen.

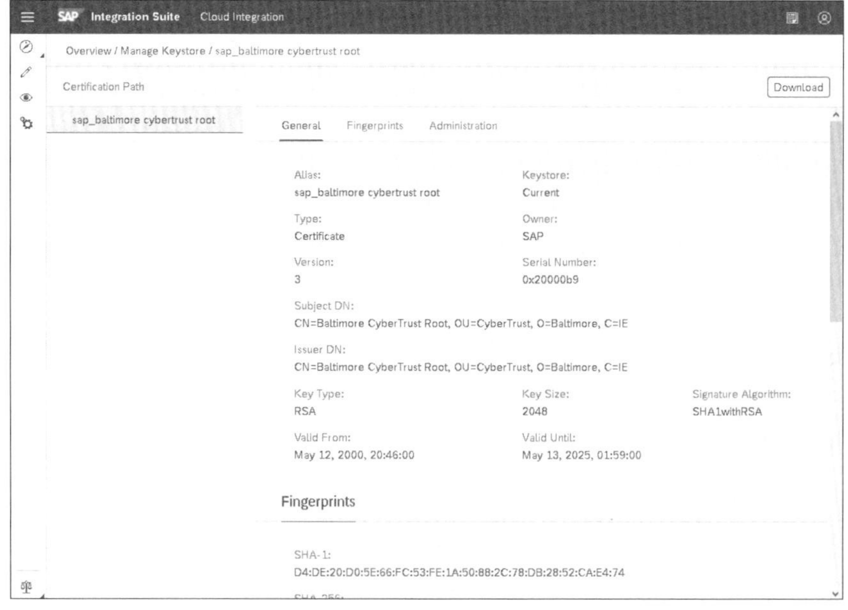

Abbildung 5.28 Detailansicht eines Zertifikats

Um ein Zertifikat in Ihren Cloud-Integration-Tenant hochzuladen, wählen Sie **Add • Certificate**. Es öffnet sich ein Pop-up-Fenster, das es Ihnen erlaubt, einen Alias einzugeben. Über die Schaltfläche **Browse** öffnet sich das Upload-Fenster Ihres Webbrowsers, in dem Sie das Zertifikat, das Sie hochladen wollen, auswählen können. Nachdem Sie Ihre Eingabe mit **Add** bestätigt haben, wird das Zertifikat in der Zertifikatsverwaltung angezeigt.

Zertifikat hochladen

[«]

Namenseinschränkungen für Zertifikate

Bei der Vergabe eines Namens für ein Zertifikat bestehen Einschränkungen. So dürfen Sie weder das Präfix `sap_` noch die Namen `hcicertificate`, `hcicertificate1` oder `hcimsgcertificate` verwenden.

5.4.3 Zertifikat-Mappings hinterlegen

Zertifikate aus angebundenen Systemen

Rufen Sie die Kachel **Certificate-to-User Mappings** auf, um Zertifikate zur Authentifizierung von SAP Cloud Integration über ein anderes System zu hinterlegen. Das System kann z. B. SAP Marketing Cloud, SAP Sales Cloud oder SAP Service Cloud sein. Der Vorteil des Zertifikate-Mappings besteht darin, dass nicht für jede Integration mit diesem System ein neues Zertifikat hochgeladen werden muss, wenn das Zertifikat ausläuft. Dennoch müssen Sie darauf achten, ob ein Zertifikat ausläuft. Sollte dies der Fall sein, müssen Sie ein neues aus dem zugehörigen System herunterladen und in der Übersicht **Certificate-to-User Mappings** hinterlegen. In Abbildung 5.29 sehen Sie ein abgelaufenes Zertifikat, das ersetzt werden muss. Abgelaufene Zertifikate werden durch ein rotes Ablaufdatum hervorgehoben.

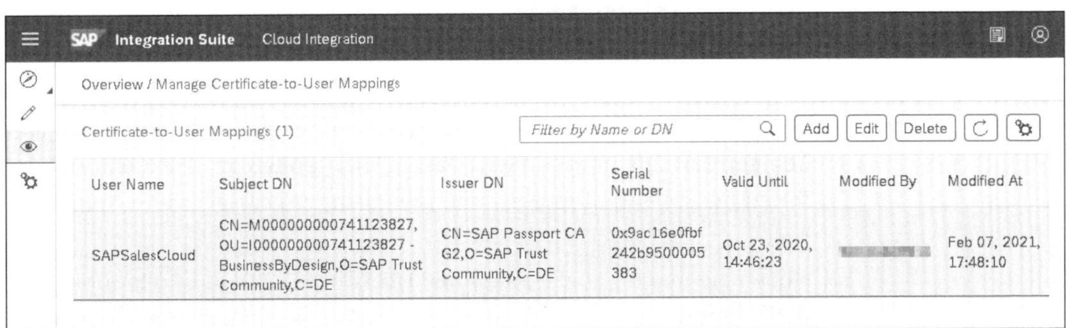

Abbildung 5.29 Abgelaufenes Zertifikat

Zertifikat hinzufügen

Um ein Zertifikat anzulegen, klicken Sie auf die Schaltfläche **Add**. Daraufhin öffnet sich ein Pop-up-Fenster, in dem Sie einen Namen für das Zertifikat vergeben und anschließend das Zertifikat über die Schaltfläche **Browse** auswählen und hinzufügen können. Ihre Eingaben können Sie mit **OK** bestätigen. Im Anschluss taucht in der Liste **Certificate-to-User Mappings** ein neuer Eintrag auf.

Berechtigungen in der SAP BTP vergeben

Nachdem Sie ein Zertifikat mit einem Benutzernamen hinterlegt haben, müssen Sie den Benutzer, der die benötigten Rollen für den Zugriff auf das jeweilige System besitzt, in der SAP BTP freischalten. Diese Freischaltung beschreibe ich im Folgenden anhand der Neo-Umgebung:

1. Rufen Sie in Ihrem Tenant der SAP BTP den Bereich **Applications • Subscriptions** auf, und wählen Sie den Eintrag `<Tenant>iflmap` (siehe Abbildung 5.30).

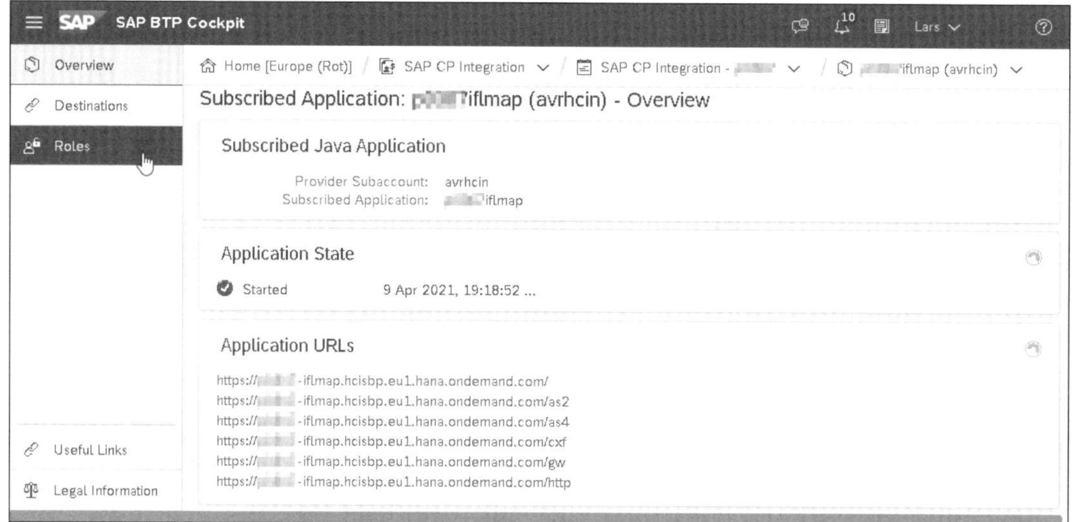

Abbildung 5.30 Applikation »iflmap« im Bereich der Subscriptions im SAP BTP Cockpit aufrufen

2. Wechseln Sie über das Menü in den Bereich **Roles**.
3. Legen Sie über die Schaltfläche **New Role** eine neue Rolle mit einem beliebigen Namen an, z. B. »SendData«. Diese Rolle vom Typ **Custom** wird Ihnen anschließend in der Rollenübersicht angezeigt (siehe Abbildung 5.31).
4. Geben Sie in der Tabelle **Individual Users** unterhalb der Rollenübersicht den Benutzer an, den Sie für das Zertifikat hinterlegt haben, z. B. `sapsalescloud`.

Gruppenverwaltung in der SAP BTP

Bei Bedarf können Sie auch eine Benutzergruppe anlegen und der Gruppe verschiedene Zertifikatsbenutzer zuordnen. Dadurch können Sie mehreren Systemen das Senden von Daten an SAP Cloud Integration mit nur einer Zertifikatsauthentifizierung ermöglichen.

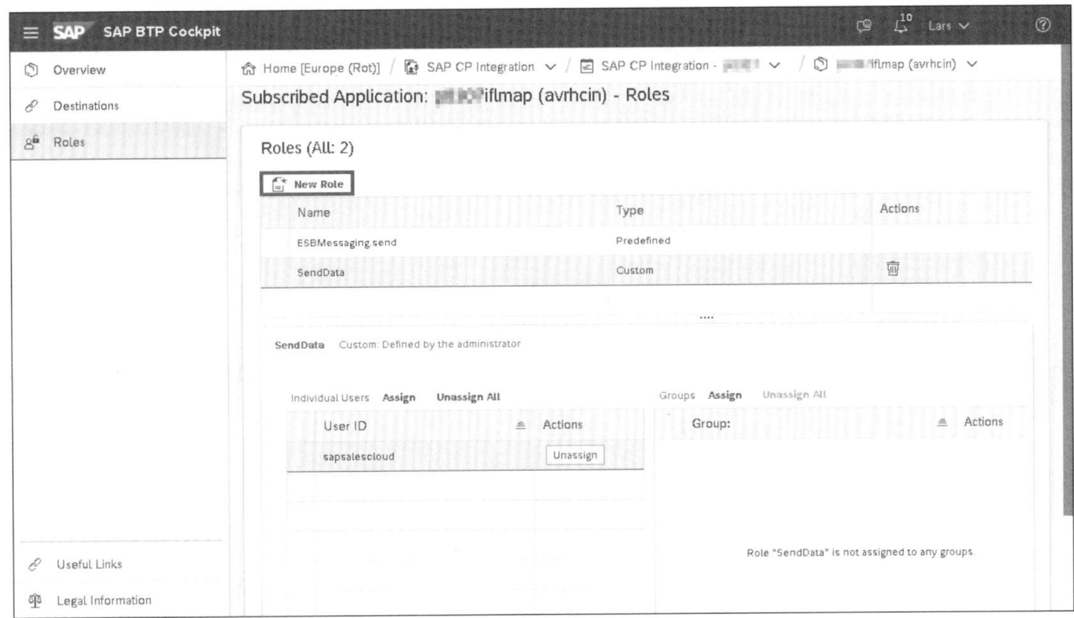

Abbildung 5.31 Rollenübersicht mit einer Rolle für die Zertifikatsanmeldung

Klicken Sie dazu über der Tabelle **Groups** in der Rollenverwaltung auf die Schaltfläche **Assign** und im Anschluss auf **New Group**. Vergeben Sie einen passenden Namen für die Gruppe, und bestätigen Sie die Zuweisung über die Schaltfläche **Assign** (siehe Abbildung 5.32).

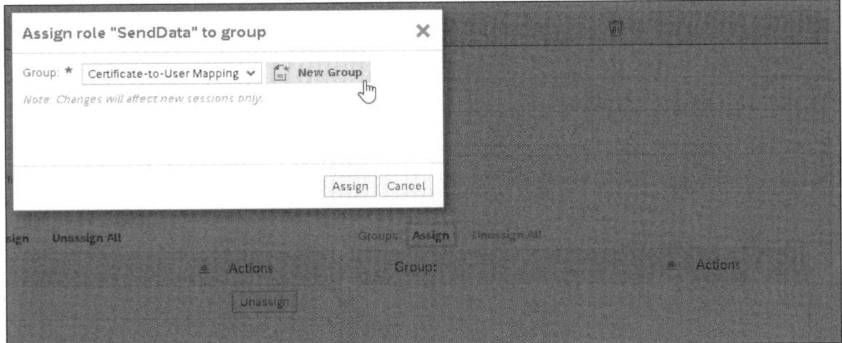

Abbildung 5.32 Neue Benutzergruppe für die Zertifikatsauthentifizierung anlegen

Die einzelnen Zertifikatsbenutzer werden dann nicht wie beschrieben der Rolle zugeordnet, sondern der Benutzergruppe. Diese Zuordnung erfolgt im Bereich **Security • Authorizations** des SAP BTP Cockpits Ihres Tenants auf dem Reiter **Groups**. Dort wählen Sie die zuvor erstellte Benutzergruppe aus der Liste aus und weisen die berechtigten Benutzer dieser Gruppe zu (siehe Abbildung 5.33).

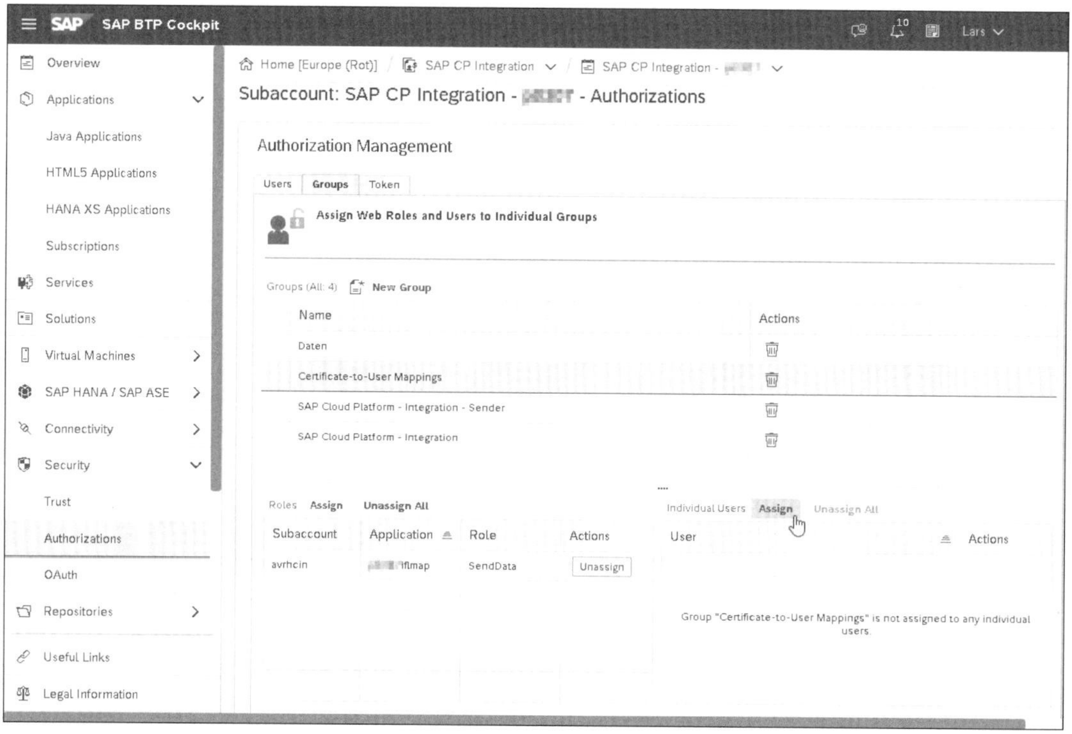

Abbildung 5.33 Berechtigungen im SAP BTP Cockpit und der angelegten Gruppe

Klicken Sie dazu in der Tabelle **Individual Users** rechts unten auf die Schaltfläche **Assign**. Im Pop-up-Fenster tragen Sie die einzelnen Benutzer ein und bestätigen die Eingabe mit **Save** (siehe Abbildung 5.34).

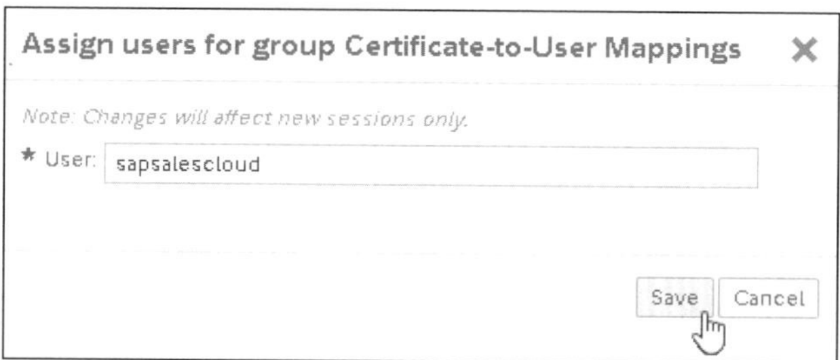

Abbildung 5.34 Benutzer einer Gruppe zuweisen, die Berechtigungen zum Datenversand besitzt

Rolle zuweisen

Abschließend müssen Sie dem Zertifikatsbenutzer oder der Benutzergruppe die benötigte Rolle zuweisen. Dazu kehren Sie zurück zu Ihrer Integration im **Design**-Bereich von SAP Cloud Integration und wählen den Sender-Adapter aus. Auf dem Reiter **Connections** im unteren Bereich wählen Sie im Feld **Authorization** den Wert **User Role**. Klicken Sie dann auf die Schaltfläche **Select** (siehe Abbildung 5.35).

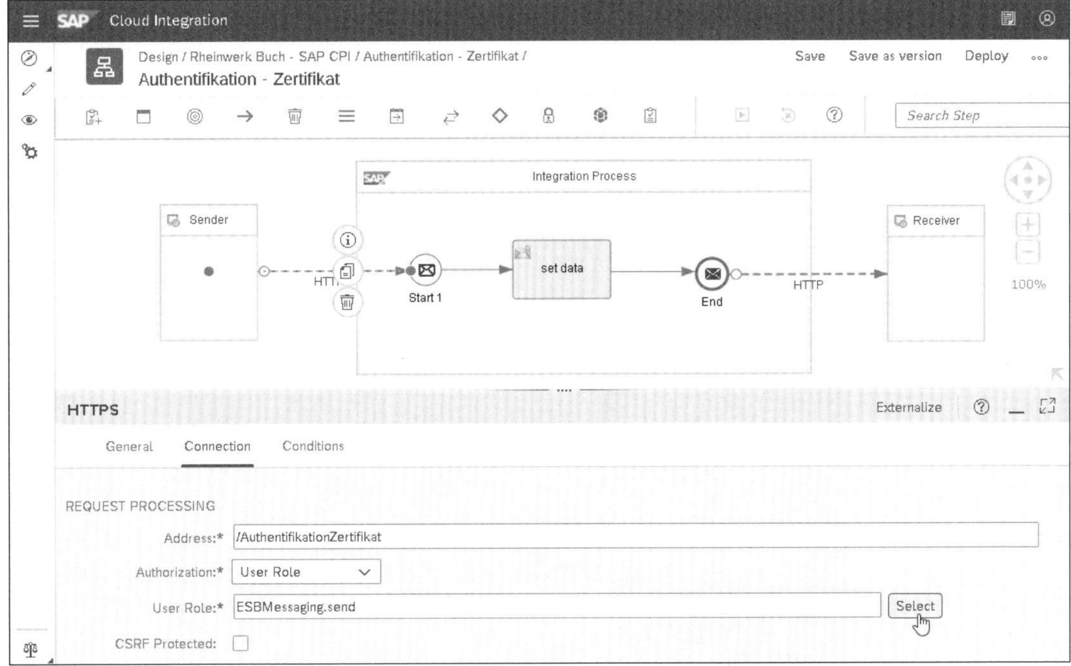

Abbildung 5.35 HTTPS-Adapter mit dem Reiter »Connection«

Im sich daraufhin öffnenden Pop-up-Fenster können Sie im Anschluss Ihre zuvor definierte neue Rolle auswählen (siehe Abbildung 5.36).

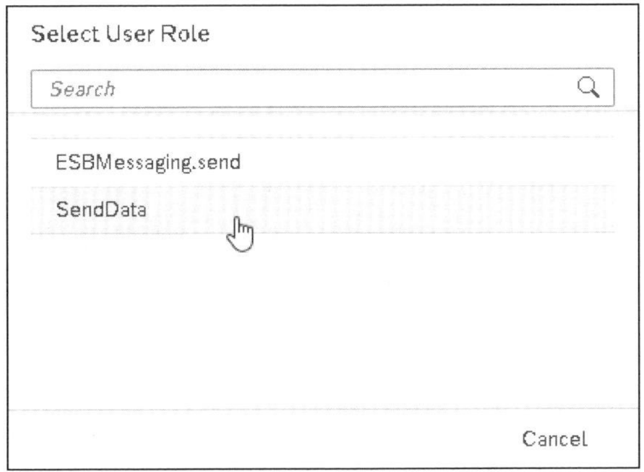

Abbildung 5.36 Neue Rolle innerhalb eines Integration Flows zuweisen

5.4.4 Zugriffsrichtlinien und Berechtigungen pflegen

Berechtigungen für Monitoring-Daten

Im Rahmen der Aktivierung des Cloud-Integration-Service in der Neo- und Cloud-Foundry-Umgebung, die ich in Kapitel 2, »Einrichtung von SAP Cloud Integration«, beschrieben haben, haben Sie sich bereits mit dem Berechtigungsmanagement über Rollen auseinandergesetzt. Die Kachel **Access Policies** im **Monitor**-Bereich bietet neben der Rollenvergabe eine Möglichkeit, den Zugriff auf Monitoring-Daten innerhalb von SAP Cloud Integration zu definieren. Für kleine Unternehmen reicht die Berechtigungsvergabe in der Regel aus. In größeren Unternehmen mit speziellen Datenschutzrichtlinien, in denen Dutzende Mitarbeitende in einem Tenant arbeiten, kann es jedoch Sinn ergeben, deren Berechtigungen auf ganz bestimmte Daten einzuschränken. Versucht ein Benutzer auf Daten zuzugreifen, für die er keine Berechtigungen hat, wird der Zugriff dann mit der in Abbildung 5.37 gezeigten Meldung verweigert.

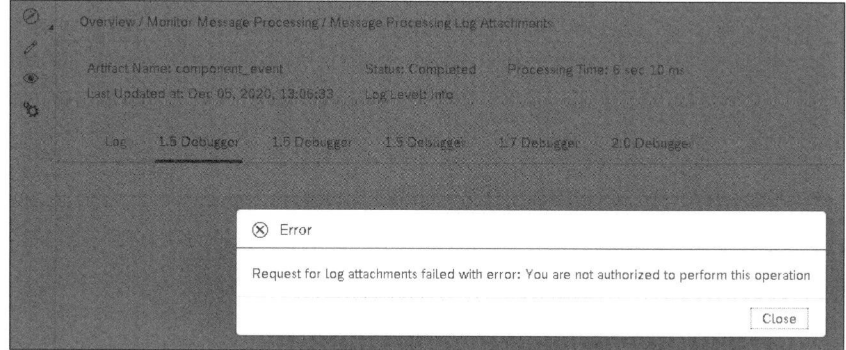

Abbildung 5.37 Verweigerung des Zugriffs auf Daten im Monitor-Bereich »Monitor Message Processing«

Einschränkungen in der Cloud-Foundry-Umgebung

Zum Zeitpunkt der Drucklegung dieses Buchs bestanden in der Cloud-Foundry-Umgebung noch Einschränkungen beim Anlegen von benutzerdefinierten Rollen, was sich jedoch mit jedem Release ändern kann. Aus diesem Grund beschreibe ich die Verwaltung der Zugriffsrichtlinien und Berechtigungen in diesem Abschnitt anhand der Neo-Umgebung.

Benutzerdefinierte Rolle anlegen

Um eine Zugriffsbeschränkung zu definieren, legen Sie zunächst eine neue Rolle im SAP BTP Cockpit an:

1. Navigieren Sie in den Bereich **Applications • Subscriptions**, und wählen Sie den Eintrag `XXXXXtmn`.

2. Wechseln Sie in den Bereich **Roles**, und klicken Sie auf die Schaltfläche **New Role**.
3. Geben Sie der Rolle einen aussagekräftigen Namen, der die Datenzugriffsbeschränkung am besten beschreibt. In Abbildung 5.38 wird eine neue Rolle mit dem Namen »Kundendaten« angelegt. Der Name soll signalisieren, dass es sich um eine Zugriffseinschränkung für sensible Kundendaten handelt.

Abbildung 5.38 Eine neue Rolle im SAP BTP Cockpit anlegen

4. Notieren Sie sich den Namen der Rolle. Sie benötigen den Namen anschließend in der Cloud-Integration-Umgebung.
5. Speichern Sie die Rolle über die Schaltfläche **Save**.

Benutzer der Rolle zuweisen

Nachdem die Rolle angelegt wurde, sollte sie in der Übersicht der Rollen erscheinen und automatisch ausgewählt werden. Wenn dies nicht der Fall sein sollte, wählen Sie die Rolle aus. Klicken Sie auf die Schaltfläche **Assign** über der Tabelle **Individual Users** unterhalb der Rollen-Liste, um die Rolle einem eingetragenen Nutzer zuzuweisen. Im Pop-up-Fenster wählen Sie den Benutzer aus und bestätigen die Zuweisung mit einem Klick auf **Assign** (siehe Abbildung 5.39).

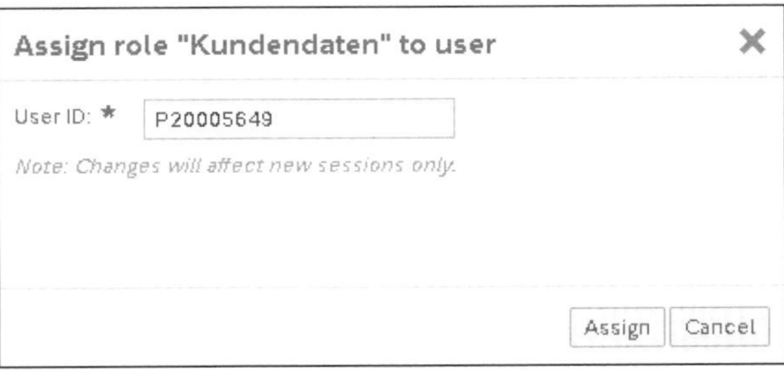

Abbildung 5.39 Neue Rolle einem Benutzer zuweisen

Alternativ können Sie der Rolle auch eine bereits definierte Benutzergruppe zuordnen. Der Benutzer oder die Benutzergruppe sollte neben der neu erstellten Rolle zusätzlich die Standard-Berechtigung `AuthGroup.BusinessExpert` erhalten, die für den allgemeinen Zugriff auf die **Monitor**-Oberfläche von SAP Cloud Integration bestimmt ist. Ist das nicht der Fall, erhält er beim

Versuch, diese Oberfläche aufzurufen, die Meldung »HTTP Status 403 – Forbidden«.

Benutzergruppe für die neue Rolle anlegen

Um Benutzer zukünftig schneller und einfacher der neuen Rolle zuordnen zu können, empfiehlt es sich, im SAP BTP Cockpit eine Benutzergruppe anzulegen. Navigieren Sie dazu in den Bereich **Security • Authorizations** und dort auf den Reiter **Groups**. Der neu angelegten Gruppe können Sie dann die benutzerdefinierte Rolle zuweisen, indem Sie auf die Schaltfläche **Assign** über der Tabelle **Roles** klicken und im Pop-up-Fenster Ihre eben angelegte Rolle auswählen (siehe Abbildung 5.40). In Zukunft können dann neue Benutzer, für die die festgelegten Zugriffseinschränkung gelten sollen, einfach dieser Gruppe zugeordnet werden.

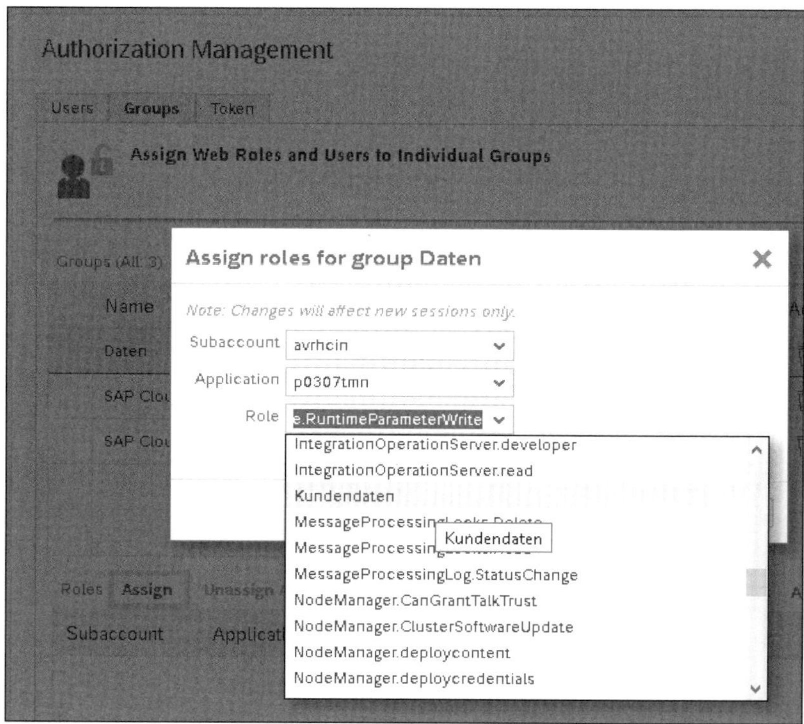

Abbildung 5.40 Benutzergruppe eine Rolle zuordnen

Policies festlegen

Nun haben Sie eine Rolle für die Zugriffsbeschränkungen angelegt und Benutzern zugewiesen, müssen jedoch noch die eigentliche Zugriffsbeschränkung definieren. Wechseln Sie dazu in die **Monitor**-Oberfläche von SAP Cloud Integration.

1. Öffnen Sie die Kachel **Access Policies** in der Kategorie **Manage Security**.
2. Klicken Sie auf das Plus-Symbol (⊞), um eine neue Zugriffsrichtlinie (*Access Policy*) anzulegen.

3. Es öffnet sich ein Pop-up-Fenster, in dem Sie im Feld **Role Name** den Namen der zuvor erstellen Rolle eingeben, in unserem Beispiel »Kundendaten« (siehe Abbildung 5.41). Achten Sie genau auf die Schreibweise, da SAP Cloud Integration die Rolle nur bei exakter Eingabe finden kann.

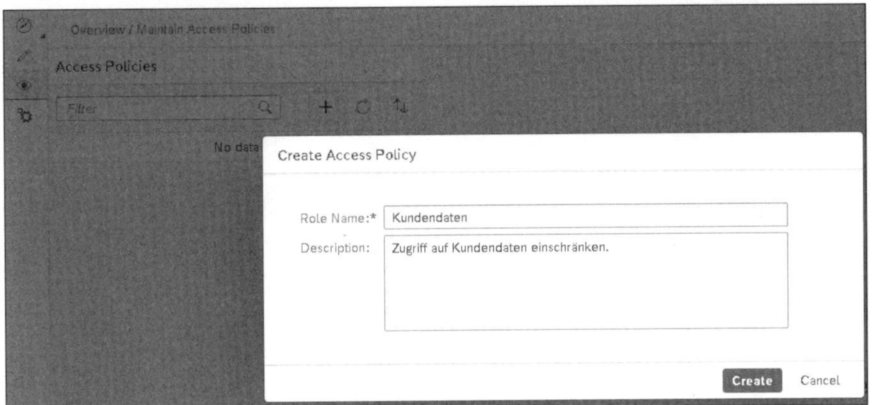

Abbildung 5.41 Neue Zugriffsrichtlinie anlegen

4. Zusätzlich können Sie für eine bessere Wartbarkeit eine Beschreibung eingeben.
5. Bestätigen Sie die Anlage mit **Create**. Im Anschluss erscheint auf der rechten Seite der Oberfläche der Bereich **Artifact References**.
6. Klicken Sie im Bereich **Artifact References** auf das Plus-Symbol (+), um den Datenbereich einzuschränken, auf den die Besitzer*innen der Rolle zugreifen können (siehe Abbildung 5.42).

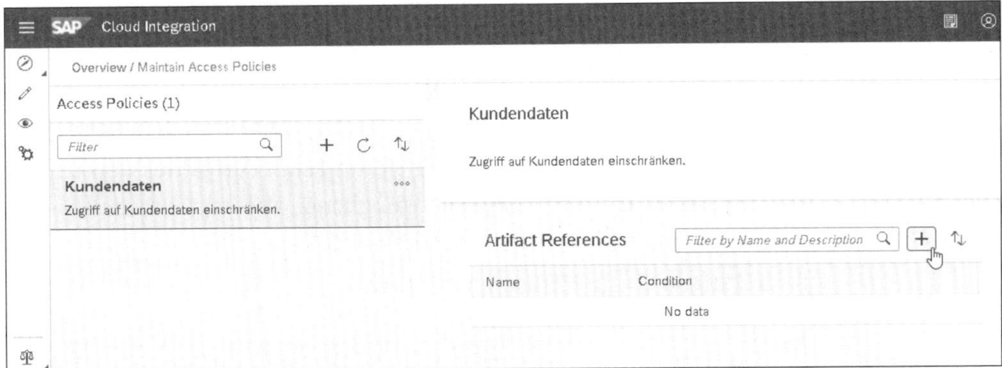

Abbildung 5.42 Eine neue Artefaktreferenz anlegen

7. Im sich daraufhin öffnenden Pop-up-Fenster können Sie den Zugriff auf eine Integration oder eine Nachrichtenwarteschlange (*Message Queue*)

beschränken. Folgende Eingaben können getätigt werden (siehe Abbildung 5.43):

- **Name**
  Geben Sie einen Namen für die Artefaktreferenz, also den Zugriffsbereich, ein.
- **Description**
  Geben Sie eine aussagekräftige Beschreibung für die Artefaktreferenz ein.
- **Artifact Type**
  Wählen Sie einen der folgenden drei Artefakttypen:
  - Integration Flow
  - OData API
  - Message Queue
- **Attribute**
  Wenn Sie als Artefakttyp Integration Flow gewählt haben, können Sie den Integration Flow, auf dessen Daten zugegriffen werden darf im Feld **Attribute** über seinem Namen oder seine ID identifizieren. Wenn Sie den Typ Message Queue gewählt haben, können Sie nur den Namen verwenden.
- **Equals oder Matches**
  Wählen Sie die Option **Equals** kann auf genau ein Attribut über dessen Namen zugegriffen werden. Wählen Sie die Option **Matches**, können Sie die Auswahl mithilfe von regulären Ausdrücken (Regular Expressions) auf mehrere Integration Flows, OData APIs oder Message Queues einschränken.
- **Value und Expression**
  Im Feld **Value** geben Sie bei der Option **Equals** den spezifischen Namen des Attributs ein, auf das zugegriffen werden darf. Haben Sie die Option **Matches** gewählt, tragen Sie im Feld **Expressions** den regulären Ausdruck ein. Eine Übersicht möglicher Ausdrücke finden Sie unter folgendem Link: *http://s-prs.de/v805317*

8. Bestätigen Sie Ihre Angaben mit **Create**.

[»]

Exklusiver Zugriff

Mit der Anlage der Artefaktreferenz haben Benutzer mit der Rolle **Kundendaten** als einzige Zugriff auf die Integration Flows der referenzierten Integration. Alle anderen Benutzer werden ausgesperrt.

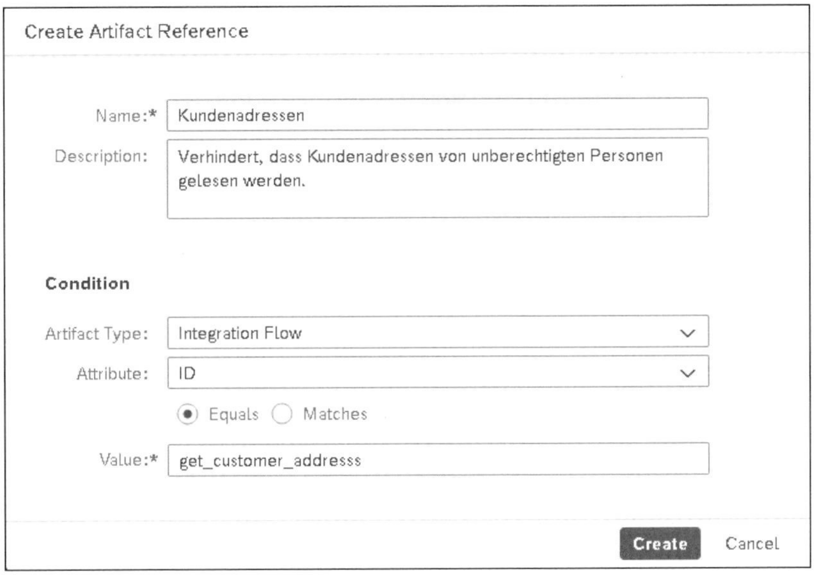

Create Artifact Reference

Name:* Kundenadressen

Description: Verhindert, dass Kundenadressen von unberechtigten Personen gelesen werden.

Condition

Artifact Type: Integration Flow

Attribute: ID

(●) Equals ( ) Matches

Value:* get_customer_addresss

Create Cancel

Abbildung 5.43 Artefaktreferenz anlegen

Szenario testen

Nachdem Sie die Artefaktreferenz angelegt haben, können Sie den eingeschränkten Zugriff testen. Sollten Sie keine zwei Benutzer zur Verfügung haben, mit denen Sie das Szenario testen können, können Sie die Rolle **Kundendaten** auch ohne Benutzerzuordnung erstellen. Dies führt dazu, dass Ihr eigener Benutzer, dem die entsprechende Rolle fehlt, die angegebene Integration nicht im Monitor betrachten kann. In Abbildung 5.37 sehen Sie die Fehlermeldung, die ein Benutzer erhält, wenn ihm die Berechtigung fehlt, um ein Attachment im Integration Flow zu betrachten. Des Weiteren kann der Benutzer nun keine Trace-Daten einsehen, wie in Abbildung 5.44 zu sehen.

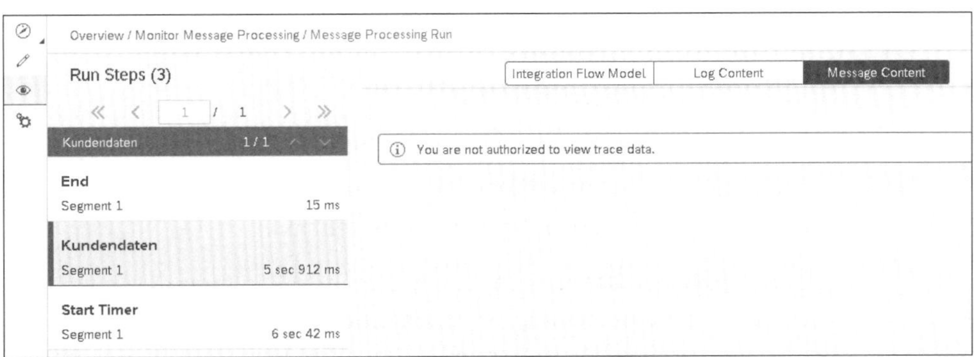

Abbildung 5.44 Zugriff auf die Trace-Daten verweigert

5.4.5 JDBC-Datenquellen anlegen

Datenbankverbindungen verwalten

Über die Kachel **JDBC Data Sources** können Sie mehrere Datenbankverbindungen verwalten. Jede Verbindung enthält Informationen zum Typ und zur Konfigurationseinstellung einer Datenbankverbindung.

JDBC

JDBC steht für Java Database Connectivity und stellt Verbindungsmöglichkeiten zu verschiedenen Datenbanken bereit. Die JDBC-Schnittstelle ist vergleichbar mit der ODBC-Schnittstelle (Open Database Connectivity) von Microsoft.

Unterstützte Datenbanken

Zum Zeitpunkt der Drucklegung dieses Buchs werden die folgenden Datenbanken unterstützt. In Klammern ist jeweils die Cloud-Infrastruktur angegeben, auf der die Datenbanken bereitgestellt werden:

- Von der Neo-Umgebung:
  - SAP HANA (SAP BTP)
  - SAP ASE (SAP BTP)
  - Microsoft SQL Server (Amazon Web Services (AWS) – Amazon Relational Database Service (RDS))
  - Oracle (AWS – Amazon RDS)
  - SAP HANA as a Service (AWS)
  - Azure SQL-Datenbanz (Microsoft Azure)
  - PostgreSQL (Microsoft Azure)
  - Microsoft SQL Server (On-Premise-Datenbank)
- Von der Cloud-Foundry-Umgebung:
  - Microsoft SQL Server (AWS – Amazon RDS)
  - Oracle (AWS – Amazon RDS)
  - SAP HANA as a Service (AWS)
  - Azure SQL-Datenbank (Microsoft Azure)
  - PostgreSQL (Microsoft Azure)
  - Microsoft SQL Server (On-Premise-Datenbank)

Über den JDBC-Treiber können Sie eine Datenbank in Ihrem internen Netz über den Cloud Connector an SAP Cloud Integration anbinden. Dazu müssen Sie die Datenbankverbindung im Cloud Connector aktivieren. Im Anschluss können Sie die Datenbankverbindung über die JDBC-Datenquelle nutzen.

JDBC-Datenquelle hinzufügen

Um eine neue JDBC-Datenquelle hinzuzufügen, rufen Sie die Kachel **JDBC Material** auf und klicken auf dem Reiter **JDBC Data Source** auf die Schaltfläche **Add**. Im sich öffnenden Pop-up-Fenster müssen Sie folgende Angaben zur Verbindung machen (siehe Abbildung 5.45):

- **Name**
  Name der JDBC-Datenquelle
- **Beschreibung**
  Beschreibung der JDBC-Datenquelle
- **Database Type**
  Die Art der Datenbank können Sie über eine Drop-down-Liste auswählen.
- **Benutzer (User), Passwort (Password) und Passwortwiederholung (Repeat Password)**
  Geben Sie als Benutzer und Passwort die Zugangsdaten zu der entsprechenden Datenbank ein.
- **JDBC URL**
  Die JDBC-URL wird nur für die folgenden Datenbanken benötigt:
  - SAP HANA Service
  - PostgreSQL
- **Location ID**
  Über die Location ID wird der Standort eines möglichen Cloud Connectors festgelegt.

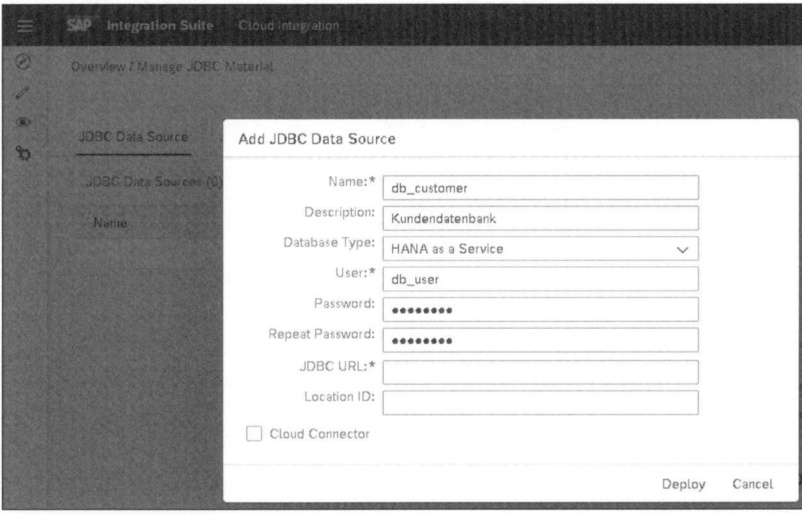

Abbildung 5.45 Neue Datenbankverbindung einrichten

Bestätigen Sie die Anlage anschließend über einen Klick auf die Schaltfläche **Deploy**.

5.4.6 Verbindungstests ausführen

Kachel »Connectivity Tests«

Über die Kachel **Connectivity Tests** können Sie die Zugriffsmöglichkeiten auf andere Systeme und Protokolle testen. Es werden verschiedene Verbindungstests bereitgestellt, für die Sie jeweils einige Eingabefelder füllen müssen. Diese ähneln sich bei den einzelnen Tests. Für jede der Testmöglichkeiten steht Ihnen ein eigener Reiter zur Verfügung (siehe Abbildung 5.46).

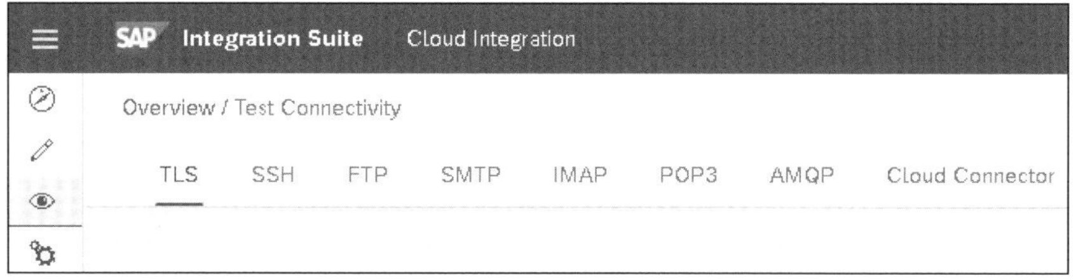

Abbildung 5.46 Connectivity-Test-Möglichkeiten

TLS

TLS steht für *Transport Layer Security* und ist als Verschlüsselungsprotokoll der Nachfolger von *Secure Sockets Layer* (SSL). Mit dem Test können Sie überprüfen, ob das Ziel per HTTPS erreichbar ist. Dafür müssen Sie die **Host**-Adresse und den Port eingeben. Das Feld **Port** ist standardmäßig mit dem Wert »443« belegt (siehe Abbildung 5.47). Optional können Sie die Checkbox **Authenticate with Client Certificate** auswählen, um sich am Zielsystem zu authentifizieren. Zusätzlich müssen Sie dann einen **Alias** mitgeben. Der Alias ist ein Eintrag im Keystore von SAP Cloud Integration.

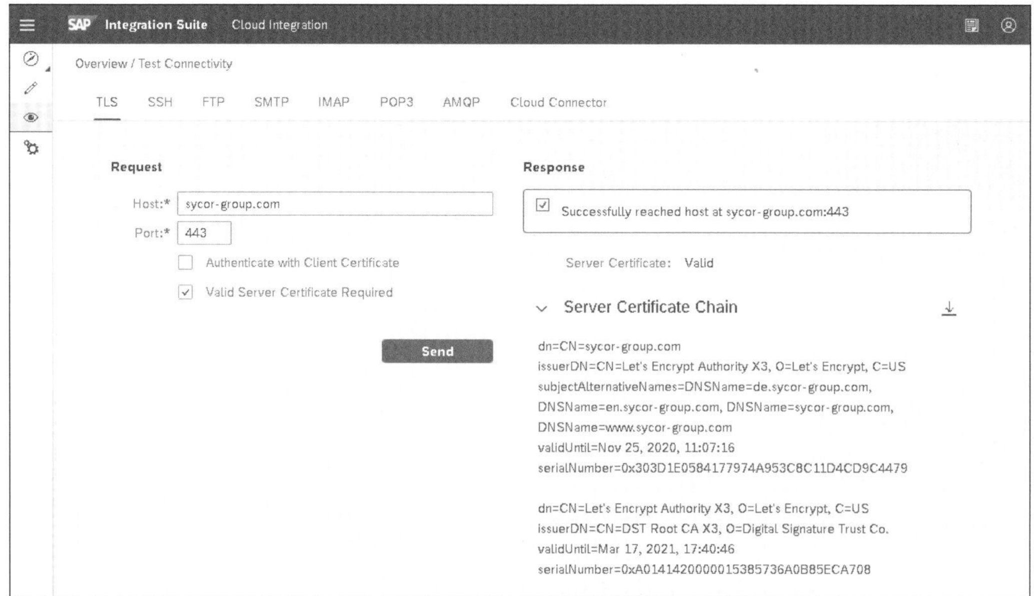

Abbildung 5.47 TLS-Verbindungstest

Mit der Option **Valid Server Certificate Required** können Sie überprüfen lassen, ob das Zertifikat des Servers auch zum Server passt und von einer vertrauenswürdigen Institution signiert wurde. Nachdem Sie alle nötigen Angaben gemacht haben, führen Sie den Test über die Schaltfläche **Send** aus.

In Abbildung 5.47 sehen Sie die Ansicht nach erfolgreicher Durchführung eines TLS-Verbindungstests. Die Zieladresse konnte erreicht werden, und das Serverzertifikat ist gültig und wurde von der Certificate Authority (CA) Digital Signature Trust Co. signiert.

SSH

Das Protokoll *Secure Shell* (SSH) dient der Netzwerkverschlüsselung. Der Test für dieses Protokoll prüft, ob die ausgehende Verbindung den eingetragenen SFTP-Server (SSH File Transfer Protocol) erreicht. Als **Host** wird dazu die SFTP-Adresse eingegeben, im Feld **Port** ist der Wert »22« für verschlüsselte Fernwartung und Dateiübertragung voreingestellt. Beim **Proxy Type** haben Sie die Wahl zwischen **Internet** für Cloud-Anwendungen und **On-Premise** für Ihre internen Server. Zusätzlich können Sie die **Location ID** für den Cloud Connector angeben, wenn Sie den Proxy-Typ **On-Premise** ausgewählt haben (siehe Abbildung 5.48).

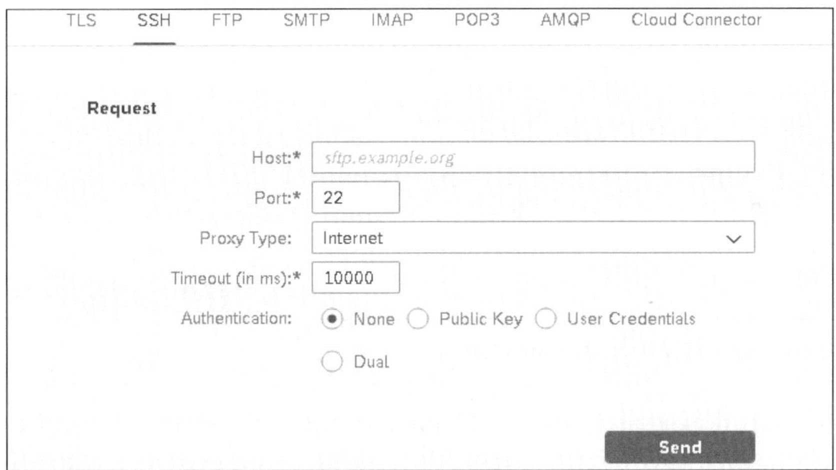

Abbildung 5.48 SSH-Verbindungstest

Sollte der Verbindungsaufbau zu lange dauern, kommt es zu einem Timeout, der in der Standardeinstellung nach 10.000 Millisekunden ausgeführt wird. Bei der Authentifizierung können Sie zwischen keiner (**None**), mit Zertifikat (**Public Key**), Benutzer und Passwort (**User Credentials**) oder einer Kombination aus Benutzerdaten und Zertifikat (**Dual**) wählen. Wenn Sie eine Authentifizierungsmethode ausgewählt haben, können Sie entscheiden, ob Sie mit **Check Directory Access** den Zugriff auf einen bestimmten Unterordner testen möchten.

FTP Mit dem *FTP*-Verbindungstest können Sie die Einstellungen eines FTP-Adapters prüfen. FTP steht für *File Transfer Protocol*. Es handelt sich um ein Protokoll, mit dem Dateien übertragen werden. In das Feld **Host** geben Sie die Adresse des FTP-Servers ein. Beim **Port** können Sie sich zwischen 21 (FTPES/FTP) und 990 (FTPS) entscheiden.

Auch bei dem FTP-Verbindungstest haben Sie die Möglichkeit, den **Proxy Type** auf **Internet** für Cloud-Anwendungen oder **On-Premise** für Ihre interne Systemlandschaft einzustellen. Zusätzlich können Sie die **Location ID** des Cloud Connectors angeben. Als Verschlüsselung können Sie **Explicit FTPS** oder **Implicit FTPS** wählen (siehe Abbildung 5.49). Sollten Sie sich mit **Plain FTP** für keine Verschlüsselung entscheiden, können Sie auch keine Zertifikatsprüfung mit der Checkbox **Valid Server Certificate Required** durchführen.

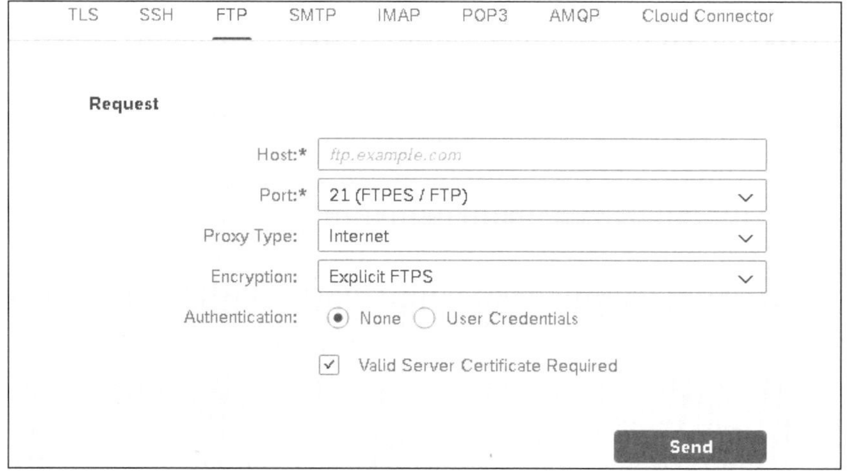

Abbildung 5.49 FTP-Verbindungstest

Als Authentifizierungsmethode können Sie mit **None** keine Authentifizierung wählen oder mit **User Credentials** Benutzer und Passwort mitgeben. Wenn Sie sich für eine Authentifizierung entschieden haben, können Sie mit der Option **Check Directory Access** den Zugang zu einem bestimmten Unterverzeichnis prüfen.

SMTP *Simple Mail Transfer Protocol* (SMTP) ist ein Protokoll, das verwendet wird, um E-Mails auszutauschen. Für die Konfiguration geben Sie eine SMTP-Host-Adresse ein und wählen entweder den Port 587 (SMTP/STARTTLS) oder 465 (SMTPS). Der **Proxy Type** bestimmt, ob Sie die Daten an Cloud-Server (**Internet**) oder in Ihre eigene Infrastruktur (**On-Premise**) schicken möchten (siehe Abbildung 5.50). Mit der **Location ID** können Sie einen Cloud Connector zuweisen.

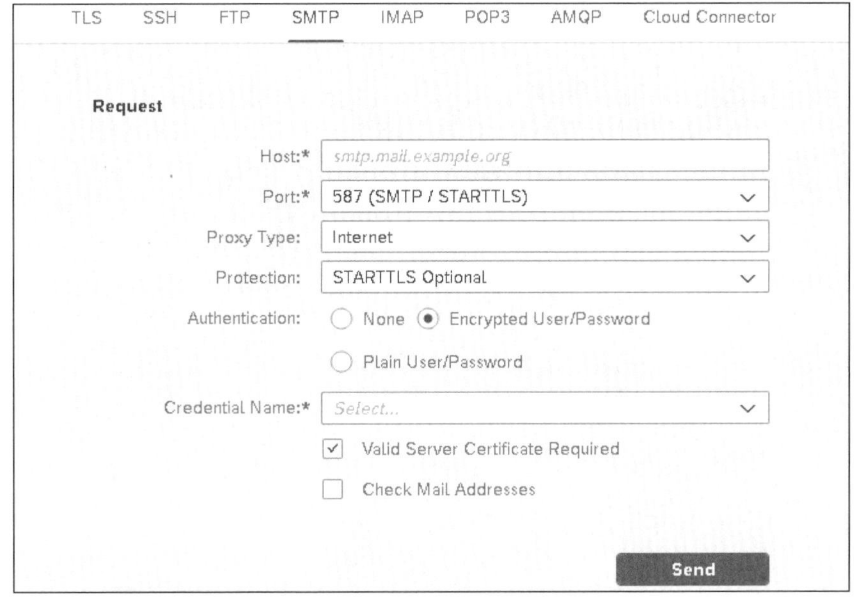

Abbildung 5.50 SMTP-Verbindungstest

Für die Datensicherheit können Sie in der Drop-down-Liste **Protection** eine Methode auswählen. Zur Auswahl stehen **Off** (keine Datensicherheit), **SMTPS**, wenn Sie ein On-Premise-System ansprechen, sowie **STARTTLS Mandatory** und **STARTTLS Optional** für eine Verschlüsselung über TLS.

Zur Authentifizierung haben Sie die Wahl zwischen **None**, **Encrypted User/ Password** oder **Plain User/Password**. Zusätzlich können Sie mit der Checkbox **Check Mail Addresses** die Erreichbarkeit zweier exemplarischer E-Mail-Adressen prüfen.

IMAP

IMAP steht für *Internet Message Access Protocol* und ist ein Netzwerkprotokoll für den Versand von E-Mails. Für den Test müssen Sie drei Pflichtfelder ausfühlenn. Das erste ist **Host**, das zweite **Port**. Im Feld **Port** haben Sie die Auswahl zwischen **143 (IMAP / STARTTLS)** und **993 (IMAPS)**. Das dritte Pflichtfeld, **Credential Name**, gibt den Benutzernamen an, um sich am Zielsystem zu authentifizieren. Es handelt sich um eine Drop-down-Liste, die Ihnen alle bisher angelegten Einträge anzeigt (siehe Abbildung 5.51).

Als **Proxy Type** können Sie **Internet** für einen Cloud-Dienst oder **On-Premise** für einen Server in Ihrer internen Systemlandschaft wählen. Bei der Auswahl **On-Premise** können Sie im eingeblendeten Feld **Location ID** einen Cloud Connector eintragen.

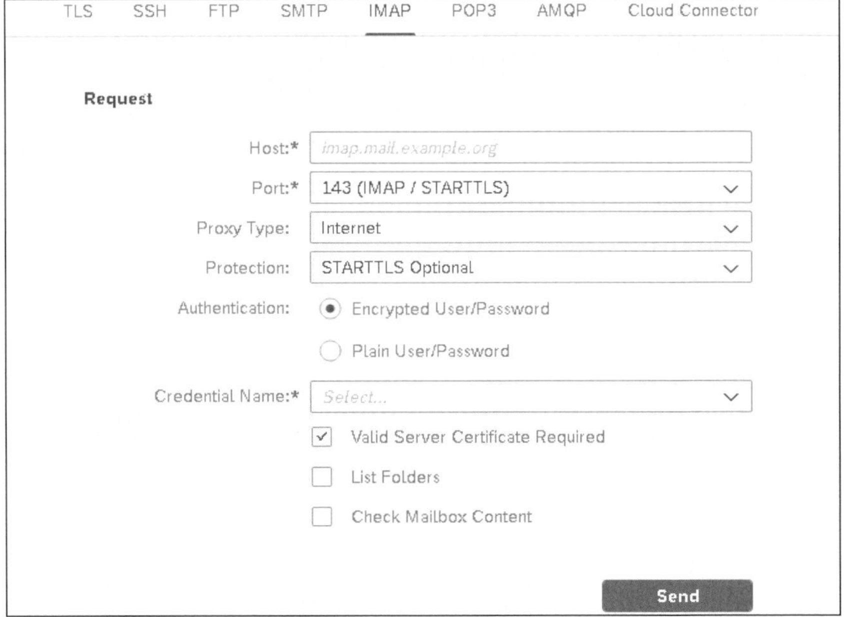

Abbildung 5.51 IMAP-Verbindungstest

Die Option **Protection** soll Ihnen die Möglichkeit bieten, Ihre Nachrichteninhalte vor unbefugten Mitlesern zu schützen:

- Sie können mit **None** keinen Schutz wählen.
- Die Option **IMAPS** können Sie nur beim Proxy-Typ **Internet** auswählen.
- Bei der Option **STARTTLS** können Sie zwischen verpflichtender und optionaler Verschlüsselung wählen.

Als Authentifizierungsmethode können Sie bestimmen, ob die Zugangsdaten verschlüsselt an den Server gesendet werden sollen. Wenn Sie **Encrypted User/Password** wählen, findet eine Verschlüsselung der Zugangsdaten statt, auch wenn die Verbindung an sich nicht sicher ist. **Plain User/Password** sollten Sie, wenn überhaupt, nur in Verbindung mit SSL oder TLS verwenden, da ein möglicher Angreifer die Zugangsdaten ansonsten in Klartext sehen kann.

Wenn Sie die **Protection** eingeschaltet haben, können Sie die Serverzertifikate des Zielsystems überprüfen. Damit wird geprüft, ob das Zertifikat zum Server gehört und ob das signierende Unternehmen vertrauenswürdig ist. Die beiden Checkboxen **List Folders** und **Check Mailbox Content** prüfen zum einen die Ordnerstruktur auf dem Server und zum anderen, wie viele E-Mails insgesamt bzw. wie viele ungelesene vorhanden sind.

POP3

Post Office Protocol (POP3) ist ein Protokoll, über das ein Client E-Mails von einem Server abholen kann. Als Eingaben für den Verbindungstest sind die Adresse des E-Mail-Servers und des Ports erforderlich. Letzterer kann 110 (POP3/STARTTLS) oder 995 (POP3S) sein. Zusätzlich können Sie einen **Proxy Type** auswählen (**Internet** oder **On-Premise**). Bei der Wahl **On-Premise** können Sie für den Cloud Connector eine **Location ID** mitgeben.

Zur Absicherung können Sie sich im Feld **Protection** zwischen **Off**, **POP3S** (nur beim Proxy-Typ **On-Premise**), **STARTTLS Mandatory** und **STARTTLS Optional** entscheiden. Eine Authentifizierung ist zwingend erforderlich. Diese kann verschlüsselt oder in Klartext erfolgen. In Klartext sollte die Authentifizierung, wenn überhaupt, nur mit SSL oder TLS erfolgen. Ergänzend zur Angabe der Authentifizierungsmethode müssen Sie einen vorkonfigurierten **Credential Name** eingeben. Wenn Sie eine **Protection** nutzen, können Sie außerdem eine Zertifikatsüberprüfung durchführen. Mit der Option **Check Mailbox Content** können Sie sich die Anzahl der E-Mails in dem verbundenen Postfach anzeigen lassen (siehe Abbildung 5.52).

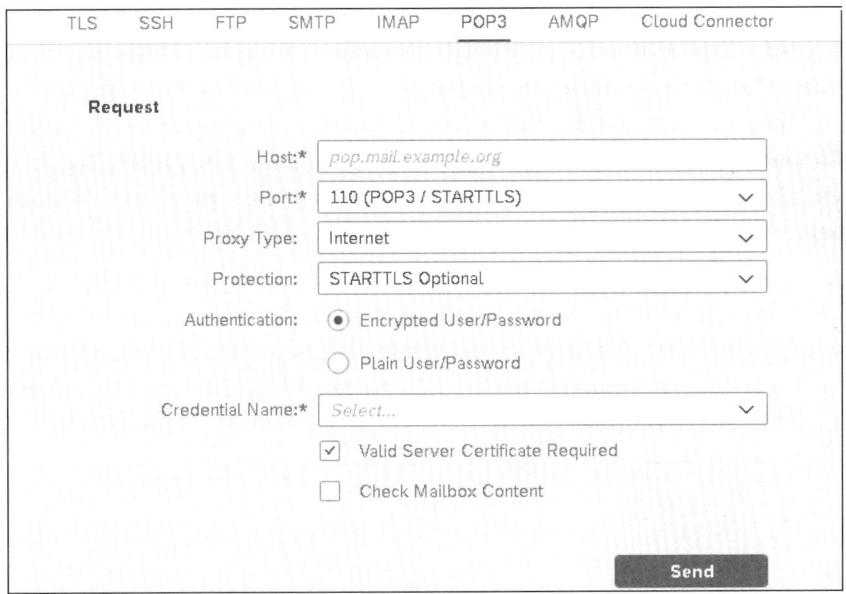

Abbildung 5.52 POP3-Verbindungstest

AMQP

AMQP steht für *Advanced Message Queuing Protocol* und ist ein Nachrichtenprotokoll, das als offener Standard ausgelegt wurde. Als Einstellungsoptionen für diesen Verbindungstest wählen Sie zuerst das **Transport Protocol**, hier sind die Optionen **TCP** oder **WebSockets** möglich. Verpflichtend müssen Sie außerdem die Host-Adresse sowie den Port eingeben. Im Feld **Port** können Sie entweder 5671 (für TCP) oder 443 (für WebSocket) wählen (siehe Abbildung 5.53).

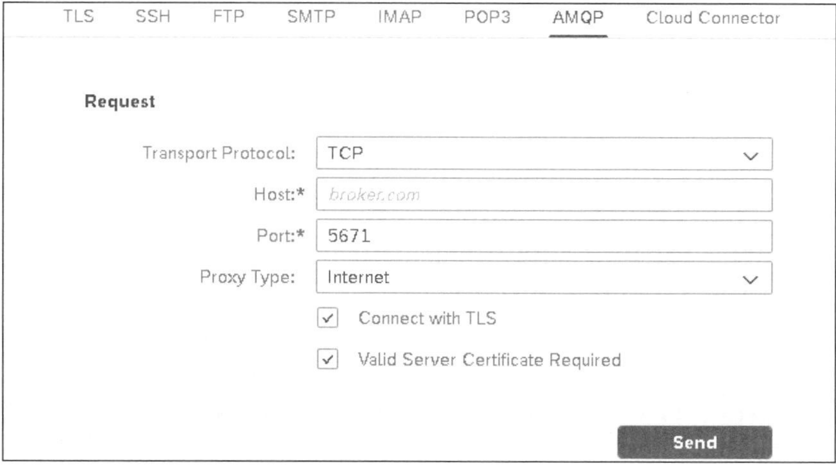

Abbildung 5.53 AMQP-Verbindungstest

Als **Proxy Type** können Sie wie bei den anderen Verbindungstests den Wert **Internet** oder **On-Premise** auswählen. Beim Proxy-Typ **On-Premise** können Sie noch die **Location ID** eines Cloud Connectors angeben. Die Checkbox **Connect with TLS** ist eine Sicherheitseinstellung, die standardmäßig aktiviert und eine Voraussetzung für die Zertifikatsüberprüfung mit **Validate Server Certificate** ist.

Cloud Connector

Auf dem Reiter **Cloud Connector** können Sie anhand der **Location ID** versuchen, Ihre installierte Cloud-Connector-Instanz zu erreichen (siehe Abbildung 5.54). Sollte dies nicht möglich sein, erhalten Sie in roter Schrift die Meldung **Could not connect to Cloud Connector**. Wie Sie den Cloud Connector einrichten, erfahren Sie in Abschnitt 12.2, »Cloud Connector«.

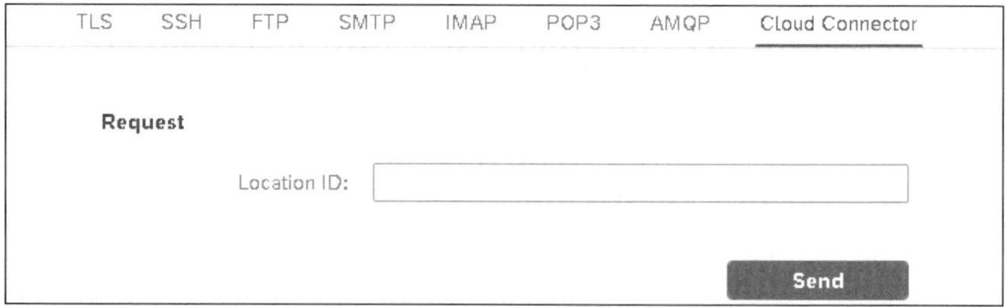

Abbildung 5.54 Cloud-Connector-Verbindungstest

5.5 Datenspeicherung verwalten

Die Datenspeicherung ist eine nützliche Funktion von SAP Cloud Integration, mit deren Hilfe Sie Daten über einen längeren Zeitraum speichern und wieder abrufen können. Dabei stehen Ihnen im Bereich **Manage Stores** unterschiedliche Möglichkeiten zur Verfügung. Sie können ganze Nachrichteninhalte (siehe Abschnitt 5.5.1, »Nachrichten speichern«) oder einzelne Werte (siehe Abschnitt 5.5.2, »Variablen speichern«) zwischenspeichern. Es bleibt Ihnen überlassen, ob die gespeicherten Daten nur für eine Integration oder global für mehrere Integrationen zugänglich sein sollen. Sie sollten nur bedenken, dass die SAP Cloud kein Datenbanksystem ist, das Daten in beliebig großen Mengen und auf Dauer bereitstellen kann.

Kategorie »Manage Stores«

Abbildung 5.55 zeigt Ihnen die drei Kacheln, die Ihnen in der Kategorie **Manage Stores** auf der Startseite des **Monitor**-Bereichs zur Verfügung stehen.

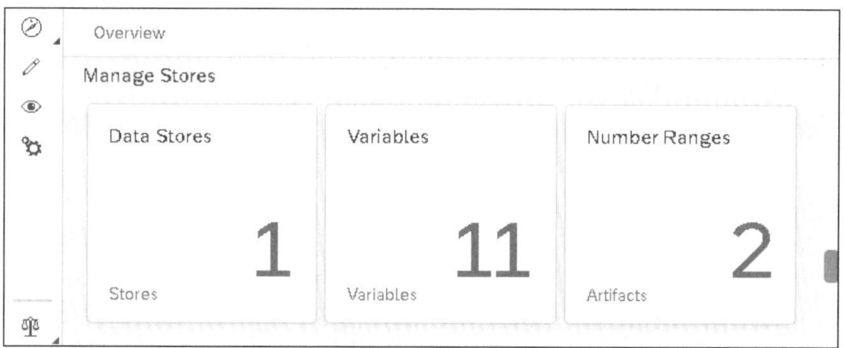

Abbildung 5.55 Kategorie »Manage Stores« im SAP Fiori Launchpad

5.5.1 Nachrichten speichern

Wenn Sie in Ihrem Integration Flow die Data-Store-Operation `Write` verwendet haben, werden die Daten im *Data Store* gespeichert. In erster Linie wird der Inhalt einer Nachricht gespeichert. In der Komponente **Write** haben Sie zusätzlich die Wahl, die Header-Variablen der Nachricht mitzuspeichern. Wie Sie die Daten in einem Data Store speichern, erfahren Sie in Abschnitt 7.1.10, »Persistierung«.

Rufen Sie die Kachel **Data Store** auf. Sie gelangen zu einer Listenansicht der gespeicherten Daten. Auf der linken Seite sehen Sie den Namen und die technische ID der Integration sowie die Anzahl der gespeicherten Einträge. Die rechte Seite zeigt die einzelnen Einträge im erstellten Data Store an (siehe Abbildung 5.56)

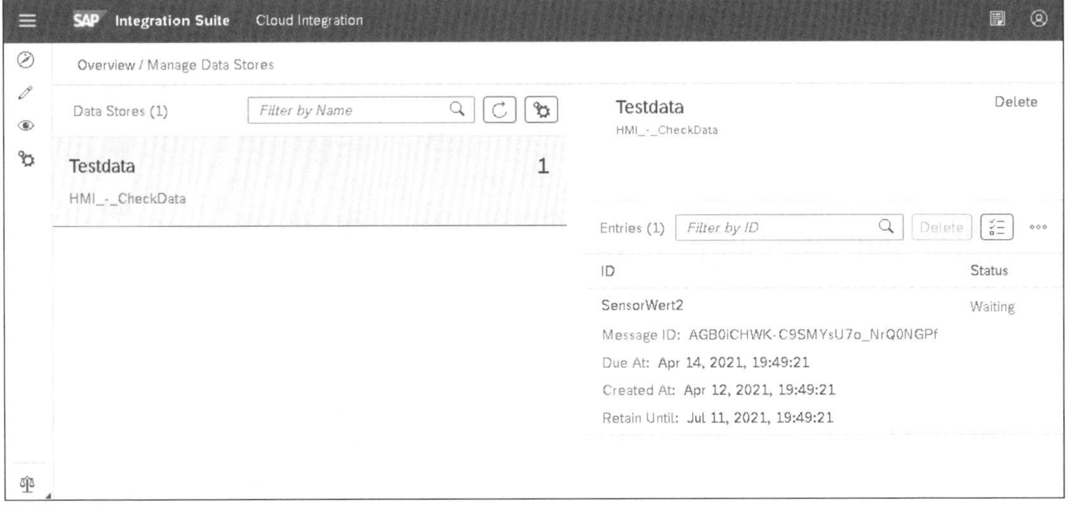

Abbildung 5.56 Übersicht der Kachel »Data Store«

Data-Store-Eintrag auswerten

Wenn Sie in der Komponente **Write** keine ID festgelegt haben, wird diese automatisch erstellt. Klicken Sie auf den Link der **Message ID** im Feld **ID**, werden Sie zum Integration Flow weitergeleitet. In der Spalte **Status** können die folgenden Werte angezeigt werden (siehe Abbildung 5.57):

- **Waiting**
  Der Status **Waiting** beschreibt, dass der Data-Store-Eintrag darauf wartet, von einer Integration verarbeitet zu werden.
- **Overdue**
  Mit **Overdue** wird signalisiert, dass der Eintrag in der vorgegebenen Zeit nicht verarbeitet wurde.

Abbildung 5.57 Detailansicht eines Data-Store-Eintrags

Je nach Einstellung der Komponente **Write** wird der Inhalt des Data Stores nach einer festgelegten Zeit gelöscht. Dies ist auch sinnvoll, da jedem Tenant der SAP BTP nur eine bestimmte Menge an Speicherplatz zur Verfügung steht.

Datumswerte

Die Datumswerte in der Spalte **Due At** geben an, zu welchem Zeitpunkt die Nachricht in den Status **Overdue** wechseln wird. Der Wert **Created At** in der Spalte **ID** enthält das Erstellungsdatum, auf das sich die anderen Zeitangaben beziehen. Der Zeitpunkt im Feld **Retain Until** in der Spalte **ID** legt fest, wann der Data-Store-Eintrag gelöscht wird. In Abbildung 5.58 sehen Sie eine unverarbeitete Nachricht, die sich bereits im Status **Overdue** befindet. Der Status wird in diesem Fall in roter Schrift angezeigt.

Abbildung 5.58 Abgelaufene Nachricht im Data Store

5.5.2 Variablen speichern

Rufen Sie die Kachel **Variables** auf, um alle Werte zu sehen, die von Integrationen mit der Komponente **Write Variables** zwischengespeichert wurden (siehe Abschnitt 7.1.10, »Persistierung«). Der Name jeder Variable wird als Link ausgegeben, auf den Sie klicken können, um den Inhalt anzuzeigen (siehe Abbildung 5.59).

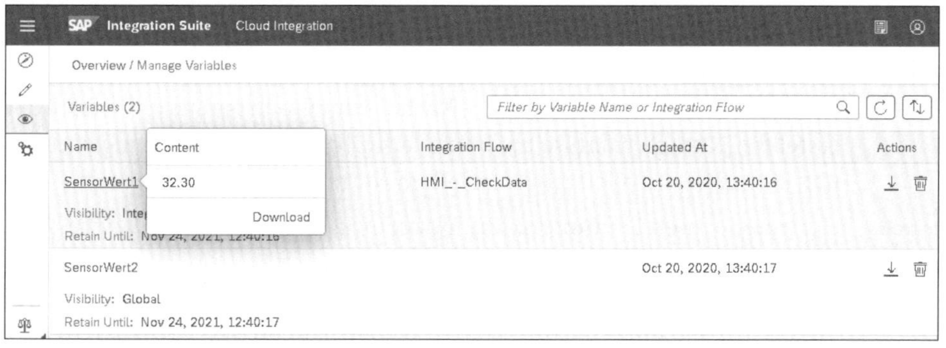

Abbildung 5.59 Übersicht der gespeicherten Variablen

Variablenwerte herunterladen

Sie können den Inhalt bei Bedarf über das Download-Symbol (⤓) herunterladen. Die Daten werden dabei in ein **.zip**-Archiv verpackt. Der Name eines Download-Archivs ist wie folgt aufgebaut:

<variablenname>_<integrationsnamen>

Die Datei im Archiv heißt standardmäßig **headers.prop** und kann mit einem Standardeditor geöffnet werden.

Sichtbarkeit

Unter dem Namen einer Variablen wird die Sichtbarkeit (**Visibility**) in der Liste dargestellt. Diese beschreibt die Zugriffsbeschränkungen der zugehörigen Integration Flows. Sie finden hier die Werte **Integration Flow** oder **Global**:

- Mit der Sichtbarkeit **Integration Flow** kann nur die Integration, in der eine Variable angelegt wurde, auf diese zugreifen.
- Mit der Sichtbarkeit **Global** können alle Integrationen innerhalb Ihres Tenants auf den Wert zugreifen.

Datumsangaben

In der Spalte **Updated At** werden das Erstellungsdatum bzw. das Änderungsdatum und die -Uhrzeit dargestellt. Der Wert **Retain Until** in der Spalte **Name** benennt den Zeitpunkt, bis zu dem die Variable vom System aufbewahrt wird. Der Zeitraum beträgt über ein Jahr.

Actions

Für jeden Eintrag finden Sie Schaltflächen in der Spalte **Actions**, in denen Sie den Inhalt der Variablen herunterladen (⤓) oder löschen (🗑) können. Die heruntergeladene **.zip**-Datei enthält eine Datei **headers.prop**, die mit einem Texteditor geöffnet werden kann. Sie enthält das Download-Datum sowie den Namen der Variablen mit dem zugehörigen Wert.

5.5.3 Nummernkreise verwalten

Nummernkreise sind eine Möglichkeit, um Nachrichten mit einer eindeutigen Nummer zu versehen. Dadurch ist es möglich, fehlende Nachrichten, Nachrichten in der falschen Reihenfolge oder doppelte Nachrichten zu erkennen.

Kachel »Number Ranges«

Um einen Nummernkreis zu erstellen, rufen Sie die Kachel **Number Ranges** im Bereich **Manage Stores** aus. Die Kachel zeigt Ihnen bereits die Anzahl der erstellten Nummernkreise an. Nach dem Öffnen der Anwendung wird Ihnen eine Liste mit allen zuvor erstellten Nummernkreisen angezeigt.

Nummernkreis hinzufügen

Um einen neuen Nummernkreis hinzuzufügen, wählen Sie in der rechten oberen Ecke die Schaltfläche **Add**. Es öffnet sich ein Pop-up-Fenster mit den Einstellungsmöglichkeiten für einen neuen Nummernkreis (siehe Abbildung 5.60). Als Pflichtfelder müssen Sie den Namen des Nummernkreises sowie die niedrigste (**Minimum Value**) und höchste Nummer (**Maximum Value**) angeben. Zur besseren Wartbarkeit ist es außerdem ratsam, eine Beschreibung einzugeben.

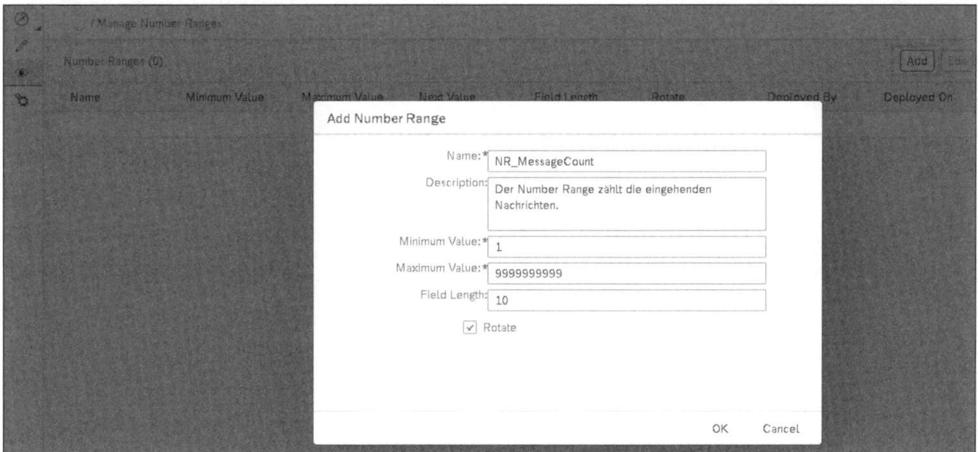

Abbildung 5.60 Nummernkreis anlegen

Der Wert im Feld **Field Length** legt die Länge des Nummernkreises fest. Zur Zählung der ersten Nachricht wird der Wert 1 so lange um führende Nullen erweitert, bis die angegebene Länge erreicht wurde. Die Checkbox **Rotate** bewirkt, dass die Zählung von Neuem beginnt, wenn der Maximalwert erreicht wurde. Aktivieren Sie diese Checkbox nicht und wird der maximale Wert während eines Integrationsdurchlaufs erreicht, bricht dieser Durchlauf mit der folgenden Fehlermeldung ab:

> *»Error has occurred while getting next value from number range object. Current value has exceeded maximum value.«*

Bestätigen Sie die Anlage des Nummernkreises mit **OK**. In der Liste der Nummernkreise können Sie nun den **Next Value** sehen, d. h. den nächsten Wert in der Nummerierungsreihenfolge. An diesem Wert können Sie erkennen, wie viele Nachrichten bisher gezählt wurden und welche Nummer die nächste Nachricht bekommen wird (siehe Abbildung 5.61).

Abbildung 5.61 Liste mit einem angelegten Nummernkreis

Nummernkreis bearbeiten

Über die Schaltfläche **Edit** können Sie den Nummernkreis bearbeiten. Sie können den Wert im Feld **Next Value** bearbeiten, um einige Nummern zu überspringen oder den Wert zurückzusetzen.

Nummernkreise verwenden

Nachdem Sie einen Nummernkreis angelegt haben, wechseln Sie in die **Design**-Umgebung einer Integration, um den Nummernkreis für deren Nachrichten zu verwenden:

1. Fügen Sie eine neue Komponente **Content Modifier** (siehe Abschnitt 7.1.6, »Transformationen«) in den Integration Flow ein, oder nutzen Sie eine bestehende.
2. Markieren Sie diese Komponente, und legen Sie auf dem Reiter **Message Header** einen neuen Wert für den Header der Nachricht an, indem Sie auf die Schaltfläche **Add** klicken. Alternativ können Sie auch einen neuen Wert auf dem Reiter **Exchange Property** anlegen.
3. Geben Sie im Feld **Type** den Wert **Number Range** und im Feld **Value** den Namen Ihres soeben angelegten Nummernkreises an (siehe Abbildung 5.62). Über diesen Namen können Sie auf den jeweils aktuellen Wert Ihres Nummernkreises zugreifen.

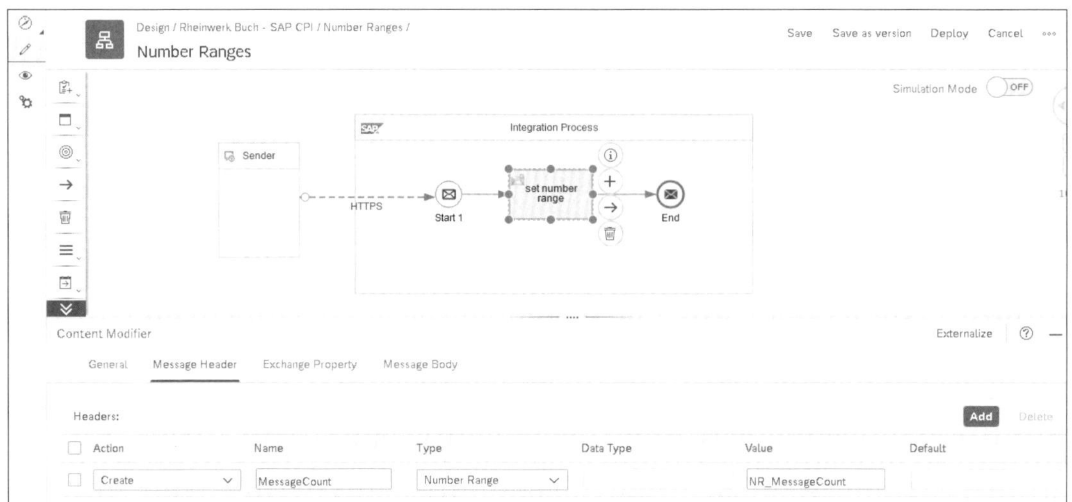

Abbildung 5.62 Wert für einen Nummernkreis in einer Integration anlegen

Nach der Ausführung des Integration Flows steht der aktuelle Zähler in der erstellten Variablen, beispielsweise 0000000002. Des Weiteren wird in der Listenansicht des Nummernkreise in der Spalte **Next Value** der nächste Wert, beispielsweise 0000000003, angezeigt. Bei jeder Ausführung eines Integration Flows mit diesem Nummernkreis wird der Wert erhöht.

5.6 Log-Einträge

SAP bietet zwei verschiedene Arten von Protokollen (*Logs*) an, mit denen Aktionen in der SAP Cloud Integration protokolliert werden:

- Zum einen gibt es die *Audit Logs*, die Aktionen eines Benutzers und die automatischen Aktionen aufzeichnen.
- Zum anderen gibt es die *System Log Files*, in denen Sie unter anderem Zusatzinformationen zu fehlgeschlagenen Integration Flows finden.

Die Kacheln zum Aufruf der beiden Logs finden Sie im Bereich **Access Logs** der **Monitor**-Startseite, den Sie in Abbildung 5.63 sehen können.

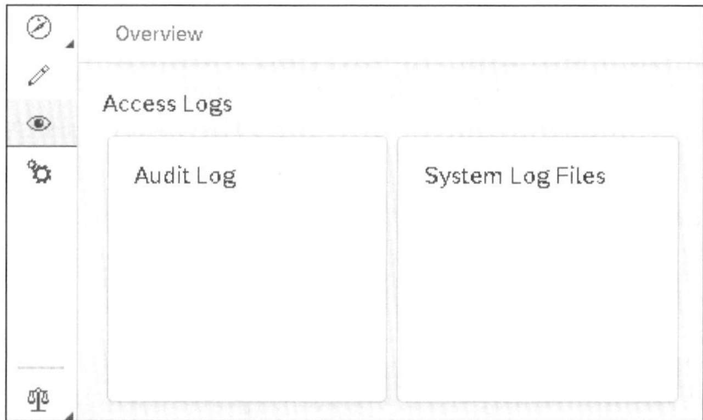

Abbildung 5.63 Kacheln im Bereich »Access Logs« der »Monitor«-Oberfläche

Audit Log

Mit dem Audit Log haben Sie die Möglichkeit, Aktionen rund um Ihre Integrationen, Daten und Nachrichtenflüsse zu überwachen. Die Audit Logs werden in einer Liste mit den folgenden sechs Feldern angegeben:

- **Time**
  Die Spalte **Time** zeigt das Datum und die Uhrzeit einer ausgeführten Aktion an.
- **Action**
  In der Spalte **Action** sehen Sie die Tätigkeit, die durchgeführt wurde. Hier gibt unter anderem die folgenden Ausprägungen:
  - `ArtifactDeploy`: Veröffentlichung einer Integration
  - `ArtifactUndeploy`: Zurücknehmen derVeröffentlichung einer Integration
  - `Delete`: Löschen von gespeicherten Werten wie Variablen und Data-Store-Einträgen
  - `Read`: Lesen von Variablen und Data-Store-Einträgen

  - `Restart`: Neustart einer veröffentlichten Integration
  - `Create`: Aktivierung des Trace einer Integration
  - `Change`: Änderung des Trace-Werts in einen Debug-Wert

- **Object Type**
  Es gibt innerhalb von SAP Cloud Integration diverse Objekttypen. Zu den Typen zählen beispielsweise Integration Flows, Artefaktreferenzen, Nachrichten für die Data-Store-Einträge oder Variablen.
- **Object Name**
  Die Spalte **Object Name** benennt das von der Aktion betroffene Objekt, z. B. eine Integration oder einen Data-Store-Eintrag.
- **User**
  Der ausführende Benutzer kann durch einen S-User oder eine E-Mail-Adresse angegeben werden. Bei automatischen Aktionen, wie dem Löschen abgelaufener Data-Store-Einträge, steht im Feld **User** der Wert **SAP**.
- **Source**
  Neben der Benutzerkennung wird auch die öffentliche IP-Adresse des Benutzers angezeigt. Bei automatischen Aktionen steht im Feld **Source** der Wert **SAP**.

In Abbildung 5.64 sehen Sie einen Auszug aus einem Audit Log. Dieser beinhaltet Einträge aus der letzten Stunde. Die Einträge protokollieren Neustarts von Integrationen, Löschungen von Variablen und gespeicherten Nachrichten sowie den Wechsel von Log Level.

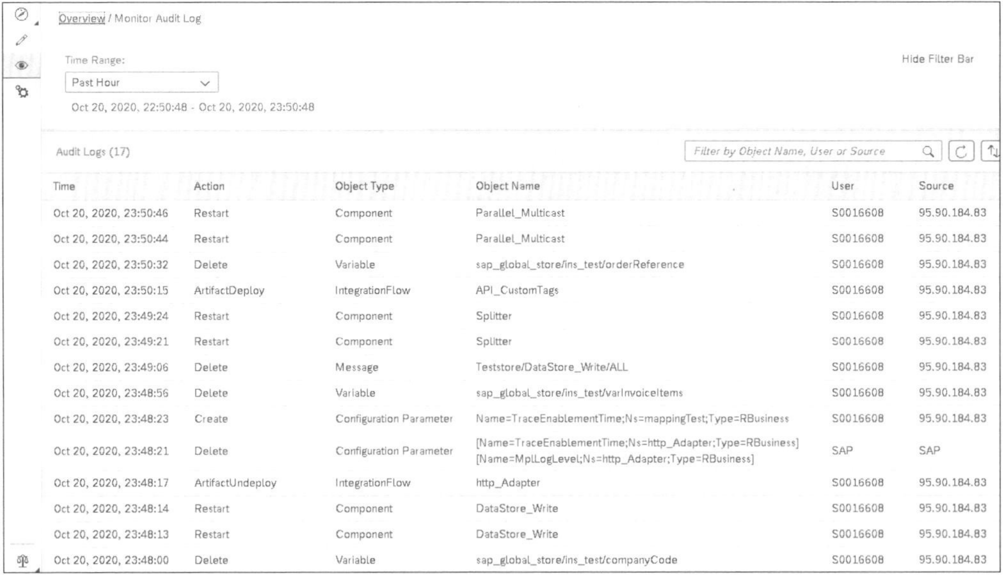

Overview / Monitor Audit Log

Time Range: Past Hour — Hide Filter Bar

Oct 20, 2020, 22:50:48 - Oct 20, 2020, 23:50:48

Audit Logs (17) — Filter by Object Name, User or Source

Time	Action	Object Type	Object Name	User	Source
Oct 20, 2020, 23:50:46	Restart	Component	Parallel_Multicast	S0016608	95.90.184.83
Oct 20, 2020, 23:50:44	Restart	Component	Parallel_Multicast	S0016608	95.90.184.83
Oct 20, 2020, 23:50:32	Delete	Variable	sap_global_store/ins_test/orderReference	S0016608	95.90.184.83
Oct 20, 2020, 23:50:15	ArtifactDeploy	IntegrationFlow	API_CustomTags	S0016608	95.90.184.83
Oct 20, 2020, 23:49:24	Restart	Component	Splitter	S0016608	95.90.184.83
Oct 20, 2020, 23:49:21	Restart	Component	Splitter	S0016608	95.90.184.83
Oct 20, 2020, 23:49:06	Delete	Message	Teststore/DataStore_Write/ALL	S0016608	95.90.184.83
Oct 20, 2020, 23:48:56	Delete	Variable	sap_global_store/ins_test/varInvoiceItems	S0016608	95.90.184.83
Oct 20, 2020, 23:48:23	Create	Configuration Parameter	Name=TraceEnablementTime;Ns=mappingTest;Type=RBusiness	S0016608	95.90.184.83
Oct 20, 2020, 23:48:21	Delete	Configuration Parameter	[Name=TraceEnablementTime;Ns=http_Adapter;Type=RBusiness] [Name=MplLogLevel;Ns=http_Adapter;Type=RBusiness]	SAP	SAP
Oct 20, 2020, 23:48:17	ArtifactUndeploy	IntegrationFlow	http_Adapter	S0016608	95.90.184.83
Oct 20, 2020, 23:48:14	Restart	Component	DataStore_Write	S0016608	95.90.184.83
Oct 20, 2020, 23:48:13	Restart	Component	DataStore_Write	S0016608	95.90.184.83
Oct 20, 2020, 23:48:00	Delete	Variable	sap_global_store/ins_test/companyCode	S0016608	95.90.184.83

Abbildung 5.64 Auszug aus einem Audit Log

System Log Files

Nachdem Sie die Kachel **System Log Files** geöffnet haben, sehen Sie zwei Reiter:

- Auf dem ersten Reiter **Log Files** werden Log-Dateien in Listenform dargestellt und zum Download angeboten. Neben dem direkten Download gibt es noch die Möglichkeit, einen Downloadlink zu kopieren. Diesen können Sie zum Beispiel bei Problemen dem SAP-Support übergeben.
- Auf dem zweiten Reiter **Collections** werden die Logs gebündelt in ihrer jeweiligen Kategorie zum Download angeboten. Die Log-Dateien werden in die Kategorien **HTTP Access Log** und **CP Default Trace** unterteilt.

Abbildung 5.65 stellt einen Auszug aus mehreren Log-Dateien dar.

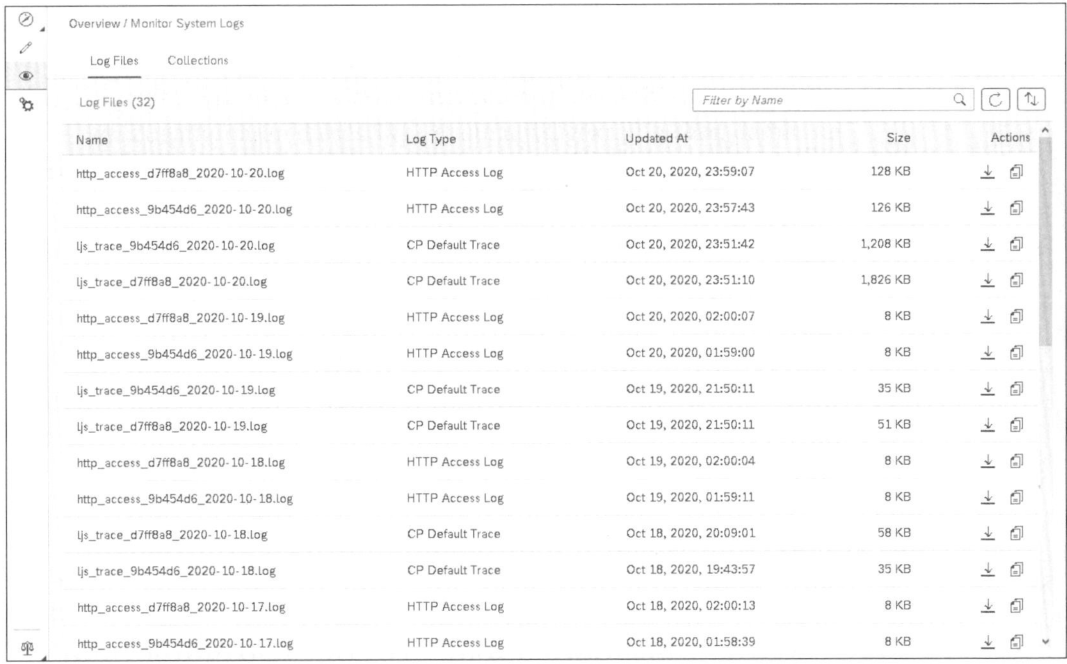

Name	Log Type	Updated At	Size	Actions
http_access_d7ff8a8_2020-10-20.log	HTTP Access Log	Oct 20, 2020, 23:59:07	128 KB	
http_access_9b454d6_2020-10-20.log	HTTP Access Log	Oct 20, 2020, 23:57:43	126 KB	
ljs_trace_9b454d6_2020-10-20.log	CP Default Trace	Oct 20, 2020, 23:51:42	1,208 KB	
ljs_trace_d7ff8a8_2020-10-20.log	CP Default Trace	Oct 20, 2020, 23:51:10	1,826 KB	
http_access_d7ff8a8_2020-10-19.log	HTTP Access Log	Oct 20, 2020, 02:00:07	8 KB	
http_access_9b454d6_2020-10-19.log	HTTP Access Log	Oct 20, 2020, 01:59:00	8 KB	
ljs_trace_9b454d6_2020-10-19.log	CP Default Trace	Oct 19, 2020, 21:50:11	35 KB	
ljs_trace_d7ff8a8_2020-10-19.log	CP Default Trace	Oct 19, 2020, 21:50:11	51 KB	
http_access_d7ff8a8_2020-10-18.log	HTTP Access Log	Oct 19, 2020, 02:00:04	8 KB	
http_access_9b454d6_2020-10-18.log	HTTP Access Log	Oct 19, 2020, 01:59:11	8 KB	
ljs_trace_d7ff8a8_2020-10-18.log	CP Default Trace	Oct 18, 2020, 20:09:01	58 KB	
ljs_trace_9b454d6_2020-10-18.log	CP Default Trace	Oct 18, 2020, 19:43:57	35 KB	
http_access_d7ff8a8_2020-10-17.log	HTTP Access Log	Oct 18, 2020, 02:00:13	8 KB	
http_access_9b454d6_2020-10-17.log	HTTP Access Log	Oct 18, 2020, 01:58:39	8 KB	

Abbildung 5.65 Auszug aus den System-Log-Dateien

[«]

Logs in der Cloud-Foundry-Umgebung

Zum Zeitpunkt der Drucklegung dieses Buchs standen die Kacheln **Audit Logs** und **System Log Files** in der Cloud-Foundry-Umgebung nicht zur Verfügung.

5.7 Gesperrte Objekte verwalten

Kachel »Message Locks«

Die Kategorie **Manage Locks** auf der Startseite der **Monitor**-Umgebung beinhaltet die Kachel **Message Locks** (siehe Abbildung 5.66). Die graue Zahl auf der Kachel gibt die aktuelle Anzahl der Sperreinträge an, die von SAP Cloud Integration gesetzt wurden.

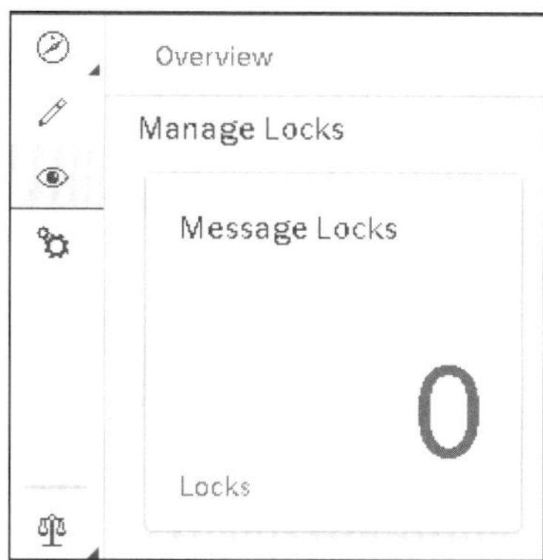

Abbildung 5.66 Kachel »Message Locks« auf der Startseite der »Monitor«-Oberfläche

Über diese Kachel gelangen Sie zu einer Liste der gesperrten Objekte. Objekte müssen z. B. gesperrt werden, wenn auf eine Datei zugegriffen wird, die auf einem FTP-Server liegt. Durch die Objektsperre wird in einem solchen Fall verhindert, dass ein zweiter Arbeitsknoten (Work Node) auf das gesperrte Objekt zugreift und dieses parallel bearbeitet wird. Wenn die Bearbeitung des Objekts abgeschlossen ist, wird der Sperreintrag automatisch aufgehoben.

Sperrende Adapter

Sperreinträge können von den folgenden Adaptern geschrieben werden (siehe auch Abschnitt 7.2, »Adapter«):

- AS2
- JMS
- Mail
- SFTP
- XI

Listenansicht der Sperreinträge

Die Liste, in der die Sperreinträge geschrieben werden, besteht aus den folgenden Spalten:

- **Component**
  Die Art der Komponente, die für den Sperreintrag verantwortlich ist.

- **Source**
  Die Komponente, die den Lock-Eintrag geschrieben hat.
- **Entry**
  Das gesperrte Objekt, z. B. eine Datei auf einem FTP-Server.
- **Created at**
  Das Datum und die Uhrzeit, wann der Sperreintrag geschrieben wurde.
- **Expires at**
  Die Spalte **Expires at** wird erst sichtbar, wenn ein Eintrag in der Liste vorhanden ist. Wenn die Verarbeitung länger dauert als bis zum in der Spalte **Expires at** festgelegten Zeitpunkt, wird die Verarbeitung gestoppt, und Sie müssen den Sperreintrag manuell entfernen.

Oberhalb der Liste der Sperreinträge finden Sie ein Suchfeld, um gezielt nach Einträgen zu suchen. Außerdem können Sie die Liste aktualisieren (⟳) und sortieren (⇅).

Sperreintrag manuell freigeben

Sie haben die Möglichkeit, gesperrte Ressourcen manuell freizugeben. Sollten Sie dies planen, stellen Sie sicher, dass Sie den Grund der Sperre verstehen und dass es durch deren Aufhebung nicht zu Problemen kommen kann. Eine unbedachte Freigabe kann zu Dateninkonsistenzen oder anderen schwerwiegenden Problemen führen. Um einen Sperreintrag aufzuheben, wählen Sie diesen in der Liste aus und klicken auf die Schaltfläche **Release**.

5.8 Zusammenfassung

In diesem Kapitel haben Sie gelernt, wie Sie sich durch die **Monitor**-Oberfläche von SAP Cloud Integration bewegen. Sie können dort Integration Flows und Nachrichtenübertragungen überwachen und Daten zu speziellen Integrationen filtern.

Daneben finden Sie auf der **Monitor**-Oberfläche einige allgemeine administrative Funktionen. Ich habe Ihnen gezeigt, wie Sie Ihre Cloud-Integration-Instanz an anderen Systemen authentifizieren. Dazu haben Sie eigene Benutzerkennungen angelegt und sich die Zertifikatsverwaltung angesehen. Sie können nun eigene Rollen anlegen, um sicherzustellen, dass nur autorisierte Benutzer sensible Daten innerhalb eines Nachrichtenflusses oder innerhalb des Data Stores einsehen können.

Um Daten während mehrerer Integrationsabläufe zwischenzuspeichern, können Sie den Data Store nutzen. Sollten unvorhergesehene Aktivitäten innerhalb von SAP Cloud Integration vorkommen, können Sie den Ursprung in den Logs nachprüfen.

Kapitel 6
Settings-Oberfläche

In diesem Kapitel lernen Sie den Bereich für die technischen Einstellungen von SAP Cloud Integration kennen. Sie können dort Produktprofile aktivieren, Transporte verwalten, ein ES Repository konfigurieren und eigene Tags anlegen.

Der Bereich **Settings** in SAP Cloud Integration ist sehr übersichtlich gestaltet und in vier Reiter untergliedert (siehe Abbildung 6.1). Sie können hier die Produktprofile verwalten, die Auswirkungen auf Ihre eingesetzten Komponenten haben (siehe Abschnitt 6.1, »Produktprofile«), sowie die Transporte, mit denen Sie Ihre Integrationen in andere Systeme übertragen (siehe Abschnitt 6.2, »Transporteinstellungen«). Des Weiteren finden Sie dort das Enterprise Service Repository (ES Repository), das Ihnen unter anderem die Möglichkeit bietet, Mappings aus SAP Process Orchestration zu importieren (siehe Abschnitt 6.3, »ES Repository«). Schließlich können Sie in diesem Bereich Tags definieren (siehe Abschnitt 6.4, »Custom Tags«), mit deren Hilfe Sie zusätzliche Eingabemöglichkeiten für Ihre Integrationspakete festlegen können.

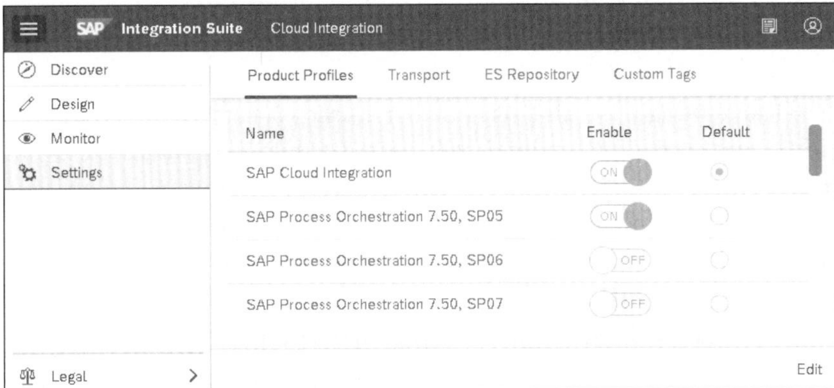

Abbildung 6.1 Reiter zur Konfiguration von SAP Cloud Integration

Sollten Sie den Eintrag **Settings** (⚙) im Menü nicht sehen können, fehlt Ihnen die Sammelrolle `PI_Administrator` oder die darin enthaltene Rolle `AuthGroup_Administrator`.

6.1 Produktprofile

Integrationen aus SAP PI/PO

Die Verwendung von Produktprofilen kann für Sie beispielsweise infrage kommen, wenn Sie von den On-Premise-Systemen *SAP Process Integration* (SAP PI) oder *SAP Process Orchestration* (SAP PO) auf SAP Cloud Integration umsteigen möchten und Ihre bereits entwickelten Integrationen in die Cloud umziehen wollen. Mittelfristig werden diese On-Premise-Systeme von SAP nicht mehr weiter gewartet. Auf dem Reiter **Product Profiles** können Sie neben SAP Cloud Integration auch die Komponenten und Funktionalitäten von SAP Process Orchestration 7.50 mit den entsprechenden Service Packs aktivieren. Es stehen die Service Packs SP05 bis SP20 zur Verfügung.

[»]

Freischaltung der Produktprofilfunktion

In der Trial-Version der SAP BTP steht Ihnen die Einstellungsmöglichkeit zur Freischaltung standardmäßig zur Verfügung. In anderen Versionen von SAP Cloud Integration müssen Sie ein Ticket bei SAP öffnen, damit die Funktionalität für Sie freigeschaltet wird.

Abbildung 6.2 zeigt den Reiter **Product Profiles** im Bereich **Settings**. Hier werden Ihnen die verfügbaren Profile in einer Liste angezeigt. Im Standard ist nur das Profil **SAP Cloud Integration** aktiviert und als Standardeinstellung definiert.

Produktprofil aktivieren

Sie können ein Produktprofil über den Schieberegler in der Spalte **Enable** aktivieren (siehe Abbildung 6.2). Sollten Sie regelmäßig mit einem bestimmten Produktprofil arbeiten, können Sie dieses über die Option **Default** als Standardwert festlegen.

Komponenten eines Produktprofils

Die Listeneinträge sind als Links nutzbar. Klicken Sie auf ein Profil, können Sie sich die Komponenten innerhalb dieses Produktprofils ansehen. Es öffnet sich das Pop-up-Fenster **Components** (siehe Abbildung 6.3). Über eine Suchleiste können Sie hier nach Komponenten suchen. Darunter werden Ihnen die Komponenten in einer Baumstruktur angezeigt. Es gibt Komponenten in den folgenden drei Kategorien:

- Adapter (**Adapters**) zur Datenübertragung an andere Systeme
- Schritte (**Steps**), d. h. die Komponenten zur Nachrichtenverarbeitung
- technische Eigenschaften (**Technical Capabilities**), unter anderem verschiedene Log Level, die Sie bereits kennengelernt haben

Jede Komponente oder jeder Adapter kann innerhalb eines Produktprofils mehrere Versionen haben.

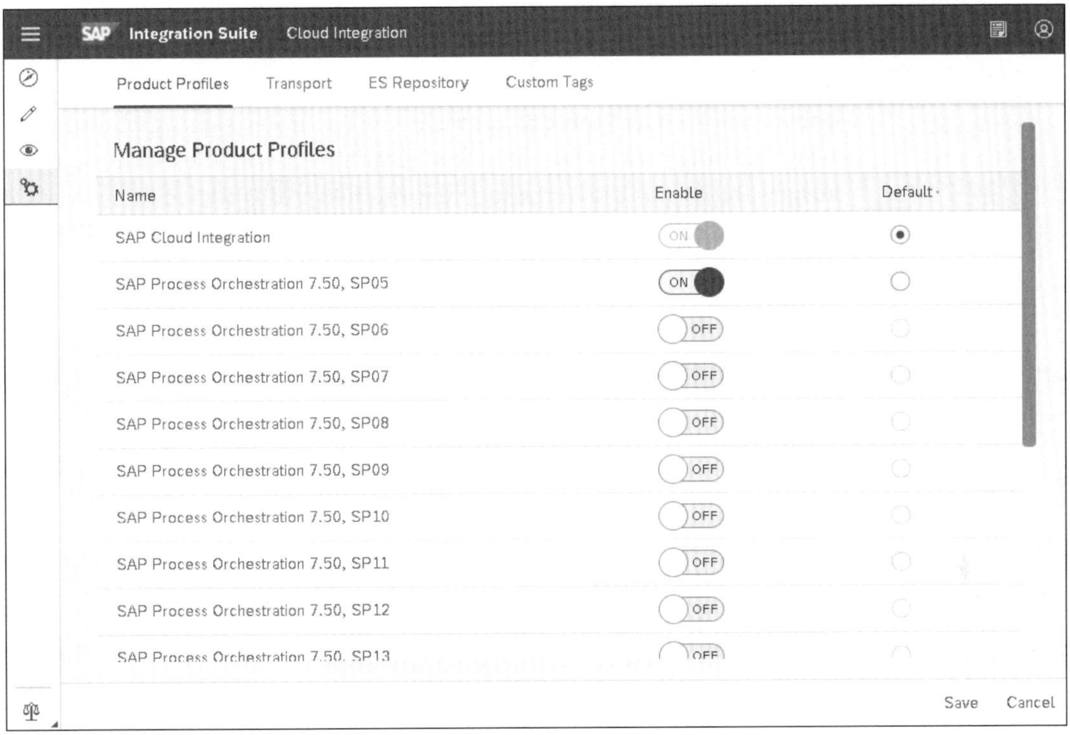

SAP Integration Suite
Cloud Integration
Product Profiles
Transport
ES Repository
Custom Tags
Manage Product Profiles
Name
Enable
Default
SAP Cloud Integration
ON
SAP Process Orchestration 7.50, SP05
ON
SAP Process Orchestration 7.50, SP06
OFF
SAP Process Orchestration 7.50, SP07
OFF
SAP Process Orchestration 7.50, SP08
OFF
SAP Process Orchestration 7.50, SP09
OFF
SAP Process Orchestration 7.50, SP10
OFF
SAP Process Orchestration 7.50, SP11
OFF
SAP Process Orchestration 7.50, SP12
OFF
SAP Process Orchestration 7.50, SP13
OFF
Save
Cancel

Abbildung 6.2 Produktprofile aktivieren

SAP Cloud Integration
Search
Components
Adapters
Steps
Technical Capabilities
Integration Flow Configuration
Integration Flow Configuration
Version : 1.0.15 | Vendor: SAP
Integration Flow Configuration
Version : 1.1.17 | Vendor: SAP
OK

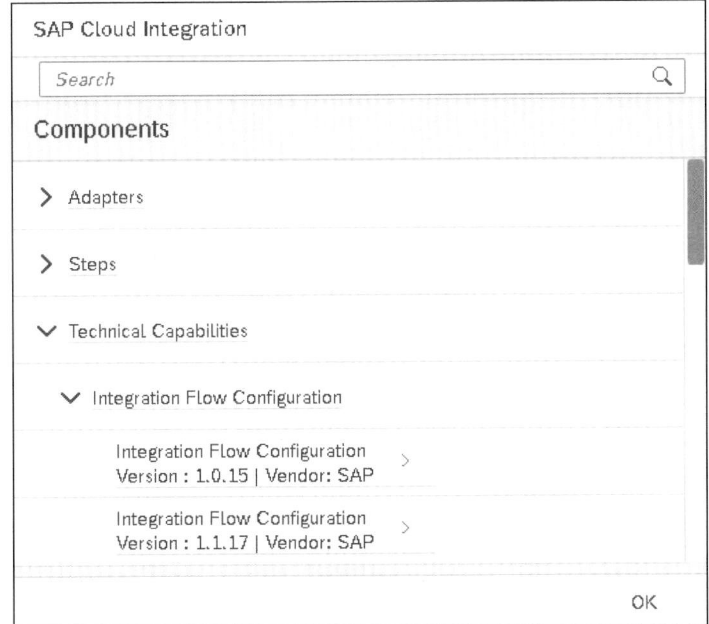

Abbildung 6.3 Übersicht der Komponenten eines Produktprofils

Produktprofil in einem Integration Flow anwenden

Nach der Aktivierung eines Produktprofils können Sie einen neuen Integration Flow auf Basis dieses Profils in SAP Cloud Integration anlegen. Wählen Sie dazu im Anlagefenster für das Artefakt Integration Flow in der Drop-down-Liste **Product Profile** das gewünschte Profil aus (siehe Abbildung 6.4). Wenn Sie ein Profil als Standard festgelegt haben, wird dieses automatisch ausgewählt. Durch die Anpassung des Produktprofils stehen Ihnen nur die zu diesem Profil gehörigen Komponenten zur Verfügung. Auf neue Komponenten aus SAP Cloud Integration haben Sie in dem entsprechenden Integration Flow dann keinen Zugriff mehr.

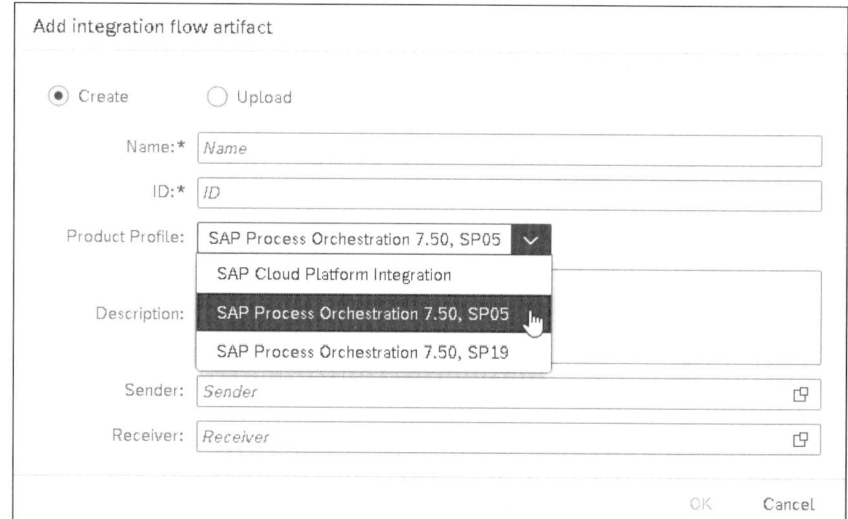

Abbildung 6.4 Produktprofil bei der Erstellung eines Integration Flows auswählen

Produktprofil umstellen

Wenn Sie eine Integration bereits erstellt haben, können Sie das zugeordnete Produktprofil auf dem Reiter **Runtime Configuration** im Feld **Product Profile** bearbeiten (siehe Abbildung 6.5). Abhängig vom zugeordneten Profil können sich die Einstellungsmöglichkeiten auf dem Reiter **Runtime Configuration** verändern.

Komponenten-inkompatibilität

Sollten Sie das Produktprofil in einer bereits vollständig erstellten Integration ändern, informiert Sie SAP Cloud Integration über mögliche Inkompatibilitäten einzelner Komponenten. Die Inkompatibilitäten werden zum einen auf dem Reiter **Problems** aufgelistet, zum anderen werden die problematischen Komponenten im grafischen Modell des Integration Flows durch ein rotes Kreuzsymbol (⊗) markiert. Beide Hinweise auf inkompatible Komponenten sehen Sie in Abbildung 6.6.

Integration Suite
Cloud Integration
Design / HMI - IoT / HMI - Product Profile /
HMI - Product Profile
Save
Save as version
Deploy
Search Step
Sender
Start
End
Receiver
100%
Integration Flow
Externalize
General
Runtime Configuration
Error Configuration
Resources
Externalized Parameters
Problems
Product Profile:*
SAP Process Orchestration 7.50, SP05
Namespace Mapping:
SAP Cloud Platform Integration
Message Processing Log:
SAP Process Orchestration 7.50, SP05
SAP Process Orchestration 7.50, SP19
Allowed Header(s):

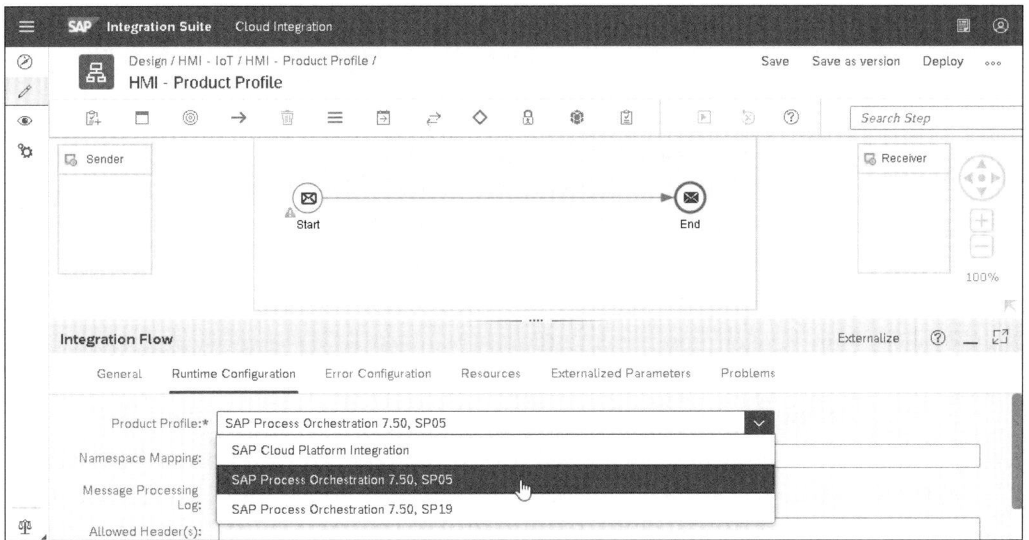

Abbildung 6.5 Produktprofiländerung innerhalb eines Integration Flows

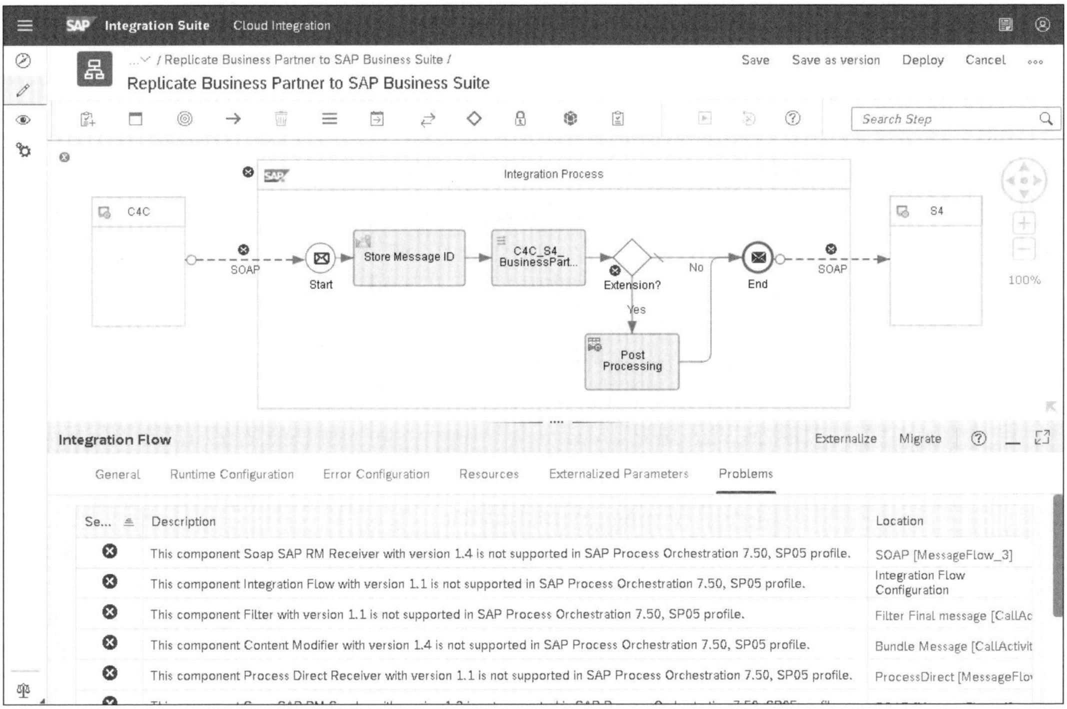

Integration Suite
Cloud Integration
... / Replicate Business Partner to SAP Business Suite /
Replicate Business Partner to SAP Business Suite
Save
Save as version
Deploy
Cancel
Search Step
Integration Process
C4C
SOAP
Start
Store Message ID
C4C_S4_BusinessPart...
Extension?
No
Yes
Post Processing
End
SOAP
S4
100%
Integration Flow
Externalize
Migrate
General
Runtime Configuration
Error Configuration
Resources
Externalized Parameters
Problems
Se...
Description
Location
This component Soap SAP RM Receiver with version 1.4 is not supported in SAP Process Orchestration 7.50, SP05 profile.
SOAP [MessageFlow_3]
This component Integration Flow with version 1.1 is not supported in SAP Process Orchestration 7.50, SP05 profile.
Integration Flow Configuration
This component Filter with version 1.1 is not supported in SAP Process Orchestration 7.50, SP05 profile.
Filter Final message [CallAc
This component Content Modifier with version 1.4 is not supported in SAP Process Orchestration 7.50, SP05 profile.
Bundle Message [CallActivit
This component Process Direct Receiver with version 1.1 is not supported in SAP Process Orchestration 7.50, SP05 profile.
ProcessDirect [MessageFlo

Abbildung 6.6 Komponenteninkompatibilität

6.2 Transporteinstellungen

Auf dem Reiter **Transport** organisieren Sie die Verteilung von Inhalten über mehrere Tenants. Dadurch müssen Sie eine Integration nicht mehrmals entwickeln. Dies würde den Arbeitsaufwand und die Fehleranfälligkeit drastisch erhöhen. In diesem Abschnitt beschreibe ich nur die Konfigurationsmöglichkeiten für Transporte in den Einstellungen von SAP Cloud. Wie Sie Transporte ausführen, wird in Abschnitt 12.1, »Transport von Integrationen«, erläutert.

Zwei-System-Landschaften

Im Bereich von der SAP-Cloud-Lösungen ist die Zwei-System-Landschaft häufig vertreten. Das erste System wird zum Testen von entwickelten Integrationen verwendet, das zweite für die produktive Nutzung.

Transportmodus einstellen

Abbildung 6.7 zeigt den Reiter **Transport**. Hier können Sie im Feld **Transport Mode** den Transportmodus für den Transport von Inhalten einstellen. Sie haben folgende Möglichkeiten:

- **None**
  Im Transportmodus **None** steht die Transportauswahl für ein Paket nicht zur Verfügung. Sie können Pakete und auch einzelne Integrationen dennoch manuell herunterladen und im Zielsystem wieder hochladen.
- **CTS+ Direct**
  CTS+ steht für *Enhanced Change and Transport System*, ein On-Premise-Werkzeug zur Verteilung von Änderungen und Transporten in SAP-Systemen. Wählen Sie den Transportmodus **CTS+ Direct** für den Transport in On-Premise-Systeme, benötigen Sie für die Transporte den Cloud Connector (siehe Abschnitt 12.2, »Cloud Connector«).
- **MTAR Download**
  MTAR steht für *Multitarget Application Archive*. Der Download eines solchen Archivs stellt eine Möglichkeit dar, Pakete ins lokale Netz zu exportieren. Für diesen Vorgang müssen Sie eine Destination für das Zielsystem in der SAP BTP einrichten.
- **Transport Management Service**
  Der Service *SAP Cloud Transport Management* ist ein eigenständiger Service, der von SAP für die SAP BTP entwickelt wurde, um Inhalte zwischen Cloud-Anwendungen zu transportieren. Stellen Sie den Transportmodus **Transport Management Service** ein, um diesen Service zu nutzen. Wie Sie mit dem Service arbeiten, erfahren Sie in Abschnitt 12.1, »Transport von Integrationen«.

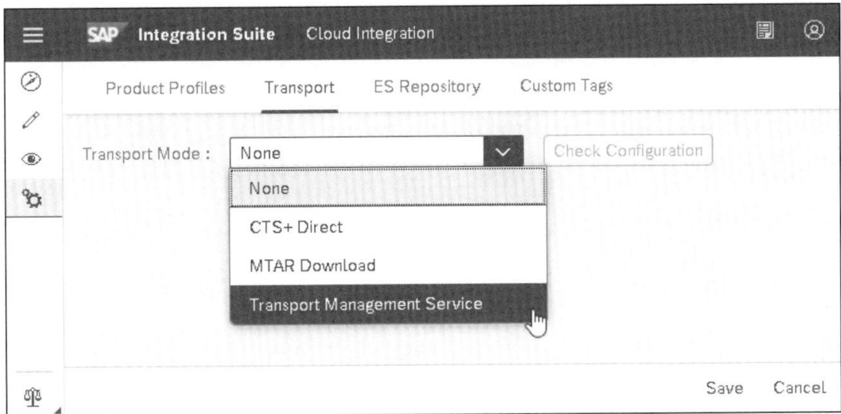

Abbildung 6.7 Transportmodus für Artefakte aus SAP Cloud Integration konfigurieren

Nachdem Sie den gewünschten Modus ausgewählt haben, speichern Sie Ihre Einstellung mit **Save**. Über die Schaltfläche **Check Configuration** können Sie prüfen, ob eine passende Destination vorhanden ist.

6.3 ES Repository

Services und Datentypen verwalten

Das *ES Repository* bietet Ihnen eine Möglichkeit, Services und Datentypen innerhalb Ihrer On-Premise-Landschaft zu verwalten und bei Bedarf aufzurufen. Zusätzlich gibt es Design- und Modellierungswerkzeuge, die Ihnen dabei helfen, Enterprise Services aufzubauen.

Für die SAP Cloud Integration kann das ES Repository genutzt werden, um Nachrichten-Mappings (Komponente **Message Mapping**), Operationen-Mappings (Komponente **Operation Mappings**) oder WSDL-Strukturdateien (Web Service Description Language) bereitzustellen. Wie Sie solche Ressourcen einer Integration hinzufügen, haben Sie in Abschnitt 4.3.3, »Integration modellieren«, erfahren.

Bevor Sie ein ES Repository innerhalb Ihrer Integrationen nutzen können, müssen Sie es in den Einstellungen Ihres Cloud-Integration-Tenants konfigurieren. In Abbildung 6.8 sehen Sie die Einstellungsoptionen auf dem Reiter **ES Repository**. Die Eingabehinweise in den Eingabefeldern werden Ihnen angezeigt, sobald Sie über die Schaltfläche **Edit** unten rechts in den Bearbeitungsmodus wechseln.

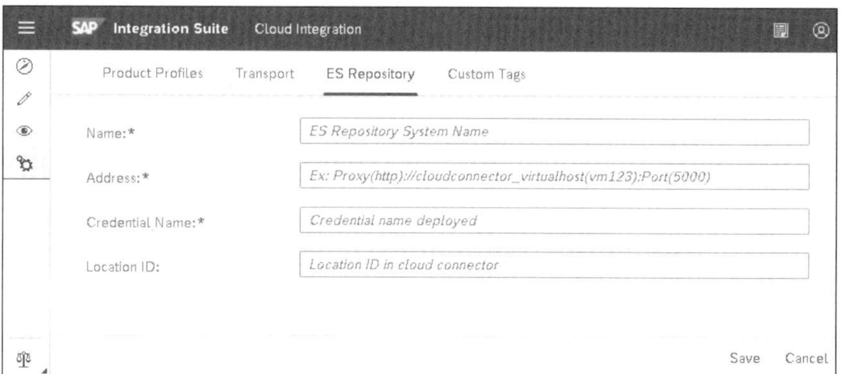

Abbildung 6.8 ES Repository konfigurieren

ES Repository anbinden

Bevor Sie mit der Konfiguration des ES Repository beginnen können, muss allerdings die Voraussetzung erfüllt sein, dass ein ES Repository innerhalb Ihrer Landschaft zur Verfügung steht. Da es sich bei einem ES Repository um eine On-Premise-Lösung handelt, benötigen Sie für den Verbindungsaufbau mit dem Repository den Cloud Connector. Der Cloud Connector leitet die Daten aus SAP Cloud Integration durch einen sicheren Tunnel in Ihre On-Premise-Landschaft. Abbildung 6.9 veranschaulicht die Positionierung des Cloud Connectors zwischen den Cloud-Lösungen und einer On-Premise-Landschaft. Während der Cloud-Integration-Service auf der SAP BTP in der Cloud bereitgestellt wird, müssen der Cloud Connector und das ES Repository im lokalen Netzwerk Ihres Unternehmens installiert sein. Wie Sie den Cloud Connector einrichten, erfahren Sie in Abschnitt 12.2, »Cloud Connector«.

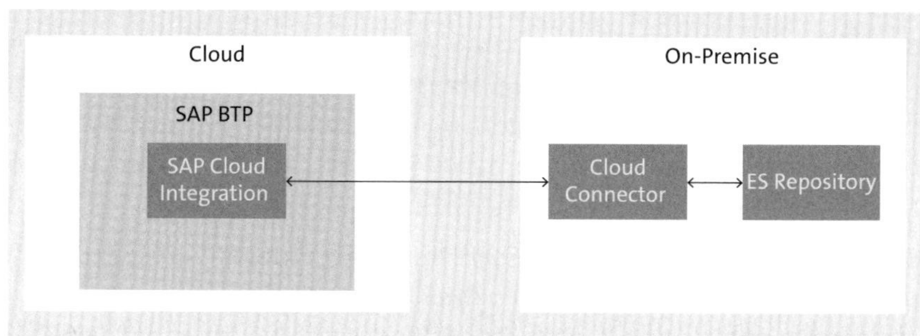

Abbildung 6.9 Systemlandschaft mit einem angebundenen ES Repository

In den Einstellungen des Cloud Connectors wird die Adresse für das ES Repositorys konfiguriert. Diese geben Sie in den Einstellungen Ihres Cloud-Integration-Tenants auf dem Reiter **ES Repository** in das Feld **Address** ein. Der Cloud Connector bestimmt auch die **Location ID**.

Credential anlegen

In das Feld **Credential Name** tragen Sie den Namen der Zugriffsberechtigung ein, die Sie für das ES Repository hinterlegt haben. Haben Sie noch kein User Credential für das ES Repository eingerichtet, wechseln Sie in den Bereich **Monitor** von SAP Cloud Integration. Wählen Sie auf der Startseite des Bereichs die Kachel **Security Material** in der Kategorie **Manage Security**. Hier können Sie die Zugangsdaten zum ES Repository hinterlegen. Klicken Sie auf die Schaltfläche **Create**, um ein neues User Credential anzulegen, und füllen Sie alle Pflichtfelder im Anlagedialog wie in Abschnitt 5.4.1, »Zugangsdaten anlegen und verwalten«, beschrieben (siehe Abbildung 6.10). Den Wert im Feld **Name** tragen Sie im Anschluss in den Einstellungen des Cloud-Integration-Tenants auf dem Reiter **ES Repository** im Feld **Credential Name** ein.

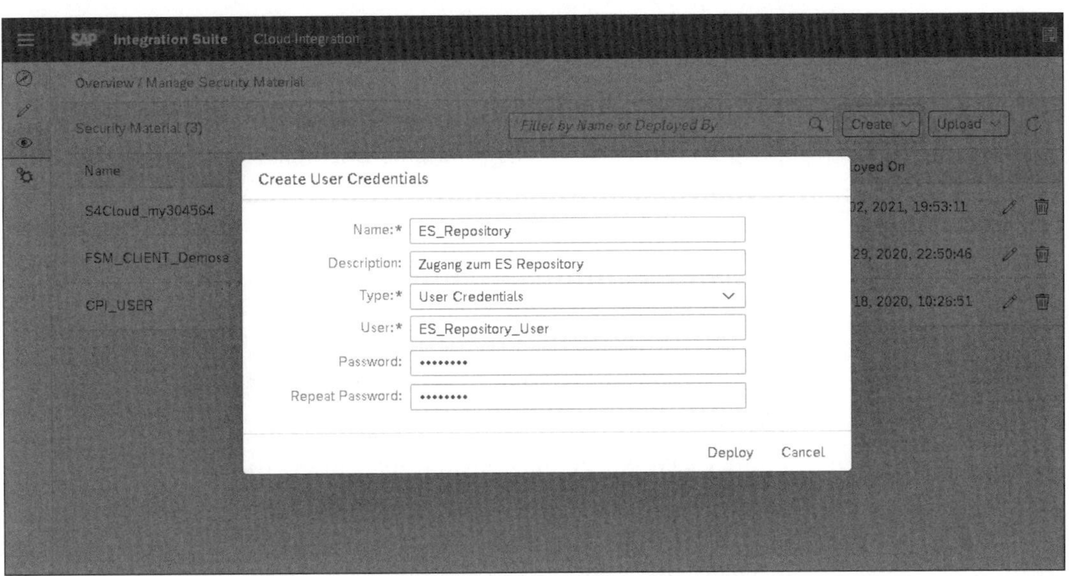

Abbildung 6.10 User Credential für das ES Repository in der Anwendung »Manage Security Material«

Ressourcen hinzufügen

Nachdem Sie die Zugangsdaten für das ES Repository in den Einstellungen Ihres Cloud-Integration-Tenants gepflegt haben, können Sie in Ihren Integrationen die folgenden Ressourcen über das ES Repository hinzufügen:

- **Message Mapping** (Kategorie **Mapping**)
- **Operation Mapping** (Kategorie **Mapping**)
- **WSDL** (Kategorie **Schema**)

Nachdem Sie Ihre Integration geöffnet haben, klicken Sie dazu auf den weißen Hintergrund des grafischen Editors, um die Komponente oder den Prozess abzuwählen, der gerade aktiv ist.

1. Wählen Sie im Anschluss den Reiter **Resources**. Klicken Sie auf die Schaltfläche **Add**, um eine Ressource hinzuzufügen (siehe Abbildung 6.11).

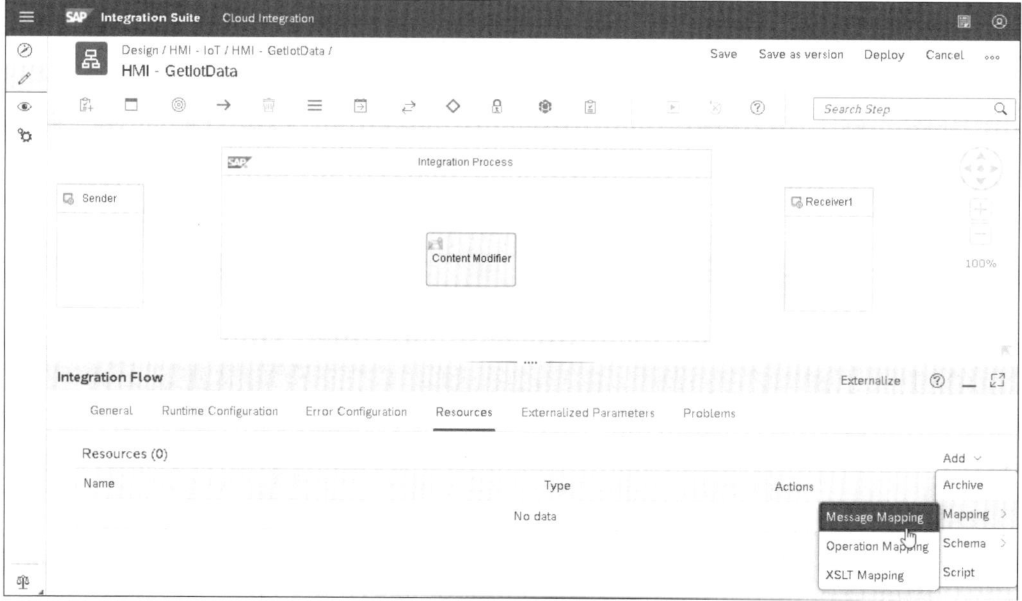

Abbildung 6.11 Eine neue Message-Mapping-Ressource in den Integration-Flow-Einstellungen hinzufügen

2. Wählen Sie eine der drei genannten Ressourcenkategorien aus, z. B. **Message Mapping**.
3. Es öffnet sich ein Pop-up-Fenster, in dem Sie in der Drop-down-Liste **Source** den Wert **ES Repository** als Quelle der Ressource auswählen.
4. Geben Sie als Nächstes den Namen und die Adresse des Repositorys ein, und klicken Sie auf **Connect** (siehe Abbildung 6.12).

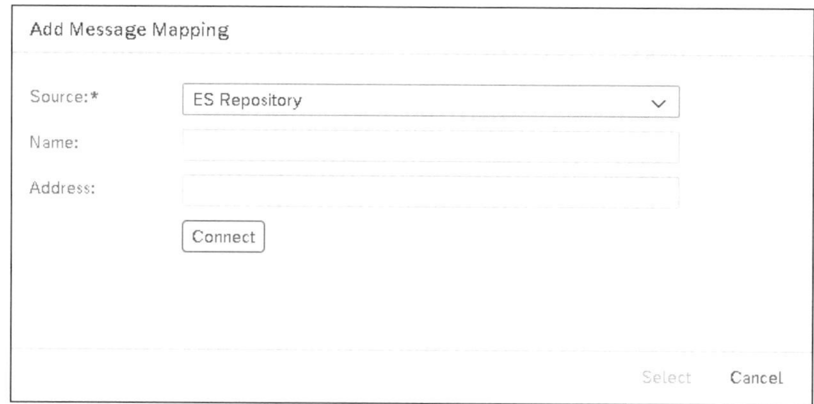

Abbildung 6.12 Message Mapping aus einem ES Repository hinzufügen

5. Im Anschluss öffnet sich eine Liste mit allen verfügbaren Einträgen der ausgewählten Ressource. Wählen Sie den gewünschten Eintrag aus, und klicken Sie auf **Select**.
6. In einem weiteren Pop-up-Fenster bekommen Sie eine Übersicht über die ausgewählten Ressourcen. Sie können die Auswahl mit **Add** bestätigen.
7. Nun finden Sie die Ressource auf Ihrem Reiter **Resources** vor und können diese der passenden Komponente zuweisen.

6.4 Custom Tags

Custom Tags können angelegt werden, um während der Erstellung eines Integrationspakets zusätzliche Informationen zu hinterlegen. Dies kann sinnvoll sein, wenn Sie mit mehreren Entwicklern oder auch über mehrere Bereiche Ihres Unternehmens hinweg an Integrationen arbeiten. Durch die Tags kann beispielsweise sichergestellt werden, dass die Person, die eine Integration erstellt, ihren Namen einträgt. Die Tags können als optionale oder als Pflichtfelder definiert werden.

Custom Tag anlegen

Um ein neues Tag anzulegen, gehen Sie wie folgt vor:

1. Klicken Sie auf den Reiter **Custom Tags** unten rechts auf die Schaltfläche **Edit**. Sie gelangen in den Bearbeitungsmodus. Anstelle der Schaltfläche **Edit** werden nun die Schaltfläche **Save**, mit der Sie Ihre Einstellungen speichern, und die Schaltfläche **Cancel**, mit der Sie den Bearbeitungsvorgang abbrechen können, angezeigt.
2. Klicken Sie auf die Schaltfläche **Add**. In Ihrer Custom-Tag-Liste wird daraufhin ein neuer Eintrag hinzugefügt (siehe Abbildung 6.13).
3. In das Feld **Name** müssen Sie einen Namen für das Tag eintragen. Bei Bedarf können Sie das neue Tag mit der Checkbox **Mandatory** zu einem Pflichtfeld deklarieren.
4. Klicken Sie auf das Löschen-Symbol (🗑), wird das Tag entfernt.
5. Das Feld **Permitted Values** ist für jedes Tag optional und erlaubt Ihnen, vordefinierte Werte für das Tag anzulegen. Sie können einen Wert in das Feld schreiben und mit der [↵]-Taste bestätigen. Sie können auch mehrere Werte anlegen und einzelne über das blaue X-Symbol rechts im Tag löschen.

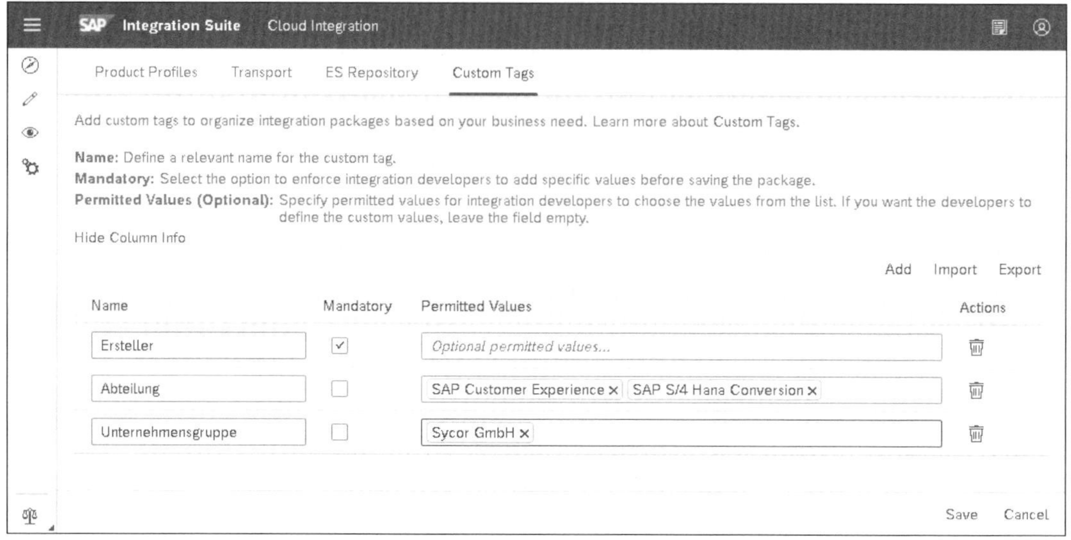

Abbildung 6.13 Custom Tags konfigurieren

Pflichtfelder

Wenn Pflichtfelder vorhanden sind, müssen diese bei der Anlage eines Pakets gefüllt werden. Ansonsten kann das Paket nicht gespeichert werden. Wenn ein Paket vor der Erstellung des Custom Tags angelegt wurde, müssen bei der nächsten Paketbearbeitung alle Pflichtfelder nachgetragen werden. Nachdem die Custom Tags angelegt und gespeichert wurden, können deren Namen nicht mehr geändert werden. Sie können nur noch entscheiden, ob Tags Pflichtfelder sind oder nicht.

Tag löschen

Wenn ein einzelnes Tag gelöscht wird, wird dies ebenso wie die eingetragenen Werte im Paket nur ausgeblendet. Dadurch kann es bei Bedarf zu einem späteren Zeitpunkt wiederhergestellt werden. Löschen Sie allerdings alle Tags, werden diese auch aus den Paketen entfernt.

Eingetragene Tags

Abbildung 6.14 zeigt Ihnen, wie die zuvor erstellten Tags in der **Design**-Sicht in einem Paket auf den Reiter **Tags** abgefragt werden. Die Person, die das Paket erstellt, muss hier entsprechende Felder im Bearbeitungsmodus (Schaltfläche **Edit**) mit Werten füllen und die Einträge speichern. Wird die Anmerkung **No Tags Available** oben auf dem Reiter **Tags** angezeigt, bedeutet dies, dass keine von SAP vordefinierten Tags ausgewählt wurden.

Auswahl vordefinierter Tags

Wenn Sie in den Bearbeitungsmodus wechseln und die Tags mit **Permitted Values** auswählen, öffnet sich ein Pop-up-Fenster mit allen vordefinierten Werten (siehe Abbildung 6.15).

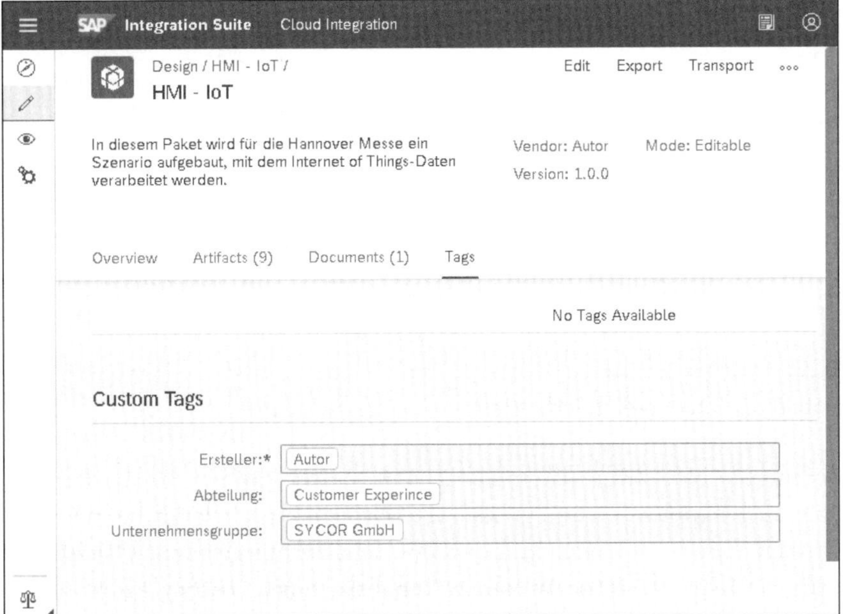

Abbildung 6.14 Eingetragene Custom Tags für ein Paket

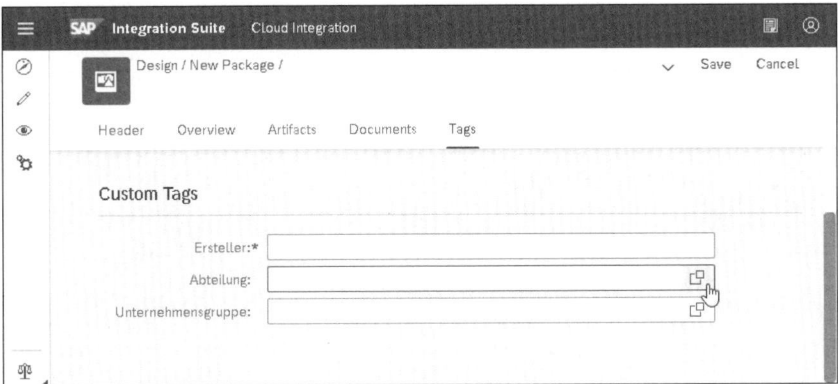

Abbildung 6.15 Custom Tag mit vordefinierten Werten

Eine Mehrfachauswahl ist möglich (siehe Abbildung 6.16). Nachdem Sie die gewünschten Werte markiert haben, bestätigen Sie die Auswahl mit **Add**. Freie Eingaben können Sie hier nicht tätigen.

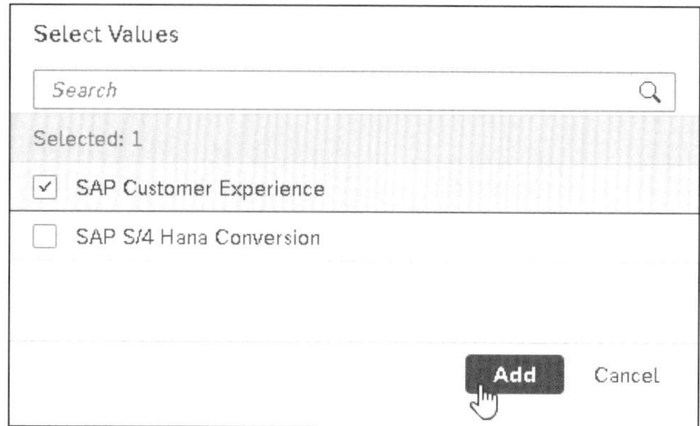

Abbildung 6.16 Vordefinierte Werte für ein Tag auswählen

Custom Tags importieren/exportieren

Sollten Sie eine Zwei-System-Landschaft haben, können Sie die Custom Tags auch exportieren und im Zielsystem wieder importieren. Beim Export wird eine **.json**-Datei erzeugt. Der Name der heruntergeladenen Datei baut sich wie folgt auf: **<Tenantname>_TenantSettings_CustomTags.json**. Listing 6.1 zeigt ein Beispiel mit zwei optionalen Feldern und einem Pflichtfeld. Die Custom Tags stehen nach dem Import im Zielsystem direkt zur Verfügung.

```
{
   "customTagsConfiguration": [
      {
         "tagName": "Ersteller",
         "isMandatory": true
      },
      {
         "tagName": "Abteilung",
         "isMandatory": false
      },
      {
         "tagName": "Unternehmensgruppe",
         "isMandatory": false
      }
   ]
}
```

Listing 6.1 Beispiel für den Inhalt eines Tag-Exports

API-An- und Abfragen

Neben der manuellen Eingabe und Überprüfung von Custom Tags über die Weboberfläche gibt es noch die Möglichkeit, Tags mithilfe von API-Anfragen zu bearbeiten. Im Folgenden stelle ich Ihnen die Anfragen zum Anzeigen und Anlegen von Custom Tags vor.

Custom Tags eines Pakets anzeigen

Zuerst lassen wir uns mit der HTTP-GET-Methode die Custom Tags eines Pakets ausgeben. Wählen Sie dazu ein Werkzeug, um HTTP-Anfragen zu versenden. Dafür können Sie beispielsweise Postman wählen, das ich in Kapitel 9, »Ergänzende Werkzeuge«, ausführlicher behandele. Wählen Sie in der Postman-Oberfläche die Methode GET, und tragen Sie folgende URL ein (siehe Abbildung 6.17):

https://<Tenantname>/api/v1/IntegrationPackages('<Paket-ID>')/CustomTags

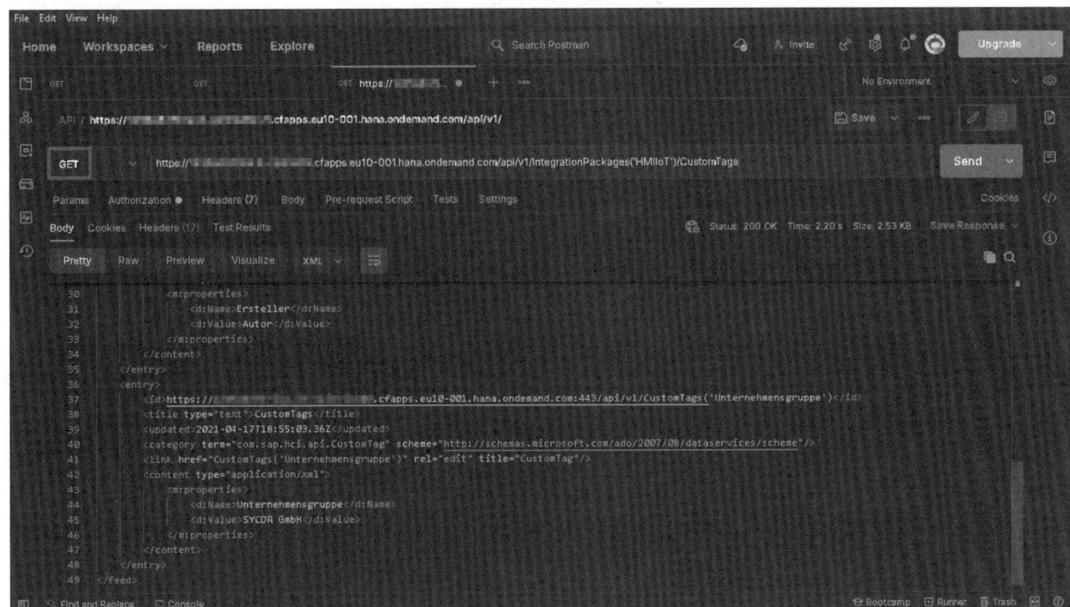

Abbildung 6.17 »GET«-Abfrage zur Anzeige von Custom Tags ausführen

Listing 6.2 zeigt einen Auszug eines Ergebnisses dieser Anfrage im XML-Format:

```
<entry>
        <id>https:// <Tenantname>/api/v1/CustomTags('Abteilung')</id>
        <title type="text">CustomTags</title>
        <updated>2020-10-18T13:16:27.418Z</updated>
        <category term="com.sap.hci.api.CustomTag" scheme="http://
           schemas.microsoft.com/ado/2007/08/dataservices/scheme"/>
        <link href="CustomTags('Abteilung')" rel="edit" title=
           "CustomTag"/>
        <content type="application/xml">
```

```
            <m:properties>
                <d:Name>Abteilung</d:Name>
                <d:Value></d:Value>
            </m:properties>
        </content>
    </entry>
```

Listing 6.2 Anzeige eines Custom Tags aus einem Paket (Auszug)

Der Auszug in Listing 6.2 gibt nur das Custom Tag »Abteilung« aus, das wir in Abbildung 6.13 hinzugefügt hatten. In unserem Beispiel wurden die Tags eines Pakets abgefragt, in dem wir den Wert für dieses Tag nicht gefüllt haben. In der Zeile `<d:Value></d:Value>` steht daher kein Wert.

Wert eines Custom Tags befüllen

Im nächsten Beispiel wollen wir das Füllen des Wertfelds mithilfe der HTTP-PUT-Methode nachholen. Wählen Sie dazu die Methode PUT, und tragen Sie folgende URL ein:

https://<Tenantname>/api/v1/IntegrationPackages('<Paket-ID>')/$links/CustomTags('Abteilung')

Bevor Sie die Nachricht versenden können, benötigten Sie ein Token, das Sie ebenfalls über eine GET-Anfrage abrufen. Das Token erhalten Sie, wenn Sie in der GET-Anfrage die folgende Header-Variable mitgeben:

```
X-CSRF-Token: fetch
```

Zusätzlich müssen Sie noch die folgenden Header-Informationen mitgeben:

```
X-CSRF-Token: <Token>
Content-Type: application/json
```

Übergeben Sie folgende JSON-Daten in den Body Ihrer Postman-Anfrage:

```
{
  "Value": "SAP Customer Experience"
}
```

Wenn Sie für Ihre Tags vordefinierte Werte konfiguriert haben, müssen diese exakt mitgegeben werden. Sollte dies nicht der Fall sein, erhalten Sie die folgende Fehlermeldung:

> *»›Customer Experience‹ is not a permitted value for Custom Tag ›Abteilung‹.«*

Nachdem Sie eine gültige Anfrage abgeschickt haben, erhalten Sie den Statuscode »202 Accepted« (siehe Abbildung 6.18).

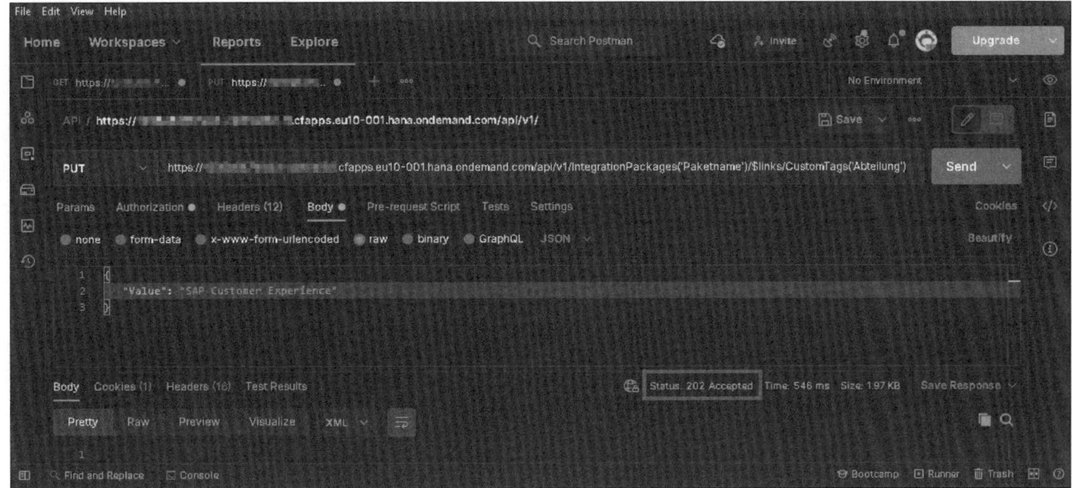

Abbildung 6.18 Erfolgreich über eine PUT-Nachricht gefülltes Tag

API-Aufruf

Auch die Tag-Verwaltung innerhalb Ihres Cloud-Integration-Tenants können Sie über APIs realisieren. Wie Sie weitere mögliche API-An- und Abfragen über SAP Cloud Integration behandeln, erfahren Sie in Abschnitt 12.3, »API-Zugriff auf SAP Cloud Integration«.

6.5 Zusammenfassung

In diesem Kapitel haben Sie die verschiedenen Einstellungsmöglichkeiten für Ihren Cloud-Integration-Tenant im Bereich **Settings** kennengelernt. Sie haben sich mit den unterschiedlichen Produktprofilen auseinandergesetzt und wissen, wie Sie diese in Ihren Integrationen nutzen können. Außerdem haben Sie sich die Transporteinstellungen angesehen und gelernt, wie Sie ein ES Repository anbinden und auf Ressourcen auf diesem Repository zugreifen.

Zum Abschluss dieses Kapitels haben Sie den Umgang mit Custom Tags erlernt und erfahren, wie Sie auf deren Basis Ihre Paketeigenschaften um zusätzliche Eingabefelder erweitern. Einige dieser Felder sind Pflichtfelder und müssen bei der Erstellung eines Pakets ausgefüllt oder bei einer späteren Bearbeitung nachgetragen werden.

Kapitel 7
Komponenten und Adapter

In den vorangehenden Kapiteln habe ich bereits einzelne Komponenten und Adapter genannt, mit denen Sie Nachrichten empfangen und senden sowie innerhalb Ihres Szenarios bearbeiten können. In diesem Kapitel gehe ich auf diese Elemente im Detail ein.

In Abschnitt 7.1, »Integrationskomponenten«, lernen Sie die Komponenten zur Nachrichtenverarbeitung kennen. Sie sind in Kategorien eingeteilt, die Sie im Kopfbereich der **Design**-Oberfläche von SAP Cloud Integration finden. Hier können Sie die einzelnen Komponenten auswählen und in Ihre Integration Flows einfügen.

Im Anschluss stelle ich Ihnen in Abschnitt 7.2, »Adapter«, die verschiedenen Adapter vor, über die in Ihrem Integrationsszenario Nachrichten empfangen und auch versendet werden können.

7.1 Integrationskomponenten

In diesem Abschnitt beschreibe ich die einzelnen Komponenten, die Ihnen in SAP Cloud Integration zur Entwicklung von Integrationen zur Verfügung stehen. Deren Sortierung in den folgenden Abschnitten orientiert sich an den Kategorien, die Sie im Menü oben im **Design**-Bereich finden.

Name einer Komponente

Nach Auswahl einer Komponente über das Menü werden Ihnen im unteren Arbeitsbereich verschiedene Reiter angezeigt, über die Sie Einstellungen zu dieser Komponente vornehmen können. Für jede Komponente gibt es einen Reiter **General**, der nur der Vergabe eines spezifischen Namens dient. Nach Möglichkeit sollten Sie für jede Komponente, die Sie während des Aufbaus einer Integration verwenden, einen aussagekräftigen Namen wählen, der deren Rolle innerhalb Ihres Integrationsszenarios erkennen lässt. Das hilft Ihnen bei der späteren Bearbeitung Ihrer Integration und beim Debugging. Auf Letzteres komme ich in Abschnitt 11.2, »Debugging und Tracing«, zurück. In Kapitel 10, »Design Guidelines zur Anwendung der Komponenten«, zeige ich das Wirken einzelner Komponenten anhand von Beispielszenarien.

7.1.1 Integrationsteilnehmer

Sender

In der Kategorie **Participant** stehen die beiden Integrationsteilnehmer *Sender* und *Receiver* zur Verfügung (siehe Abbildung 7.1).

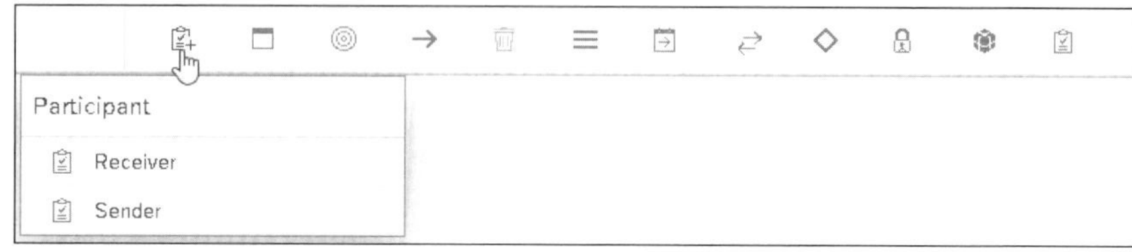

Abbildung 7.1 Kategorie »Participant« mit den zugehörigen Komponenten

Der Sender repräsentiert den Daten sendenden Teilnehmer. Dies kann beispielsweise ein SAP-S/4HANA-System, ein IoT-Gerät (Internet of Things) oder eine einfache HTTP-Anfrage eines beliebigen Clients sein.

Sie können einen, mehrere oder auch keinen Sender in Ihrer Integration einsetzen. Wählen Sie dazu die Komponente **Sender** im Menü aus und ziehen Sie diese per Drag-and-drop in den grafischen Modellierungsbereich Ihres Integration Flows. Wenn Sie im Anschluss die Komponente **Sender** im Modellierungsbereich ausgewählt haben, erscheint neben der Komponente ein Kontextmenü. Wählen Sie dort das Konnektor-Symbol (→), und ziehen Sie mit gehaltener Maustaste eine Verbindung zum Start Message Event (siehe Abbildung 7.2).

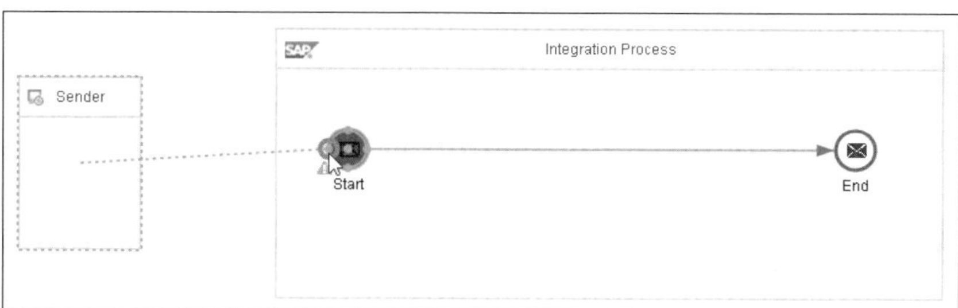

Abbildung 7.2 Die Sender-Komponente über einen Konnektor mit einem Start Message Event verbinden

Der erfolgreich verbundene Adapter wird durch eine gestrichelte Linie dargestellt. Die Adapter, die zwischen der Sender-Komponente und dem Start Message Event stehen, unterscheiden sich von den Adaptern, die zwischen einem End Event und dem Receiver, d. h. dem Empfänger der Daten, stehen. Der Unterschied besteht zum einen in den zur Konfiguration zur Verfügung stehenden Feldern (beispielsweise benötigen Receiver-Adapter ein Autorisierungsfeld) und zum anderen in den zur Verfügung stehenden Adapter-

Arten. Ein Twitter-Adapter steht beispielsweise nur für Receiver-Komponenten zur Verfügung.

Receiver

Die Komponente **Receiver** stellt das Empfängersystem im Integration Flow dar. Wie bei der Sender-Komponente dürfen Sie auch hier einen, mehrere oder gar keinen Receiver in Ihrer Integration verwenden. Der Receiver wird von einem Adapter mit einem End Event verbunden.

Namensschema

Namenskonventionen für die Sender- und die Receiver-Komponente orientieren sich an dem XML-Schema `NCName`, das für einen nicht kolonisierten Namen steht und mit dessen Hilfe Regeln für Namen definiert werden können. Folgende Regeln müssen Sie bei der Vergabe des Namens beachten:

- Zahlen sind erlaubt, außer an erster Stelle (z. B.: `S3nd3r4`).
- Unterstriche sind erlaubt (z. B.: `_Sender_`).
- Groß- und Kleinschreibung sind erlaubt (z. B.: `sEnDeR`).
- Minuszeichen sind erlaubt, außer an erster Stelle (z. B.: `Sender-`).
- Sonderzeichen sind bis auf wenige Ausnahmen verboten.

In Abbildung 7.3 sehen Sie eine Sender- und eine Receiver-Komponente, für die benutzerdefinierte Namen vergeben wurden. Sie sind über HTTPS-Adapter mit dem Integration Process verbunden.

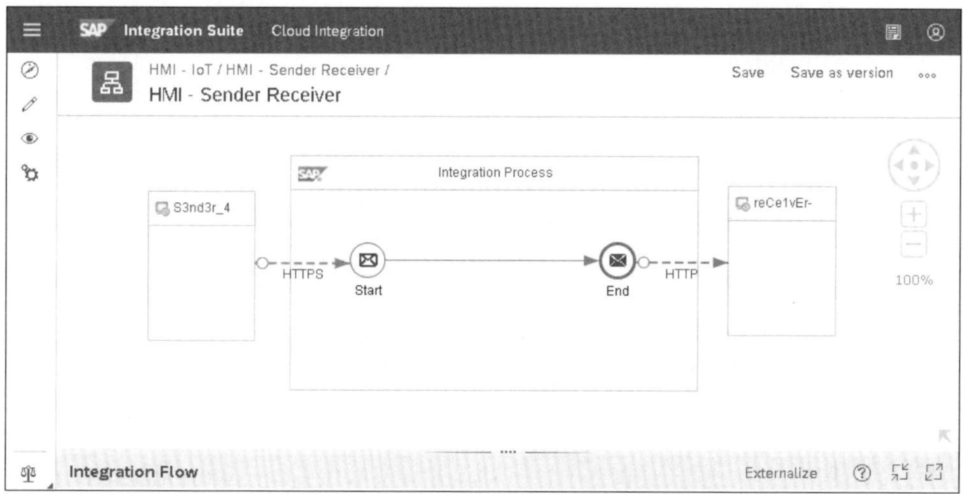

Abbildung 7.3 Sender und Receiver mit benutzerdefinierten Namen

7.1.2 Prozesse

Die Kategorie **Process** stellt Container zur Organisation Ihrer Integration zur Verfügung. Jeder Prozess startet und endet mit einem Event. Dieses Event kann zeit- oder nachrichtengesteuert sein.

Arten von Prozessen Es gibt drei Ausprägungen von Prozessen:

- Integrationsprozesse (Komponente **Integration Process**)
- Lokale Integrationsprozesse (Komponente **Local Integration Process**)
- Teilprozesse für Ausnahmen (Kategorie **Exception Subprocess**)

Integration Process Die Komponente **Integration Process** ist der Hauptbestandteil Ihrer Integration. Sie repräsentiert die Abläufe und Prozesse in Ihrem Cloud-Integration-Tenant. Sie können in einer Integration nur eine Integration-Process-Komponente verwenden.

Sie haben folgende Einstellungsmöglichkeiten auf dem Reiter **Processing**:

- **Transaction Handling**
  Mit der Einstellung im Feld **Transaction Handling** stellen Sie sicher, dass während eines Nachrichtendurchlaufs alle Daten in einem Speicher persistent bleiben (siehe Abbildung 7.4). Sollte während einer Nachrichtenverarbeitung mit Zugriff auf einen Datenspeicher ein Fehler auftreten, werden nach dem Abbruch des Nachrichtendurchlaufs alle Änderungen am Speicher zurückgenommen. Über die Drop-down-Liste legen Sie das Transaktions-Handling für den gesamten Prozess fest. Zur Auswahl stehen Ihnen die Datenhaltungstechnologien **Required for JDBC** (Java Database Connectivity) und **Required for JMS** (Java Message Service). Es kann mit Datenbanken oder mit einer Nachrichtenwarteschlange gearbeitet werden.

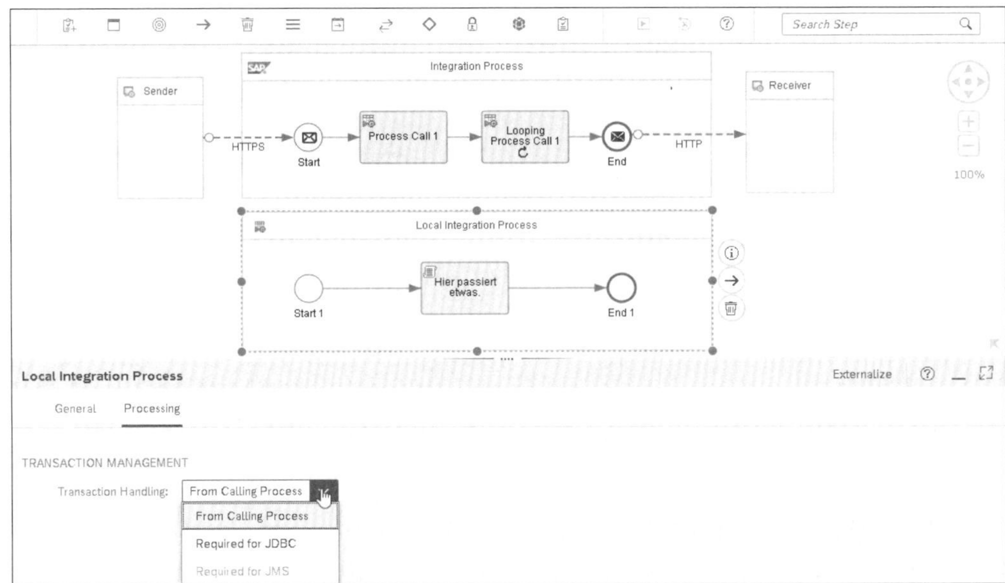

Abbildung 7.4 Reiter »Processing« zur Konfiguration der Komponente »Local Integration Process«

- **Timeout (in min)**
  Die Einstellung im Feld **Timeout** bezieht sich auf das zuvor definierte Transaktions-Handling. Das Feld wird erst angezeigt, wenn Sie die Option **Required for JDBC** oder **Required for JMS** ausgewählt haben. Sie definieren im Feld **Timeout** die Anzahl der Minuten, bis es zu einem Timeout-Fehler kommt, der den Nachrichtenfluss abbricht.

Local Integration Process

Mit der Komponente **Local Integration Process** können Sie die Komponente **Integration Process** erweitern und strukturieren. Sie können innerhalb einer Integration mehrere lokale Integrationsprozesse nutzen. Voraussetzung dafür ist, dass Sie entweder die Komponente **Process Call** oder die Komponente **Looping Process Call** in der Kategorie **Local Call** zum Aufruf eines Teilprozesses ausgewählt haben (siehe Abschnitt 7.1.7, »Prozess- und Systemaufrufe«). In Abbildung 7.4 wurde ein **Local Integration Process** eingebaut. Nach dessen Auswahl im grafischen Modell können Sie das Transaktions-Handling für diesen lokalen Prozess separat auf dem Reiter **Processing** konfigurieren. Jeder Prozess hat also sein eigenes Transaktions-Handling.

Exception Subprocess

Die Komponente **Exception Subprocess** ist ähnlich wie die Komponente **Local Integration Process** eine Möglichkeit der Prozessausgliederung. Sie kommt zum Tragen, wenn in einem Integrationsprozess oder einem lokalen Integrationsprozess ein Fehler auftritt. Die Integration springt dann automatisch in den Ausnahmeprozess, in dem Sie auf den Fehler reagieren können.

Der Ausnahmeprozess kann wie die anderen Prozesse ebenfalls wieder einen lokalen Integrationsprozess aufrufen, und dieser wiederum kann im Falle eines Fehlers einen weiteren Ausnahmeprozess auslösen. Neben dem automatischen Auslösen des Ausnahmeprozesses bei einem Fehler besteht ein weiterer Unterschied zum Integrationsprozess und lokalen Integrationsprozess darin, dass sich die Komponente **Exception Subprocess** jeweils in dem Prozess befinden muss, von dem sie ausgelöst werden soll. In Abbildung 7.5 sehen Sie einen Integrationsaufbau mit einem Ausnahmeprozess.

Beispielszenario

In dem Beispiel in Listing 7.4 werden Daten von der Komponente **Sender** an den Integrationsprozess geschickt. Die Komponente **Script** (im grafischen Modell des Integration Flows an dem Skript-Symbol zu erkennen) versucht, die eingehenden Daten zu verarbeiten, scheitert jedoch daran und gibt daher einen Fehler aus. Damit der Integration Flow nicht sofort abgebrochen wird, wird der Ausnahmeprozess ausgelöst. Darin wird mit einer weiteren Komponente **Script** auf den Fehler reagiert. Es kann zum Beispiel ein Fehlertext erstellt werden, der den Sender über das Problem informiert oder den Integrationssupport bei der Fehleranalyse unterstützt.

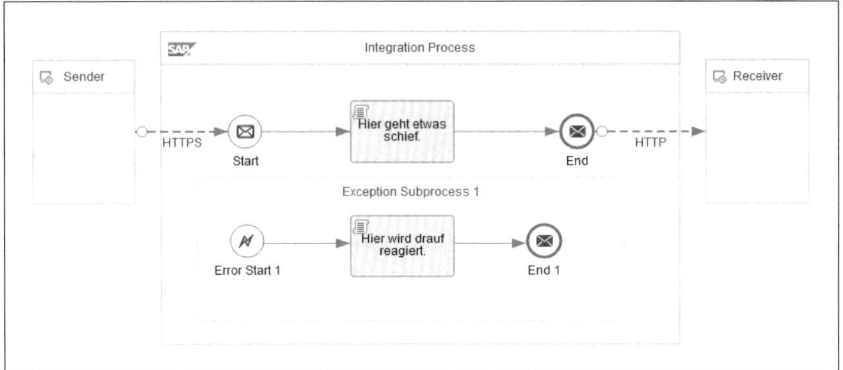

Abbildung 7.5 Komponente »Exception Subprocess« innerhalb eines Integrationsprozesses

Auf die Komponente **Script** gehe ich in Abschnitt 7.1.6, »Transformationen«, ausführlicher ein.

Aufbau des Ausnahmeprozesses

Der Ausnahmeprozess beginnt mit einem **Error Start**-Event und endet entweder mit einem **End Message**-Event, einem **Error End**-Event oder einem **Escalation End**-Event. Diese verschiedenen Arten von Events erläutere ich im folgenden Abschnitt.

7.1.3 Events

Arten von Events

Events markieren den Anfang und das Ende eines Prozesses. Sie können auf weitere Ereignisse wie externe oder interne Aufrufe, festgelegte Zeiten oder Fehler innerhalb einer Integration regieren. Fehler können durch ein Problem oder durch von Ihnen festgelegte Abfragen ausgelöst werden. Abbildung 7.38 zeigt Ihnen alle in SAP Cloud Integration zur Verfügung stehenden Event-Typen:

- Start Event (○)
- End Event (○)
- Start Timer Event (◷)
- Start Message Event (✉)
- End Message Event (✉)
- Escalation Event (Ⓐ)
- Error Start Event (ϟ)
- Error End Event (ϟ)
- Terminate Message Event (●)

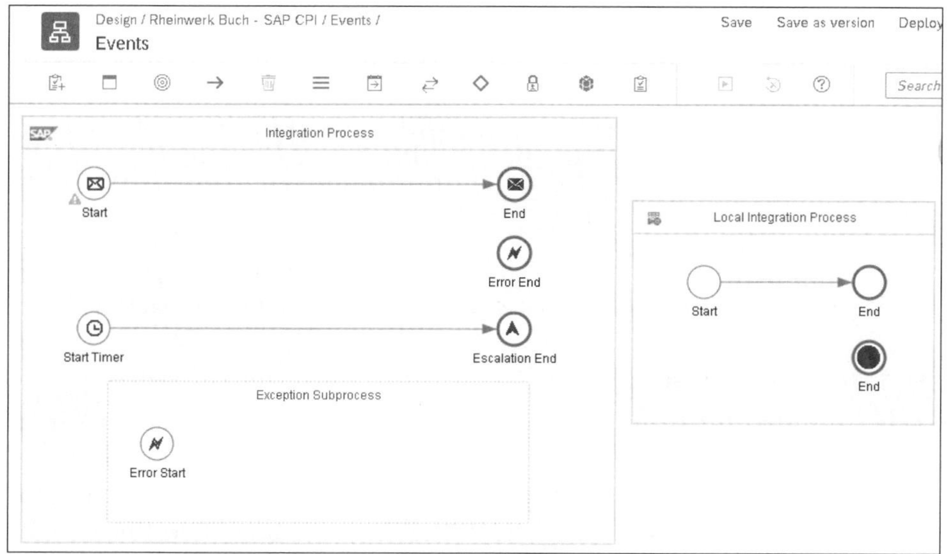

Abbildung 7.6 Event-Typen in SAP Cloud Integration

Start Message und End Message

Message Events

Die Events der Kategorie *Message Events* (**Start Message Event** und **End Message Event**) kommen zum Tragen, wenn Nachrichten von einem anderen System an SAP Cloud Integration oder von SAP Cloud Integration an ein System gesendet werden. SAP Cloud Integration kann sich auch selbst Nachrichten schicken.

Bei der Erstellung einer neuen Integration werden diese Events als Standard-Events automatisch generiert. Es stehen keine Einstellungsmöglichkeiten für diese Events zur Verfügung. Damit Sie mit einem Event Nachrichten empfangen oder senden können, benötigen Sie einen oder mehrere Sender- und Receiver-Komponenten, die über Adapter verbunden werden. Die Adapter werden in Abschnitt 7.2, »Adapter«, noch genauer erläutert.

Das **End Message Event** benötigt nicht zwingend einen Receiver. Wenn dieser fehlt und eine Nachricht das **End Message Event** erreicht, wird der Nachrichteninhalt zu diesem Zeitpunkt als Rückgabewert an den Sender zurückgeschickt.

Abbildung 7.7 zeigt den Standardaufbau einer Integration mit einem Content Modifier (siehe Abschnitt 7.1.6, »Transformationen«) namens **Nachricht bearbeiten** und zwei Message Events (**Start Message** und **End Message**).

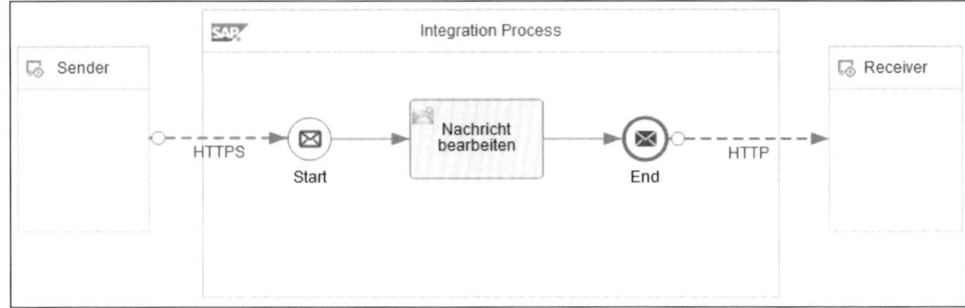

Abbildung 7.7 Standardaufbau eines Integration Flows mit Message Events

Start Timer Event

Das **Start Timer**-Event ist die Komponente, die Sie nutzen, wenn Sie Ihre Integration zeitbasiert starten möchten. Dieses Event benötigt zum Starten keine Komponente **Sender** und kann in einer Integration nur einmal verwendet werden. Wenn Sie dennoch versuchen, mehrere **Start Timer**-Events zu verwenden, erhalten Sie folgende Nachricht:

> *»ERROR: Multiple 'Start Events' not allowed within an Integration Process pool.«*

Einplanungsvarianten

Nachdem Sie ein **Start Timer**-Event in Ihren Integration Flow eingefügt und ausgewählt haben, bietet Ihnen der Reiter **Scheduler** drei Auswahlmöglichkeiten für die zeitliche Steuerung:

- **Run Once**
  Die Auswahl **Run Once** startet die Integration einmalig direkt nach dem erfolgreichen Deployment.
- **Schedule on Day**
  Die Einstellung **Schedule on Day** erlaubt die Ausführung an einem bestimmten Tag im Jahr. Zusätzlich haben Sie die Auswahl, die Integration einmalig zu einer bestimmten Uhrzeit, in einem regelmäßigen Intervall (zwischen einer Sekunde und zwölf Stunden) oder zwischen zwei Uhrzeiten zu starten. Des Weiteren können Sie eine für Sie passende Zeitzone auswählen. Abbildung 7.8 zeigt die Einstellungsmöglichkeiten bei der Auswahl **Schedule on Day**. In diesem Beispiel soll die Integration einmalig am 11. September 2020 um 9:59 Uhr morgens ausgeführt werden.
- **Schedule to Recur**
  Mit der Auswahl **Schedule to Recur** können Sie Ihre Integration regelmäßig ausführen lassen. Dabei haben Sie die Wahl zwischen einer täglichen, wöchentlichen oder monatlichen Ausführung. Zusätzlich können Sie entscheiden, ob die Integration zu einer definierten Uhrzeit oder in regelmäßigen Abständen (zwischen einer Sekunde und 12 Stunden) in einem

Zeitraum zwischen 00:00 und 24:00 starten soll. Wie bei der Option **Schedule on Day** können Sie auch hier eine Zeitzone definieren.

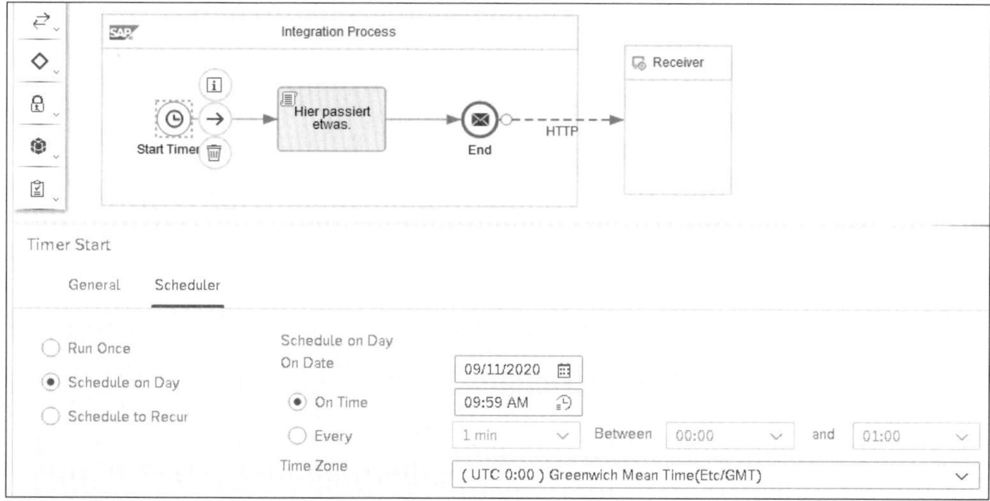

Abbildung 7.8 Einplanungsmöglichkeiten im Start Timer Event

Wenn die im **Start Timer**-Event eingestellte Zeit in der Vergangenheit liegt, wird das als Problem von der SAP Cloud Integration erkannt und mit dem Hinweis, dass der Zeitpunkt abgelaufen ist, rot markiert.

Neustart einer Integration

Start Timer-Events mit der Konfiguration **Run Once** können nach der ersten Ausführung nur durch ein erneutes Deployment gestartet werden. Neustarts über die Restart-Funktion im Monitoring (siehe Abschnitt 5.3, »Veröffentlichte Artefakte überwachen«) haben keine Auswirkung auf Integration Flows mit einem Timer Event.

Wiederholungsabstände

Sollten Sie bei den Wiederholungen einen anderen zeitlichen Abstand einstellen wollen als von der SAP Cloud Integration vorgesehen, müssen Sie einen Workaround bauen. Diesen können Sie zum Beispiel mit einer Skript- und einer Router-Komponente realisieren, indem Sie ein kürzeres Intervall auswählen und die nicht benötigten Durchläufe herausfiltern. Abbildung 7.9 zeigt ein Beispiel für einen derartigen Integrationsaufbau. Dabei wird das Timer Event auf eine Sekunde gestellt und jeder zweite Durchlauf durch die Skript-Komponente gefiltert, indem über eine Zeitabfrage eine Header-Variable `intervallOk` auf den Wert `yes` oder `no` gesetzt wird. Dies wird von der Router-Komponente geprüft. Auf die Skript- und Router-Komponenten gehe ich in Abschnitt 7.1.6, »Transformationen«, und 7.1.8, »Routing«, genauer ein.

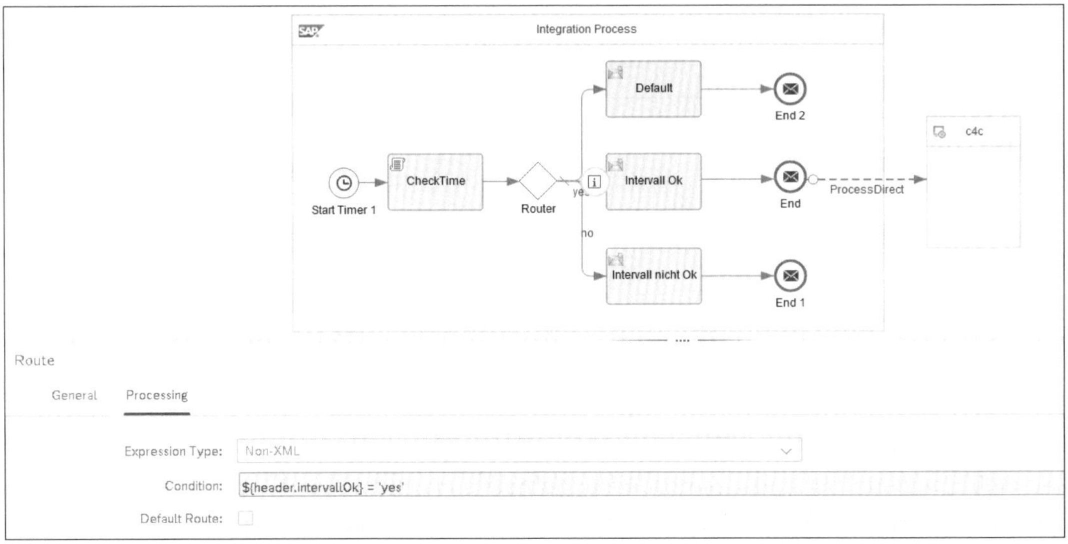

Abbildung 7.9 Intervalloptimierung beim Neustart durch ein »Start Timer«-Event

Mehrere Nachrichten

Wenn Ihr Tenant mehrere Arbeitsknoten (Worker-Nodes) hat, kommt es beim **Start Timer**-Event vor, dass SAP Cloud Integration mehrere Nachrichten im Monitoring anzeigt. Ein Worker-Node führt dann die Integration tatsächlich aus, während die anderen Worker-Nodes ihren Vorgang mit dem Status **Discarded** abbrechen.

Wenn Sie eine Integration mit einem **Start Timer**-Event periodisch starten und ein Durchlauf länger dauert als bis zum nächsten Startzeitpunkt, werden alle weiteren Durchläufe bis zum Abschluss des Integrationsdurchlaufs übersprungen.

Start Event und End Event

Beginn und Ende von Integrationsprozessen

Das **Start**-Event kommt bei der Komponente **Local Integration Process** zum Einsatz und stellt den Beginn eines Integration Flows dar. Das **End**-Event schließt den lokalen Integrationsprozess ab. Es kann auch im Hauptprozess verwendet werden. Für beide Event-Typen stehen keine Konfigurationsmöglichkeiten zur Verfügung. Die grafische Darstellung dieser Event-Typen sehen Sie in Abbildung 7.10.

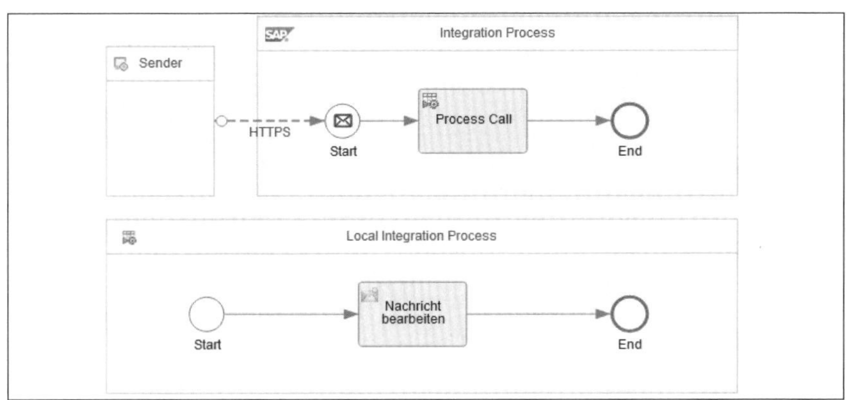

Abbildung 7.10 Start Event und End Event

Error Start Event und Error End Event

Beginn und Ende von Ausnahmeprozessen

Das **Error Start**-Event leitet einen Ausnahmeprozess (Komponente **Exception Subprocess**) ein, nachdem ein Fehler im Hauptprozess oder in einem Unterprozess ausgelöst wurde. Standardmäßig wird in der Komponente **Exception Subprocess** ein End Message Event verbaut. Das führt dazu, dass der Fehler als behandelt gilt. Damit erhält die Nachricht im Monitoring den Status **Completed** (erfolgreich). Wenn Sie statt des End Message Events ein **Error End**-Event einbauen, wird im Monitoring der Status **Failed** (fehlgeschlagen) angezeigt.

Escalation End Event

Eskalationsstatus auslösen

Mit dem **Escalation End**-Event können Sie im Hauptprozess oder in einem Ausnahmeprozess den Status **Escalated** (eskaliert) auslösen. Durch dieses Event wird die Integration nicht abgebrochen. Wird das **Escalation End**-Event in einer Komponente **Local Integration Process** ausgelöst, wird der Status ebenfalls auf **Escalated** gesetzt, die restlichen Komponenten im Hauptprozess werden aber dennoch ausgeführt.

Arten der Eskalation

Bei der Konfiguration dieses Event-Typs auf dem Reiter **Processing** können Sie im Feld **Category** eine Kategorie für die Art der Eskalation auswählen (siehe Abbildung 7.11).

Diese Kategorie wird im Nachrichtenverarbeitungsprotokoll (siehe den gleichnamigen Abschnitt 5.2.3) sowie im Header-Bereich einer Nachricht angezeigt. Es stehen Ihnen die folgenden Kategorien zur Auswahl:

- **Routing condition not met**
  Die Routing-Bedingung wurde nicht erfüllt.

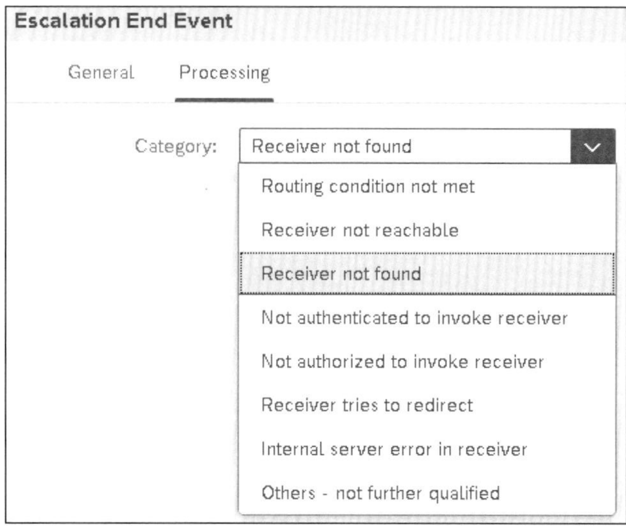

Abbildung 7.11 Kategorien der Komponente »Escalation End Event«

- **Receiver not reachable**
  Der Empfänger konnte nicht erreicht werden, da er vorübergehend nicht verfügbar oder nicht zugänglich ist (z. B. aufgrund von Überlastung oder Wartungsarbeiten).
- **Receiver not found**
  Der Empfänger wurde nicht gefunden, da die URL auf eine nicht vorhandene Ressource verweist (z. B. HTTP-Fehler 404).
- **Not authenticated to invoke receiver**
  Der Empfänger konnte nicht aufgerufen werden, da die Authentifizierung fehlgeschlagen ist (z. B. HTTP-Fehler 401).
- **Not authorized to invoke receiver**
  Der Empfänger konnte aufgrund unzureichender Berechtigungen (z. B. HTTP-Fehler 403) nicht aufgerufen werden.
- **Receiver tries to redirect**
  Der Empfänger konnte nicht erreicht werden (HTTP 302-Fehler).
- **Internal server error in receiver**
  Im Empfängersystem ist ein interner Serverfehler aufgetreten (z. B. HTTP-Fehler 500).
- **Others – not further qualified**
  Die Eskalationskategorie wurde nicht weiter qualifiziert.

In Abbildung 7.12 sehen Sie den Ausschnitt eines Nachrichten-Headers mit den Werten `EscalationCode = [IntegrationFlow][Event_-_Escalation_End][`

`Redirect]` und `EscalationMessage = Receiver could not be reached (HTTP 302 error)`. Sie gelangen zu dieser Ansicht, indem Sie im Monitoring bei aktiviertem Log Level **Debug** die Nachricht mit dem ausgelösten Escalation End Event aufrufen.

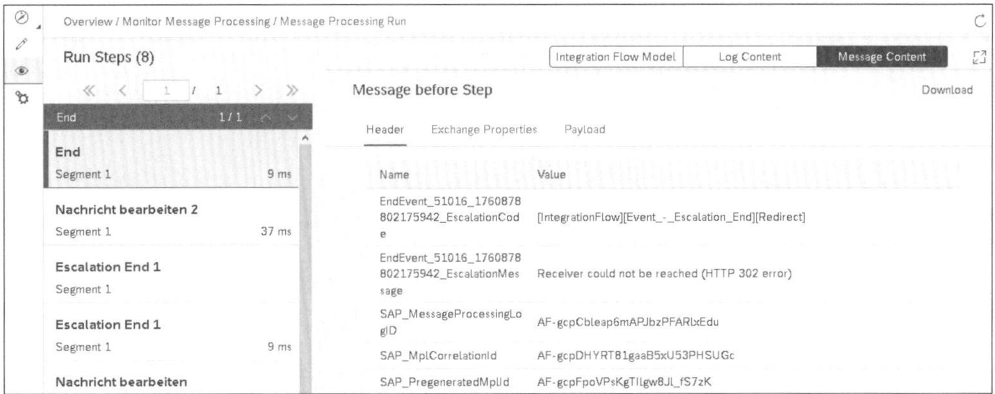

Abbildung 7.12 Trace-Ergebnis bei der Aufzeichnugn eines Escalation Events

Terminate Event

Durch das **Terminate**-Event können Sie Ihre Nachricht sofort unterbrechen, sollte der Nachrichteninhalt nicht Ihren Wünschen entsprechen. Der Status einer so beendeten Nachricht ist **Completed**, weil der Abschluss an sich erfolgreich war.

7.1.4 Konnektoren

Konnektorarten

Die Konnektoren in der Kategorie **Connectors** werden im grafischen Modell eines Integration Flows als Pfeile dargestellt und dienen der Verbindung von Komponenten. Es gibt zwei Arten von Konnektoren:

- **Durchgezogene Pfeile**
  Durchgezogene Pfeile werden für die Verbindung von Komponenten innerhalb eines Prozesses verwendet.
- **Gestrichelte Pfeile**
  Gestrichelte Pfeile werden verwendet, um Sender oder Receiver mit Events oder Kommunikationskomponenten wie **Request Reply**, **Content Enricher** oder **Send** zu verbinden (siehe auch Abschnitt 7.1.7, »Prozess- und Systemaufrufe«). Wenn Sie einen Sender oder Receiver mit Ihrem Integrationsprozess verbinden, wird Ihnen eine Auswahl von Adaptern für die Verbindung angeboten. Nachdem Sie einen Adapter ausgewählt haben, erscheint die gestrichelte Linie mit dem Namen des Adapters. Bei Bedarf können Sie den Namen anpassen.

Bei der Komponente **Content Enricher** wird nur der Pfeil vom **Receiver** zum **Content Enricher** gezogen. Es gibt Sender-Adapter, worunter auch der Adapter **Mail** fällt, die periodisch Daten abfragen. Auf der gestrichelten Linie dieser Adapter wird zusätzlich ein Uhren-Symbol angezeigt. Abbildung 7.13 zeigt die grafische Darstellung der verschiedenen Konnektoren.

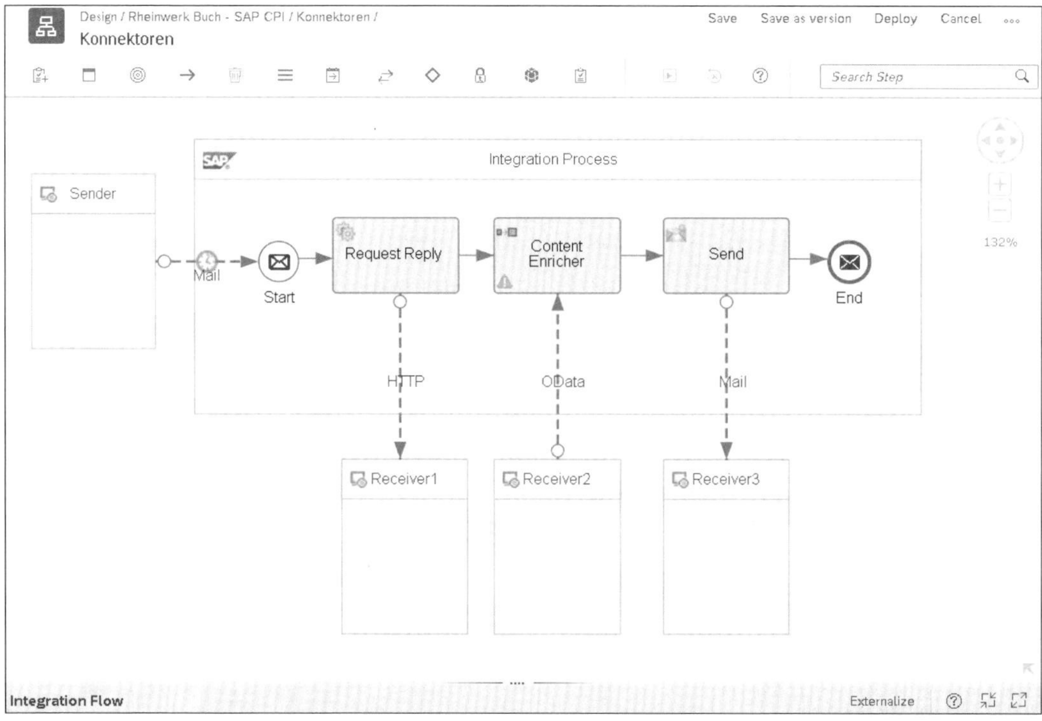

Abbildung 7.13 Grafische Darstellung der verschiedenen Konnektoren

Konnektoren verwenden

Sie können Konnektoren verwenden, indem Sie eine Komponente im grafischen Modell des Integration Flows auswählen und dabei den Mauszeiger auf dem kleinen runden Pfeil-Symbol (⊖) gedrückt halten und zu einer weiteren Komponente ziehen. Alternativ können Sie in der oberen Menüleiste zur Komponentenauswahl das Pfeil-Symbol auswählen.

7.1.5 Mappings

Mit einem *Mapping* können Sie die Datenstruktur eines Systems in der Struktur eines anderen abbilden. Zusätzlich bieten Ihnen die Mappings in SAP Cloud Integration die Möglichkeit, Daten zu verändern, bevor sie auf die Struktur des Zielsystem abgebildet werden. Eine solche Änderung kann zum Beispiel das Erweitern von Kunden-IDs um vorangestellte Nullen sein, weil das Zielsystem eine Mindestlänge vorausgesetzt.

Mapping-Typen

Abbildung 7.14 zeigt Ihnen alle Mapping-Typen, die Ihnen innerhalb von SAP Cloud Integration zur Verfügung stehen:

- Message Mapping
- Operation Mapping
- XSLT Mapping

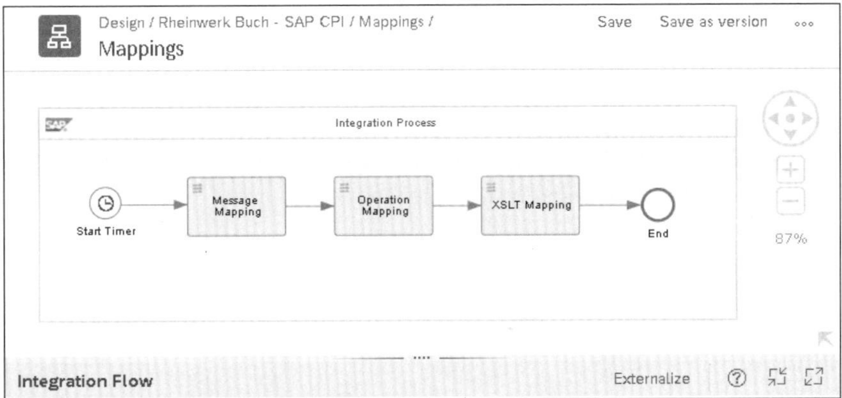

Abbildung 7.14 Zur Verfügung stehende Mapping-Typen

Message Mappings

Message Mapping ist wahrscheinlich eine der am häufigsten verwendeten Mapping-Komponenten in SAP Cloud Integration. Das liegt daran, dass sie in den meisten Standardintegrationen verwendet wird, um beispielsweise die Datenstruktur eines SAP-ERP-Systems mit der eines SAP-CRM-Systems zu verbinden.

Message Mapping definieren

Um ein Mapping aufzubauen, benötigen Sie die Komponente **Message Mapping** und eine Mapping-Datei, die Sie neu aufbauen oder importieren können. Die Mapping-Datei hat das Format **.mmap**. Um ein neues Mapping zu erstellen, klicken Sie auf das Symbol **Create** (), nachdem Sie die Komponente ausgewählt haben. Um ein bestehendes Mapping zuzuweisen, klicken Sie auf das Symbol **Assign** ().

Mapping-Datei öffnen

Nachdem Sie die Komponente **Message Mapping** aus der Kategorie **Mappings** ausgewählt, in das grafische Modell eines Integration Flows eingefügt und ein Mapping erstellt oder zugewiesen haben, wählen Sie die Mapping-Datei auf dem Reiter **Processing** aus (siehe Abbildung 7.15).

Nachdem Sie die Mapping-Datei geöffnet haben, sehen Sie zwei Seiten. Auf der linken finden Sie die Struktur des Sendersystems und auf der rechten Seite die des Zielsystems.

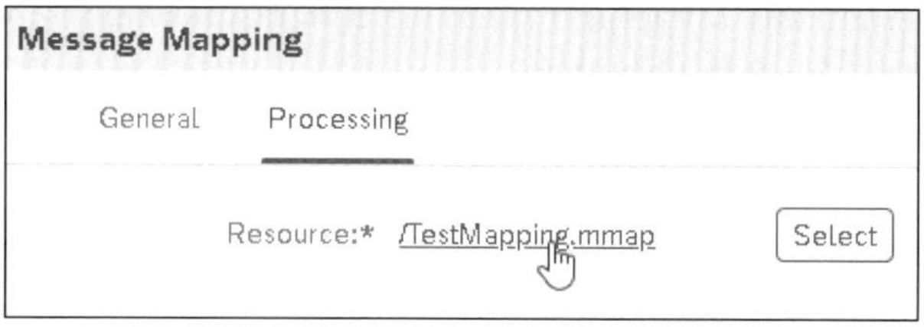

Abbildung 7.15 Öffnen einer Mapping-Datei auf dem Reiter »Processing«

Struktur hinzufügen

Sollte noch keine Struktur vorhanden sein, können Sie über die Links **Add source message** und **Add target message** eine neue Struktur für jede Seite hinzufügen (siehe Abbildung 7.16). Eine Strukturdatei kann beispielsweise in den Formaten **.wsdl** oder **.xsd** vorliegen.

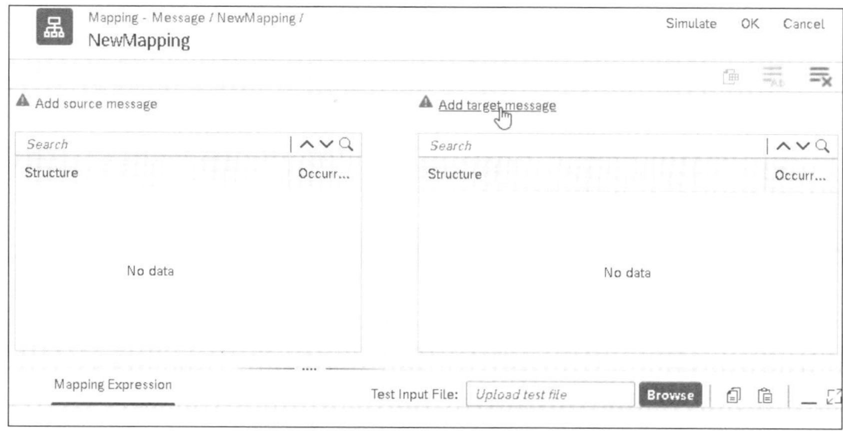

Abbildung 7.16 Eine neue Struktur für das Zielsystem hinzufügen

In Abbildung 7.17 sehen Sie die zwei Seiten eines Mappings. In diesem einfachen Beispiel haben beide Seiten die gleiche Strukturdatei erhalten. Die Datei können Sie selbst erstellen und hochladen oder eine vorhandene Datei aus einem anderen System importieren. Sobald beide Seiten des Mappings eine Struktur haben, können Sie die Struktur jeder Seite über das Stift-Symbol (✎) bearbeiten (siehe Abbildung 7.18).

Dabei können Sie einer Seite weitere Strukturdateien hinzufügen, bestehende löschen oder in der Spalte **Occurence** die Kardinalität einer Struktur auswählen. Die Kardinalitäten können die Beziehungen 1 : 1, 1 : n, n : 1 oder n : m abbilden. Bei einer 1:1-Beziehung wird beispielsweise genau ein Wert auf genau einen anderen abgebildet. Bei einer 1:n-Beziehung kann ein einzelner Wert auf mehrere andere Werte abgebildet werden.

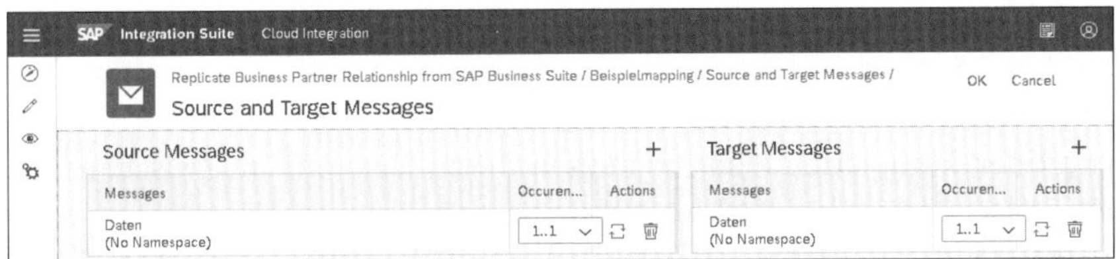

Abbildung 7.17 Strukturdateien in das Mapping einbinden

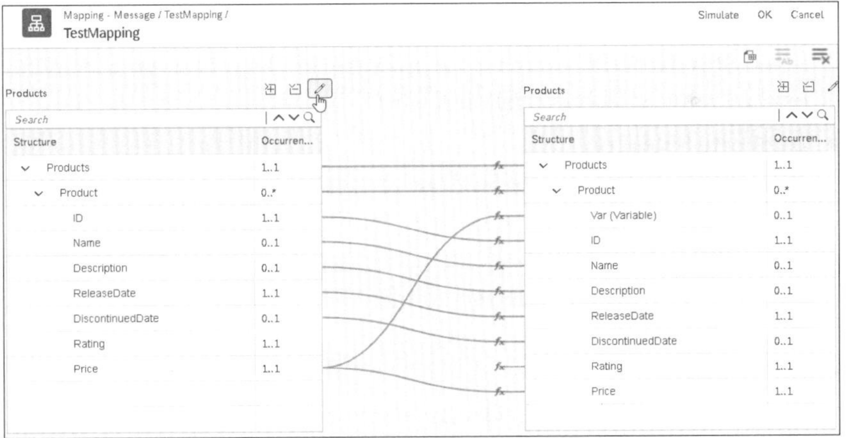

Abbildung 7.18 Vorhandene Struktur eines Mappings bearbeiten

Struktur und Felder

Sobald die Strukturen festgelegt sind, sehen Sie die einzelnen Elemente. Sie sind in einer Baumstruktur angeordnet und können durch das Anklicken des Pfeil-Symbols einzeln auf- und zugeklappt werden. Für jedes Element werden abhängig von der Seite des Mappings (Quell- oder Zielstruktur) spezifische Zusatzoptionen angeboten, die Sie sich über einen Klick auf den Kasten und das Pfeil-Symbol ( ) anzeigen lassen können (siehe Abbildung 7.19).

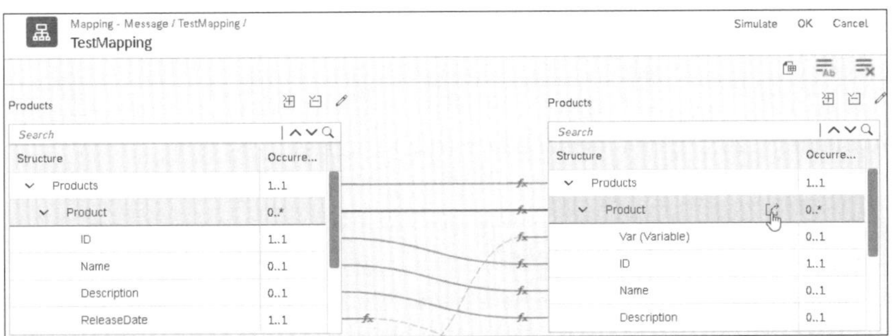

Abbildung 7.19 Zusatzoptionen eines Elements öffnen

Auf der linken Seite können Sie einzelne Äste der Baumstruktur mit der Funktion **Expand All** komplett aufklappen oder mit der Funktion **Collapse All** komplett zuklappen (siehe Abbildung 7.20). Die Option **Copy Path** speichert den kompletten Pfad des ausgewählten Elements im Zwischenspeicher Ihres Computers. Auf der rechten Seite haben Sie neben den genannten Optionen folgende zusätzliche Einstellungsmöglichkeiten:

- **Assign Constant**
  Mithilfe der Schaltfläche **Assign Constant** können Sie einen fest definierten Wert für Ihr Mapping festlegen. Dadurch können Sie beispielsweise einen Standardwert vorgeben, wenn vom Sendersystem kein Wert für ein bestimmtes Element geliefert wird.
- **Dublicate Subtree**
  Mit der Funktion **Dublicate Subtree** können Sie einen Ast mit allen dazugehörigen Elementen kopieren.
- **Delete Subtree**
  Mit der Option **Delete Subtree** können Sie einen kompletten Ast Ihrer Baumstruktur entfernen.
- **Disable Field**
  Mit der Option **Disable Field** können Sie ein Element in Ihrer Struktur ausschalten. Dadurch wird dieses Element von SAP Cloud Integration nicht beachtet, es wird jedoch nicht aus der Struktur gelöscht.

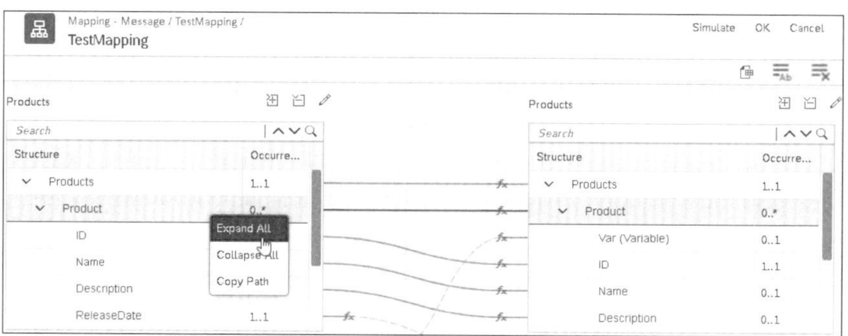

Abbildung 7.20 Darstellung der Baumstruktur anpassen

[+]

Eigene Datenstruktur erstellen

Wenn Sie zu Testzwecken eine eigene Strukturdatei erstellen möchten, können Sie Ihre Daten im XML-Format aufbauen und mit einem gängigen Online-Converter in das Format XSD umwandeln.

Felder verknüpfen

Sobald Sie eine Struktur haben, können Sie zwei Elemente miteinander verbinden. Dafür müssen Sie das erste Feld auf der linken Seite auswählen, die Maustaste gedrückt halten und den Mauszeiger auf das Zielelement auf der rechten Seite bewegen. Es müssen, je nach Kardinalität, nicht alle Elemente verbunden werden. Sie haben z. B. die Möglichkeit, mehrere Elemente der einen Seite nur einem Element auf der anderen Seite zuzuordnen. Abbildung 7.21 zeigt diese Möglichkeit für die Elemente `Data2`, `Data3` und `Data4` auf der linken Seite, die mit dem Element `Data3` auf der rechten Seite verknüpft werden.

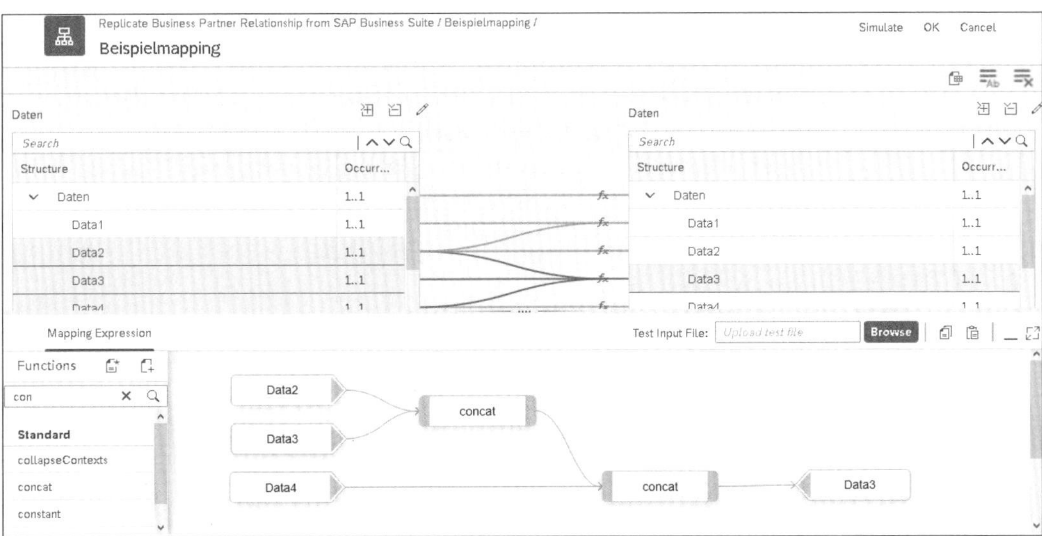

Abbildung 7.21 Beispiel für ein Message Mapping

Die Daten werden in diesem Beispiel mit der Funktion `concat` miteinander kombiniert. Diese Funktion verbindet immer zwei Strings miteinander und gibt einen zurück. Bei Bedarf kann ein Trennzeichen in der Funktion mitgegeben werden, das zwischen den beiden Strings eingefügt werden soll.

Mapping Expression

Im unteren Bereich der Mapping-Ansicht finden Sie den Reiter **Mapping Expression**. Hier können Sie die verbundenen Elemente mit Zusatzfunktionen erweitern. Die Zusatzfunktionen sind in die folgenden Kategorien unterteilt:

- Arithmetische Funktionen (**Arithmetic**)
- Boolesche Funktionen (**Boolean**)
- Konstanten (**Constants**)
- Konvertierungen (**Conversions**)
- Datumsfunktionen (**Date**)

- Knotenfunktionen (**Node Functions**), z. B. die Prüfung, ob ein Knoten vorhanden ist
- Statistische Funktionen (**Statistic**)
- Textbearbeitung (**Text**)

Groovy-Skripte

Sollten Ihnen die in diesen Kategorien bereitgestellten Funktionen nicht ausreichen, können Sie den Funktionsumfang mithilfe von selbst geschriebenen Groovy-Skripten erweitern. Sie können ein solches Skript direkt in SAP Cloud Integration schreiben oder ein bestehendes Skript hochladen.

[»]

Groovy

Groovy ist eine Programmiersprache, die wie Java in der *Java Virtual Machine* (JVM) läuft. Es gibt diese Sprache seit 2003, und sie wurde von James Strachan entwickelt. Groovy soll Java von der Syntax her vereinfachen. Des Weiteren wurde Groovy um Funktionen erweitert, die Java nativ nicht unterstützt.

Um ein Skript anzulegen, müssen Sie nach der Auswahl eines Elements im Menü **Functions** () auf **Create** klicken (siehe Abbildung 7.22). Vergeben Sie einen Namen für das Skript und bestätigen Sie diesen.

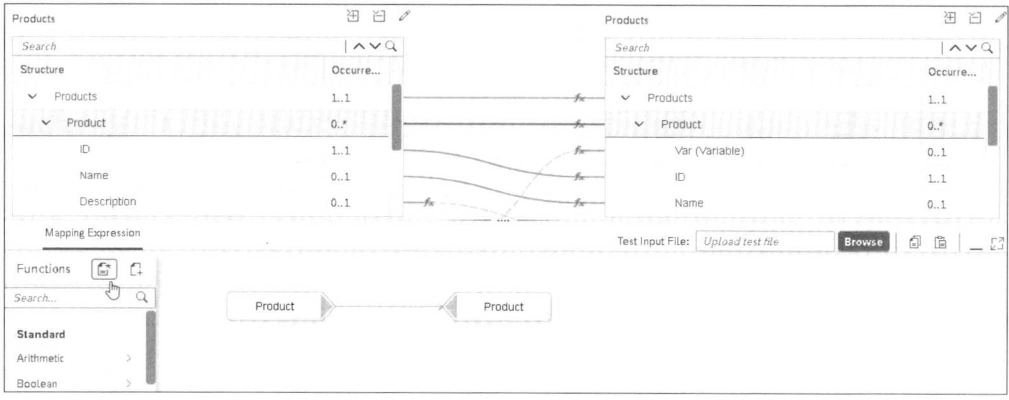

Abbildung 7.22 Skript in einem Mapping anlegen

Daraufhin öffnet sich ein Editor im Bearbeitungsmodus (siehe Abbildung 7.23). In jedem Skript können Sie mehrere Funktionen anlegen. Das Skript kann im Anschluss als eine Komponente im Bereich **Mapping Expression** verwendet werden.

In Abbildung 7.23 sehen Sie die Vorlage für ein eigenes Skript im Editor. Hier sind die grünen Codezeilen des Skripts auskommentiert. Sie sollen Ihnen Ideen zur Erweiterung geben. Unter den auskommentierten Zeilen sehen

Sie eine aktive Funktion mit dem Namen `customFunc`. Der Wert `arg1` in der runden Klammer zeigt die Anzahl der Eingabeparameter.

SAP Integration Suite Cloud Integration

Replicate Business Partner Relationship from SAP Business Suite / Beispielmapping / Testskript.groovy /

Testskript.groovy

OK Cancel

```
import com.sap.it.api.mapping.*;

/*Add MappingContext parameter to read or set headers and properties
def String customFunc1(String P1,String P2,MappingContext context) {
        String value1 = context.getHeader(P1);
        String value2 = context.getProperty(P2);
        return value1+value2;
}

Add Output parameter to assign the output value.
def void custFunc2(String[] is,String[] ps, Output output, MappingContext context) {
        String value1 = context.getHeader(is[0]);
        String value2 = context.getProperty(ps[0]);
        output.addValue(value1);
        output.addValue(value2);
}*/

def String customFunc(String arg1){
    return arg1
}
```

Abbildung 7.23 Vorlage zur Erstellung eines eigenen Message-Mapping-Skripts

Message Mappings testen

Sie können Ihr Mapping auf zwei Arten testen:

- Sie können eine Simulation über Ihr komplettes Mapping durchführen, indem Sie Dummy-Daten hochladen.
- Sie können einzelne Strukturverbindungen testen.

Um das komplette Mapping per Simulation zu testen, klicken Sie auf die Schaltfläche **Simulate** im Menü oben rechts. Es öffnet sich das Pop-up-Fenster aus Abbildung 7.24. Über die Schaltfläche **Browse** können Sie Dummy-Daten im XML-Format von Ihrem lokalen Rechner auswählen. Klicken Sie dann unten rechts auf die Schaltfläche **Test**. Es dauert eine Weile, bis das Ergebnis generiert wurde. Mit der Schaltfläche **Download Output** können Sie das Ergebnis im XML-Format herunterladen.

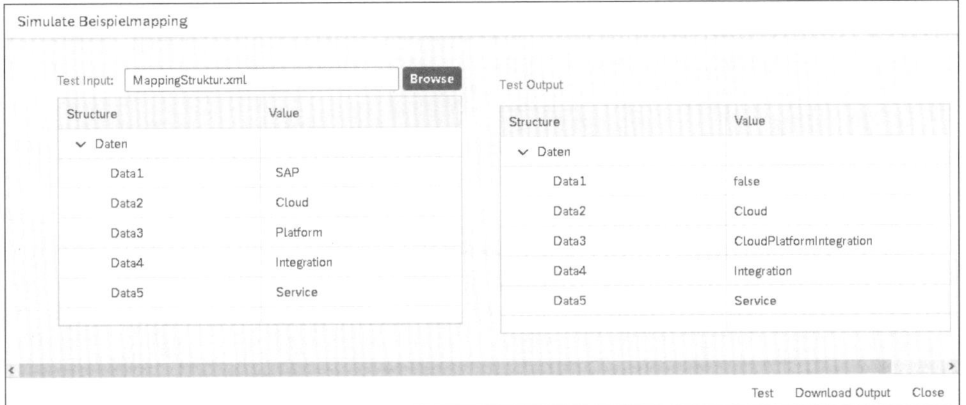

Abbildung 7.24 Simulation eines Mappings

Einzelne Verbindungen testen

Über das Symbol **Display Queue** (🗐) können Sie einzelne Verknüpfungen zwischen zwei Elementen testen. Dabei können Sie jeden Knotenpunkt auf dem Reiter **Mapping Expression** auswählen, um die Eingaben und die Ausgabe zu betrachten (siehe Abbildung 7.25). Damit Sie die Funktion **Display Queue** testen können, benötigen Sie eine XML-Datei mit Daten. Dieses können Sie über die Schaltfläche **Browse** hochladen.

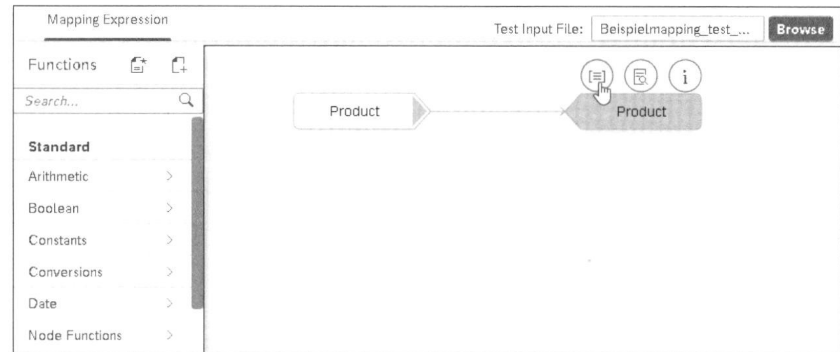

Abbildung 7.25 Funktion »Display Queue« für eine Verbindung aus zwei Elementen

In Abbildung 7.26 wurde die Funktion `concat` ausgewählt, die zwei Eingaben und eine Ausgabe hat. Über die Eingabe `concat:in1` geht der Wert `CloudPlatform` und über `concat:in2` kommt der Wert `Integration` ein. Nach der Ausführung der Funktion erhalten Sie das Ergebnis in Form der Ausgabe `concat:out1`, das dem Wert `CloudPlatformIntegration` entspricht.

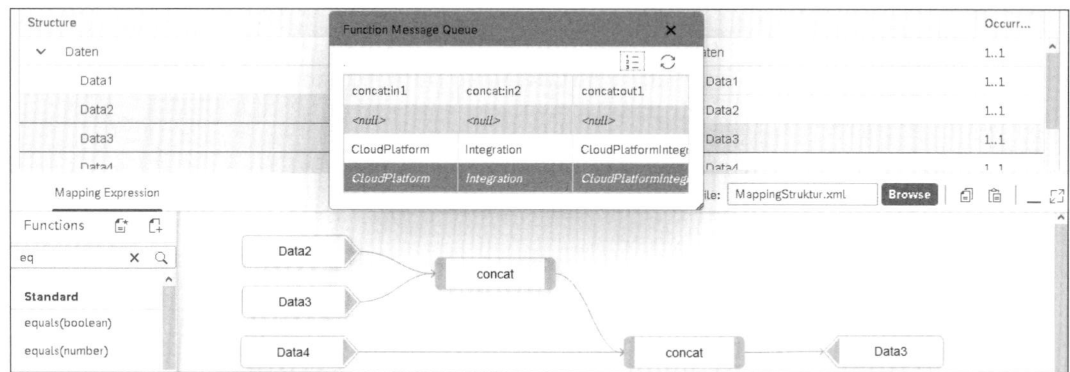

Abbildung 7.26 Einzelne Mapping-Funktion testen

Operation Mapping

Mappings aus SAP Process Orchestration

Für die Komponente **Operation Mapping** können Sie in SAP Cloud Integration kein eigenes Mapping anlegen, sondern ihr nur ein bestehendes zuweisen. Der Import eines solchen Mappings erfolgt über das ES Repository eines SAP-Process-Integration- oder SAP-Process-Orchestration-Systems. Das Dateiformat für ein importiertes Operation Mapping heißt **.opmap**. Das Operation Mapping kann zur Wiederverwendung eines Mappings aus SAP Process Orchestration innerhalb eines Migrationsprojekts genutzt werden.

XSLT Mapping

Das XSLT Mapping (Extensible Stylesheet Language Transformation) ist eine Alternative zum Message Mapping und erlaubt das Umwandeln von Daten in andere Formate, das Ausführen von Funktionen sowie das eigentliche Mapping von Datenstrukturen. Es wird die XSLT-Version 3.0 unterstützt. XSLT-Dateien haben die Dateiendung **.xsl** und den Aufbau eines XML-Dokuments. Ein Beispiel sehen Sie in Abbildung 7.27. Dieses Dokument wird von SAP Cloud Integration erstellt, wenn Sie eine XSLT-Mapping-Komponente verwenden und ein neues Mapping erstellen.

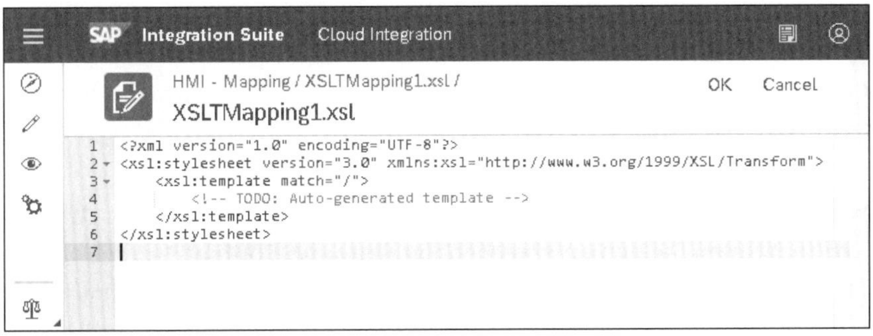

SAP Integration Suite Cloud Integration
HMI - Mapping / XSLTMapping1.xsl /
XSLTMapping1.xsl
OK Cancel

```
<?xml version="1.0" encoding="UTF-8"?>
<xsl:stylesheet version="3.0" xmlns:xsl="http://www.w3.org/1999/XSL/Transform">
    <xsl:template match="/">
        <!-- TODO: Auto-generated template -->
    </xsl:template>
</xsl:stylesheet>
```

Abbildung 7.27 Ein neues XSLT Mapping erstellen

Zugriff auf Header- und Property-Variablen

Sie können in einem XSLT Mapping auch auf Header- und Property-Variablen von Nachrichten zugreifen (zum Aufbau von Nachrichten siehe auch Abschnitt »Content Modifier« in Abschnitt 7.1.6, »Transformationen«). Um auf diese Variablen zuzugreifen, benötigen Sie das Element `value-of` mit dem Attribute `select`. Als Wert für das Attribut `select` tragen Sie zum Beispiel den XPath-Wert für den Zugriff auf ein Element ein:

```
<xsl:value-of select="<XPath oder Header/Property-Variable>"/>
```

7.1.6 Transformationen

In der Kategorie **Transformation** finden Sie alle Komponenten, die Sie zur Bearbeitung von Nachrichten benötigen. Die Bearbeitungsmöglichkeiten umfassen das einfache Verändern von Kopf- und Nachrichteninhalten, das

Programmieren eigener Skripte, das Filtern von Nachrichten sowie das Verschlüsseln und Decodieren von deren Inhalten.

Komponenten zur Nachrichtenbearbeitung

In der Kategorie **Transformation** finden Sie folgende Komponenten:

- **Content Modifier**
- **Converter**
- **Encoder und Decoder**
- **EDI Extractor**
- **Filter**
- **Message Digest**
- **Script**
- **XML Modifier**

Diese Komponenten stelle ich Ihnen in den folgenden Abschnitten vor.

Content Modifier

Content Modifier ist die wichtigste Komponente, wenn es um das Bearbeiten von Nachrichten geht. Eine Nachricht besteht aus einem *Header*, einer *Property* und einem *Body*.

Header- oder Property-Variable hinzufügen

Wenn Sie einer Nachricht eine Header- oder Property-Variable hinzufügen wollen, wählen Sie den entsprechenden Reiter im Content Modifier (**Message Header**, **Exchange Property** oder **Message Body**). Über die Schaltfläche **Add** erstellen Sie eine neue Variable. Im Feld **Action** wählen Sie aus, ob Sie Ihrer Nachricht eine Variable mit **Create** hinzufügen oder ob Sie eine Variable mit **Delete** löschen wollen (siehe Abbildung 7.28).

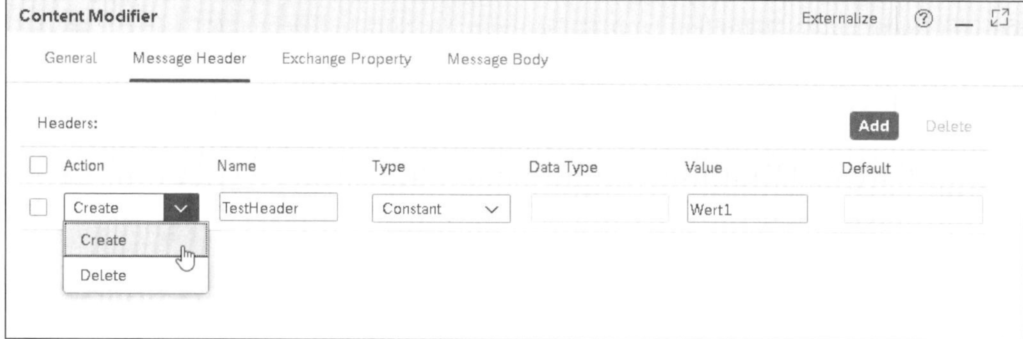

Abbildung 7.28 Reiter »Message Header« einer Komponente »Content Modifier« und Anlage einer neuen Header-Variablen

Variablentypen

Wenn Sie sich für das Hinzufügen einer neuen Variablen entschieden haben, vergeben Sie einen aussagekräftigen Namen für diese Variable. Im nächsten Schritt legen Sie im Feld **Type** einen Variablentyp fest (siehe Abbildung 7.29). In Tabelle 7.1 sind die möglichen Typen beschrieben.

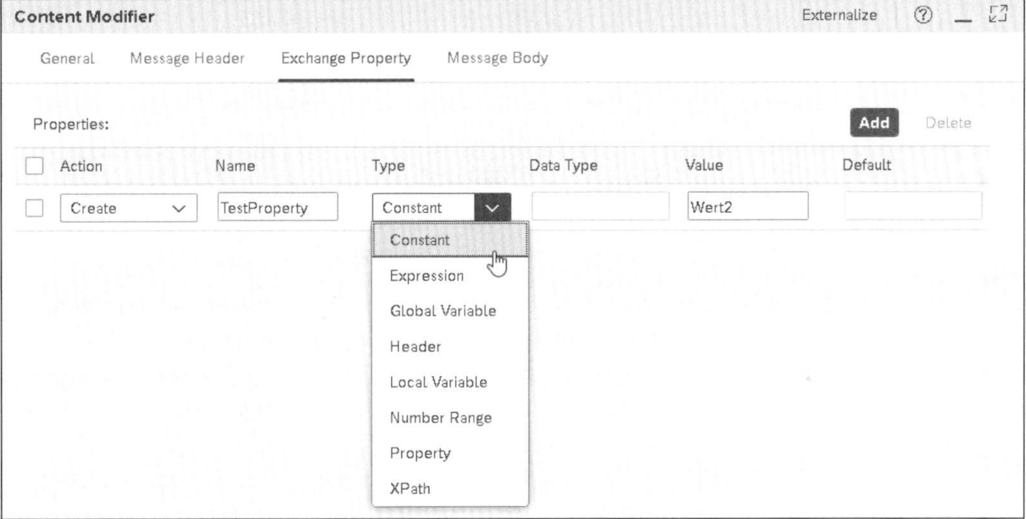

Abbildung 7.29 Typenauswahl bei der Anlage einer Property-Variablen

Typ	Beschreibung
Constant	Wert, der eins zu eins übernommen wird (Konstante)
Expression	Erlaubt einfache *Camel Expressions* wie zum Beispiel: ▪ `${header.name}` ▪ `${property.name}` ▪ `${in.body}` oder `${body}` *Expression* ist eine einfache Abfragesprache, um auf Variablen oder andere Werte wie das aktuelle Datum zuzugreifen. *Apache Camel* ist ein Framework, auf dem SAP Cloud Integration basiert. Weitere Informationen zu Expressions erhalten Sie in Abschnitt 8.1, »Apache Camel und Expressions«.
Global Variable	Zugriff auf eine globale Variable (weitere Informationen zu dieser Art von Variablen finden Sie in Abschnitt 7.1.10, »Persistierung«, unter der Überschrift »Write Variables«)
Header	Einfacher Zugriff auf einen zuvor definierten, von SAP Cloud Integration erstellten oder von einem anderen System mitgeschickten Header. Bietet eine vereinfachte Alternative zum Variablentyp **Expression**.

Tabelle 7.1 Typen von Header- und Property-Variablen

Typ	Beschreibung
Local Variable	Zugriff auf eine lokale Variable (weitere Informationen zu dieser Art von Variablen finden Sie in Abschnitt 7.1.10, »Persistierung«, unter der Überschrift »Write Variables«)
Number Range	ID eines Nummernkreises, der in der **Monitor**-Oberfläche erstellt wird (siehe Abschnitt 5.5.3, »Nummernkreise verwalten«).
Property	Einfacher Zugriff auf eine zuvor definierte oder von SAP Cloud Integration erstellte Property. Bietet eine vereinfachte Alternative zum Variablentyp **Expression**.
XPath	Zugriff auf XML-Elemente über XPath-Ausdrücke, die im Body der ankommenden Nachricht mitgegeben werden. Der Ausdruck `/Buch1/Kapitel2/Wort1` gibt in einem möglichen XML-Dokument beispielsweise das erste Wort im zweiten Kapitel im ersten Buch an. Der Ausdruck `count(//Nachrichten/Nachricht)` zählt beispielsweise alle Nachrichten und gibt das Ergebnis zurück.

Tabelle 7.1 Typen von Header- und Property-Variablen (Forts.)

Datentyp

Das Feld **Data Type** müssen Sie nur für die Variablentypen **Expression** und **XPath** pflegen. Als Wert geben Sie eine Java-Klasse ein, die den Datentyp beschreibt. So kann einer der folgenden Datentypen angegeben werden:

- String (`java.lang.String`)
- Integer (`java.lang.Integer`)
- Object (`java.lang.Object`)

Variablenwert

Das Feld **Value** beinhaltet den eigentlichen Wert der Variablen. Dieser kann bei einer Konstanten ein String oder bei einer Expression der entsprechende Ausdruck sein. Einige Beispiele finden Sie in den Beschreibungen in Tabelle 7.1.

Wenn Sie den Typ **Header** oder **XPath** verwenden, wird außerdem das Auswahlfeld **Select** eingeblendet. Über dieses Feld können Sie einen bereits bekannten Wert über eine Wertehilfe in einem Pop-up-Fenster auswählen.

Präfixe beim Typ XPath

Sollten Sie als Variablentyp **XPath** ausgewählt haben und sollte der entsprechende Ausdruck ein Präfix beinhalten, sollte dieses Präfix auf dem Reiter **Runtime Configuration** deklariert werden.

Default-Wert

Der Wert **Default** ist nur für lokale und globale Variablen interessant. Dieser Wert wird gesetzt, falls während der Laufzeit keine entsprechende Variable gefunden wird.

Nachdem Sie die Variable erfolgreich angelegt haben, können Sie im nächsten Prozessschritt darauf zugreifen.

Abbildung 7.30 zeigt Ihnen eine Content-Modifier-Komponente mit dem Namen **set header**, der drei Header-Variablen hinzugefügt wurden. Diese sehen Sie auf dem Reiter **Message Header**. Die erste Variable ist eine Konstante, die den Wert `HeaderValue` hat. Bei der zweiten wird auf eine Expression zugegriffen, die das aktuelle Datum mit Uhrzeit und Zeitzone ausgibt, und in der dritten Variablen wird über einen XPath-Ausdruck auf einen Wert in dem Element `value` eines XML-Dokuments zugegriffen.

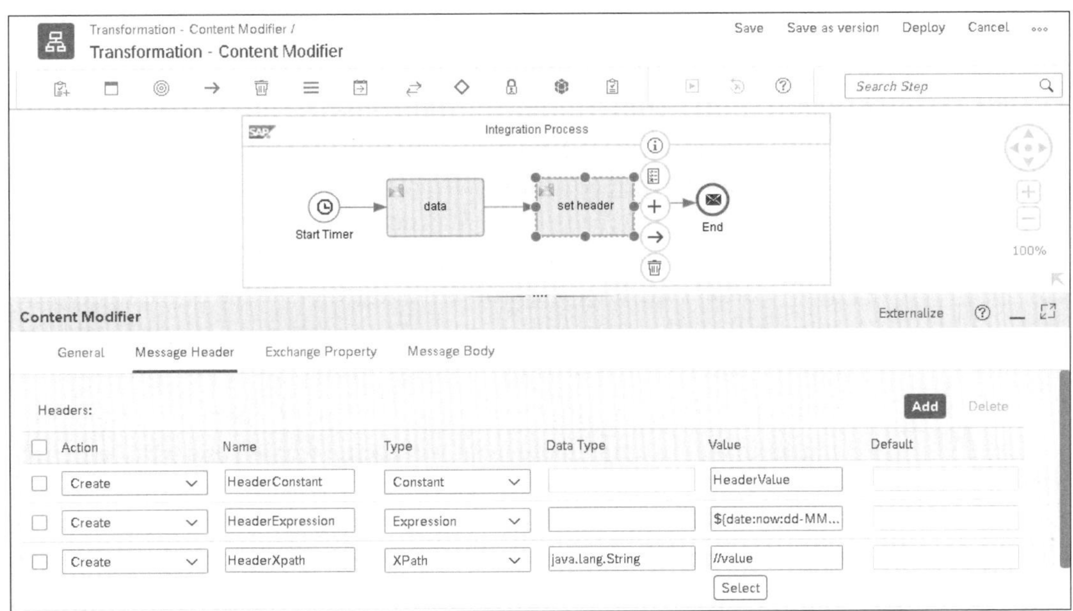

Abbildung 7.30 Beispiel für einen Content Modifier mit verschiedenen Header-Variablen

Variablen entfernen

Wählen Sie in der Spalte **Action** die Aktion **Create**, können Sie nicht nur eine neue Variable erstellen, sondern auch eine bestehende bearbeiten bzw. überschreiben. Mit der Aktion **Delete** können Sie eine bestehende Header- oder Property-Variable löschen. Bei beiden Aktionen haben Sie die Möglichkeit, mit der Option **Property** direkt den Namen der zu löschenden oder zu bearbeitenden Variablen einzugeben oder mit der Option **Expression** mit Ausdrücken zu arbeiten. Wählen Sie die Option **Expression**, können Sie zum Beispiel mit einem Sternchen (*) im Feld **Include** alle Header löschen. Im

Feld **Exclude** können Sie Ausnahmen hinzufügen (siehe Abbildung 7.31). Nachdem Sie die gewünschte Aktion ausgeführt haben, bestätigen Sie diese mit **OK**.

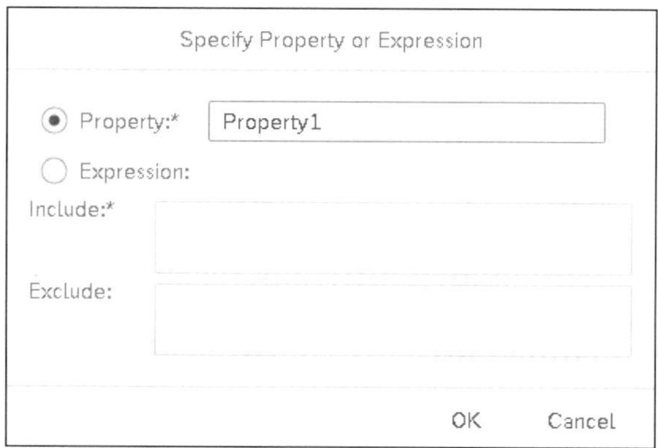

Abbildung 7.31 Property-Variable löschen

Body Der Body einer Content-Modifier-Komponente beinhaltet den Inhalt einer Nachricht, die durch die einzelnen Prozesse einer Integration geschleust wird. Das kann der Inhalt einer E-Mail oder können XML-Daten sein, die an ein anderes System geschickt werden sollen. Wenn Sie im Body der Komponente **Content Modifier** Ausdrücke nutzen, müssen Sie den Datentyp **Expression** auswählen, ansonsten ist der Typ **Constant** die richtige Wahl. Der Typ **Constant** verbessert die Performance der Integrationskomponente.

Sollte ein Content Modifier ohne Header, Property oder Body erstellt werden, kann diese Komponente nicht verarbeitet werden und wird beim Ausführen des Integration Flows überlesen. Die Vorschau-Funktion wird aktiv, wenn externalisierte Parameter im Einsatz sind. Dieses Thema Externalize bespreche ich ausführlich in Abschnitt 8.4, »Parametrisierung mit der Funktion ›Externalize‹«.

Ausführungsreihenfolge Innerhalb der Komponente **Content Modifier** gibt es eine Ausführungsreihenfolge. Wenn Sie im Content Modifier eine Header-Variable anlegen, können Sie auf dem Reiter **Exchange Property** mit `${header.variablenName}` noch in derselben Komponente auf diesen Header zugreifen. Wenn Sie innerhalb des Reiters **Exchange Property** auf den Body zugreifen möchten, müssen Sie eine weitere Content-Modifier-Komponente hinzufügen, da die Daten zu dem Zeitpunkt noch nicht zur Verfügung stehen. Abbildung 7.32 veranschaulicht diese Zugriffsmöglichkeiten grafisch.

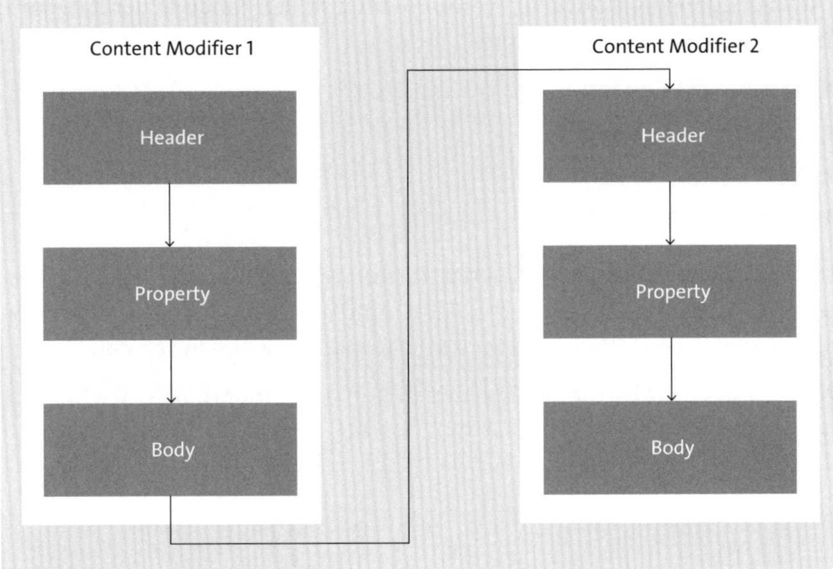

Abbildung 7.32 Ausführungsreihenfolge innerhalb der Komponente »Content Modifier«

Content Modifier befüllen

Wenn Sie die Komponente **Content Modifier** in Ihre Integration einbauen, sollte diese auch genutzt werden. Dies kann über eine Header- oder eine Property-Variable oder einen gefüllten Body erfolgen. Sollte dies nicht der Fall sein, ignoriert SAP Cloud Integration die Komponente. Dies führt z. B. dazu, dass Sie keine Trace-Daten zu dieser Komponente erhalten oder dass ein lokaler Integrationsprozess einen Fehler anzeigt, weil dieser mindestens eine Komponente benötigt, die den Inhalt potenziell verändern kann.

Konverter

Verfügbare Konverter

Zur Konvertierung von Datensätzen, die in unterschiedlichen Formaten vorliegen, bietet SAP verschiedene Konverter an. Es gibt Konverter für die Formate CSV (Comma-separated values), XML (Extensible Markup Language) und JSON (JavaScript Object Notation). Jeder Konverter bietet dabei die für das Zielformat benötigten Einstellungsmöglichkeiten. Bei der Konvertierung sollte auf die Formatierung des Eingabeformats geachtet werden, da es ansonsten zu einem Fehler bei der Ausführung der Integration kommt.

Die folgenden vier Konverter-Komponenten stehen Ihnen in der Kategorie **Transformations** zur Verfügung:

- **CSV To XML Converter**
- **JSON To XML Converter**
- **XML To CSV Converter**
- **XML To JSON Converter**

Die Enterprise Edition und die Trial-Version von SAP Cloud Integration bieten zusätzlich den EDI-Konverter (Electronic Data Interchange) an, über den Sie einzelne EDI-Nachrichten ins XML-Format umwandeln können.

Abbildung 7.33 zeigt die verschiedenen Konverter innerhalb eines Integrationsaufbaus.

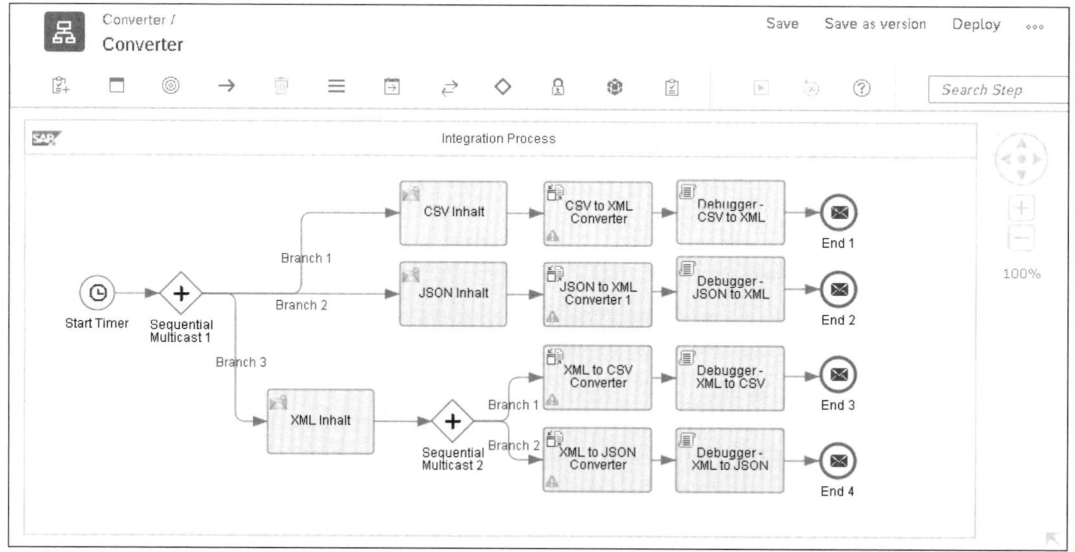

Abbildung 7.33 Konverter-Typen innerhalb des grafischen Modells eines Integration Flows

CSV To XML Converter

Die Einstellungsmöglichkeiten der Komponente **CSV To XML Converter** beinhalten die Definition eines XML-Schemas, das Sie hochladen können (siehe Abbildung 7.34). Sie können auch ein bereits hochgeladenes XML-Schema auswählen und so für mehrere Integration Flows verwenden. Mit einem XML-Schema definieren Sie die Struktur des XML-Ergebnisses. Das Format ist XSD (XML Schema Definition).

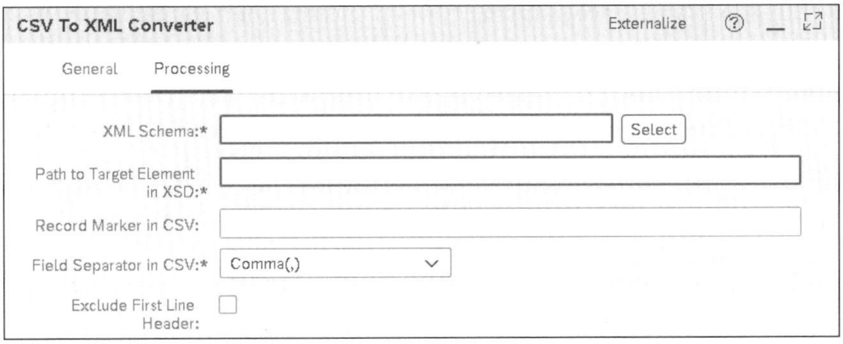

Abbildung 7.34 Einstellungsmöglichkeiten der Komponente »CSV To XML Converter«

In dem Feld **Path to Target Element in XSD** legen Sie den Pfad fest, an dessen Ende sich die Daten einfügen sollen. Durch das Feld **Record Marker in CSV** können Sie den Einstiegspunkt Ihrer Konvertierung und mit dem Feld **Field Separator in CSV** das Trennzeichen festlegen. Sollte das benötigte Trennzeichen nicht in der Auswahl zur Verfügung stehen, können Sie es manuell einfügen. Als letzte Einstellung können Sie mit der Option **Exclude First Line Header** festlegen, ob die erste Zeile eine Kopfzeile ist und ob diese entfernt werden soll.

JSON To XML Converter

Die Komponente **JSON To XML Converter** kann im Gegensatz zur Komponente **CSV To XML Converter** ohne weitere Einstellungen direkt verwendet werden. Dennoch gibt es Einstellungsoptionen, mit denen Sie das Ergebnis in XML Ihren Anforderungen anpassen können (siehe Abbildung 7.35).

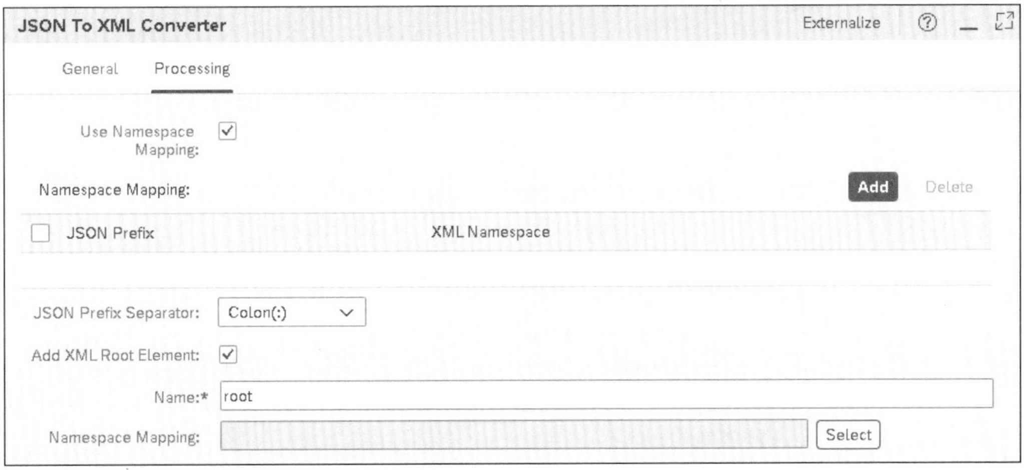

Abbildung 7.35 Einstellungsmöglichkeiten der Komponente »JSON To XML Converter«

- Mit dem **Namespace Mapping** können Sie einzelnen Elementen in XML einen Namensraum (`xmlns`) zuweisen.
- Bei Bedarf können Sie Ihrem Ergebnis daneben ein Root-Element hinzufügen. Diesem können Sie einen eigenen Namen geben.

Beispielkonvertierung

Im Folgenden möchte ich Ihnen ein Vorher-nachher-Beispiel für die Konvertierung von JSON zu XML vorstellen. Listing 7.1 zeigt die Ausgangsdaten im JSON-Format:


```
{
   "PurchaseOrder": {
       "Item": [
       {
          "ProductId": "HT-1030",
          "ProductName": "Ergo Screen",
          "Category": "Flat screens",
          "Quantity": "2",
          "CurrencyCode": "EUR",
          "Price": "460.00"
       }
     ]
   }
}
```


Listing 7.1 JSON-Daten einer Bestellung, die ein Produkt beinhaltet

Nach der Konvertierung der JSON-Daten erhalten Sie das Ergebnis aus Listing 7.2:


```
<?xml version='1.0' encoding='UTF-8'?>
<root>
   <PurchaseOrder>
       <Item>
          <ProductId>HT-1030</ProductId>
          <ProductName>Ergo Screen</ProductName>
          <Category>Flat screens</Category>
          <Quantity>2</Quantity>
          <CurrencyCode>EUR</CurrencyCode>
          <Price>460.00</Price>
      </Item>
   </PurchaseOrder>
</root>
```


Listing 7.2 Die XML-Daten sind das Ergebnis der Konvertierung der JSON-Daten

Einschränkungen für den JSON-Konverter

Für die Umwandlung von JSON zu XML gibt es einige Einschränkungen, die es zu beachten gilt:

- Das Wurzelelement darf nur ein Element beinhalten. Sollte es mehr als ein Element (Beispiel: `{"var1":"value1"," var2":"value2"}`) oder gar keins (Beispiel: `{}`) beinhalten, wird der Fehler `javax.xml.stream.XMLStreamException` ausgegeben.
- JSON-Daten dürfen nicht mit einem Array starten (Beispiel: `[{"var1":{"var2":"value2"}}]`).

XML To CSV Converter

Mit der Komponente **XML To CSV Converter** können Sie Ihre XML-Daten in ein CSV-Format umwandeln. Als Pflichtfelder müssen Sie den Pfad zu den zu konvertierenden Daten innerhalb der XML-Daten und das Trennzeichen angeben, das die einzelnen Datenelemente innerhalb der CSV-Datei voneinander trennen soll. Optional können Sie sich entscheiden, ob Sie Spaltenüberschriften auf Basis der Elementnamen verwenden möchten. Wenn Ihre XML-Daten einen weiteren Bereich mit Kopfdaten enthalten, können Sie Ihre Daten diesen Kopfdaten mit der Option **Include Parent Element** hinzufügen. Wenn Ihre XML-Daten das gleiche Zeichen beinhalten, das Sie als CSV-Trennzeichen gewählt haben, wird dieses Element in Anführungszeichen gesetzt (siehe Abbildung 7.36).

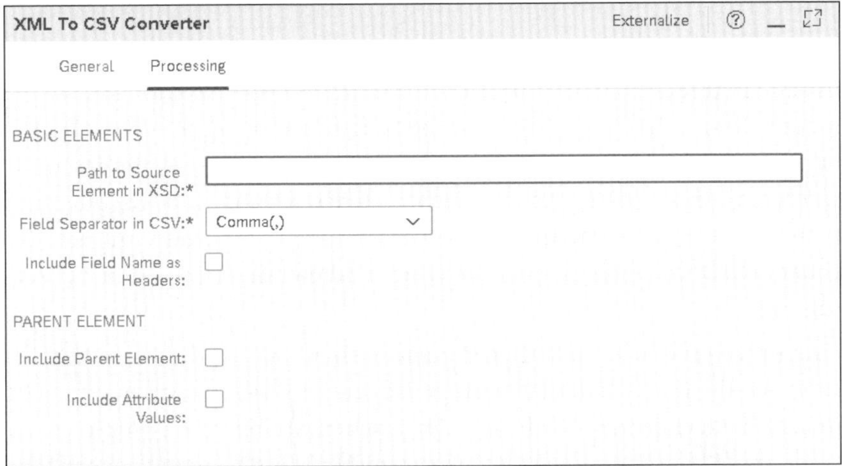

Abbildung 7.36 Einstellungsmöglichkeiten der Komponente »XML To CSV Converter«

XML To JSON Converter

Bei der Nutzung der Komponente **XML To JSON Converter** haben Sie wie auch beim **JSON To XML Converter** die Möglichkeit, ein **Namespace Map-**

ping zu erstellen. Des Weiteren können Sie ein Trennzeichen für Ihre JSON-Präfixe auswählen. Zusätzlich können Sie manuell ein **JSON Output Encoding** auswählen. Im Standard versucht SAP Cloud Integration, diese Verschlüsselung aus der Variablen `CamelCharsetName` zu beziehen, die sich im Header oder in den Properties der Nachricht befinden kann. Sollte die Variable nicht zu finden sein, wird automatisch die Codierungsmethode **UTF-8** ausgewählt. Sie können mit der Option **Suppress JSON Root Element** verhindern, dass ein Root-Element angelegt wird (siehe Abbildung 7.37).

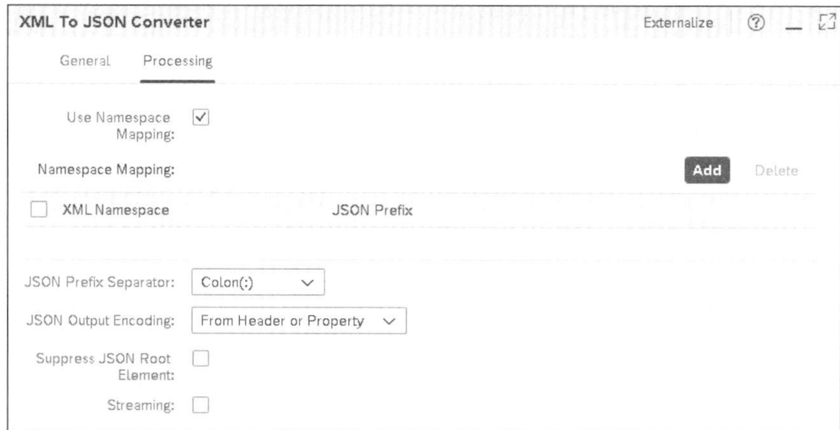

Abbildung 7.37 Einstellungsmöglichkeiten der Komponente »XML To JSON Converter«

Encoder und Decoder

Es kann in Integrationsszenarien dazu kommen, dass Sie codierte Daten erhalten. Diese müssen dann zur Verarbeitung zunächst decodiert und bei Bedarf wieder codiert werden, bevor Sie in diesem Zustand weitergeschickt werden können. Damit Sie die Nachrichtencodierung und -decodierung nicht selbst programmieren müssen, stellt Ihnen SAP Cloud mit den **Encoder**- und **Decoder**-Komponenten einige Codierer und Decodierer zur Verfügung.

Base64 Eine im Internet sehr geläufige Codierungsmethode ist die *Base64-Codierung*. Wie der Name andeutet, besteht das codierte Ergebnis aus maximal 64 unterschiedlichen ASCII-Zeichen. Der Zeichensatz bildet das Alphabet in Groß- und Kleinschreibung, die Ziffern 0 bis 9 sowie die Sonderzeichen Plus (+), Slash (/) und Gleich (=) ab. Das Gleichheitszeichen wird als Füllelement am Ende des Codes verwendet.

Die Umwandlung in Base64-Code möchte ich Ihnen an einem Beispiel zeigen:

- **Eingabe**
  SAP Cloud Integration macht Spaß.
- **Ausgabe**
  UOFQIENsb3VkIEludGVncmF0aW9uIG1hY2hOIFNwYcOfLg==GZIP

GZIP steht für GNU zip und ist ein Kompressionsprogramm, das auf Algorithmen setzt, die nicht durch Patente geschützt sind. Es wurde ursprünglich für das Betriebssystem GNU (GNU's not UNIX) entwickelt. Mit dem GZIP-Codierer und -Decodierer können Sie eingehende Nachrichten entpacken und eigene Nachrichten zu einem GZIP-Archiv zusammenstellen, um dieses Archiv zum Beispiel an eine E-Mail-Adresse zu senden. Die Komponenten für die GZIP-Codierung und -Decodierung bieten keine Einstellungsoptionen.

ZIP

Der *ZIP-Codierer und -Decodierer* dient ebenso zur Komprimierung von Dateien zu einem Archiv. Auch für diese Komponenten gibt es keine individuellen Einstellungsmöglichkeiten.

MIME Multipart

Mit dem Codierer und Decodierer für das Format *Multipurpose Internet Mail Extensions* (MIME) können Nachrichten mit Header-Variablen, Nachrichten-Body und Anhängen in einfache Nachrichten konvertiert werden. Dies kann beispielsweise sinnvoll sein, wenn das Zielsystem keine Anhänge unterstützt. Als Einstellungsmöglichkeit können Sie entscheiden, ob die Header-Variablen mit in die Nachricht eingebunden werden sollen oder nicht.

EDI Extractor

Unterstützte Dokumentenarten

Die Kompnente **EDI Extractor** greift sich die EDI-Header-Daten einer Nachricht und überträgt diese in den Header der entsprechenden Integration in SAP Cloud Integration. Dabei werden Flat-Files und XML-Daten sowie die folgenden EDI-Dokumentenarten unterstützt:

- EDIFACT
- EANCOM
- ASC-X12

Darüber hinausgehend bietet die Komponente **EDI Extractor** keine Konfigurationsmöglichkeiten.

Filter

XML-Daten filtern

Die Komponente **Filter** bietet Ihnen die Möglichkeit, XML-Daten auf die gewünschte Menge zu reduzieren. Dabei gibt der Filter nur diejenigen Werte zurück, die in der Abfrage als wahr angesehen werden. Zusätzlich können

Sie auf dem Reiter **Processing** im Feld **Value Type** die folgenden Werttypen definieren (siehe Abbildung 7.38):

- **Boolean**
  Dieser Typ gibt den Wahrheitswert einer Abfrage zurück. Dabei muss die Abfrage keinen Operator beinhalten, sondern kann auch das Vorhandensein eines Elements bestimmen.
- **Integer**
  Der Typ Integer gibt Zahlenwerte zurück. Wenn der Wert ein String ist, wird null zurückgegeben.
- **Node**
  Dieser Typ gibt das entsprechende Element mitsamt des Inhalts zurück.
- **Nodelist**
  Der Typ Nodelist gibt eine Liste mit Elementen und deren Inhalten zurück.
- **String**
  Der Typ String gibt eine Zeichenkette zurück.

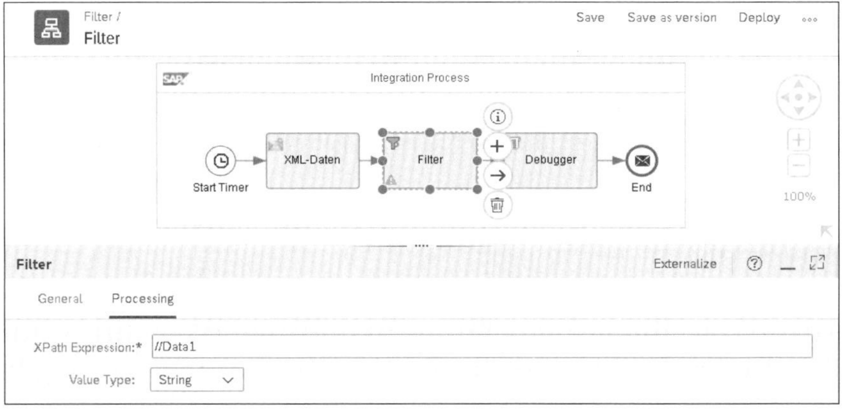

Abbildung 7.38 Beispiel für die Konfiguration einer Filter-Komponente im Integration-Flow-Editor

Im Feld **XPath Expression** können Sie den Pfad zum Zielelement definieren. Außerdem können Sie Zusatzfunktionen nutzen, die ich im Folgenden erläutern werde.

Zusatzfunktionen

Neben der beschriebenen Filteroption bietet die Komponente **Filter** weitere nützliche Funktionen an, die Sie verwenden können, um das Ergebnis nach Ihren Wünschen zu beeinflussen:

- **Sort**
  Die Funktion `sort` sortiert ein Element des Typs Nodelist nach dem angegebenen Knoten.
  Beispiel: `sort(/Bibliothek/Bücher)`
- **Apply**
  Die Funktion `apply` startet einen dynamischen Funktionsaufruf mit Unterstützung eines Arrays.
  Beispiel: `apply(concat#3, ["a", "b", "c"])`

Die Funktionen, die in der Version 1.1 der Komponente **Filter** vorhanden sind, wurden von der XPath Enterprise Edition 3.1 abgeleitet.

Message Digest

Hashwert für Nachrichten

Mit der Komponente **Message Digest** können Sie einen Einweg-Hashwert für Ihre Nachricht erzeugen. Dazu muss der Inhalt Ihrer Nachricht im XML-Format vorliegen. Sollte dies nicht der Fall sein, bricht Ihre Integration mit dem Fehler »Content is not allowed in prolog« ab. Nachdem der Hashwert von SAP Cloud Integration erzeugt wurde, wird dieser in den Header der Nachricht geschrieben. Das System kann so nach Erhalt der Nachricht überprüfen, ob der Inhalt durch Dritte manipuliert wurde.

Konfiguration

Die Pflichtfelder zur Konfiguration der Komponente **Messsage Digest** auf dem Reiter **Processing** beschränken sich auf die Wahl des Algorithmus zur Erstellung des Hashwerts und die Angabe des Namens des Headers, der verwendet werden soll, im Feld **Target Header** (siehe Abbildung 7.39). In der Standardkonfiguration ist das Feld **Target Header** mit dem Wert `SAPMessageDigest` vorbelegt.

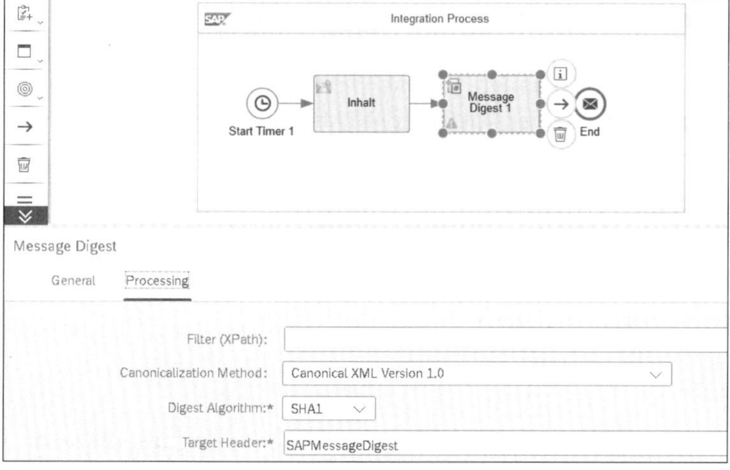

Abbildung 7.39 Standardkonfiguration der Komponente »Message Digest«

Hashwertalgorithmen

Folgende Hashwertalgorithmen stehen Ihnen zur Verfügung:

- MD5 (Message Digest Algorithm 5)
- SHA1 (Secure Hash Algorithm)
- SHA256 (Secure Hash Algorithm mit 256 Bit)
- SHA384 (Secure Hash Algorithm mit 384 Bit)
- SHA512 (Secure Hash Algorithm mit 512 Bit)

Um den Inhalt der Nachricht zur Generierung eines Hashwerts einzuschränken, können Sie optional einen XPath-Filterausdruck konfigurieren. Des Weiteren haben Sie die Möglichkeit, im Feld **Canonicalization Method** die Kanonisierungsmethode auszuwählen:

- **Canonical XML Version 1.0**
  Informationen zu dieser Methode finden Sie unter *http://s-prs.de/v805328*.
- **Canonical XML with Comments Version 1.0**
  Informationen zu dieser Methode finden Sie unter *http://s-prs.de/v805329*.
- **Exclusive XML Canonicalization Version 1.0**
  Informationen zu dieser Methode finden Sie unter *http://s-prs.de/v805330*.
- **Exclusive XML Canonicalization with Comments Version 1.0**
  Informationen zu dieser Methode finden Sie unter *http://s-prs.de/v805331*.
- **None**
  Diese Methode bringt den XML-Code in eine kanonische Form (d. h., das Dokument wird normalisiert). Dadurch werden unnötige Zeichen und Elemente wie beispielsweise bestimmte Leerzeichen entfernt.

Verarbeitung einer Nachricht

Das folgende Beispiel zeigt Ihnen, welcher Wert sich ergibt, wenn man einen beispielhaften Inhalt von der Komponente **Message Digest** mit den Standardeinstellungen bearbeiten lässt.

- **Nachrichteninhalt**
  `<xml>SAP Cloud Integration macht Spaß.</xml>`
- **Header SAPMessageDigest**
  `MVkjEHcIrqn/t69EKiu8SQROwzO=`

Skripte

Falls Sie mit den Standardkomponenten in Ihrem Integrationsszenario nicht weiterkommen sollten, bietet Ihnen SAP Cloud Integration Skript-

Komponenten an. Dabei haben Sie die Wahl, ob Sie Groovy oder JavaScript für das Scripting verwenden möchten. Zum Zeitpunkt der Drucklegung dieses Buchs werden die Versionen Groovy Runtime 2.4.12 und JavaScript Engine (Rhino) 1.7 R4 unterstützt. Des Weiteren können Sie auf Java-APIs zugreifen. Aktuell wird dazu die Java-Version 8 unterstützt.

Wiederverwendbarkeit von Skripten

Bei Bedarf haben Sie die Möglichkeit, externe Skript-Dateien und JAR-Dateien hochzuladen, um Skripte wiederzuverwenden. Um ein vorhandenes Skript zu verwenden, wählen Sie entweder die Schaltfläche **Select** in den Skript-Einstellungen oder klicken im grafischen Kontextmenü der Komponente auf das Symbol **Assign** ( ) (siehe Abbildung 7.40).

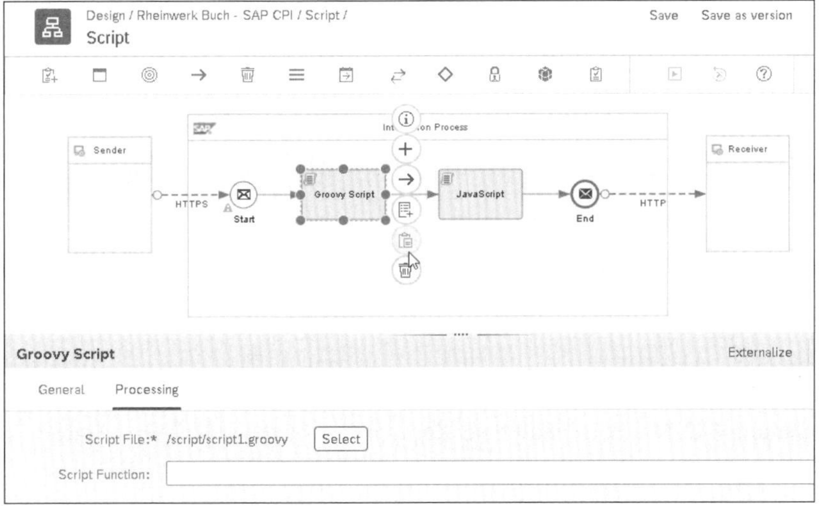

Abbildung 7.40 Vorhandenes Skript über das Kontextmenü des grafischen Modells zuweisen

Es öffnet sich ein Pop-up-Fenster, in dem Sie ein vorhandenes Skript auswählen können. Unten links haben Sie die Option **Upload from File System**, mit der Sie ein Skript auf Ihrem Computer auswählen können (siehe Abbildung 7.41).

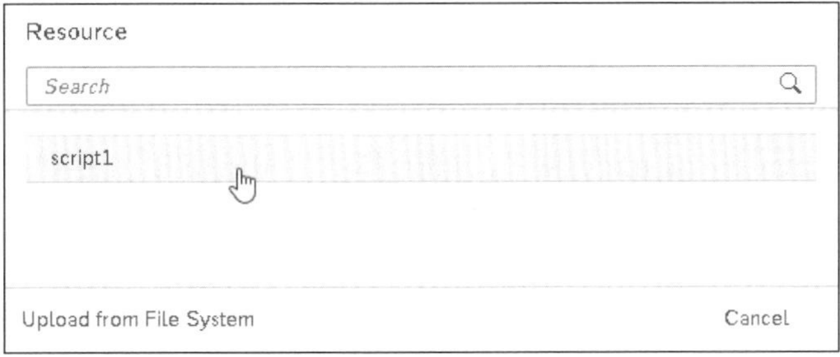

Abbildung 7.41 Pop-up-Fenster zur Skriptauswahl

Vordefinierter Quellcode

Wenn Sie die Skript-Komponente in Ihre Integration einbauen und auf die Schaltfläche **Create** klicken, fügt SAP Cloud Integration ein Standardskript ein, das Ihnen hilft, auf Header-, Property- und Body-Daten zuzugreifen. In Abbildung 7.42 sehen Sie den Code einer Komponente **Groovy Script** mit dem Standardinhalt. Der Funktionsumfang des Editors entspricht dem eines Standardeditors. Es gibt eine Zeilennummerierung und eine farbige Syntaxhervorhebung.

Design / Rheinwerk Buch - SAP CPI / Script / script1.groovy /
script1.groovy
OK Cancel

```
/*
 The integration developer needs to create the method processData
 This method takes Message object of package com.sap.gateway.ip.core.customdev.util
which includes helper methods useful for the content developer:
The methods available are:
    public java.lang.Object getBody()
    public void setBody(java.lang.Object exchangeBody)
    public java.util.Map<java.lang.String,java.lang.Object> getHeaders()
    public void setHeaders(java.util.Map<java.lang.String,java.lang.Object> exchangeHeaders)
    public void setHeader(java.lang.String name, java.lang.Object value)
    public java.util.Map<java.lang.String,java.lang.Object> getProperties()
    public void setProperties(java.util.Map<java.lang.String,java.lang.Object> exchangeProperties)
    public void setProperty(java.lang.String name, java.lang.Object value)
    public java.util.List<com.sap.gateway.ip.core.customdev.util.SoapHeader> getSoapHeaders()
    public void setSoapHeaders(java.util.List<com.sap.gateway.ip.core.customdev.util.SoapHeader> soapHeaders)
       public void clearSoapHeaders()
 */
import com.sap.gateway.ip.core.customdev.util.Message;
import java.util.HashMap;
def Message processData(Message message) {
    //Body
       def body = message.getBody();
       message.setBody(body + "Body is modified");
       //Headers
       def map = message.getHeaders();
       def value = map.get("oldHeader");
       message.setHeader("oldHeader", value + "modified");
       message.setHeader("newHeader", "newHeader");
       //Properties
       map = message.getProperties();
       value = map.get("oldProperty");
       message.setProperty("oldProperty", value + "modified");
       message.setProperty("newProperty", "newProperty");
       return message;
}
```

Abbildung 7.42 Standardinhalt einer Komponente »Groovy Script« im Editor

Ein Syntaxfehler wird vom System erst bei der Ausführung bemerkt. Aus diesem Grund kann es bei größeren Programmierarbeiten sinnvoll sein, eine zusätzliche IDE (Integrated Development Environment) oder einen gut ausgebauten Editor zu verwenden. In Abschnitt 9.4, »Groovy-Skripte mit Atom entwickeln«, werde ich Ihnen einen Editor vorstellen.

Debugging mit Skripten

Neben der Bearbeitung von Nachrichtenflüssen bieten die Skript-Komponenten auch Möglichkeiten, Einfluss auf die Weboberfläche von SAP Cloud Integration zu nehmen. So haben Sie zum Beispiel die Möglichkeit, Ihre Nachrichtenübersicht im Monitoring mit zusätzlichen Reitern zu erweitern, die den aktuellen Stand der Nachrichten mit allen Informationen wie Header, Property und Body anzeigen. Weitere Informationen zu dieser Möglichkeit, Nachrichten zu analysieren, finden Sie in Abschnitt 11.3, »Debugging-Skripte«.

[+]

Weniger ist mehr

Die Skript-Komponenten könnten Sie dazu verleiten, Funktionen, die Ihnen auch über Standardkomponenten in SAP Cloud Integration zur Verfügung stünden, selbst zu schreiben. Mit Blick auf die Lesbarkeit und Wiederverwendbarkeit von Integrationen ist dies jedoch nicht zu empfehlen. Versuchen Sie, die Problemstellung in erster Linie mit den Standardkomponenten und deren Funktionen zu lösen. Greifen Sie nur zu selbst geschriebenen Skript-Komponenten, wenn Sie mit den Standardkomponenten gar nicht weiterkommen.

Sollten Sie Fragen zu Komponenten haben, die in diesem Buch nicht beantwortet werden, hilft Ihnen die SAP Community unter dem Link *https://www.sap.com/germany/community.html* immer gerne weiter.

XML Modifier

XML Modifier ist eine Komponente, die XML-Daten nach ihrem Eingang mit den Funktionen **Remove XML Declaration** und **Remove External DTDs** so überarbeitet, dass diese Daten während der weiteren Verarbeitungsschritte keine Fehler verursachen.

XML Modifier testen

Sie können die Funktionsweise der Komponente **XML Modifier** mit den Daten aus Listing 7.3 testen.

```
<?xml version='1.0' encoding='UTF-8' ?>
<!DOCTYPE validation SYSTEM "validation.dtd">
<root>
<name>Laptop</name>
</root>
```

Listing 7.3 XML-Daten für den Test der Komponente »XML Modifier«

XML-Deklaration entfernen

Mit der Funktion **Remove XML Declaration** wird die komplette Zeile mit dem Tag `<?xml ?>` entfernt (siehe Abbildung 7.43). Als Ergebnis sollten Sie die Daten aus Listing 7.4 erhalten.

```
<!DOCTYPE validation SYSTEM "validation.dtd">
<root>
<name>Laptop</name>
</root>
```

Listing 7.4 Ergebnis nach Anwendung der Funktion »Remove XML Declaration«

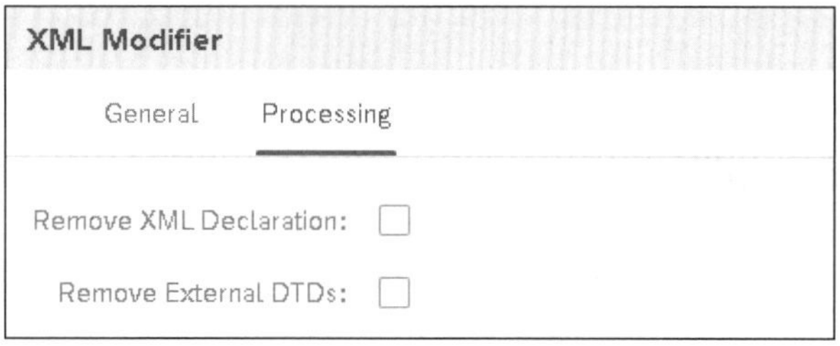

XML Modifier

General Processing

Remove XML Declaration:

Remove External DTDs:

Abbildung 7.43 Einstellungsmöglichkeiten der Komponente »XML Modifier«

!DOCTYPE-Elemente entfernen

Durch die Funktion **Remove External DTDs** werden `!DOCTYPE`-Elemente entfernt. Die Abkürzung DTD steht für **Document Type Declaration**. Eine solche Deklaration kann XML-Daten auf ihre Gültigkeit prüfen. Wenn Sie diese Funktion nutzen, weil Sie eine Fehlermeldung von SAP Cloud Integration erhalten haben, bekommen Sie ein Ergebnis wie aus Listing 7.5.

```
<?xml version='1.0' encoding='UTF-8' ?>
<root>
<name>Laptop</name>
</root>
```

Listing 7.5 Ergebnis nach Anwendung der Funktion »Remove External DTDs«

7.1.7 Prozess- und Systemaufrufe

Die Call-Komponenten untergliedern sich in die Kategorie **External Call** und **Internal Call**. Bei der Rubrik **External Call** geht es um das Kommunizieren mit externen Systemen. Eine solche Kommunikation kann durch das Senden von Nachrichten oder das Anreichern von Daten in der eigenen Integration geschehen. Mit den Komponenten der Rubrik **Internal Call** können Sie Prozesse innerhalb Ihrer Integration aufrufen. Die Komponenten für die internen Prozesse haben Sie in Abschnitt 7.1.2, »Prozesse«, bereits kennengelernt. Aufrufen können Sie diese Prozesse einmalig (Komponente **Process Call**) oder wiederholend in einer Schleife (Komponente **Looping Process Call**).

Komponenten für externe Systemaufrufe

Content Enricher

Die Komponente **Content Enricher** bietet Ihnen die Möglichkeit, den Inhalt Ihrer Integration zu erweitern. Im Gegensatz zu anderen Komponenten wird der Konnektor-Pfeil bei dieser Komponente von der **Receiver**-Komponente zur Komponente **Content Enricher** gezogen und nicht andersherum.

Folgende Adapter stehen für die Komponente **Content Enricher** zur Verfügung:

- **SuccessFactors**
- **Soap1.x**
- **OData**

Aggregationsalgorithmus

Auf dem Reiter **Processing** haben Sie zunächst zwei Einstellungsoptionen im Feld **Aggregation Algorithm** (siehe Abbildung 7.44):

- Die Option **Combine** ermöglicht das Kombinieren von Nachrichten. Dabei werden die Nachrichten untereinander in einem neuen Container mit dem XML-Tag `<multimap:messages xmlns:multimap="http://sap.com/xi/XI/SplitAndMerge">` angeordnet.
- Mit der Auswahl **Enrich** können Sie Ihren Nachrichteninhalt mithilfe von Schlüsselwerten erweitern. Damit die Zugehörigkeit der Datensätze festgestellt werden kann, müssen die Schlüsselwerte übereinstimmen (z. B. Kunde mit der Kunden-ID 5101 und Kundenadresse mit der Adressen-ID 5101).

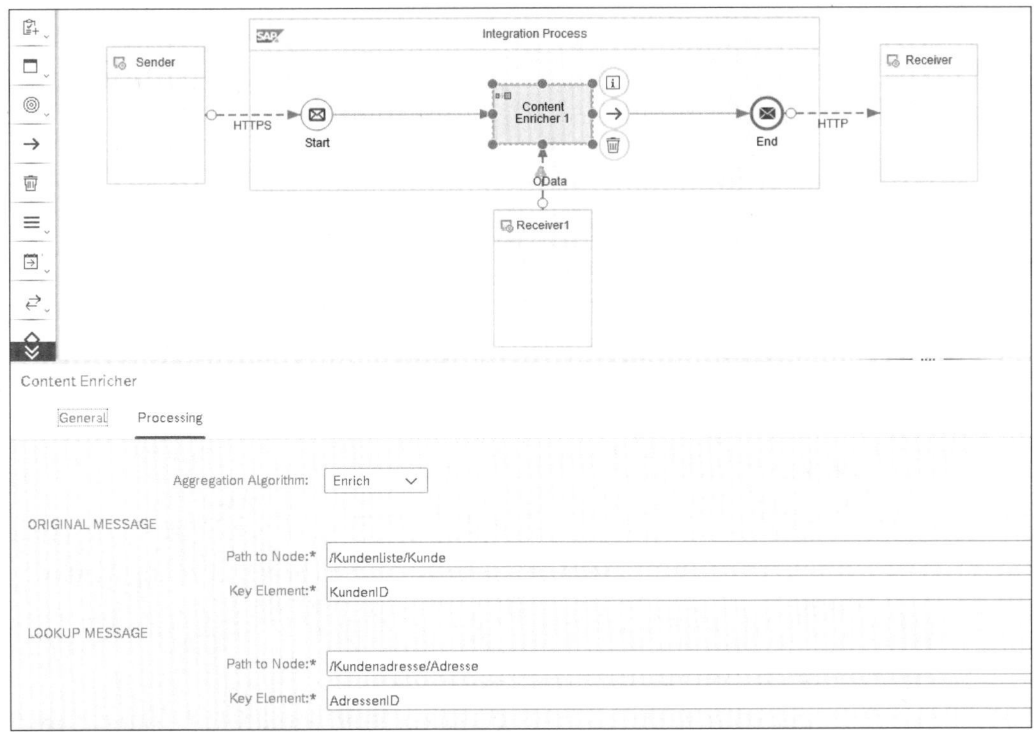

Abbildung 7.44 Konfiguration der Komponente »Content Enricher«

Request Reply

Mit der Komponente **Request Reply** können Sie innerhalb Ihrer Integration andere Systeme aufrufen. Der Aufruf findet synchron statt und hat das Ziel, einen Rückgabewert zu liefern. Konfigurationsmöglichkeiten werden für diese Komponente nicht angeboten. Zur Modellierung der Kommunikation müssen Sie eine Verbindung zu einer Receiver-Komponente ziehen und einen Adapter auswählen (siehe Abbildung 7.45).

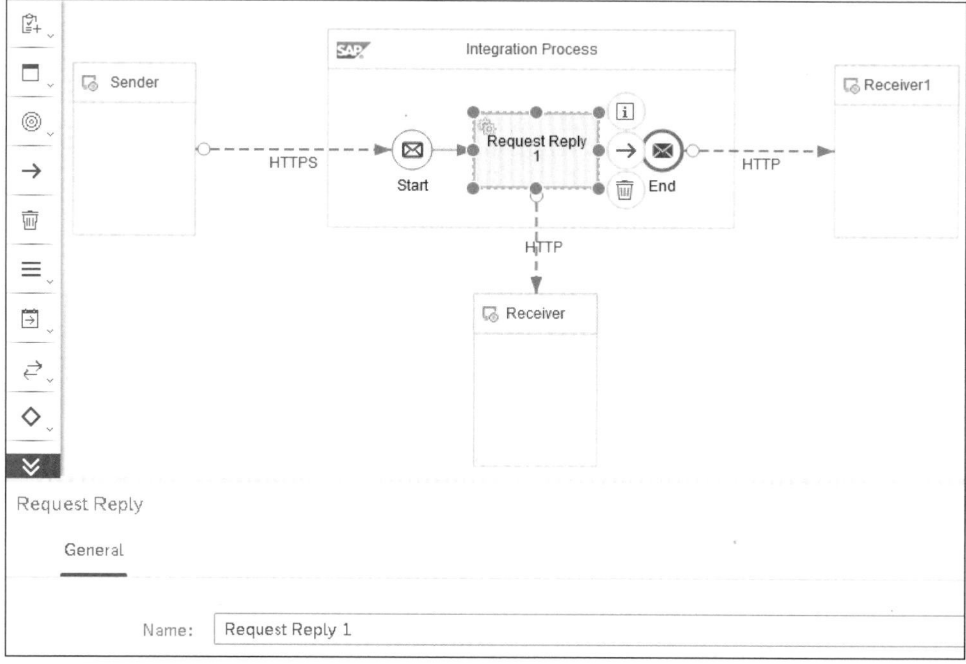

Abbildung 7.45 Modellierung der Komponente »Request Reply«

Send Die Komponente **Send** erlaubt Ihnen das Senden von Nachrichten ohne einen Rückgabewert. Sie wird über einen der folgenden Adapter mit einer Komponente **Receiver** verbunden:

- Mail
- FTP
- SOAP

Die Komponente kann bis auf ihren Namen nicht weiter konfiguriert werden.

Komponenten für lokale Prozessaufrufe

In Abschnitt 7.1.2, »Prozesse«, haben Sie die Komponente **Local Integration Process** kennengelernt, mit der Sie Ihre Integration erweitern und/oder strukturieren können. SAP Cloud Integration bietet Ihnen zum Aufrufen eines lokalen Integrationsprozesses die beiden Komponenten **Process Call** und **Looping Process Call** an.

Process Call

Wenn Sie die Komponente **Process Call** in Ihrem Hauptprozess platziert haben, d. h. in der Komponente **Integration Process**, und auf dem Reiter **Processing** auf die Schaltfläche **Select** klicken, öffnet sich ein Pop-up-Fenster, in dem Sie eine vorhandene Komponente **Local Integration Process** auswählen können (siehe Abbildung 7.46).

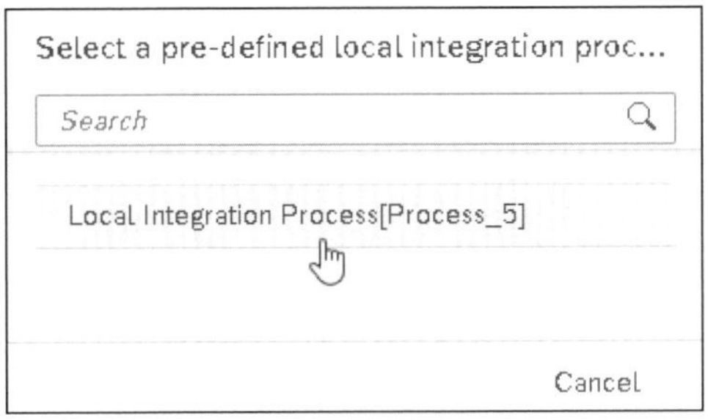

Abbildung 7.46 Pop-up-Fenster zur Auswahl einer Local-Integration-Process-Komponente

Looping Process Call

Die Komponente **Looping Process Call** bietet Ihnen die Möglichkeit, einen lokalen Integrationsprozess nach Ihren Vorgaben mehrmals auszuführen. Dabei haben Sie die Wahl, ob Sie zur Festlegung der Wiederholungen XML oder ein anderes Format (**Non-XML**) verwenden wollen. Bei der Auswahl **Non-XML** können Sie Header- und Property-Informationen nutzen.

Im Feld **Max. Numbers of Iterations** können Sie unabhängig von Ihrer geplanten Wiederholungszahl einen Wert festlegen, bei dessen Erreichen die Schleife abbricht. Wenn die Schleife unterbrochen wird, können Sie entscheiden, ob die Integration weiterlaufen oder ein Fehler ausgelöst werden soll. Diesen können Sie dann mit der Komponente **Exception Subprocess** behandeln. Exemplarische Einstellungen sehen Sie in Abbildung 7.47.

Bedingungsausdrücke

Im Folgenden möchte ich Ihnen noch einige Beispiele für Bedingungsausdrücke zeigen, die Sie im Feld **Condition Expression** eingeben können:

- **XML-Ausdrücke**
  - `//Kundenname = 'Müller'`
  - `//value < 5`
- **Nicht-XML-Ausdrücke**
  - `${header.Vorname} = 'Werner'`
  - `${header.test} contains 'false'`

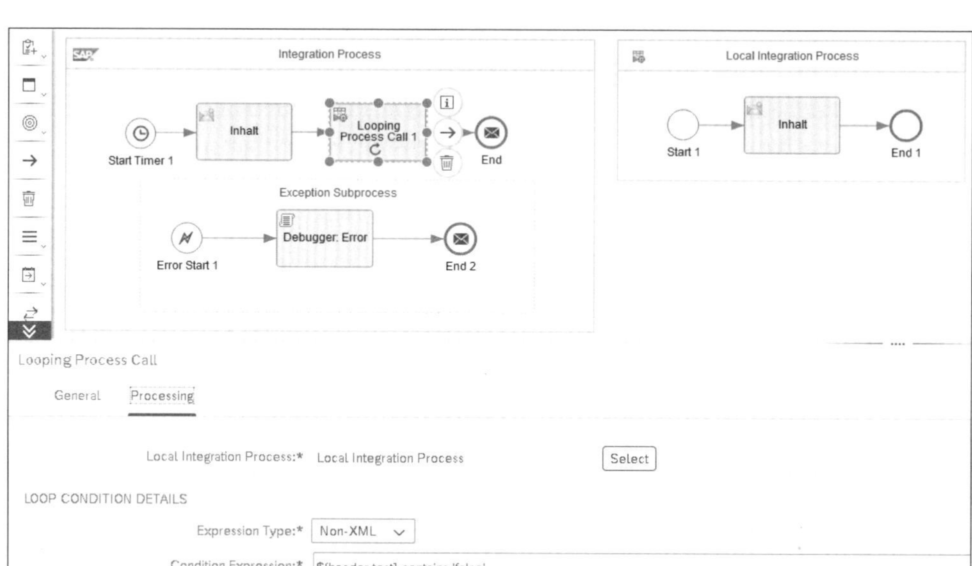

Abbildung 7.47 Konfiguration der Komponente »Looping Process Call«

7.1.8 Routing

Mit den Komponenten innerhalb der Kategorie **Routing** werden Datenströme auf verschiedene Arten aufgeteilt, verbunden oder in eine spezielle Richtung umgeleitet. In dieser Kategorie stehen folgende Komponenten zur Verfügung:

- **Aggregator**
- **Gather und Join**
- **Router**
- **Multicast**
- **Splitter**

Aggregator

Nachrichten zusammenführen

Mit der Komponente **Aggregator** können Sie mehrere eingehende Nachrichten zu einer verbinden. Es werden so lange alle eingehenden Nachrichten miteinander verbunden, bis ein in den Einstellungen der Komponente festgelegter Wert erreicht wird. Der Wert kann durch eine aufsteigende Zahl, eine Zeichenkette oder einen booleschen Wert definiert werden.

Sollte der Wert nicht erreicht werden, wird ein Timeout ausgelöst, und die Integration bricht mit einem Fehler ab. Bis der Wert erreicht wird, werden die Nachrichten im Data Store von SAP Cloud Integration zwischengespeichert. Diesen können Sie über die **Monitor**-Oberfläche einsehen. Die Komponente **Aggregator** kann nicht in lokalen Integrationsprozessen oder Ausnahmeprozessen eingefügt werden.

Konfiguration

In der folgenden Liste stelle ich Ihnen die Einstellungsmöglichkeiten der Komponente **Aggregator** vor (siehe Abbildung 7.48):

- **Correlation Expression**
  Das Feld **Correlation Expression** auf dem Reiter **Correlation** legt den XPath zu einem Element fest, an dem die Komponente Aggregator erkennt, welche Nachrichten zusammengehören.
- **Incoming Format**
  An dieser Stelle geben Sie das Format der eingehenden Nachrichten an, die zusammengeführt werden sollen. Zum Zeitpunkt der Drucklegung dieses Buchs steht nur das XML-Format zur Verfügung.
- **Aggregation Algorithm**
  Im Feld **Aggregation Algorithm** können Sie bestimmen, auf welche Art und Weise das Zusammenfügen der Nachrichten funktionieren soll. Es gibt die Optionen **Combine** und **Combine in Sequence**. Mit der Auswahl **Combine** werden die Nachrichten einfach aneinandergehängt, mit der Auswahl **Combine in Sequence** wird eine bestimmte Reihenfolge eingehalten.
- **Message Sequence Expression**
  Dieses Feld müssen Sie nur ausfüllen, wenn Sie sich im Feld **Aggregation Algorithm** für die Option **Combine in Sequence** entschieden haben. Sie bestimmen hier die Nachrichtenreihenfolge, indem Sie mit XPath den Pfad zum Nummerierungselement festlegen.
- **Last Message Condition**
  Über den XPath-Ausdruck im Feld **Last Message Condition** legen Sie die Bedindung fest, nach deren Erreichen keine Nachrichten mehr zusammengefügt werden. Der XPath-Ausdruck kann beispielsweise wie folgt aussehen: /book/bookid = 7.
- **Completion Timeout (in min)**
  Mit dem Feld **Completion Timeout** legen Sie die Zeit in Minuten fest, nach der die Integration abbricht. Ein Grund für einen derartigen Timeout kann das Nichterreichen der im Feld **Last Message Condition** definierten Bedingung sein.
- **Data Store Name**
  Hier wird der Name für den Data Store festgelegt, dessen Inhalt Sie im Monitor einsehen können.

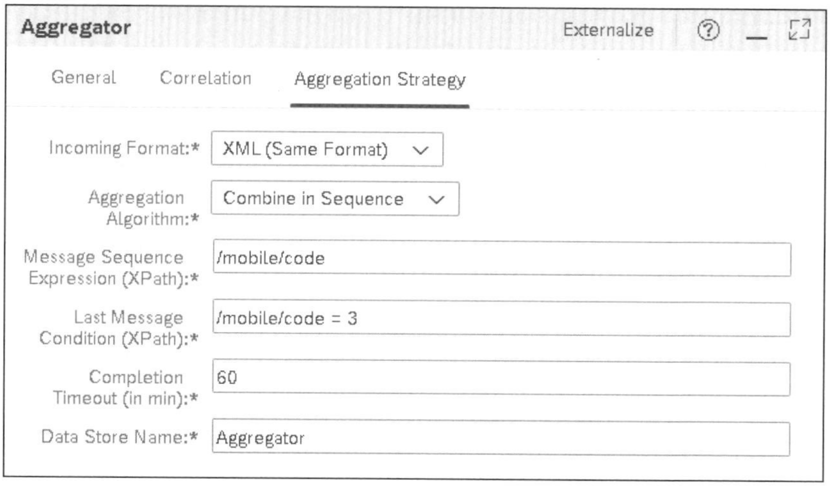

Abbildung 7.48 Einstellungsmöglichkeiten einer Aggregator-Komponente

Gather und Join

Die beiden Komponenten **Gather** und **Join** gehören zueinander. Während die Komponente **Join** mehrere Nachrichtenflüsse zu einem verbindet, ohne die Nachrichten dabei zu verändern, kombiniert die Komponente **Gather** die eingehenden Nachrichten zu einer.

Konfiguration der Komponente »Gather«

Für die Komponente **Gather** legen Sie das Format der eingehenden Nachrichten (**Incoming Format**) und den Kombinierungsalgorithmus (**Aggregation Algorithm**) fest. Das Eingabeformat hat Einfluss auf die Auswahl des Algorithmus.

Für die eingehenden Nachrichten stehen folgende Formate zur Auswahl:

- **Any**
  Bei der Auswahl **Any** werden alle Nachrichten aller Formate miteinander verbunden. Es sind nur die Aggregationsalgorithmen **Tar** und **Zip** möglich.
- **Plain Text**
  Bei der Auswahl **Plain Text** werden einfache Strings miteinander verbunden. Neben **Tar** und **Zip** kann auch der Aggregationsalgorithmus **Concatenate** gewählt werden.
- **XML (Different Format)**
  XML-Daten in unterschiedlichen Formaten werden von den Aggregationsalgorithmen **Combine**, **Tar** und **Zip** unterstützt.
- **XML (Same Format)**
  Wenn die XML-Daten im gleichen Format vorliegen, können die Algorithmen **Combine**, **Combine at XPath**, **Tar** und **Zip** ausgewählt werden.

Zwischen den folgenden Aggregationsalgorithmen wird unterschieden:

- **Combine**
  Der Algorithmus **Combine** kombiniert ohne Bedingungen mehrere XML-Datenpakete zu einem.
- **Combine at XPath**
  Wenn Sie den Algorithmus **Combine at XPath** nutzen, erhalten Sie zwei weitere Eingabemöglichkeiten: **Combine from source (XPath)** und **Combine at target (XPath)**:
  - Mit Ersterer legen Sie fest, auf welchen XML-Knoten sich die Kombination beziehen soll. Der XML-Knoten ist in dem Fall eine Pflichtangabe.
  - Mit **Combine at target (XPath)** können Sie optional den Grund-Knoten festlegen, auf den sich die Komponente **Gather** beziehen kann.
- **Concatenate**
  Mit der Auswahl **Concatenate** werden die Zeichenketten direkt aneinandergehängt.
- **Tar & Zip**
  Mit der Auswahl **Tar & Zip** werden die eingehenden Nachrichten in ein **.tar**- oder ein **.zip**-Archiv gepackt.

Router

Richtungen für Nachrichtenflüsse

Die Komponente **Router** erlaubt es Ihnen, unterschiedliche Richtungen für Ihre Nachrichtenflüsse festzulegen. Die Daten fließen dann nur in die Richtung, die eine bestimmte Bedingung erfüllt. Die Bedingungen legen Sie nicht in den Einstellungsoptionen der Komponente, sondern mit den ausgehenden Verbindungspfeilen fest. Dabei können Sie entscheiden, ob Sie XML- oder Non-XML-Bedingungen verwenden wollen (siehe Abbildung 7.49).

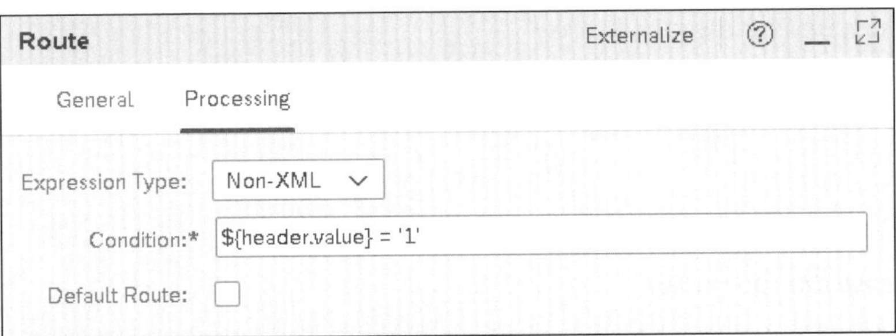

Abbildung 7.49 Auswahl eines Konnektors, der von einer Router-Komponente ausgeht

Mindestens eine ausgehende Verbindung muss als **Default Route** festgelegt sein (rechte Spalte in Abbildung 7.50). Sie können entscheiden, ob die einzelnen ausgehenden Verbindungen mit einem Event beendet oder ob sie mit den Komponenten **Aggregator**, **Gather** oder **Join** wieder zu einem Nachrichtenfluss zusammengefügt werden. Auf dem Reiter **Processing** haben Sie außerdem die Möglichkeit, die Checkbox **Throw Exception** zu aktivieren. Wenn Sie dies tun, muss die Default-Route mit einem **Terminate Message**-Event beendet werden.

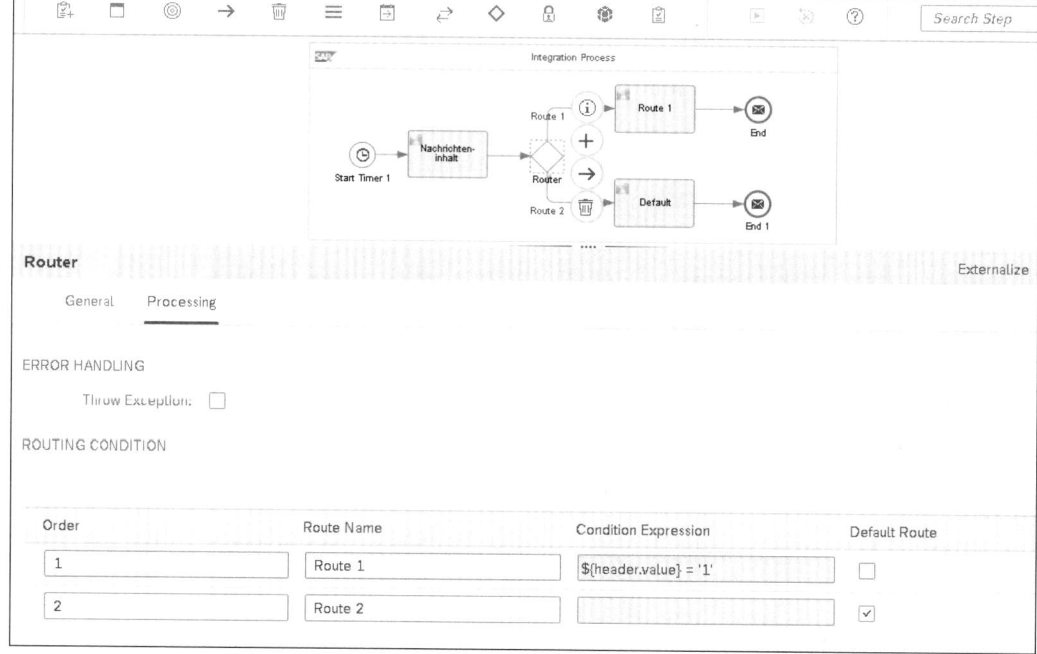

Abbildung 7.50 Konfiguration der Komponente »Router«

[»]

Art des Bedingungsausdrucks

Die SAP empfiehlt als **Expression Type** einer Komponente **Router** entweder **XML** oder **Non-XML**. Andere Einstellungen können zu Evaluierungsfehlern führen.

Multicast-Komponenten

Unter Umständen möchten Sie nicht, dass Ihre Nachrichten nur in eine bestimmte Richtung (in Form sogenannter *Branches*) fließen, sondern in mehrere gleichzeitig. Branches (zu Deutsch »Äste«) werden die einzelnen Routen genannt, die von der Multicast-Komponente ausgehen. Dafür stehen Ihnen die Komponenten **Parallel Multicast** und **Sequential Multicast** zur Verfügung. In Abbildung 7.51 sehen Sie eine einfache Umsetzung dieser beiden Multicast-Komponenten. Der **Branch 1** der Komponente **Parallel Multicast** wird hier aufgrund eines eingebauten Fehlers abbrechen. **Branch 2** mit der Komponente **Sequential Multicast** wird weiterlaufen.

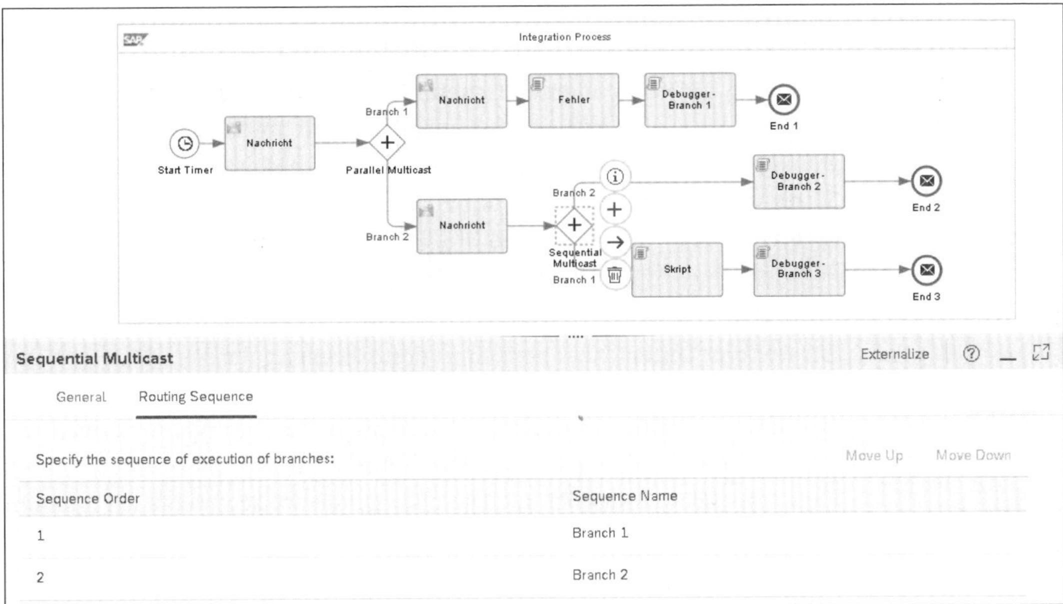

Abbildung 7.51 Komponenten »Parallel Multicast« und »Sequential Multicast« in einem Integrationsprozess

Die Komponente **Parallel Multicast** schickt die Nachrichten gleichzeitig in alle vorhandenen Richtungen. Es gibt für diese Komponente keine Einstellungsmöglichkeiten. Sollte in einer Komponente **Parallel Multicast** mit mehreren Branches, die nicht wieder zusammengefügt werden, ein Fehler auftreten, wird der fehlerfreie Branch dennoch ausgeführt, auch wenn im Monitor ein Fehler angezeigt wird. Werden die Branches aber beispielsweise mit einer Komponente **Gather** zusammengefügt und tritt dann ein Fehler auf, wird der Nachrichtenfluss unterbrochen.

Parallel Multicast

Die Komponente **Sequential Multicast** führt ihre Branches in einer von Ihnen festgelegten Reihenfolge aus. Einstellungsmöglichkeiten finden Sie auf dem Reiter **Routing Sequence**. Dort können Sie mit den Auswahlfeldern **Move Up** und **Move Down** die Reihenfolge der Branches anpassen. Um die Reihenfolge eines Eintrags zu ändern, müssen Sie diesen vorher in der Liste auswählen. Der oberste Eintrag wird zuerst ausgeführt. Sollte bei der Verarbeitung der Komponente **Sequential Multicast** ein Fehler in einem Branch auftreten, werden alle folgenden Branches ebenfalls abgebrochen.

Sequential Multicast

Splitter

Mit den Splitter-Komponenten können Nachrichten abhängig von den von Ihnen definierten Bedingungen in mehrere Nachrichten aufgeteilt werden. Die Einzelnachrichten laufen nacheinander durch die restlichen Komponenten des Integration Flows.

General Splitter und Iterating Splitter

Es werden die Komponenten **General Splitter** und **Iterating Splitter** unterschieden. Sie sind jedoch ähnlich aufgebaut und unterscheiden sich nur in wenigen Bereichen. Beide Splitter-Komponenten können XML-Daten über XPath und Non-XML-Daten über einen Zeilenumbruch (engl. Line Break) aufteilen. Die Komponente **Iterating Splitter** kann die Daten zusätzlich über ein Token (ein Kennzeichen) aufteilen, das ein Zeichen oder eine Zeichenkette sein kann.

Aufteilung von XML-Daten

Ein weiterer Unterschied besteht in der Aufteilung der XML-Daten. Wenn die Komponente **General Splitter** die Daten aufteilt, werden neben dem Zielelement auch die übergeordneten Elemente mit in das Ergebnis aufgenommen. Bei der Komponente **Iterating Splitter** werden die übergeordneten Elemente nicht berücksichtigt. Diese Vorgehensweise möchte ich Ihnen in einem Beispiel zeigen. Der XPath-Ausdruck lautet hier `//regal`.

Die Ausgangsdaten für beide Splitter-Komponenten sehen Sie in Listing 7.6.

```
<bibiliothek>
  <regal>
   <buch>Der kleine Prinz</buch>
   <buch>Der Krieg der Welten</buch>
  </regal>
  <regal>
   <buch>Ilias Odyssee</buch>
   <buch>Die Wahlverwandtschaften</buch>
  </regal>
</bibiliothek>
```

Listing 7.6 XML-Beispieldaten zur Veranschaulichung der XML-Aufteilung

Das Ergebnis bei Verwendung der Komponente **General Splitter** sehen Sie in Listing 7.7.

```
<?xml version='1.0' encoding='UTF-8'?>
<bibiliothek>
  <regal>
   <buch>Der kleine Prinz</buch>
   <buch>Der Krieg der Welten</buch>
  </regal>
```

```
</bibiliothek>

<?xml version='1.0' encoding='UTF-8'?>
<bibiliothek>
  <regal>
    <buch>Ilias Odyssee</buch>
    <buch>Die Wahlverwandtschaften</buch>
  </regal>
</bibiliothek>
```

Listing 7.7 Aufteilung der XML-Daten durch die Komponente »General Splitter«

Das Ergebnis bei Verwendung der Komponente **Iterating Splitter** sehen Sie in Listing 7.8.

```
<?xml version='1.0' encoding='UTF-8'?>
<regal>
   <buch>Der kleine Prinz</buch>
   <buch>Der Krieg der Welten</buch>
</regal>

<?xml version='1.0' encoding='UTF-8'?>
<regal>
   <buch>Ilias Odyssee</buch>
   <buch>Die Wahlverwandtschaften</buch>
</regal>
```

Listing 7.8 Aufteilung der XML-Daten durch die Komponente »Iterating Splitter«

Weitere Einstellungsmöglichkeiten

Zusätzlich bestehen für beide Splitter-Komponenten noch die folgenden Einstellungsmöglichkeiten (siehe Abbildung 7.52).

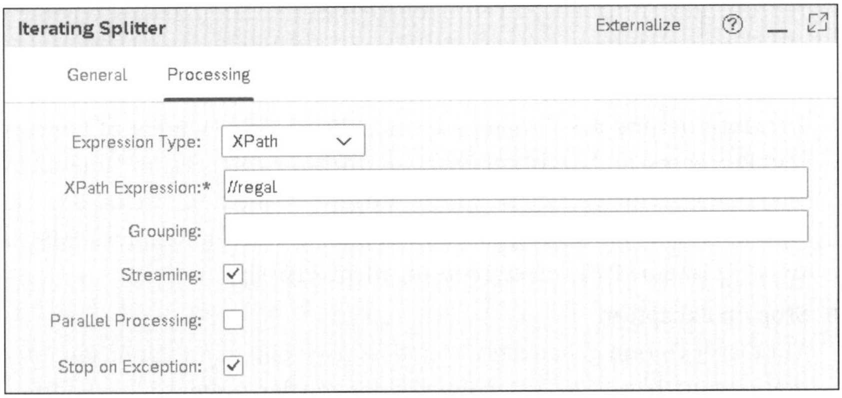

Abbildung 7.52 Einstellungsmöglichkeiten der Komponente »Iterating Splitter«

- **Grouping**
  Mit der Einstellung im Feld **Grouping** können Sie das Ergebnis anhand eines Zahlenwerts zusammenfassen. Würden Sie beispielsweise die Eingabe aus Listing 7.6 mit dem Grouping-Wert »2« versehen, würde das Ergebnis nicht aus zwei, sondern aus einer Ausgabe bestehen. Das Ergebnis beinhaltet in unserem Beispiel dann zwei Regale.

  Sie sollten bei Verwendung der Komponente **Iterating Splitter** bedenken, dass das Ergebnis nicht well-formatted ist (also gut formatiertes XML) und dies zu einem Fehler führen kann, weil das Root-Element fehlt (siehe Listing 7.9):

```
<?xml version='1.0' encoding='UTF-8'?>
<regal>
   <buch>Der kleine Prinz</buch>
   <buch>Der Krieg der Welten</buch>
</regal>
<regal>
   <buch>Ilias Odyssee</buch>
   <buch>Die Wahlverwandtschaften</buch>
```

  Listing 7.9 Ergebnis bei Wahl des Grouping-Werts »2«

- **Streaming**
  Die Checkbox **Streaming** ist standardmäßig aktiviert und sorgt bei großen Datenmengen für eine bessere Performance, indem die Daten nicht im Ganzen in den Speicher geladen werden, sondern Stück für Stück.
- **Parallel Processing**
  Größere Datenmengen werden vom System in kleinere Datenmengen unterteilt und dann weiterverarbeitet. Die Weiterverarbeitung erfolgt standardmäßig seriell. Sie können die Option **Parallel Processing** aktivieren, um die Performance zu erhöhen. Dies kann allerdings zu Problemen wie Timeouts führen. Sie sollten die parallele Prozessierung daher ausgiebig mit der größten zu erwartenden Datenmenge testen.

  Zur Optimierung des Vorgangs können Sie im Feld **Number of Concurrent Processes** die Anzahl der Prozesse sowie die Zeit bis zum Timeout in Sekunden festlegen. Diese Einstellungen erscheinen, wenn Sie die Option **Parallel Processing** ausgewählt haben. Mit den Adaptern JMS, XI und AS2 ist eine Parallelverarbeitung nicht zulässig.
- **Stop on Exception**
  Mit dieser Option gehen Sie sicher, dass nach einem erfolgreichen Integrationsdurchlauf alle Daten ohne Fehler von der ausgewählten Splitter-Komponente verarbeitet werden.

Die Komponente **IDoc Splitter** benötigen Sie, wenn Sie vom Sendersystem zusammenhängende Intermediate Documents (IDocs) bekommen und das Zielsystem nur einzelne IDocs verarbeiten kann. Für diesen Splitter existieren keine Einstellungsmöglichkeiten. Nach jeder Übertragung erhalten Sie vom Zielsystem den Header mit IDoc-Informationen als Rückgabewert.

IDoc Splitter

Im Namen der Komponente **PKCS#7/CMS Splitter** steht das CMS für *Cryptographic Message*. Dabei handelt es sich um einen Standard der *Internet Engineering Task Force* (IETF). OKCS#7 steht für den *Public-Key Cryptography Standard Nr. 7*. Eine auf diesem Standard basierende verschlüsselte Nachricht besteht aus einem Bereich für den Inhalt und einen für die Signatur. Mit der Komponente **PKCS#7/CMS Splitter** können beide Bereiche voneinander getrennt werden.

PKCS#7/CMS Splitter

Die ersten beiden Eingaben auf dem Reiter **Processing** sind die Namen des Inhalts und der Signatur, nachdem sie getrennt worden sind. Durch die Option **Payload First** wird nach dem Trennen der beiden Elemente der Nachrichteninhalt zuerst weitergegeben. Mit den Funktionen **Base64 Payload** und **Base64 Signature** können Sie die beiden Bereiche nach dem Split codieren (siehe Abbildung 7.53).

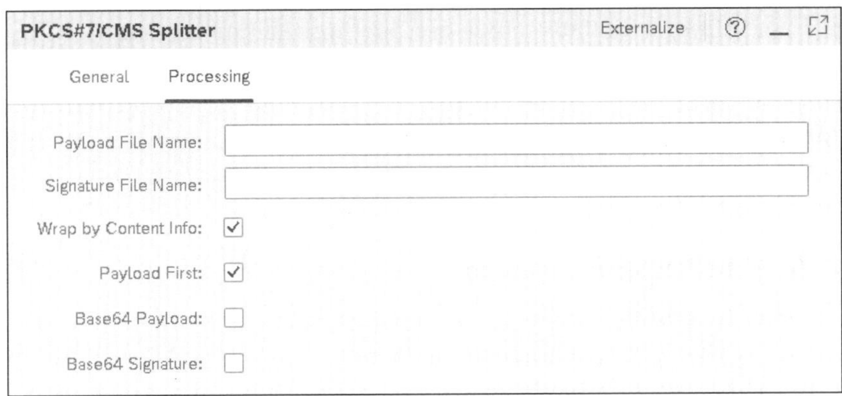

Abbildung 7.53 Einstellungsmöglichkeiten der Komponente »PKCS#7/CMS Splitter«

Tar ist ein Format, mit dem Daten in einer Datei kombiniert werden, um diese leichter verarbeiten zu können. Dabei bleiben Informationen wie Benutzerberechtigungen und Verzeichnisstrukturen erhalten. **Zip** dient der verlustfreien Komprimierung von Dateien, dabei bleiben die Verzeichnisstrukturen erhalten. Wenn Sie in den für diese Formate bereitgestellen Splitter-Komponenten keine Einstellungsänderungen vornehmen, werden alle Dateien aus den beiden Archivtypen verarbeitet. Sollten Sie nur einen speziellen Dateityp extrahieren wollen, geben Sie diesen im Feld **File Name**

Tar- und Zip-Splitter

Pattern an. Dies kann zum Beispiel der Dateityp »*.xml« sein. Durch diese Eingabe werden alle XML-Dateien aus dem Archiv geholt. Mit der Option **Stop on Exception** wird die Integration bei Problemen während des Aufteilens mit einem Fehler abgebrochen. Standardmäßig ist diese Einstellung aktiv (siehe Abbildung 7.54).

Die MIME-Typen für die beiden Formate sind:

- **.tar** = *application/x-tar*
- **.zip** = *application/zip*

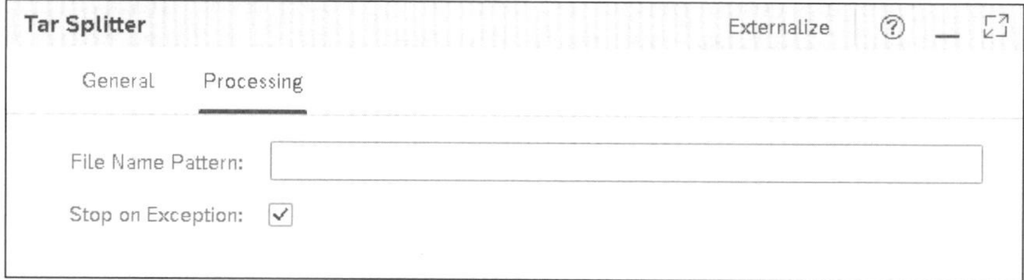

Abbildung 7.54 Einstellungsmöglichkeiten der Komponente »Tar Splitter«

EDI Splitter

Die Komponente **EDI Splitter** teilt EDI-Nachrichten in mehrere Nachrichten auf. Der Splitter steht Ihnen nur in der Enterprise Edition von SAP Cloud Integation sowie in der Trial-Version zur Verfügung. Auf dem Reiter **Processing** können Sie die parallele Verarbeitung aktivieren. Auf den Reitern **EDIFACT** und **X12** haben Sie die Möglichkeit, die Nachrichtenvalidierung und eine Empfangsbestätigung zu konfigurieren.

7.1.9 Sicherheitskomponenten

Im Bereich **Security** werden alle sicherheitsrelevanten Komponenten zusammengestellt. Dazu gehören Komponenten zum Ver- und Entschlüsseln von Nachrichten, zum Signieren von Nachrichten sowie zum Prüfen von Signaturen.

Verschlüsselungs- und Entschlüsselungskomponenten

Verschlüsselungsverfahren

SAP Cloud Integration unterstützt derzeit die Verschlüsselungsverfahren *Pretty Good Privacy* (PGP) und Public-Key. Außerdem wird das Verfahren PKCS #7/CMS unterstützt, das bereits im Kontext der Splitter-Komponenten in Abschnitt 7.1.8, »Routing«, erwähnt wurde.

PKCS7/CMS

Folgende PKCS7/CMS-Algorithmen werden unterstützt:

- AES/CBC/PKCS5Padding
- ARCFOUR/ECB/NoPadding

- Camellia/CBC/PKCS5Padding
- DES/CBC/PKCS5Padding
- DESede/CBC/PKCS5Padding
- RC2/CBC/PKCS5Padding
- CAST5/CBC/PKCS5Padding

PGP

Beim Entschlüsseln von PGP-verschlüsselten Nachrichten ist der Konfigurationsaufwand gering. Sie können auf dem Reiter **Processing** lediglich auswählen, ob Sie eine Signatur mit der Benutzer-ID in der eingehenden Nachricht nicht erwarten, eventuell erwarten oder auf jeden Fall erwarten.

Es werden die folgenden PGP-Algorithmen unterstützt:

- AES
- Blowfish
- CAST5
- DESede
- Twofish

Komponenten für Signaturen und Überprüfungen

Mit den Komponenten in der Kategorie **Signer & Verifier** haben Sie die Möglichkeit, Ihre ausgehenden Nachrichten zu signieren und eingehende signierte Nachrichten zu überprüfen. Dadurch kann Ihr Gegenüber sicherstellen, dass die empfangene Nachricht von Ihnen ist.

Komponente »Signer«

Durch die Komponenten **Signer** werden Nachrichten über einen privaten Schlüssel signiert. Im Anschluss werden die Nachrichten an mögliche Empfängersysteme versendet. SAP Cloud Integration bietet Ihnen die drei folgenden Signer-Komponenten an:

- **PKCS7 Signer**
- **Simple Signer**
- **XML Digital Signer**

Komponente »Verifier«

Die Verifier-Komponenten bilden jeweils das Gegenstück zu den Signer-Komponenten. Sie können die Nachrichten mit einem öffentlichen Schlüssel überprüfen. In SAP Cloud Integration stehen Ihnen die folgenden Verifier-Komponenten zur Verfügung:

- **PKCS7 Signature Verifier**
- **XML Signature Verifier**

7.1.10 Persistierung

Arten der Nachrichtenspeicherung

Die Komponenten in der Kategorie **Persistence** beschreiben die Möglichkeit, Daten zu speichern. Dafür werden Ihnen drei verschiedene Komponenten angeboten. Mit der Komponente **Write Variables** können Sie einzelne Werte in Variablen zwischenspeichern. Für ganze Nachrichten empfiehlt sich der Data Store oder der Speicher der Komponente **Persist**.

Langfristige Speichermöglichkeiten

Unabhängig davon, welche Art von Datenspeicherung Sie verwenden, sollten Sie bedenken, dass der Speicherplatz eines Tenants standardmäßig bei maximal 32 GB liegt. Des Weiteren sollten Sie im Hinterkopf behalten, dass SAP Cloud Integration kein Datenbanksystem ist. Wenn Sie eine langfristige Speicherung von Daten wünschen, sollten Sie ein zusätzliches System dafür anschaffen.

Data-Store-Operationen

Mit den Komponenten der Kategorie **Data Store Operations** speichern Sie den aktuellen Nachrichteninhalt. Es gibt die folgenden vier Komponenten für Data-Store-Operationen:

- **Write**
- **Get**
- **Select**
- **Delete**

Nachricht mit »Write« speichern

Sie speichern die Nachrichteninhalte an der Stelle innerhalb Ihrer Integration, an der die Nachricht auf die Komponente **Write** trifft. Abbildung 7.55 zeigt Ihnen ein Beispiel zur Anlage eines Data Stores.

Sie können für die Write-Komponente die folgenden Einstellungen auf dem Reiter **Processing** vornehmen:

- **Data Store Name**
  Das Feld **Data Store Name** ist ein Pflichtfeld, das Sie ausfüllen müssen, um einen neuen Data Store zu erstellen oder einen vorhandenen weiter zu befüllen. Die maximale Länge des Namens beträgt 40 Zeichen. Sie können auch Header- und Property-Variablen verwenden.
- **Visibility**
  Im Feld **Visibility** legen Sie fest, ob Sie die Daten später nur von der Integration aus abrufen können, in der der Data Store erstellt wurde, oder global von jeder Integration aus.

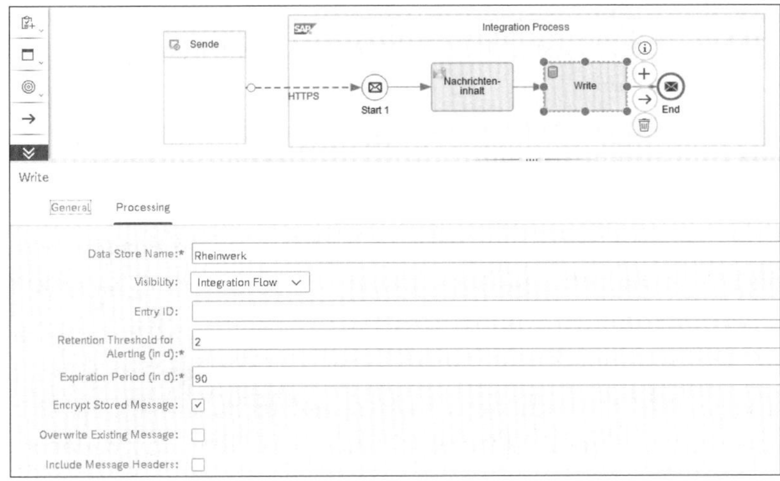

Abbildung 7.55 Konfiguration der Komponente »Write« zum Speichern einer Nachricht im Data Store

- **Entry ID**
  Ein Data Store kann mehrere Einträge mit Daten beinhalten. Die Entry ID stellt die ID eines Eintrags dar. Wenn Sie keine eigene ID vergeben, legt die Komponente eine zufällige ID an.
- **Retention Threshold for Alerting (in d)**
  Im Feld **Retention Threshold for Alerting (in d)** wird die Zeit in Tagen festgelegt, nach deren Ablauf ein Alarm ausgelöst wird. Alarm bedeutet in diesem Kontext, dass im Data Store die Meldung **Overdue** in roter Schrift auftaucht. Der Standardwert beträgt zwei Tage.
- **Expiration Period (in d)**
  Nach Ende der Ablaufperiode werden ältere Data-Store-Elemente gelöscht. Standardmäßig sind 90 Tage im Feld **Expiration Period (in d)** eingestellt. Dieser Wert kann bis auf 180 Tage erhöht werden. Als Empfehlung gilt, dass der niedrigste Wert doppelt so hoch sein sollte wie der Wert im Feld **Retention Threshold for Alerting**.
- **Encrypt Stored Message**
  Die Auswahl **Encrypt Stored Message** verschlüsselt die Nachrichten nur im Backend. Wenn Sie die Daten aus dem Data Store laden, sind diese nicht verschlüsselt.
- **Overwrite Existing Message**
  Mit der Checkbox **Overwrite Existing Message** werden vorhandene Einträge (Eintrag-IDs) im Data Store überschrieben. Wird die Checkbox nicht aktiviert und es wird versucht, die gleiche Eintrags-ID ein weiteres Mal zu verwenden, bricht die Integration mit der folgenden Meldung ab:

»com.sap.esb.datastore.DuplicateEntryException: An entry with id <Entry ID> does already exist in data store <Data Store> with qualifier Data_Store_Operations«

Der Fehler kann nicht mit einer Komponente **Exception Subprocess** behandelt werden.

- **Include Message Headers**
  Durch die Markierung der Checkbox **Include Message Headers** werden alle Header-Variablen mit Ausnahme von Camel* und SAP_* gespeichert.

Data-Store-Eintrag im Monitor prüfen

Wenn Sie überprüfen möchten, ob die Daten wie gewünscht gespeichert wurden, rufen Sie im **Monitor**-Bereich die Kachel **Manage Data Stores** auf. Dort sollte in der Übersicht der Data Stores auf der linken Seite ein Eintrag mit dem Namen Ihres Data Stores auftauchen. Weitere Informationen erhalten Sie in Abschnitt 5.5.1, »Nachrichten speichern«.

Abbildung 7.56 Anzeige eines angelegter Data Stores in der Anwendung »Manage Data Stores«

Um Daten aus dem Data Store zu lesen, können Sie entweder die **Get**- oder die **Select**-Komponente verwenden. Sie sollten daran denken, dass eine Nachricht, die im Data Store gelesen wird, den aktuellen Nachrichteninhalt überschreibt.

Data Store auslesen mit »Get«

Mit der *Get*-Komponente können Sie die Informationen aus einem speziellen Data-Store-Eintrag für Ihre Integration nutzbar machen. Wenn Sie diese Komponente nutzen möchten, haben Sie die folgenden Eingabemöglichkeiten:

- **Data Store Name**
  Das Feld **Data Store Name** ist das einzige Pflichtfeld bei der Konfiguration der Komponente Get. Die Zeichenlänge darf 40 nicht überschreiten, ansonsten wird ein Fehler angezeigt. Sie können den Namen mit Header- und Property-Variablen auch dynamisch gestalten.

- **Visibility**
  Die Sichtbarkeit sollte im Feld **Visibility** mitgegeben werden, weil ein Data-Store-Name mehrmals vorhanden sein kann, einmal global und einmal für jede einzelne Integration. Wenn ein Data Store die falsche Sichtbarkeitseinstellung hat, erhalten Sie folgenden Fehlertext:

  »An internal server error occured: No message found for id <Entry ID> in store <Data Store Name> for integration flow <Integration ID>«

- **Entry ID**
  Die Entry ID beschreibt einen Eintrag in einem Data Store. Wenn Sie die Eintrags-ID in der Komponente **Get** nicht definiert haben, können Sie auch den SAP-Header `SapDataStoreId` nutzen.

- **Delete on Completion**
  Wenn Sie einen verwendeten Eintrag direkt löschen wollen, markieren Sie die Checkbox **Delete on Completion**.

- **Throw Exception on Missing Entry**
  Die Funktion **Throw Exception on Missing Entry** ist standardmäßig aktiv und löst einen Fehler aus, wenn die Eintrags-ID im Data Store nicht vorhanden sein sollte. Wenn Sie die Funktion nicht nutzen wollen, können Sie den Header `SAP_DatastoreEntryFound` auf den Wert `true` oder `false` hin prüfen.

In Abbildung 7.57 sehen Sie eine exemplarische Konfiguration, bei der der Data Store »Rheinwerk« von einer Komponente **Get** ausgelesen wird. Die Eintrags-ID wird hier über Postman mit dem Header `SapDataStoreId` mitgegeben. Der Rückgabewert stellt den Inhalt aus dem Eintrag dar.

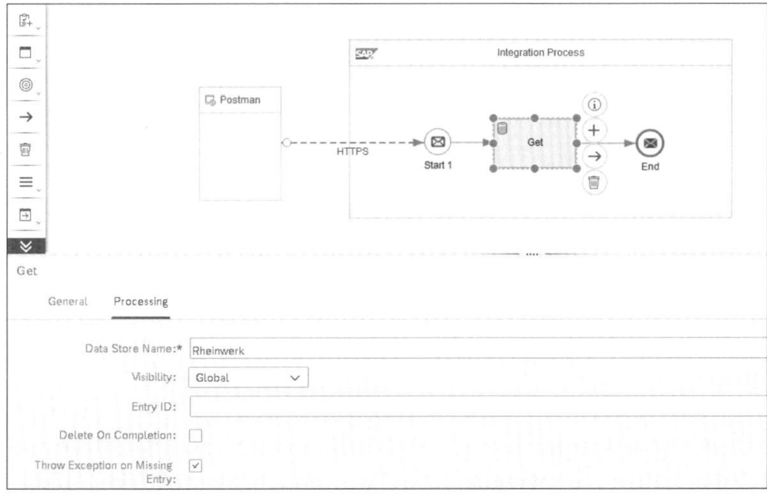

Abbildung 7.57 »Get«-Komponente liest Data Store aus

Data Store auslesen mit »Select«

Mithilfe der Komponente **Select** können Sie eine Vielzahl von Data-Store-Einträgen in einer gebündelten Nachricht aus dem Data Store abrufen. Dabei können die folgenden Einstellungen vorgenommen werden (siehe Abbildung 7.58):

- **Data Store Name**
  Der Data-Store-Name lässt sich wie bei der Komponente **Get** mit Header- und Property-Variablen dynamisch definieren und ist auf maximal 40 Zeichen begrenzt.
- **Visibility**
  Im Feld **Visibility** legen Sie fest, ob Sie auf einen Data Store zugreifen, der global für alle oder nur für eine bestimmte Integration zur Verfügung steht.
- **Number of Polled Messages**
  Mit dem Wert im Feld **Number of Polled Messages** legen Sie fest, wie viele Nachrichten im Rahmen eines Aufrufs abgerufen werden sollen. Der Standardwert beträgt 1.
- **Delete On Completion**
  Die Auswahl **Delete On Completion** löscht einen Data-Store-Eintrag, direkt nachdem die Daten ausgelesen wurden.

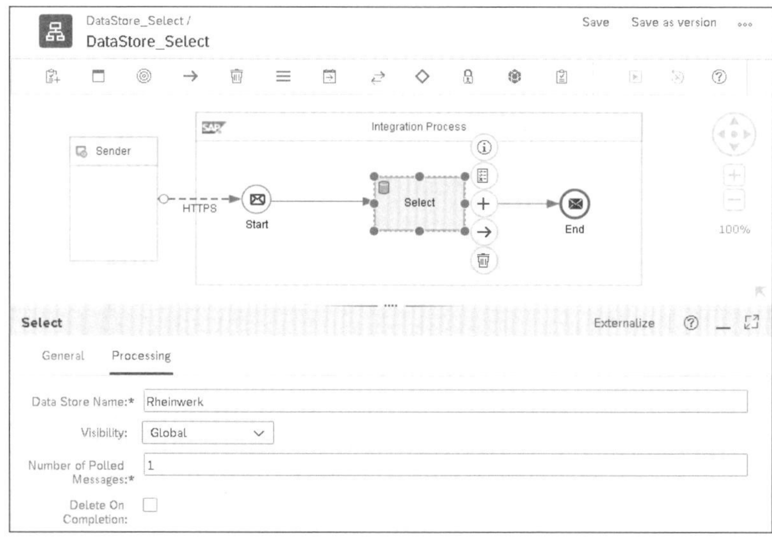

Abbildung 7.58 Konfiguration der Select-Komponente zum Auslesen des Data Stores

Data-Store-Eintrag löschen

Mit der *Delete*-Komponente können Sie Einträge aus einem Data Store entfernen. Dabei haben Sie folgende Einstellungsmöglichkeiten (siehe Abbildung 7.59):

- **Data Store Name**
  Das Feld **Data Store Name** ist ein Pflichtfeld und verweist auf einen Data-Store-Container.
- **Visibility**
  Im Feld **Visibility** legen Sie die Sichtbarkeit des Data-Store-Containers fest.
- **Entry ID**
  Mit der Eintrags-ID greifen Sie auf einen speziellen Eintrag in dem eingetragenen Data-Store-Container zu.

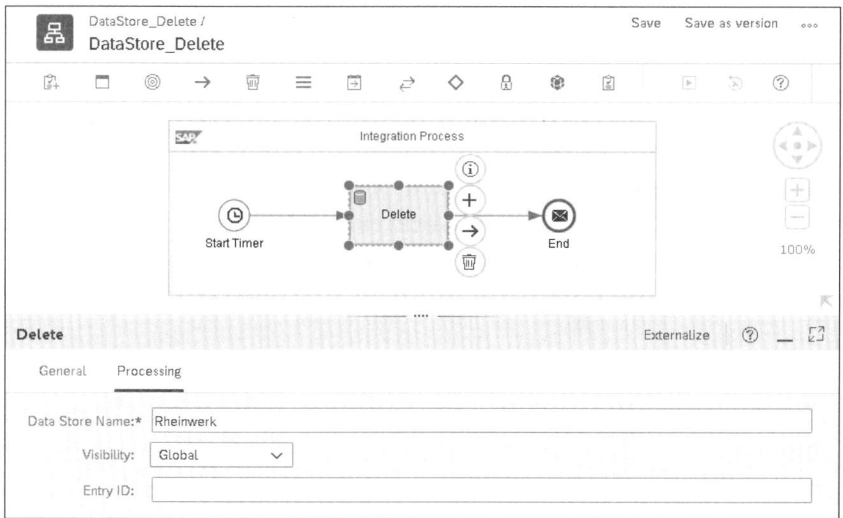

Abbildung 7.59 Konfiguration der Komponente »Delete« zum Löschen eines Data-Store-Eintrags

Persist Message

Neben dem Data Store eröffnet die Komponente **Persist Message** eine weitere Möglichkeit, größere Datenmengen zwischenzuspeichern. Für die Inhalte der über die Komponente **Persist Message** gespeicherten Daten gibt es jedoch keine Kachel im **Monitor**-Bereich oder sonstige Betrachtungsmöglichkeiten. Es gibt keine Komponente zum Abrufen der Daten; stattdessen müssen Sie dazu einen API-Aufruf verwenden.

Daten speichern

Wenn Sie eine Nachricht mit der Komponente **Persist Message** zwischenspeichern wollen, ziehen Sie mit gedrückter Maustaste die Komponente in das grafische Modell Ihrer Integration. Auf dem Reiter **Processing** gibt es zwei Konfigurationsoptionen:

- **Step ID**
  Im Feld **Step ID** vergeben Sie einen eindeutigen Namen für den zu speichernden Schritt (den aktuellen Stand der Nachricht) des Integration Flows, der beispielsweise den aktuellen Nachrichtenstatus beschreibt.
- **Encrypt Stored Message**
  Bei Bedarf kann die Nachricht verschlüsselt werden. Die Checkbox **Encrypt Stored Message** ist standardmäßig aktiviert. Als Verschlüsselungsmethode dient der Advanced Encryption Standard (AES) mit einer Länge von 128 Bits. Der Schlüssel ist für jeden Tenant der SAP BTP unterschiedlich und wird in regelmäßigen Abständen erneuert. Nachricht und Schlüssel werden in unterschiedlichen Datenbanken aufbewahrt.

Beispiel zur Nachrichtenspeicherung

Es wird der Nachrichtenzustand gespeichert, der vorliegt, wenn die Ausführung des Integration Flows die Komponente **Persist Message** erreicht. In Abbildung 7.60 sehen Sie eine Integration, in der eine Nachricht über einen Client per HTTPS ankommt, von einem **JSON To XML Converter** in das XML-Format umgewandelt und anschließend von der Komponente **Persist Message** unter der Schritt-ID `xmlData` gespeichert wird.

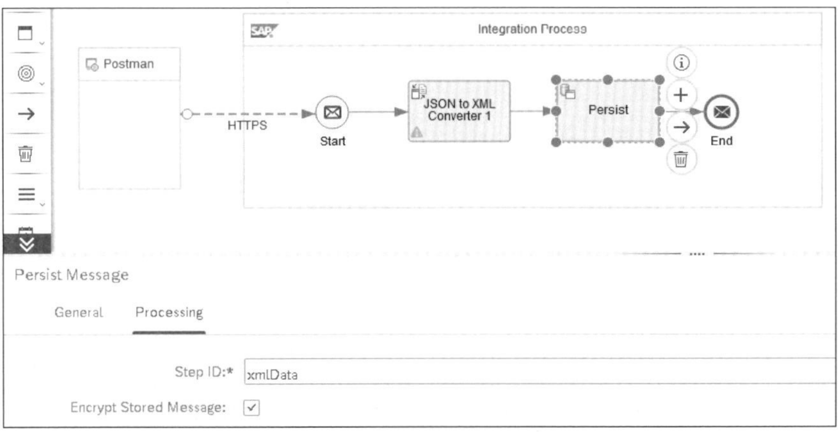

Abbildung 7.60 Nachricht mit der Komponente »Persist Message« zwischenspeichern

Persistierte Nachricht abfragen

Um die Nachricht aus dem Backend-Speicher zu laden, können Sie einen HTTP-Client wie Postman oder die Komponente **Request Reply** in SAP Cloud Integration verwenden. Weitere Informationen zu Postman erhalten Sie in Abschnitt 9.1, »HTTP-Anfragen mit Postman verschicken«.

Rufen Sie die folgende URL auf, um Informationen über einen Datensatz zu erhalten:

https://<Tenant>/api/v1/MessageProcessingLogs('<Message ID>')/MessageStoreEntries

Daraufhin erhalten Sie die Antwort aus Listing 7.10.

```
<m:properties>
    <d:Id>sap-it-res:msg:<Subaccount Technical Name>
       :d4184eb1-89b8-4c9f-bd47-026ecabbec08</d:Id>
    <d:MessageGuid>AF-YGffdjtRVs_ubnjlXWUrk9oJ6</d:
       MessageGuid>
    <d:MessageStoreId>xmlData</d:MessageStoreId>
    <d:TimeStamp>2020-10-27T13:00:40.11</d:TimeStamp>
    <d:HasAttachments>false</d:HasAttachments>
</m:properties>
```

Listing 7.10 Beispielinformationen eines persistierten Datensatzes

Die Nachrichten-ID erhalten Sie als Rückgabewert im Header SAP_MessageProcessingLogID einer Integration oder können sie im **Monitor**-Bereich unter **Monitor Message Processing** auf dem Reiter **Properties** unter dem Namen **Message ID** einsehen. Abbildung 7.61 zeigt Ihnen die Header-Variable SAP_MessageProcessingLogID, wenn man die Ergebnisse im Log Level **Trace** betrachtet. Nach dem Aufruf der API erhalten Sie folgende weitere Informationen:

- **Nachrichteninhalt**
  MessageStoreEntries('<ID>')/$value
- **Anhänge der Nachricht**
  MessageStoreEntries('<ID>')/Attachments
- **Properties der Nachricht (Header-Werte)**
  MessageStoreEntries('<ID>')/Properties

Message before Step Download

Header Exchange Properties Payload

Name	Value
Header	HeaderValue
SAP_MessageProcessingLogID	AGCFfBHfc6p5smlcdUSgFDRe0cT3
SAP_MplCorrelationId	AGCFfBEZy5GFN0fE-pusetrwB_Ql
SAP_PregeneratedMplId	AGCFfBE1xbXdBzWisQs1wYN0eVkM

Abbildung 7.61 Header-Variablen während der Bearbeitung einer Nachricht

Write Variables

Es gibt Integrationsszenarien, in denen Sie Werte zwischenspeichern wollen, um diese später zu nutzen. Dies kann innerhalb einer Integration oder global über mehrere Integrationen hinweg die Anforderung sein. Daten, die während der Laufzeit im Header oder den Properties einer Integration gespeichert werden, existieren jedoch nach dem erfolgreichen Integrationsdurchlauf nicht mehr. Um Werte im nächsten Integrationslauf nutzbar zu machen, gibt es die Komponente **Write Variables**. Gespeicherte Variablen können Sie im Monitoring unter **Manage Stores • Variables** einsehen.

Um eine gespeicherte Variable lesen zu können, benötigen Sie eine Komponente **Content Modifier** (siehe Abschnitt 7.1.6, »Transformationen«). In dieser Komponente legen Sie einen neuen Wert an und verweisen auf eine angelegte Variable.

Variable anlegen

Die Komponente **Write Variables** ist ähnlich wie die Komponente **Content Modifier** aufgebaut. Klicken Sie auf dem Reiter **Processing** auf die Schaltfläche **Add**, um einen neuen Eintrag zu erstellen. Legen Sie einen Namen fest, über den sich die Variable später in der Integration leicht aufrufen und im Monitoring identifizieren lässt. In der Spalte **Type** stehen Ihnen die folgenden Werte zur Verfügung:

- **Constant**
- **Expression**
- **Header**
- **Property**
- **XPath**

Datentypen

Die einzelnen Typen, Datentypen und die dazugehörigen Werte habe ich in Abschnitt 7.1.6, »Transformationen«, unter der Überschrift »Content Modifier« detaillierter erklärt.

Mit der Checkbox **Global Scope** legen Sie fest, ob die Variablen nur in dieser Integration oder global für alle Integrationen zur Verfügung steht. In Abbildung 7.62 wird eine Variable für die globale Nutzung angelegt. Als Quellwert dient hier ein Header-Wert.

Variable im Monitor einsehen

Sobald die Integration durchgelaufen ist, steht die Variable im **Monitor**-Bereich zur Einsicht zur Verfügung. Weitere Informationen zum Monitoring von gespeicherten Variablen finden Sie in Abschnitt 5.5.2, »Variablen speichern«.

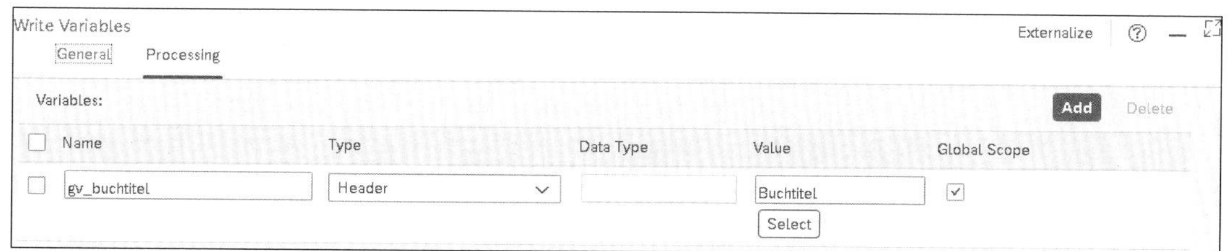

Abbildung 7.62 Neue globale Variable anlegen

Abbildung 7.63 zeigt die zuvor angelegte Variable in der Anwendung **Manage Variables** im Monitoring. Der Inhalt im Pop-up-Fenster **Content** wird Ihnen angezeigt, wenn Sie die Variable auswählen. Vom Pop-up-Fenster leicht verdeckt ist die Sichtbarkeitseinstellung **Global** zu erkennen.

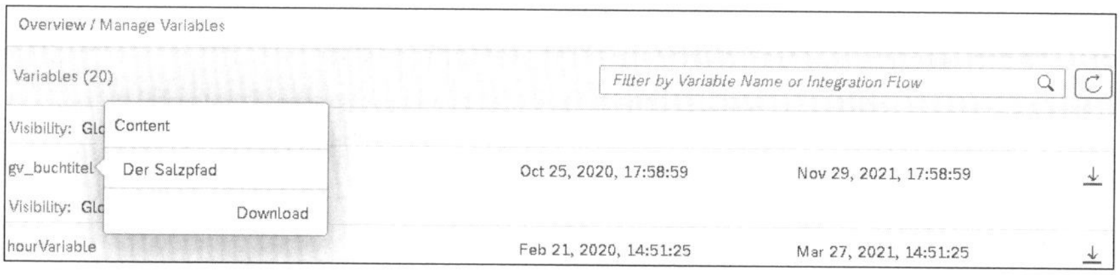

Abbildung 7.63 Neu angelegte globale Variable im Monitoring

Variablenzugriff

Auf die Variable können Sie mithilfe einer Komponente **Content Modifier** zugreifen (siehe Abbildung 7.64). Legen Sie für den Aufruf eine neue Header- oder Property-Variable an. Wählen Sie als **Type** entweder **Global Variable** oder **Local Variable**. In der Spalte **Value** müssen Sie den Namen der Variablen verwenden, den Sie in der Komponente **Write Variables** vergeben haben. Mithilfe der Header- oder Property-Variablen können Sie jetzt auf die Werte zugreifen.

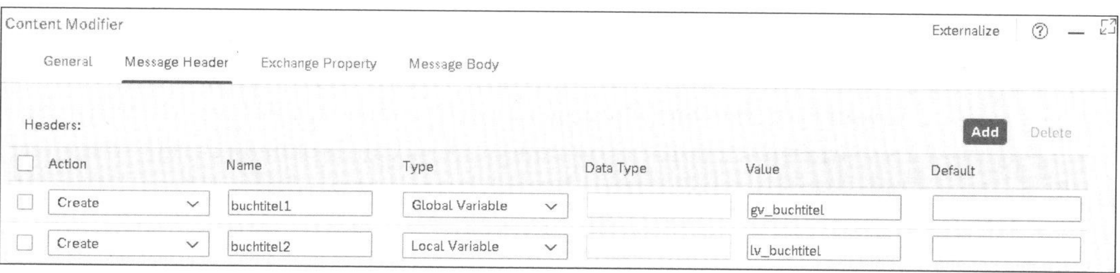

Abbildung 7.64 Zugriff auf lokale und globale Variablen mit der Komponente »Content Modifier«

[»]

Datenvolumen beachten

Die Komponente **Write Variables** ist nur für Werte geringer Datengröße gedacht, beispielsweise Zahlen oder Datumsangaben. Wenn Sie größere Datenmengen wie XML- oder JSON-Dateien speichern möchten, sollten Sie dafür den Data Store nutzen.

7.1.11 Validierungskomponenten

Die Komponenten in der Kategorie **Validator** prüfen eingehende Nachrichten gegen ein definiertes Schema. Sollte während der Überprüfung ein Fehler auftreten, wird die Nachrichtenverarbeitung gestoppt. Validierungskomponenten gibt es für EDI und XML.

EDI Validator

Die Komponente **EDI Validator** unterstützt die Dokumententypen UN-EDIFACT, ODETTE und ASC-X12. Sollte bei der Validierung ein Fehler festgestellt werden, wird ein Tag oder Fehlercode in das Nachrichtenverarbeitungsprotokoll (Message Processing Log, kurz MPL) geschrieben. Für jeden Fehlercode gibt es eine Beschreibung, die Sie in der offiziellen Dokumentation von SAP Cloud Integration unter folgender URL nachlesen können: *http://s-prs.de/v805332*

Mit der Option **Prevent Exception on Failure** haben Sie bei der Konfiguration der Komponente **EDI Validator** die Wahl, ob Sie den Integrationslauf trotz eines möglichen Validierungsfehlers fortführen wollen. Markieren Sie diese Option, wird der Fehler in die Property-Variable `SAP_EDIValidationResult` geschrieben.

XML Validator

Mit der Komponente **XML Validator** wird der XML-Inhalt einer Nachricht anhand eines Schemas überprüft. Das Schema muss dazu in einer **.xsd**-Datei vorliegen.

Ähnlich wie bei der Komponente **EDI Validator**, wird mit der Auswahl **Prevent Exception on Failure** ein möglicher Fehler in eine Property-Variable geschrieben. Im Fall der Komponente **XML Validator** heißt diese Variable `SAP_EDIValidationResult`.

7.2 Adapter

SAP bietet eine große Zahl von Adaptern an, mit denen Sie Anfragen an andere Systeme oder Integrationen senden können. Die Adapter unterteilen sich in Sender- und Receiver-Adapter sowie in ihre Protokolle und Einstellungsmöglichkeiten. Des Weiteren gibt es spezifische Adapter, die für einen bestimmten Service wie Facebook oder Twitter oder für bestimmte serviceunabhängige Protokolle wie HTTP oder SOAP eingesetzt werden.

Adapter auswählen

Abbildung 7.65 zeigt Ihnen das Pop-up-Fenster zur Auswahl eines Adapters. Dieses Fenster öffnet sich, nachdem ein Konnektor von der Sender-Komponente zum Event **Start Message** gezogen wurde.

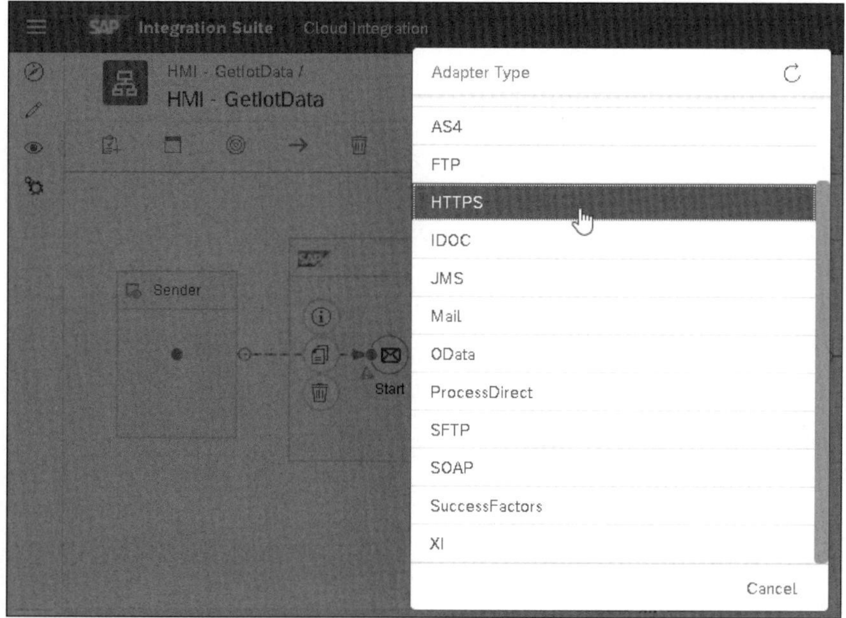

Abbildung 7.65 Adapterauswahl für eine Sender-Komponente

In den folgenden Abschnitten stelle ich Ihnen die zum Zeitpunkt der Drucklegung dieses Buchs verfügbaren Adapter und deren Verwendung vor. Sie sind ebenso wie im Pop-up-Fenster zur Auswahl des Adapters alphabetisch sortiert.

7.2.1 AMQP

Das *Advanced Message Queuing Protocol* (AMQP) erlaubt die robuste Kommunikation mit einem *Message Broker*. Message Broker empfangen und senden Nachrichten von einem an einen bzw. mehrere Empfänger. Sie sind dafür ausgelegt, große Datenmengen zu verarbeiten, die beispielsweise von Sensoren im Bereich Internet of Things im Sekundentakt erzeugt werden. Aufgrund von Warteschlangen, in denen sich Nachrichten einreihen, findet ein asynchroner Nachrichtenaustausch statt.

Den AMQP-Adapter gibt es sowohl für die Sender- als auch für die Receiver-Komponente. Wenn Sie den Adapter ausgewählt haben, können Sie zwischen **TCP** und **WebSocket** als Transportprotokoll wählen (siehe Abbildung 7.66). Der Adapter verbindet sich mit einem Message Broker, um die Nachrichten abzurufen oder zum Broker zu senden.

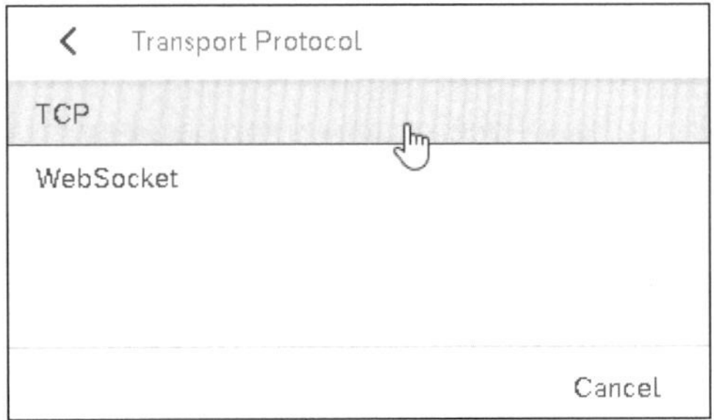

Abbildung 7.66 Transportprotokoll des AMQP-Adapters

Verfügbare Message Broker

Die folgenden Message Broker können laut SAP problemlos verwendet werden:

- Apache ActiveMQ 5 und Apache ActiveMQ Artemis
- Apache Qpid Broker J
- IBM MQ
- Microsoft Azure Service Bus
- RabbitMQ
- SAP Enterprise Messaging
- Solace PubSub+

7.2.2 Ariba

Ariba Network

SAP Ariba ist ein Einkaufsnetzwerk, in dem Sie entweder als Einkäufer*in oder Lieferant*in agieren können. Die Plattform Ariba Network bietet eine individuelle Produktsuche bei den zugeordneten Lieferantenunternehmen an. Um über SAP Cloud Integration mit dem *Ariba Network* zu kommunizieren, benötigen Sie den Ariba-Adapter, den es sowohl für die **Sender**- als auch für die **Receiver**-Komponente gibt.

Adapterkonfiguration

Für die Konfiguration des Ariba-Adapters benötigen Sie eine **Ariba Network ID**, die Sie im Menü Ihres Ariba-Profils unter den Einstellungen finden können. Auf dem Reiter **Connection** müssen Sie außerdem einen **Account Type** festlegen. Dieser Typ legt fest, ob Sie Einkäufer*in oder Lieferant*in sind. Des Weiteren müssen Sie den Verbindungsmodus im Feld **Connection Mode** einstellen. Hier ist entweder **Production** oder **Test** auszuwählen (siehe Abbildung 7.67). Bei der Konfiguration des Adapters aufseiten der Komponente **Sender** haben Sie zusätzlich die Möglichkeit, Daten über einen periodischen Abruf aus dem Ariba Network zu holen.

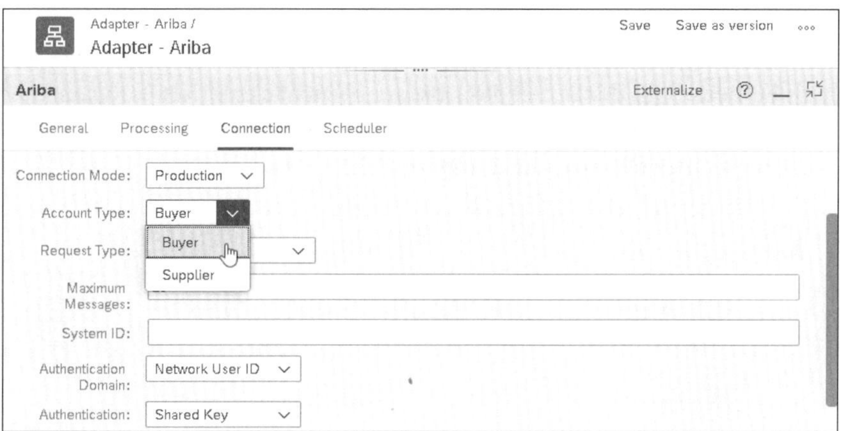

Abbildung 7.67 Konfiguration des Ariba-Adapters für die Sender-Komponente

7.2.3 AS4

Der AS4-Adapter arbeitet mit dem auf Webservices basierenden Nachrichtenprotokoll *Applicability Statement 4* (AS4). Dieses Protokoll wurde von der *Organization for the Advancement of Structured Information Standards* (OASIS) entwickelt, um Daten und Dokumente zwischen Handelspartnern, also in Business-to-Business-Szenarien (B2B), auszutauschen.

Unterstützte Protokolle

Von SAP Cloud Integration werden die folgenden Protokolle für den AS4-Adapter unterstützt:

- ebMS3 Pull
- ebMS3 Push
- ebMS3 Recept

7.2.4 Elster

Elster ist ein Programm für die elektronische Steuererklärung. Mithilfe des zugehörigen Adapters können Sie Steuerdokumente aus Ihren betrieblichen Softwaresystemen über SAP Cloud Integration direkt an den Elster-Server der Behörden senden. Der Elster-Adapter kann nur für die Komponente **Receiver** verwendet werden.

Für den Adapter stehen Ihnen drei Operationen zur Verfügung, die Sie auf dem Reiter **Connection** im Feld **Operation** auswählen können (siehe Abbildung 7.68):

- **Get Version**: Ruft die vom Server bereitgestellten Versionen der ERiC-Bibliothek ab.
- **Validate**: Überprüft einen Steuerdokument, ohne es zu versenden.
- **Validate and Send**: Überprüft das an den Elster-Server gesendete Steuerdokument. Falls der Server das Dokument nicht akzeptiert (aufgrund falscher Formatierung) oder wenn der Server ausfällt bzw. nicht erreichbar ist, wird eine Fehlermeldung angezeigt.

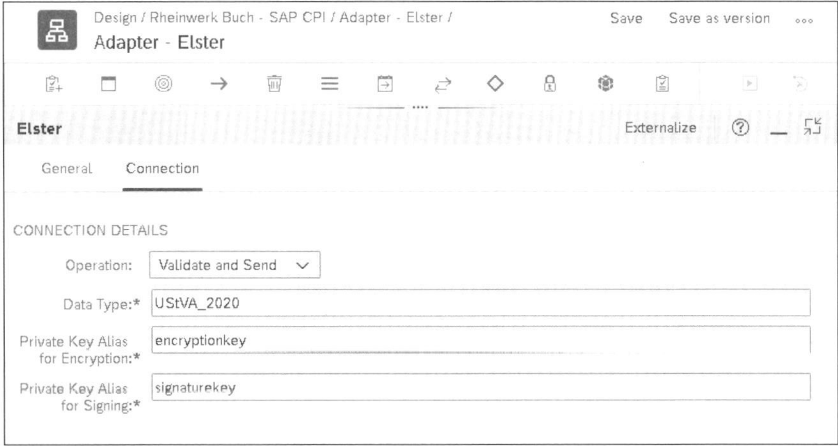

Abbildung 7.68 Konfiguration einer Verbindung über den Elster-Adapter

Daneben müssen Sie im Feld **Data Type** den Datentyp für das aktuelle Steuerjahr sowie einen Sicherheitsschlüssel angeben, den Sie von den Steuerbehörden erhalten.

7.2.5 Facebook

Facebook ist als Social-Media-Plattform ein optimaler Ort, um z. B. Kundendaten und -Feedback abzufragen. Für diesen Zweck können Sie den Facebook-Adapter verwenden. Dieser Adapter ist ausschließlich für die Komponente **Receiver** vorhanden.

API-Endpunkte

Zum Abruf der Informationen wird ein *Application Programming Interface* (API) verwendet. Welche Informationen Sie abfragen möchten, legen Sie über die API-Endpunkte fest. Auf dem Reiter **Connection** stehen Ihnen die folgenden Endpunkte im Auswahlfeld **Endpoint** zur Verfügung (siehe Abbildung 7.69):

- **Get Feeds**: Ermöglicht das Abrufen von Feeds eines bestimmten Benutzers oder einer Seite.

- **Get Post Comments**: Ermöglicht das Abrufen bestimmter Kommentare zu Facebook-Posts.
- **Get Posts**: Ermöglicht das Abrufen bestimmter Facebook-Beiträge.
- **Get User**: Ermöglicht das Abrufen von Detailinformationen zu einem bestimmten Benutzer.

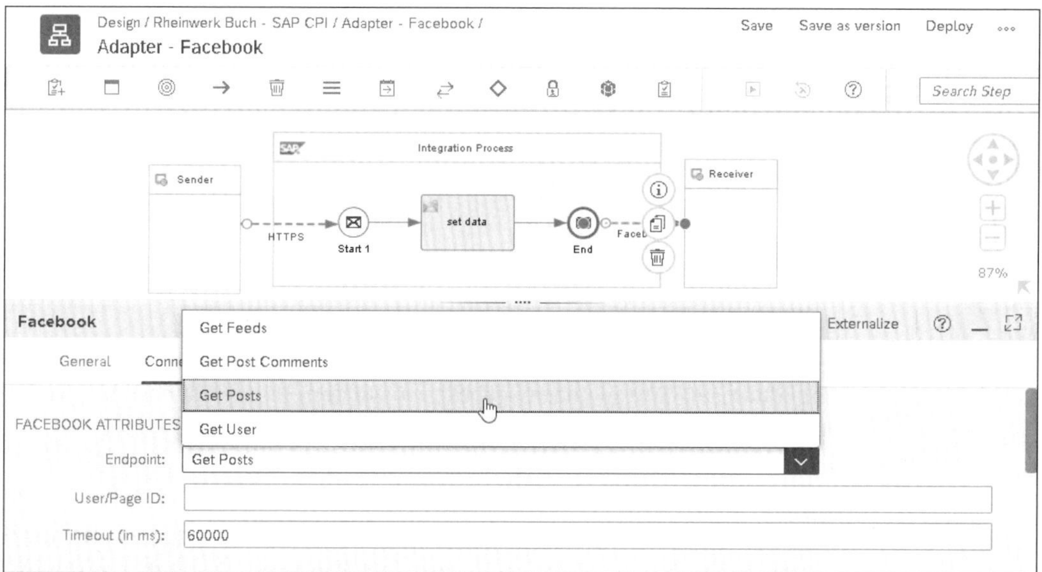

Abbildung 7.69 Facebook-Adapter – Endpoints

Authentifizierung

Die Authentifizierung erfolgt mit *OAuth*. Die dazu benötigten Daten (Client ID, Client Secret und Token Service URL) erhalten Sie im Developer-Bereich von Facebook. Sie sollten die OAuth-Daten im **Monitor**-Bereich von SAP Cloud Integration als sicherheitsrelevante Parameter hinterlegen (siehe auch Abschnitt 5.4.1, »Zugangsdaten anlegen und verwalten«).

7.2.6 HTTPS

Der Adapter für das *Hypertext Transfer Protocol* bzw. *Hypertext Transfer Protocol Secure* (HTTP/S) ist der Allrounder unter den Adaptern in SAP Cloud Integration. Sie können diesen Adapter fast überall dort einsetzen, wo Sie Daten von anderen Systemen erhalten oder an andere Systeme senden möchten. Der Vorteil des HTTPS-Formats ist, dass die meisten Systeme das Protokoll unterstützen und damit mit diesem Adapter angesprochen werden können. Dieser Vorteil ist aber auch gleichzeitig der Nachteil dieses Adapters. Andere Adapter bieten Funktionalitäten, die die Arbeit mit den spezifischen Sender- oder Zielsystemen vereinfachen können, was bei dem universell einsetzbaren HTTPS-Adapter nicht der Fall ist. Beispielsweise müssen Sie hier den Nachrichteninhalt und die Header-Werte so anpassen, dass diese vom Zielsystem verstanden werden.

HTTPS-Sender

Der HTTPS-Adapter auf Sender-Seite bietet entsprechend viele Konfigurationsmöglichkeiten (siehe Abbildung 7.70):

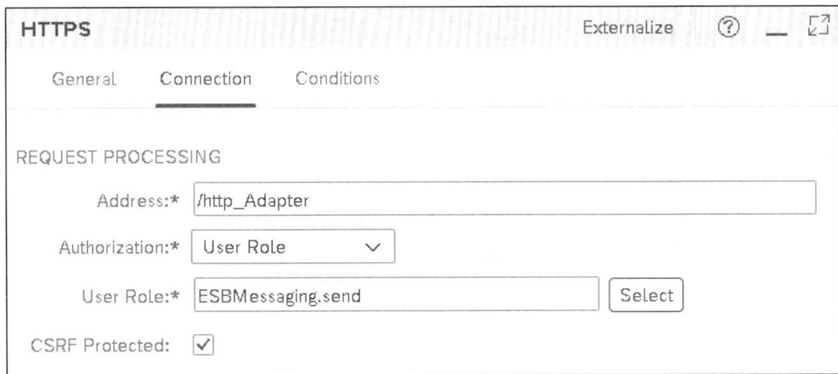

Abbildung 7.70 Einstellungsmöglichkeiten auf dem Reiter »Connection« des HTTPS-Adapters

- **Address**
  Im Feld **Address** legen Sie das Suffix fest, mit dem Ihre Integration von einem System oder Client aufgerufen werden kann. Das Suffix muss immer mit einem Slash beginnen. Nachfolgend kann mit alphanumerischen Werten und auch mit Sonderzeichen gearbeitet werden. Bei Bedarf können Sie auch zusätzliche Abstufungen mit weiteren Slashs einbauen. Die Adresse zum Aufruf Ihrer Integration könnte beispielsweise folgendermaßen aussehen:

  https://<Tenantname>.hana.ondemand.com/http/test

  Sie finden die vollständige URL auch im Monitor-Bereich in der Kategorie **Manage Integration Content**.
- **Authorization**
  Wenn Daten an Ihre Integration geschickt werden sollen, wird dafür eine Authentifizierung benötigt. Diese kann entweder über die Benutzerrolle (User Role) oder über ein Client-Zertifikat (Client Certificate) erfolgen.
  - Die Option **User Role** bewirkt, dass Benutzer, denen in der Standardkonfiguration die Rolle `ESBMessaging.send` zugewiesen wurde, Daten an SAP Cloud Integration senden dürfen.
  - Mit der Option **Client Certificate** können Sie ein oder mehrere Zertifikate hinterlegen, über die sendende Systeme authentifiziert werden.

- **CSRF Protected**
  CSRF steht für *Cross-Site Request Forgery* und beschreibt die Situation, in der einem Sender, der sich bereits authentifiziert hat, eine HTTP-Anfrage untergeschoben wird, die dann unwissentlich versendet wird. Durch Markieren der Checkbox **CSRF Protected** soll diese Art von Angriffen verhindert werden. Bevor Daten versendet werden können, wird dann von SAP Cloud Integration ein Token angefragt. Dieses Token wird beim Senden mitgegeben. Dadurch weiß SAP Cloud Integration, dass es sich um eine genehmigte Anfrage handelt.

Auf dem Reiter **Conditions** können Sie im Feld **Body Size (in MB)** die maximale Größe des Nachrichteninhalts festlegen (siehe Abbildung 7.71). Der Minimalwert beträgt hierbei 1 MB und der Standardwert 40 MB. Wenn der festgelegte Wert überschritten wird, wird folgende Fehlermeldung angezeigt:

> *»An internal server error occured: Message body exceeds configured size limit (2.0 MB). Actual body size was 3.7 MB.«*

In diesem Beispiel wurde der Maximalwert von 2 MB angegeben und eine Bilddatei mit einer Größe von 3,7 MB an den HTTPS-Adapter gesendet.

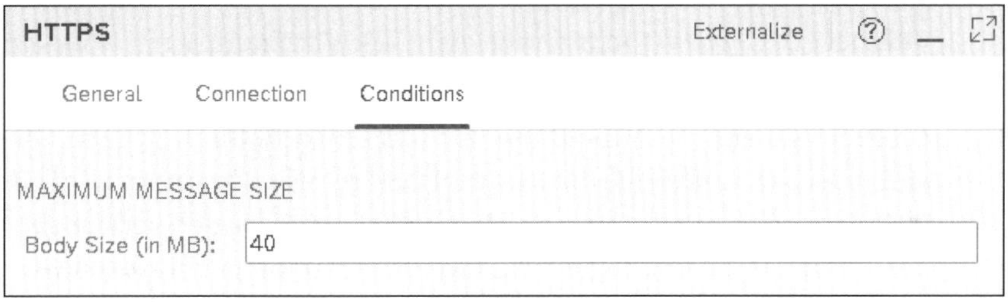

HTTPS
Externalize
General
Connection
Conditions
MAXIMUM MESSAGE SIZE
Body Size (in MB): 40

Abbildung 7.71 Einstellungsmöglichkeiten auf dem Reiter »Conditions« des HTTPS-Adapters

CSRF-Token senden

Wenn Sie die Checkbox **CSRF Protected** aktiviert haben und eine Anfrage über HTTP schicken, dabei aber kein Token mitsenden, erhalten Sie den Statuscode »403 Forbidden«. Um das Token zu erhalten, müssen Sie vor Ihrer `POST`-Anfrage eine `GET`-Anfrage senden. Für diese geben Sie Ihre Authentifizierungsdaten und die Header-Variable `x-csrf-token` mit dem Wert `fetch` mit. Im Header des Rückgabewerts ist die Variable `x-csrf-token` mit dem Token zu finden, das folgendermaßen aussehen kann: `xESyIRGfIdYOjt1nyBYr9-cUHA5DXmxHO`. Dieses Token geben Sie dann wiederum in der Header-Variablen `x-csrf-token` Ihrer `POST`-Anfrage mit. Mit dem Token benötigen Sie keine zusätzliche Authentifizierung mehr, da Sie sich schon mit der `GET`-Anfrage zum Senden der Nachricht berechtigt haben.

HTTPS-Receiver

Der HTTPS-Adapter aufseiten der Receiver-Komponente ist das Gegenstück zu dem aufseiten der Sender-Komponente. Das Zielsystem muss mindestens die Version 1.1 des HTTP-Protokolls unterstützen.

Der Adapter bietet die folgenden Konfigurationsmöglichkeiten (siehe Abbildung 7.72):

- **Address**
  In das Adressfeld wird die URL des Zielsystems eingetragen. Es dürfen keine Query-Parameter eingetragen werden. Wenn Sie den Proxy-Typ **On-Premise** ausgewählt haben, wird in das Adressfeld die virtuelle Adresse des Cloud Connectors eingetragen, über den die Verbindung zum Zielsystem aufgebaut wird.
- **Query**
  In das Feld **Query** tragen Sie Adresszusätze wie beispielsweise *$select*, *$filter* oder *$orderby* ein. Sie brauchen vor dem ersten Query-Eintrag kein Fragezeichen zu schreiben. Dies wird von dem HTTPS-Adapter automatisch eingefügt.
- **Proxy Type**
  Bei der Auswahl des Proxy-Typs haben Sie die folgenden drei Optionen:
  - **Internet:** Der Proxy-Typ **Internet** dient der Verbindung mit anderen Cloud-Systemen.
  - **On-Premise:** Für die Anbindung von Systemen in Ihrer eigenen Serverlandschaft treffen Sie die Auswahl **On-Premise**. Daraufhin wird ein Feld zum Eintragen der **Location ID** eingeblendet, die den verwendenden Cloud Connector angibt. Der Cloud Connector ist ein kostenloses Tool von SAP, um Ihre Cloud- mit Ihrer On-Premise-Landschaft zu verbinden. Wie Sie den Cloud Connector installieren und konfigurieren, erfahren Sie in Abschnitt 12.2, »Cloud Connector«.
  - **Manuell:** Mit der Auswahl **Manuell** werden Ihnen Eingabemöglichkeiten für den Proxy-Host und den Proxy-Port angeboten. Der Proxy-Typ **Manuell** ist nur im Produktprofil **Process Orchestration** auswählbar. Wie Sie dieses Profil auswählen können, erfahren Sie in Abschnitt 6.1, »Produktprofile«.
- **Method**
  Die Methode beschreibt die Art und Weise, wie Daten vom Zielsystem abgefragt oder gesendet werden sollen.
  - `GET`: Mit der HTTP-Methode `GET` können Sie Daten vom Server anfordern. Dabei kann es sich um Dateien wie Bilder oder Dokumente handelt oder um Datenformate, beispielsweise XML oder JSON.

- POST: Mit der POST-Methode können Sie Daten und Dateien an einen Server senden. Bei jedem URL-Aufruf wird eine neue Ressource auf dem Zielsystem erzeugt.
- HEAD: Mit dem Unterschied, dass nur die Kopfdaten und nicht der Nachrichteninhalt vom Server zurückkommen, ähnelt die HEAD-Methode der GET-Methode. Dadurch kann z. B. mit dem Attribut Content-Length die Größe einer Datei geprüft werden, ohne diese direkt herunterladen zu müssen.
- PUT: Mit der PUT-Methode können ebenfalls Daten auf einem Server abgelegt werden. Im Unterschied zur POST-Methode werden dabei bereits vorhandene Daten aktualisiert und nicht neu hinzugefügt.
- DELETE: Durch die DELETE-Methode können alle Ressourcen auf einem Server gelöscht werden, die durch die URL-Abfrage erkannt wurden.
- TRACE: Bei der TRACE-Methode liefert der Zielserver die Daten so zurück, wie er sie bekommen hat. Dieser Vorgang kann zur Überprüfung von Verbindungen genutzt werden.
- **Dynamic**: **Dynamic** ist keine HTTP-Methode, sondern diese Auswahl bietet die Möglichkeit, die Methode dynamisch über eine Header- oder Property-Variable zu definieren. Sobald Sie die Option **Dynamic** ausgewählt haben, erscheint das Feld **Expression**, in dem Sie die dynamische Variable festlegen.

- **Expression**
  Das Feld **Expression** erscheint erst, wenn Sie die Methode Dynamic ausgewählt haben. Die HTTP-Methode kann dadurch dynamisch von einer Header- oder Property-Variablen übergeben werden.
- **Send Body**
  Die Option **Send Body** steht nur mit den Methoden GET, HEAD und DELETE zur Verfügung. Über diese Checkbox können Sie festlegen, ob der Nachrichteninhalt wie bei den anderen Methoden auch mitgesendet wird. Die Checkbox ist standardmäßig nicht angewählt, weil einige Server diese Möglichkeit nicht unterstützen.
- **Authentication**
  Im Feld **Authentication** wird die Anmeldemethode ausgewählt:
  - **None**: Bei der Auswahl **None** werden keine Anmeldedaten verwendet. Dies kann bei frei zugänglichen Ressourcen oder aufgrund einer Token-Authentifizierung der Fall sein.
  - **Basic**: Die Option **Basic** beschreibt die Standardauthentifizierung mit Benutzernamen und Passwort. Diese werden im **Monitor**-Bereich in

der Anwendung **Security Material** als Credentials angelegt (siehe Abschnitt 5.4.1, »Zugangsdaten anlegen und verwalten«).

- **OAuth2 Client Certificate**: Mit der Einstellung **OAuth2 Client Certificate** authentifiziert sich der Adapter am Zielsystem über ein Zertifikat, das im Keystore abgelegt sein muss (siehe Abschnitt 5.4.2, »Keystore verwalten«).
- **Principal Propagation**: Die Anmeldemethode **Principal Propagation** steht Ihnen nur für den Proxy-Typ **On-Premise** zur Verfügung. Die Identität des Benutzers wird vom Cloud-System über den Cloud Connector an das Backend weitergeleitet.
- **OAuth2 SAML Bearer Assertion**: Die Authentifizierung **OAuth2 SAML Bearer Assertion** entspricht der regulären Authentifizierung über OAuth 2.0, mit dem Unterschied, dass das Authentifizierungs-Token nicht erneuert werden muss.

- **Timeout (in ms)**
  Im Feld **Timeout** können Sie in Millisekunden festlegen, wie lange Sie auf eine Serverantwort warten wollen. Im Standard sind 60.000 Millisekunden festgelegt, was einer Minute entspricht. Sollte Ihnen auffallen, dass ein Timeout-Fehler früher ausgegeben wird als angegeben, kann es daran liegen, dass weitere beteiligte Komponenten oder Systeme, wie z. B. ein Load-Balancer, einen niedrigeren Timeout-Wert aufweisen.

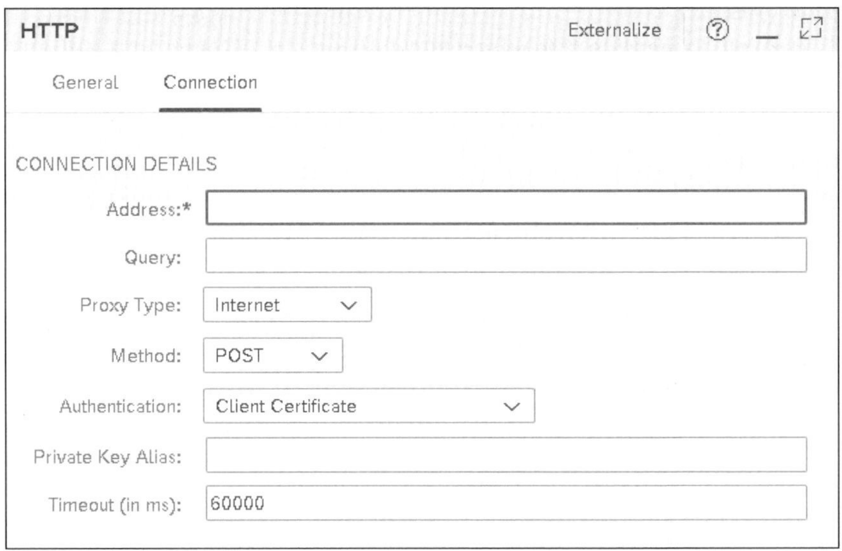

Abbildung 7.72 Einstellungsmöglichkeiten auf dem Reiter »Connection« des HTTPS-Adapters

7.2.7 IDoc

Den Adapter für Intermediate Documents (IDocs) gibt es als Sender- und Receiver-Adapter. IDoc ist ein proprietäres Austauschformat von SAP für Stamm- und Transaktionsdaten. Es überträgt Daten mit SOAP über HTTP.

IDoc-Sender

Die Einstellungsmöglichkeiten für den Sender-Adapter ähneln stark denen des HTTPS-Adapters. Zusätzlich bietet dieser Adapter eine der folgenden Fehlerbehandlungen bei ungültigen XML-Daten an:

- **Throw Error**: Sorgt für einen Fehler, der abgefangen werden kann.
- **Remove**: Ungültige Zeichen werden entfernt.
- **Substitute**: Ungültige Zeichen werden mit einem # ausgetauscht.

Auf dem Reiter **Conditions** können Sie die maximale Größe der eingehenden Nachrichten und Anhänge festlegen.

IDoc-Receiver

Der Receiver-Adapter bietet Ihnen neben der Zieladresse und der Authentifizierungsmethode noch die Auswahl des **IDoc Content Type** an. Dieser kann **Application/x-sap.idoc** oder **Text/XML** sein. Über die Auswahl **Return HTTP Response Code as Header** können Sie den Statuscode, den das Zielsystem zurücksendet, in die Header-Variable `CamelHttpResponseCode` schreiben lassen (siehe Abbildung 7.73).

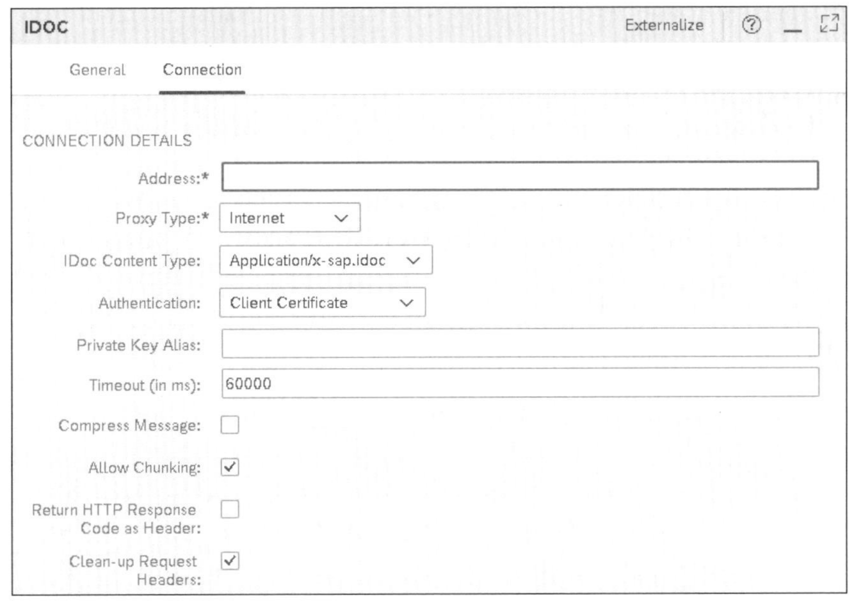

Abbildung 7.73 Einstellungsmöglichkeiten des IDoc-Receiver-Adapters

7.2.8 JDBC

Mithilfe eines JDBC-Adapters können Sie Daten über Read-, Write-, Update- oder Delete-Operationen in eine Cloud- oder On-Premise-Datenbank schreiben. Der Adapter steht nur aufseiten der Komponente **Receiver** zur Verfügung.

Konfiguration

Sie haben die folgenden Konfigurationsmöglichkeiten für den JDBC-Adapter (siehe Abbildung 7.74):

- **JDBC Data Source Alias**
  Über den Alias legen Sie den Namen Ihrer Datenquelle fest. Wie Sie eine neue JDBC-Datenquelle im Monitor-Bereich erstellen, erfahren Sie in Abschnitt 5.4.5, »JDBC-Datenquellen anlegen«.
- **Connection Timeout (in s)**
  Mit dem Feld **Connection Timeout (in s)** legen Sie in Sekunden fest, wie lange SAP Cloud Integration auf eine Antwort warten soll, bis der Verbindungsaufbau abgebrochen wird.
- **Query/Response Timeout (in s)**
  Im Feld **Query/Response Timeout (in s)** können Sie festlegen, wie lange SAP Cloud Integration auf einen angefragten Rückgabewert warten soll. Der Wert wird in Sekunden angegeben. Sie können den Wert erhöhen, wenn Sie wissen, dass der Rückgabewert größer ausfällt und damit mehr Zeit benötigt, als der Standardwert vorgibt.
- **Maximum Records**
  Wenn Sie sich beispielsweise eine Kundenliste anzeigen lassen wollen, können Sie über das Feld Maximum Records bestimmen, wie viele Kunden maximal angezeigt werden. Sie können durch diese Einstellung Ressourcen sparen, wenn Sie nur eine festgelegte Anzahl an Einträgen benötigen.

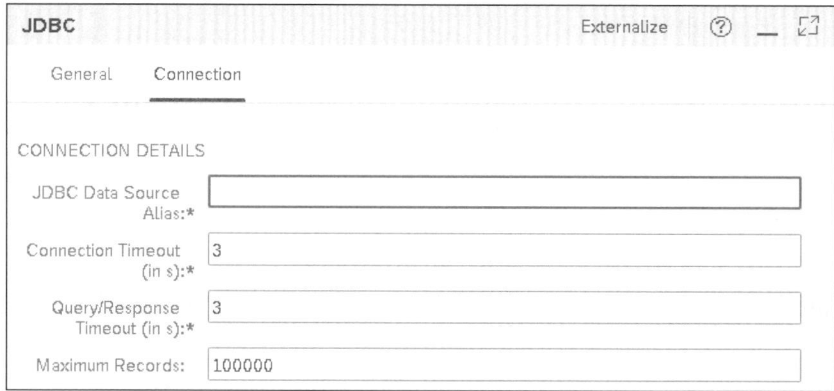

Abbildung 7.74 Einstellungsmöglichkeiten des JDBC-Adapters

7.2.9 LDAP

LDAP steht für *Lightweight Directory Access Protocol*, ein Netzwerkprotokoll zur Abfrage und Änderung von Informationen verteilter Verzeichnisdienste. Der LDAP-Adapter erlaubt Ihnen die Kommunikation mit LDAP-Services. LDAP Services sind Verzeichnis-Server, aus denen Daten zu Personen oder Objektkonfigurationen gelesen werden können. Beispielsweise unterstützt das *Microsoft Azure Active Directory* LDAP.

Operationen

In dem LDAP-Adapter stehen die folgenden Operationen zur Verfügung:

- Delete (löschen)
- Insert (anlegen)
- Modify (bearbeiten)
- Search (suchen)

Bei den Operationen Insert und Modify können Sie die Input-Typen XML und Java-(JNHI-)Attribut verwenden.

7.2.10 Mail

Mit dem Mail-Adapter können Sie mithilfe eines vorhandenen E-Mail-Servers und eines Postfachs E-Mails abrufen oder absenden.

Sender-Adapter

Nachdem Sie die Komponente **Sender** über den Mail-Adapter mit dem Event **Start Message** verbunden haben, haben Sie die Wahl, ob Sie das Protokoll IMAP4 oder POP3 verwenden wollen:

- Über IMAP4 werden die E-Mails lediglich kopiert und können dadurch von mehreren Geräten abgefragt werden.
- POP3 löscht die gelesene E-Mail vom Server. Dadurch können die E-Mails nur von einem Client verwenden werden.

Verbindung

Auf dem Reiter **Connection** geben Sie die Verbindungsdaten zum Server an. Darunter fallen die Adresse und die Zugangsdaten. Über den Proxy-Typ lassen sich auch On-Premise-Systeme ansprechen. Für die Sicherheit können Sie eine der folgenden Einstellungen wählen:

- **Off**
- **STARTTLS Mandatory**
- **STSRTTLS Optional**
- **POP3S** (Transportprotokoll POP3)
- **IMAPS** (Transportprotokoll IMAP4)

E-Mail-Verarbeitung

Der Reiter **Processing** wird unterschiedlich dargestellt, abhängig davon, ob Sie das Protokoll IMAP4 oder POP3 gewählt haben. Dort können Sie die folgenden Einstellungen treffen (siehe Abbildung 7.75). Das Protokoll IMAP4 bietet ein paar Optionen mehr:

- **Folder**
  Das Feld **Folder** gibt den Ordner an, in dem sich die E-Mails innerhalb des Postfachs befinden. Standardmäßig ist INBOX eingetragen, die den allgemeinen Posteingang beschreibt.
- **Selection**
  Im Feld **Selection** können Sie definieren, ob Sie alle zur Verfügung stehenden E-Mails abrufen wollen oder nur die, die vom Server als ungelesen definiert wurden.
- **Post-Processing**
  Im Feld **Post-Processing** legen Sie fest, wie mit abgerufenen E-Mails umgegangen werden soll. Sie können archiviert, als gelesen markiert oder gelöscht werden.

Einplanung

Auf dem Reiter **Scheduler** legen Sie ein Intervall fest, in dem die E-Mails abgerufen werden. Dies kann an einem bestimmten Tag oder in von Ihnen definierten, regelmäßigen Abständen geschehen.

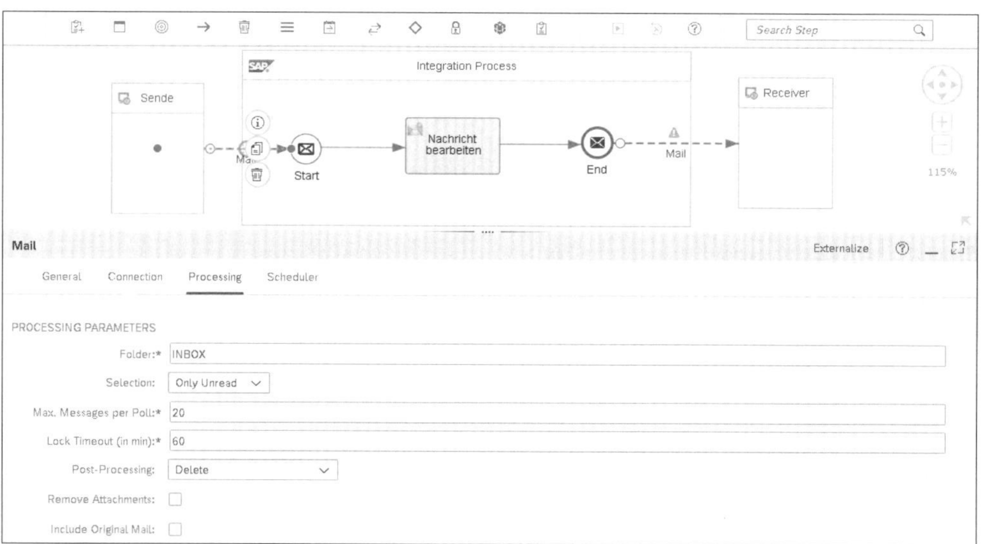

Abbildung 7.75 Konfiguration des Mail-Adapters für die Sender-Komponente auf dem Reiter »Processing« mit dem Protokoll IMAP4

Receiver-Adapter

Über den Mail-Adapter aufseiten der Komponente **Receiver** können Sie E-Mails versenden. Für diesen Vorgang benötigen Sie einen E-Mail-Postausgangsserver, über den die E-Mails versendet werden.

Auf dem Reiter **Connection** legen Sie die Einstellungen für die Verbindung mit dem Postausgangsserver fest. Darunter fallen die Adresse, der Proxy-Typ sowie die Authentifizierungsmethode. Zur Absicherung können Sie im Feld **Protection** eine der folgenden Einstellungen wählen:

- **Off**
- **SMTPS**
- **STARTTLS Mandatory**
- **STARTTLS Optional**

E-Mail-Verarbeitung

Auf dem Reiter **Processing** geben Sie die Einstellungen Ihres E-Mail-Clients an (siehe Abbildung 7.76). Dazu zählen die E-Mail-Adresse des Postfachs, das die E-Mail verschickt, und die folgenden Zieladressen:

- **To**: **To** ist ein Pflichtfeld und definiert die Zieladresse.
- **Cc**: **Cc** steht für *Carbon Copy* und legt die E-Mail-Adressen fest, die zusätzlich über den Inhalt informiert werden sollen.
- **Bcc**: In das Feld **Bcc**, was für *Blind Carbon Copy* steht, werden die E-Mail-Adressen geschrieben, die den Inhalt ebenfalls erhalten, vom Empfänger aber nicht gesehen werden sollen.

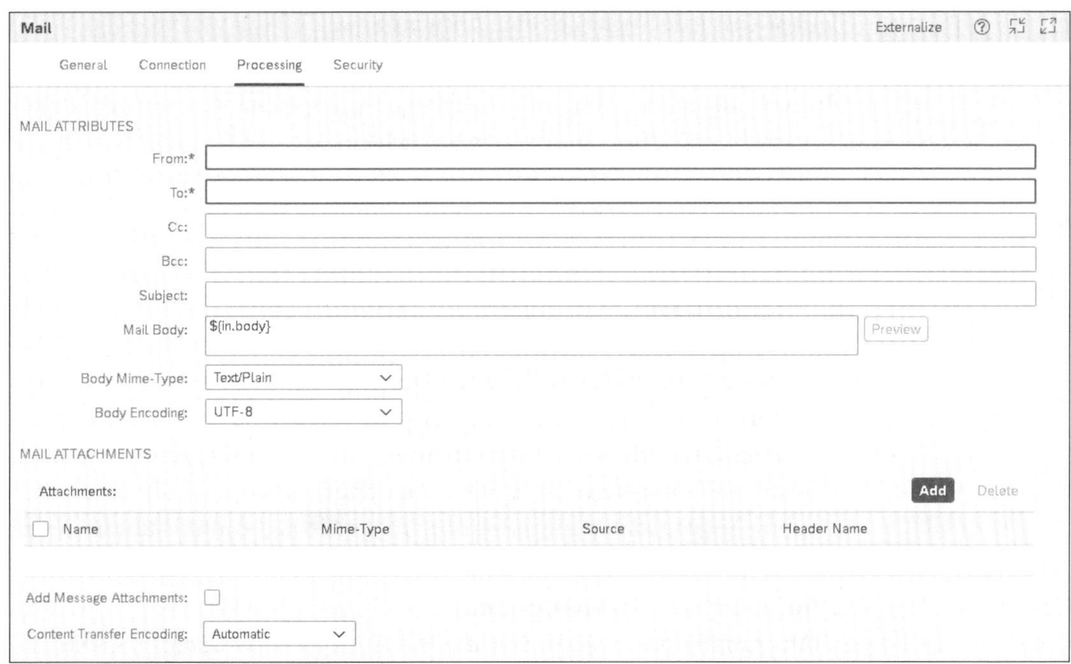

Abbildung 7.76 Einstellungsmöglichkeiten des Mail-Receiver-Adapters auf dem Reiter »Processing«

Nachdem Sie die Empfänger der E-Mail festgelegt haben, definieren Sie über das Feld **Subject** den Betreff und den Nachrichteninhalt der E-Mail. Für den Nachrichteninhalt können Sie noch einen **Body Mime-Type** festlegen, der im Standard **Text/Plain** lautet. Zusätzlich können Sie bei Bedarf eine Codierung im Feld **Body Encoding** festlegen. Im unteren Bereich können Sie Anhänge definieren. Als Quelle kann der Header oder Body des Integration Flows gewählt werden.

Sicherheitseinstellungen

Auf dem Reiter **Security** können Sie Signaturen und Verschlüsselungen einrichten. Für die Signatur können Sie einen **Private Key Alias** definieren. Folgende Verschlüsselungsmethoden stehen Ihnen zur Verfügung:

- AES/CBC/PKCS5Padding (Schlüssellänge:128, 192 und 256)
- DESede/CBC/PKCS5Padding (Schlüssellänge: 128 und 192)

7.2.11 OData

Das *Open Data Protocol* (OData) basiert auf der REST-Architektur (Representational State Transfer) und ermöglicht das einfache Konsumieren von APIs. Den OData-Adapter gibt es in einer Sender- und einer Receiver-Variante. Es wird nur der synchrone Nachrichtenaustausch unterstützt. Das bedeutet, dass jede Nachricht eine Antwort erhält.

Ressource konfigurieren

Wenn Sie den OData-Adapter für die Komponente **Receiver** verwenden und eine URL zu einem Datenpool angegeben haben, können Sie auf dem Reiter **Processing** im Feld **Resource Path** auf **Select** klicken, um die Ressource zusammenzustellen. Dazu öffnet sich das Pop-up-Fenster **Model Operation** mit einer geführten Prozedur (siehe Abbildung 7.77).

Sie werden durch die folgenden drei Schritte geführt:

1. **Connect to System**
   Im ersten Schritt müssen Sie die Adresse eingeben, über die Sie die Ressourcen abrufen wollen. Über den **Proxy Type** können Sie festlegen, ob es sich um eine Ressource im **Internet** oder um eine Ressource in Ihrem internen Netzwerk handelt (**On-Premise**). Als Authentifizierungsmethode können Sie nur **Basic** auswählen. Anschließend können Sie zuvor definierte Zugangsdaten hinterlegen. Scrollen Sie nach unten zum nächsten Schritt.
2. **Select Entity & Define Operation**
   Am Anfang des zweiten Schritts legen Sie die **Operation** (d. h. die Methode) fest, mit der Sie auf die Daten zugreifen wollen. Im Feld **Select Entity** werden alle Ressourcen angezeigt, die Ihnen zur Verfügung stehen. Eine Ressource kann beispielsweise eine Produktliste sein.

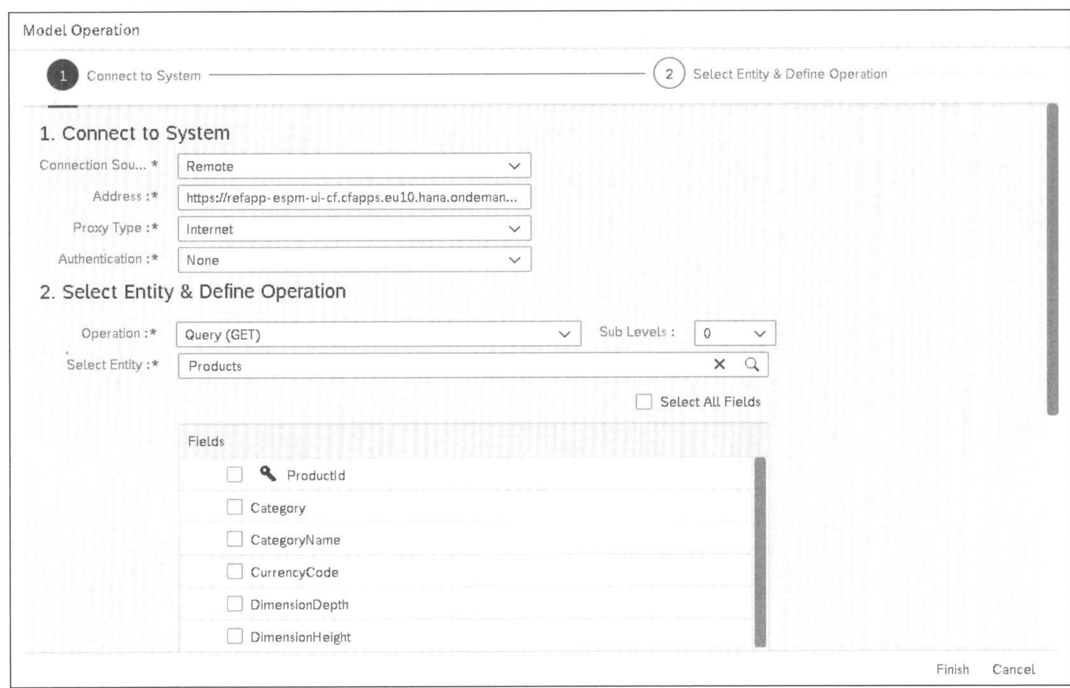

Abbildung 7.77 Pop-up-Fenster »Model Operation« des OData-Adapters

Wenn Sie sich für eine Ressource entschieden haben, erhalten Sie eine Liste mit allen Feldern der Ressource. Nach der Feldauswahl können Sie sich über das Eingabefeld **Top** die Anzahl der Einträge in der Ergebnisliste anzeigen lassen und mit dem Eingabefeld **Skip** die ersten Einträge überspringen. Im Textfeld **Query** werden Ihnen die Parameter zu den Abfragedetails angezeigt. Scrollen Sie nach unten zum nächsten Schritt.

3. **Configure Filter & Sorting**
   Im dritten Schritt können Sie den Umfang der Ergebnisliste mit Filterungen reduzieren und durch Sortieren an Ihre Bedürfnisse anpassen (siehe Abbildung 7.78).

Mit einem Klick auf **Finish** wird die Abfrage abgeschlossen, und die Einstellungen in den Feldern werden übernommen.

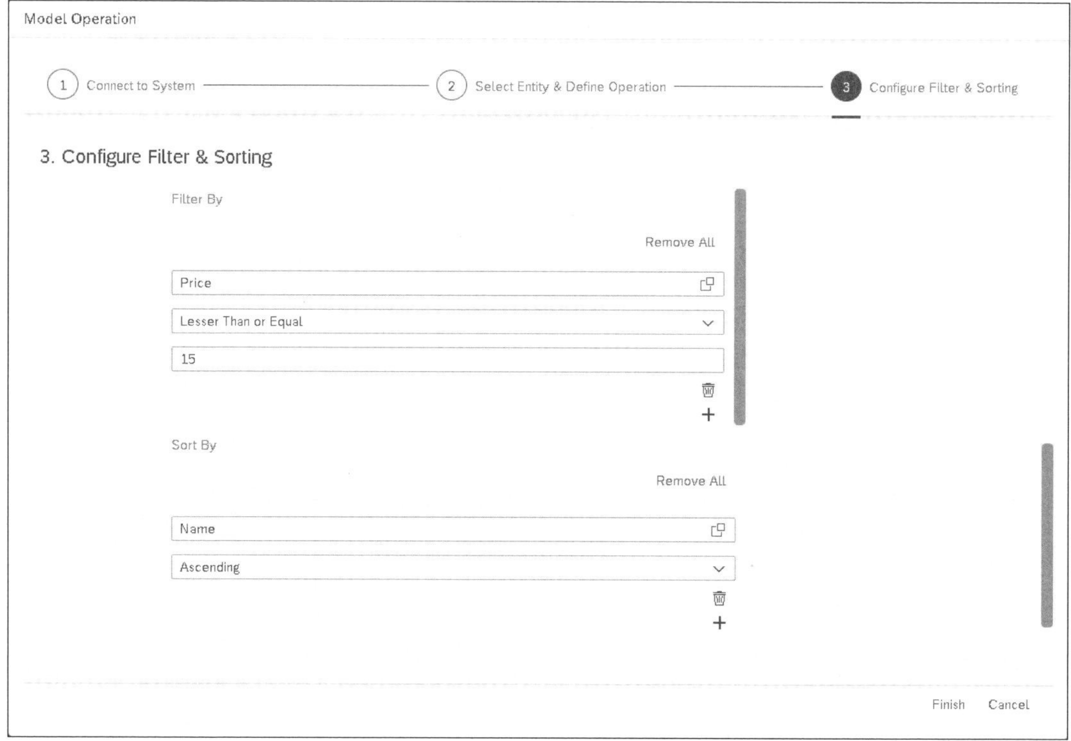

Abbildung 7.78 Filterung und Sortierung der Ergebnisliste der abzufragenden Ressourcenfelder

[+]

OData-V2-Abfrage testen

Wenn Sie die Abfrage selbst ausprobieren möchten, können Sie beispielsweise den Demo-Webshop von SAP nutzen. Sie finden hier eine Vielzahl an Ressourcen, die Sie zum Testen abrufen können. SAP verwendet den Demo-Webshop auch in vielen Beispielen in den Design Guidelines. Zu dem Demo-Webshop gelangen Sie über den Aufruf folgender URL mit dem OData-Adapter: *https://refapp-espm-ui-cf.cfapps.eu10.hana.ondemand.com/espm-cloud-web/espm.svc*

7.2.12 ODC

Der ODC-Adapter (OData Channel) steht nur für die Receiver-Komponente zur Verfügung. Er erlaubt Ihnen, Daten mithilfe von OData über *SAP Gateway* verfügbar zu machen. SAP Gateway verwendet offene Standards, die es erlauben, auf ABAP-Systeme zuzugreifen.

Der Adapter wird über die zwei Reiter **Connection** und **Processing** konfiguriert. Auf dem Reiter **Connection** nehmen Sie die Einstellungen zum Zielsystem vor, und auf dem Reiter **Processing** können Sie die **Operation** einstellen, die Sie in Abbildung 7.79 sehen.

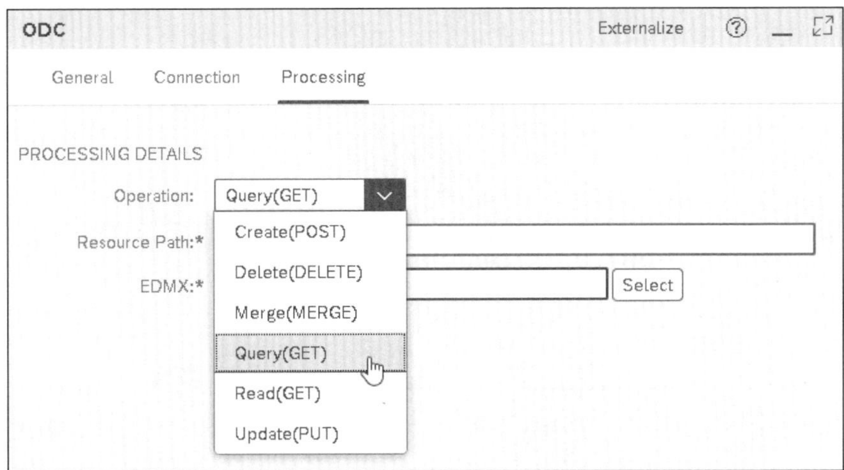

Abbildung 7.79 Einstellungsmöglichkeiten des ODC-Adapters im Reiter »Processing«

7.2.13 OpenConnector

SAP Open Connectors ist ein Service der SAP Integration Suite zur einfachen Anbindung externer Systeme. Den Service habe ich Ihnen in Abschnitt 1.4.2, »SAP Open Connectors«, bereits vorgestellt. Der OpenConnector-Adapter steht nur für die Komponente **Receiver** zur Verfügung.

Konfiguration

Für die Konfiguration dieses Adapters benötigen Sie die Service-URL Ihrer Open-Connector-Instanz sowie den **Credential Name**, dessen Anlage ich im Folgenden beschreibe. Mit diesen beiden Angaben können Sie über die Schaltfläche **Select** die Ressource auswählen, die der in SAP Open Connectors konfigurierte Konnektor zur Verfügung stellt (siehe Abbildung 7.80).

Anmeldedaten

Der OpenConnector-Adapter nutzt seine eigenen Anmeldedaten, die Sie als **User Credentials** in der Anwendung **Manage Security Material** im **Monitor**-Bereich definieren (siehe Abschnitt 5.4.1, »Zugangsdaten anlegen und verwalten«). Neben den Standardeingaben wie einem Namen und einer Beschreibung müssen Sie bei der Anlage des User Credentials noch die Felder **User**, **Organization** und **Element** pflegen (siehe Abbildung 7.81). Die Werte werden Ihnen bei der Anlage eines neuen Konnektors im Service SAP Open Connectors angezeigt.

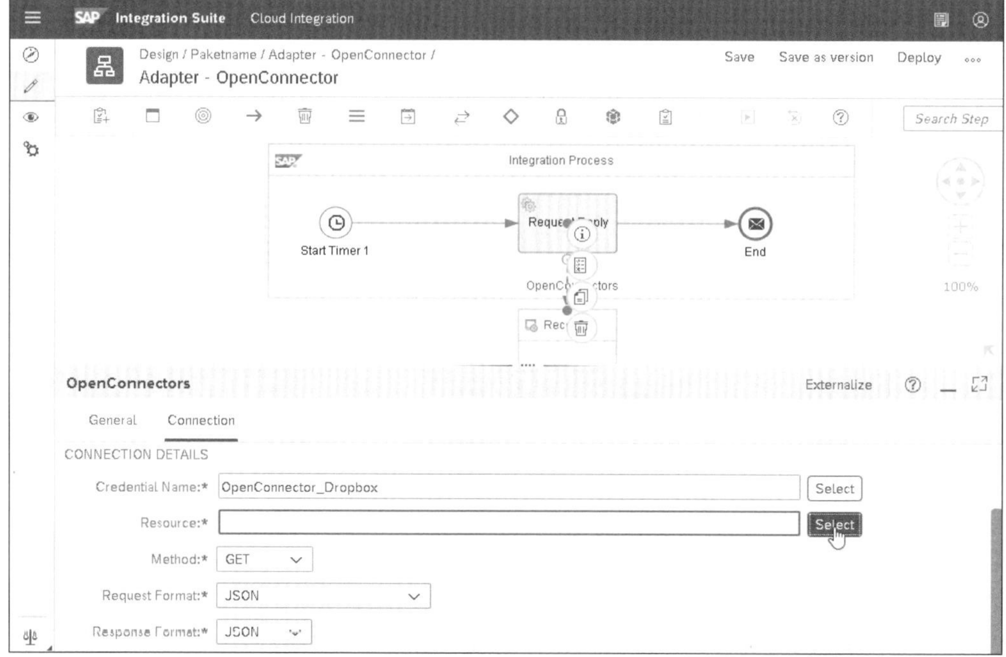

Abbildung 7.80 Konfiguration des OpenConnector-Adapters

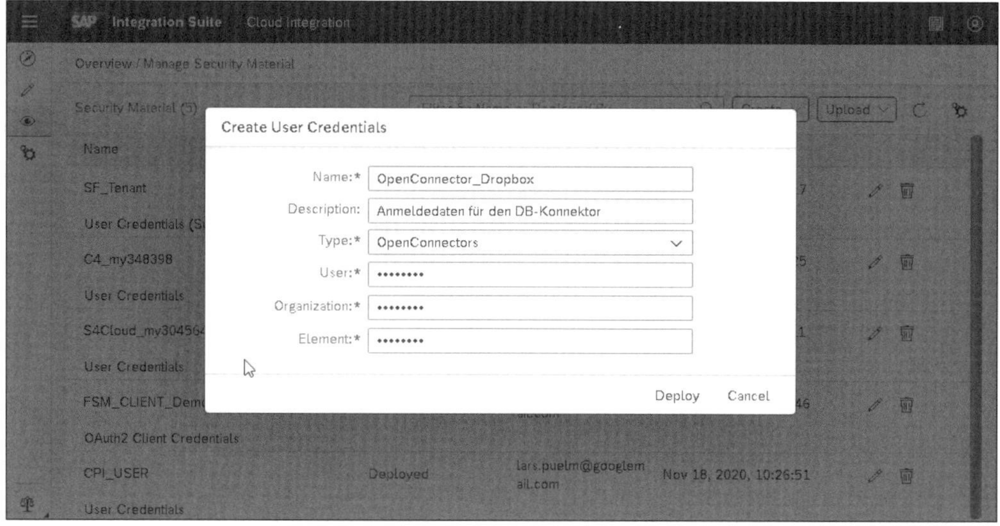

Abbildung 7.81 Anmeldedaten für den OpenConnector-Adapter anlegen

Konnektoren-Katalog

Eine Liste mit derzeit zur Verfügung stehenden Konnektoren finden Sie in einem Katalog im SAP Help Portal unter dem folgenden Link: *http://s-prs.de/v805333*

7.2.14 ProcessDirect

Vorteile des ProcessDirect-Adapters

Der ProcessDirect-Adapter bietet die Möglichkeit, Integrationen innerhalb eines Tenants miteinander zu verbinden. Dies kann sinnvoll sein, wenn Sie Ihre Integrationen strukturieren, einzelne Bereiche wiederverwenden oder mit mehreren Personen an einem Integrationsszenario zusammenarbeiten wollen.

Alternativ können Sie Ihre Integrationen auch mit HTTPS- oder SOAP-Adaptern kommunizieren lassen, allerdings entstehen dadurch einige Nachteile wie beispielsweise eine hohe Latenz. Das bedeutet, dass die Dauer, die benötigt wird, um ein Datenpaket von einem Ort zum nächsten zu schicken, zunimmt. Um die Latenz innerhalb eines Tenants gering zu halten, werden die Daten, die über den ProcessDirect-Adapter versendet werden, nicht über den Load Balancer von SAP geleitet. Der Load Balancer wird von SAP benötigt, um die hohe Anzahl an Serveranfragen optimal auf mehrere Systeme zu verteilen. Dieser Vorgang kostet Zeit und erhöht damit die Latenz.

Sie können mehrere ProcessDirect-Receiver mit einem ProcessDirect-Sender verbinden (n : 1), aber nicht mehrere Sender mit einem Receiver (1 : n). Im letzteren Fall würde die erste angesprochene Integration durchlaufen, jede weitere jedoch mit einem Fehler abbrechen.

Header- und Property-Daten

Wenn Sie Daten über den ProcessDirect-Adapter versenden, werden keine Property-Daten mitversendet. Header-Daten werden zwar versendet, aber tauchen nur in der angebundenen Integration auf, wenn Sie die Header-Variable in der **Runtime Configuration** unter **Allowed Header(s)** freigeben. Den Reiter **Runtime Configuration** finden Sie in den Einstellungsoptionen Ihrer Integration, die angezeigt werden, wenn Sie keine Komponente im grafischen Modell ausgewählt haben. Dieses Verhalten reduziert den Ressourcenverbrauch Ihres Tenants. Abbildung 7.82 zeigt zwei Integrationen, die über den ProcessDirect-Adapter miteinander verbunden sind.

Konfiguration

Konfigurieren können Sie lediglich die Endpunkte des Ziel-Integration-Flows. Diese werden mit /*<Adressname>* definiert und müssen im Adapter des sendenden Integration Flows und im Adapter des empfangenden Integration Flows übereinstimmen. Sie können die Endpunkte bei Bedarf auch dynamisch definieren.

Wenn Sie herausfinden möchten, welche Nachrichten durch die Nutzung des ProcessDirect-Adapters zusammengehören, müssen Sie im Bereich **Monitor Message Processing** im **Monitor** den Wert **Correlation ID** überprüfen. Wenn zwei Nachrichten zusammengehören, sind die IDs bei beiden identisch. Weitere Informationen zu den IDs finden Sie in Abschnitt 5.2.2, »Nachrichtendetails«.

Abbildung 7.82 Zwei mit dem ProcessDirect-Adapter verbundene Integration Flows

7.2.15 RFC

Das Protokoll *Remote Function Call* (RFC) kommt aus dem SAP-Bereich. Mit RFC-Schnittstellen werden hauptsächlich SAP-eigene Systeme angesprochen. Mithilfe von RFC-Bibliotheken können auch Fremdsysteme angesprochen werden.

Verfügbarkeit

Der RFC-Adapter steht in der Trial-Version von SAP Cloud Integration nicht zur Verfügung, in anderen Versionen gibt es den Adapter nur für die Komponente **Receiver**.

Konfiguration

Für den RFC-Adapter gibt es drei Einstellungsmöglichkeiten (siehe Abbildung 7.83):

- **Destination**
  Die Destination legt ein Zielsystem fest. Die Verbindung zu diesem System richten Sie in der SAP BTP unter **Connectivity • Destinations** ein.
- **Send Confirm Transaction**
  Sie können die Einstellung **Send Confirm Transaction** verwenden, wenn Sie BAPI-Funktionen (Business Application Programming Interface) nutzen wollen, die den Funktionsbaustein `BAPI_TRANSACTION_COMMIT` erfordern. Dieser Funktionsbaustein sowie der Funktionsbaustein `BAPI_TRANSACTION_ROLLBACK` sollten Sie dazu im Cloud Connector als Ressourcen freischalten, wie in Abbildung 7.84 zu sehen. Standardmäßig ist die Einstellung **Send Confirm Transaction** deaktiviert.

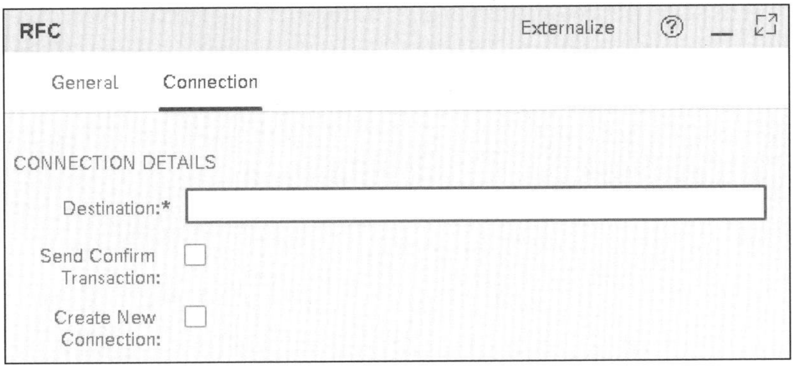

Abbildung 7.83 Einstellungsmöglichkeiten des RFC-Adapters

- **Create New Connection**

  Mit dieser Einstellung erstellt der RFC-Adapter bei jedem neuen Aufruf eine neue RFC-Verbindung. Diese Option wird benötigt, wenn Sie mit Principal Propagation arbeiten. Durch eine Principal Propagation kann die Identität eines Cloud-Benutzers über den Cloud Connector an ein On-Premise-System weitergeleitet werden.

Enabled	Status	Function Name	Naming Policy	Actions
☑	☐	BAPI_TRANSACTION_COMMIT	Exact Name	
☑	☐	BAPI_TRANSACTION_ROLLBACK	Exact Name	

Abbildung 7.84 Eingetragene RFC- Ressourcen in den Einstellungen des Cloud Connectors

7.2.16 SFTP

Mit dem SFTP-Adapter (SSH File Transfer Protocol) können Sie Dateien verschlüsselt von einem Server abholen oder dort ablegen. Zur Authentifizierung können Sie entweder einen Public Key im Keystore des **Monitor**-Bereichs hinterlegen, mit Benutzernamen und Passwort arbeiten oder beides nutzen. Zum Abrufen oder Ablegen der Dateien müssen Sie die Adresse sowie gegebenenfalls einen Unterordner und einen Dateinamen im SFTP-Adapter hinterlegen. Sollten Sie den Adapter für eine Integration mit einem On-Premise-System nutzen, können Sie noch die **Location ID** einer Instanz des Cloud Connectors hinterlegen.

Sender-Adapter

Für den Sender-Adapter finden Sie auf dem Reiter **Processing** die Einstellungsmöglichkeit **Post-Processing**. Damit können Sie den Umgang mit der abgerufenen Datei festlegen. Sie können die Datei behalten, löschen oder verschieben.

Auf dem Reiter **Scheduler** können Sie das regelmäßige Abrufen von Dateien einplanen (siehe Abbildung 7.85). Die Einstellungsmöglichkeiten ähneln denen des Timer-Events (siehe Abschnitt 7.1.3, »Events«).

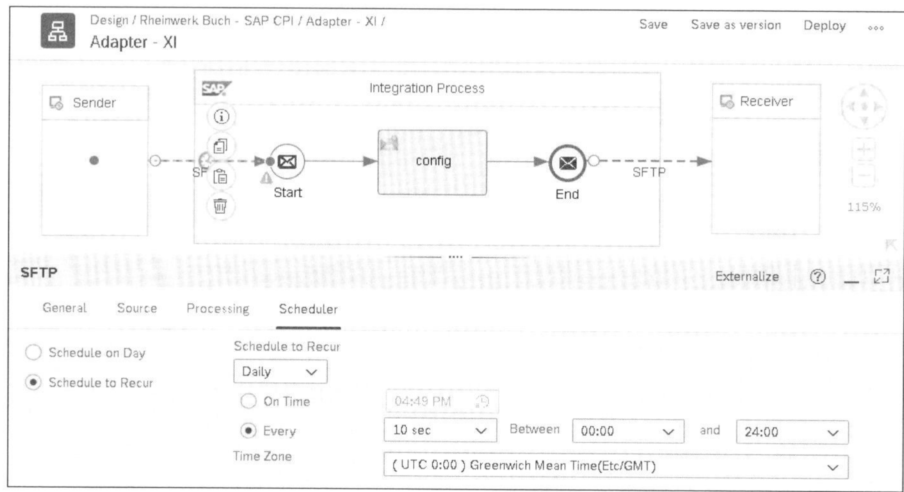

Abbildung 7.85 SFTP-Adapter für die Sender-Komponente konfigurieren

Receiver-Adapter

Für den Receiver-Adapter können Sie auf dem Reiter **Processing** im Feld **Handling for Existing Files** den Umgang mit Dateien festlegen, die bereits im Zielsystem existieren. Diese können entweder ignoriert, überschrieben oder angehängt werden, es kann aber auch ein Fehler ausgelöst werden. Des Weiteren können Sie mit der Checkbox **Use Temporary File** festlegen, ob Sie mit temporären Dateien arbeiten wollen (siehe Abbildung 7.86). Sie können die Header-Variable `CamelFileName` verwenden, um den Namen der Datei dynamisch zu bearbeiten.

Abbildung 7.86 Receiver des SFTP-Adapter

7.2.17 SOAP

Der SOAP-Adapter (Simple Object Access Protocol) wird häufig in vordefinierten Integrationen wie zum Beispiel der Integration zur Anbindung von SAP Sales Cloud und SAP Service Cloud verwendet. Die Daten werden in der Regel im XML-Format dargestellt. Der SOAP-Adapter kann auf folgende Arten genutzt werden:

- **SOAP 1.x**
  SAP Cloud Integration unterstützt die SOAP-Versionen 1.1 und 1.2. Für den SOAP-Adapter kann die maximale Größe der Nachricht festgelegt werden.
- **SAP RM**
  RM steht für *Reliable Messaging* und soll sicherstellen, dass die Nachricht beim Empfänger ankommt. RM ist ein Protokoll für den asynchronen Nachrichtenaustausch.

Zur Authentifizierung können Sie eine Benutzerkennung oder ein Client-Zertifikat auswählen.

Der Sender-Adapter kann über die folgende URL aufgerufen werden:

- *http://<tenant>/cxf/<Address>*

Sie finden diese URL im Monitoring der veröffentlichten Integration in der Anwendung **Manage Integration Content** auf dem Reiter **Endpoints** (siehe Abbildung 7.87).

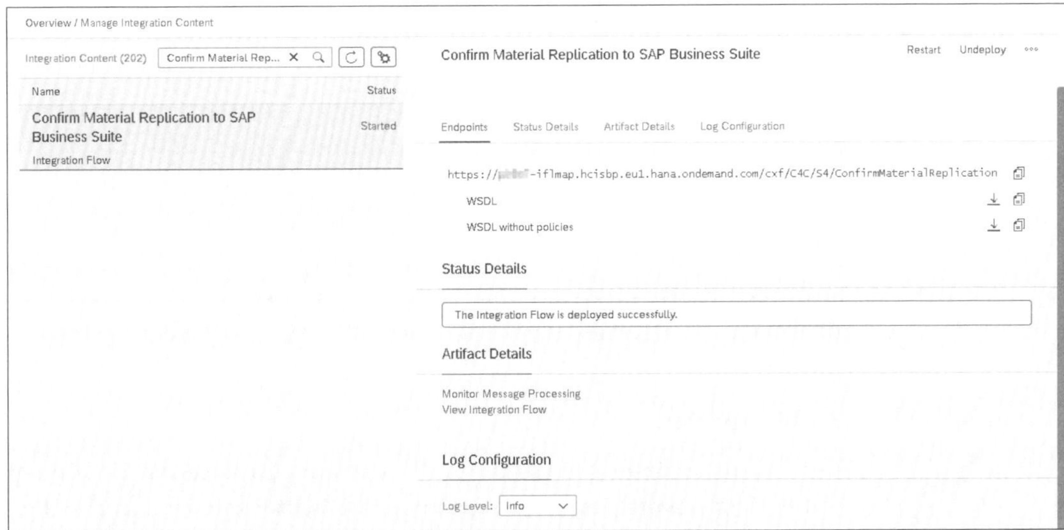

Abbildung 7.87 SOAP-Adapter-Endpunkt im Monitoring nachsehen

7.2.18 SuccessFactors

Unterstützte Protokolle

SAP SuccessFactors ist eine Cloud-Lösung für das Personalwesen und die Mitarbeiterentwicklung. Der zugehörige Adapter steht für die **Sender**- und die **Receiver**-Komponente zur Verfügung:

- Wenn Sie den Adapter für die Sender-Komponente nutzen, können Sie als Protokoll REST oder SOAP verwenden.
- Für die Receiver-Komponente haben Sie die Protokolle REST, SOAP sowie OData V2 oder OData V4 zur Auswahl.

Für den SuccessFactors-Adapter gibt es in den Filtereinstellungen des Content-Katalogs einen eigenen Eintrag, der Ihnen verschiedene vordefinierte Szenarien aufzeigt. Den Content-Katalog finden Sie über im Bereich **Discover** in SAP Cloud Integration.

Zugangsdaten festlegen

Für den Zugriff auf SAP SuccessFactors gibt es bei der Anlage der Zugangsdaten (User Credentials) im Monitoring einen eigenen Typ. Dieser beinhaltet anders als sonst in der Anlagemaske für die User Credentials zusätzlich das Feld **Company ID** (siehe Abbildung 7.88). Die Company ID können Sie in Ihrem SAP-SuccessFactors-System in Ihrem Profil finden.

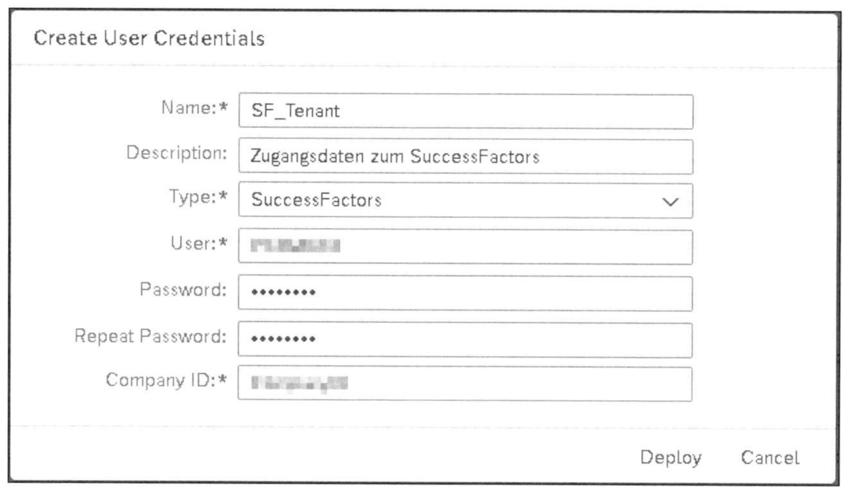

Abbildung 7.88 Zugangsdaten für SAP SuccessFactors im Monitoring anlegen

7.2.19 Twitter

Den Twitter-Adapter gibt es nur für die Komponente **Receiver**. Sie können mit diesem Adapter Daten abfragen oder an Twitter senden, um zum Beispiel nach Einträgen zu einem bestimmten Thema zu suchen. Die Authentifizierung erfolgt über OAuth. Für die Kommunikation wird ein registrierter Benutzer benötigt. Über diesen Twitter-Benutzer können die verschiedenen Twitter-APIs verwendet werden.

API-Endpunkte

Die Art der Anfrage legen Sie über einen der folgenden Endpunkte fest:

- **Search**

  Mit der Option **Search** können Sie über die von Ihnen definierten Schlüsselwörter und die Auswahl einer Sprache nach Tweets zu einem bestimmten Thema suchen. Zusätzlich können Sie die Maximallänge der Tweets definieren, die entweder 140 oder 280 Zeichen betragen kann (siehe Abbildung 7.89).

- **Send Direct Message**

  Über den Endpunkt **Send Direct Message** können Sie anderen Twitter-Nutzer*innen eine Nachricht schicken. Dafür benötigen Sie deren Benutzernamen und die Berechtigung seitens Twitter, Daten zu senden.

- **Send Tweet**

  Die Methode **Send Tweet** erlaubt Ihnen, Tweets in Ihrer Twitter-Timeline über SAP Cloud Integration zu posten.

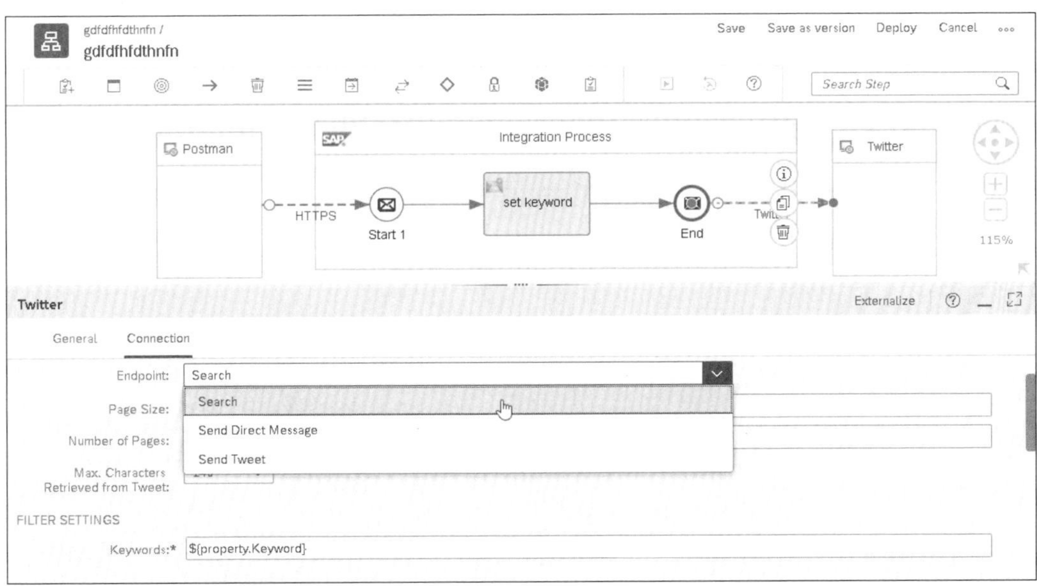

Abbildung 7.89 Konfiguration des Twitter-Adapters

Developer-Portal von Twitter

Zur Abfrage der Secrets, Keys, Token sowie zusätzlichen Berechtigungen müssen Sie sich mit Ihrem Benutzer im Developer-Portal von Twitter registrieren. Aus Sicherheitsgründen sollten Sie die Secrets und Keys im **Monitor**-Bereich als sicherheitsrelevante Parameter definieren (siehe Abschnitt 5.4.1, »Zugangsdaten anlegen und verwalten«).

7.2.20 XI

SAP Process Integration/ Orchestration

Der XI-Adapter steht in der Protokollversion 3.0 zur Verfügung. Er kann unter anderem für den Nachrichtenaustausch mit einem SAP Process Integration oder SAP Process Orchestration in Ihrem lokalen Netzwerk genutzt werden. Der Name des Adapters basiert auf der früheren Bezeichnung für SAP Process Integration/Orchestration, *SAP Exchange Infrastructure* (XI). Den XI-Adapter gibt es als Sender- und als Receiver-Adapter.

Die Einstellungen des Adapters erstrecken sich auf die drei Reiter **Connection**, **Processing** und **Delivery Assurance**:

- **Connection**
  Auf dem Reiter **Connection** geben Sie die Adresseinstellungen des Zielsystems ein.
- **Processing**
  Auf dem Reiter **Processing** werden die Identifizierungsmerkmale des Senders und des Empfängers festgelegt. Dies sehen Sie in Abbildung 7.90.
- **Delivery Assurance**
  Auf dem Reiter **Delivery Assurance** werden Zusatzparameter für die Übertragung festlegt. Dazu gehört unter anderem das Feld **Temporary Storage**, in dem Sie festlegen können, an welchem Ort die Nachricht zwischengespeichert wird, um sie bei einem Fehler gegebenenfalls zu wiederholen.

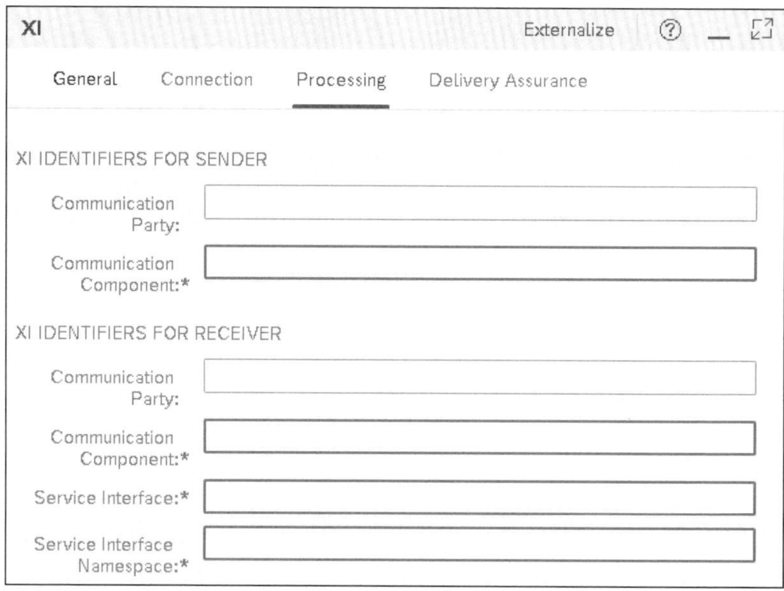

Abbildung 7.90 Einstellungsmöglichkeiten des XI-Adapters auf dem Reiter »Processing«

7.3 Zusammenfassung

In diesem Kapitel haben Sie alle Komponenten und Adapter kennengelernt, die SAP Cloud Integration zum Aufbau von Integrationen in der **Design**-Umgebung zur Verfügung stellt. Es gibt Adapter zum Senden und Empfangen von Nachrichten an bzw. von externen Systemen sowie verschiedene Komponenten zur Nachrichtenverarbeitung.

Kapitel 8
Wichtige Grundfunktionen

Dieses Kapitel vertieft Ihr Wissen zu verschiedenen Bereichen von SAP Cloud Integration. Behandelt werden u. a. Abfragen und Funktionen mit Expressions, XML und XPath, die Nutzung von Vergleichsoperatoren sowie die Migration von Komponenten. Daneben zeige ich Ihnen, wie Sie Partner Directorys verwenden und die Verfügbarkeit von Services und Rechenzentren überprüfen können.

In diesem Kapitel möchte ich Ihnen weitere Funktionen vorstellen und Herangehensweisen vermitteln, die Ihnen den Arbeitsalltag mit SAP Cloud Integration erleichtern.

Mit der *Simple Expression Language* lassen sich beispielsweise Zugriffe auf Eigen- oder Systemvariablen über Ausdrücke realisieren. Des Weiteren können Sie damit die Werte, auf die Sie zugreifen, mit Zusatzfunktionen bearbeiten. In diese Sprache führe ich Sie in Abschnitt 8.1, »Apache Camel und Expressions«, ein.

Mithilfe von Vergleichsoperatoren können Sie Werte einander gegenüberstellen und so unterschiedliche Routen oder anderweitige Abfragen in Ihre Integration einbauen. Diese Möglichkeit lernen Sie in Abschnitt 8.2, »Bedingungen mit Vergleichsoperatoren definieren«, kennen.

In Abschnitt 8.3, »XML und XPath«, erfahren Sie Wissenswertes über XML, das Hauptformat für Daten in SAP Cloud Integration. Außerdem zeige ich Ihnen, wie Sie XPath-Ausdrücke verwenden, um Daten gezielt abzufragen.

Wenn Sie eine Integration häufig wiederverwenden, müssen Sie Daten, wie den Pfad zu einem Fremdsystem, jedes Mal aufwendig anpassen. Um diesen Vorgang möglichst einfach zu halten, gibt es die Funktion **Externalize**. Damit können Sie alle benötigten Werte über eine Maske übersichtlich anpassen (siehe Abschnitt 8.4, »Parametrisierung mit der Funktion ›Externalize‹«).

Im Laufe der Zeit werden die von SAP bereitgestellten Komponenten verbessert, indem Fehler beseitigt und Funktionen hinzugefügt werden. Weil sich Komponenten in alten Integrationen nicht automatisch aktualisieren lassen, gibt es eine Funktion zur Migration. Mit deren Hilfe können Sie eine

Komponente manuell aktualisieren, was ich in Abschnitt 8.5, »Migration von Komponenten«, beschreibe. In Abschnitt 8.6, »Erweiterungskonzept für Integrationsszenarien«, erläutere ich, wie Sie die Standardszenarien von SAP erweitern können.

Eine Nachricht, die in SAP Cloud Integration verarbeitet wird, hat stets einen speziellen Aufbau. Wie dieser genau aussieht, erfahren Sie in Abschnitt 8.7, »Aufbau von Nachrichten«. Anschließend stelle ich Ihnen in Abschnitt 8.8, »Dokumentation der Header- und Property-Variablen«, einige vordefinierte Variablen innerhalb von SAP Cloud Integration vor. Diese werden entweder automatisch bei jedem Nachrichtendurchlauf verwendet oder von Ihnen definiert.

Das *Partner Directory* ist eine Möglichkeit, um mehreren Partnerunternehmen dasselbe Integrationsszenario zur Verfügung zu stellen, die ich Ihnen in Abschnitt 8.9, »Partner Directory«, zeige. Im Partner Directory werden die partnerspezifischen Daten gespeichert, die während der Laufzeit dynamisch aufgerufen werden.

Zum Abschluss zeige ich Ihnen in Abschnitt 8.10, »Verfügbarkeit von Services und Rechenzentren prüfen«, wie Sie die Verfügbarkeit von SAP-Services testen können. Damit können Sie die Ursachen für Ausfälle in der Vergangenheit nachvollziehen und sich über Ergebnisse informieren lassen.

8.1 Apache Camel und Expressions

Apache Camel

SAP Cloud Integration basiert auf *Apache Camel*, einem auf Java basierenden Open-Source-Framework, das eine regelbasierte Routing- und Konvertierungs-Engine bereitstellt. Apache Camel nutzt bekannte *Enterprise Integration Patterns*. Patterns sind Musterlösungen oder Entwurfsmuster, die in der Softwareentwicklung verwendet werden, um wiederkehrende Probleme zu lösen. Die Enterprise Integration Patterns bilden häufige Anforderungen in der Anwendungsintegration ab.

Simple Expression Language

Die *Simple Expression Language* (einfache Ausdruckssprache) wurde entwickelt, um einfache Abfragen in Apache Camel schnell, effizient und ohne besondere Kenntnisse anderer Sprachen zu erstellen. Sie können mit dieser Sprache auf verschiedene Inhalte einer Nachricht zugreifen oder andere Funktionen aufrufen, beispielsweise um das aktuelle Datum auszugeben.

Einbindungsort

Ausdrücke in der Simple Expression Language, kurz auch *Expressions* genannt, können Sie an verschiedenen Orten Ihrer Integration einbauen, um Werte abzufragen. So werden Sie beim Einbinden einer Abfrage häufig gefragt – beispielsweise in der **Router**-Komponente –, ob Sie **Non-XML** (Expressions) oder **XML** für eine Abfrage verwenden wollen (siehe auch Abschnitt 7.1.8, »Routing«).

Aufbau einer Expression

Expressions beginnen immer mit einem $-Zeichen, gefolgt von einem geschweiften Klammerpaar, das einen Ausdruck enthält, also den abzufragenden Inhalt:

```
${<Ausdruck>}
```

Dieser kann beispielsweise zur Anzeige eines bestimmten Datums, dem Zugriff auf einen bestimmten Wert oder der Ausführung einer Funktion dienen.

Beispiele für Expressions

In Tabelle 8.1 gebe ich Ihnen einige Beispiele für Expressions.

Expression	Beschreibung
`${header.nameDesHeaders}`	Greift auf die Header-Variable mit `<NameDesHeaders>` zu.
`${property.nameDerProperty}`	Greift auf die Property-Variable `<NameDerProperty>` zu.
`${in.body}` oder `${body}`	Greif auf den Nachrichteninhalt zu.
`${header.test.substring(1,5)}`	Gibt einen Teilstring zurück.
`${random(3, 12)}` oder `${random(12)}`	Stellt eine zufällige Zahl zwischen 3 und 12 dar.
`${date:now:dd-MM-yyyy HH:mm z}`	Zeigt das aktuelle Datum an. Das Format kann beliebig verändert werden.
`${messageHistory}`	Zeigt die Verarbeitungshistorie an.
`${id}`	Gibt die ID der Nachricht aus.

Tabelle 8.1 Beispiele für Expressions

Funktionen innerhalb von Expressions

Innerhalb von Expressions können Sie auch *Funktionen* nutzen, um Variablen innerhalb von SAP Cloud Integration zu bearbeiten und bei Bedarf mithilfe eines Vergleichsoperators zu vergleichen. Die verfügbaren Vergleichsoperatoren stelle ich Ihnen in Abschnitt 8.2, »Bedingungen mit Vergleichsoperatoren definieren«, vor. Die Funktionen werden jeweils mit einem Punkt-Zeichen vom Namen der Variablen getrennt. Tabelle 8.2 zeigt Ihnen einige Beispiele für Funktionen in Expressions, die Sie innerhalb von SAP Cloud Integration nutzen können.

Expression	Beschreibung
`${header.test.toLowerCase()}`	Schreibt den Variableninhalt in Kleinbuchstaben.
`${header.test.toUpperCase()}`	Schreibt den Variableninhalt in Großbuchstaben.
`${header.test.substring(0,3)}`	Gibt einen Teilstring zurück.

Tabelle 8.2 Funktionen, die in Expressions genutzt werden können

Expressions testen

Um Expressions zu testen und deren Auswirkungen zu analysieren, empfehle ich Ihnen, eine Minimalintegration aufzubauen. In Abbildung 8.1 sehen Sie den Aufbau einer einfachen Integration für diese Zwecke. Der Integration Flow wird in diesem Beispiel von einem **Start Timer**-Event gestartet. Im Anschluss folgt ein **Content Modifier** als Komponente, in der Sie auf dem Reiter **Message Body** eine Expression eintragen können.

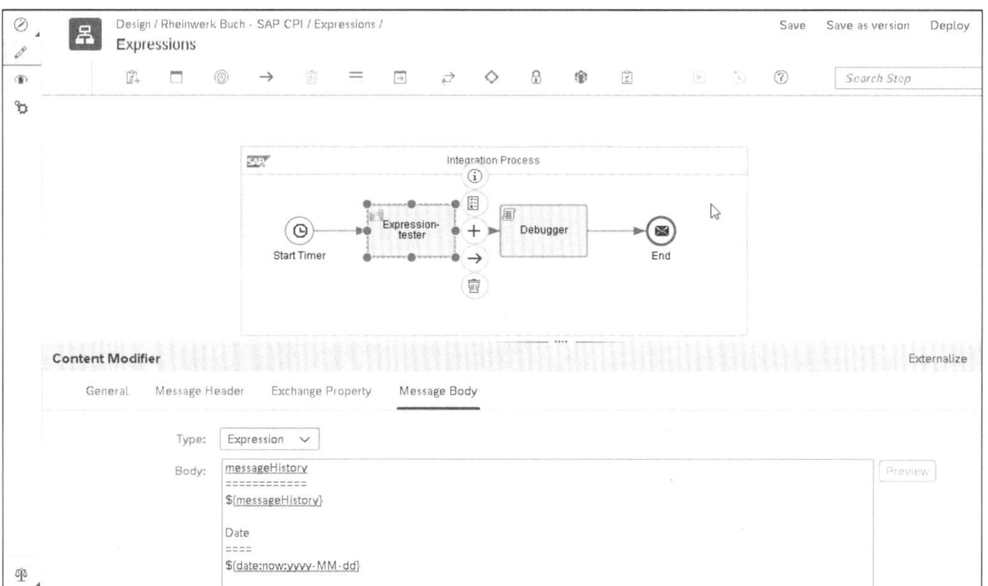

Abbildung 8.1 Einfaches Beispiel zum Testen einer Expression

Sollten Sie mehrere Expressions gleichzeitig testen wollen, empfiehlt es sich, jede Expression mit einer anderen Überschrift oder mit einer anderen Kennzeichnung zu versehen. In Abbildung 8.1 habe ich beispielsweise die Überschrift `messageHistory` eingefügt.

Ergebnis überprüfen

Die Ergebnisse einiger Expressions können sehr umfangreich ausfallen, wie das Beispiel der Expression `${messageHistory}` in Abbildung 8.2 zeigt. Wenn

Sie das Ergebnis der Expression betrachten wollen, können Sie entweder mit einem Skript wie in Abbildung 8.1 oder mit dem Log Level **Trace** arbeiten, wie in Abbildung 8.2 gezeigt. Weitere Informationen zur Nachrichtenflussanalyse erhalten Sie in Kapitel 11, »Prüfen, Testen und Debugging«.

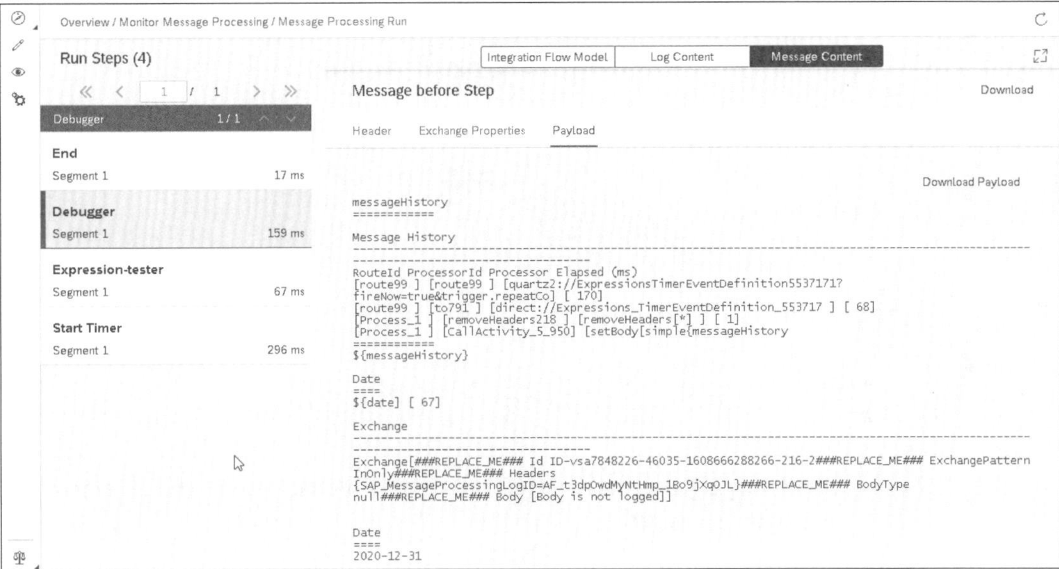

Abbildung 8.2 Ergebnis der Expression »${messageHistory}« im Nachrichtenverarbeitungsprotokoll

8.2 Bedingungen mit Vergleichsoperatoren definieren

Vergleichsoperatoren sind ein wichtiger Bestandteil Ihrer Integrationen. Sie können die Vergleichsoperatoren in Komponenten oder in Skripte einbauen, um Werte während der Laufzeit abzufragen und miteinander zu vergleichen. Auf Basis der Vergleiche können Entscheidungen getroffen werden, die den Nachrichtenverlauf maßgeblich beeinflussen können.

Beispiel mit einem Vergleichsoperator

Mit einer Router-Komponente können Sie entscheiden, in welche Richtung eine Nachricht weitergeleitet werden soll. In Abbildung 8.3 ist ein einfacher Integration Flow dargestellt, in dem ein Wert aus einer Header-Variablen, die in dem Content Modifier **Prüfwert** definiert wurde, mit der Zahl 5 verglichen wird. Wenn der Wert aus der Content-Modifier-Komponente »5« lautet, wird die Nachricht an die Content-Modifier-Komponente **Nachrichtenbearbeitung 1** weitergeleitet. Bei einem anderen Wert wird die Nachricht an den Content Modifier **Nachrichtenbearbeitung 2** weitergeleitet. Den entsprechenden Vergleichsausdruck definieren Sie auf dem Reiter **Processing**.

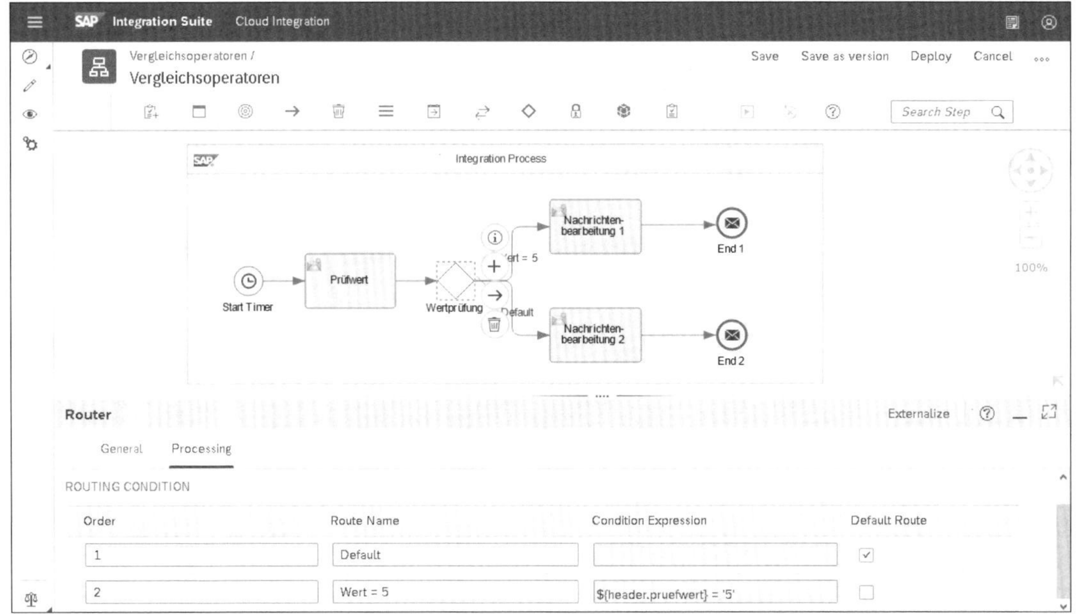

Abbildung 8.3 Beispiel zur Verwendung eines Vergleichsoperators in einem Bedingungsausdruck

Verwendbare Vergleichsoperatoren

In Tabelle 8.3 sind einige Vergleichsoperatoren aufgelistet, die Sie für Ausdrücke verwenden können. Sie finden für jeden Operator eine Beschreibung und einen Beispielausdruck.

Operator	Beschreibung	Beispiel-Expression
=	Variable ist gleich 1.	`${header.variable} = '1'`
!=	Variable ist ungleich 1.	`${header.variable} != '1'`
>	Variable ist größer als 1.	`${header.variable} > '1'`
>=	Variable ist größer gleich 1.	`${header.variable} >= '1'`
<	Variable ist kleiner als 1.	`${header.variable} < '1'`
<=	Variable ist kleiner gleich 1.	`${header.variable} <= '1'`
and	Variable1 ist gleich 1 und Variable2 ist gleich 2.	`${header.variable1} = '1' and ${header.variable2} = '2'`
or	Variable1 ist gleich 1 oder Variable2 ist gleich 2.	`${header.variable1} = '1' or ${header.variable2} = '2'`

Tabelle 8.3 Vergleichsoperatoren

Operator	Beschreibung	Beispiel-Expression
contains	Variable beinhaltet 1.	`${header.variable1} contains '1'`
not contains	Variable beinhaltet keine 1.	`${header.variable1} not contains '1'`
in	Variable ist in '1,2,3' enthalten.	`${header.variable1} in '1,2,3'`
not in	Variable ist nicht in '1,2,3' enthalten.	`${header.variable1} not in '1,2,3'`
regex	Variable besteht aus der Regular Expression `'^[a-z]{3}[0-9]{2}$ '`.	`${header.variable1} regex '^[a-z]{3}[0-9]{2}$ '`
not regex	Variable besteht nicht aus der Regular Expression `'^[a-z]{3}[0-9]{2}$ '`,	`${header.variable1} not regex '^[a-z]{3}[0-9] {2}$ '`

Tabelle 8.3 Vergleichsoperatoren (Forts.)

Reguläre Ausdrücke (*Regular Expressions*) sind Zeichenketten, die Regeln definiern, um Teilmengen in einer anderen Zeichenkette festzulegen. So können beispielweise Filterkriterien definiert werden.

Beispiele für Regular Expressions

Wenn Sie sich für Abfragen mit regulären Ausdrücken interessieren, empfehle ich Ihnen die folgende Seite von Mozilla, die einige Informationen zu diesem Thema und Beispiele bereitstellt: *http://s-prs.de/v805316*

8.3 XML und XPath

XML

Extensible Markup Language (XML) ist das Hauptformat für Daten in SAP Cloud Integration. Sie können zwar auch mit anderen Datenstrukturen arbeiten, dennoch ist XML im Rahmen von Mappings und anderen Komponenten, die unter anderem mit XPath, der Abfragesprache für XML, arbeiten, ein wichtiger Bestandteil von SAP Cloud Integration. Abbildung 8.4 zeigt ein Beispiel für XML-Code, der im Message Body einer Content-Modifier-Komponente namens **XML Daten** hinterlegt wurde. Im Folgenden zeige ich Ihnen, wie Sie auf diesen Nachrichteninhalt mit XPath zugreifen.

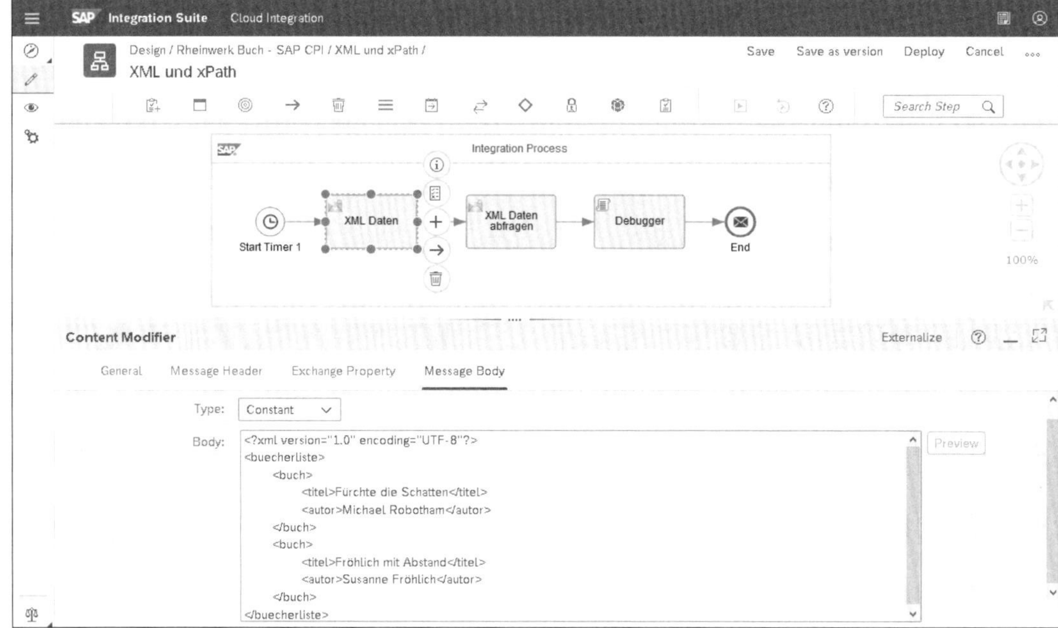

Abbildung 8.4 Beispiel für die Verwendung von XML in einer Content-Modifier-Komponente

Wenn Sie die XML-Daten direkt in SAP Cloud Integration testen wollen, können Sie diese aus Listing 8.1 kopieren. Sie finden den Code auch im Download-Bereich dieses Buchs unter *www.sap-press.de/5248* auf dem Reiter **Materialien**. Die XML-Datei enthält eine Bücherliste, die aus zwei Büchern mit ihren Titeln, der Sprache und den Autoren besteht.

```
<?xml version="1.0" encoding="UTF-8"?>
<buecherliste>
      <buch>
            <titel lang="de">Fürchte die Schatten</titel>
            <autor>Michael Robotham</autor>
      </buch>
      <buch>
            <titel lang="en">The Lord of the Rings</titel>
            <autor>J. R. R. Tolkien</autor>
      </buch>
</buecherliste>
```

Listing 8.1 XML-Beispiel

XPath XPath steht für *XML Path Language*. Es handelt sich um eine Abfragesprache, mit der Daten und Struktur aus einer XML-Datei gelesen werden können. XPath findet in vielen Sprachen und Funktionen Verwendung, um Strings, numerische Werte, Datums- und Uhrzeitangaben, boolesche Werte, Knotenmanipulation und viele weitere umzusetzen.

Abbildung 8.5 zeigt ein Beispiel für die Konfiguration eines XPath-Ausdrucks im Message Header einer Content-Modifier-Komponente namens **XML Daten abfragen**.

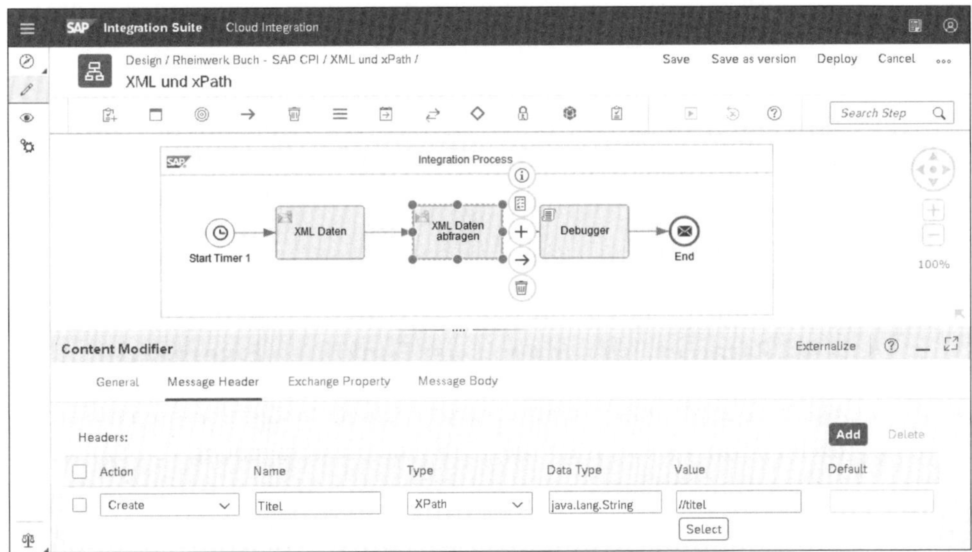

Abbildung 8.5 XPath-Abfrage in einem einfachen Integration Flow

Mögliche XPath-Abfragen

In Tabelle 8.4 sind einige Beispiele für XPath-Ausdrücke dargestellt, die Sie direkt auf die Beispieldaten aus Listing 8.1 anwenden können. In der linken Spalte der Tabelle steht der XPath-Ausdruck, den Sie in Ihrer Content-Modifier-Komponente auf den Reitern **Message Header** oder **Exchange Property** im Feld **Value** eintragen können. Auf der rechten Seite der Tabelle steht die Beschreibung der jeweiligen Expression.

XPath-Expression	Beschreibung
`//buch[2]/titel`	Gibt den Titel des zweiten Buchs aus.
`//buch[last()]/titel`	Gibt den Titel des letzten Buchs in der Liste aus.
`//buch/titel[@lang='en']`	Gibt den Titel des ersten Buchs mit dem Attribut `lang='en'` aus.
`/*[local-name()='entry'])`	Kann bei Problemen mit Namensräumen (*Namespaces*) helfen.

Tabelle 8.4 Beispiele für XPath-Abfragen

XPath-Funktionen

Neben den einfachen Abfragen können Sie auch XPath-Funktionen verwenden, von denen ich Ihnen einige in Tabelle 8.5 vorstelle.

XPath-Funktion	Beschreibung
`count(//buch/titel)`	Zählt die Einträge mit dem Element `titel`.
`concat(//buch/titel[@lang='en'], //buch/titel[@lang='de'])`	Verbindet die beiden Buchtitel in Listing 8.1 zu einem.
`contains(//buch/titel[@lang='en'], //buch/titel[@lang='de'])`	Vergleicht den ersten Wert mit dem zweiten und gibt das Ergebnis der Übereinstimmung mit dem Wert `true` oder `false` zurück.

Tabelle 8.5 Beispiele für XPath-Funktionen

8.4 Parametrisierung mit der Funktion »Externalize«

Wenn Sie in einer Zwei-System-Landschaft ein Integrationsszenario entwickeln, beginnen Sie in der Regel in einer Testumgebung von SAP Cloud Integration. Dort werden Sie viele Werte wie Adressen von Zielsystemen, Zugangsdaten (Credentials) usw. fest definieren. Nachdem Sie Ihr Integrationsszenario in eine produktive Umgebung transportiert haben, müssen Sie einen Großteil der fest definierten Werte Ihrer Integration im Bearbeitungsmodus ändern, damit diese zum Produktivsystem passen. Diese Vorgehensweise hat allerdings einen faden Beigeschmack, weil Sie dabei vor allem in größeren Integrationen Wertänderungen übersehen könnten oder sich Fehler aufgrund von doppelt vorkommenden Werten einschleichen könnten. Außerdem können diese manuellen Änderungen einen hohen zeitlichen Aufwand bedeuten.

Schaltfläche »Externalize«

Um dieser Problematik zu begegnen, gibt es die Parametrisierungsfunktion über die Schaltfläche **Externalize**. Die meisten Komponenten in SAP Cloud Integration bieten die Parametrisierung von Feldern an. Wenn dies der Fall ist, sehen Sie die entsprechende Schaltfläche im unteren Arbeitsbereich auf der rechten Seite (siehe Abbildung 8.6).

Fenster »Externalization«

Wenn Sie diese Schaltfläche ausgewählt haben, öffnet sich das Pop-up-Fenster **Externalization** (siehe Abbildung 8.7). Hier finden Sie je nach ausgewählter Komponente oder ausgewähltem Adapter unterschiedliche Werte, die Sie zur Parametrisierung verwenden können. Ich zeige Ihnen die Vorgehensweise im Folgenden anhand eines HTTPS-Adapters.

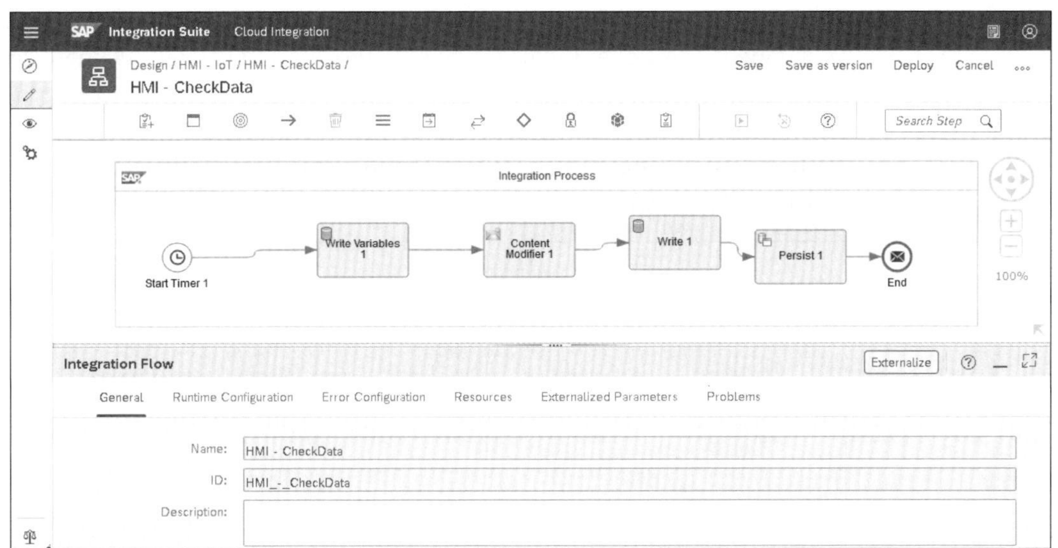

Abbildung 8.6 Funktion »Externalize« im Konfigurationsbereich einer Content-Modifier-Komponente

Um ein Feld zu parametrisieren, wählen Sie ein Feld aus, in dem **Define Parameter** steht, und definieren für diese Variable mit dem Ausdruck {{<Parametername>}} einen Parameter. Für das Beispiel habe ich das Feld **Address** ausgewählt, das in Abbildung 8.7 bereits gefüllt ist. Die Vorgehensweise ist für jedes Feld gleich.

Abbildung 8.7 Pop-up-Fenster »Externalization«

Sobald Sie das Feld mit dem Namen des Parameters verlassen, wird in dem Feld daneben mit dem Inhalt **<Define Value>** ein Tag erzeugt. Wählen Sie dieses Tag aus, um einen Standardwert für diesen Parameter festzulegen. Dazu öffnet sich das Pop-up-Fenster, das Sie in Abbildung 8.8 sehen. Geben Sie hier einen Standardwert im Feld **Default Value** ein, und bestätigen Sie Ihre Eingabe mit **OK**.

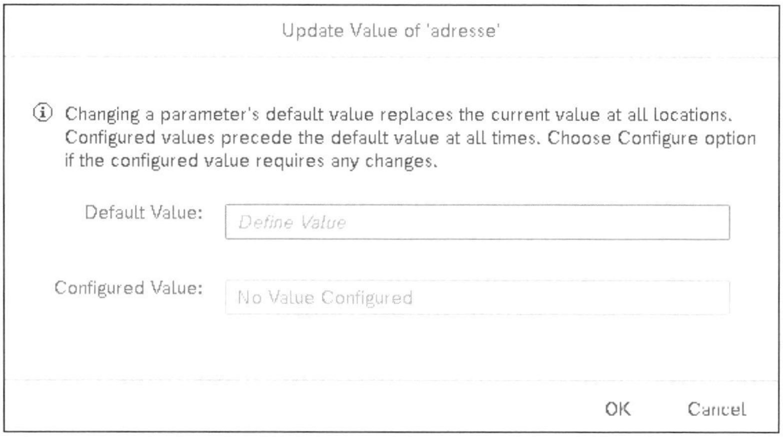

Abbildung 8.8 Standardwert für einen Parameter definieren

Statische Werte

Sie können auch mehrere Parameter pro Feld festlegen. Ebenso können Sie in einem Feld mit dem Inhalt **<Define Value>** statische Werte definieren. Dies kann zum Beispiel bei einem Feld sinnvoll sein, in das eine URL eingegeben werden muss und für das Sie den Wert »https://« als statischen String vor eine Eingabe setzen. Abbildung 8.7 zeigt dies für das Feld **Address**.

Externalisierte Parameter bearbeiten

Nachdem Sie die Parametrisierung mit **OK** abgeschlossen haben, sind die parametrisierten Felder auf dem Reiter im unteren Arbeitsbereich mit grauen Tags vorbelegt und können nur noch über die Schaltfläche **Externalize** bearbeitet werden (siehe Abbildung 8.9).

Alle angelegten Parameter können Sie im allgemeinen Konfigurationsbereich Ihres Integration Flows auf dem Reiter **Externalized Parameters** einsehen und bearbeiten. Stellen Sie über einen Klick auf den weißen Hintergrund des grafischen Modells des Integration Flows sicher, dass keine Komponente ausgewählt ist. Mit der Schaltfläche **Remove Unused** können Sie nicht verwendete Parameter entfernen (siehe Abbildung 8.10).

Parametriesierbare Felder

Generell lassen sich die folgenden Feldarten auf die gezeigte Weise parametrisieren:

- Textfelder
- Textboxes

- Checkboxes
- Drop-down-Listen
- Auswahlfelder
- Zeitpläne
- Zellen einer Tabelle

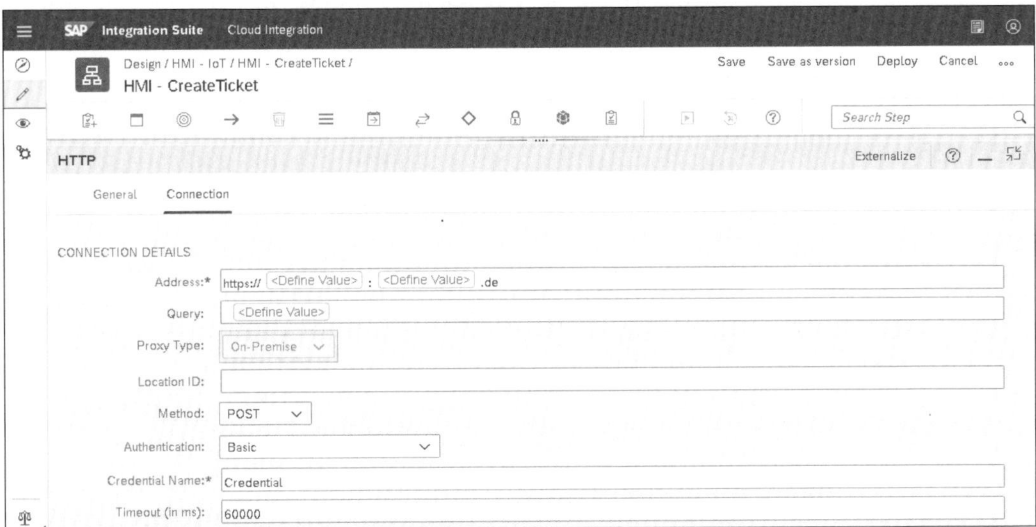

Abbildung 8.9 Mehrere parametrisierte Felder in einem HTTPS-Adapter

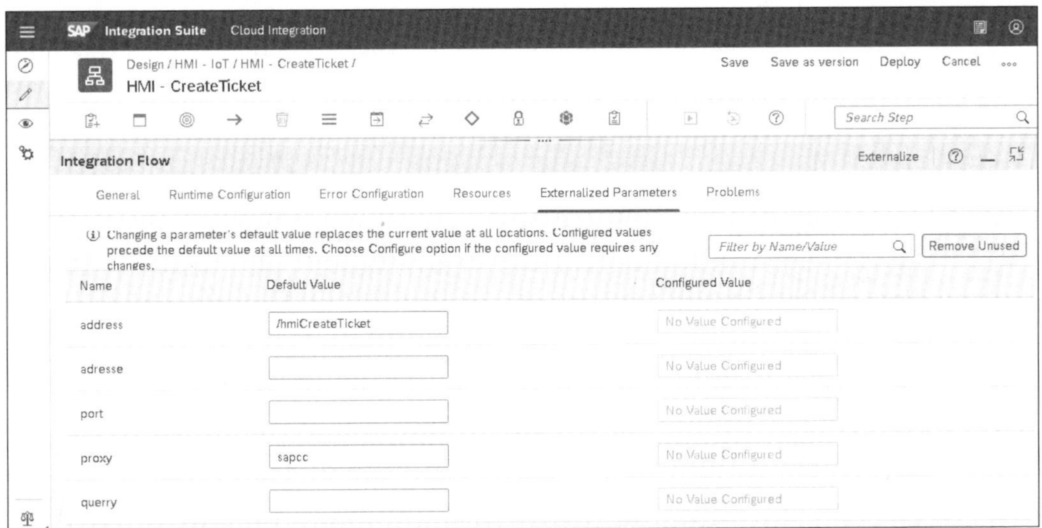

Abbildung 8.10 Reiter »Externalized Parameters« für einen Integration Flow

Werte konfigurieren

Wenn Sie die Parametrisierung abgeschlossen haben, können Sie die Werte über **Configure** konfigurieren. Diese Schaltfläche finden Sie entweder oben rechts innerhalb der grafischen Sicht Ihres Integration Flows oder innerhalb eines Pakets im Aktionsmenü des entsprechenden Integration Flows. Es öffnet sich ein entsprechendes Konfigurationsfenster für Ihren Integration Flow. Abbildung 8.11 zeigt dieses Fenster am Beispiel eines **Start Timer**-Events. Das **Start Timer**-Event bietet Ihnen die Möglichkeit, ein Intervall für den Start des Integration Flows festzulegen.

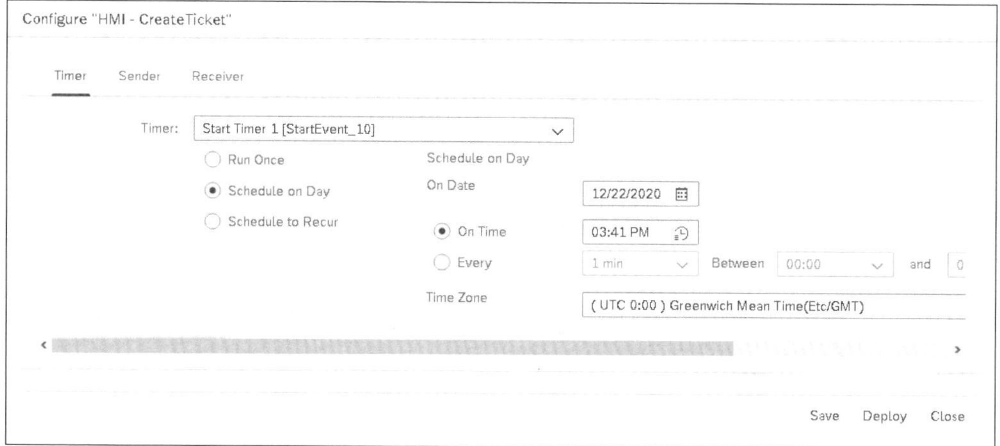

Abbildung 8.11 Zeitauswahl einer Komponente »Start Timer« der Kategorie »Events«

Als Alternative zum **Start Timer**-Event sehen Sie in Abbildung 8.12 die Konfigurationsmaske eines HTTPS-Adapters. Das Feld **Address** setzt sich aus den zwei gesetzten Parametern **adresse** und **port** zusammen.

Abbildung 8.12 HTTP-Receiver mit mehreren Parametern pro Feld

Wenn Sie mit Ihren konfigurierten Parametern zufrieden sind und die Integration über die Download-Funktion herunterladen und in einen anderen Tenant verschieben möchten, wird Ihnen zur Auswahl gestellt, ob Sie nur die Standardwerte oder auch die konfigurierten Werte herunterladen möchten (siehe Abbildung 8.13):

Integration Flow exportieren

- **Default Values Only**
  Diese Auswahl exportiert den Integration Flow mit den definierten Standardwerten. Das kann sinnvoll sein, wenn die Integration in eine andere Systemlandschaft importiert werden soll.
- **Merged Configured and Default Values**
  Bei der Option **Merged Configured and Default Values** werden neben den Standardwerten auch die konfigurierten Werte exportiert. Dies kann sinnvoll sein, wenn der Integration Flow als Backup heruntergeladen werden soll.

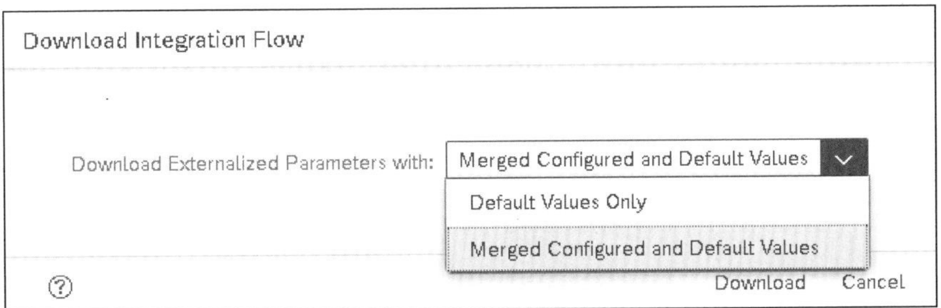

Abbildung 8.13 Auswahlfeld beim Download einer Integration mit Parametern

Nachdem Sie eine der Optionen ausgewählt haben, schließen Sie das Fenster mit der Schaltfläche **Download**.

8.5 Migration von Komponenten

SAP Cloud Integration wird von SAP ständig optimiert. Es werden neue Funktionen hinzugefügt, bestehende verbessert und Fehler korrigiert. Aus diesem Grund hat jede Umgebung und Komponente in SAP Cloud Integration eine eigene Versionsnummer.

Versionsnummer

Die Version einer Komponente in SAP Cloud Integration setzt sich aus drei Nummern zusammen:

- **Major Number**
  Die Major Number ist die Hauptversionsnummer einer Komponente. Sie wird normalerweise nicht verändert. Eine Veränderung dieser Nummer

bedeutet, dass es keine Abwärtskompatibilität mehr zur vorherigen Version gibt.

- **Minor Number**
  Durch das Hinzufügen oder Hochzählen der Minor Number werden neue Funktionen markiert, wie beispielsweise ein neu hinzugefügtes Feld innerhalb einer Komponente.
- **Micro Number**
  Die Micro Number weist auf minimale Anpassungen hin. Das können zum Beispiel Anpassungen des Layouts auf der Benutzeroberfläche sein.

Wenn Sie sich die Version einer Komponente über das Informationssymbol (i) anzeigen lassen, werden nur die Major und die Minor Number angezeigt. Die Micro Number hat keinen Einfluss auf Ihr Integrationsszenario, daher werden solche Updates von SAP automatisch vorgenommen. In Abbildung 8.14 sehen Sie eine Komponente **Content Modifier**, die bei Aufnahme des Screenshots die Version 1.5 trug.

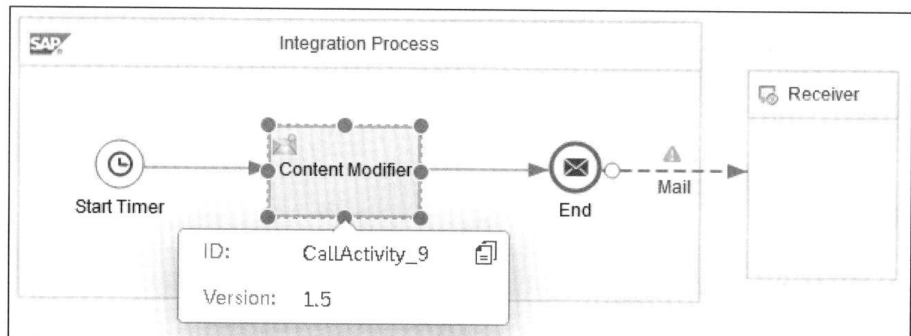

Abbildung 8.14 Version einer Komponente »Content Modifier«

Updatefähige Komponenten

Durch eine Migration können Sie alle Komponenten Ihrer Integration auf den aktuellen Stand bringen. Die Option **Migrate** wird erst dann für Ihren Integration Flow angezeigt, wenn es eine updatefähige Komponente in Ihrem Integration Flow gibt (siehe Abbildung 8.15). Alternative zur Migration können Sie die Komponente auch aus Ihrem Integration Flow entfernen und durch eine neue auf dem aktuellen Versionsstand einsetzen. Neue Komponenten haben immer den aktuellen Stand.

Migration durchführen

Haben Sie auf die Schaltfläche **Migrate** geklickt, öffnet sich ein Pop-up-Fenster, in dem Sie gefragt werden, ob Sie die Migration wirklich durchführen wollen (siehe Abbildung 8.16).

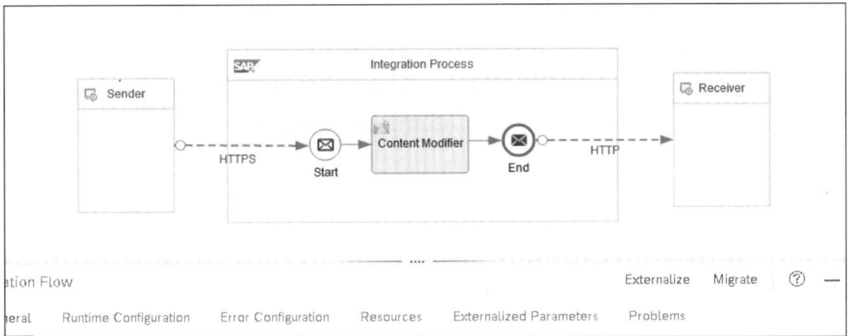

Abbildung 8.15 Migrationsoption im unteren Konfigurationsbereich eines Integration Flows

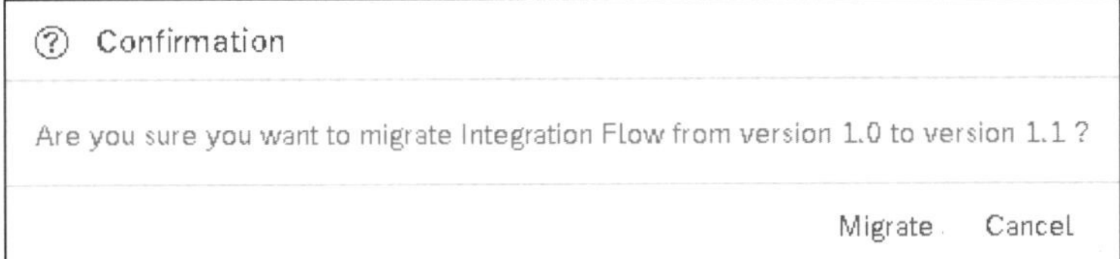

Abbildung 8.16 Bestätigung der Migration

Migration abschließen

Nachdem die Migration abgeschlossen ist, müssen Sie die Integration speichern, um sicherzugehen, dass alle Änderungen übernommen werden. Es ist Ihnen nicht mehr möglich, die Migration rückgängig zu machen. Sie sollten vor der Migration daher eine neue Version Ihrer Integration anlegen. Eine neue Version legen Sie über die Funktion **Save as Version** im grafischen Editor einer Integration an. Dies erlaubt Ihnen, zu dem alten Stand zurückzukehren, falls Probleme nach der Migration auftreten.

Berechtigung zur Migration/für Updates

Sie können eine Migration nur bei Integration Flows durchführen, die Sie auch selbst bearbeiten dürfen. Alle anderen Integration Flows werden durch den Updateprozess des jeweiligen Paketinhabers bzw. der Paketinhaberin gepflegt.

8.6 Erweiterungskonzept für Integrationsszenarien

Erweiterung über Exits

Um der Problematik der Updatefähigkeit nach einer Bearbeitung zu begegnen, hat SAP ein Erweiterungskonzept für die vordefinierten Integrationsszenarien entwickelt, das in Abbildung 8.17 skizziert ist. Integrationsszenarien, die dieses Konzept unterstützen, beinhalten ein oder mehrere *Exits*. An diesen vordefinierten Stellen können die Szenarien durch eigene Integration Flows erweitert werden. Die vordefinierten und benutzerdefinierten Integration Flows müssen sich auf demselben Tenant von SAP Cloud Integration befinden.

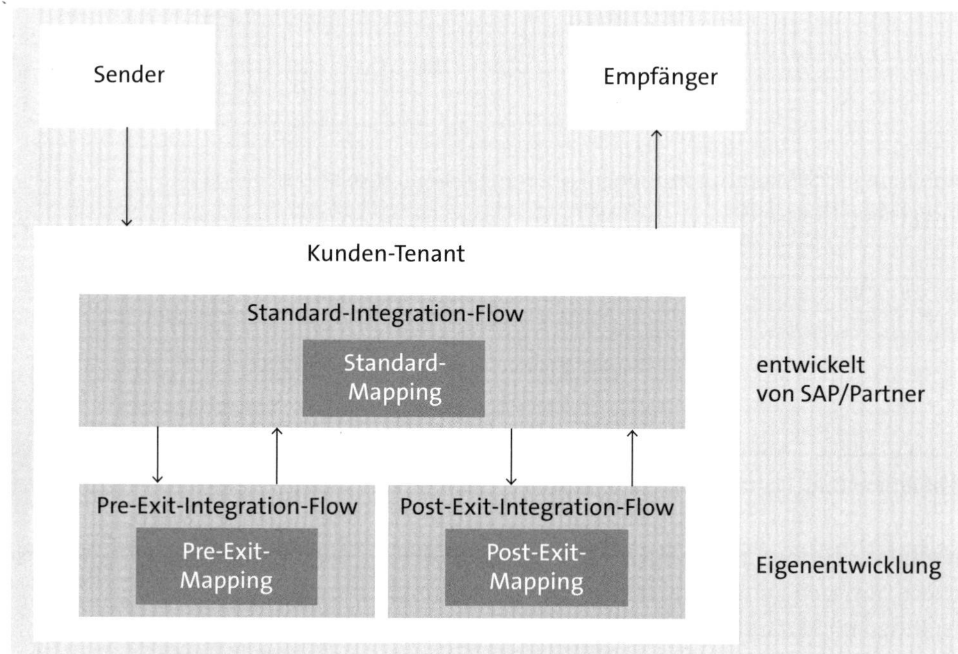

Abbildung 8.17 Erweiterungskonzept für Integrationsszenarien (Quelle: SAP)

Szenariobeschreibung

Ob ein Szenario erweiterbar ist, erkennen Sie daran, dass sich vor (*Pre-Exit*) oder nach (*Post-Exit*) einem Mapping eine Router-Komponente befindet. Diese fragt über die Property-Variable `P_Custom_Extension_Enabled` ab, ob eine Erweiterung vorgesehen ist. Die Router-Komponente leitet den Nachrichtenfluss über einen **Process Call** an einen **Local Integration Process** weiter. Dort wird die Nachricht über den ProcessDirect-Adapter an die benutzerdefinierte Integration weitergeleitet. Ihre benutzerdefinierte Integration benötigt lediglich einen weiteren ProcessDirect-Adapter als Sender. Alle hier genannten Komponenten werden in Kapitel 7, »Komponenten und Adapter«, genauer erläutert.

In Abbildung 8.18 sehen Sie die Beispielintegration **Replicate Material from SAP Business Suite** aus dem Paket **SAP Cloud for Customer Integration with SAP S/4HANA**. Die Erweiterbarkeit erkennen Sie an dem **Local Integration Process** mit dem Namen **Process_Post_Processing**, der von der Komponente mit dem Namen **Post Processing** aufgerufen wird.

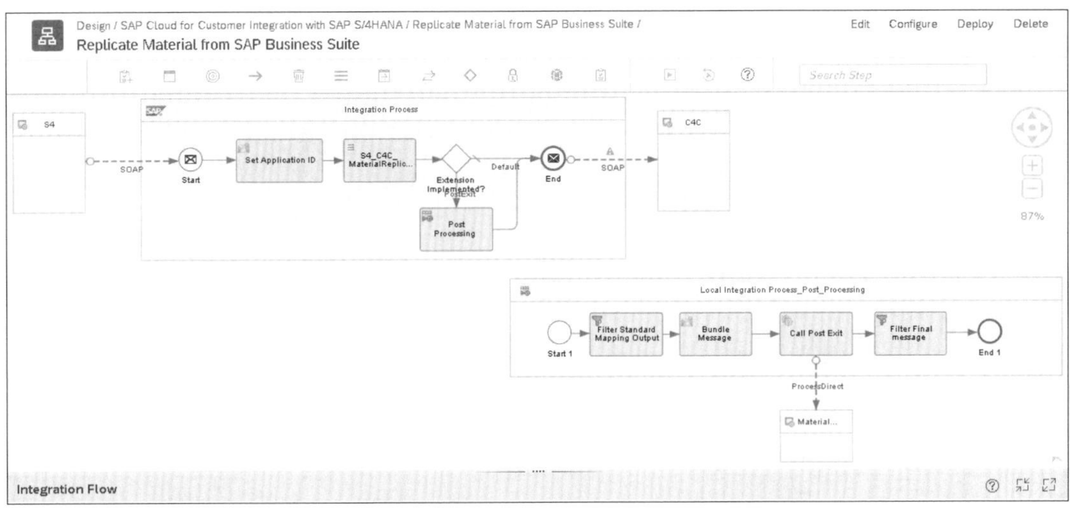

Abbildung 8.18 Beispiel eines vordefinierten Integration Flows mit Post-Exit

Erweiterungsindikator

Um anzugeben, dass Sie eine Erweiterung hinterlegen, öffnen Sie den Konfigurationsdialog für die Integration. Auf dem Reiter **More** (siehe Abbildung 8.19) stellen Sie im Feld **Extension Implemented** den Wert **true** ein. Sollten Sie eine andere Adresse für den ProcessDirect-Adapter verwenden wollen, können Sie diese auf dem Reiter **Receiver** anpassen.

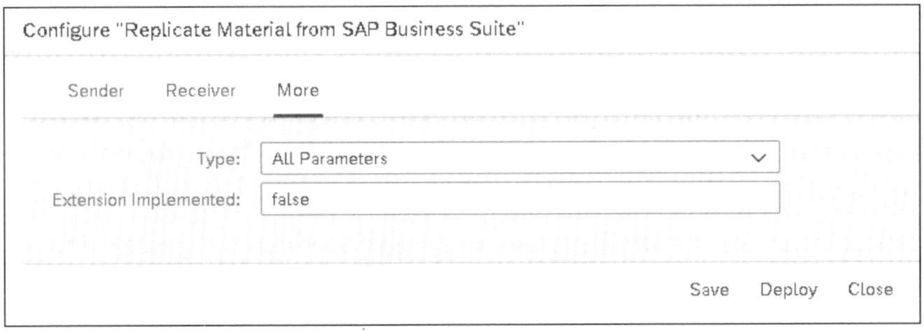

Configure "Replicate Material from SAP Business Suite"

Sender Receiver More

Type: All Parameters

Extension Implemented: false

Save Deploy Close

Abbildung 8.19 Indikator zur Szenarioerweiterung pflegen

Nachrichteninhalt für die Erweiterung

Sobald anhand des Indikators festgestellt wurde, dass eine Erweiterung des Integration Flows aus Abbildung 8.19 vorliegt, und sobald die Nachricht den **Local Integration Process** erreicht hat, wird die Nachricht in der Content-Modifier-Komponente **Bundle Message** erweitert. Die Erweiterung beinhaltet die Werte vor dem Mapping (`Message1`), das sich im Hauptprozess befindet, und die Daten nach dem Mapping (`Message2`) (siehe Abbildung 8.20). Die daraus entstandene Nachricht wird im Anschluss an den Integration Flow gesendet, der als Erweiterung für das Szenario dient.

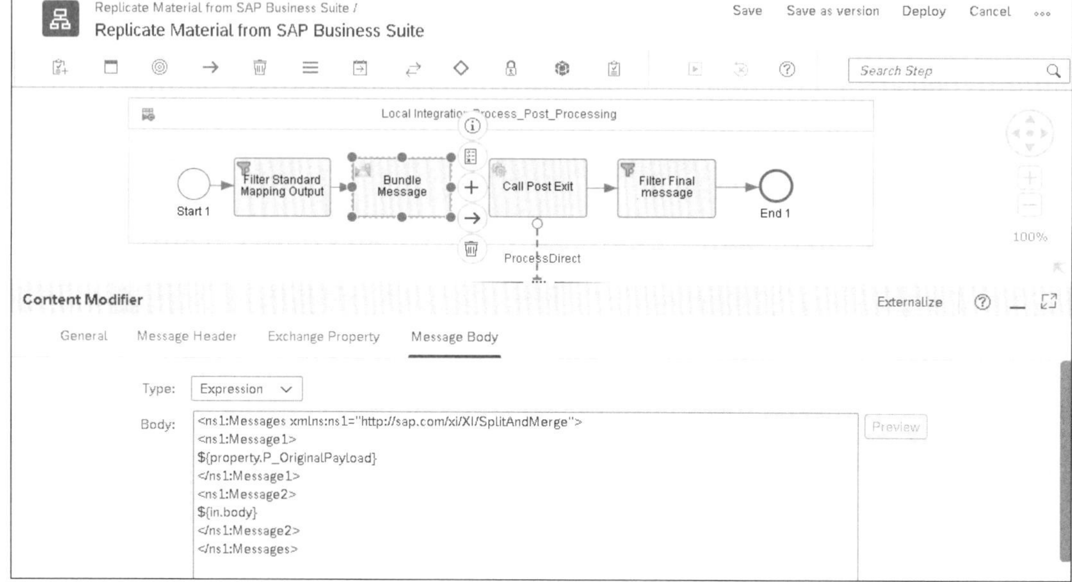

Abbildung 8.20 Local Integration Process mit der Erweiterung der bestehenden Nachricht

Strukturdateien herunterladen

Um die erhaltene Nachricht in Ihren eigenen Integration Flow zu mappen, benötigen Sie *Strukturdateien*. Eine Strukturdatei definiert den Aufbau der Daten, die das Zielsystem für den Sender festlegt. Diese können Sie aus dem vordefinierten Integration Flow exportieren.

Öffnen Sie dazu die Einstellungen der Integration, die angezeigt werden, wenn keine Komponente im Arbeitsbereich ausgewählt wurde, und wechseln Sie auf den Reiter **Resources** (siehe Abbildung 8.21).

Dort können Sie die Strukturdatei im Bereich **Schemas** auswählen und die Datei über das Download-Symbol (⤓) in der Spalte **Actions** herunterladen. Im Anschluss müssen Sie die Strukturdatei innerhalb der Erweiterungsintegration wieder hochladen.

Strukturdateien übertragen

Alternativ können Sie die Strukturdatei aus dem Integration Flow, den Sie erweitern wollen, transferieren:

1. Rufen Sie dazu ebenfalls wieder zuerst den Reiter **Resources** auf.
2. Klicken Sie anschließend auf den Link **Add** rechts oberhalb der Liste der Ressourcen.
3. Wählen Sie den Eintrag **Schema** und die entsprechende Strukturdatei aus, die Sie übertragen wollen.

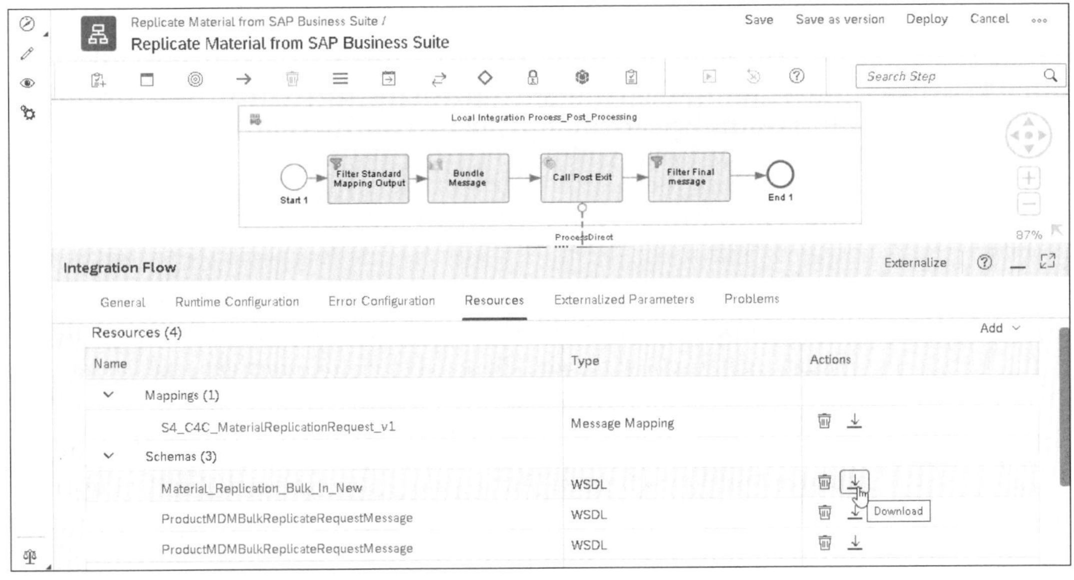

Abbildung 8.21 Strukturdatei herunterladen

4. Es öffnet sich das Pop-up-Fenster aus Abbildung 8.22, in dem Sie im Feld **Source** (Quelle) den Wert **Integration Flow** einstellen.
5. Wählen Sie im Anschluss im Feld **Package** das Paket und im Feld **Integration Flows** die Integration aus, die die benötigte Strukturdatei enthält. In unserem Fall wäre das die Integration mit dem Exit.
6. Klicken Sie zum Abschluss auf die Schaltfläche **Add**, um die Strukturdatei hinzuzufügen.

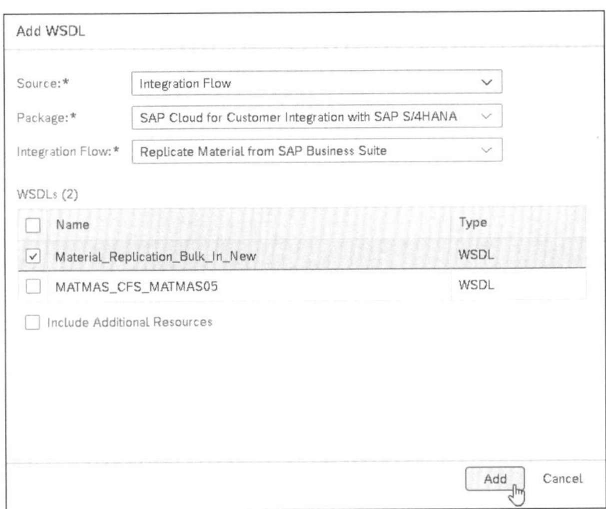

Abbildung 8.22 Strukturdatei von einer anderen Integration transferieren

Nachdem Sie die Strukturdateien übernommen haben, können Sie Ihr Mapping und andere Komponenten zur Nachrichtenbearbeitung aufbauen. Abschließend speichern Sie den Integration Flow und stellen ihn über die Schaltfläche **Deploy** als Erweiterung bereit.

8.7 Aufbau von Nachrichten

Exchange Container

Die Nachrichten in SAP Cloud Integration basieren auf den Vorgaben des Frameworks Apache Camel. Wenn eine Nachricht über SAP Cloud Integration ausgetauscht wird, wird diese in einen *Container* gepackt. Dieser Container wird *Exchange Container* genannt.

Nachrichtenaufbau

Eine Nachricht besteht aus Header (Kopfdaten), Body (Nachrichteninhalt) und optional Attachments (Anhängen). Zusätzlich beinhaltet der Container folgende Metadaten, die während der Nachrichtenverarbeitung existieren:

- Exchange ID
- Exception
- Message Exchange Pattern
- Properties

Abbildung 8.23 zeigt den Aufbau des Exchange Containers grafisch.

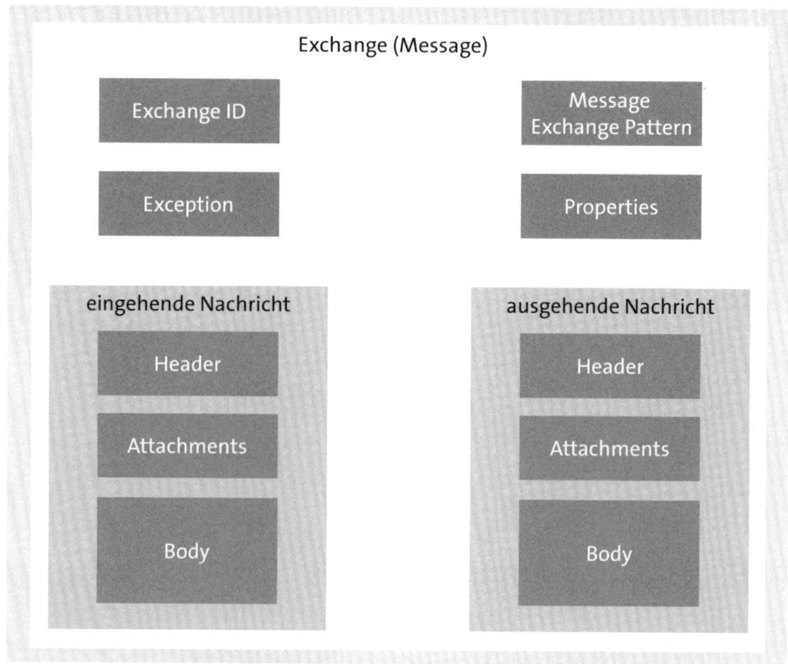

Abbildung 8.23 Aufbau des Exchange Containers für eine Nachricht

Elemente des Exchange Containers

Auf die Bedeutung der einzelnen Angaben gehe ich im Folgenden ein:

- **Exchange ID**
  Jede Komponente hat Zugriff auf den gesamten Exchange Container. Die **Exchange ID** ist eine eindeutige Nummer, mit der eine Nachricht identifiziert werden kann.
- **Properties**
  Der Wert **Properties** ist ein Zwischenspeicher, der nur während der Nachrichtenverarbeitung existiert und nach der Verarbeitung nicht mehr existent ist. Properties können nicht an externe Systeme weitergegeben werden.
- **Exception**
  Neben den Properties beinhaltet eine Nachricht ein Feld für Informationen zu Ausnahmen. Das Feld **Exception** beinhaltet Informationen über Fehler, die während der Nachrichtenverarbeitung auftreten können.
- **Message Exchange Pattern**
  Das Feld **Message Exchange Pattern** gibt an, ob auf eine Antwort gewartet wird. Wenn dies der Fall ist, hat das Feld den Wert `InOut`. Das Warten auf eine Nachricht wird auch *synchroner Nachrichtenaustausch* genannt. Wenn nicht auf eine Antwort gewartet wird, hat das Feld den Wert `InOnly` (*asynchroner Nachrichtenaustauch*).

[«]

Löschen nicht benötigter Daten

Während eines Integrationsaufbaus werden Sie immer wieder neue Header- und Property-Variablen anlegen. SAP Cloud Integration hat keine Schwierigkeiten mit dieser hohen Anzahl an Variablen. Dennoch wird die Performance darunter leiden, Ihre Integration wird an Übersichtlichkeit verlieren, und Sie könnten auf Fehler stoßen, zum Beispiel, dass Header beim Versand an Drittsysteme eine bestimmte Größe nicht überschreiten dürfen. Löschen Sie nach Möglichkeit daher alle Variablen, nachdem sie nicht mehr benötigt werden. Dadurch halten Sie Ihren Integration Flow schlank und vermeiden potenzielle Fehlerquellen.

8.8 Dokumentation der Header- und Property-Variablen

Für SAP Cloud Integration gibt es eine große Anzahl an vordefinierten Header- und Property-Variablen. Diese werden von SAP Cloud Integration automatisch gesetzt oder können von Ihnen genutzt werden. Sie können damit Ihre Nachrichtenflüsse mit Daten anreichern, um zum Beispiel deren Überwachung zu erleichtern.

Liste der Variablen

Einige Header- und Property-Variablen haben Sie schon im Laufe der vorangehenden Kapitel kennengelernt. Die Anzahl und die Nutzungsmöglichkeiten der Variablen können sich im Laufe der Zeit durch Updates verändern. Unter folgendem Link finden Sie die vollständige Liste der Variablen von SAP: *http://s-prs.de/v805318*

Für jede Variable werden hier der Name, der Typ (Property- oder Header-Variable), eine passende Komponente und eine Beschreibung aufgeführt. Einen Ausschnitt dieser Dokumentation zeigt Abbildung 8.24.

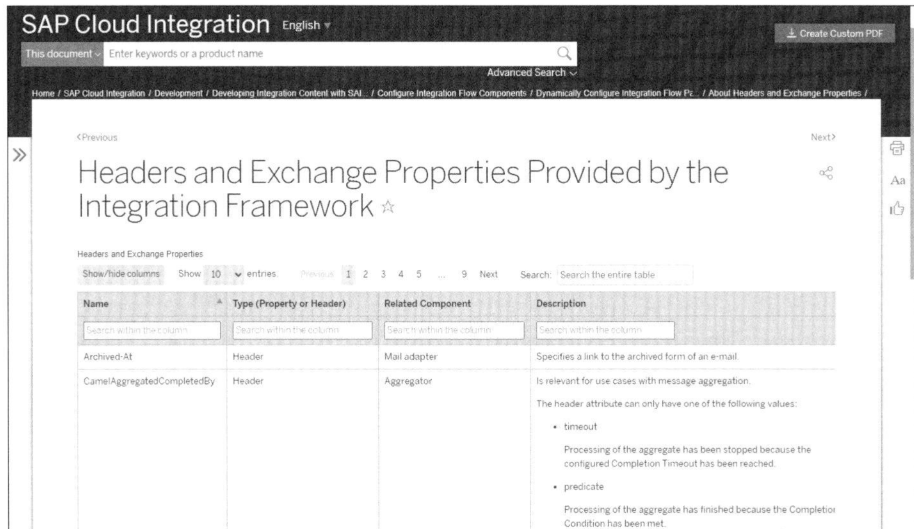

Abbildung 8.24 Liste der Header- und Property-Variablen im SAP Help Portal

8.9 Partner Directory

Das *Partner Directory* ist eine Möglichkeit, um Ihre Integrationsszenarien mehreren Kommunikationspartnern zur Verfügung zu stellen. Neue Kommunikationspartner können so problemlos und ohne Integrationsstillstand eingebunden werden. Das Partner Directory kann nicht über die Weboberfläche von SAP Cloud Integration verwaltet werden, sondern Sie müssen dazu eine OData-API verwenden.

Datenpaket eines Partners

Jeder *Partner*, also jedes an der Kommunikation beteiligte Unternehmen oder jede Organisation, besitzt im Partner Directory ein Datenpaket, das über eine OData-API aufgerufen werden kann. Die Datenpakete haben jeweils folgenden Aufbau:

- **Partner-ID**
  Jeder Partner erhält eine Partner-ID (`PID`). Die Partner-ID ist eine eindeutige Identifikationsnummer.
- **Alternative Partner**
  Neben der Partner-ID können für jeden Partner mehrere alternative Partner über die API angegeben werden. Der alternative Partner hat die Felder `Agency`, `Scheme` und `ID` sowie `PID` zur Identifizierung anhand der Partner-ID. Die Partner-ID unterliegt einigen Einschränkungen, z. B. einer maximalen Länge von 60 Zeichen und einer vordefinierten Auswahl an Zeichen. Durch die alternativen Partner können IDs genutzt werden, die diesen Einschränkungen nicht unterliegen.
- **Authorized User**
  Über die Entity `AuthorizedUser` wird eine Authentifizierungsmöglichkeit für den Partner angegeben. Dies kann eine Anmeldung über den Benutzernamen und ein Kennwort oder über ein Zertifikat sein. Für jeden Partner können mehrere `AuthorizedUser` festgelegt werden.
- **Partner-Directory-Parameter**
  Es gibt zwei Arten von Partner-Directory-Parametern. Die Parameterart wird über den Typen definiert. Des Weiteren hat jeder Parameter einen Wert:
  - `BinaryParameter`
    Der `BinaryParameter` ist für Dateien vorgesehen und kann als Wert beispielsweise XML-, XSD- oder JSON-Objekte oder Text beinhalten. Ein `BinaryParameter` hat eine maximale Größe von 262 Kilobyte.
  - `StringParameter`
    Der `StringParameter` kann alternativ zum `BinaryParameter` angegeben werden. Ein `StringParameter` kann eine maximale Länge von 4.000 Zeichen haben.

Komponenten

Über das Partner Directory sind die folgenden Integration-Flow-Komponenten parametrisierbar:

- XSLT-Dateien
- XSD-Dateien (Strukturdateien)
- Adapter:
  - HTTPS-Sender und -Receiver
  - AS2-Sender und -Receiver
  - SOAP--Receiver
- Skripte

Durch die Parametrisierung der Integration-Flow-Komponenten lassen sich diese auf einen Partner ausrichten.

Ablauf der Kommunikation

Wenn ein Kommunikationspartner Daten sendet, müssen diese immer die benötigten PID enthalten. Das Diagramm in Abbildung 8.25 beschreibt die Nutzung des Partner Directorys. In diesem Beispiel werden die Daten für jeden Partner, der Integration Flows in SAP Cloud Integration nutzen will, über Postman ins Partner Directory geschrieben. Wenn Partner 1 auf einen Integration Flow zugreift und die hinterlegte PID mitsendet, können seine Zusatzinformationen aus dem Partner Directory geladen werden. Eine wichtige Information kann zum Beispiel die URL zum Zielsystem des Partners darstellen.

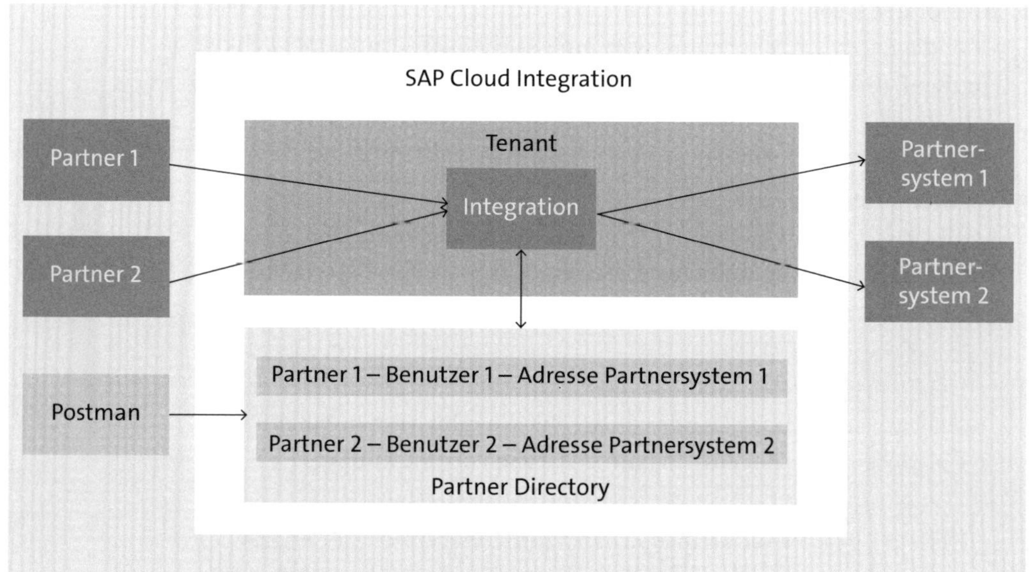

Abbildung 8.25 Nutzung des Partner Directorys

Datenpakete anlegen

Um Datenpakete für neue Kommunikationspartner anzulegen, benötigen Sie ein Werkzeug, mit dem Sie Daten per OData an SAP Cloud Integration senden können. Für diesen Zweck empfiehlt sich das Werkzeug Postman, das ich in Abschnitt 9.1, »HTTP-Anfragen mit Postman verschicken«, näher erläutere. Des Weiteren müssen Sie für jedes Datenpaket, das Sie neu anlegen oder verändern möchten, ein Token von SAP Cloud Integration generieren lassen. Abbildung 8.26 zeigt die Anlage eines String-Parameters im Partner Directory von SAP Cloud Integration über eine HTTP-POST-Anfrage.

```
{
    "Pid": "Sycor",
    "Id": "Webadresse",
    "Value": " https://sycor-group.com/"
}
```

Listing 8.2 Beispiel zur Anlage eines String-Parameters

Abbildung 8.26 String-Parameter in das Partner Directory von SAP Cloud Integration schreiben

API-Zugriff

Wie Sie die APIs für das Partner Directory nutzen, erfahren Sie in Abschnitt 12.3, »API-Zugriff auf SAP Cloud Integration«. Dort behandle ich alle APIs, die zur Nutzung mit SAP Cloud Integration zur Verfügung stehen.

[«]

Nutzung eines technischen Benutzers

SAP empfiehlt bei der Nutzung der APIs und eines technischen Benutzers für das Partner Directory, einen Benutzernamen mitzugeben. Dieser wird mit dem Parameter *?user=<Benutzername>* an die URL zum Aufruf der API angehängt. Dadurch können die Urheber von Änderungen nachverfolgt werden. Die gesamte URL zum Setzen des `StringParameters`-Attributs mit dem Parameter sieht dann wie folgt aus:

https://<tmn>/api/v1/StringParameters?user=<Benutzername>

8.10 Verfügbarkeit von Services und Rechenzentren prüfen

SAP Trust Center und Statuspage

Es gibt mehrere Möglichkeiten, die SAP-Cloud-Services zu überwachen. Dies kann sinnvoll sein, wenn Sie das Gefühl haben, dass Sie zu einem bestimmten Zeitpunkt keine Verbindung zu einem Service aufbauen konnten. Zum einen stellt SAP über das *SAP Trust Center* eine Überprüfungsmöglichkeit für die Serviceverfügbarkeit zur Verfügung, zum anderen kann die Verfügbarkeit der Rechenzentren durch den Webdienst *Statuspage* geprüft werden.

8.10.1 Status von Cloud-Services überprüfen

Sie können das SAP Trust Center über den folgenden Link erreichen: *http://s-prs.de/v805319*. Die Startseite sehen Sie in Abbildung 8.27.

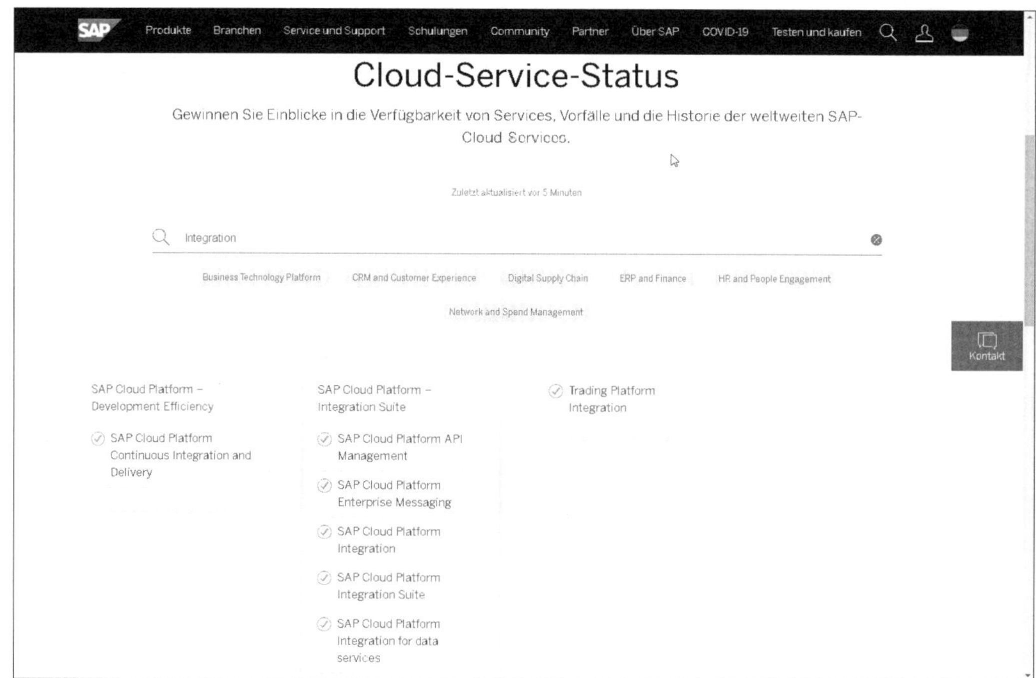

Abbildung 8.27 Cloud-Service-Status-Übersicht im SAP Trust Center

Servicehistorie

Wenn Sie den für Sie interessanten SAP-Service gefunden haben, können Sie diesen auf der Startseite auswählen. Es öffnet sich ein Pop-up-Fenster, in dem Sie das Rechenzentrum auswählen, in dem Ihr gebuchter SAP-Service läuft. Hier wählen Sie das Datum aus, für das Sie die Verfügbarkeit überprüfen möchten, sowie eine Zeitzone. Rechts unten wird Ihnen nun der Status für den ausgewählten Tag angezeigt. (siehe Abbildung 8.28).

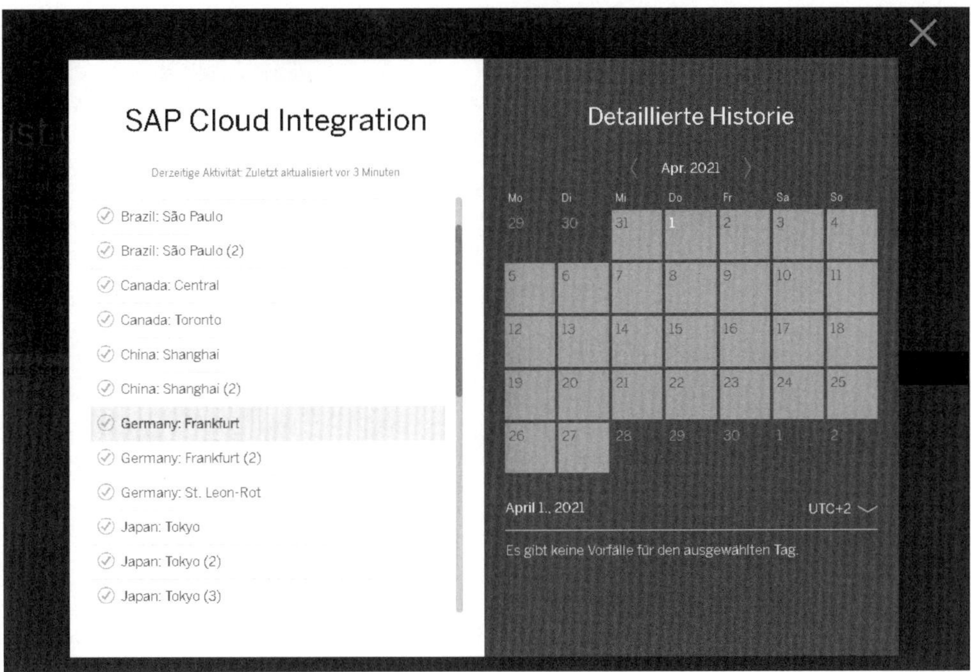

Abbildung 8.28 Service-Status von SAP Cloud Integration mit Historie

Die Historie geht 30 Tage in die Vergangenheit. Wenn es keinen Vorfall gab, wird der Text »Es gibt keine Vorfälle für den ausgewählten Tag.« angezeigt. Sollte es zu einer Beeinträchtigung gekommen sein, wird das Datum im Kalender markiert und eine Problembeschreibung mit Dauer und Uhrzeit angezeigt.

8.10.2 Onlinestatus mit Statuspage überwachen

Serviceüberwachung der Rechenzentren

Es kann durchaus vorkommen, dass es in einem Rechenzentrum zu Störungen oder anderen Ausfällen kommt. Um seinen Kunden und Partnern ein hohes Maß an Transparenz zu bieten, setzt SAP auf das Tool Statuspage. Über Statuspage können Sie den aktuellen Status eines Rechenzentrums und den Status seiner Unterbereiche überprüfen. Dabei werden auch die historischen Daten der letzten Tage angezeigt. Damit Sie bei jeder Störung rechtzeitig informiert werden, können Sie Ihre E-Mail-Adresse über die Schaltfläche **SUBSCRIBE TO UPDATES** hinterlegen (siehe Abbildung 8.29).

Über den folgenden Link rufen Sie die Startseite von Statuspage auf: *https://sapcp.statuspage.io*. Alternativ zur E-Mail-Benachrichtigung können Sie auch die Werkzeuge Slack, Atom bzw. einen RSS-Feed verwenden.

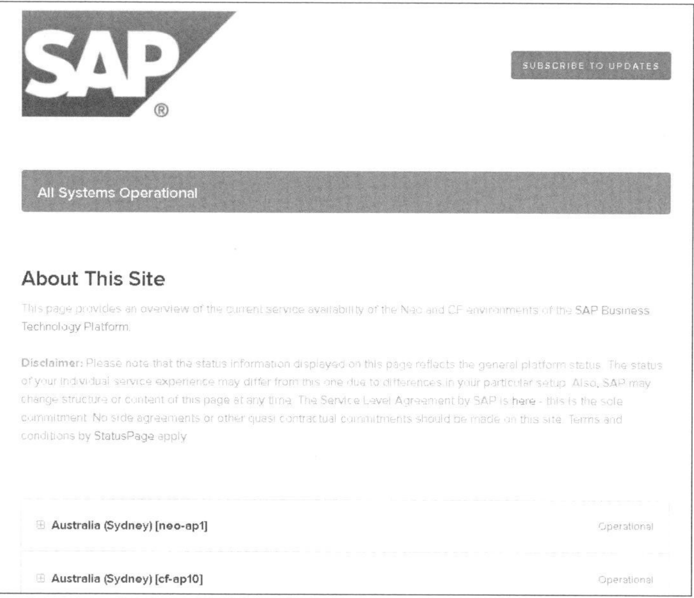

Abbildung 8.29 Statuspage der SAP BTP

E-Mail-Benachrichtigung

Wenn Sie sich für eine E-Mail-Benachrichtigung entschieden haben, erhalten Sie je nach Konfiguration Informationen über den Service, der ausgefallen ist oder dessen Unterbrechung von SAP behoben wurde. Abbildung 8.30 zeigt einen Ausschnitt aus einer E-Mail, die durch Statuspage verschickt wurde.

Abbildung 8.30 E-Mail-Benachrichtigung durch Statuspage

8.11 Zusammenfassung

In diesem Kapitel haben Sie sich mit ganz unterschiedlichen Themenbereichen auseinandergesetzt, die für die verschiedenen Bereiche von SAP Cloud Integration von Bedeutung sind. Sie haben das Framework Apache Camel als Grundlage für SAP Cloud Integration kennengelernt. Im Anschluss haben Sie sich mit Vergleichsoperatoren befasst, die Sie in Bedingungsausdrücken verwenden können, um den Verlauf Ihrer Nachrichten zu beeinflussen. Ich habe Ihnen die Datengrundlage von SAP Cloud Integration, XML, sowie die zugehörige Abfragesprache XPath vorgestellt. Darüber hinaus haben Sie Informationen zur Parametrisierung von Feldern und zur Migration von Komponenten erhalten. Den Aufbau von Nachrichten in SAP Cloud Integration, der auf Camel basiert, sowie von SAP festgelegten Header- und Property-Variablen habe ich vorgestellt. Diese können entweder automatisch oder durch Ihr Zutun gefüllt werden. Zum Abschluss habe ich das Partner Directory eingeführt, über das Sie Ihre Integrationsszenarien mehreren Partnern zur Verfügung stellen können, und Sie haben Möglichkeiten der Verfügbarkeitsprüfung von SAP-Cloud-Services gesehen.

Kapitel 9
Ergänzende Werkzeuge

Zusätzliche Werkzeuge können für die Entwicklung von Integrationen einen wichtigen Zeit- und Komfortvorteil bringen. Aus diesem Grund stelle ich Ihnen in diesem Kapitel verschiedene Werkzeuge vor, die Sie beispielweise nutzen können, um HTTP-Anfragen an SAP Cloud Integration zu versenden, Daten in ein lesbares Format zu bringen und Quellcode für Ihre Skripte zu schreiben. Daneben stelle ich verschiedene Werkzeuge vor, die in der SAP Community als Erweiterungen von SAP Cloud Integration entwickelt wurden.

In diesem Kapitel möchte ich Ihnen einige ergänzende Werkzeuge vorstellen, die Ihnen den Alltag als Integrationsentwickler*in erleichtern können. Dabei handelt es sich lediglich um persönliche Empfehlungen. Sollten Sie Alternativen mit vergleichbaren Funktionen kennen, können Sie diese gerne verwenden. Ich zeige Ihnen, wie Sie HTTP-Anfragen mit Postman versenden (siehe Abschnitt 9.1, »HTTP-Anfragen mit Postman verschicken«), WSDL-Dateien mit SoapUI öffnen (siehe gleichlautenden Abschnitt 9.2), große Textdateien mit Notepad++ bearbeiten (siehe gleichlautenden Abschnitt 9.3) und Groovy-Skripte mit Atom entwickeln können (siehe gleichlautenden Abschnitt 9.4). Danach stelle ich Ihnen in Abschnitt 9.5, »Weitere Werkzeuge der SAP Community«, einige Erweiterungen von SAP Cloud Integration vor, die von Entwickler*innen der SAP Community bereitgestellt wurden.

Alle vorgestellten Werkzeuge sind kostenlos oder in einer kostenfreien Version erhältlich. Da viele der Werkzeuge sehr umfangreich sind und ich nicht alle Funktionen voll ausschöpfe, werde ich sie nur in dem Umfang vorstellen, in dem sie sich für meine Arbeit mit SAP Cloud Integration bewährt haben.

9.1 HTTP-Anfragen mit Postman verschicken

Postman

Postman ist eines der Werkzeuge, die ich am häufigsten verwende. Mit diesem Programm können Sie HTTP-Anfragen versenden, um Ihre Integrationen oder Services auf der SAP BTP zu testen. Ich nutze Postman in vielen Beispielszenarien dieses Buchs, um Ihnen die Möglichkeiten in Verbindung mit SAP Cloud Integration näherzubringen.

Postman als Kollaborationsplattform einsetzen

Postman ist auch eine hervorragende Kollaborationsplattform, um in einem Team gemeinsam an umfangreichen Projekten zu arbeiten. In diesem Kapitel beschränke ich mich jedoch auf die Sicht eines einzelnen Entwicklers oder einer Entwicklerin, weil Postman ab einem gewissen Nutzungsumfang kostenpflichtig wird.

In Abbildung 9.1 sehen Sie die Oberfläche von Postman, die ich im Folgenden beschreibe. Sie können Postman unter folgendem Link herunterladen: *https://www.postman.com/downloads/*

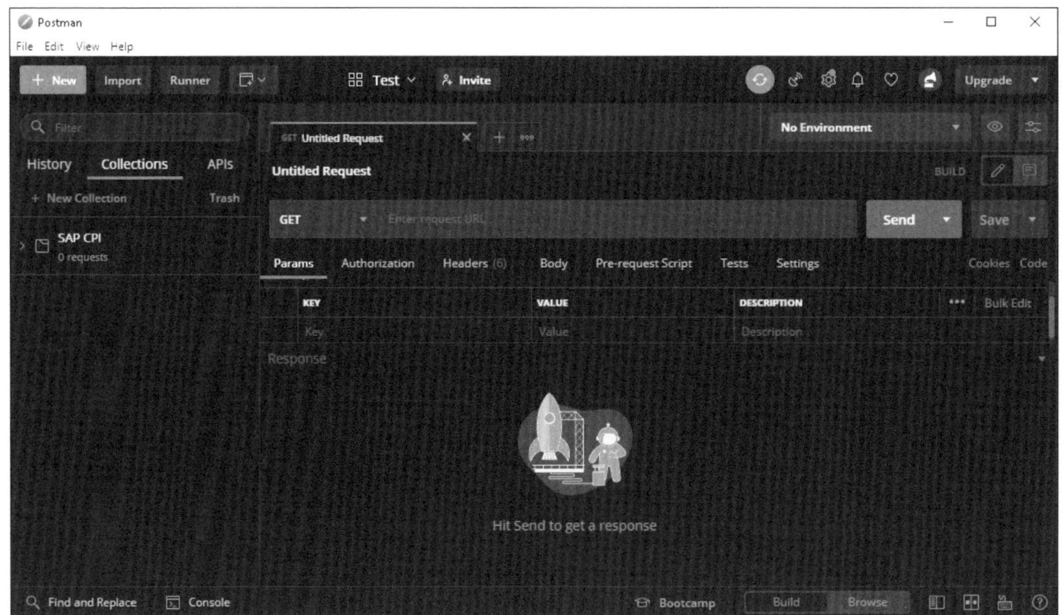

Abbildung 9.1 Aufbau der Oberfläche von Postman

HTTP-Methode wählen

Um eine HTTP-Anfrage zu versenden, bewegen Sie sich in den mittleren Arbeitsbereich. Sie können mehrere Anfragen in verschiedenen Browser-Tabs aufbewahren und organisieren, ähnlich wie bei einem Webbrowser. Jede Anfrage ist einer HTTP-Methode zugeordnet, deren Namen Sie auch auf den Bezeichnern der Reiter finden. Über das Auswahlfeld vor dem Feld zur Eingabe der URL können Sie die Methode auch ändern. In Abbildung 9.1 ist die Methode `GET` ausgewählt.

HTTP-Anfrage versenden

Eine Methode steht jeweils für eine Webanfrage, zum Beispiel GET oder POST. Nachdem Sie sich für eine einfache GET-Anfrage entschieden haben, über die Sie Daten lesen können, benötigen Sie noch eine Zieladresse, die Sie in das Feld mit dem Platzhalter **Enter Request URL** eintragen. Sollten keine Zusatzanforderungen bestehen, zum Beispiel eine Authentifizierung am Zielsystem, können Sie die Anfrage mit **Send** abschicken.

Auf den Reitern unter dem URL-Eingabefeld können Sie folgende Zusatzfunktionen für Ihre Anfrage konfigurieren:

- **Params**
  Hier können Sie der URL Parameter mitgegeben. Parameter sind Schlüssel-Wert-Paare, die jeweils aus einem Bezeichner und einem Wert bestehen. Die Schlüssel-Wert-Paare werden in der Abfrage-URL mit einem Fragezeichen (?) von der eigentlichen Adresse getrennt. Untereinander werden die Wertpaare mit Und-Zeichen (&) voneinander abgegrenzt.

  Beispiel: *https://<Adresse>/?Parameter1=Wert1&Parameter1=Wert2*

- **Authorization**
  Auf dem Reiter **Authorization** legen Sie fest, auf welche Art und Weise Sie sich gegenüber dem Zielsystem authentifizieren. Die Optionen reichen von einer Standardauthentifizierung mit **Basic Auth** (Benutzername und Passwort) über ein Bearer Token bis hin zu einer AWS Signature. In den in diesem Buch vorgestellten Szenarien werden Sie hauptsächlich mit der Authentifizierungsmethode **Basic Auth** arbeiten. In Abbildung 9.2 sehen Sie die verschiedenen Möglichkeiten in einer Drop-down-Liste.

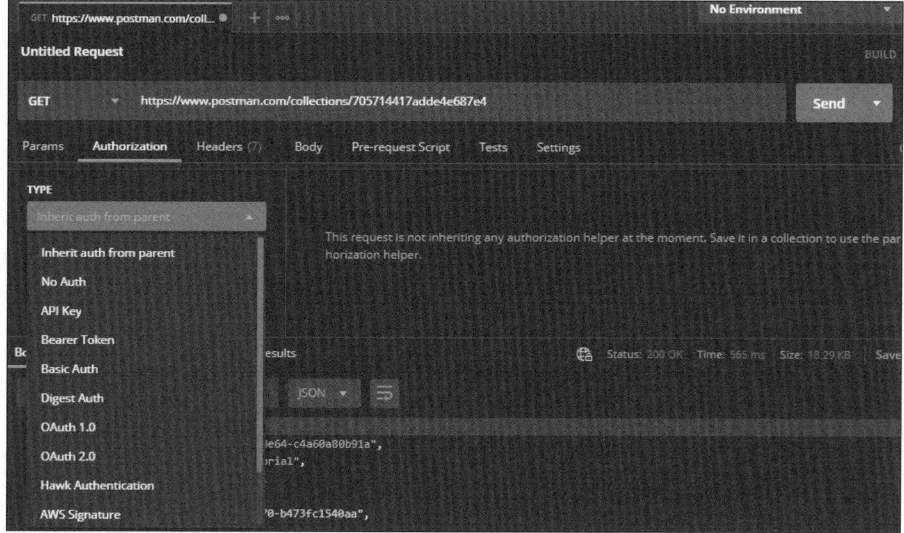

Abbildung 9.2 Wahl der Authentifizierungsmethode auf dem Reiter »Authorization«

- **Headers**
  Der Header umfasst die Kopfdaten einer Nachricht, wie sie auch in der SAP Cloud Integration verwendet werden. Über den Header können Zusatzinformationen mitgegeben werden. Dies kann zum Beispiel ein Status oder die Formatangabe für den Message Body sein. Auch wenn Sie vom Zielsystem eine Antwort bekommen, erhalten Sie in der Regel auch Header-Informationen zurück.
- **Body**
  Der Body beinhaltet die eigentliche Nachricht, die Sie versenden. Postman bietet Ihnen unterschiedliche Arten von Nachrichteninhalten an: **raw** für Texteingaben und **binary** für Dateien wie Bilder oder Dokumente. Bei GET-Anfragen werden in der Regel keine Nachrichten mitgesendet. Wählen Sie diesem Fall auf dem Reiter **Body** als Art des Nachrichteninhalts den Wert **none** über die Checkbox unterhalb Adressfelds aus.
- **Pre-request Script**
  Mit dem Reiter **Pre-request Script** können Sie eigene Funktionen mit JavaScript entwickeln, die vor einer Anfrage ausgeführt werden. Eine solche Funktion kann zum Beispiel automatisch Werte einfügen, die erst durch eine vorherige Anfrage zur Verfügung stehen.
- **Settings**
  In den **Settings** können Sie zusätzliche Einstellungen für die Anfrage konfigurieren.

Anfragen sammeln

Auf der linken Seite der Programmoberfläche finden Sie den Reiter **Collections** (siehe Abbildung 9.1). Dort können Sie erstellte Anfragen sammeln und speichern, um sie später erneut zu verwenden. Wenn Sie auf die Schaltfläche **+ New Collection** klicken, öffnet sich ein Pop-up-Fenster zur Anlage einer neuen Collection (siehe Abbildung 9.3). Sie können der neuen Collection einen Namen und eine Beschreibung geben.

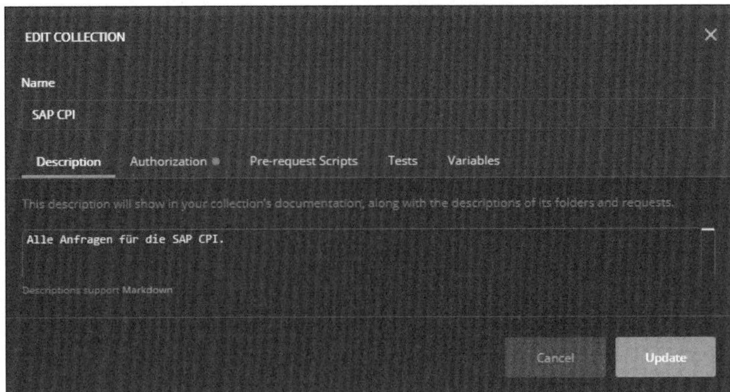

Abbildung 9.3 Eine neue Collection für HTTP-Anfragen anlegen

Im Laufe der Zeit werden Sie sich an mehreren Systemen authentifizieren. Um nicht ständig die Zugangsdaten neu eingeben zu müssen, können Sie diese auf dem Reiter **Authorization** für alle Anfragen in der Collection hinterlegen. Collections werden von Einzelpersonen oder von SAP auch gerne verwendet, um HTTP-Anfragen zu einem Thema zu verteilen.

SAP-Collection herunterladen

In Abschnitt 2.4., »Zusatzinformationen und Dokumentation verwenden«, habe ich kurz auf die Design Guidelines verwiesen, in denen Integrationsszenarien für verschiedene Kombinationen von Komponenten beschrieben werden. Für einige dieser Szenarien bietet SAP vordefinierte Postman Collections an, die Sie in SAP Cloud Integration importieren können. Dies vereinfacht das Ausprobieren deutlich. Die Beispielszenarien werden direkt im **Discover**-Bereich von SAP Cloud Integration angeboten. Sie finden die dazugehörigen Collections auf dem Reiter **Documents** des jeweiligen Pakets. Abbildung 9.4 zeigt Ihnen den Download einer Postman Collection über das Aktionssymbol (). Wählen Sie hier die Option **Download**. Die Collection in diesem Beispiel gehört zu dem Paket **Integration Flow Design Guidelines – Learn the Basics**.

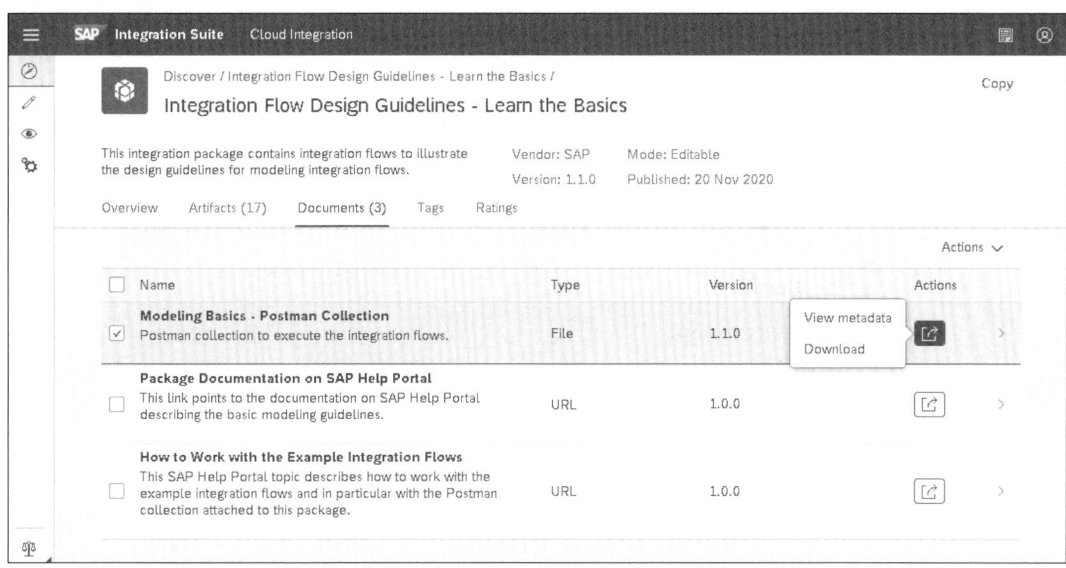

Abbildung 9.4 Postman Collection für den Import herunterladen

Collection importieren

Die heruntergeladene Postman Collection befindet sich nun in einem **.zip**-Archiv auf Ihrem lokalen Rechner. Dieses müssen Sie entpacken, sodass Sie eine Datei namens **<Collectionname>.postman_collection.json** erhalten. Um die Datei zu importieren, klicken Sie in Postman oben links auf **Import**. Bleiben Sie auf dem Reiter **File**, und klicken Sie auf **Upload Files**, oder ziehen Sie die Collection per Drag-and-drop in den Importbereich. Sie können auch mehrere Collections gleichzeitig importieren. Nach dem Einlesen der Datei bzw. der Dateien erhalten Sie eine Übersicht der zu importierenden Collections (siehe Abbildung 9.5). Bestätigen Sie diese mit einem Klick auf **Import**.

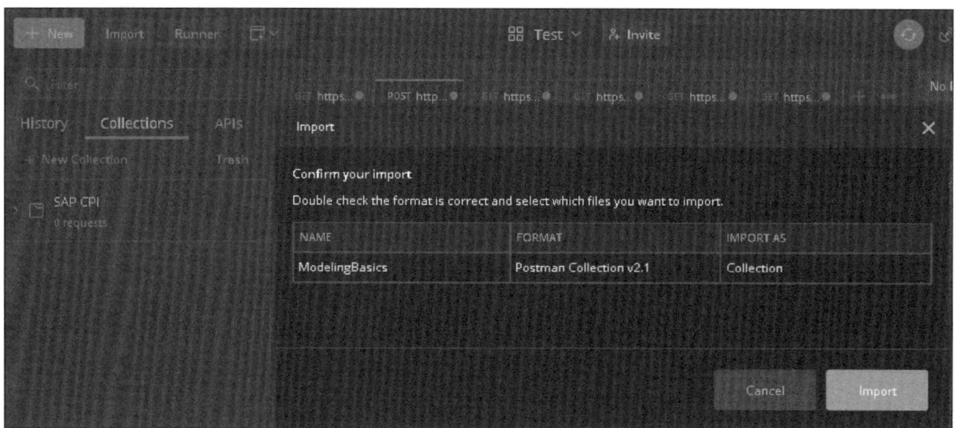

Abbildung 9.5 Collection in Postman importieren

Variablen definieren

Um die Arbeit mit Postman zu beschleunigen, gibt es außerdem die Möglichkeit, Variablen zu definieren. Variablen werden durch zwei aufeinanderfolgende geschweifte Klammern definiert. Variablen können auf mehreren der folgenden Ebenen festgelegt werden. Jede dieser Ebenen hat eine bestimmte Priorität und wird von einer Ebene mit einer höheren Priorität überschrieben:

1. **Local**
2. **Data**
3. **Environment**
4. **Collection**
5. **Global**

Beispielsweise wird eine globale Variable von einer Variablen auf Ebene der Collection überschrieben. Die höchste Priorität hat eine lokale Variable. Sie überschreibt alle anderen Variablen.

Umgebungsvariablen

In Abbildung 9.6 sehen Sie eine geöffnete Umgebung (*Environment*), in der die drei Variablen `host`, `username` und `password` definiert wurden. Im Adressbereich können Sie die gesetzte Variable `{{host}}` in orangener Schrift erkennen. Wenn eine Variable noch nicht definiert wurde, wird sie in roter Schrift hervorgehoben. Sie können sich die Environment anzeigen lassen, indem Sie auf das Symbol **Environment Quick Look** (👁) oben rechts klicken.

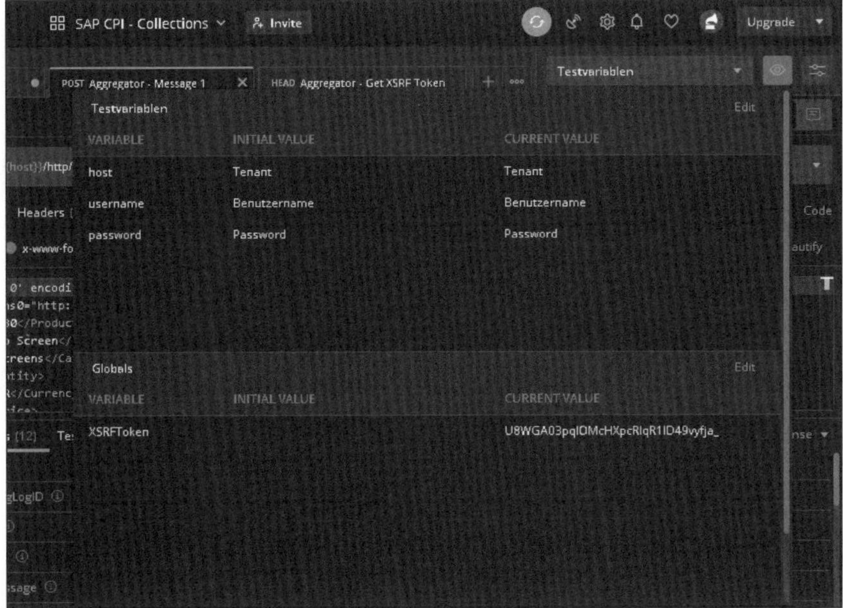

Abbildung 9.6 Variablen in einer Test-Environment

Über die Drop-down-Liste links daneben können Sie zwischen mehreren Environments hin- und herwechseln. Mit dem Schieberegler **Environments** (![]) rechts oben können Sie neue Environments mit Variablen definieren und vorhandene bearbeiten. Klicken Sie dazu im sich öffnenden Pop-up-Fenster auf die Schaltfläche **Add** (siehe Abbildung 9.7).

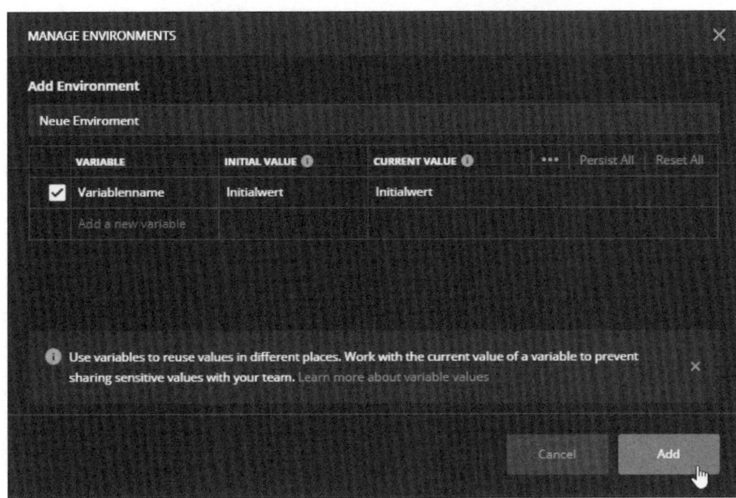

Abbildung 9.7 Eine neue Environment in Postman anlegen

Anfragehistorie

Auf dem Reiter **History** im linken Arbeitsbereich sehen Sie alle HTTP-Anfragen, die Sie in den letzten Monaten abgesendet haben. Sie können mit dem Schalter **Save Response** den Rückgabewert zukünftiger Anfragen mit in die Historie aufnehmen. Bei Bedarf können Sie die Liste mit **Clear all** auch manuell löschen (siehe Abbildung 9.8).

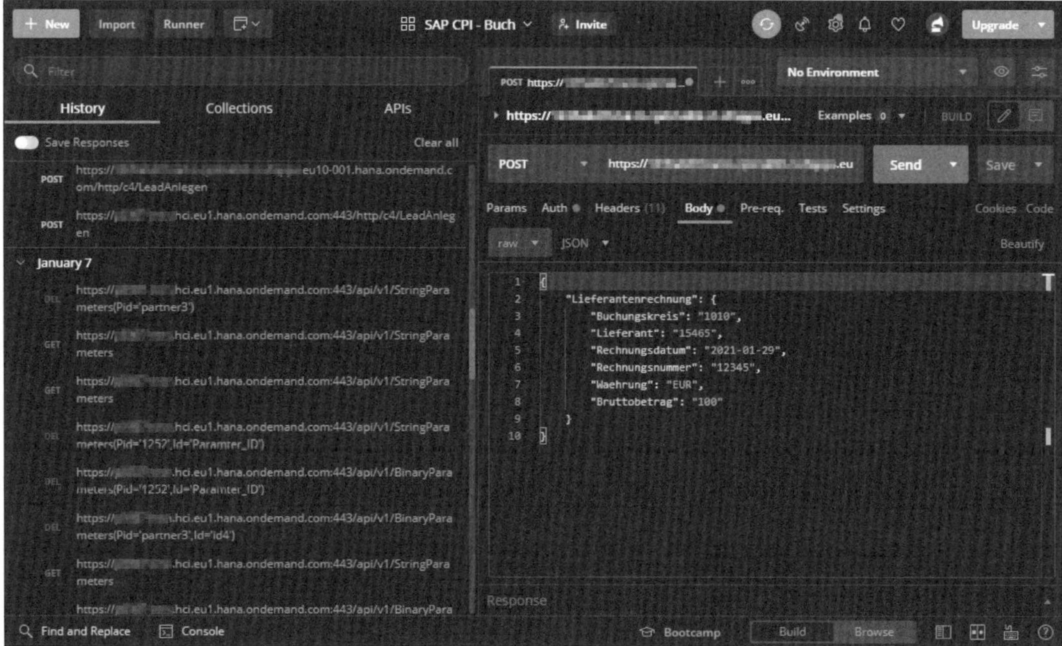

Abbildung 9.8 Reiter »History« mit älteren HTTP-Anfragen in Postman

Der Vorteil der Historie ist, dass sich ältere HTTP-Anfragen wiederherstellen lassen, ohne sie von Hand neu aufbauen zu müssen. Sie können auch im Nachhinein noch entscheiden, ob Sie einen einzelnen Eintrag in der Historie speichern möchten. In Abbildung 9.8 wird meine Abfragehistorie um den 7. Januar herum dargestellt. Sobald ein Eintrag ausgewählt wird, wird diese Anfrage in einem neuen Tab auf der rechten Seite aufgebaut.

Workspace

Um zwischen Ihren Anfragen und Collections eine globale Ordnung herzustellen, können Sie *Workspaces* erstellen. Sie können für sich beliebig viele Workspaces anlegen. Die Workspaces können Sie im Kopfbereich in der Mitte auswählen. In Abbildung 9.9 ist der Workspace **SAP CPI – Buch** ausgewählt.

Rückgabewert

Wenn Sie eine Anfrage erfolgreich abgeschickt haben, erhalten Sie einen Rückgabewert. Der Rückgabewert kann eine Nachricht, Cookies und Kopfdaten enthalten.

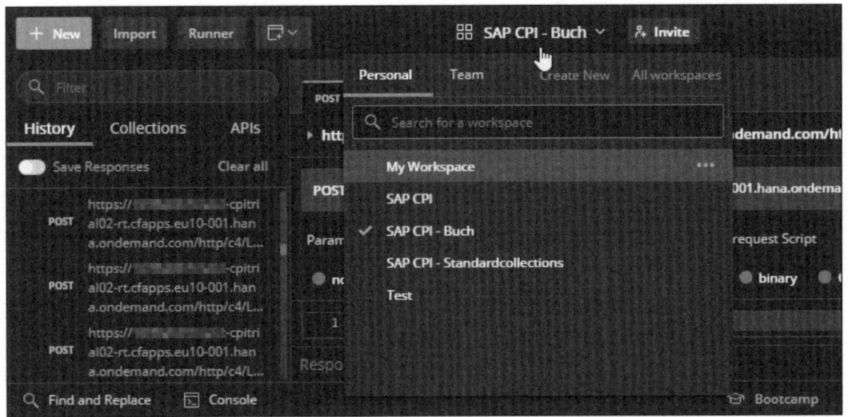

Abbildung 9.9 Workspaces in Postman

9

Zusätzlich gibt es einen *Status-Code*, der Sie darüber informiert, ob die Anfrage beispielsweise erfolgreich war (Status-Code 200) oder ob Ihnen Berechtigungen fehlen (Status-Code 403). Weitere Informationen hierzu sowie eine Liste aller Statuswerte erhalten Sie auf folgender Seite von Mozilla: *http://s-prs.de/v805300*.

Des Weiteren sehen Sie in der Rückgabe, wie lange die Anfrage gedauert hat und wie groß der Rückgabewert ist. Mit der Schaltfläche **Save Response** können Sie den Nachrichteninhalt in einer Datei speichern (siehe Abbildung 9.10).

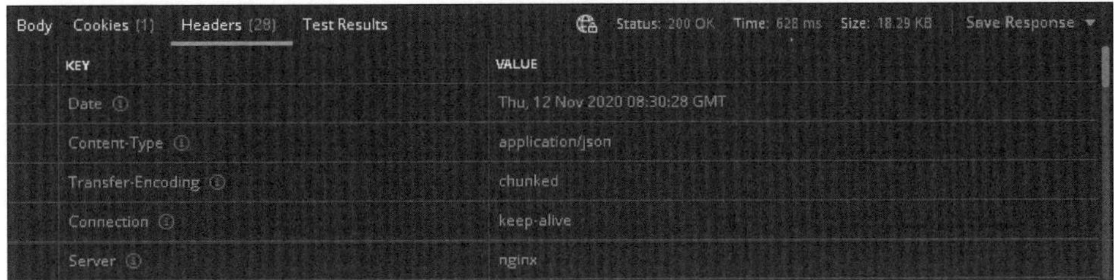

Abbildung 9.10 Rückgabewert einer HTTP-Anfrage in Postman

[+]

Daten synchronisieren

Wenn Sie möchten, können Sie sich einen Postman-Account erstellen, um Ihre Anfragen über mehrere Computer zu synchronisieren. Dadurch gehen Ihre Anfragen bei einem Datenverlust nicht verloren.

9.2 WSDL-Dateien mit SoapUI öffnen

SoapUI

SoapUI ist ein Tool, mit dem Sie zum Beispiel WSDL-Dateien (Web Services Description Language) in einer sauberen Form darstellen und bearbeiten können. WSDL-Dateien können beispielsweise von SAP S/4HANA Cloud und SAP Sales Cloud oder weiteren SAP-Cloud-Lösungen wie SAP Service Cloud ausgegeben werden. Sie können mit SoapUI auch HTTP-Anfragen an verschiedene Systeme senden.

In Abbildung 9.11 sehen Sie die Oberfläche von SoapUI. Der Download von SoapUI ist unter folgendem Link möglich:

https://www.soapui.org/downloads/soapui/

Abbildung 9.11 Oberfläche von SoapUI

WSDL-Datei einbinden

Um eine WSDL-Datei zu importieren, müssen Sie über den Link **New SOAP Project** eine neues SOAP-Projekt öffnen. In einem Pop-up-Fenster können Sie den Namen des Projekts eingeben und über die Schaltfläche **Initial WSDL** eine entsprechende Strukturdatei hochladen. In Abbildung 9.12 habe ich als Beispiel eine WSDL-Datei der Kommunikationsvereinbarung »Geschäftspartner aus SAP Business Suite replizieren« aus einer SAP-Sales-Cloud-Instanz hochgeladen. Diese wird in SAP Cloud Integration als Strukturdatei für ein Mapping verwendet. Anhand der mit <!----> markierten Kommentare können Sie erkennen, ob ein Wert ein Pflichtfeld oder optional ist. Des Weiteren werden Sie darüber informiert, wie häufig ein Element vorhanden sein darf.

Abbildung 9.12 Eingebundene WSDL-Datei

Nachdem Sie die WSDL-Datei importiert haben, können Sie mit dem Befüllen der Felder beginnen, die mit einem Fragezeichen gekennzeichnet sind. Sobald alle Werte gefüllt sind und alle nicht benötigten Elemente, die als optional gekennzeichnet sind, entfernt wurden, können Sie sich gegenüber dem Zielsystem authentifizieren, um Ihre Werte zurückzuspielen.

Authentifizierung

Wählen Sie für die Authentifizierung den Reiter **Auth** im unteren Bereich. Öffnen Sie im Anschluss die Drop-down-Liste **Authorization**, und wählen Sie dort den Eintrag **Add New Authorization**. Es öffnet sich ein Pop-up-Fenster, in dem Sie den Authentifizierungstyp **Basic** auswählen (siehe Abbildung 9.13).

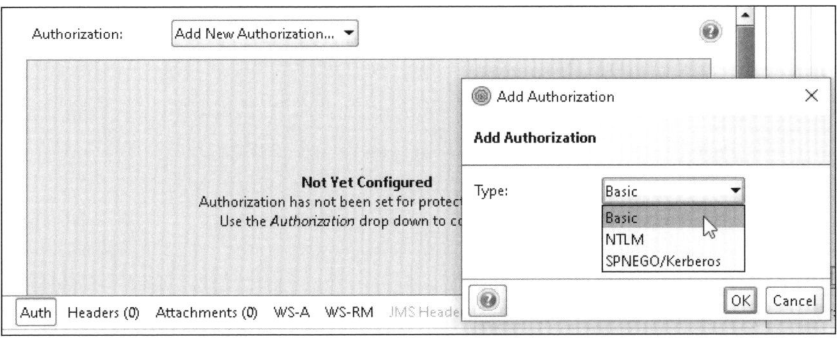

Abbildung 9.13 Drop-down-Liste zur Wahl der Authentifizierungsmethode

Bestätigen Sie Ihre Eingabe mit **OK**. Das Pop-up-Fenster schließt sich, und Sie können Ihren Benutzernamen und das Passwort zur Authentifizierung eingeben (siehe Abbildung 9.14).

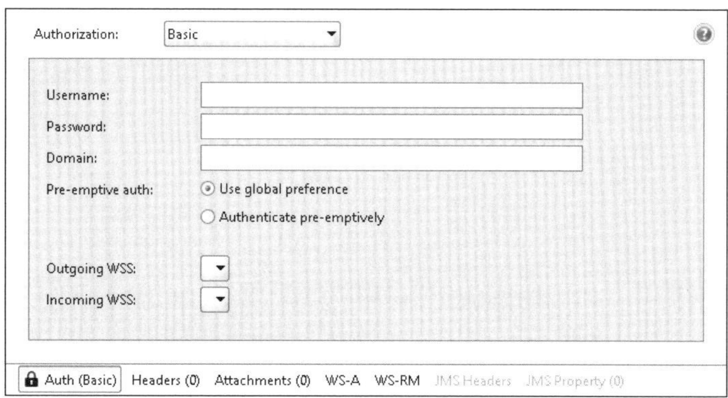

Abbildung 9.14 Authentifizierung innerhalb von SoapUI

Serveranfrage absenden

Um Ihre Serveranfrage zu testen, klicken Sie auf das grüne Abspielsymbol (▶) in der oberen linken Ecke, oder Sie nutzen die Tastenkombination [Alt] + [↵]. In Ihrem Anfragebereich auf der rechten Seite erhalten Sie den Rückgabewert des Zielsystems. Dieser beinhaltet eine Nachricht mit einem Header sowie mögliche Attachments und SSL-Informationen (Secure Sockets Layer). Abbildung 9.15 zeigt eine Anfrage zum Anlegen eines Leads in SAP Sales Cloud. Der Rückgabewert bestätigt die Anlage mit der ID des neuen Leads.

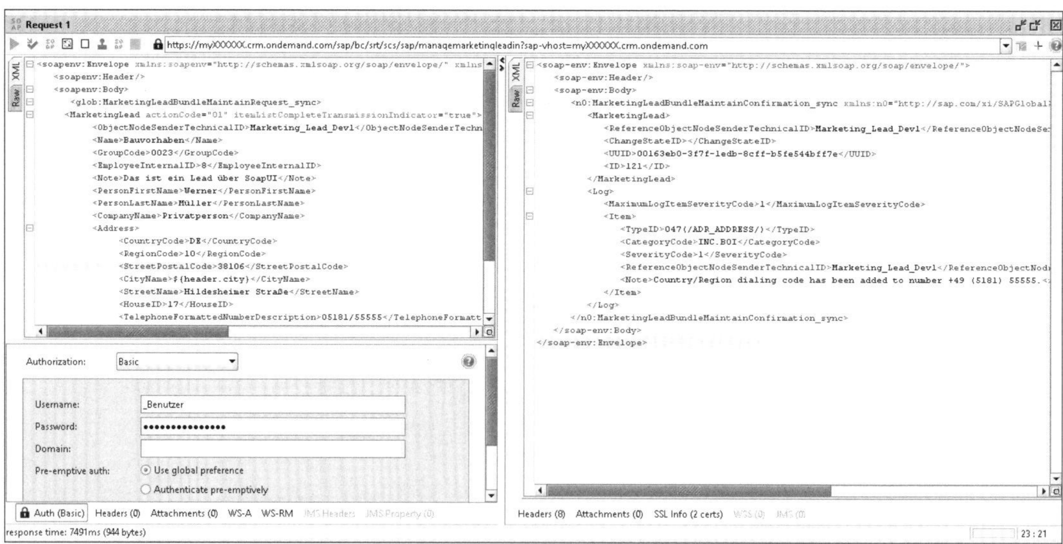

Abbildung 9.15 Rückgabewert einer Serviceanfrage

9.3 Große Dateien mit Notepad++ bearbeiten

Notepad++ ist ein bekannter Texteditor, mit dem ich hauptsächlich große XML-, JSON- und andere Dateien überprüfe und bearbeite. Leider ist Notepad++ nur für Microsoft Windows verfügbar. Notepad++ können Sie unter folgendem Link herunterladen:

https://notepad-plus-plus.org/downloads/

Eine wichtige Funktionalität ist die Syntaxhervorhebung, also die farbige und typografische Hervorhebung von Schlüsselwörtern. Die Syntaxhervorhebung wird entweder automatisch beim erstmaligen Speichern der Datei festgelegt oder manuell durch die Festlegung der entsprechenden Sprache im Menü. Um in großen Dokumenten die Übersicht zu behalten, können Sie über **View • Document Map** eine Dokumentenübersicht anzeigen, die Ihnen dabei hilft, sich zurechtzufinden. Wenn Sie mit der rechten Maustaste auf einen Reiter klicken und im Kontextmenü den Eintrag **Move to other View** oder **Clone to other View** auswählen, wird die Arbeitsfläche, wie in Abbildung 9.16 zu sehen, in zwei Bereiche aufgeteilt. Diese Funktion erhöht die Übersicht bei der Bearbeitung mehrerer Dateien.

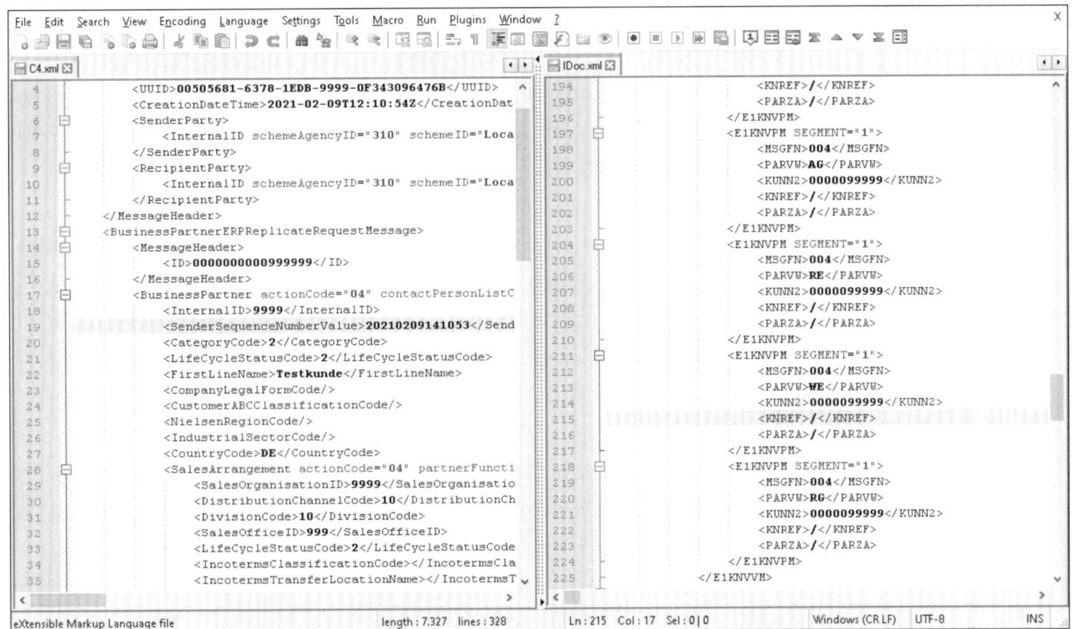

Abbildung 9.16 Übersicht mehrerer Dateien in Notepad++

Plug-ins

Wie bei vielen anderen Editoren bestehen die Vorteile von Notepad++ in der großen Auswahl an Plug-ins. Ich verwende die folgenden Plug-ins:

- **Compare**
  Mit der Funktion **Compare** können Sie zwei Dateien miteinander vergleichen. Diese Funktion ist hilfreich, wenn Sie einen funktionierenden und einen fehlerhaften Datensatz abgleichen wollen, um den oder die Fehler zu finden.
- **XML Tools**
  Einer der größten Vorteile der *XML Tools* ist die Möglichkeit der Formatierung von XML-Daten mit der Tastenkombination [Strg] + [Alt] + [⇧] + [B]. Häufig sind kopierte XML-Daten nämlich in nur einer Zeile angeordnet.

  Neben der Formatierung bietet dieses Plug-in noch viele weitere praktische Funktionalitäten:

  - **Check XML syntax now**
    Durch die Funktion **Check XML syntax now** wird Ihre XML-Datei auf Fehler hin geprüft. Wenn ein Fehler gefunden wurde, erscheint ein gelb hinterlegter Hinweis mit roter Schrift.
  - **Current XML Path**
    Mit der Funktion **Current XML Path** können Sie den aktuellen Pfad eines Elements, dessen Zeile Sie ausgewählt haben, in den Zwischenspeicher kopieren. Diesen können Sie zum Beispiel für XPath-Abfragen in SAP Cloud Integration nutzen. Wenn zusätzlich die Namespace-Bezeichnung benötigen, können Sie die Funktion **Current XML Path with predicates** nutzen.
  - **Evaluate XPath expression...**
    Die Funktion **Evaluate XPath expression...** öffnet ein Pop-up-Fenster, in dem Sie Ihre XPath Expressions testen können (siehe Abbildung 9.17). Dies kann während der Integrationsentwicklung sehr hilfreich sein, da Sie Ihre Integration für das Testen einer XPath-Abfrage so nicht neu starten müssen.
- **JSON Viewer**
  Das Gegenstück zu den XML Tools ist der **JSON Viewer**. Auch mit diesem Plug-in können Sie unformatierte Daten mit der Tastenkombination [Strg] + [Alt] + [⇧] + [M] in eine lesbare Form bringen. Mit der Funktion **Show JSON Viewer** wird Ihnen auf der linken Seite des Editors eine Baumstruktur der JSON-Daten dargestellt.

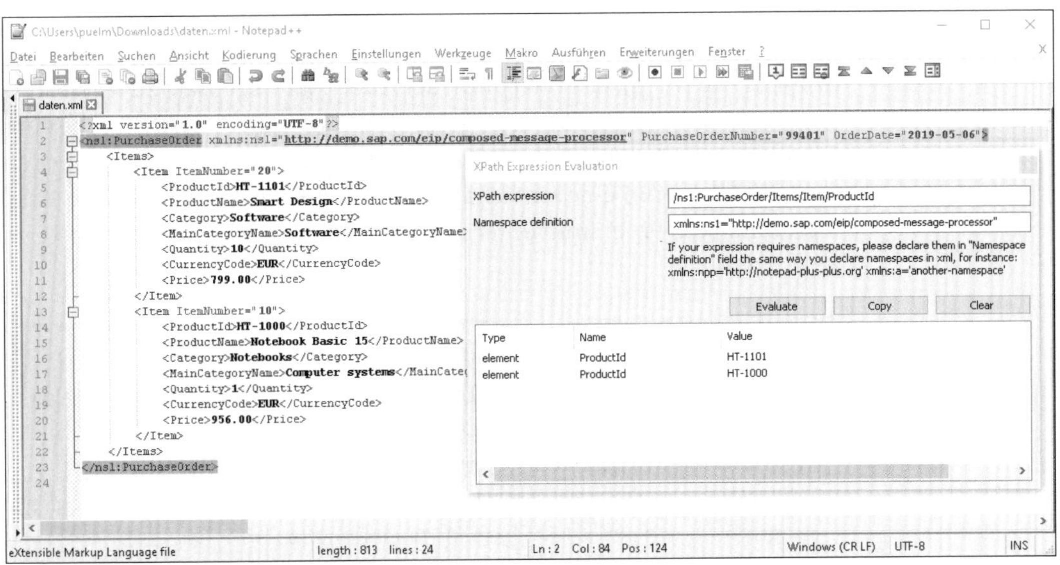

Abbildung 9.17 XPath Expressions testen

Plug-ins installieren

Plug-ins installieren Sie in Notepad++ über den Menüpfad **Plugins • Plugins Admin**. Es öffnet sich ein Pop-up-Fenster mit den Reitern **Available**, **Updates** und **Installed**. Suchen Sie auf dem Reiter **Available** alle gewünschten Plug-ins aus. Im Anschluss wählen Sie die Schaltfläche **Install**, um den Installationsprozess zu starten. In Abbildung 9.18 sehen Sie die Plug-ins auf dem Reiter **Installed**, die ich in meinem Arbeitsalltag nutze.

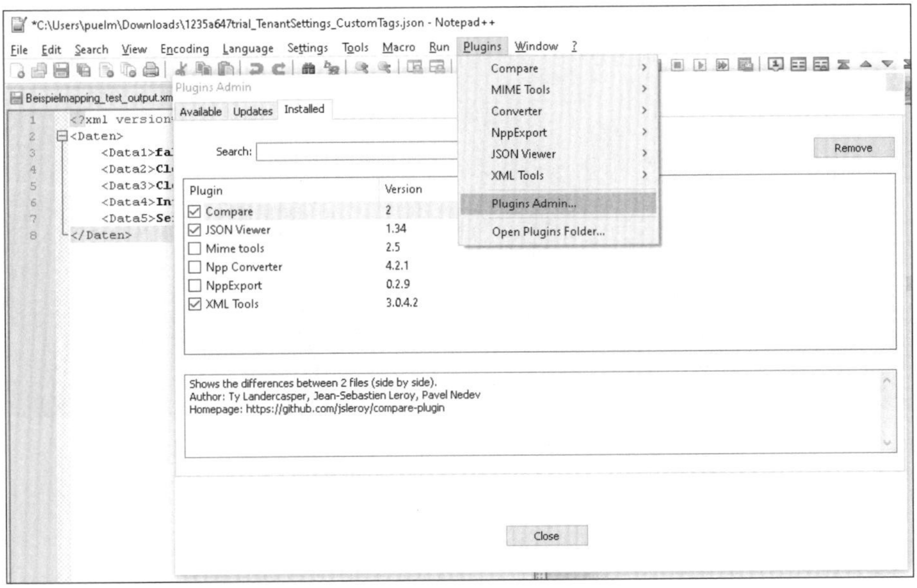

Abbildung 9.18 Installierte Plug-ins für Notepad++

9.4 Groovy-Skripte mit Atom entwickeln

Atom ist wie Notepad++ ein Editor, der jedoch im Gegensatz zu Notepad++ plattformunabhängig zur Verfügung steht. Ich nutze diesen Editor zum Schreiben von Groovy-Code, weil er sich mit den zur Verfügung stehenden Plug-ins leichter in eine einfache Entwicklungsumgebung umbauen lässt. Sie können das Programm unter folgendem Link herunterladen: *https://atom.io/*

Einschränkungen von Atom für XML und JSON

Da ich in der Vergangenheit Probleme mit der Darstellung großer Dateien hatte, nutze ich Atom nicht für XML- und JSON-Dateien. Die Problematik war, dass mir die Daten entweder gar nicht angezeigt wurden oder das Laden sehr lange gedauert hat. Des Weiteren verwende ich gerne mehrere Programme, um gewisse Aufgaben voneinander zu trennen.

Abbildung 9.19 zeigt die Oberfläche der frei verfügbaren Atom-Version.

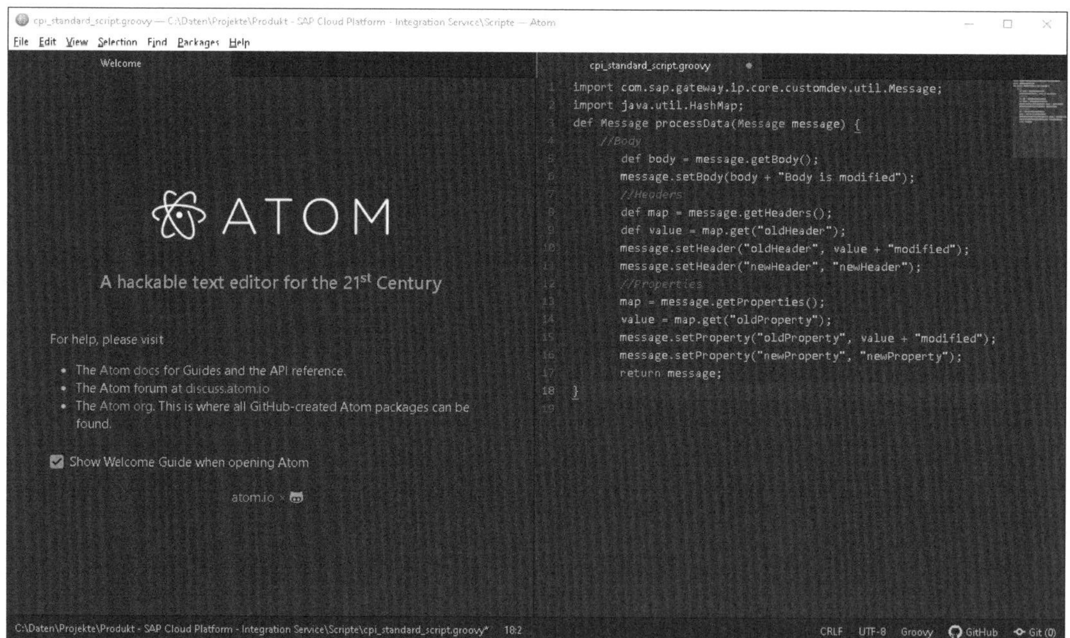

Abbildung 9.19 Oberfläche von Atom

[+]

Vollwertige Groovy-IDEs

Als Alternative können Sie auch eine der folgenden vollwertigen integrierten Entwicklungsumgebungen (IDE) für Groovy verwenden, diese werden in der offiziellen Dokumentation empfohlen (*https://groovy-lang.org/ides.html*):

- Groovy Eclipse Plugin
- IntelliJ IDEA
- Netbeans

Der Vorteil dieser vollwertigen IDEs ist neben vielen Spezialfunktionen wie gut ausgebauten Debugging-Systemen, dass Sie beim Import neuer Funktionen direkt über die Codevervollständigung auf Klassen und Methoden zugreifen können.

Plug-ins

Wie bei anderen Editoren auch ist für Atom ein gut ausgebautes Plug-in-System verfügbar. Im Folgenden möchte ich Ihnen einige Plug-ins vorstellen, die ich zur Groovy-Entwicklung nutze:

- **minimap**
  Das Plug-in **minimap** zeigt eine Dateiübersicht in einem Fenster an. Dadurch verliert man nicht den Überblick und kann sich schnell und gezielt von einem Bereich zum anderen bewegen.
- **language-groovy**
  Durch das Plug-in **language-groovy** erhalten Sie eine Syntaxhervorhebung und *Snippets* für Groovy. Snippets sind Codebausteine, die Eingabevorschläge zur Verfügung stellen. Wenn Sie zum Beispiel ein »d« eingeben, wird Ihnen die Funktion `def` zur Definition einer neuen Variablen vorgeschlagen. Den Vorschlag können Sie über die [↵]-Taste übernehmen.
- **script**
  Das Plug-in **script** erlaubt es Ihnen, Code direkt in Atom auszuführen.

Plug-ins installieren

Um Plug-ins in Atom zu installieren, folgen Sie im Menü dem Pfad **File • Settings**. Dadurch öffnet sich der Einstellungsbereich. Im Bereich **Packages** sehen Sie alle bisher installierten Plug-ins. Wenn Sie ein neues suchen oder installieren möchten, klicken Sie auf **Install**. Geben Sie in der Suche z. B. »groovy« ein, und bestätigen Sie die Eingabe mit der [↵]-Taste. Abbildung 9.20 zeigt Ihnen einen Ausschnitt meiner installierten Plug-ins.

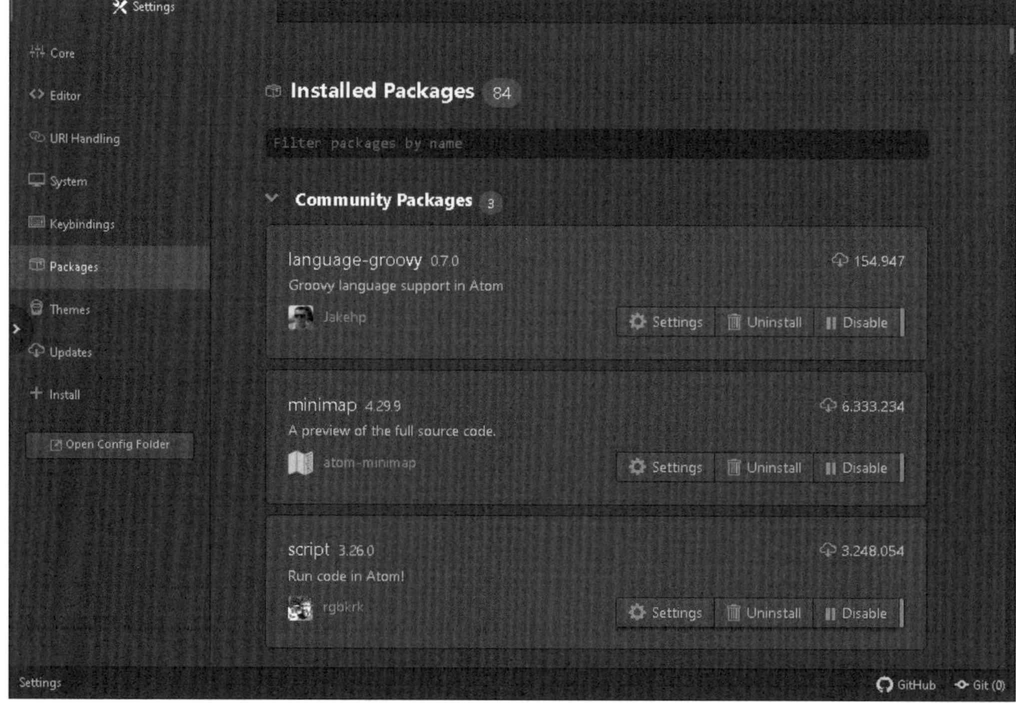

Abbildung 9.20 Plug-ins in Atom installieren

Testprogramm erstellen

Nachdem Sie alle benötigten Plug-ins installiert haben, können Sie über den Menüpfad **File • New** oder die Tastenkombination [Strg] + [N] eine neue Datei erstellen. Speichern Sie die neue Datei z. B. in einem Ordner mit dem Namen **Groovy-Skripte**. Die Dateiendung muss **.groovy** lauten. Sobald die Datei erfolgreich gespeichert wurde, ändert sich die Sprachangabe unten rechts von **Plain Text** in **Groovy**. Sie können jetzt mit dem Schreiben des Codes beginnen.

Wenn Sie fertig sind, können Sie Ihr Skript mit **Packages • Script • Run Script** oder der Tastenkombination [Strg] + [⇧] + [B] ausführen. Das Ergebnis wird unten in einem neuen Fenster zusammen mit der Ausführungszeit angezeigt (siehe Abbildung 9.21).

```
test.groovy
1  println ("Testausgabe")

Groovy - test.groovy:3 ✔

Testausgabe
[Finished in 1.314s]

C:\Daten\Projekte\Produkt - SAP Cloud Platform - Integration Service\Scripte\test.groovy*   1:24
```

Abbildung 9.21 Test eines Groovy-Skripts in Atom

9.5 Weitere Werkzeuge der SAP Community

Tools aus der Community

Neben den vorgestellten Programmen gibt es noch eine Vielzahl an Erweiterungen für SAP Cloud Integration aus der Entwicklergemeinde. Diese ist eifrig dabei, neue Funktionen zu erstellen, um den Alltag mit SAP Cloud Integration komfortabler und produktiver zu gestalten. Dabei handelt es sich in der Regel um spezielle Integrationsszenarien, Google-Chrome-Erweiterungen oder Anwendungen, die Sie in Ihrem Account der SAP BTP deployen können. Einige dieser Erweiterungen werden auch zur freien Bearbeitung auf der Plattform GitHub angeboten. Die Community-Werkzeuge werden häufig in eigenen Blogeinträgen der SAP Community durch die Entwickler*innen vorgestellt. In den folgenden Abschnitten möchte ich Ihnen einige dieser Tools vorstellen.

9.5.1 CPI Logs

Erweiterte Logging-Daten

Mit der Erweiterung *CPI Logs* können Sie Log-Dateien und andere Anhänge auf Ihren Computer exportieren. Das gilt zum Beispiel auch für die Anhänge für das Debugging, die ich Ihnen in Kapitel 11, »Prüfen, Testen und Debugging«, vorstellen werde. Des Weiteren erhalten Sie mit dieser Erweiterung Informationen wie das Datum und die Uhrzeit des Deployments und der letzten Ausführung aller Integrationen auf Ihrem Tenant. Auch der Status wird mit ausgegeben. Abbildung 9.22 zeigt die Oberfläche des Tools mit der Übersicht der Artefaktausführungen eines Cloud-Integration-Tenants.

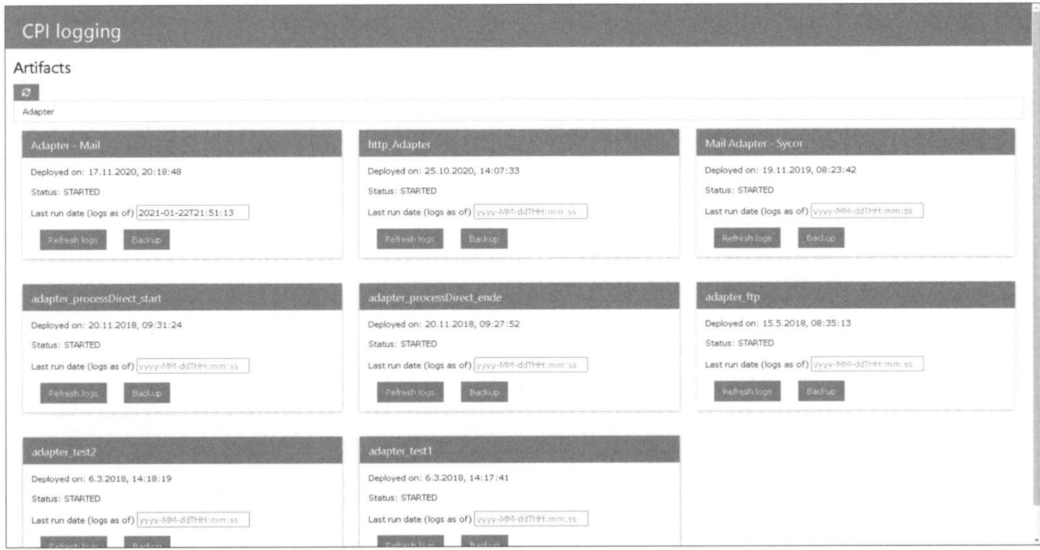

Abbildung 9.22 Protokollierung der Artefaktaktionen eines konfigurierten Cloud-Integration-Tenants

Für die Nutzung der CPI Logs wird eine Installation von *Node.js* benötigt, das Sie über die offizielle Seite *https://nodejs.org/de/* herunterladen können. Die Ansicht aus Abbildung 9.22 erhalten Sie, wenn Sie nach der Installation von CPI Logs die Adresse *http://localhost:3000/* in Ihrem Webbrowser aufrufen.

CPI Logs konfigurieren

Die Konfiguration von CPI Logs nach der Installation ist nicht aufwendig. Klicken auf das Plus-Symbol auf der Startseite, nachdem Sie die URL in Ihrem Browser aufgerufen haben. Damit öffnet sich die Bearbeitungssicht aus Abbildung 9.23. Dort müssen Sie lediglich einen beliebigen Namen, die URL zu Ihrem Cloud-Integration-Tenant sowie Ihre Zugangsdaten eingeben.

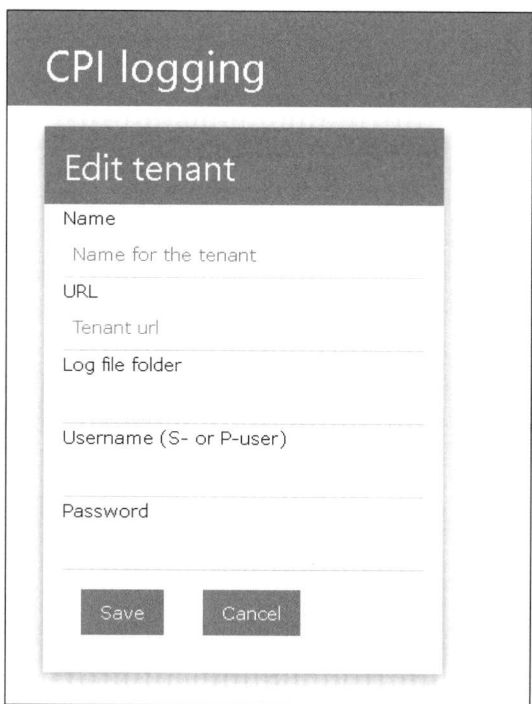

Abbildung 9.23 Verbindung zu einem Cloud-Integration-Tenant konfigurieren

[+]

Weiterführende Informationen zu CPI Logs

Weitere Informationen zu CPI Logs erhalten Sie in dem folgenden Blogbeitrag: *http://s-prs.de/v805301*. CPI Logs wurde von Ivo Vermeer entwickelt (*https://people.sap.com/ivo_nextmoves.nl*). Die Installationsanleitung finden Sie unter *https://www.npmjs.com/package/cpi-logs*.

9.5.2 RealCore CPI Dashboard

Monitoring des Cloud-Integration-Tenants

Das *RealCore CPI Dashboard* ist eine Erweiterung für die SAP Cloud Integration der RealCore Group GmbH, das über eine grafische Oberfläche verschiedene Informationen über Ihren SAP-Cloud-Integration-Tenant anzeigt. Darunter fallen die Systemauslastung mit dem Prozessor, Downtimes sowie Informationen über die genutzte Java-Version und spezifische Angaben wie die Anzahl der gesendeten Nachrichten.

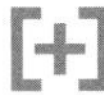

Weiterführende Informationen zum RealCore CPI Dashbord

Weitere Informationen zu diesem Werkzeug erhalten Sie in dem folgenden Blogbeitrag: *http://s-prs.de/v805302*. Entwickler des Dashboards ist Raffael Herrmann (*https://people.sap.com/r_herrmann*).

9.5.3 CPITracker

Versionsinformationen

Der *CPITracker* wurde von Morten Wittrock (*https://people.sap.com/mortenw*) entwickelt und ist ein Integration Flow, der auf seinem Cloud-Integration-Tenant deployt wurde. Über ein Timer-Event überprüft der CPITracker regelmäßig die folgenden Angaben zum Versionsstand von SAP Cloud Integration und postet Aktualisierungen auf einem Twitter-Account:

- Unterstützte XSLT-Version
- Anbieter des XSLT-Prozessors
- Produktname des XSLT-Prozessors
- Produktversion des XSLT-Prozessors
- Version der Java Runtime Environment (JRE)
- Anbieter der JRE
- Version der Java Virtual Machine (JVM)
- Anbieter der JVM
- Version von Apache Camel
- Version von Groovy
- Build-Nummer, d. h. Version von SAP Cloud Integration

Wenn Sie dem Twitter-Account @CPITracker folgen, erhalten Sie so regelmäßige Änderungsinformationen (siehe Auszug in Abbildung 9.24).

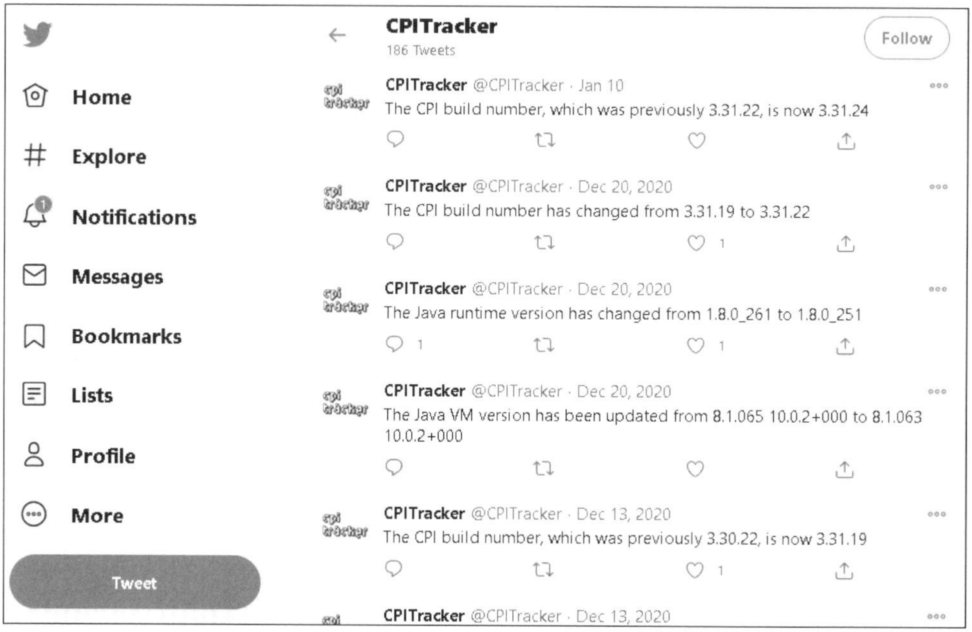

Abbildung 9.24 Twitter-Account @CPITracker

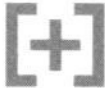

Weiterführende Informationen zum CPITracker

Weitere Informationen zum CPITracker erhalten Sie in dem folgenden Blogbeitrag: *http://s-prs.de/v805303*.

Unter folgendem Link gelangen Sie zu dem Twitter-Account: *https://twitter.com/cpitracker*.

9.5.4 TSIM

Anzeige zeitgesteuerter Szenarien

The Scheduled IFlow Monitor (TSIM) ist ein Integration Flow, der Ihre eingesetzten Timer Events und deren zeitliche Intervalle sowie nächsten Starts auf einer grafischen Oberfläche anzeigt. Dabei werden die einzelnen Einträge in einer Art Ablaufdiagramm ausgegeben. Abbildung 9.25 zeigt die Benutzungsoberfläche mit den zwei zeitgesteuerten Integrationen *EventTimer* und `persistInboundMail`. Im oberen Bereich werden Informationen zur ausgewählten Integration angezeigt. Dazu zählen die Timer-Einstellungen und der nächste Start. Außerdem finden Sie hier eine Verlinkung zum **Monitor**-Bereich. Beim Absprung werden die Filtereinstellungen für die ausgewählte Integration direkt übernommen.

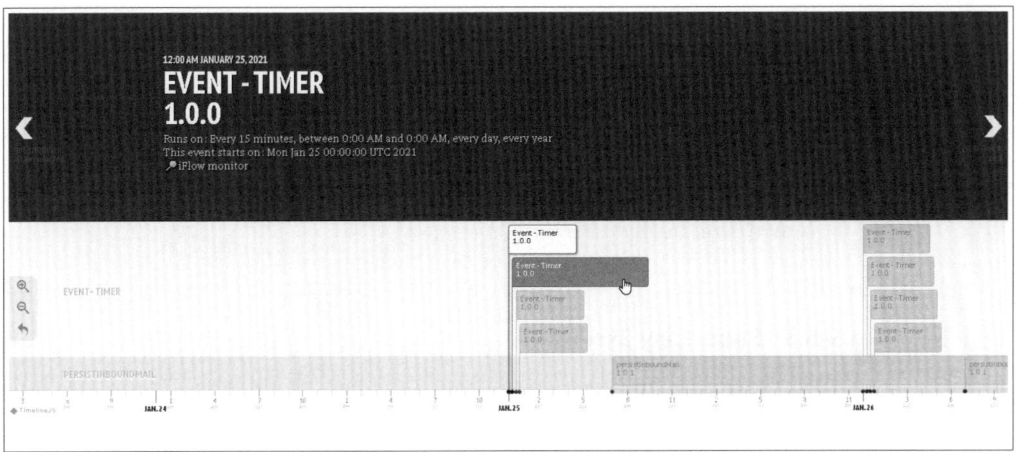

Abbildung 9.25 Monitoring zeitgesteuerter Integrationen mit TSIM

Installation und Konfiguration

Die Installation des Tools ist sehr einfach. Sie müssen lediglich die über GitHub bereitgestellte Integration **AMBA - TSIM - The Scheduled Iflows** herunterladen und diese über die Upload-Funktion in Ihrem Cloud-Integration-Tenant importieren und deployen. Nach dem Deployment finden Sie im **Monitor**-Bereich in der Anwendung **Manage Integration Content** auf dem Reiter **Endpoints** Ihres Tenants einen Link (siehe Abbildung 9.26), den Sie in einem Webbrowser in einem neuen Tab öffnen können. Auf der aufgerufenen Seite müssen Sie Ihre Zugangsdaten für SAP Cloud Integration eingeben, woraufhin Sie zu der Anwendungsoberfläche aus Abbildung 9.25 gelangen.

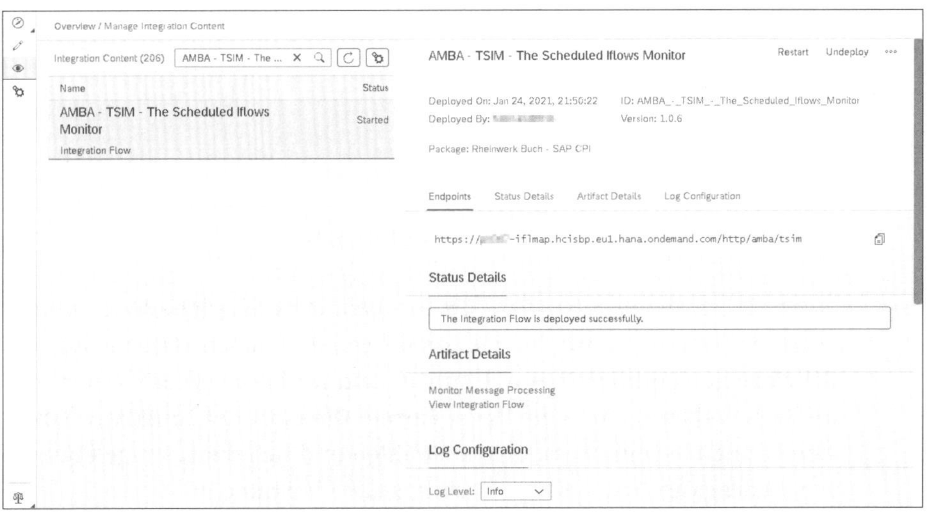

Abbildung 9.26 Deployte TSIM-Integration mit der URL zum Aufruf der Webdarstellung

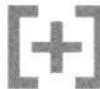

Weiterführende Informationen zu TSIM

Weitere Informationen zu diesem Werkzeug erhalten Sie in dem folgenden Blogbeitrag: *http://s-prs.de/v805304*. Der Entwickler dieses Integration Flows ist Ariel Bravo Ayala (*https://people.sap.com/ariel.bravoayala3*). Die Download-Möglichkeit finden Sie in GitHub unter *https://github.com/am-bravo/tsim/tree/master/bin*.

9.5.5 SuperEasy Extension

Fatih Pense (*https://people.sap.com/fatih.pense*) hat eine Chrome-Extension entwickelt, die Ihnen die tägliche Arbeit mit der SAP Cloud Integration erleichtern soll. Sie bietet eine Webansicht in mehreren Reitern, auf denen Partner-Directory-Einträge, ein Graph zur Abbildung von Abhängigkeiten des Adapters **ProcessDirect**, JMS Queues, eine Liste der System Logs und Custom Header angezeigt werden (Abbildung 9.27).

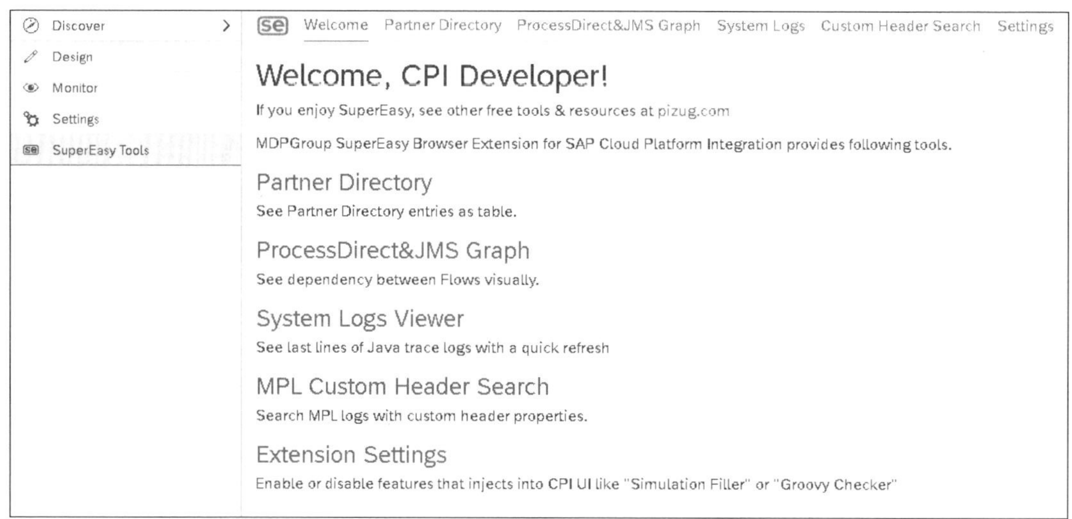

Abbildung 9.27 Oberfläche der SuperEasy Extension

Partner Directory

Wenn Sie sich mit dem Partner Directory befasst haben (siehe Abschnitt 8.9, »Partner Directory«), werden Sie schnell gemerkt haben, dass die Ansicht der einzelnen Einträge über API-Aufrufe und Werkzeuge wie Postman sehr unübersichtlich ist. Auf dem Reiter **Partner Directory** der SuperEasy Extension können Sie eine Ressource auswählen und sich die Einträge über die Schaltfläche **Get Data** anzeigen lassen (siehe Abbildung 9.28).

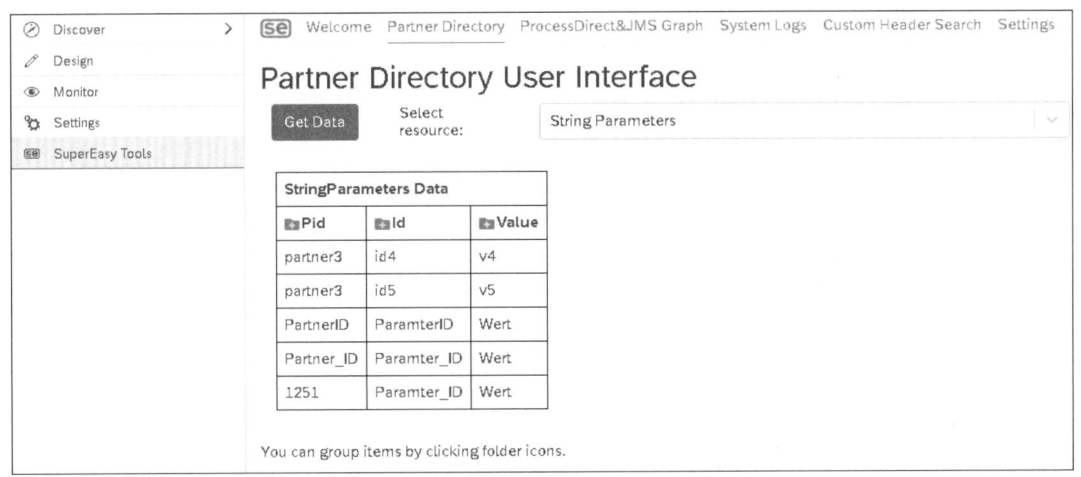

Abbildung 9.28 Zugriff auf das Partner Directory

Installation

Zur Installation der SuperEasy Extension rufen Sie diese im Chrome Webstore unter folgendem Link auf: *http://s-prs.de/v805305*. Über **Hinzufügen** können Sie die Erweiterung installieren (siehe Abbildung 9.29).

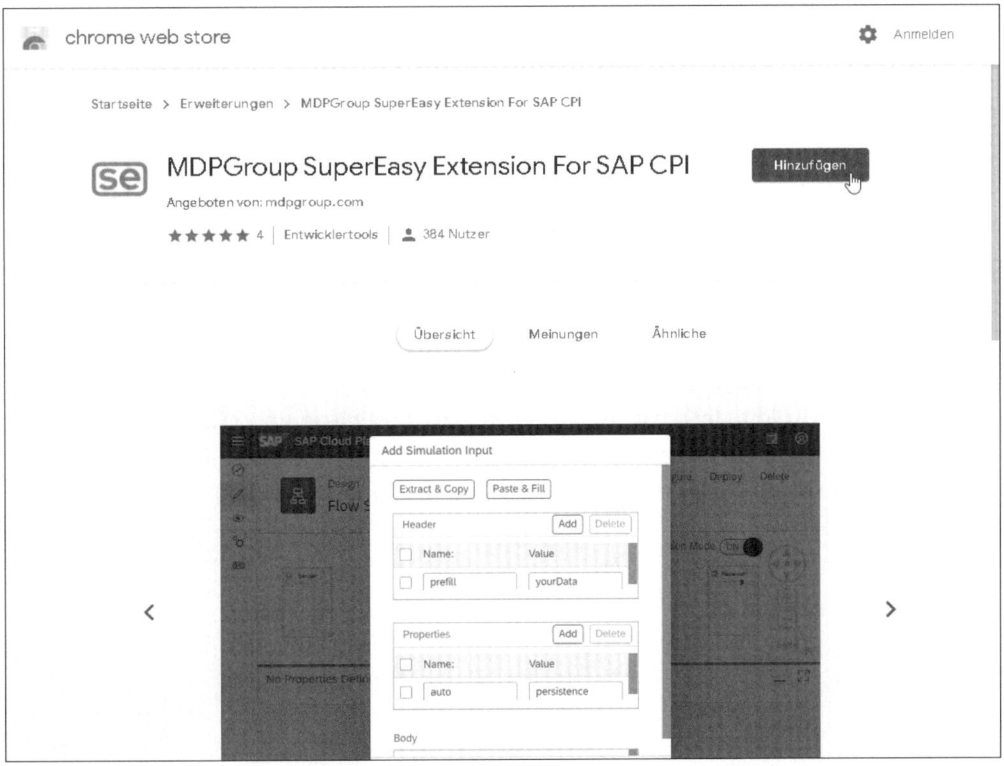

Abbildung 9.29 Installation der SuperEasy Extension

Sollten Sie während der Installation die Weboberfläche Ihres Cloud-Integration-Tenants geöffnet haben, müssen Sie diese im Anschluss aktualisieren (F5). Der Eintrag **SuperEasy Tools** erscheint danach als letzter Punkt im Menü Ihres Cloud-Integration-Tenants.

[+]

Weiterführende Informationen zur SuperEasy Extension

Weitere Informationen zur SuperEasy Extension erhalten Sie in dem folgenden Blogbeitrag: *http://s-prs.de/v805306*.

[»]

Webtools verwenden

Bei den in diesem Abschnitt vorgestellten Werkzeugen aus der SAP Community handelt nicht um eine vollständige Übersicht. Falls Sie Funktionen selten oder in unregelmäßigen Abständen benötigen, kann es sinnvoll sein, auf Webtools zuzugreifen. Das sind Internetseiten, die Ihnen spezielle Konverter, Validierer oder sonstige Funktionen anbieten. Sie sollten bei der Nutzung dieser Tools darauf achten, dass Sie keine Kundendaten oder sonstige sensible Daten eingeben. Ersetzen Sie beispielsweise Kundenadressen durch ausgedachte oder stark bearbeitete Adressen.

9.6 Zusammenfassung

In diesem Kapitel haben Sie mehrere Open-Source-Werkzeuge kennengelernt, die jeweils ihre spezifischen Aufgabenbereiche haben. Mit Postman können Sie HTTP-Anfragen an SAP Cloud Integration oder andere Services senden. In SoapUI können Sie WSDL-Dateien importiert und überprüfen. Mit den beiden Editoren Notepad++ und Atom können Sie XML- und JSON-Daten aus SAP Cloud Integration formatieren und kleine Groovy-Skripte für SAP Cloud Integration schreiben. Zum Abschluss dieses Kapitels habe ich Ihnen einige Werkzeuge aus der SAP Community vorgestellt, die Ihre tägliche Arbeit mit SAP Cloud Integration gegebenenfalls vereinfachen können.

Kapitel 10
Design Guidelines zur Anwendung der Komponenten

Dieses Kapitel befasst sich mit den Design Guidelines für SAP Cloud Integration, die verschiedene exemplarische Integrationsszenarien zur Verfügung stellen, die Sie dabei unterstützen sollen, bestimmte Problemstellungen zu lösen. Sie helfen Ihnen außerdem, den Einsatz und das Zusammenspiel verschiedener Komponenten zu verstehen.

Design Guidelines

Seitdem es SAP Cloud Integration gibt, wurde der Service mit vielen Updates von SAP weiterentwickelt. Neben den Softwareupdates wurden im Laufe der Zeit Standards definiert, wie Komponenten möglichst sinnvoll miteinander agieren können. SAP hat im SAP Help Portal innerhalb der *Integration Flow Design Guidelines* verschiedene Integrationsszenarien als Best Practices definiert, die als Beispiele für den Einsatz der zur Verfügung stehenden Komponenten dienen können.

Content-Katalog

Die einzelnen Integrationsszenarien können Sie direkt aus dem Content-Katalog, den Sie im Bereich **Discover** finden, in Ihren Arbeitsbereich kopieren. Zusätzlich finden Sie in den bereitgestellten Paketen auch Collections für das HTTP-Anfrage-Werkzeug Postman, mit dem Sie die Integrationsszenarien testen können. Wie Sie Collections in Postman importieren, erfahren Sie in Abschnitt 9.1, »HTTP-Anfragen mit Postman verschicken«.

Anhand der Integrationsbeispiele können Sie gut sehen, wie einzelne Komponenten von SAP Cloud Integration funktionieren und mit anderen interagieren. In diesem Kapitel stelle ich Ihnen einige Beispiele aus den Bereichen Enterprise Integration Patterns (siehe Abschnitt 10.1, »Enterprise Integration Patterns«), Fehlerbehandlung (siehe Abschnitt 10.2, »Fehlerbehandlung«), Skriptnutzung (siehe Abschnitt 10.3, »Skripte erweitern«), Sicherheit (siehe Abschnitt 10.4, »Sicherheit«) und zur Arbeit mit dem Partner Directory (siehe Abschnitt 10.5, »Mit dem Partner Directory arbeiten«) vor, erläutere das jeweilige Integrationsszenario und gehe genauer auf die einzelnen Schritte innerhalb der Integration Flows ein. Um ein besseres Verständnis zu erlangen, empfehle ich Ihnen, die Integration Flows mit dem Log Level **Trace** auszuführen. Anschließend können Sie die Szenarien testen und die Ergebnisse analysieren.

Aufruf der vollständigen Design Guidelines

Ich gehe in diesem Kapitel nur auf Teilbereiche der Design Guidelines ein. Wenn Sie die weiteren Beispiele durchspielen möchten, finden Sie diese unter folgendem Link: *http://s-prs.de/v805307*

10.1 Enterprise Integration Patterns

In der Kategorie **Enterprise Integration Patterns** finden Sie einfache Vorgehensmuster für die Integrationsentwicklung. Darunter fallen das Kombinieren von Datenströmen und deren statische oder dynamische Lenkung sowie das Aufteilen und Filtern von Datenströmen nach definierten Werten. Diese Vorgehensweisen stelle ich Ihnen in diesem Abschnitt anhand der Pattern *Aggregator* (siehe Abschnitt 10.1.1, »XML-Nachrichten aggregieren«) und *Composed Message Processor* (siehe Abschnitt 10.1.2, »Nachrichten teilen, anreichern und verbinden«) vor.

Paket kopieren

Abbildung 10.1 zeigt das vordefinierte Paket für die Enterprise Integration Patterns. Kopieren Sie dieses Paket über die Funktion **Copy** in Ihren Arbeitsbereich, um dort die zugehörigen Integration Flows zu deployen. Auf dem Reiter **Documents** finden Sie die benötigte Postman Collection.

Abbildung 10.1 Übersichtsseite des Pakets »Integration Flow Design Guidelines – Enterprise Integration Patterns«

10.1.1 XML-Nachrichten aggregieren

Es gibt Szenarien, in denen Sie mehrere, zu unterschiedlichen Zeitpunkten eingehende Nachrichten erhalten und diese miteinander verbinden müssen, damit sie als *Bulk* (also als Ganzes) weiterverarbeitet werden können oder weil das Zielsystem das verlangt.

Beispielszenario

Ein Szenario könnte beispielsweise sein, dass Nachrichten zu einzelnen Produkten eintreffen, die zu einer Bestellung zusammengefasst werden sollen. Um dieses Beispiel umzusetzen, verwenden wir das Pattern für die Komponente **Aggregator** (siehe auch Abschnitt 7.1.8, »Routing«). Nach der Zusammenführung werden Daten mithilfe einer Message-Mapping-Komponente auf eine neue Struktur abgebildet und anschließend mit einem weiteren Integration Flow mit dem Namen **Generic Receiver** über einen ProcessDirect-Adapter im Data Store von SAP Cloud Integration gesichert. Abbildung 10.2 zeigt den mit dem Pattern ausgelieferten Integration Flow.

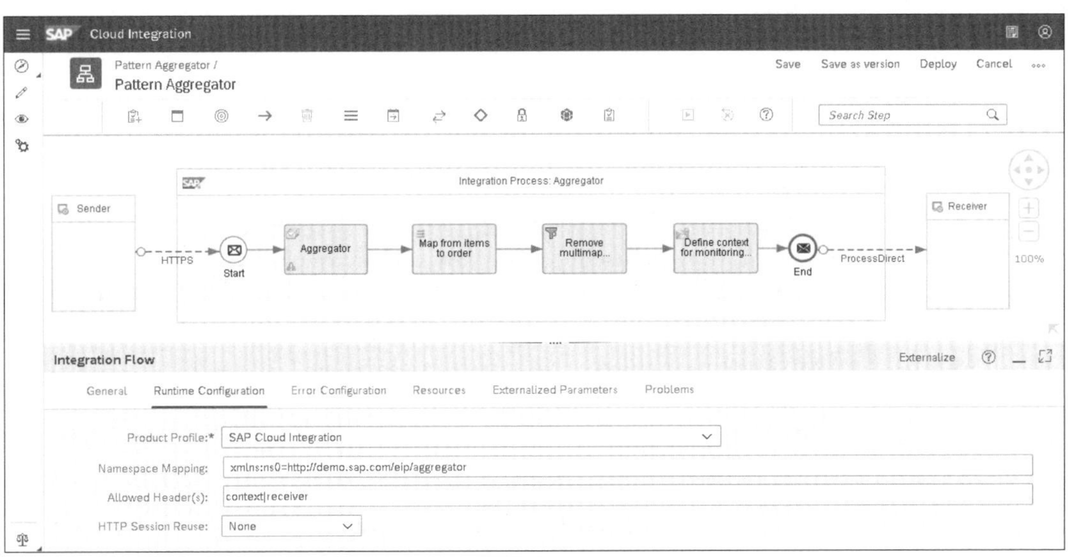

Abbildung 10.2 Integration Flow für das Aggregator-Pattern

Aufbau der Integration

HTTPS-Adapter und Start Message Event

Die Daten werden über den HTTPS-Adapter an den Integrationsprozess gesendet (siehe auch Abschnitt 7.2.6, »HTTPS«). Markieren Sie diesen Adapter im Integration Flow, um sich die Konfigurationsdetails anzusehen. Auf dem Reiter **Connection** ist im Feld **Address** der Endpunkt */Pattern/Aggregator* definiert. Die Option **CSRF Protected** ist aktiviert, was bedeutet, dass Sie sich vor der Datenübertragung ein Token von SAP Cloud Integration holen müssen. Die Daten werden von einem Start Message Event angenommen (siehe auch Abschnitt 7.1.3, »Events«) und im Anschluss an die Komponente **Aggregator** weitergegeben (siehe Abbildung 10.3).

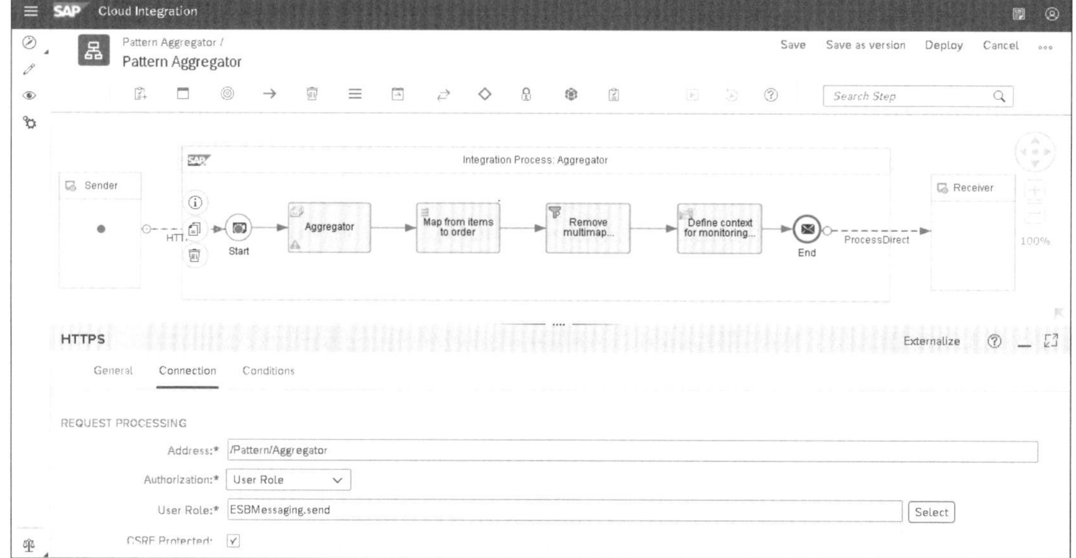

Abbildung 10.3 Konfiguration von HTTPS-Adapter und Start Message Event

Komponente »Aggregator«

Markieren Sie als Nächstes die Komponente **Aggregator**, um sich deren Konfiguration anzusehen. Hier wird auf dem Reiter **Correlation** die XPath Expression `//@PurchaseOrderNumber` verwendet (siehe Abbildung 10.4). Dieser Ausdruck bewirkt, dass alle eingehenden Nachrichten mit dem gleichen XML-Attribut `PurchaseOrderNumber` zusammengefasst werden.

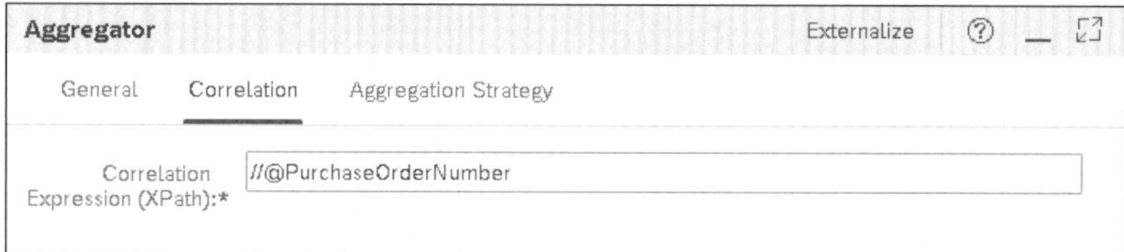

Abbildung 10.4 Konfiguration der Komponente »Aggregator« auf dem Reiter »Correlation«

Bedingungsausdruck

Auf dem Reiter **Aggregation Strategy** wird über den XPath-Ausdruck im Feld **Last Message Condition** geprüft, ob im Feld `LastMessageIndicator` ein X steht. Wenn dies der Fall ist, sind alle Nachrichten bei der Komponente **Aggregator** angekommen und können miteinander verbunden werden. Bis die letzte Nachricht angekommen ist, werden die Nachrichten im Data Store **Aggregator-EIP** zwischengespeichert (siehe Abbildung 10.5).

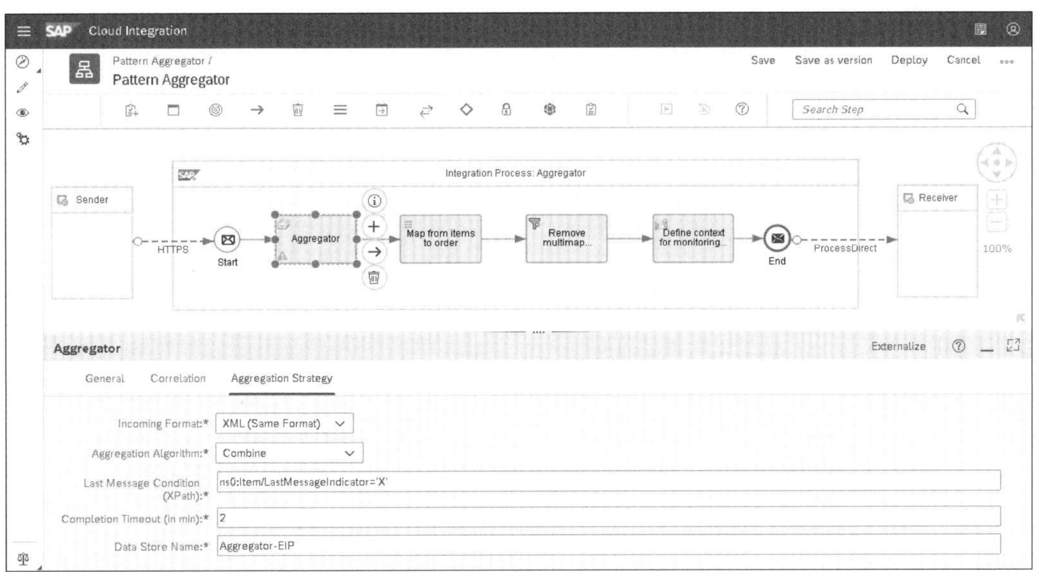

Abbildung 10.5 Bedingungsausdruck in der Komponente »Aggregator«

Message Mapping

In der Message-Mapping-Komponente **Map from Items to order**, die Sie sich als Nächstes anschauen sollten, wird eine neue Datenstruktur aufgebaut. Unnötige Elemente werden darin entfernt, und die Verschachtelung der einzelnen Knoten wird überarbeitet. Dadurch wird die Datenstruktur für ein mögliches Zielsystem aufgebaut. Abbildung 10.6 zeigt das Mapping für die Datenstruktur `PurchaseOrder`.

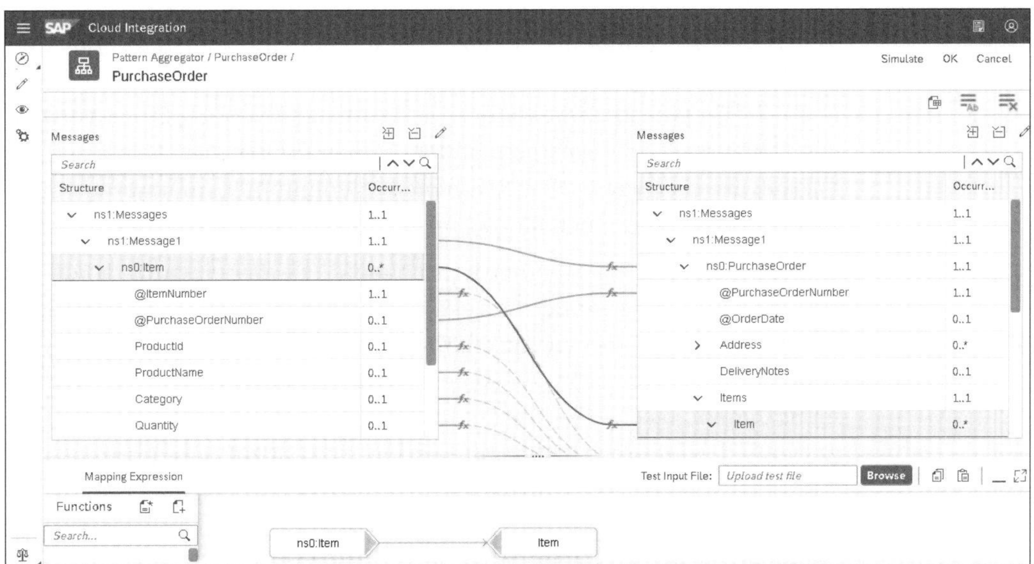

Abbildung 10.6 Die aggregierten Daten werden auf eine neue Struktur gemappt.

Filter

Durch die Filter-Komponente **Remove multimap wrapper** werden die XML-Elemente `Messages` und `Message1` aus der Struktur entfernt, die durch die Komponente **Aggregator** entstehen. Dies wird erreicht, indem im Feld **XPath Expression** der Ausdruck `//ns0:PurchaseOrder` eingetragen und im Feld **Value Type** der Typ **Node** gewählt wird (siehe Abbildung 10.7).

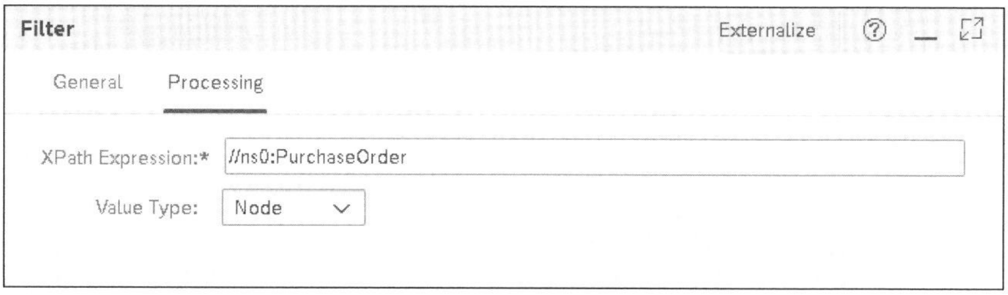

Filter Externalize
General Processing
XPath Expression:* //ns0:PurchaseOrder
Value Type: Node

Abbildung 10.7 Konfiguration der Filter-Komponente auf dem Reiter »Processing«

Durch das Entfernen entsteht eine saubere XML-Struktur. In Listing 10.1 sehen Sie die entfernten XML-Strukturen.

```
<?xml version="1.0" encoding="UTF-8"?>
<ns1:Messages xmlns:ns1="http://sap.com/xi/XI/SplitAndMerge">
       <ns1:Message1>
       </ns1:Message1>
</ns1:Messages>
```

Listing 10.1 Entfernte XML-Strukturen

Content Modifier

In der nächsten Komponente, einem Content Modifier namens **Define contect for monitoring purposes** werden die beiden Header-Variablen `context` und `receiver` gesetzt. Diese werden für die Anlage eines Data Stores verwendet. Die Variable `context` übergibt den Namen für den Data Store, und die Variable `receiver` greift über XPath die Bestellnummer auf und setzt diese als Bezeichnung für einen Eintrag im Data Store (siehe Abbildung 10.8).

Nachdem die Content-Modifier-Komponente verarbeitet wurde, wird über das End Message Event der ProcessDirect-Adapter aufgerufen (siehe auch Abschnitt 7.2.14, »ProcessDirect«). Dieser leitet den Nachrichtenfluss über den Pfad `/Pattern/GenericReceiverDataStore` zu dem Integration Flow namens **Generic Receiver** weiter, der hier durch die Receiver-Komponente repräsentiert wird. Auch dieser Integration Flow ist im Enterprise-Integration-Patterns-Paket zu finden. Die Receiver-Komponente speichert die eingehende Nachricht in dem erzeugten Data Store, den Sie anschließend im **Monitor**-Bereich überprüfen können.

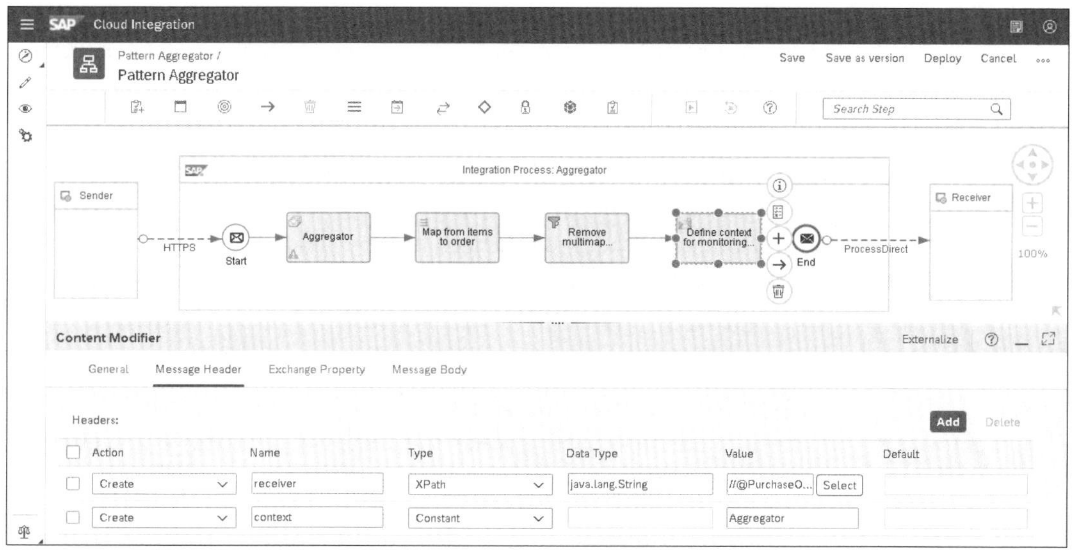

Abbildung 10.8 Konfiguration der Komponente »Content Modifier« mit gesetzten Header-Variablen für den Data-Store-Eintrag

Integration testen

Vorbereitungen treffen

Bevor Sie das Integrationsszenario testen können, müssen Sie sicherstellen, dass folgende Voraussetzungen erfüllt sind:

- Die folgenden Integration Flows müssen deployt sein:
  - Pattern Aggregator
  - Generic Receiver
- Sie müssen die Collections für das Enterprise Integration Pattern in Postman importiert und die Variablen auf Ebene der Environment konfiguriert haben. Anleitungen dazu finden Sie in Abschnitt 9.1, »HTTP-Anfragen mit Postman verschicken«.

Test durchführen

Nachdem Sie die Vorbereitungen abgeschlossen haben, können Sie die folgenden vorkonfigurierten HTTP-Anfragen der Collection **Aggregator** nacheinander ausführen:

- Aggregator – Get XSRF Token
- Aggregator – Message 1
- Aggregator – Message 2
- Aggregator – Message 3

Durch die HTTP-Anfrage **Get XSRF Token** wird ein Token von SAP Cloud Integration abgerufen. Dieses Token wird dann automatisch von den weiteren HTTP-Anfragen genutzt, die mit der HTTP-Methode POST arbeiten. Wenn

Sie das Token noch nicht erhalten haben oder zu viel Zeit vergangen ist, erhalten Sie als Rückgabewert der HTTP-Anfrage den Status »403 Forbidden«.

Die drei Message-Anfragen übertragen jeweils Daten eines anderen Produkts im XML-Format an den Integration Flow. Listing 10.2 enthält die XML-Daten aus der dritten und letzten Anfrage. Dies erkennen Sie an dem Element `<LastMessageIndicator>X</LastMessageIndicator>`. Sie können die Einträge mit den Produktdaten nach Belieben ändern. Entscheidend ist das Element `<LastMessageIndicator>X</LastMessageIndicator>`, das der Komponente **Aggregator** sagt, dass auf keine weiteren Produktnachrichten mehr gewartet werden muss.

```
<?xml version='1.0' encoding='UTF-8'?>
<ns0:Item xmlns:ns0="http://demo.sap.com/eip/aggregator" ItemNumber=
"30" PurchaseOrderNumber="81001">
    <ProductId>HT-1000</ProductId>
    <ProductName>Notebook Basic 15</ProductName>
    <Category>Notebooks</Category>
    <Quantity>1</Quantity>
    <CurrencyCode>EUR</CurrencyCode>
    <Price>956.00</Price>
    <LastMessageIndicator>X</LastMessageIndicator>
</ns0:Item>
```

Listing 10.2 XML-Struktur der HTTP-Anfrage »Aggregator – Message 3«

Zwischenergebnis

Sobald Sie die ersten ein bis zwei Datensätze an den Integration Flow übertragen haben, können Sie in der Anwendung **Monitor Message Processing** die abwartende Integration **Pattern Aggregator** mit dem Status **Processing** erkennen (links in Abbildung 10.9), die auf die nächste Nachricht wartet. Zum anderen sehen Sie in der Anwendung **Manage Data Stores** die Einträge im Data Store **Aggregator-EIP**.

Ergebnis

Nachdem Sie den letzten Datensatz versendet haben, gilt das Szenario als abgeschlossen. Der Status des Integration Flows **Pattern Aggregator** wechselt zu **Completed**. Zusätzlich wurde der Integration Flow **Generic Receiver** gestartet und erfolgreich beendet. Rufen Sie die Anwendung **Manage Data Stores** auf, um den Inhalt des durch den Integration Flow erzeugten Data Stores zu prüfen. Hier sollte nun der Data Store **Aggregator** auftauchen (siehe Abbildung 10.10). Die zuvor angezeigten Zwischenergebnisse des Data Stores **Aggregator-EIP** sollten dagegen aus der Data-Store-Übersicht verschwunden sein.

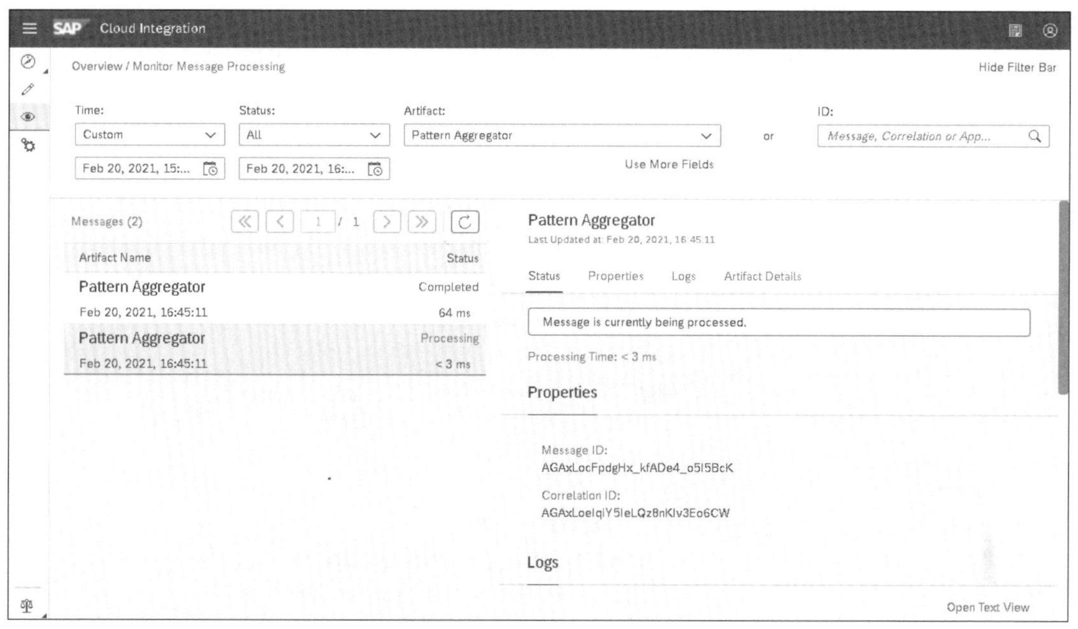

Abbildung 10.9 Integration Flow »Pattern Aggregator« mit dem Status »Processing« im Monitoring

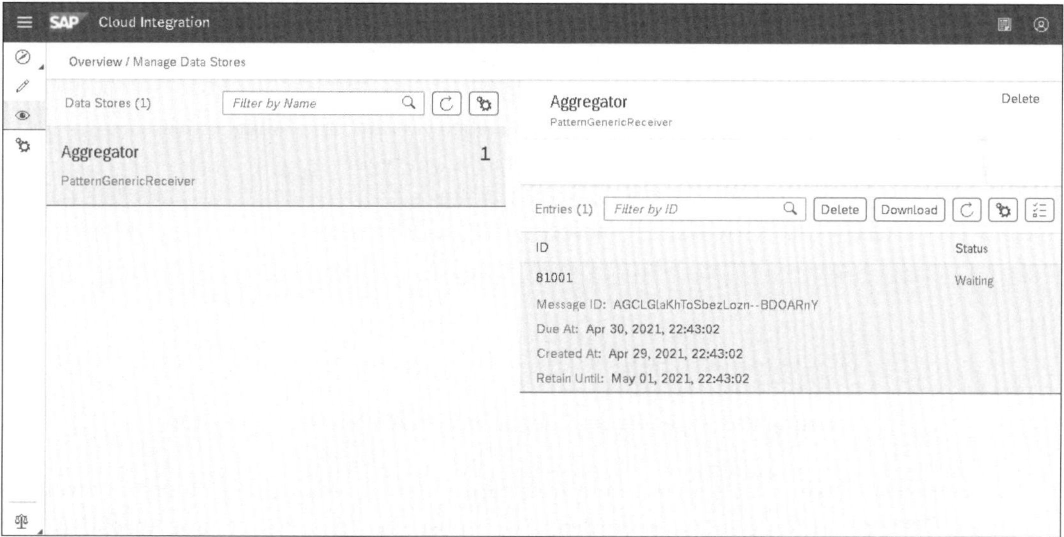

Abbildung 10.10 Data Store »Aggregator« für den abgeschlossenen Integration Flow

Data-Store-Eintrag überprüfen

Nachdem Sie den Eintrag **Aggregator** ausgewählt haben, können Sie ihn über **Download** herunterladen. Sie erhalten ein **.zip**-Archiv, in dem Sie eine

body-Datei finden. Wenn Sie diese mit einem Editor Ihrer Wahl öffnen, sollten Sie das Ergebnis aus Listing 10.3 sehen, die vollständige Bestellung mit allen drei Produkten.

```
<ns0:PurchaseOrder xmlns:ns0="http://demo.sap.com/eip/
aggregator" PurchaseOrderNumber="81001">
       <Items>
          <Item ItemNumber="10">
             <ProductId>HT-1030</ProductId>
             <ProductName>Ergo Screen</ProductName>
             <Category>Flat Screen</Category>
             <Quantity>2</Quantity>
             <CurrencyCode>EUR</CurrencyCode>
             <Price>460.00</Price>
          </Item>
          <Item ItemNumber="20">
             <ProductId>HT-1101</ProductId>
             <ProductName>Smart Design</ProductName>
             <Category>Software</Category>
             <Quantity>10</Quantity>
             <CurrencyCode>EUR</CurrencyCode>
             <Price>799.00</Price>
          </Item>
          <Item ItemNumber="30">
             <ProductId>HT-1000</ProductId>
             <ProductName>Notebook Basic 15</ProductName>
             <Category>Notebooks</Category>
             <Quantity>1</Quantity>
             <CurrencyCode>EUR</CurrencyCode>
             <Price>956.00</Price>
          </Item>
       </Items>
</ns0:PurchaseOrder>
```

Listing 10.3 Ergebnis des Integration Flows »Pattern Aggregator«

Completion Timeout

Wenn Sie sich mit dem Abschicken der letzten Anfrage länger als zwei Minuten Zeit lassen, wird ein Event ausgelöst, das das Szenario abschließt. Sie können die Zeit bis zum Timeout im Feld **Last Message Condition (XPath)** der Aggregator-Komponente nach Belieben erhöhen.

10.1.2 Nachrichten teilen, anreichern und verbinden

Im Integrationsszenario-Pattern **Composed Message Processor** wird gezeigt, wie Sie XML-Daten mit einer Splitter-Komponente aufteilen. Im Anschluss an das Splitting wird der Nachrichtenfluss in der Komponente **Router** anhand eines definierten Werts in verschiedenen Strängen weitergeführt und über eine externe Quelle mit Zusatzinformationen angereichert. Danach werden die Daten mithilfe der Komponente **Gather** wieder zusammengefügt. Die verwendeten Komponenten habe ich Ihnen in Abschnitt 7.1.8, »Routing«, vorgestellt. Mit einem **Message Mapping** wird anschließend eine neue Struktur festgelegt und das Ergebnis im Data Store gespeichert. Abbildung 10.11 zeigt den Ablauf des vollständigen Integration Flows.

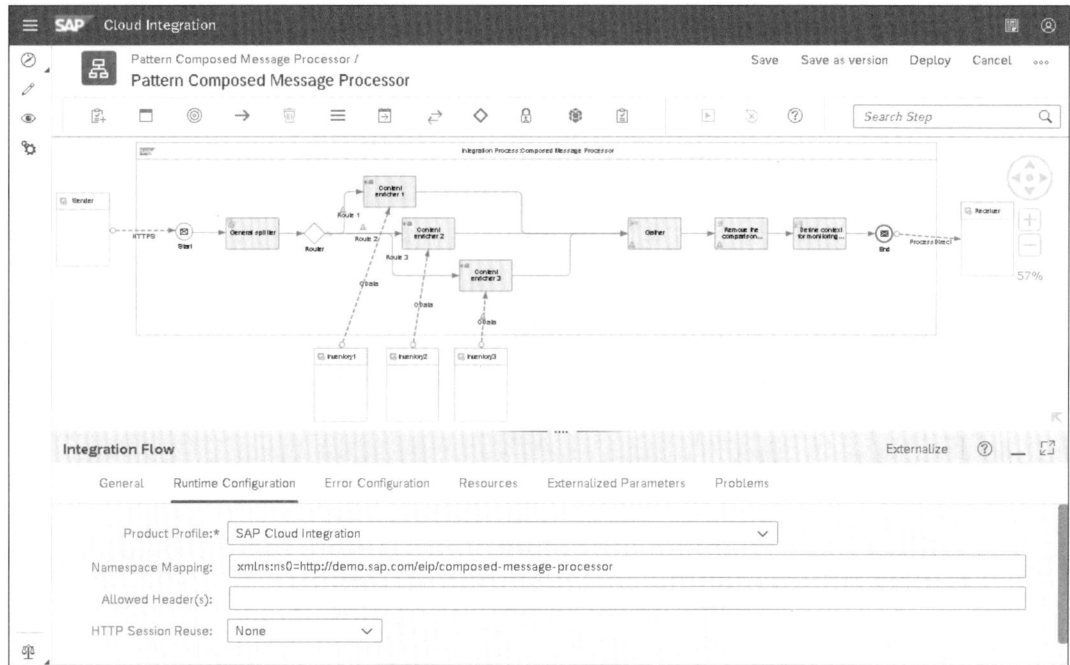

Abbildung 10.11 Integration Flow »Pattern Composed Message Processor«

Die eingehenden Daten liegen im XML-Format vor. Es handelt sich auch hier wieder um Produktdaten, dieses Mal für zwei Produkte der Kategorien Hard- und Software.

Aufbau der Integration

HTTPS-Adapter und Splitter

Die Daten gelangen über den HTTPS-Adapter mit dem Suffix */Pattern/ComposedMessageProcessor* in die Integration. Anschließend werden sie direkt von der Komponente **General splitter** verarbeitet. Dieser Splitter teilt die eingehende Nachricht in mehrere einzelne Nachrichten auf. Da es sich bei den Nachrichteninhalten um XML-Daten handelt, wird als **Expression Type** die Abfragesprache **XPath** verwendet. Dies wurde auf dem Reiter **Processing** für die Komponente eingestellt.

Der Datensatz beinhaltet zwei Mal das Element `Item`, das jeweils die Produktdaten enthält. Die beiden `Item`-Elemente sind wiederum von einem Tag `Items` umschlossen. Die XPath Expression `/ns0:PurchaseOrder/Items/Item` legt fest, dass jedes Item-Element einzeln betrachtet wird (siehe Abbildung 10.12).

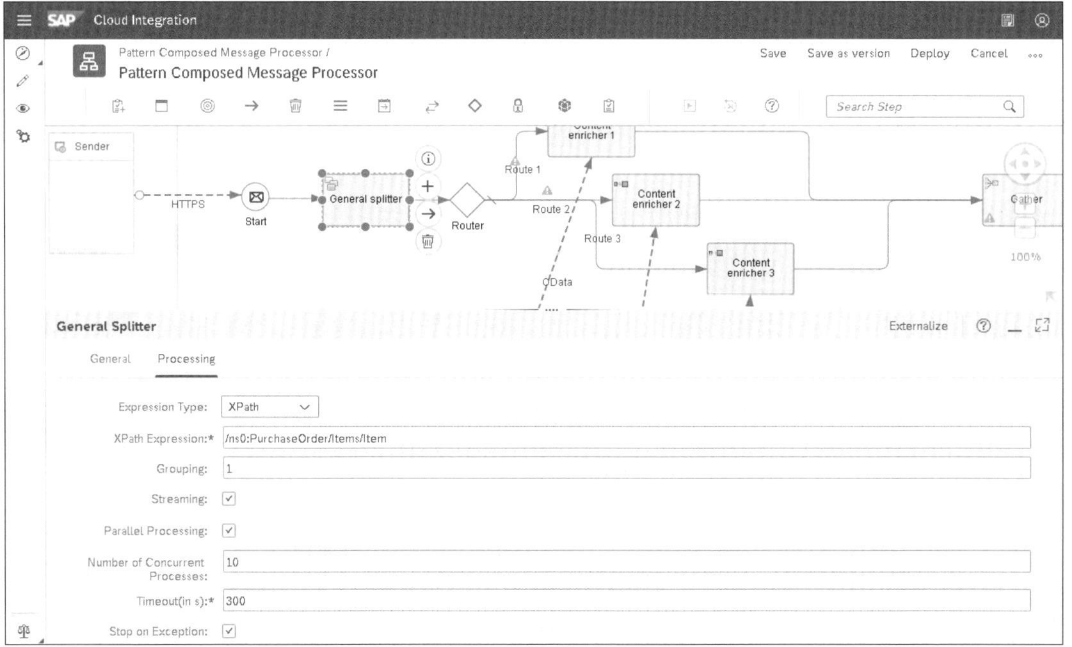

Abbildung 10.12 Konfigurationsbereich der Komponente »General Splitter«

Durch den **General splitter** wird jedem `Item`-Element nun das Eltern-Element `Items` mitgegeben. Das Ergebnis sehen Sie in Listing 10.4.

```
<?xml version='1.0' encoding='UTF-8'?>
<ns0:PurchaseOrder xmlns:ns0="http://demo.sap.com/eip/composed-
message-processor" OrderDate="2019-05-06" PurchaseOrderNumber=
"99401">
   <Items>
      <Item ItemNumber="10">
         <ProductId>HT-1000</ProductId>
         <ProductName>Notebook Basic 15</ProductName>
```

```
        <Category>Notebooks</Category>
        <Quantity>1</Quantity>
        <CurrencyCode>EUR</CurrencyCode>
        <Price>956.00</Price>
      </Item>
    </Items>
</ns0:PurchaseOrder>
```

Listing 10.4 Nachrichteninhalt vor Einsatz der Komponente »Content Enricher«

Komponente »Router«

Nachdem die Daten nach Items aufgeteilt wurden, werden sie in Abhängigkeit von dem Wert des Attributs Category von der Komponente **Router** in unterschiedliche Richtungen weitergeleitet. Die Konfiguration der einzelnen Richtungen erfolgt – bis auf die Default-Route – nicht in den Einstellungen der Komponente **Router**, sondern über das Ziehen von Konnektoren im grafischen Modell des Integration Flows sowie durch die Definition einer zugehörigen Bedingung auf dem Reiter **Processing** des Konnektors (siehe Abbildung 10.13).

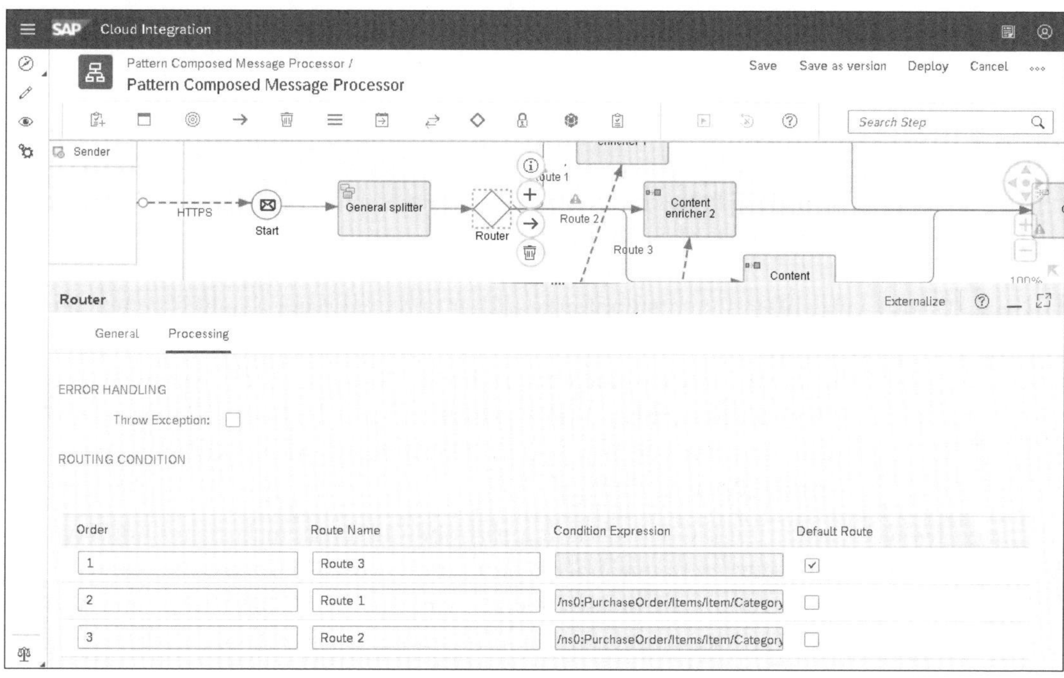

Abbildung 10.13 Drei Richtungen der Nachrichtenweiterleitung ausgehend von der Komponente »Router«

Es werden drei Richtungen definiert. Die erste ist für die Produktkategorie Notebooks (<Category>Notebooks</Category>), die zweite für die Produktkategorie Software und die dritte ist die Default-Route, die immer mit angegeben werden muss. Die Überprüfung der Kategorie erfolgt über einen XML-Ausdruck, was über den Wert **XML** im Feld **Expression Type** definiert wird. Dieser Ausdruck `/ns0:PurchaseOrder/Items/Item/Category = '<Category>'` wird im Feld **Condition** als Bedingung für das Routing hinterlegt (siehe Abbildung 10.14).

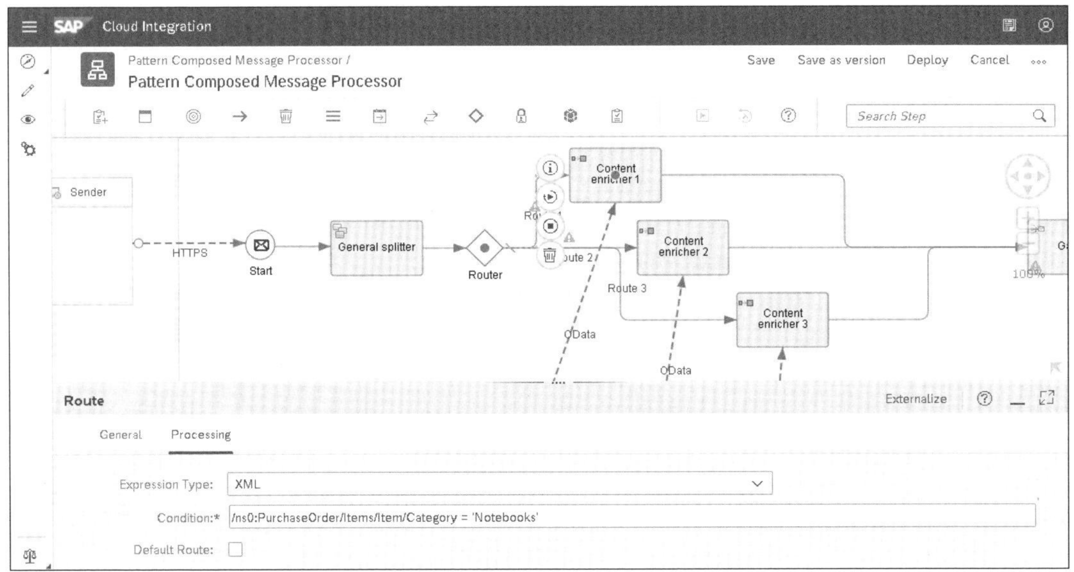

Abbildung 10.14 Konfiguration einer einzelnen Verzweigung, die von der Komponente »Router« ausgeht

Content Enricher

Die Komponente **Content enricher** und der OData-Adapter dienen der Anreicherung der bestehenden Daten. In diesem Fall soll anhand des Werts im Element `Category` eine entsprechende `ProductCategory` gefunden werden. Wenn Sie das Log Level **Trace** aktivieren, sieht der Nachrichteninhalt für das Item `Notebook` vor dem Einsatz der Content-Enricher-Komponente wie in Listing 10.4 aus.

Demodaten mit OData-Adapter abfragen

Bevor die Daten aus Listing 10.4 über die Content-Enricher-Komponente mit weiteren Daten angereichert werden können, werden die Daten zur Anreicherung über einen OData-Service abgefragt. Dazu wird eine Anfrage nach den gewünschten Daten über den OData-Adapter gestartet. Dieser sendet eine `GET`-Anfrage an die folgenden Webadresse:

https://refapp-espm-ui-cf.cfapps.eu10.hana.ondemand.com/espm-cloud-web/espm.svc

Die Adresse führt zu einer Demoanwendung von SAP, die Daten für Testszenarien bereitstellt. Auf dem Reiter **Processing** der Konfiguration des

OData-Adapters wird die Ressource ProductCategories dieser Demoanwendung aufgerufen. Das Ergebnis wird nach der Kategorie Notebooks gefiltert und zurückgegeben (siehe Abbildung 10.15). Das Ergebnis sehen Sie in Listing 10.5.

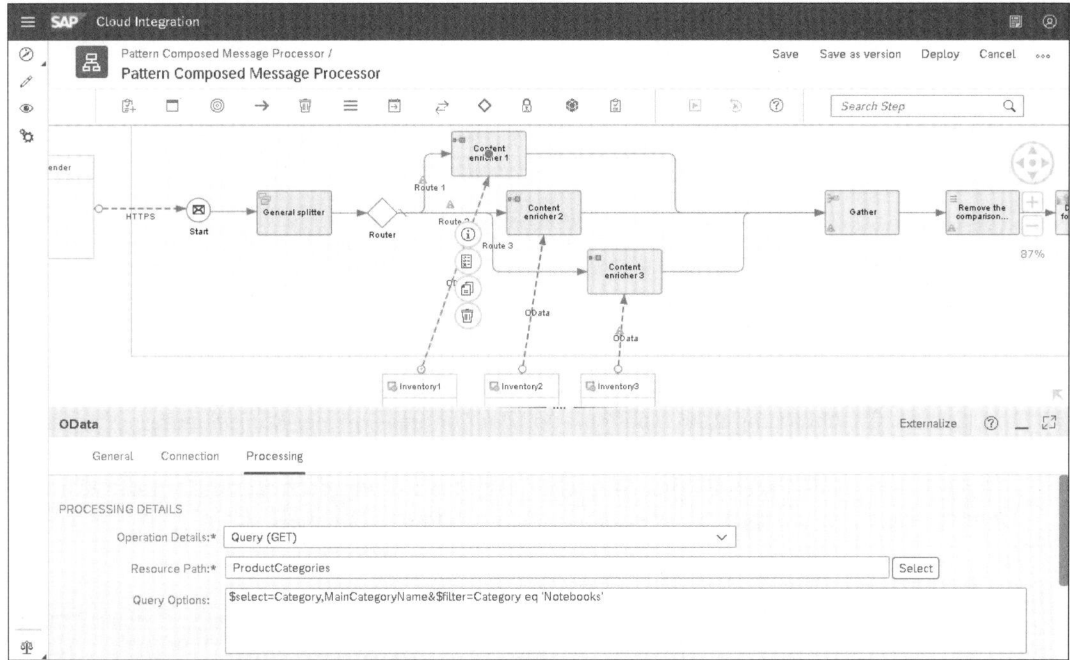

Abbildung 10.15 Einstellungen des OData-Adapters

```
<content type="application/xml">
   <m:properties>
      <d:Category>Notebooks</d:Category>
      <d:MainCategoryName>Computer systems</d:MainCategoryName>
   </m:properties>
</content>
```

Listing 10.5 Rückgabewert der OData-Anfrage

Content Enricher

Der Content Enricher verwendet den Rückgabewert aus dem OData-Adapter und prüft den Wert des Elements Category. Der Wert wird mit dem des Elements Category aus dem Webservice abgeglichen (siehe Abbildung 10.16), und das Gesamtergebnis wird um das Element MainCategoryName erweitert.

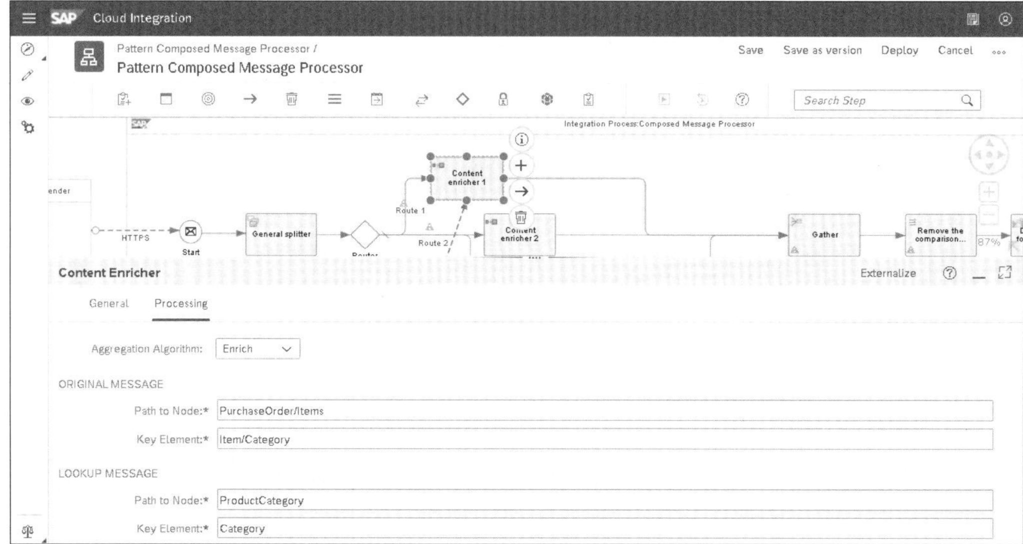

Abbildung 10.16 Konfiguration der Content-Enricher-Komponente

Ergebnis der Anreicherung

Das Ergebnis der Anreicherung, das im weiteren Verlauf an die Komponente **Gather** weitergeleitet wird, sehen Sie in Listing 10.6.

```
<?xml version='1.0' encoding='UTF-8'?>
<ns0:PurchaseOrder xmlns:ns0="http://demo.sap.com/eip/composed-message-
processor" OrderDate="2019-05-06" PurchaseOrderNumber="99401">
   <Items>
      <Item ItemNumber="10">
         <ProductId>HT-1000</ProductId>
         <ProductName>Notebook Basic 15</ProductName>
         <Category>Notebooks</Category>
         <ProductCategory>
            <Category>Notebooks</Category>
            <MainCategoryName>Computer systems</MainCategoryName>
         </ProductCategory>
         <Quantity>1</Quantity>
         <CurrencyCode>EUR</CurrencyCode>
         <Price>956.00</Price>
      </Item>
   </Items>
</ns0:PurchaseOrder>
```

Listing 10.6 Ergebnis nach Einsatz der Content-Enricher-Komponente

Komponente »Gather«

Die Komponente **Gather** verbindet nun die Ergebnisse aus der Komponente **Content enricher** wieder. Dafür wird in den Einstellungen der Komponente mit der Auswahl **XML (Same Format)** festgelegt, dass es sich bei den eingehenden Nachrichten um das gleiche XML-Format handelt. Als Kombinierungsalgorithmus wird im Feld **Aggregation Algorithm** der Wert **Combine at XPath eingestellt**. Dadurch kann ein XPath-Ausdruck eingegeben werden, der dafür sorgt, dass die Daten der einzelnen `Item`-Elemente unter `Items` eingeordnet werden (siehe Abbildung 10.17).

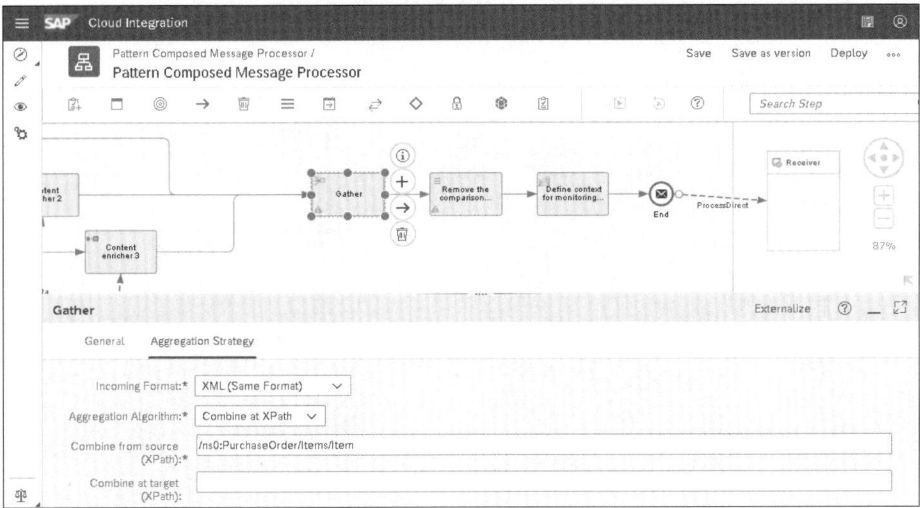

Abbildung 10.17 Konfiguration der Komponente »Gather«

Mapping und Content Modifier

Das Gesamtergebnis wird über eine Message-Mapping-Komponente in eine neue Struktur gebracht. Im Anschluss wird eine Content-Modifier-Komponente durchlaufen, die im Header-Bereich den Namen `ComposedMessageProcessor` für den Data Store festlegt, in dem die Daten gespeichert werden. Die Speicherung erfolgt wieder über den Integration Flow **Generic Receiver**, der über den ProcessDirect-Adapter aufgerufen wird.

Integration testen

Vorbereitungen treffen

Damit Sie das Szenario testen können, müssen Sie sicherstellen, dass Sie die folgenden Integration Flows deployt haben:

- **Pattern Composed Message Processor**
- **Generic Receiver**

Im Anschluss sollten Sie überprüfen, ob Sie die Collection **Enterprise Integration Patterns** in Postman importiert haben. Diese beinhaltet den Ordner **ComposedMessageProcessor**, der die HTTP-Anfragen zum Erhalt des Tokens von SAP Cloud Integration und zum Absenden der Beispieldaten beinhaltet. Prüfen Sie außerdem, ob alle Variablen in der ausgewählten Environment in Ihrer Postman-Instanz gefüllt sind.

Szenario testen Rufen Sie zum Erhalt des Tokens die HTTP-Anfrage **ComposedMessageProcessor – Get XSRF Token** auf. Sie sollten ein Token erhalten, das automatisch für die zweite Anfrage **ComposedMessageProcessor** verwendet wird. Diese beinhaltet die XML-Daten, die während des Integrationsdurchlaufs bearbeitet werden. Die Daten sehen Sie in Abbildung 10.18 im mittleren Bereich.

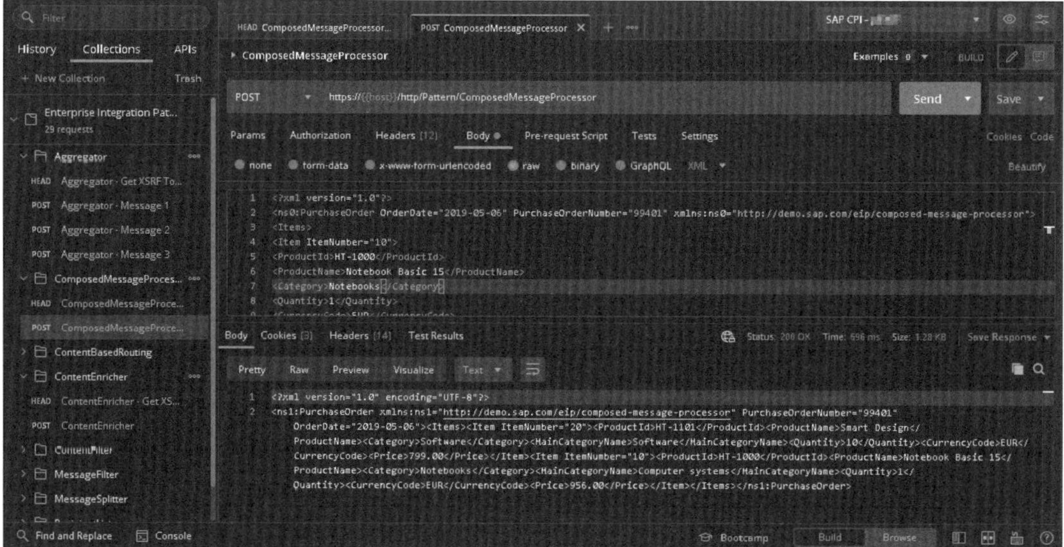

Abbildung 10.18 Rückgabe der Anfrage »ComposedMessageProcessor« in Postman

Postman erhält als Rückgabewert die erfolgreich bearbeiteten XML-Daten mit dem Statuscode 200 zurück. Diese Daten werden auch im Data Store gespeichert (siehe Abbildung 10.19).

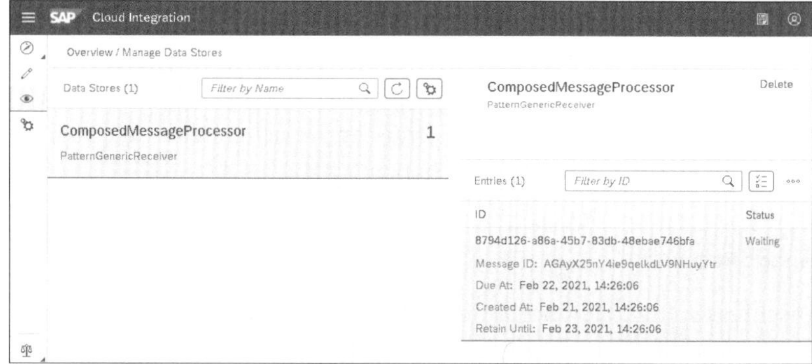

Abbildung 10.19 Data Store »ComposedMessageProcessor« in der Anwendung »Manage Data Stores« im Monitoring

10.2 Fehlerbehandlung

In den Integration Flow Design Guidelines beschreibt SAP zwei Vorgehensweisen, um einen auftretenden Fehler zu behandeln. Zum einen wird das Behandeln von Fehlern innerhalb des Integration Flows, in dem der Fehler aufgetreten ist, erläutert (*direkte Fehlerbehandlung*). Zum anderen können auftretende Fehler in einem separaten Integration Flow behandelt werden (*ausgegliederte Fehlerbehandlung*). Für beide Varianten wird ein Beispielszenario bereitgestellt. Die beiden im Folgenden erläuterten Beispielszenarien haben einen ähnlichen Aufbau. Sie versuchen beide, auf einen Demo-Webshop von SAP zuzugreifen.

Paket »Handle Errors Gracefully«

Um sich die Szenarien zur Fehlerbehandlung anzusehen, müssen Sie das Paket **Integration Flow Design Guidelines – Handle Errors Gracefully** aus dem Content-Katalog von SAP Cloud Integration kopieren. Das Paket beinhaltet alle benötigten Integration Flows und Postman Collections (siehe Abbildung 10.20).

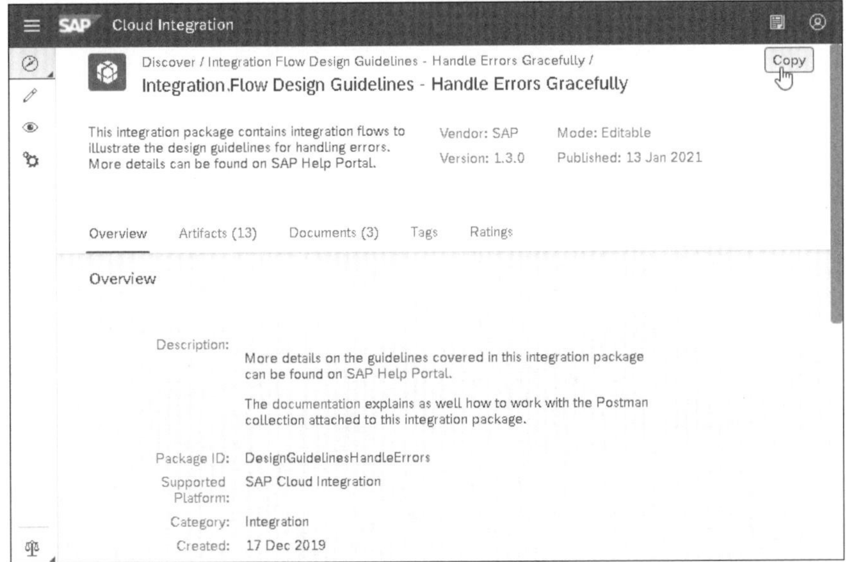

Abbildung 10.20 Übersichtsseite des Pakets »Integration Flow Design Guidelines – Handle Errors Gracefully«

10.2.1 Direkte Fehlerbehandlung

Bei der direkten Fehlerbehandlung springt der Nachrichtenfluss vom Integrationsprozess (Komponente **Integration Process**) in den Ausnahmeprozess (Komponente **Exception Subprocess**), sobald ein Fehler ausgelöst wird. Diese Prozesskomponenten habe ich in Abschnitt 7.1.2, »Prozesse«, vorgestellt. Im folgenden Beispiel wird ein Fehler ausgelöst, weil beim Zugriff auf den Demo-Webshop eine fehlerhafte Zieladresse angegeben wird. Der Fehler wird nach Auslösen des Ausnameprozesses im Hauptprozess mit einer Content-Modifier-Komponente behandelt.

Varianten der Fehlerbehandlung

SAP zeigt die direkte Fehlerbehandlung in den folgenden drei Varianten:

- **Extend With Exception Subprocess – End Event**
- **Extend With Exception Subprocess – Error End Event**
- **Extend With Exception Subprocess – Escalation End Event**

In diesem Abschnitt gehe ich auf die zuerst genannte Variante ein. Das grafische Modell des entsprechenden Integration Flows sehen Sie in Abbildung 10.21.

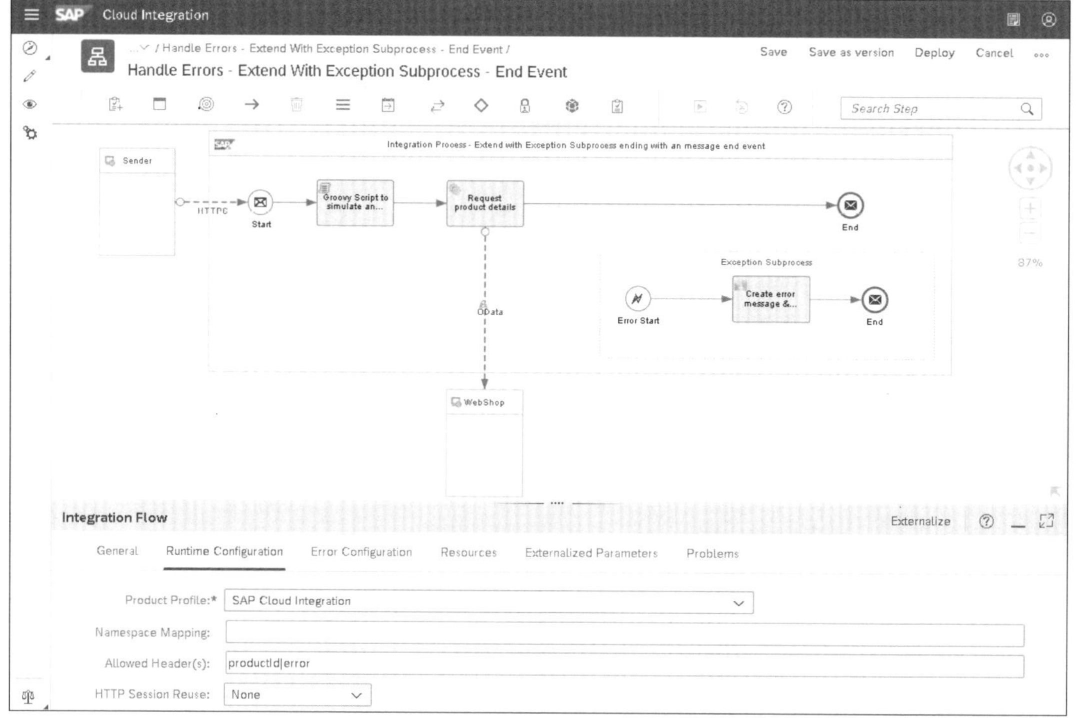

Abbildung 10.21 Integration Flow zur direkten Fehlerbehandlung mit einem End Event

Aufbau der Integration

HTTPS-Adapter und Start Message Event

Der Integration Flow beginnt mit einem HTTPS-Adapter, über den die Daten in den Integration Flow gelangen, und einem Start Message Event. Das Auslösen der Header-Variablen `productID` und der Header-Variablen `error`, die auf dem Reiter **Runtime Configuration** des Integration Flows im Feld

Allowed Header(s) explizit für den Datenaustausch freigegeben wurden (siehe Abbildung 10.21), erfolgt über Postman.

Groovy-Skript

Nachdem die Daten im Start Message Event angekommen sind, gelangen Sie in eine Groovy-Script-Komponente. Das Skript prüft die Header-Variable `error` daraufhin, ob der Wert `true` (wahr) oder `false` (falsch) lautet. Wenn der Wert `true` ist – also ein Fehler vorliegt –, wird die Property-Variable `path` mit dem String »XYZ« gefüllt. Sollte der Wert der Header-Variablen `error=false` sein, bleibt die `path`-Variable leer. Abbildung 10.22 zeigt das entsprechende Skript im Editor von SAP Cloud Integration.

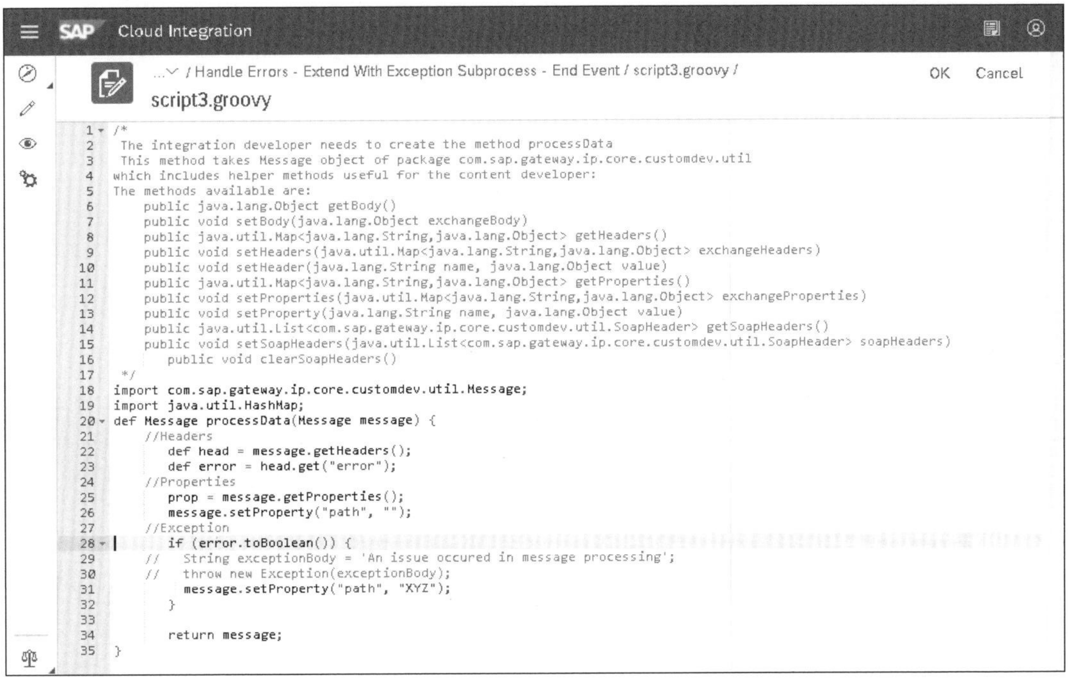

SAP Cloud Integration

...∨ / Handle Errors - Extend With Exception Subprocess - End Event / script3.groovy /   OK   Cancel

script3.groovy

```
/*
 The integration developer needs to create the method processData
 This method takes Message object of package com.sap.gateway.ip.core.customdev.util
which includes helper methods useful for the content developer:
The methods available are:
    public java.lang.Object getBody()
    public void setBody(java.lang.Object exchangeBody)
    public java.util.Map<java.lang.String,java.lang.Object> getHeaders()
    public void setHeaders(java.util.Map<java.lang.String,java.lang.Object> exchangeHeaders)
    public void setHeader(java.lang.String name, java.lang.Object value)
    public java.util.Map<java.lang.String,java.lang.Object> getProperties()
    public void setProperties(java.util.Map<java.lang.String,java.lang.Object> exchangeProperties)
    public void setProperty(java.lang.String name, java.lang.Object value)
    public java.util.List<com.sap.gateway.ip.core.customdev.util.SoapHeader> getSoapHeaders()
    public void setSoapHeaders(java.util.List<com.sap.gateway.ip.core.customdev.util.SoapHeader> soapHeaders)
       public void clearSoapHeaders()
 */
import com.sap.gateway.ip.core.customdev.util.Message;
import java.util.HashMap;
def Message processData(Message message) {
    //Headers
       def head = message.getHeaders();
       def error = head.get("error");
    //Properties
       prop = message.getProperties();
       message.setProperty("path", "");
    //Exception
       if (error.toBoolean()) {
    //   String exceptionBody = 'An issue occured in message processing';
    //   throw new Exception(exceptionBody);
         message.setProperty("path", "XYZ");
       }

       return message;
}
```

Abbildung 10.22 Groovy-Skript, das den Wert der Header-Variablen »error« prüft

Request Reply und OData-Adapter

Nachdem die `path`-Variable gesetzt wurde, wird über eine Komponente **Request Reply** (siehe auch Abschnitt 7.1.7, »Prozess- und Systemaufrufe«) und einen OData-Adapter ein Demo-Webshop von SAP aufgerufen. Die Property-Variable `path` wird dabei an die Webadresse des Shops als Suffix angehängt (siehe Abbildung 10.23). Sollte der Wert der Variablen »XYZ« sein (da die Prüfung der Header-Variablen `error` den Wert `true` ergeben hat), kann der Webshop nicht aufgerufen werden, weil es diese Adresse mit diesem Suffix nicht gibt. Es wird ein Fehlercode zurückgegeben, der von der Komponente **Exception Subprocess** abgefangen wird.

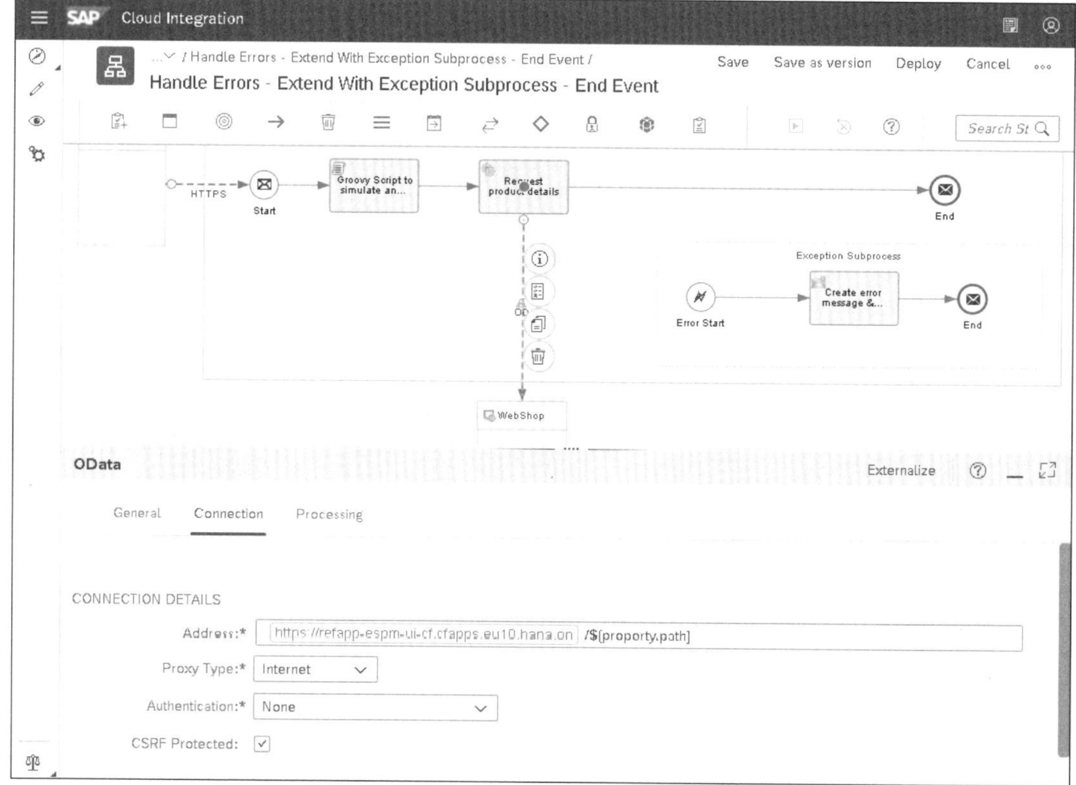

Abbildung 10.23 OData-Adapter zum Aufruf des Demo-Webshops von SAP

Exception Subprocess

Im Exception Subprocess wird eine Content-Modifier-Komponente aufgerufen, die eine Header-Variable, eine Property-Variable und den Body der Nachricht bearbeitet:

- Die Header-Variable `CamelHttpResponseCode` mit dem Wert »202« manipuliert den Statuscode der Nachricht. Den Statuscode sehen Sie später, wenn die Integration getestet wird.
- Die Property-Variable `SAP_MessageProcessingLogCustomStatus` hat den Wert `LowPrio`. Da Property-Variablen nur innerhalb von SAP Cloud Integration verarbeitet werden, können Sie diesen Wert nur für das interne Monitoring verwenden.
- Der Body enthält den Nachrichteninhalt mit einer Produktnummer und einem Fehlertext (siehe Abbildung 10.24). Dieser soll an das sendende System zurückgegeben werden.

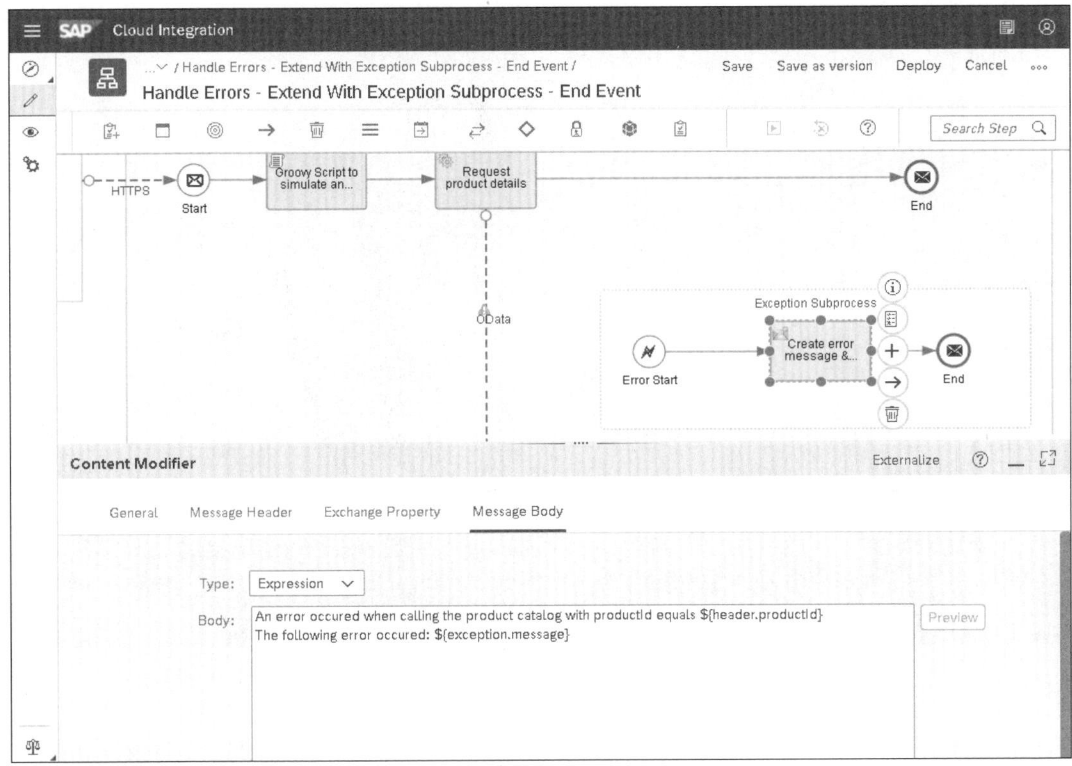

Abbildung 10.24 Reiter »Message Body« der Komponente »Exception Subprocess« mit dem Rückgabewert für das sendende System

Integration testen

Vorbereitungen

Um das Szenario zu testen, müssen Sie den Integration Flow **Handle Errors – Extend With Exception Subprocess – End Event** erfolgreich deployen. Des Weiteren müssen Sie die zugehörige Collection **HandleErrors** in Postman importieren.

Szenario testen

Nachdem Sie die Vorbereitungen abgeschlossen haben, können Sie das Szenario testen, indem Sie in der Collection den Ordner **ExceptionSubprocess** auswählen und die HTTP-Anfrage **HandleErrors_ExtendWithExceptionSubprocess** öffnen. Wählen Sie Ihre Environment, in der Sie die Variable `{{host}}` hinterlegt haben, aus, und klicken Sie auf **Send**. Als Ergebnis sollten Sie auf dem Reiter **Headers** die Werte aus Abbildung 10.25 erhalten. Dort sehen Sie im unteren Bereich auf dem Reiter **Body** die Fehlermeldung, die in Message Body der Komponente **Exception Subprocess** definiert wurde.

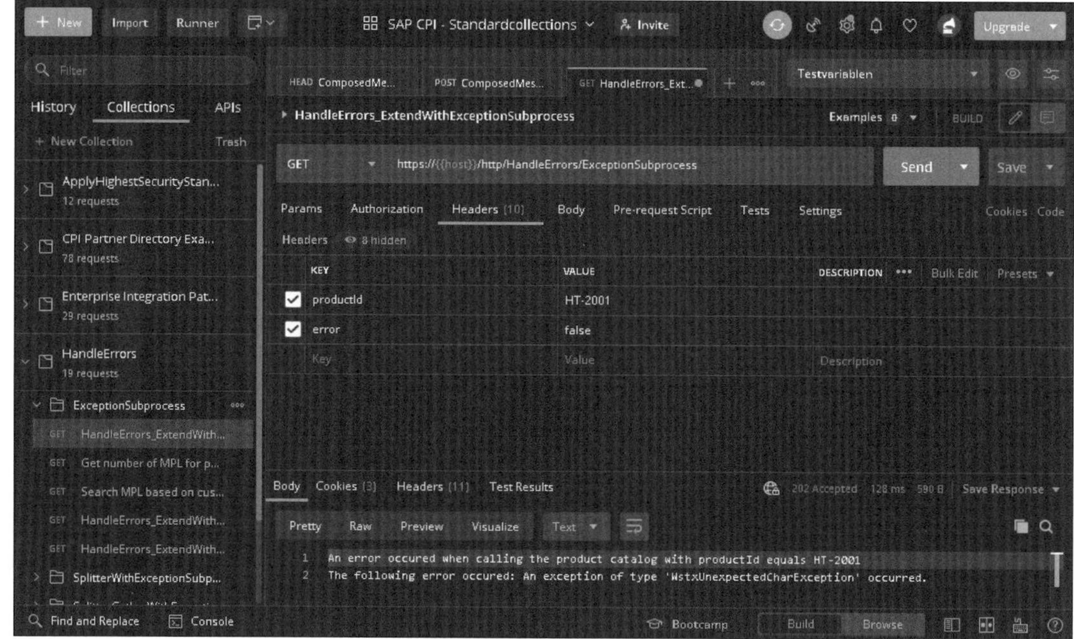

Abbildung 10.25 Rückgabewert der HTTP-Anfrage mit Fehlermeldung

10.2.2 Ausgegliederte Fehlerbehandlung

Wie bei der direkten Fehlerbehandlung tritt auch bei der ausgegliederten Fehlerbehandlung ein Fehler auf, wodurch der Nachrichtenfluss in einen Ausnahmeprozess (Komponente **Exception Subprocess**) abspringt (siehe Abbildung 10.26). Im Unterschied zur direkten Fehlerbehandlung wird dieser Fehler aber über einen separaten Integration Flow aufgerufen und dort behandelt. Dazu stellt SAP den Integration Flow **Handle Errors – Outsource Error Handling – Error Handling Flow** in dem Paket zur Verfügung. Nach dem Aufrufen dieses Integration Flows sorgt das Error End Event (siehe auch Abschnitt 7.1.3, »Events«) dafür, dass trotz einer erfolgreichen Fehlerbehandlung der Status **Failed** angezeigt wird. Sollte kein Fehler während der Ausführung auftreten, wird dennoch ein Eintrag in den Data Store geschrieben.

[»]

> **Variante der Fehlerbehandlung**
>
> Für die ausgegliederte Fehlerbehandlung zeigt SAP noch eine weitere Variante, die ein End Message Event beinhaltet und trotz Fehlerbehandlung im Monitoring einen erfolgreich verarbeiteten Nachrichtenfluss anzeigt.

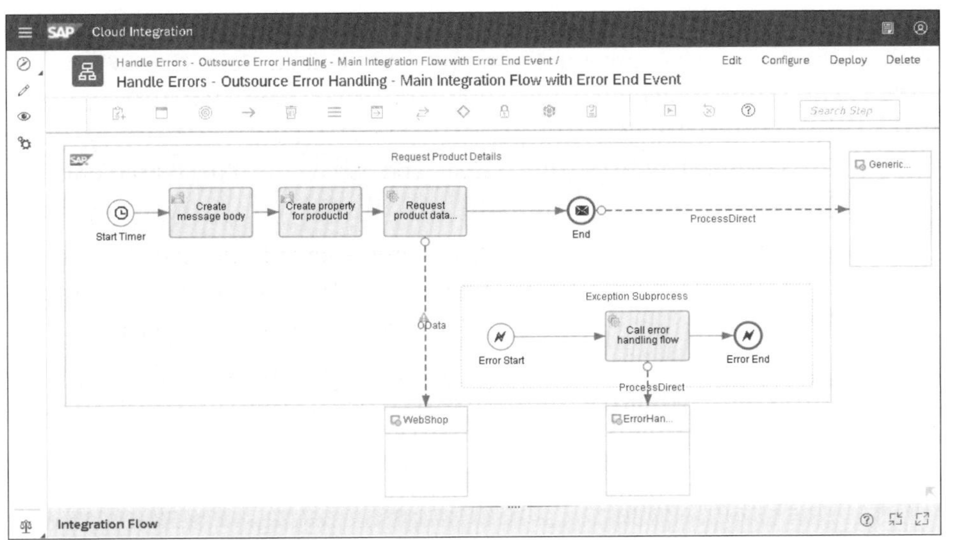

Abbildung 10.26 Übersicht des Hauptprozesses des Integration Flows »Handle Errors – Outsource Error Handling – Main Integration Flow with Error End Event«

Die Beispielintegration für die ausgegliederte Fehlerbehandlung hat die Aufgabe, Header-Informationen und einen Text zur Anlage eines Data Stores bereitzustellen. Den Reiter **Runtime Configuration** des über den Ausnahmeprozess aufgerufenen Integration Flows zur Fehlerbehandlung sehen Sie in Abbildung 10.27. Nach Durchlaufen der Fehlerbehandlung wird der Integration Flow **Generic Receiver** aufgerufen, der den Data-Store-Eintrag anlegt.

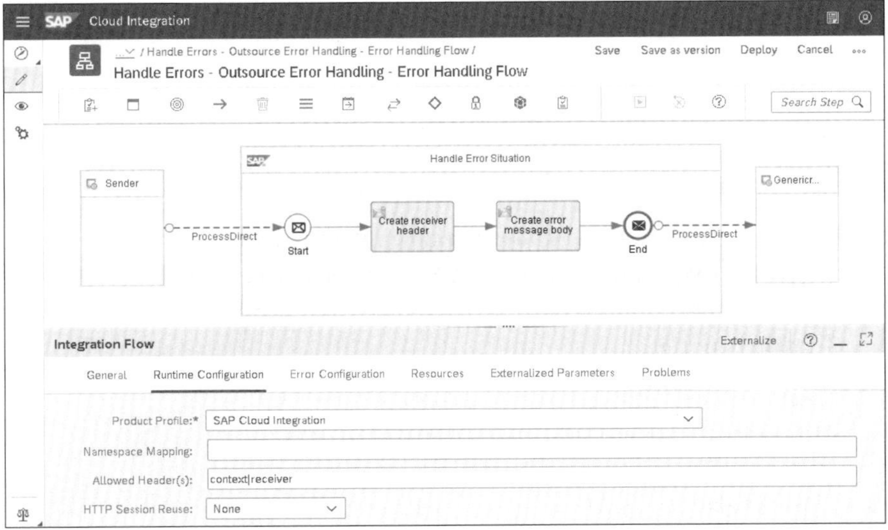

Abbildung 10.27 Übersicht der ausgegliederten Fehlerbehandlung

Aufbau der Integration

Start Timer Event und Content Modifier

Das Szenario beginnt den Hauptprozess mit einem Start Timer Event, das den Integrationsfluss direkt nach dem Deployment startet. Darauf folgt eine Content-Modifier-Komponente namens **Create message body**, in der die zwei Header-Variablen `receiver` und `context` als Konstanten angelegt werden:

- Wenn der Nachrichtenfluss keine Probleme aufweist, hat die Variable `receiver` den Wert `Success`. Unter diesem Namen wird dann ein Eintrag im Data Store `HandlingErrors-OutsourceErrorHandling` angelegt.
- Der Wert der Variablen `context` definiert den Namen des Data Stores, in dem die Einträge `Success` oder `Error` erstellt werden können (siehe Abbildung 10.28).

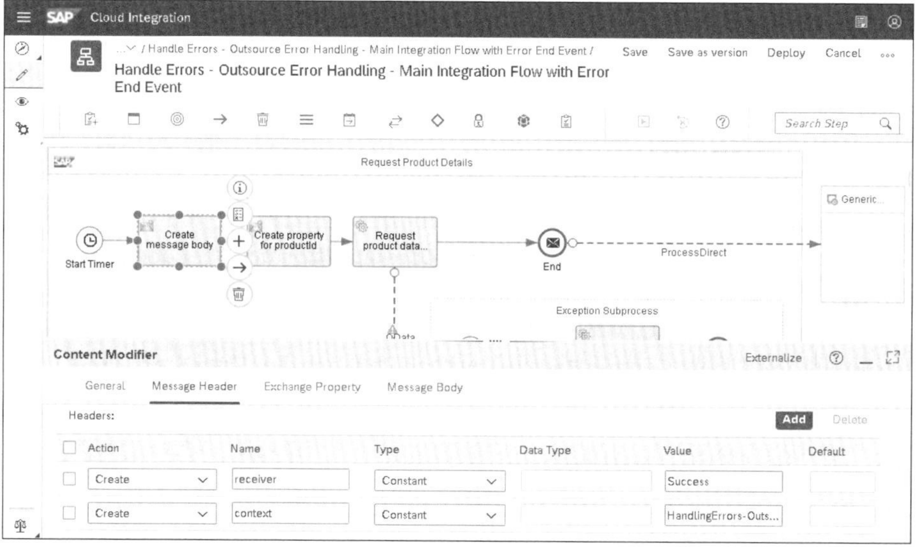

Abbildung 10.28 Header-Variablen in der Komponente »Content Modifier« definieren

Neben den definierten Header-Variablen beinhaltet der Content Modifier noch einen **Message Body** mit den XML-Daten aus Listing 10.7. Diese beinhalten die Daten eines einzelnen Produkts und werden für die nächsten Schritte benötigt.

```
<?xml version="1.0" encoding="UTF-8"?>
<ns0:Products xmlns:ns0="http://demo.sap.com">
   <productId>HT-8002</productId>
</ns0:Products>
```

Listing 10.7 Message Body der ersten Content-Modifier-Komponente

Content Modifier für die Produkt-ID

Ein zweiter Content Modifier mit dem Namen **Create property for productId** (siehe Abbildung 10.29) hat lediglich die Aufgabe, die ID des Produkts aus Listing 10.7 mithilfe einer Property-Variablen und einer XPath-Abfrage zwischenzuspeichern. Diese wird dann für die OData-Anfrage in der nachfolgenden Request-Reply-Komponente verwendet.

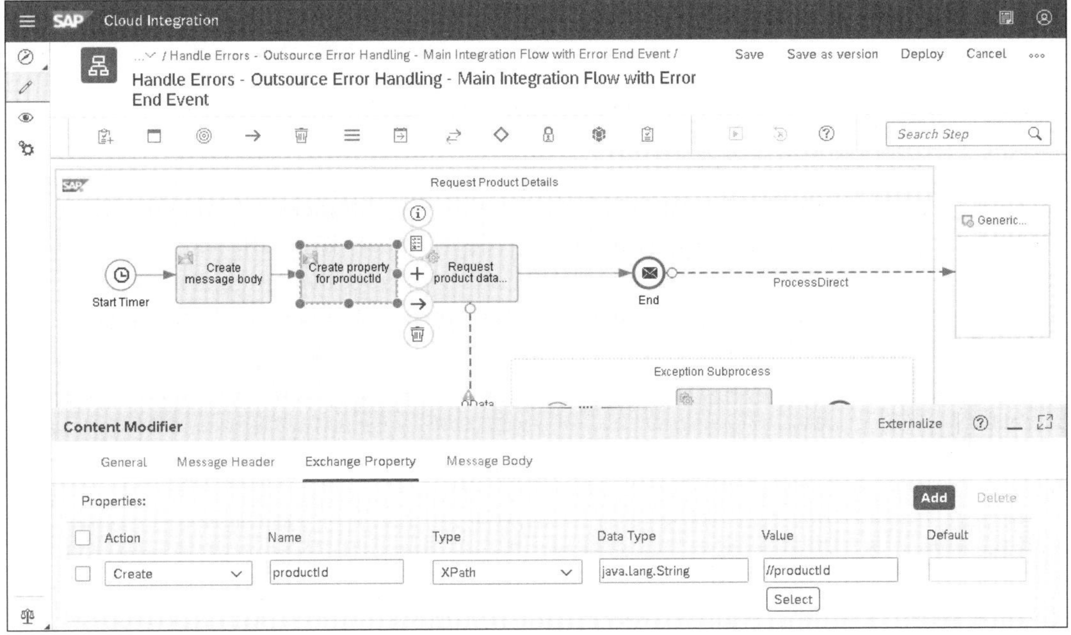

Abbildung 10.29 Content Modifier zur Zwischenspeicherung der Produkt-ID

Request Reply und OData-Adapter

Nachdem die Produkt-ID aus den XML-Daten zwischengespeichert wurde, wird die Request-Reply-Komponente mit dem Namen **Request product data from WebShop** aufgerufen. An diese Request-Reply-Komponente ist ein OData-Adapter angeschlossen. Dieser versucht, von einem Demo-Webshop mit der Adresse *https://refapp-espm-ui-cf.cfapps.eu10.hana.ondemand.com/espm-cloud-web/espm.svc* Daten zu dem Produkt mit der zwischengespeicherten Produkt-ID zu erhalten. Dazu sendet er eine `GET`-Anfrage. Diese Anfrage erfordert keine Authentifizierung und wird mit der Einstellung **CSRF Protected** geschützt (siehe Abbildung 10.30).

Bei der Anfrage wird eine Query aufgebaut, die die für den Rückgabewert benötigten Felder auswählt und mit der Query-Option `$filter=ProductId eq '${property.productId}'` nach dem Produkt aus den XML-Daten filtert (siehe Abbildung 10.31). Eine Query verfeinert demnach das Ergebnis durch Filterung oder die Auswahl bestimmter Felder, um den Payload möglichst gering zu halten.

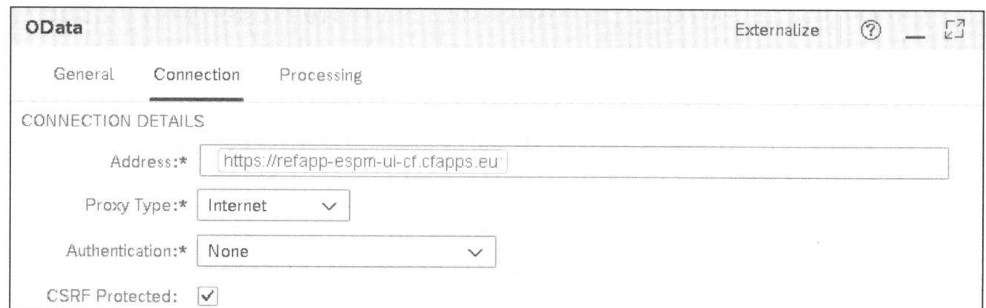

Abbildung 10.30 Konfiguration des OData-Adapters auf dem Reiter »Connection«

Durch einen geringeren Payload wird die Abfrage performanter, weil weniger Daten zurückgesendet werden müssen. Wenn die Anfrage erfolgreich war, werden die Daten über das End Message Event und den ProcessDirect-Adapter an den Integration Flow **Generic Receiver** zur Erstellung des Data Stores weitergeleitet.

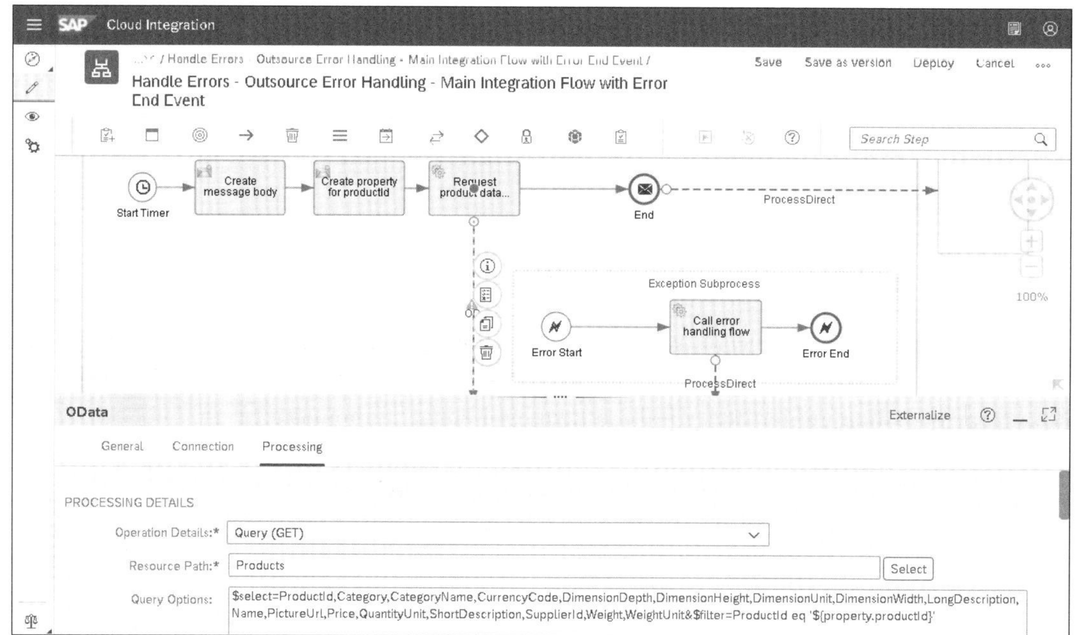

Abbildung 10.31 Request-Reply-Komponente und OData-Adapter für die Anfrage an den Demo-Webshop

Exception Subprocess

Wurde während eines Integrationsdurchlaufs der beschriebenen Komponenten ein Fehler festgestellt, startet automatisch der Ausnahmeprozess mit dem Error Start Event. Innerhalb dieses Subprozesses wird die Request-

Reply-Komponente **Call error handling flow** aufgerufen, die wiederum über den ProcessDirect-Adapter den Integration Flow **Handle Errors – Outsource Error Handling – Main Integration Flow with Error Event** aufruft (siehe Abbildung 10.32).

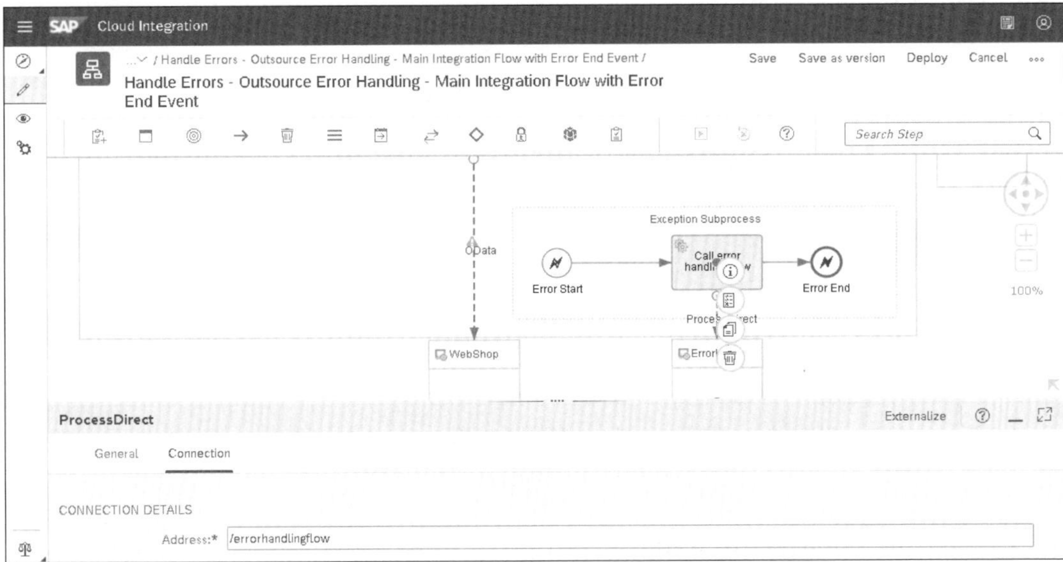

Abbildung 10.32 ProcessDirect-Adapter, der die ausgelagerte Fehlerbehandlung aufruft

Integration Flow zur externen Fehlerbehandlung

Dieser Integration Flow wird wiederum über einen ProcessDirect-Adapter, dieses Mal aufseiten der Sender-Komponente mit der Adresse */errorhandlingflow* gestartet. Damit die beiden Header-Variablen `context` und `receiver` an den externen Integration Flow übertragen werden können, wurde in dessen **Runtime Configuration** im Feld **Allowed Header(s)** der Wert »context|receiver« eingetragen (siehe Abbildung 10.27).

In der ersten Content-Modifier-Komponente **Create receiver header** des Integration Flows zur Fehlerbehandlung wird für den Namen des Data Stores die Header-Variable `context` gesetzt. Die zweite Variable `receiver` wird für den Data-Store-Eintrag verwendet. Die zweite Content-Modifier-Komponente **Create error message body** beinhaltet im **Message Body** den Fehlertext für den Data-Store-Eintrag (siehe Abbildung 10.33). Im Anschluss werden die Daten aus den beiden Content-Modifier-Komponenten über einen weiteren ProcessDirect-Adapter an die Adresse */HandleErrors/GenericReceiverDataStore* gesendet, unter der der Data-Store-Eintrag angelegt wird.

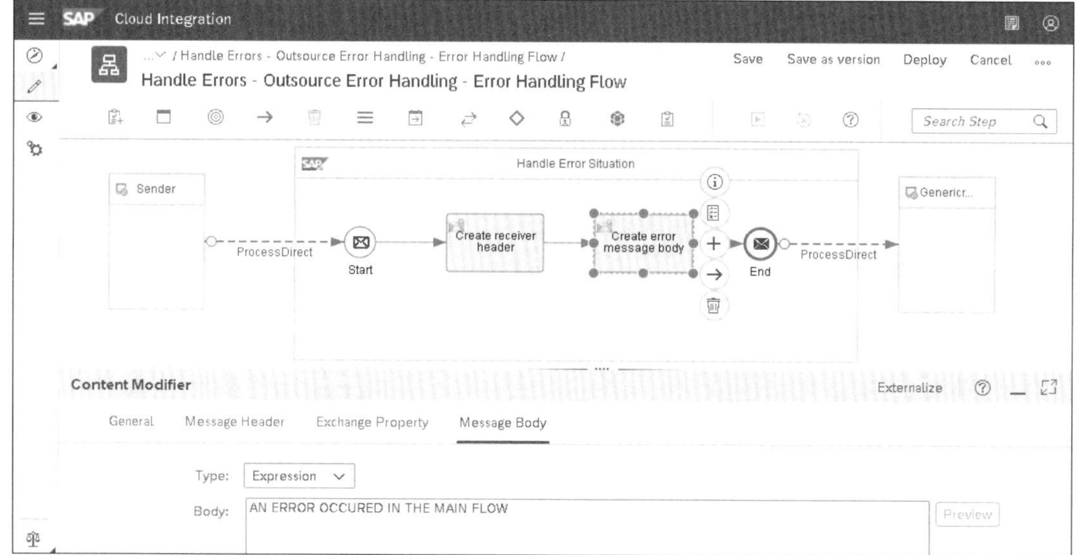

Abbildung 10.33 Content-Modifier-Komponente »Create error message body« mit dem Fehlertext zur Anzeige im Data Store

Integration testen

Vorbereitungen

Für den Test müssen die folgenden Integration Flows aus dem Paket **Integration Flow Design Guidelines – Handle Errors Gracefully** deployt werden:

- **Handle Errors – Outsource Error Handling – Main Integration Flow with Error End Event**
- **Handle Errors – Outsource Error Handling – Error Handling Flow**
- **Generic Receiver**

Der auslösende Integration Flow mit dem Start Timer Event wird erst für den Test deployt, weil dieser nach dem Deployment direkt ausgeführt wird. Da der Integration Flow seine Daten über den Content Modifier nach dem Start Timer Event bezieht, werden für diesen Integration Flow keine Postman Collections benötigt.

Test durchführen

Nachdem die Vorbereitungen abgeschlossen sind, können Sie den auslösenden Integration Flow **Handle Errors – Outsource Error Handling – Main Integration Flow with Error End Event** deployen. Er wird nach dem Deployment direkt ausgeführt. Als Ergebnis sollten Sie in der Anwendung **Monitor Message Processing** im **Monitor**-Bereich von SAP Cloud Integration den durchgeführten Integration Flow zur Fehlerbehandlung und den zum Schreiben des Data Stores mit dem Status **Completed** sehen. Der auslösende Integration Flow sollte mit dem Status **Failed** angezeigt werden (siehe Abbildung 10.34). Des Weiteren sollte im Data Store ein Eintrag **HandlingErrors-OutsourceErrorHandling** mit der ID Error erscheinen.

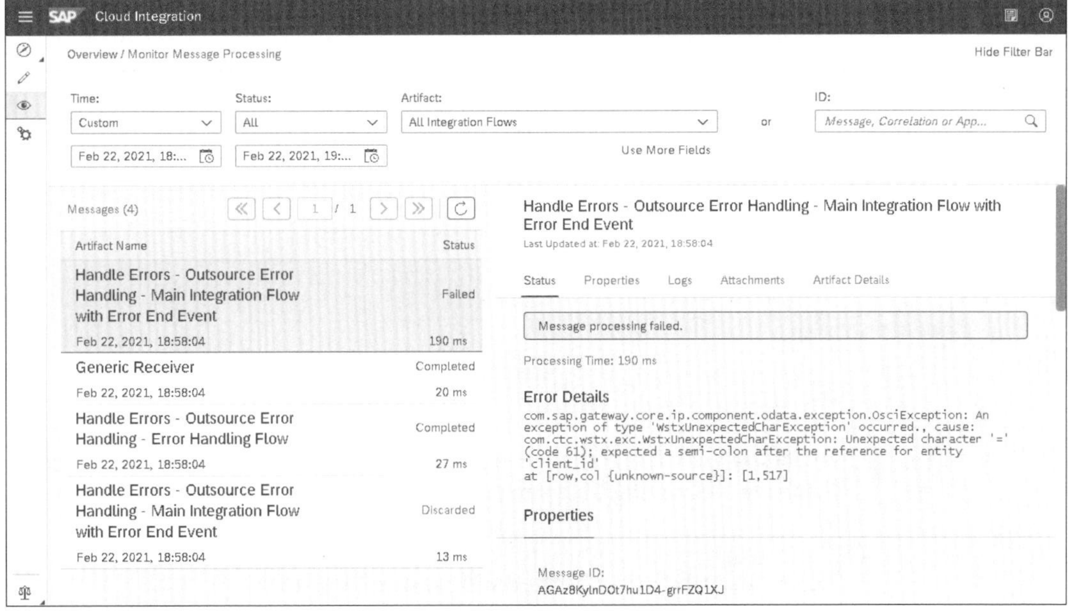

Abbildung 10.34 Monitoring der durchlaufenden Integration Flows

10.3 Skripte erweitern

Vorstellung des Pakets

Für Skriptszenarien bietet SAP das vordefinierte Integrationspaket **Integration Flow Design Guidelines – Scripting Guidelines** und eine zugehörige Postman Collection mit dem Namen **Scripting Guidelines** an. Kopieren Sie dieses Paket in Ihren Arbeitsbereich und importieren Sie die Collection in Ihre Postman-Installation. Alle Szenarien dieses Pakets nutzen die Komponente **Groovy Script**. In Abbildung 10.35 sehen Sie das Paket mit allen zugehörigen Integration Flows. In diesem Abschnitt gehe ich auf folgende Integration Flows aus diesem Paket ein:

- **Scripting – Security Material**
- **Scripting – Mapping Functions**
- **Scripting – Value Mapping**

Der Integration Flow **Scripting – MPL Attachment** legt einen Anhang innerhalb einer Nachricht an. Dieser Vorgang wird in Abschnitt 11.3, »Debugging-Skripte«, genauer erläutert.

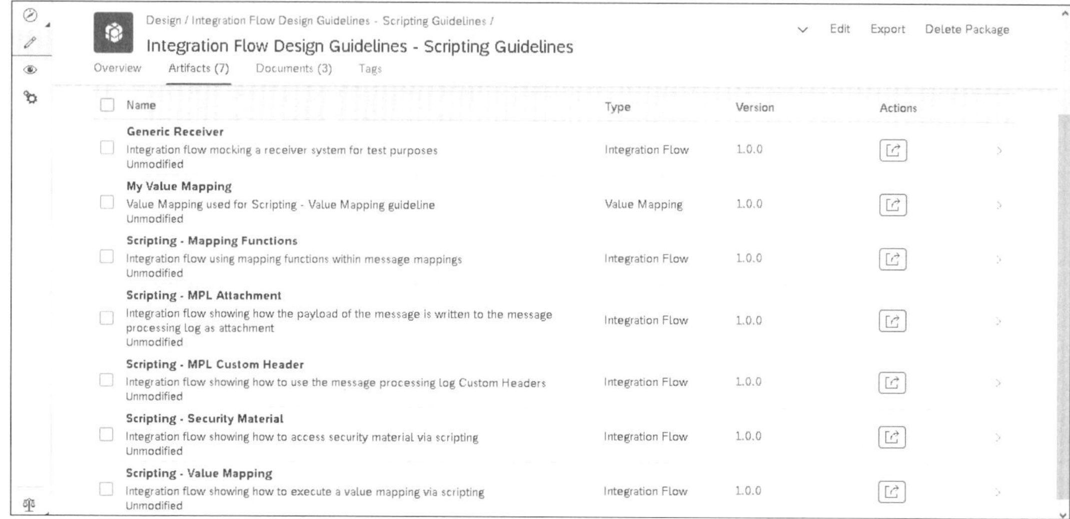

Abbildung 10.35 Integrationen innerhalb des Pakets »Integration Flow Design Guidelines – Scripting Guidelines«

10.3.1 Zugriff auf sicherheitsrelevante Parameter

Szenarioübersicht

Wenn Sie in einem Szenario sicherheitsrelevante Parameter verwenden möchten, ohne dass diese in Klartext in die Integration geschrieben werden, können Sie dafür einen *Secure Parameter* verwenden. Wie Sie einen solchen Parameter anlegen, haben Sie in Abschnitt 5.4.1, »Zugangsdaten anlegen und verwalten«, gelernt. Das Ziel dieses Szenarios ist der Zugriff auf einen Secure Parameter während der Laufzeit. Eine Übersicht des Integration Flows **Scripting – Security Material** erhalten Sie in Abbildung 10.36.

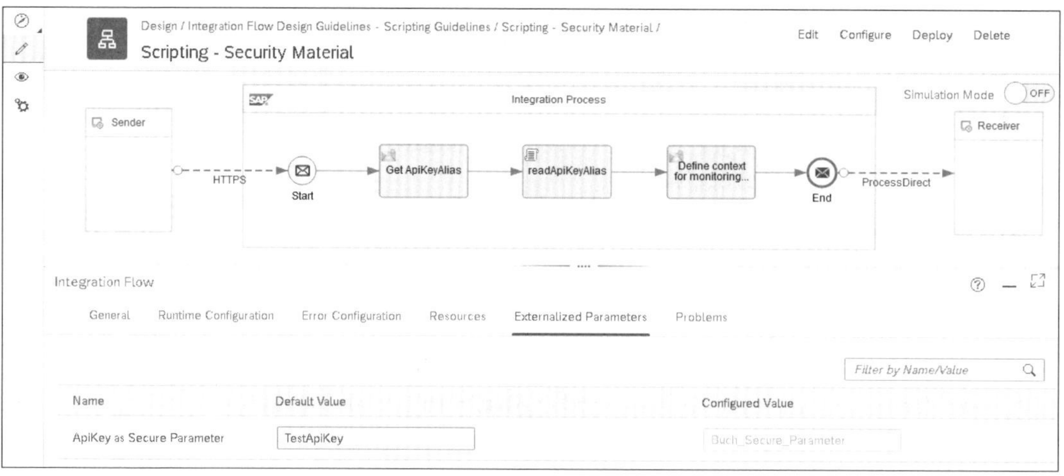

Abbildung 10.36 Integration Flows »Scripting - Security Material«

Auf dem Reiter **Externalized Parameters** finden Sie die Exchange-Property-Variable `TestApiKey`, die auf den Secure Parameter `Buch_Secure_Parameter` verweist. Sollten Sie einen anderen Namen für Ihren Secure_Parameter verwenden, können Sie diesen über die Schaltfläche **Configure** ändern.

Aufbau der Integration

Content Modifier

Die Integration wird von einer HTTP-Anfrage gestartet, die Sie über die Postman Collection versenden. Die erste Komponente ist eine Content-Modifier-Komponente namens **Get ApiKeyAlias**, in der eine Property-Variable erstellt wird. Diese wird mit dem Alias des Secure Parameter gefüllt, den Sie später im Abschnitt »Integration testen« anlegen werden (siehe Abbildung 10.37).

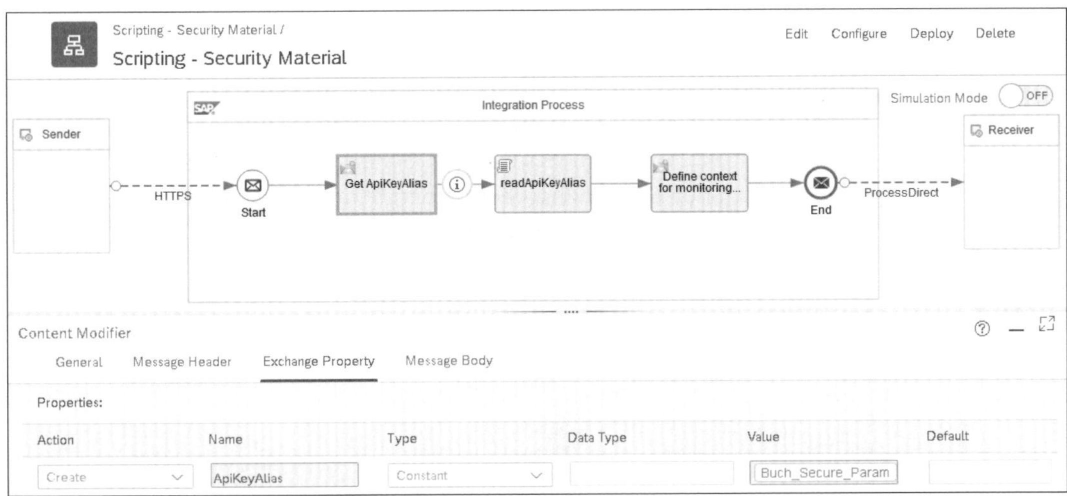

Abbildung 10.37 Property-Variable »ApiKeyAlias« der Content-Modifier-Komponente »Get ApiKeyAlias«

Groovy Script

Im nächsten Schritt wird eine Groovy-Script-Komponente ausgeführt. Das Skript lädt zuerst alle benötigten SAP-Pakete, beispielsweise das Paket `com.sap.it.api.securestore.*`. Dieses Paket erlaubt den Zugriff auf SAP-Funktionen, die es erlauben, auf den Secure Parameter zuzugreifen. Im Anschluss wird mit einer `try`-Funktion versucht, auf den Secure Parameter zuzugreifen. Dafür wird auf die in der vorangehenden Content-Modifier-Komponente definierte Property-Variable `ApiKeyAlias` zugegriffen, in der der Secure Parameter steht. Mit `.getPassword().toString()` wird das Passwort erst in die Variable `apikey` und im Anschluss in den Header mit dem Namen `api-key` des Nachrichtenflusses geschrieben (siehe Abbildung 10.38).

Scripting - Security Material / script1.groovy /

script1.groovy

```
import com.sap.gateway.ip.core.customdev.util.Message;
import java.util.HashMap;
import com.sap.it.api.ITApiFactory;
import com.sap.it.api.mapping.ValueMappingApi
import com.sap.it.api.securestore.SecureStoreService
import com.sap.it.api.securestore.UserCredential
import com.sap.it.api.securestore.exception.SecureStoreException

def Message processData(Message message) {
    def apikey_alias = message.getProperty("ApiKeyAlias")
    def secureStorageService =  ITApiFactory.getApi(SecureStoreService.class, null)
    try{
        def secureParameter = secureStorageService.getUserCredential(apikey_alias)
        def apikey = secureParameter.getPassword().toString()
        message.setHeader("api-key", apikey)
    } catch(Exception e){
        throw new SecureStoreException("Secure Parameter not available")
    }
    return message;
}
```

Abbildung 10.38 Groovy-Skript zum Auslesen des API-Keys

Content Modfier für den Data Store

In der zweiten Content-Modifier-Komponente **Define content for monitoring purposes** wird eine neue Header-Variable als Konstante mit dem Namen `context` und dem String-Wert `Scripting-SecurityMaterial` erstellt. Diese dient nur als Namensgeber für den Data Store, in dem das Ergebnis abgelegt wird (siehe Abbildung 10.39).

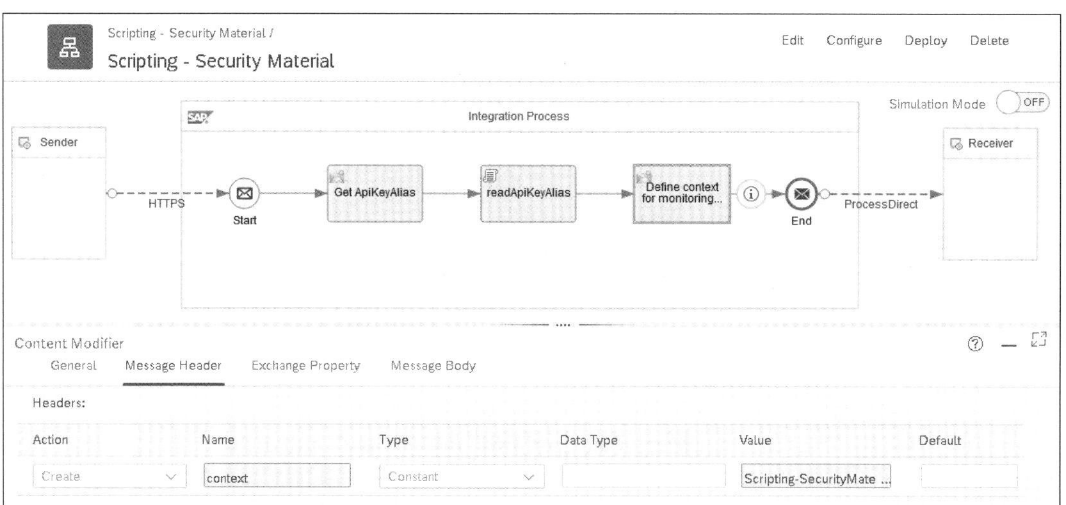

Abbildung 10.39 Header-Variable der zweiten Content-Modifier-Komponente »Define content for monitoring ...«

Den Abschluss der Integration bildet die Weiterleitung der Daten an den Integration Flow **Generic Receiver** zur Anlage eines Data Stores über den ProcessDirect-Adapter.

Integration testen

Secure Parameter anlegen

Legen Sie im ersten Schritt einen eigenen Secure Parameter in der Monitor-Anwendung **Create Security Material** an und vergeben Sie dabei einen Namen, d. h. einen Alias, sowie einen beliebigen geheimen Parameter im Feld **Secure Parameter** (siehe Abbildung 10.40). Speichern Sie den Parameter für den nächsten Schritt in Ihrer Zwischenablage.

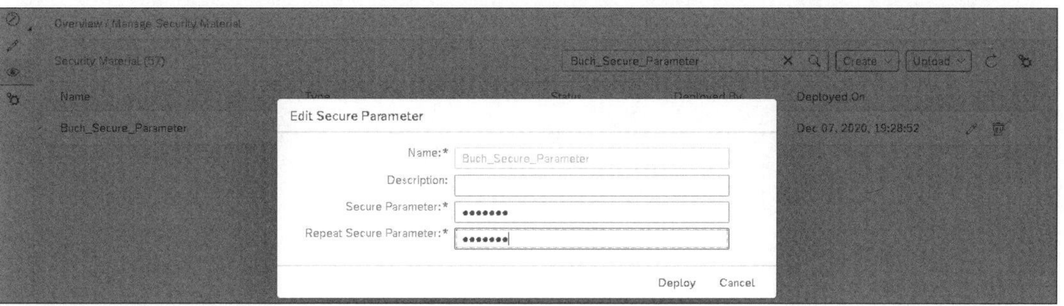

Abbildung 10.40 Secure Parameter anlegen

Integration konfigurieren

Öffnen Sie im **Design**-Bereich im Paket **Integration Flow Design Guidelines – Scripting Guidelines** in der Zeile des Integration Flows **Scripting – Security Material** das Menü **Actions** (), und wählen Sie den Eintrag **Configure** (siehe auch Abbildung 10.35). In dem sich öffnenden Pop-up-Fenster wählen Sie als Typ **All Parameters** und geben in dem Feld **ApiKey as Secure Parameter** den Namen Ihres Secure Parameters ein (siehe Abbildung 10.41). Speichern Sie die Konfiguration über die Schaltfläche **Save**, und deployen Sie anschließend die Integration Flows **Integrationen Scripting – Security Material** und **Generic Receiver.**

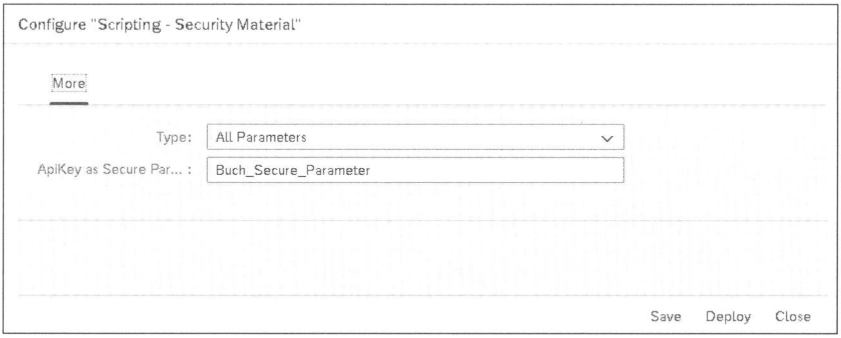

Configure "Scripting - Security Material"

More

Type: All Parameters

ApiKey as Secure Par... : Buch_Secure_Parameter

Save Deploy Close

Abbildung 10.41 Integration Flow mit dem Secure Parameter konfigurieren

Integration über Postman starten

Nach dem Deployment der Integration Flows starten Sie Ihre Postman-Installation und navigieren zu der importierten Collection. Holen Sie zunächst mit der Anfrage **SecurityMaterial_GetXsrfToken** im Ordner **Security-**

Material ein Token von SAP Cloud Integration ab, und führen Sie im Anschluss die HTTP-Anfrage **SecurityMaterial** aus. Als Antwort erhalten Sie den Message Body zurück, den Sie abgeschickt haben und der im Standard mit dem String `dummy` gefüllt ist (siehe Abbildung 10.42).

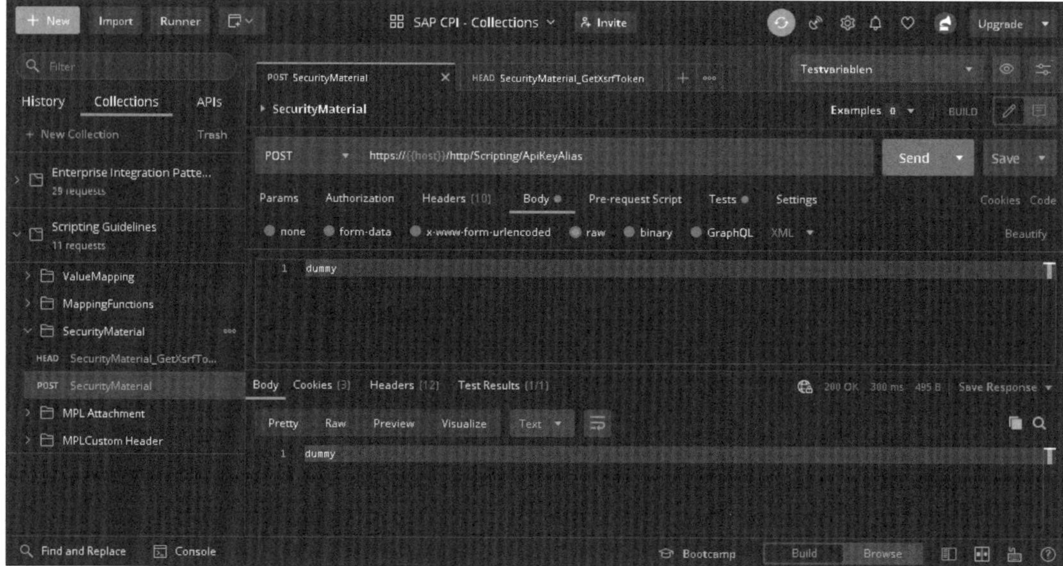

Abbildung 10.42 Rückgabewert der HTTP-Anfrage in Postman

Ergebnis im Data Store überprüfen

Um das Ergebnis im **Monitor**-Bereich von SAP Cloud Integration zu überprüfen, rufen Sie die Kachel **Manage Data Stores** auf. Dort sollte nun ein Data-Store-Eintrag **Scripting-SecurityMaterial** mit einem Untereintrag vorhanden sein, der die benötigten Zugangsdaten enthält. Laden Sie diesen Eintrag über die Schaltfläche **Download** herunter (siehe Abbildung 10.43).

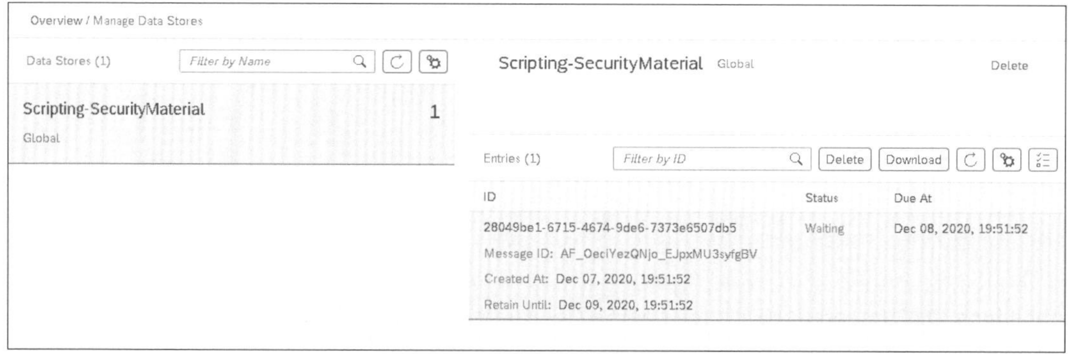

Abbildung 10.43 Ergebnis in der Monitoring-Anwendung »Manage Data Stores«

Öffnen Sie die heruntergeladene **.zip**-Datei und die sich darin befindende Datei **headers.prop**. Der Eintrag api-key sollte als Wert Ihren geheimen Parameter enthalten. Im Folgenden sehen Sie ein Beispielergebnis:

```
#Mon Dec 07 18:52:25 UTC 2020
api-key=test123
context=Scripting-SecurityMaterial
```

10.3.2 Nutzung von Header und Property im Mapping

Wenn Sie bestehende Integrationsszenarien erweitern oder eigene aufbauen und dabei Message-Mapping-Komponenten verwenden, kann es vorkommen, dass Sie auf Header- oder Property-Variablen des Nachrichtenflusses zugreifen müssen. Für diesen Vorgang müssen Sie innerhalb der Message-Mapping-Komponente ein Groovy-Skript erstellen. Eine Übersicht des Beispielszenarios **Writing – Mapping Functions**, das SAP für diese Zwecke bereitstellt, erhalten Sie in Abbildung 10.44.

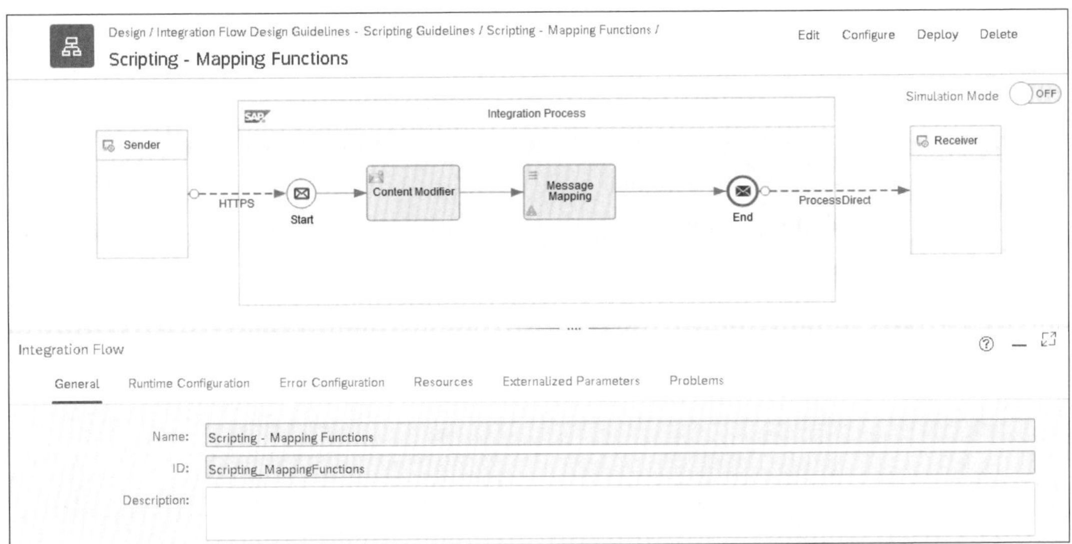

Abbildung 10.44 Integration Flow »Scripting – Mapping Functions«

Aufbau der Integration

HTTPS-Adapter und Content Modifier

Für dieses Szenario werden eine Header- und eine Property-Variable benötigt, die später beim Testen über Postman und den HTTPS-Adapter mitgegeben werden. Die Property-Variable wird in einer Content-Modifier-Komponente auf dem Reiter **Exchange Property** direkt nach dem Start Message Event der Nachricht hinzugefügt (siehe Abbildung 10.45). Darüber hinausgehend hat diese Content-Modifier-Komponente keine weitere Funktion.

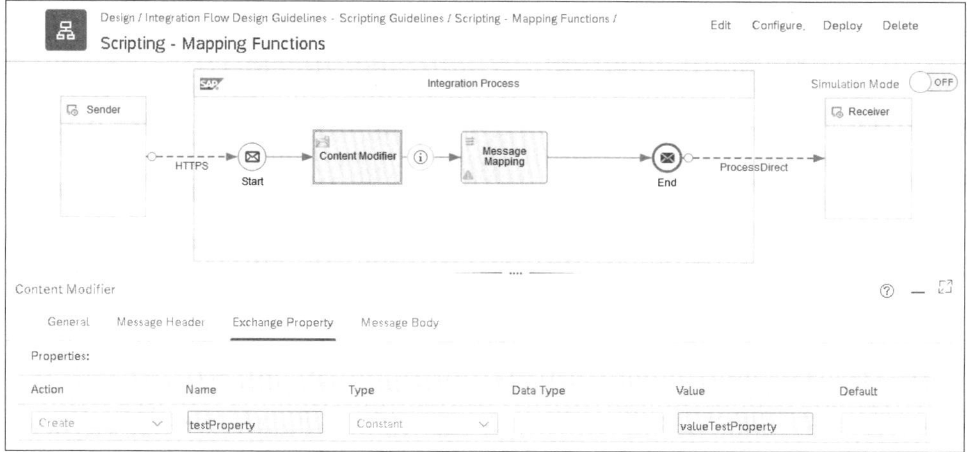

Abbildung 10.45 Anlage einer neuen Property-Variablen in der Komponente »Content Modifier«

Message-Mapping-Komponente

Auf den **Content Modifier** folgt eine Message-Mapping-Komponente. Öffnen Sie in der Konfiguration des Mappings die zugewiesene Ressource */UDF_Mapping.mmap*. Das Mapping ist wie in Abbildung 10.46 aufgebaut und verknüpft die folgenden Elemente, um entweder auf Header- oder Property-Variablen zuzugreifen oder deren Werte neu zu setzen:

- `vContext` (Variable)
- `vReceiver` (Variable)
- `testHeader`
- `testProperty`

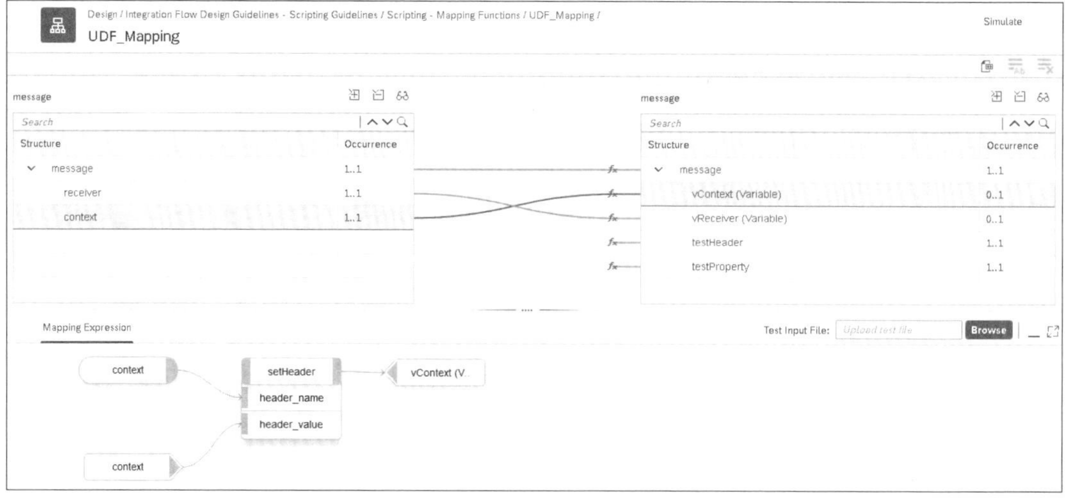

Abbildung 10.46 Mapping aus der Ressource »UDF_Mapping«

Groovy-Skript

Alle vier Elemente greifen auf dasselbe Groovy-Skript zu, das Sie in Abbildung 10.47 sehen. Abhängig davon, welche Funktion Sie auswählen, müssen Sie ein oder zwei Werte befüllen. Beim Erstellen einer neuen Variablen müssen Sie zwei Werte setzen, zum einen für den Namen und zum anderen für den Wert. Für das Zugreifen auf eine Variable benötigten Sie nur den Namen der Variablen.

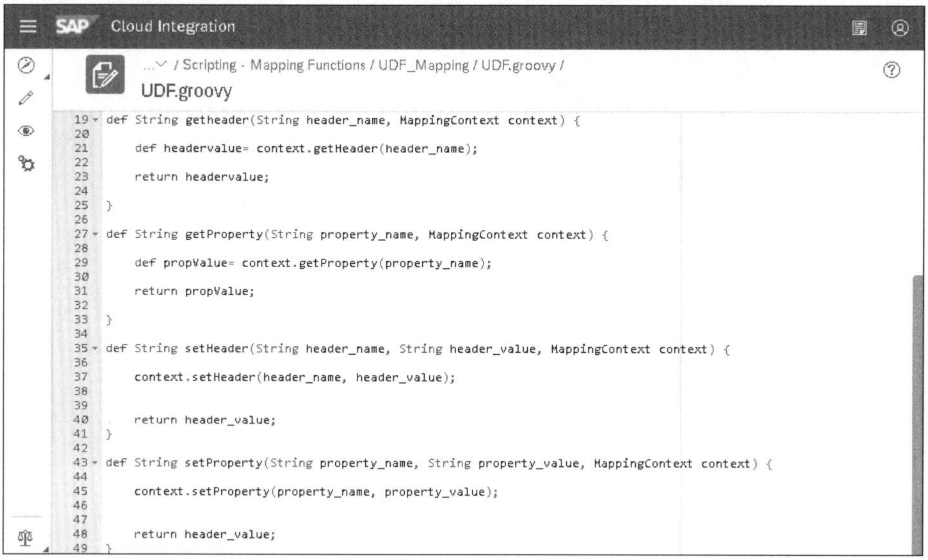

SAP Cloud Integration

…/ Scripting - Mapping Functions / UDF_Mapping / UDF.groovy /

UDF.groovy

```
def String getheader(String header_name, MappingContext context) {

    def headervalue= context.getHeader(header_name);

    return headervalue;

}

def String getProperty(String property_name, MappingContext context) {

    def propValue= context.getProperty(property_name);

    return propValue;

}

def String setHeader(String header_name, String header_value, MappingContext context) {

    context.setHeader(header_name, header_value);


    return header_value;
}

def String setProperty(String property_name, String property_value, MappingContext context) {

    context.setProperty(property_name, property_value);


    return header_value;
}
```

Abbildung 10.47 Bereitgestelltes Groovy-Skript für den Zugriff auf Header- und Property-Variablen

ProcessDirect-Adapter und Data Store

Nach der Komponente **Message Mapping** ist der Integrationsaufbau abgeschlossen. Es folgt nur noch der ProcessDirect-Adapter, um das Ergebnis in einem Data-Store-Eintrag zu speichern.

Integration testen

Vorbereitungen

Zum Testen des Szenarios müssen Sie die folgenden Integration Flows deployen:

- **Scripting – Mapping Functions**
- **Generic Receiver**

Des Weiteren müssen Sie die Postman Collection **Scripting Guidelines** aus SAP Cloud Integration herunterladen und in Ihre Postman-Installation importieren.

Test durchführen

Nach dem Deployment der Integration Flows starten Sie die HTTP-Anfrage **MappingFunctions_GetXsrfToken** aus dem Ordner **MappingFunctions** der Collection, um ein Token von SAP Cloud Integration zu erhalten. Starten Sie im Anschluss die HTTP-Anfrage **MappingFunctionsFlow**. Sie versendet neben dem **Body**, den Sie in Abbildung 10.48 sehen, den Header `testHeader` mit dem Wert `valueTestHeader`.

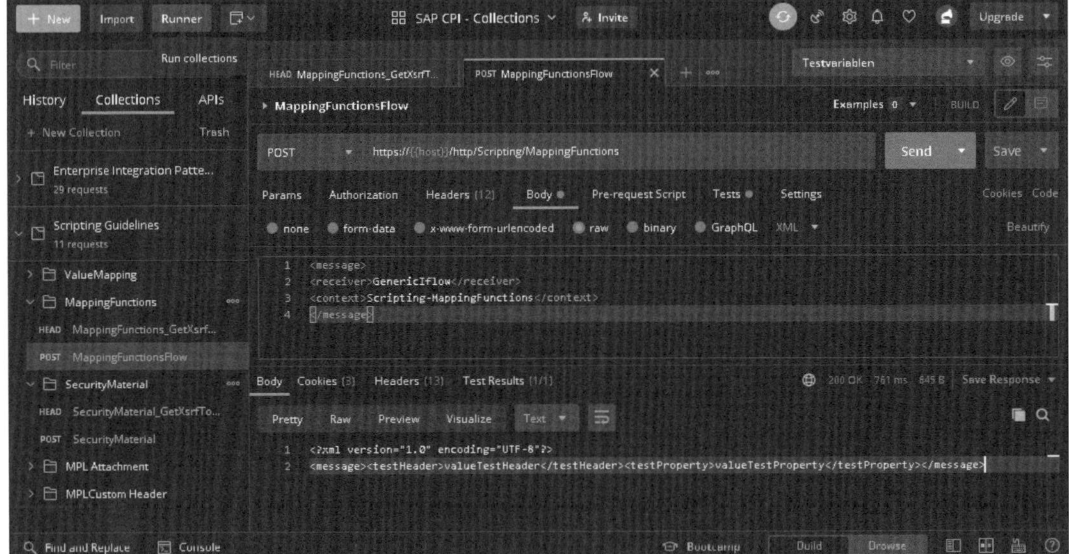

Abbildung 10.48 Rückgabewert der Anfrage »MappingFunctionsFlow«

Ergebnis

Als Ergebnis finden Sie im **Monitor**-Bereich den Data Store **Scripting-MappingFunctions**. Dieser beinhaltet den gleichen Body, den Sie in Postman auch als Rückgabewert von SAP Cloud Integration gesehen haben (siehe Listing 10.8). Die Rückgabe enthält den eingetragenen Header und die Property-Variable, die im ersten Schritt des Integration Flows in der Content-Modifier-Komponente gesetzt wurde.

```
<?xml version="1.0" encoding="UTF-8"?>
<message>
   <testHeader>valueTestHeader</testHeader>
   <testProperty>valueTestProperty</testProperty>
</message>
```

Listing 10.8 Rückgabewert des Integration Flows

10.3.3 Verwendung von Value Mappings

In Abschnitt 4.1.2, »Artefakte anlegen und verwalten«, haben Sie gelernt, wie Sie ein Value Mapping erstellen. In diesem Abschnitt erfahren Sie, wie Sie über eine Skript-Komponente auch außerhalb einer Message-Mapping-Komponente auf ein Value Mapping zugreifen können. Abbildung 10.49

zeigt Ihnen die Übersicht des hierzu bereitgestellten Integration Flows **Scripting – Value Mapping**.

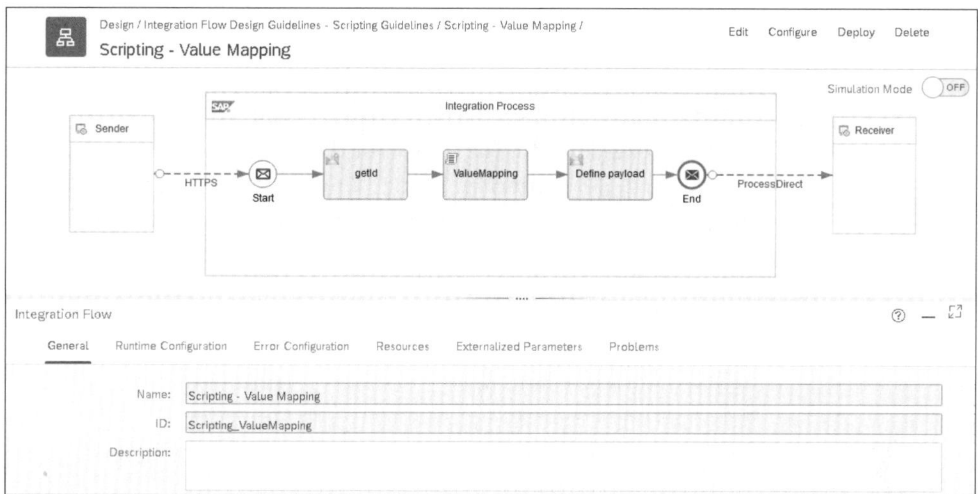

Abbildung 10.49 Exemplarischer Integration Flow für den Zugriff auf ein Value Mapping

10

Aufbau der Integration

HTTPS-Adapter und Content Modifier

Der Integration Flow startet mit einem HTTPS-Adapter, mit dem Daten über Postman an SAP Cloud Integration gesendet werden. Die gesendeten Daten enthalten eine XML-Struktur mit einer Produkt-ID. Im Anschluss wird eine Content-Modifier-Komponente namens **getId** durchlaufen, in der die Produkt-ID aus den XML-Daten mit dem XPath-Ausdruck `/order/productID` in einer Property-Variablen `id` gespeichert wird (siehe Abbildung 10.50).

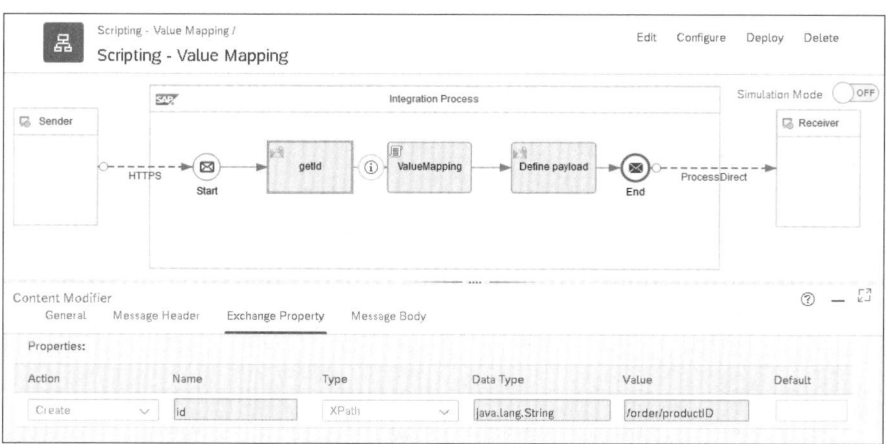

Abbildung 10.50 Reiter »Exchange Property« der Content-Modifier-Komponente »getID«, auf der eine neue Property-Variable erstellt wird

Groovy-Script-Komponente

Auf den Content Modifier folgt eine Groovy-Script-Komponente, in der zuerst die folgenden beiden Pakete importiert werden:

- `ITApiFactory`
- `mapping.ValueMappingApi`

Im Anschluss wird auf die Property-Variable `id` zugegriffen, um sie mit dem Value Mapping abzugleichen. Die Werte für das Systemkürzel (die Agency) und den Feldnamen (Identifier) im Sender- und Receiver-Datenmodell sind hinter der Funktion `getMappedValue` fest eingetragen (siehe Abbildung 10.51).

Scripting - Value Mapping / script1.groovy / OK Cancel

script1.groovy

```
import com.sap.gateway.ip.core.customdev.util.Message;
import java.util.HashMap;
import com.sap.it.api.ITApiFactory
import com.sap.it.api.mapping.ValueMappingApi

def Message processData(Message message) {

    //Properties
    def map = message.getProperties();
    productId = map.get("id");

    def valueMapApi = ITApiFactory.getApi(ValueMappingApi.class, null)
    def productCode = valueMapApi.getMappedValue('CompanyA', 'ID', productId, 'CompanyB', 'ProductCode')
    message.setProperty("productCode", productCode);

    return message;
}
```

Abbildung 10.51 Groovy-Script-Komponente für den Zugriff auf ein Value Mapping

Value Mapping

Abbildung 10.52 zeigt die Daten des Value Mappings, auf das in der Groovy-Script-Komponente zugegriffen wird.

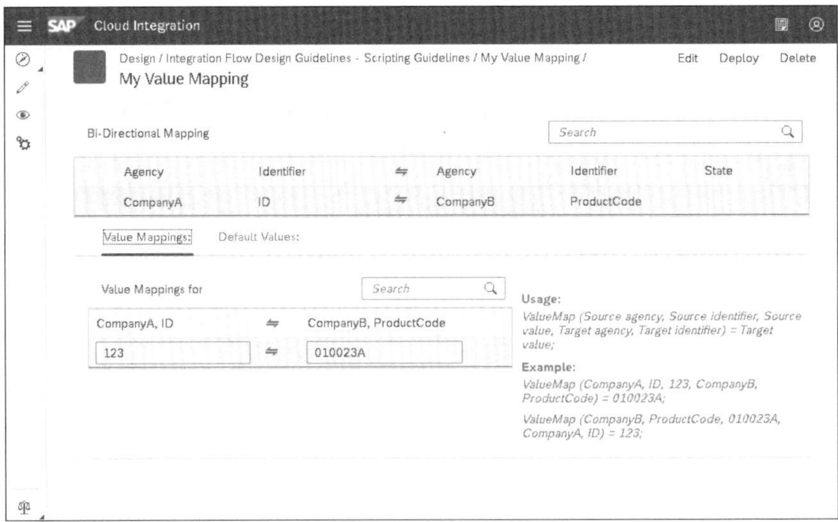

Abbildung 10.52 Werte des Value Mappings »My Value Mapping«

Die Produkt-ID, die versendet wird, hat den Wert »123« und wird durch den Zugriff auf das Value Mapping auf den Wert 010023A abgebildet. Zum Abschluss des Skripts wird eine neue Property-Variable mit dem Namen `productCode` gesetzt, die das Ergebnis des Mappings enthält.

Zweite Content-Modifier-Komponente

Es folgt eine zweite Content-Modifier-Komponente namens **Define payload**. Sie beinhaltet neben dem **Message Body** mit dem Productcode `$(property.productCode)`, den Sie in Abbildung 10.53 sehen, zwei Header-Variablen:

- **receiver = Mapping ${property.id} : ${property.productCode}**
  Die Header-Variable `receiver` erzeugt den Namen des Data-Store-Eintrags. Dieser besteht aus den beiden Produktnummern vor und nach Ausführung des Mappings.
- **context = Scripting-ValueMapping vom Typ Constant**
  Die Header-Variable `context` vergibt wie in den anderen Beispielintegrationen den Namen des Data Stores.

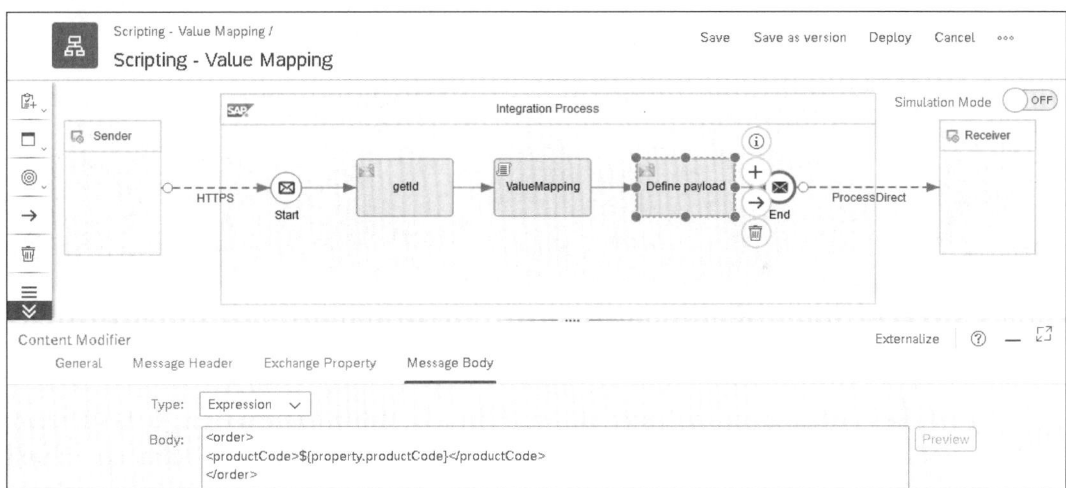

Abbildung 10.53 Reiter »Message Body« der Content-Modifier-Komponente, die die Daten für den Data Store setzt

Zum Abschluss des Integration Flows werden die Daten über den ProcessDirect-Adapter an den Integration Flow **Generic Receiver** zur Anlage eines Data Stores weitergeleitet.

Integration testen

Test vorbereiten

Für diesen Test des Integrationsszenarios müssen Sie die folgenden drei Artefakte deployt haben:

- **My Value Mapping** (Value Mapping)
- **Scripting – Value Mapping** (Integration Flow)
- **Generic Receiver** (Integration Flow)

Des Weiteren müssen Sie die Postman Collection **Scripting Guidelines** aus SAP Cloud Integration heruntergeladen und in Postman importiert haben. Diese enthält den Ordner **ValueMapping**, der alle notwendigen HTTP-Anfragen für den Test dieses Szenarios enthält (siehe Abbildung 10.54).

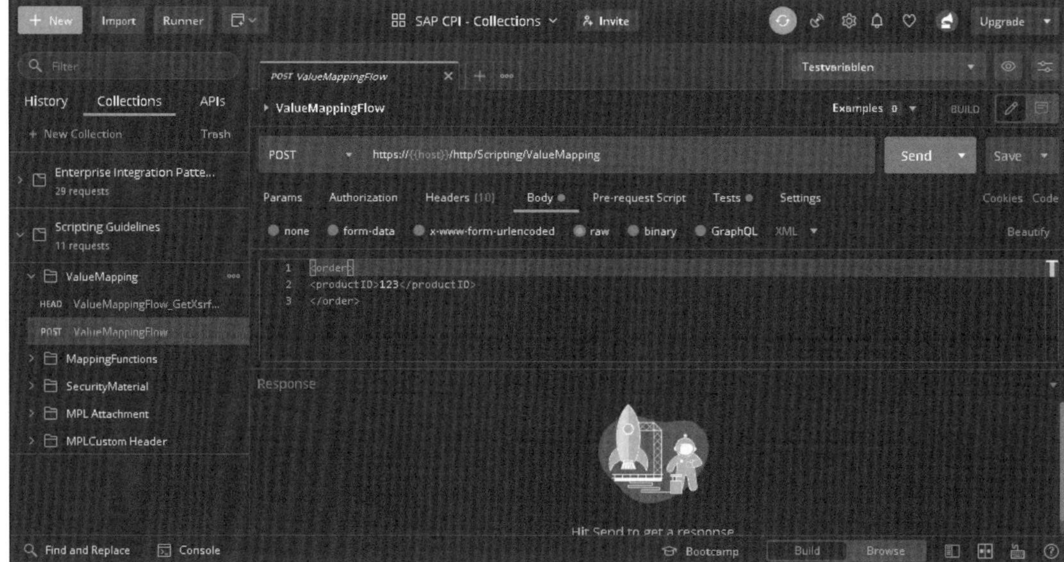

Abbildung 10.54 Geöffneten HTTP-Anfrage »ValueMappingFlow« zum Test des Value-Mapping-Szenarios

Test starten

Starten Sie als Erstes die HTTP-Anfrage **ValueMappingFlow_GetXsrfToken**, um das erforderliche Token von SAP Cloud Integration zu erhalten. Führen Sie im Anschluss die Anfrage **ValueMappingFlow** durch, um eine festgelegte Produkt-ID an die SAP Cloud Integration zu senden. Wenn die Integration erfolgreich durchgelaufen ist, sollten Sie in der Monitoring-Anwendung **Manage Data Stores** nun einen neuen Eintrag sehen. Dieser beinhaltet die Daten aus der zweiten Content-Modifier-Komponente des Integration Flows. Postman erhält den gleichen Wert als Rückgabewert (siehe Listing 10.9).

```
<order>
<productCode>010023A</productCode>
</order>
```

Listing 10.9 Rückgabewert aus SAP Cloud Integration mit der gemappten Produkt-ID

10.4 Sicherheit

In diesem Abschnitt möchte ich Ihnen einige SAP-Szenarien für SAP Cloud Integration zum Thema Sicherheit vorstellen. Die Cloud-Services der SAP BTP erfüllen grundsätzlich hohe Sicherheitsanforderungen. Dennoch sollten Integrationsentwickler*innen eigene Maßnahmen ergreifen, um sicherzustellen, dass sensible Daten, die zwischen den Systemen und auch innerhalb von SAP Cloud Integration versendet werden, nicht von unbefugten Personen eingesehen werden können. Unter die möglichen Maßnahmen fallen das Entfernen von sicherheitsrelevanten Daten aus Protokollen, die Ver- und Entschlüsselung von Daten sowie das Codieren von Parametern, um ausführbare Codes zu vermeiden.

Paketübersicht

Das Paket mit entsprechenden Integrationsszenarien ist im Content-Katalog von SAP Cloud Integration unter dem Namen **Integration Flow Design Guidelines – Apply Highest Security Standards** zu finden. Abbildung 10.55 zeigt die Paketübersichtsseite.

Abbildung 10.55 Übersicht des Pakets für die sicherheitsrelevanten Integrationsszenarien

10.4.1 Sicherheitsrelevante Daten aus den Logs entfernen

Sie sollten immer dafür Sorge tragen, dass in Ihren Nachrichten keine sicherheitsrelevanten Daten enthalten sind, die nicht zwingend benötigt werden. Dies gilt auch für die Protokollierung von Nachrichten in den Logs von SAP Cloud Integration.

Szenarioübersicht

In dem folgenden Beispiel werden Sie mithilfe einer Skript-Komponente Header-Daten in das Nachrichtenverarbeitungsprotokoll (Message Processing Log) schreiben. Dabei werden zwei Verfahren angewandt. Im ersten werden nur bestimmte Werte in das Log geschrieben und im zweiten alle Werte, bis auf eine Ausnahme. Abbildung 10.56 zeigt den entsprechenden Integration Flow **Apply Security – Remove Sensitive Content**.

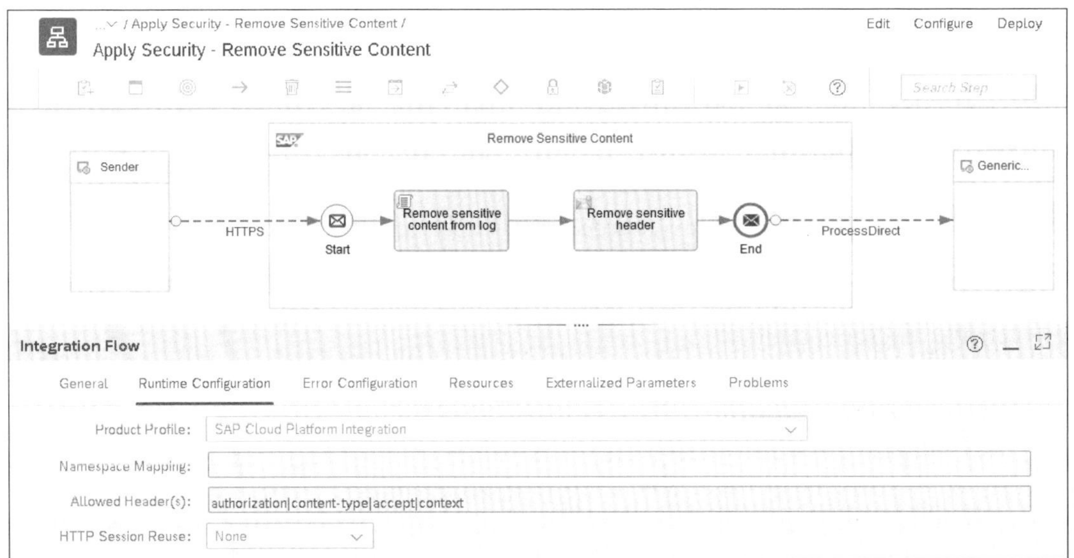

Abbildung 10.56 Integrationsszenario zur Entfernung sensibler Daten aus dem Nachrichtenverarbeitungsprotokoll

Aufbau der Integration

HTTPS-Adapter

Das Szenario beginnt mit einem HTTPS-Adapter mit dem Adressen-Suffix */ApplySecurity/RemoveSensitiveContent* (siehe Abbildung 10.57). Die Authentifizierung erfolgt über eine Token-Abfrage mit Benutzername und Passwort sowie der Methode GET und der Header-Information **X-CSRF-Token: fetch**. Das Senden der Daten erfolgt im Anschluss mit dem erhaltenen Token. Die Nachricht kommt im Anschluss über das Start Message Event in der Groovy-Script-Komponente **Remove sensitive content from log** an.

Groovy-Script-Komponente

In der Groovy-Script-Komponente **Remove sensitive content from log** werden Header-Daten in das Nachrichtenprotokoll geschrieben. Zuerst werden die drei Header-Variablen `Content-Type`, `Accept` und `Context` in das Protokoll geschrieben. Zusätzlich werden diese Variablen mit `whitelist` markiert. Im zweiten Schritt werden alle Header-Variablen mit Ausnahme der Variable **authorization** in das Protokoll geschrieben und mit `blacklist` markiert (siehe Abbildung 10.58). Durch Markierungen `whitelist` und `blacklist` werden zwei Verfahren dargestellt, um Daten in die Logs zu schreiben. Beim *Whitelist-Verfahren* werden die Variablen manuell festgelegt, die in den Logs angezeigt werden sollen. Beim *Blacklist-Verfahren* werden alle verfügbaren Variablen bis auf die unerwünschten in die Logs geschrieben. Weil Sie sich nie sicher sein können, ob beim Blacklist-Verfahren alle sensiblen Variablen ausgeschlossen wurden, ist das Whitelist-Verfahren zu bevorzugen.

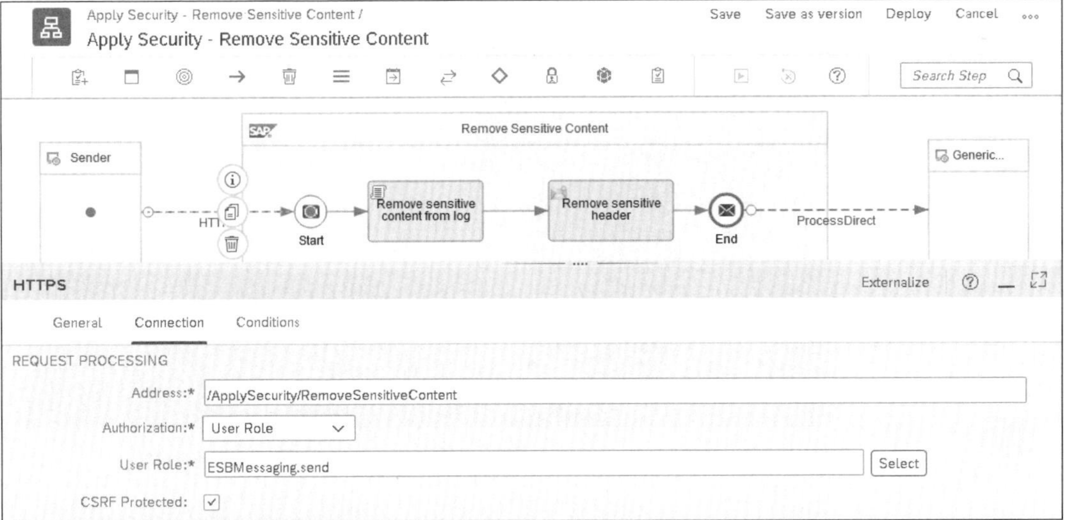

Abbildung 10.57 HTTPS-Adapter zum Empfang von Daten von einem externen Client

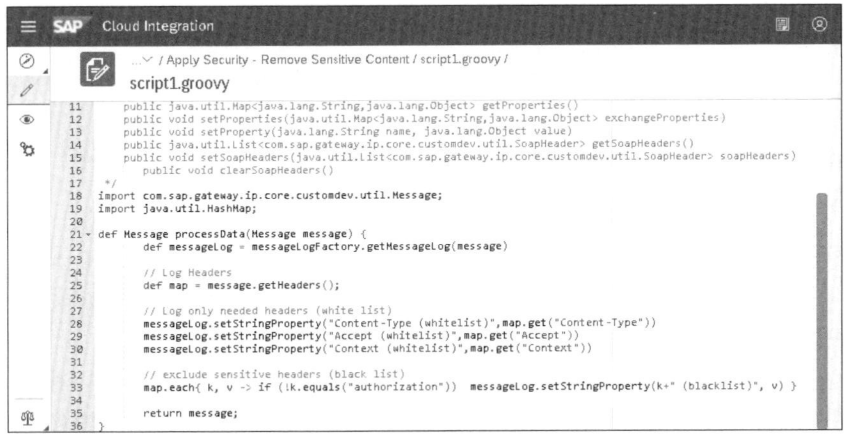

Abbildung 10.58 Groovy-Skript zur Entfernung sensibler Daten

Content Modifier Header entfernen

Auf die Groovy-Script-Komponente folgt eine Content-Modifier-Komponente namens **Remove sensitive header**, in der die Header-Variable authorization mit der Aktion **Delete** gelöscht werden soll. Klicken Sie auf die Schaltfläche **Select**. Abbildung 10.59 zeigt das daraufhin angezeigte Pop-up-Fenster zur Festlegung des zu löschenden Werts. Wählen Sie »authorization« aus und bestätigen Sie mit **OK**.

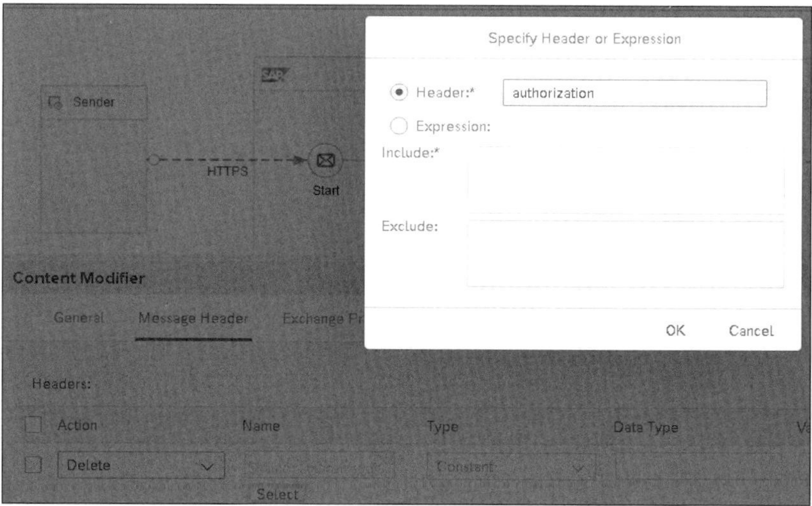

Abbildung 10.59 Pop-up-Fenster zur Auswahl des zu löschenden Werts

Den Abschluss des Integration Flows bildet ein ProcessDirect-Adapter, der das Ergebnis an den Integration Flow **Generic Receiver** zur Anlage eines Data Stores weiterleitet.

Integration testen

Vorbereitungen

Um dieses Szenario zu testen, müssen Sie die folgenden Integration Flows deployen:

- **Apply Security – Remove Sensitive Content**
- **Generic Receiver**

Stellen Sie außerdem sicher, dass Sie die Postman Collection **ApplyHighestSecurityStandards** importiert haben. Abbildung 10.60 zeigt den Header der darin enthaltenen Anfrage **RemoveSensitiveContent**.

Test durchführen

Öffnen Sie den Ordner **RemoveSensitiveContent** in der Collection **ApplyHighestSecurityStandards**, und führen Sie die enthaltene HTTP-Anfrage **RemoveSensitiveContent** aus. Die Anfrage sollte von Postman mit dem Statuscode »200 Ok« bestätigt werden. Öffnen Sie zur Kontrolle das Message Processing Log der ausgeführten Integration, indem Sie in der entsprechenden Monitoring-Anwendung den Nachrichtenfluss **Apply Security – Remove Sensitive Content** auswählen und auf dem Reiter **Logs** auf die Schaltfläche **Open Text View** klicken. Es öffnet sich eine Textansicht, in der Sie alle Werte finden, die mit `whitelist` und `blacklist` markiert wurden. Der Wert `authorization` ist nicht enthalten, da er von der Content-Modifier-Komponente gelöscht wurde. Das Ergebnis des Logs sehen Sie in Abbildung 10.61.

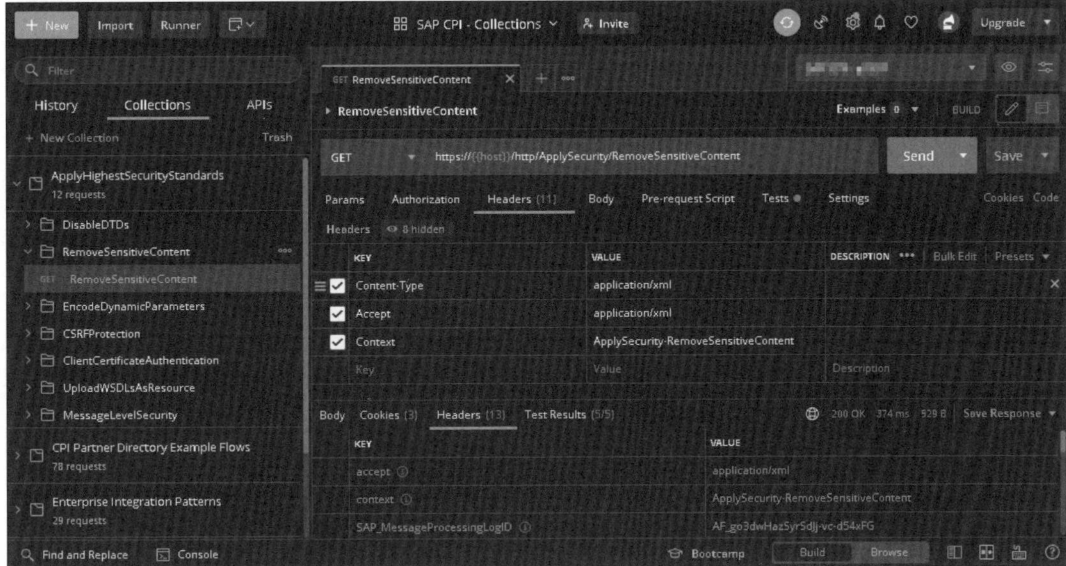

Abbildung 10.60 HTTP-Anfrage für das Szenario zur Entfernung sicherheitsrelevanter Daten aus dem Nachrichtenverarbeitungsprotokoll

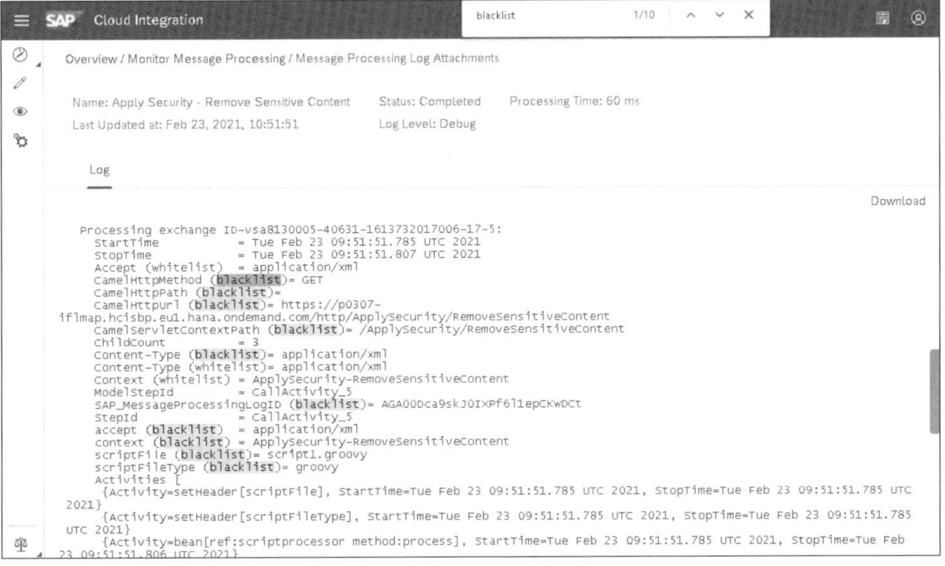

Abbildung 10.61 Message Processing Log für das Monitoring der ausgeführten Nachricht

10.4.2 Dynamische Parameter codieren

Das Codieren von URLs und anderen Daten ist eine Sicherheitsmaßnahme, die nach Möglichkeit immer Verwendung finden sollte. Sie verhindert, dass potenzieller Schadcode direkt vom Zielsystem ausgeführt wird. Durch das Codieren werden Eingaben, die beispielsweise über die URL mitgeschickt werden können, so verändert, dass kein ausführbarer Code mehr existiert.

Szenarioübersicht

Für dieses Beispielszenario werden Daten an den Integration Flow **Apply Security – Encode Dynamic Parameters** gesendet. Dort werden die Daten mithilfe einer Groovy-Script-Komponente codiert. Im Anschluss wird eine Anfrage an ein Fremdsystem geschickt, das Produktdaten zur Verfügung stellt. Das Ergebnis wird im Data Store gespeichert. Abbildung 10.62 zeigt den Reiter **Runtime Configuration** dieses Integration Flows.

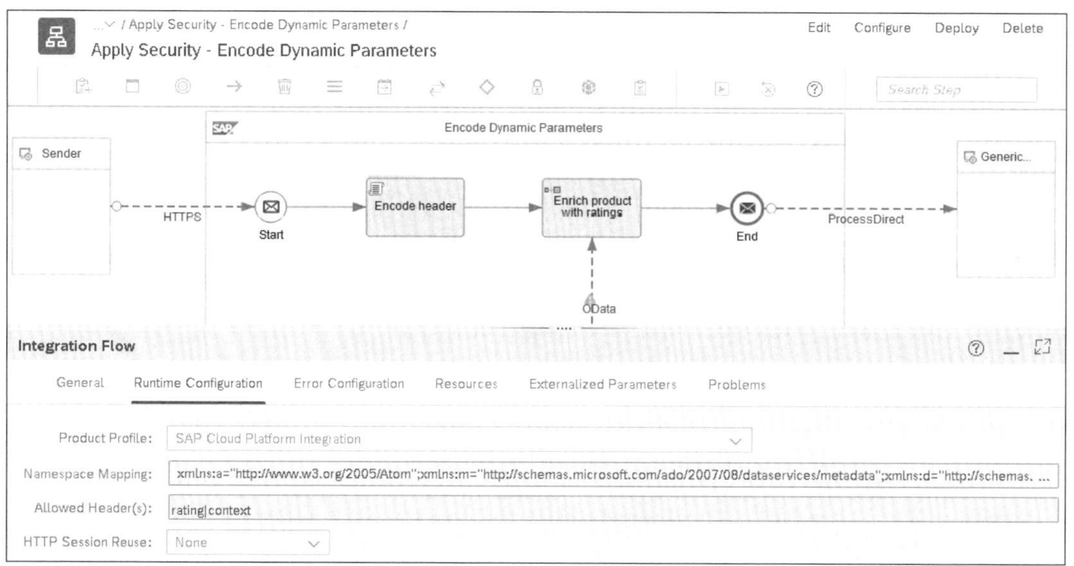

Abbildung 10.62 Integration Flow »Apply Security – Encode Dynamic Parameters«

Aufbau der Integration

HTTPS-Adapter

Als Testdaten senden Sie in diesem Szenario eine Produktbewertung über einen HTTPS-Adapter mit der Adresse */ApplySecurity/EncodeDynamicParameters* an SAP Cloud Integration (siehe Abbildung 10.63). Diese Daten werden anschließend über ein Start Message Event an eine Groovy-Script-Komponente gesendet. In den Integrationseinstellungen wurden auf dem Reiter **Runtime Configuration** die beiden Header-Variablen `rating` und `context` erlaubt (siehe Abbildung 10.62).

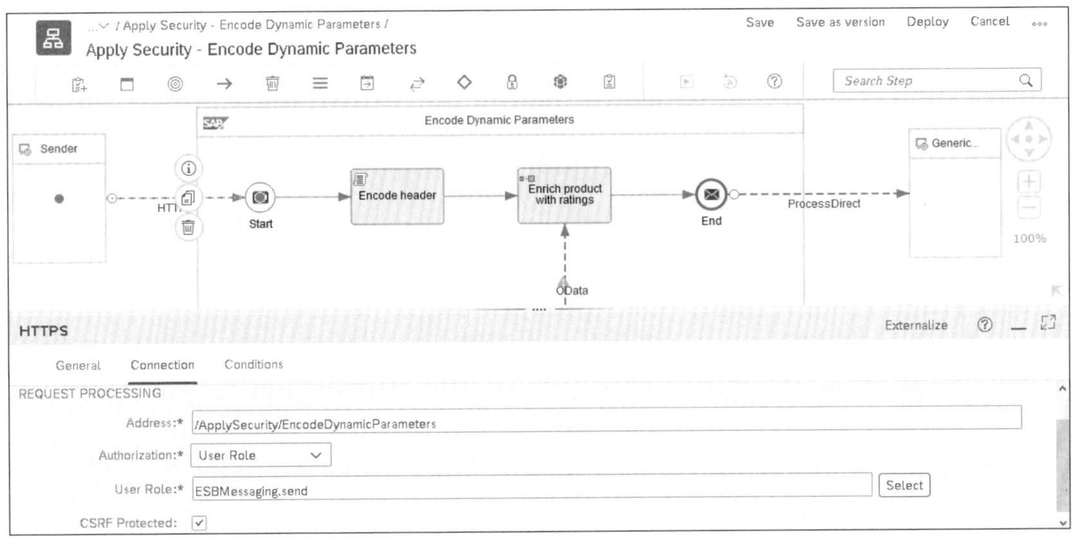

Abbildung 10.63 Datenannahme durch einen HTTPS-Adapter

Groovy-Script-Komponente

Die Groovy-Script-Komponente holt sich im Folgenden die Variable `rating` aus dem Header-Bereich des Integration Flows und prüft mit einer `If`-Abfrage, ob die Variable gefüllt ist. Wenn dies der Fall ist, wird mit der Klasse `URLEncoder` und der Methode `encode()` der Inhalt der Variablen codiert. Mit der Methode `setHeader()` wird der codierte Wert zurück in die Variable `rating` geschrieben. Abbildung 10.64 zeigt das entsprechende Groovy-Skript.

SAP Cloud Integration

Apply Security - Encode Dynamic Parameters / script1.groovy /

script1.groovy

```
/*
 The integration developer needs to create the method processData
 This method takes Message object of package com.sap.gateway.ip.core.customdev.util
which includes helper methods useful for the content developer:
The methods available are:
    public java.lang.Object getBody()
    public void setBody(java.lang.Object exchangeBody)
    public java.util.Map<java.lang.String,java.lang.Object> getHeaders()
    public void setHeaders(java.util.Map<java.lang.String,java.lang.Object> exchangeHeaders)
    public void setHeader(java.lang.String name, java.lang.Object value)
    public java.util.Map<java.lang.String,java.lang.Object> getProperties()
    public void setProperties(java.util.Map<java.lang.String,java.lang.Object> exchangeProperties)
    public void setProperty(java.lang.String name, java.lang.Object value)
    public java.util.List<com.sap.gateway.ip.core.customdev.util.SoapHeader> getSoapHeaders()
    public void setSoapHeaders(java.util.List<com.sap.gateway.ip.core.customdev.util.SoapHeader> soapHeaders)
       public void clearSoapHeaders()
 */
import com.sap.gateway.ip.core.customdev.util.Message
import java.nio.charset.StandardCharsets

def Message processData(Message message) {
       //Headers
       def map = message.getHeaders()
       def rating = map.get("rating")
       // encode header, which shall be used in OData query as parameter
       if (rating!=null) {
           rating = URLEncoder.encode(rating,StandardCharsets.UTF_8.name())
           message.setHeader("rating", rating)
       }
       return message
}
```

Abbildung 10.64 Groovy-Skript zum Codieren von Werten

OData-Adapter

Als Nächstes wird über den OData-Adapter eine Anfrage an einen SAP-Demo-Service gesendet, die anhand des Rating-Werts und der Ressource

`CustomerReviews` eine Ergebnisliste mit entsprechend bewerteten Produkten zurückgeben soll. Das Rating dient hier also als Filterung. Aufgrund des Filterausdrucks `$filter=Rating le ${header.rating}` in der Query-Option sollen nur diejenigen Produkte zurückgegeben werden, deren Rating-Wert kleiner/gleich (lower/equal) dem übermittelten Rating-Wert ist (siehe Abbildung 10.65).

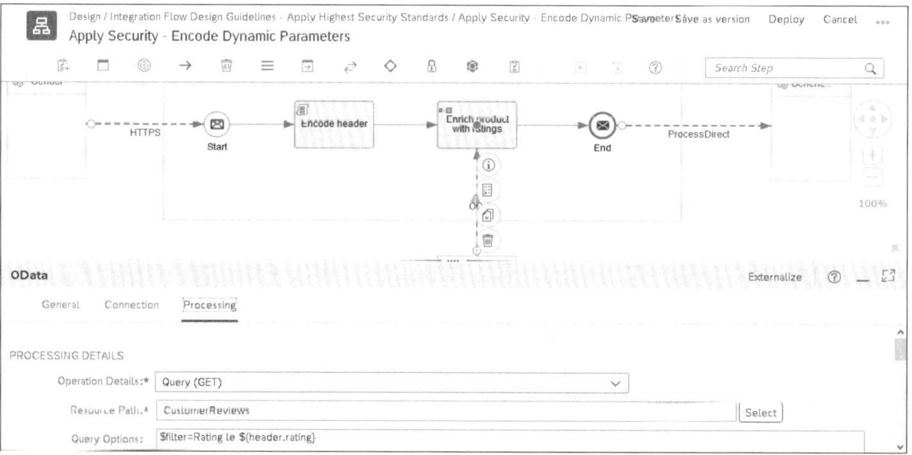

Abbildung 10.65 OData-Adapter zur Filterung einer Produktliste nach ihrer Bewertung

Content Enricher Es folgt eine Content-Enricher-Komponente namens **Enrich product with ratings**. Diese erstellt auf Basis der `ProductID`, die über den Message Body mitgegeben wird, eine Ergebnisliste (siehe Abbildung 10.66). Diese Liste beinhaltet alle Angaben eines Produkts, gefiltert nach den Bewertungen.

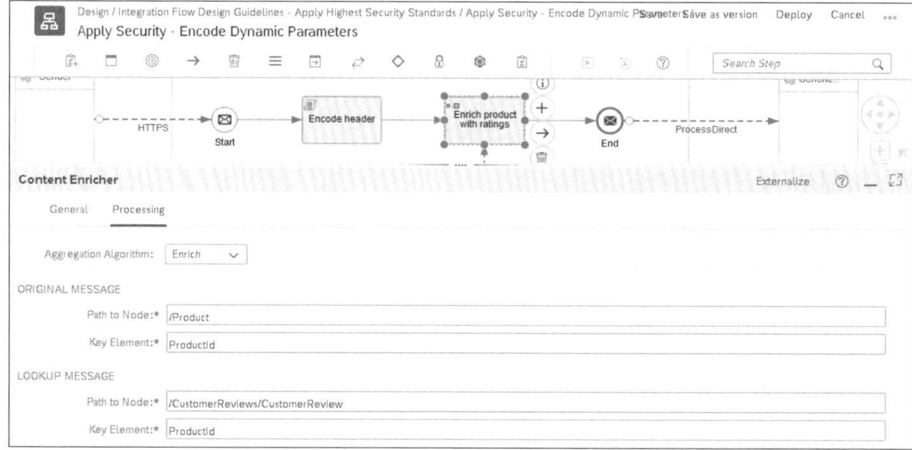

Abbildung 10.66 Content-Enricher-Komponente zur Zusammenstellung der Ergebnisliste auf Basis der Produkt-ID

Integration testen

Test vorbereiten

Für den Test müssen die folgenden Integration Flows in SAP Cloud Integration deployt sein:

- **Generic Receiver**
- **Apply Security – Encode Dynamic Parameters**

Des Weiteren müssen Sie sicherstellen, dass Sie die Postman Collection **ApplyHighestSecurityStandards** importiert haben.

Test durchführen

Öffnen Sie anschließend diese Collection, in der Sie den Ordner **EncodeDynamicParameters** finden. Der Ordner stellt Ihnen drei HTTP-Anfragen zur Verfügung.

Die Anfrage **EncodeDynamicParameters_GetXsrfToken** holt einen Token von SAP Cloud Integration, den Sie für das Senden von Daten über die beiden anderen Anfragen benötigen. Schicken Sie anschließend eine der bereitgestellten POST-Anfragen ab.

Nachdem Sie die HTTP-Anfrage **EncodeDynamicParameters_CorrectHeader** ausgeführt haben, erhalten Sie eine Produktliste, die mit den Filtereinstellungen übereinstimmt. Einen Auszug der Liste sehen Sie in Abbildung 10.67.

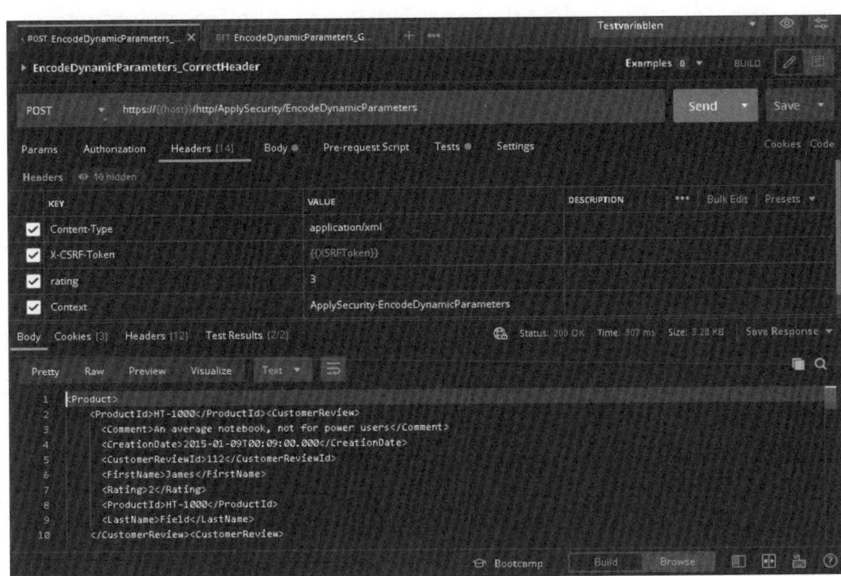

Abbildung 10.67 Gesendete Anfrage »EncodeDynamicParameters_CorrectHeader« mit Rückgabewert

Data-Store-Eintrag

Das Ergebnis wird nicht nur als Rückgabewert in Postman, sondern auch im Data Store **ApplySecurity-EncodeDynamicParameters** in SAP Cloud Integration gespeichert (siehe Abbildung 10.68).

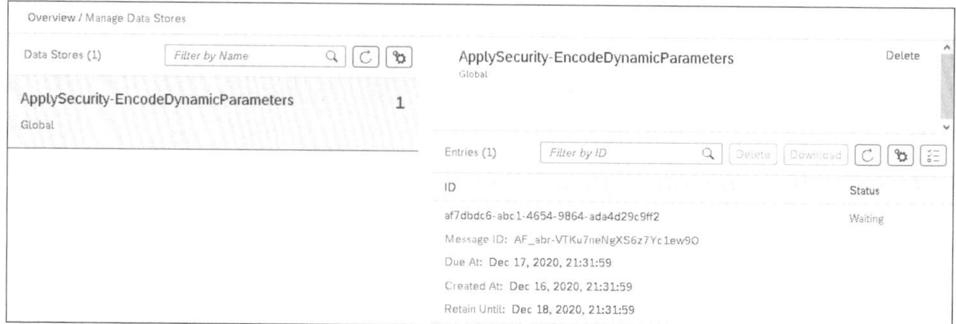

Abbildung 10.68 Ergebnis im Data Store in SAP Cloud Integration

10.5 Mit dem Partner Directory arbeiten

Partner Directory

Das Partner Directory ermöglicht es, mehrere Kommunikationspartner über die gleichen Integration Flows anzusprechen. Dazu werden die partnerspezifischen Werte – beispielsweise die Adresse des Partnersystems – im Partner Directory hinterlegt. Neben einfachen Werten können auch Anmeldedaten und Dateien wie Skripte oder Zertifikate gespeichert werden. Abbildung 10.69 zeigt das für die Arbeit mit dem Partner Directory bereitgestellte Integrationspaket **Integration Flow Design Guidelines – Use the Partner Directory Appropriately**. Das Partner Directory wird in Abschnitt 8.9, »Partner Directory«, detaillierter beschrieben.

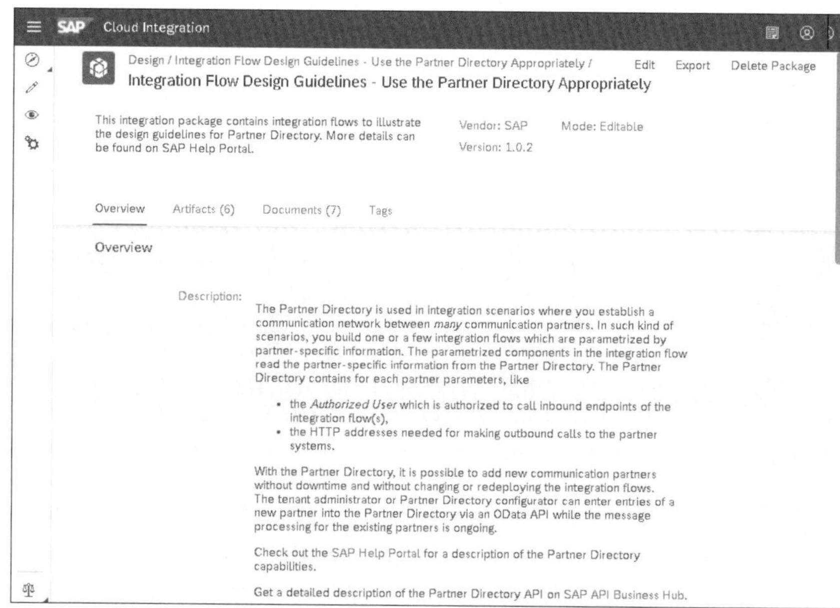

Abbildung 10.69 Übersicht des Integrationspakets für das Partner Directory

Szenarioübersicht

Das mit dem Paket bereitgestellte Szenario **Partner Directory – XSLT Mapping** greift mithilfe einer Partner-ID (PID) auf Mapping-Informationen zu, um diese in einer XSLT-Mapping-Komponente zu nutzen. Das Ergebnis wird geprüft und im Anschluss in einen Data Store geschrieben. Abbildung 10.70 zeigt den bereitgestellten Integration Flow.

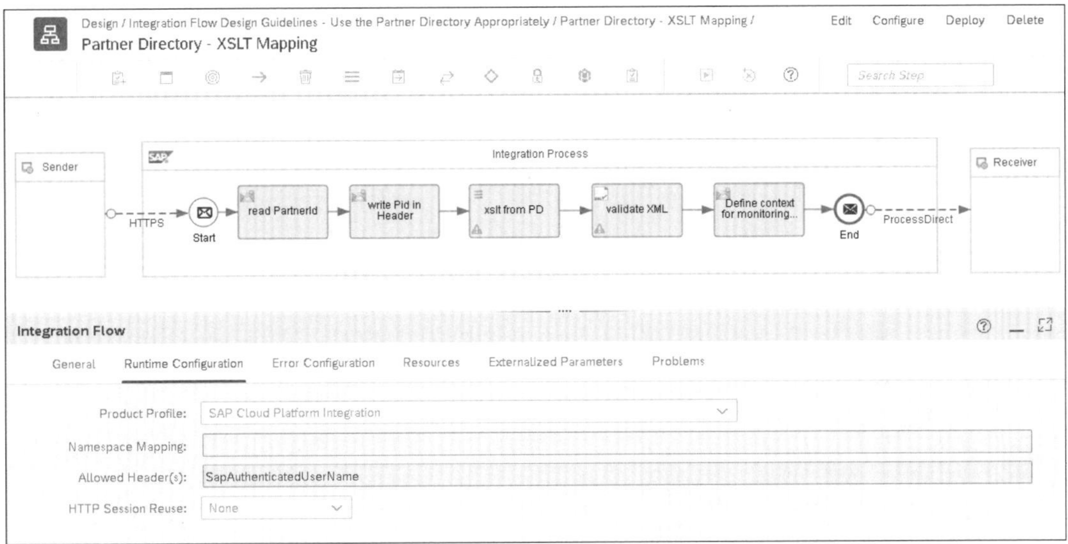

Abbildung 10.70 Integration Flow »Partner Directory – XSLT Mapping«

10

10.5.1 Aufbau der Integration

HTTPS-Adapter und Content Modifier

Das Szenario wird gestartet, indem Sie mit Postman XML-Daten an SAP Cloud Integration schicken, die von einem HTTPS-Adapter entgegengenommen werden. Nachdem die Daten im Integration Flow angekommen sind, wird in einer ersten Content-Modifier-Komponente namens **read PartnerID** eine Header-Variable gesetzt. Die Variable greift über XPath auf das XML-Element `PID` zu (siehe Abbildung 10.71).

Content Modifier für Partner-Directory-Werte

Es folgt eine weitere Content-Modifier-Komponente namens **write Pid in Header**, die zwei Header-Variablen mit den Namen `MyMappingSchema` und `MyMapping` hinzufügt. Diese werden mit den Ausdrücken `pd:${property.PartnerId}:MyMappingSchema:Binary` und `pd:${property.PartnerId}:MyMapping:Binary` gefüllt. Der Variablentyp wird als **Expression** definiert, damit die Werte um den der Property-Variablen `PartnerID` aus dem vorangehenden Content Modifier ergänzt werden können (siehe Abbildung 10.72). Über die Header-Variablen wird auf das Partner Directory zugegriffen, um dort wiederum auf XSD-Informationen (XML Schema Definition) zuzugreifen.

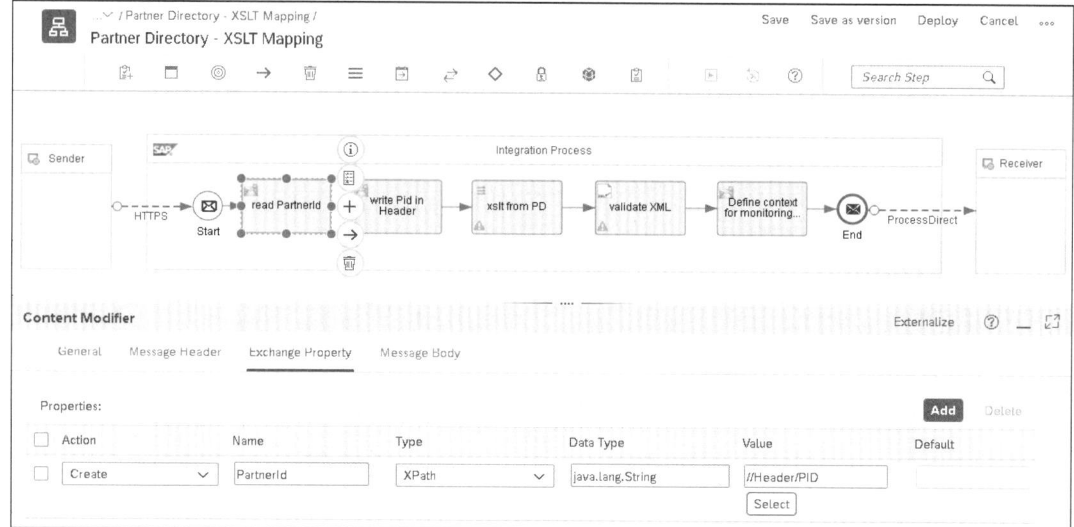

Abbildung 10.71 Content-Modifier-Komponente zur Speicherung der Partner-ID

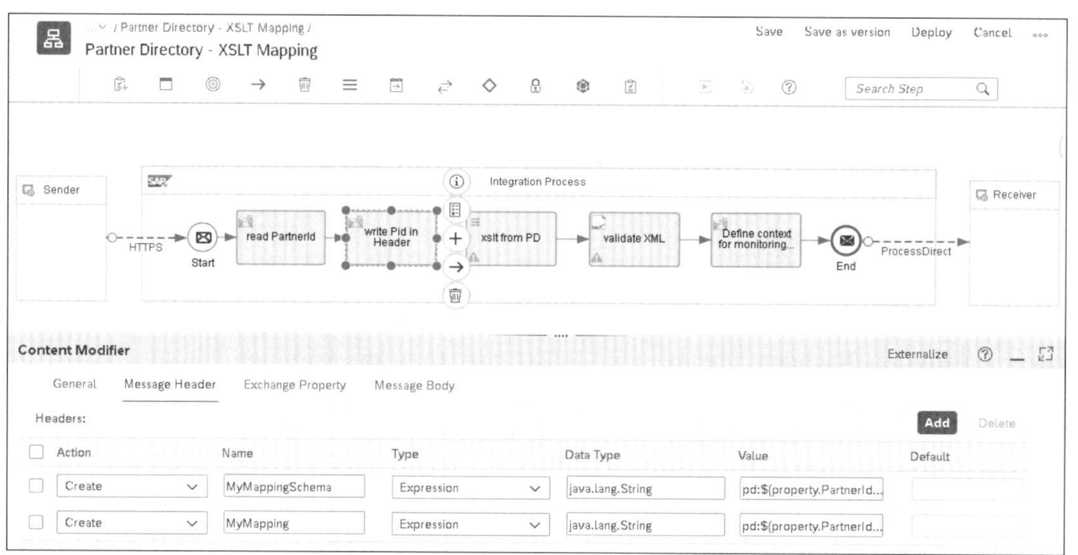

Abbildung 10.72 Header-Variablen für den Zugriff auf das Partner Directory

XSLT Mapping

Nach dem Content Modifier folgt die XSLT-Mapping-Komponente **XSLT from PD** (siehe auch Abschnitt 7.1.5, »Mappings«). Hier wird festgelegt, dass die Mapping-Informationen aus einer Header-Variable kommen. Die Variable heißt in diesem Fall `MyMapping` (siehe Abbildung 10.73).

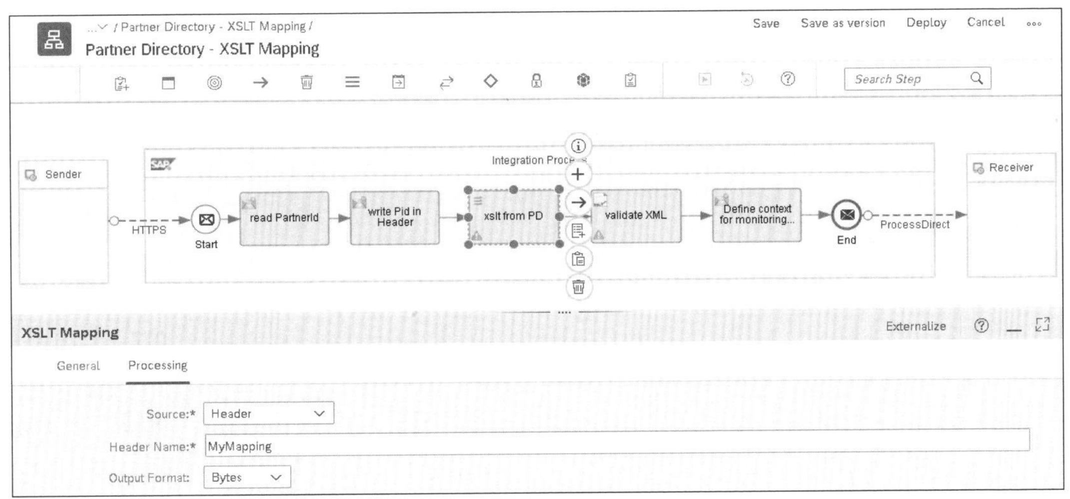

Abbildung 10.73 Konfiguration der XSLT-Mapping-Komponente

XML-Validator-Komponente

Im Anschluss an das Mapping folgt eine XML-Validierung über eine XML-Validator-Komponente namens **validate XML** (siehe auch Abschnitt 7.1.11, »Validierungskomponenten«). Für die Validierung wird ein XML-Schema benötigt, das bereits in der Header-Variablen `MyMappingSchema` zur Verfügung steht (siehe Abbildung 10.74).

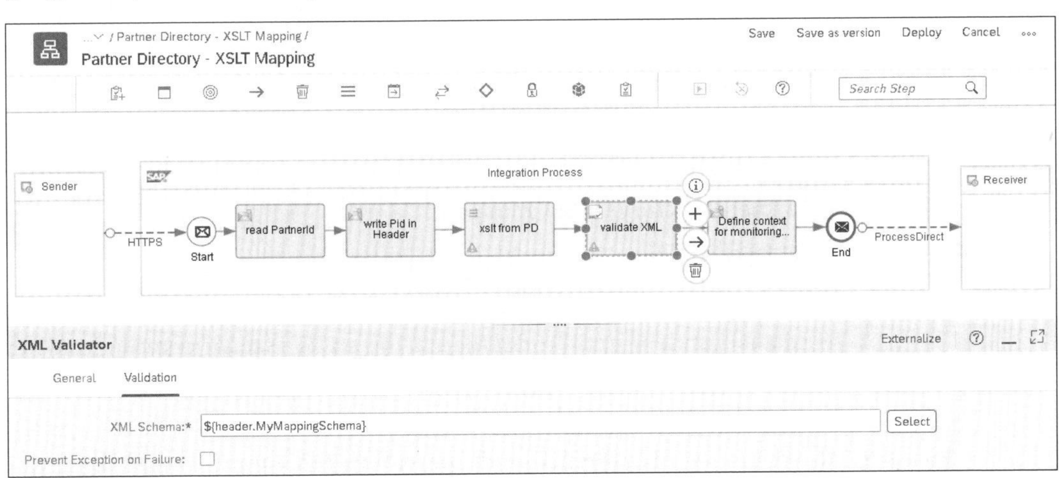

Abbildung 10.74 Konfiguration der XML-Validator-Komponente

Content Modifier

Eine letzte Content-Modifier-Komponente namens **Define content for monitoring ...** definiert nun die Header-Variablen zur Anlage eines Data Stores (siehe Abbildung 10.75). Die Daten werden anschließend über den Process-Direct-Adapter an den Integration Flow **Generic Receiver** gesendet, der für die Anlage des Data Stores zuständig ist.

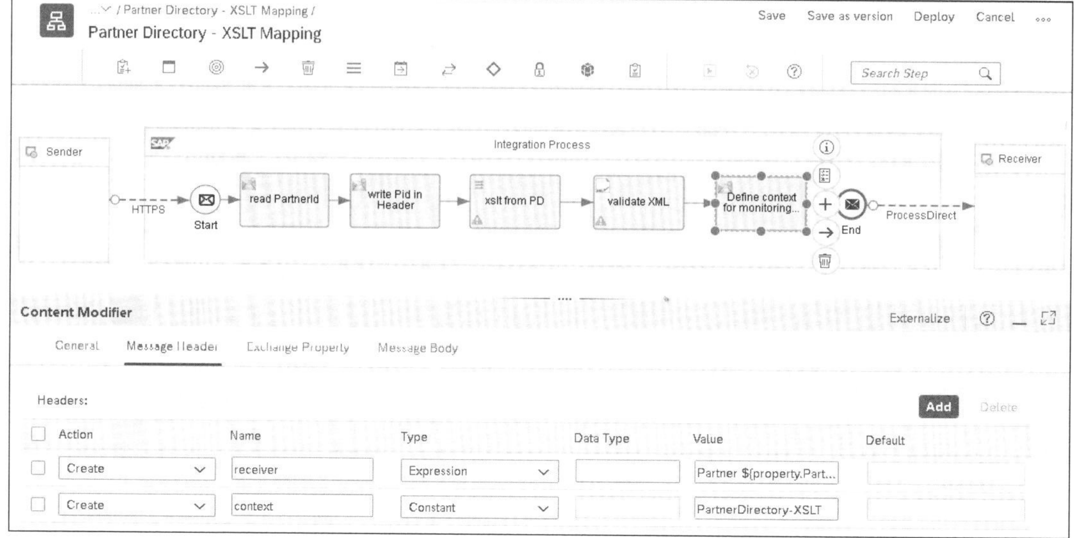

Abbildung 10.75 Content-Modifier-Komponente zur Generierung des Data Stores

Integration testen

Vorbereitungen Um das Szenario zu testen, müssen Sie die Postman Collection **CPI Partner Directory Example Flows** importieren. Der Inhalt der Collection ist für die Neo- und die Cloud-Foundry-Umgebung unterschiedlich. Die passenden HTTP-Anfragen für das Szenario finden Sie im Unterordner **Integration Flows (<Umgebung>)**.

Zusätzlich müssen Sie die folgenden Integration Flows deployen:

- **Partner Directory – XSLT Mapping**
- **Generic Receiver**

HTTP-Anfrage Abbildung 10.76 zeigt die HTTP-Anfrage mit dem Nachrichteninhalt, bestehend aus Kunden- und Produktdaten, die an das Szenario gesendet wird. Zur Nutzung des Szenarios müssen Sie die Partner-ID eines bestehenden Partners im Body der Anfrage mit angeben.

Ergebnis Als Ergebnis wird in Ihrem Cloud-Integration-Tenant in der Monitoring-Anwendung **Manage Data Stores** der Data Store **PartnerDirectory-XSLT** angelegt. In diesem Data Store wird wiederum ein Eintrag mit der Partner-ID (<PID>) angelegt.

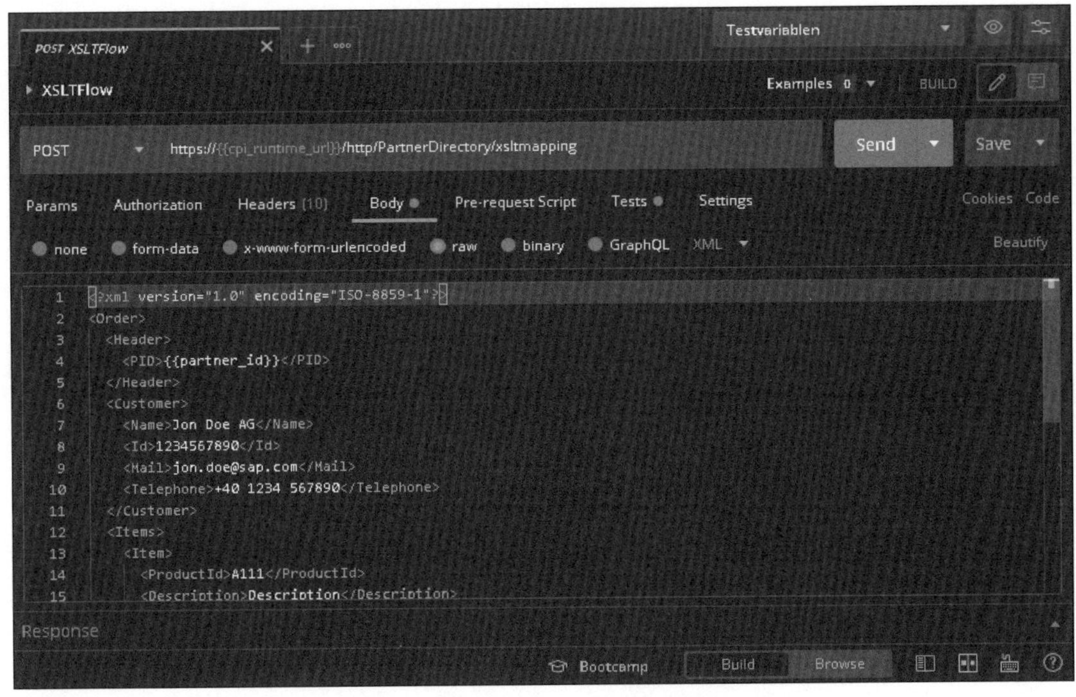

Abbildung 10.76 HTTP-Anfrage für das Szenario zur Nutzung von XSLT-Mappings in Postman

10.6 Zusammenfassung

In diesem Kapitel haben Sie mehrere, von SAP bereitgestellte Szenarien betrachtet, die Ihnen dabei helfen können, das Zusammenspiel der verschiedenen Komponenten und Adapter von SAP Cloud Integration zu verstehen. Die verschiedenen Szenarien sind unterschiedlichen Themenbereichen zugeordnet, beginnend mit grundlegenden Abläufen wie dem Verarbeiten von XML-Daten. Im Anschluss haben Sie Szenarien für den Umgang mit möglichen Fehlern kennengelernt, eines zur direkten und eines zur ausgegliederten Fehlerbehandlung. Des Weiteren haben Sie Szenarien zur Verwendung von Groovy-Skripten gesehen, die Ihnen dabei helfen sollen, auf spezielle Werte wie die Secure Parameter zuzugreifen. In den Szenarien für den Bereich der Sicherheit wird der Umgang mit sensiblen Daten und das Vermeiden von ausführbarem Code gezeigt. Zum Abschluss haben Sie ein Szenario kennengelernt, das sich mit dem Laden von Daten aus dem Partner Directory befasst.

Kapitel 11
Prüfen, Testen und Debugging

In der Integrationsentwicklung ist es wichtig, dass Sie zu jedem Zeitpunkt wissen, wie sich Ihre Daten verändern. Aus diesem Grund lernen Sie in diesem Kapitel mehrere Möglichkeiten zur Überwachung der Daten innerhalb Ihrer Integrationen kennen.

Ziel dieses Kapitels ist es, Ihnen die verschiedenen Möglichkeiten zur Datenanalyse innerhalb Ihrer Integrationen aufzuzeigen. Ich beginne in Abschnitt 11.1, »Simulation«, mit dem Simulationsmodus, der es Ihnen erlaubt, Ihre Integration Flows bereits während der Entwicklung zu testen. Dabei definieren Sie Ihre eigenen Parameter und Rückgabewerte. Als zweite Methode lernen Sie in Abschnitt 11.2, »Debugging und Tracing«, die beiden Log Level **Debug** und **Trace** kennen, mit denen Sie Integrationsabläufe nachverfolgen können. Zum Abschluss zeige ich Ihnen in Abschnitt 11.3, »Debugging-Skripte«, wie Sie ein Skript einsetzen können, über das Sie Daten während der Laufzeit in Anhängen mitprotokollieren können.

11.1 Simulation

Der *Simulationsmodus* hat im Vergleich zu anderen Prüfmechanismen den Vorteil, dass Sie die Integration zum Testen nicht erst deployen müssen. Sie können diesen Modus bereits während Ihres Entwicklungsprozesses einsetzen. Dabei spielt es keine Rolle, ob Sie sich im Bearbeitungsmodus Ihrer Integration befinden oder nicht. Eine Simulation kann allerdings nicht auf externe Daten zugreifen. Wenn Sie die Daten eines Fremdsystems in Ihrer Integration nutzen wollen, müssen Sie diese einholen und manuell in der Simulation hinterlegen.

Simulationsmodus aufrufen

Den Simulationsmodus können Sie über die Symbole bedienen ❶, die sich zwischen Komponentenliste und Suchleiste in der oberen Funktionsleiste befindet. Zum anderen stehen die Simulationsfunktionen über das Kontextmenü ❷ bereit, wenn Sie auf Konnektoren oder Komponenten im grafischen Modell klicken (siehe Abbildung 11.1).

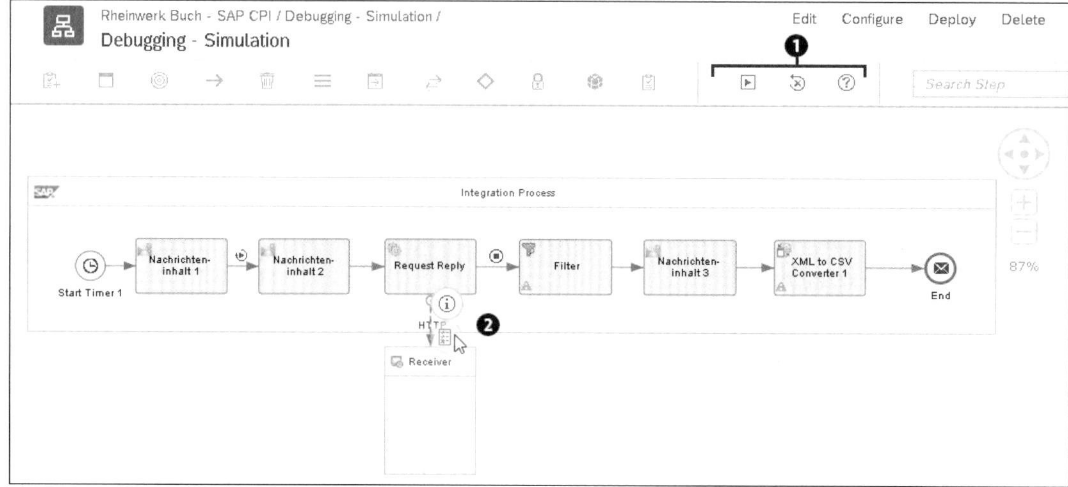

Abbildung 11.1 Einstellungen für den Simulationsmodus über das Kontextmenü öffnen

Das Menü enthält die folgenden Funktionen:

- **Run Simulation**
  Mit dem Symbol **Run Simulation** (▶) wird die Simulation gestartet. Dieses Symbol ist inaktiv, bis ein Simulationsbereich festgelegt wird.
- **Clear Simulation**
  Durch das Symbol **Clear Simulation** (⊗) wird der komplette Simulationsaufbau gelöscht, und Sie können einen neuen anlegen. Die Funktion wird aktiv, sobald eine Simulationsfunktion im Integrationsaufbau gesetzt wurde.
- **Help**
  Das Fragezeichen-Symbol (?) leitet Sie zur offiziellen Dokumentation von SAP weiter (siehe Abbildung 11.2), die Sie auch unter folgendem Link finden: *http://s-prs.de/v805308*.

Simulationsbereich festlegen

Um einen Bereich des Integration Flows festzulegen, den Sie simulieren möchten, müssen Sie einen Konnektor, d. h. einen Verbindungspfeil im grafischen Modell des Integration Flows, auswählen. Klicken Sie auf das Play-Symbol (▶), um den Startpunkt des Simulationsbereichs festzulegen. Im Anschluss können Sie einen anderen Konnektor auswählen, für den Sie das Stopp-Symbol (◉) einfügen, womit Sie das Ende der Simulation markieren (siehe Abbildung 11.3). Anschließend können Sie die Simulation bereits starten.

Abbildung 11.2 Offizielle Dokumentation zum Simulationsmodus

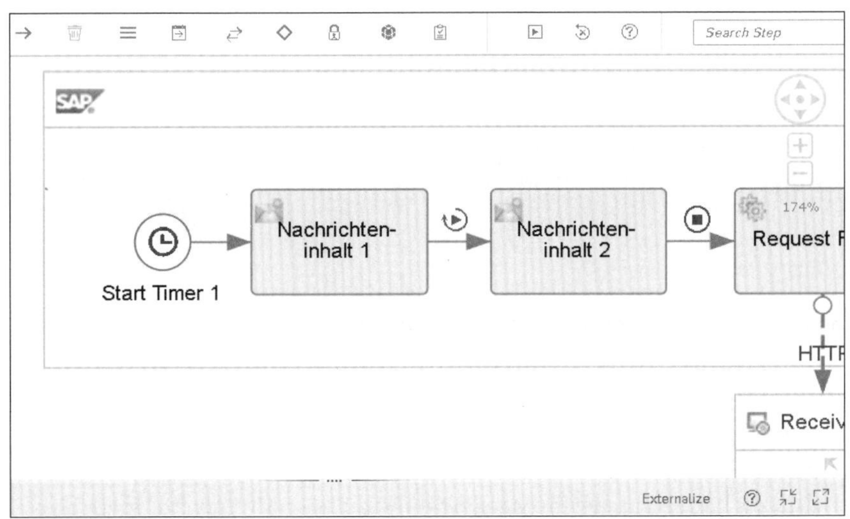

Abbildung 11.3 Simulationsbereich bestehend aus einem Start- und einem Endpunkt

Eingangsparameter

Um die Simulation gewinnbringen auszuführen, benötigen Sie allerdings noch Eingangsparameter. Diese können Sie festlegen, indem Sie auf das Symbol (⊙) klicken, mit dem Sie den Startpunkt für die Simulation festgelegt haben. Es öffnet sich ein Pop-up-Fenster, das Sie in Abbildung 11.4 sehen. Hier können Sie Header- und Property-Variablen sowie einen Body manuell festlegen. Alternativ können Sie Ihre Eingangsparameter auch über die Funktion **Upload from File System** hochladen. Die Werte werden den einzelnen Bereichen dabei automatisch zugewiesen.

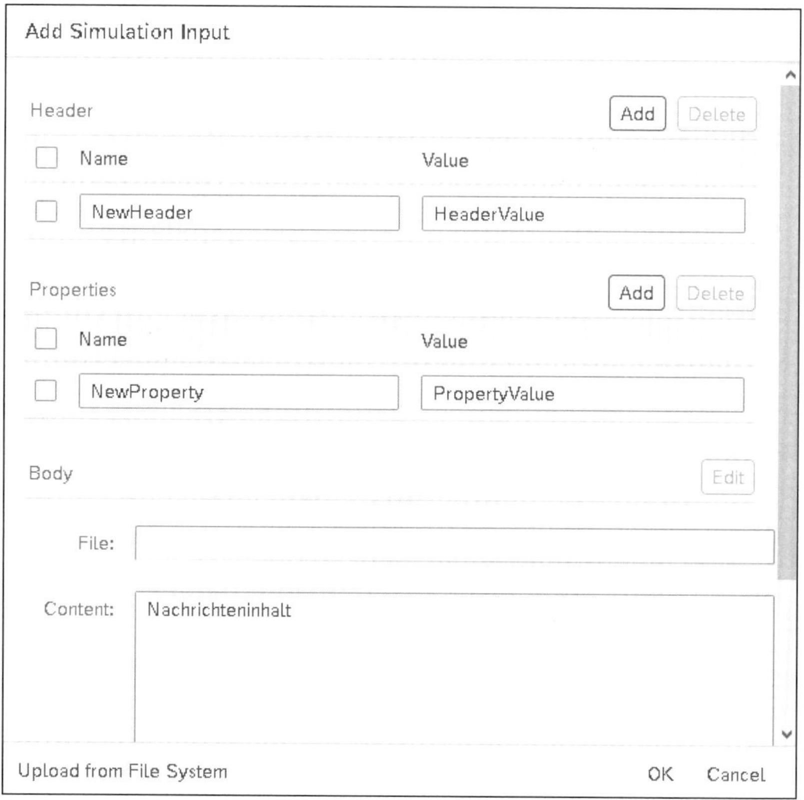

Abbildung 11.4 Eingangsparameter einer neuen Simulation pflegen

[»]

Maximalgröße des Eingangsparameters

Bei der Konfiguration der Eingangsparameter sollten Sie darauf achten, dass die Größe von einem Megabyte nicht überschritten wird. Sollte dies doch der Fall sein, erhalten Sie die Fehlermeldung aus Abbildung 11.5.

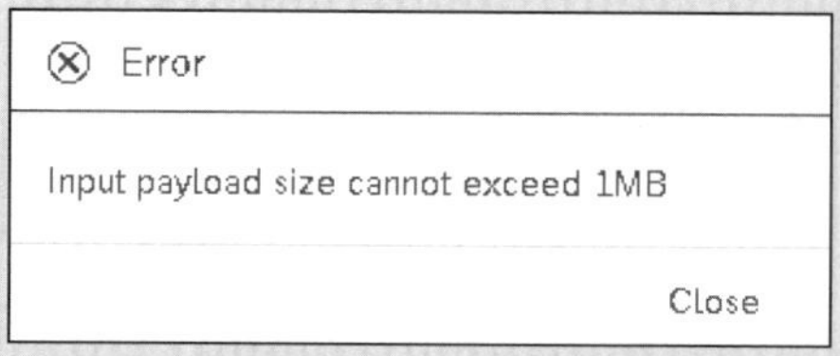

Error

Input payload size cannot exceed 1MB

Close

Abbildung 11.5 Fehlermeldung aufgrund von zu großen Eingangsparametern

Zusatzparameter

Neben den Eingangsparametern können Sie Zusatzparameter definieren. Diese unterscheiden sich je nach ausgewählter Komponente. Wenn Sie beispielsweise eine Content-Modifier-Komponente simulieren, haben Sie nur die Möglichkeit, Variablen mitzugeben. Bei der Simulation eines Konnektors, der mit einer gestrichelten Linie dargestellt wird, können Sie Header-Variablen und einen Body mitgeben. Beide Werte sollen in diesem Fall den Rückgabewert eines Fremdsystems simulieren. Abbildung 11.6 zeigt die Zusatzparameter für einen Adapter. Auch die Zusatzparameter können Sie manuell eingeben oder über die Funktion **Upload from File System** hochladen.

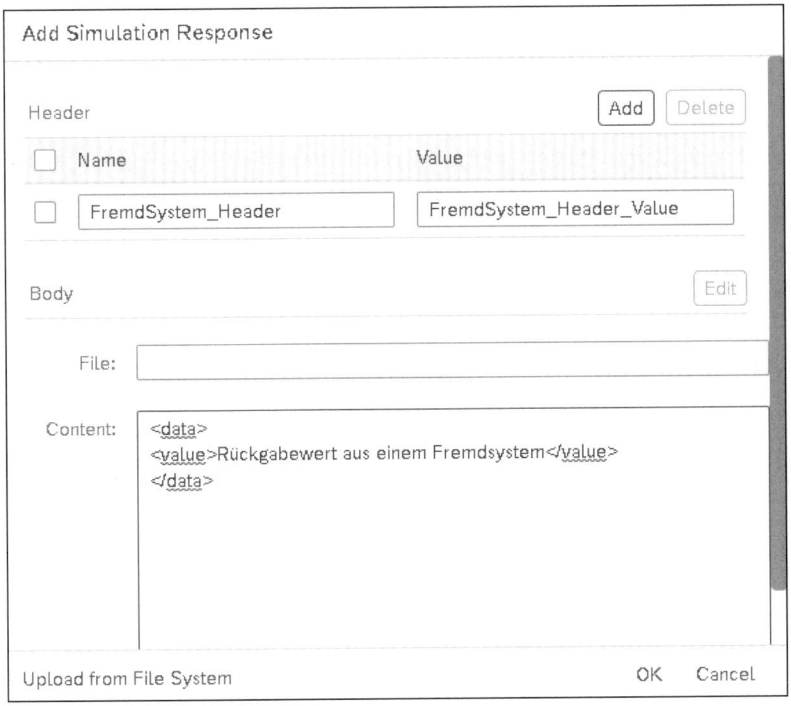

Abbildung 11.6 Simulierter Rückgabewert aus einem Fremdsystem

Simulation starten

Sobald Sie Ihren Simulationsbereich festgelegt haben, ist das Symbol für **Run Simulation** (▶) auswählbar, und Sie können die Simulation starten. Zu diesem Zeitpunkt sollten Ihre Eingangsparameter festgelegt sein. Es erscheint ein Pop-up-Fenster mit dem Hinweis **Running Simulation**. Über die Schaltfläche **Cancel** kann der Simulationsaufruf im Zweifel abgebrochen werden.

Mögliche Fehlermeldungen

Wenn der Start- oder Endpunkt falsch gesetzt ist, erhalten Sie die Fehlermeldung aus Abbildung 11.7. Dies kann beispielsweise der Fall sein, wenn der Endpunkt vor dem Startpunkt gesetzt wurde.

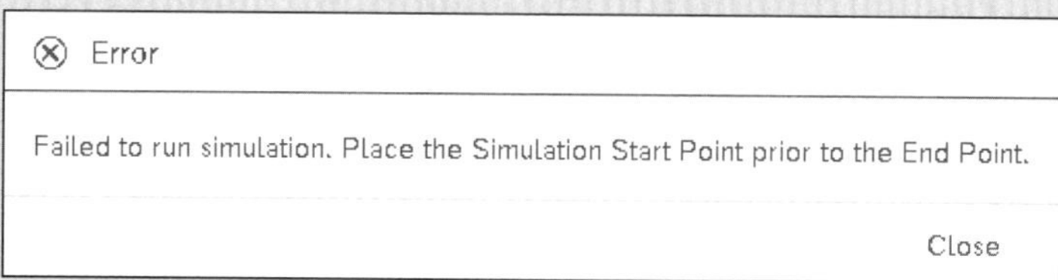

Abbildung 11.7 Fehlermeldung bei einem falsch gesetzten Simulationsbereich

Neben falsch gesetzten Start- und Endpunkten erkennt der Simulationsmodus auch, wenn Pflichtfelder nicht gefüllt worden sind. Abbildung 11.8 zeigt eine Fehlermeldung des Simulationsmodus, die besagt, dass in der Komponente **XmlToCsvConverter** ein Pflichtfeld nicht gefüllt wurde.

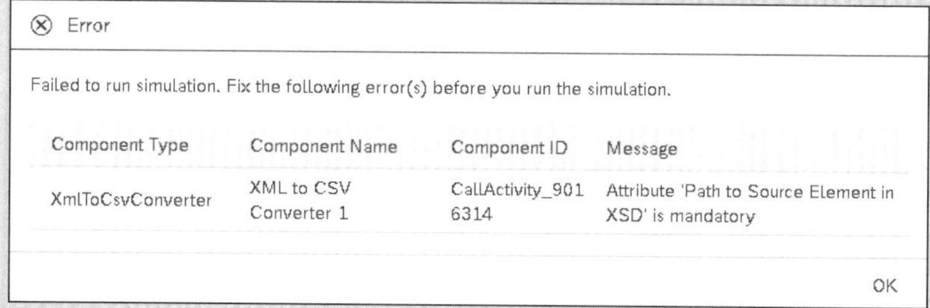

Abbildung 11.8 Fehlermeldung bei einem nicht gefüllten Pflichtfeld

Nach Ablauf der Simulation

Nachdem Ihre Simulation erfolgreich abgeschlossen wurde, ändert sich die Farbe des Symbols für den Simulationsendpunkt (◉), und es wird nun grün angezeigt. Des Weiteren erscheinen Nachrichtensymbole (⊠) im grafischen Modell des Integration Flows, die Sie auswählen können, um die simulierten Nachrichteninhalte (den **Message Content**) anzuzeigen. In Abbildung 11.9 wurde das Message-Content-Symbol (⊠) am Ende der Simulation ausgewählt und daraufhin im Konfigurationsbereich der Reiter **Properties** geöffnet. Dieser zeigt sämtliche Property-Variablen an, die zum Ende der Simulation existieren.

Nachrichteninhalt herunterladen

Im Konfigurationsbereich des Message Contents können Sie den Nachrichteninhalt auch über die Schaltfläche **Download** herunterladen. Bei der heruntergeladenen Datei handelt es sich um ein **.zip**-Archiv, das bis zu drei Dateien enthalten kann:

- **<Komponentenbeschreibung>_6.header**
- **<Komponentenbeschreibung>_6.properties**
- **<Komponentenbeschreibung>_6.body**

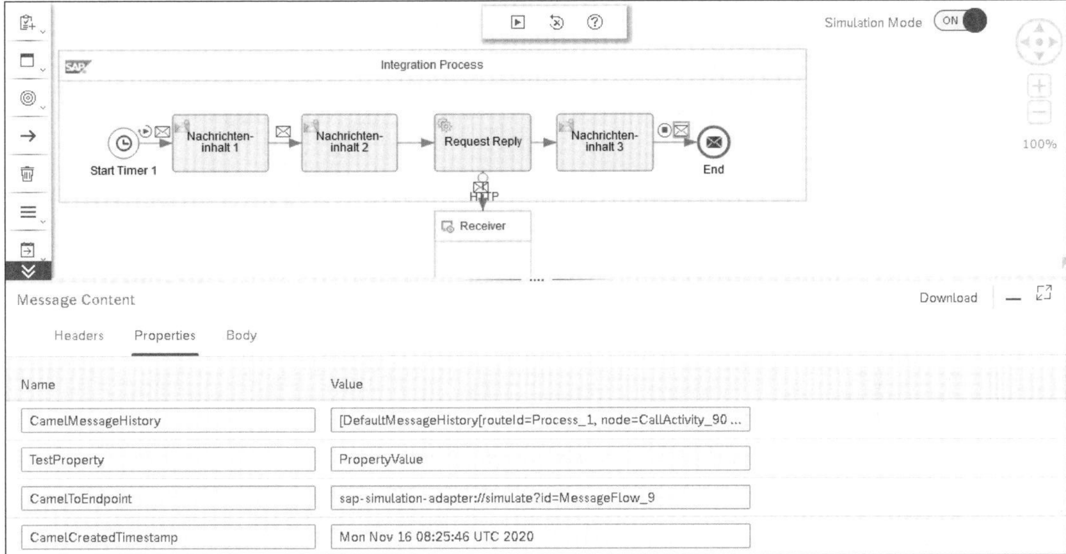

Abbildung 11.9 Simulierter Nachrichteninhalt

Die Anzahl der Dateien hängt davon ab, ob der entsprechende Nachrichtenbereich gefüllt ist. Wenn beispielsweise keine Header-Variablen vorhanden sind, steht auch keine **.header**-Datei zur Verfügung.

Der Namen des Archivs und die Namen der enthaltenden Dateien orientieren sich an dem Namen und der ID der vorangehenden Komponente:

- **Archiv**
  Message Content_<Komponentenname>_<KomponentenID>
- **Datei**
  <KomponentenID>.<Nachrichtenbereich>

Fehlerhafter Simulationsdurchlauf

Sollte die Simulation fehlschlagen, wird das Symbol für den Endpunkt (◉) ebenso wie das für den Message Content (✉) vor der Komponente, die den Fehler verursacht hat, rot angezeigt. Zusätzlich finden Sie in den Details des **Message Content** der Simulation den Reiter **Error Details**, in dem das Problem detaillierter erläutert wird. In Abbildung 11.10 können Sie die beiden roten Symbole und den Reiter **Error Details** erkennen.

Sollte das Ergebnis Ihrer Simulation andere Werte aufweisen als erwartet oder die Simulation mit einem Fehler abbrechen, können Sie Ihre Integration bearbeiten und die Simulation dann erneut starten. Sobald Sie mit den Ergebnissen der Simulation zufrieden sind, können Sie Ihre Integration deployen.

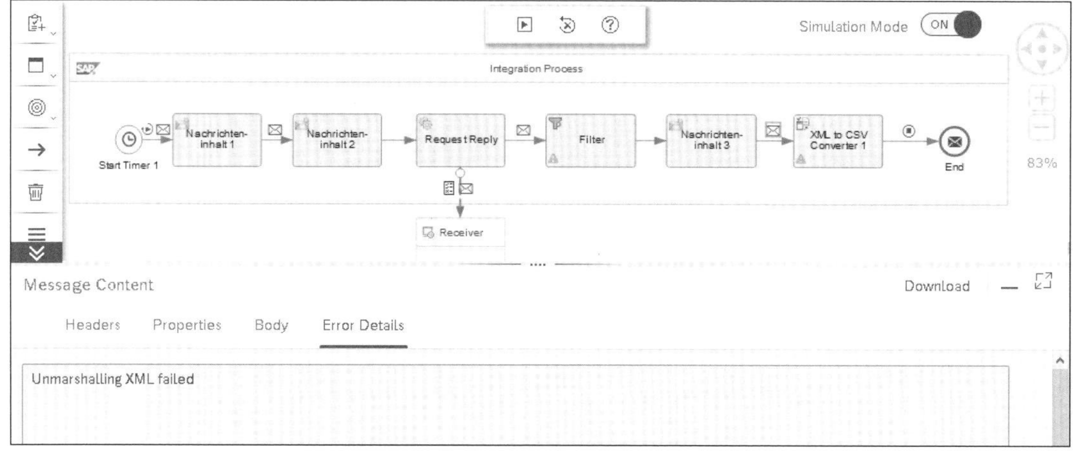

Abbildung 11.10 Eine fehlgeschlagene Simulation

11.2 Debugging und Tracing

Die Themen Debugging und Tracing habe ich in Kapitel 5, »Monitor-Oberfläche«, bereits im Rahmen der Log Level angesprochen. Sie können im **Monitor**-Bereich bei einer erfolgreich veröffentlichten Integration das Log Level anpassen. Wählen Sie dafür die entsprechende Integration in der Anwendung **Manage Integration Content** aus, und wechseln Sie auf den Reiter **Log Configuration**. Dort finden Sie die Drop-down-Liste **Log Level**, in der Sie die für diesen Abschnitt relevanten Level **Debug** oder **Trace** auswählen können (siehe Abbildung 11.11).

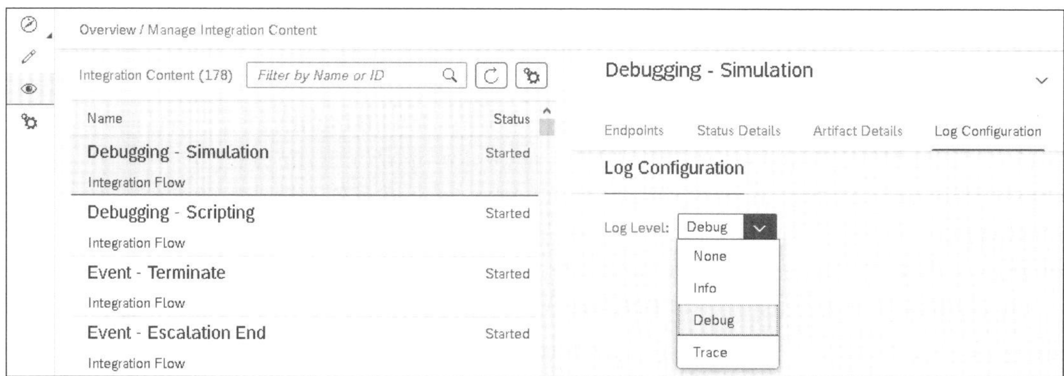

Abbildung 11.11 Log Level im Monitoring konfigurieren

11.2.1 Log Level »Debug«

Log Level aktivieren

Wenn Sie eine Integration entwickelt haben, für die Sie das Log Level im **Monitor**-Bereich auf **Debug** gesetzt haben, wird dieses Log Level in der Ansicht **Manage Message Processing** als Link in blauer Schrift angezeigt (siehe Abbildung 11.12).

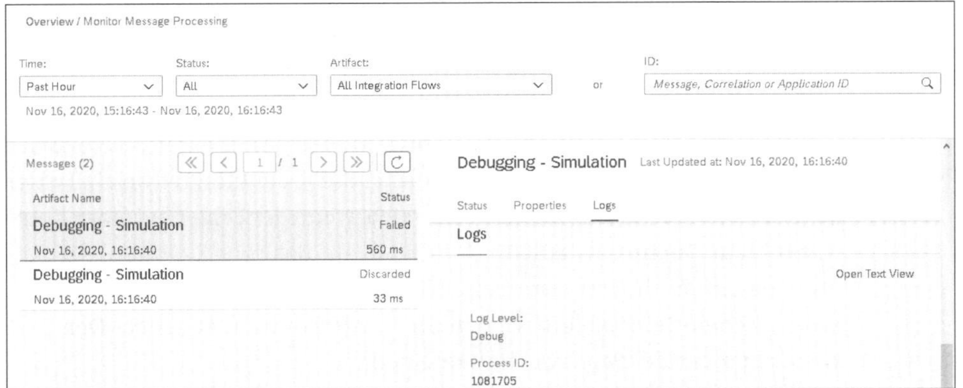

Abbildung 11.12 Nachrichtenverarbeitungsprotokoll mit aktiviertem Log Level »Debug«

Nachrichtenverarbeitung debuggen

Klicken Sie auf diesen Link, gelangen Sie in die Ansicht **Message Processing Run**. Dort sehen Sie auf der rechten Seite Ihre Integration mit den beiden Ansichtsoptionen **Integration Flow Model** und **Log Content**. Die Ansicht **Integration Flow Model**, die das grafische Modell Ihres Integration Flows anzeigt, ist beim Aufrufen der Ansicht **Message Processing Run** standardmäßig aktiv (siehe Abbildung 11.13).

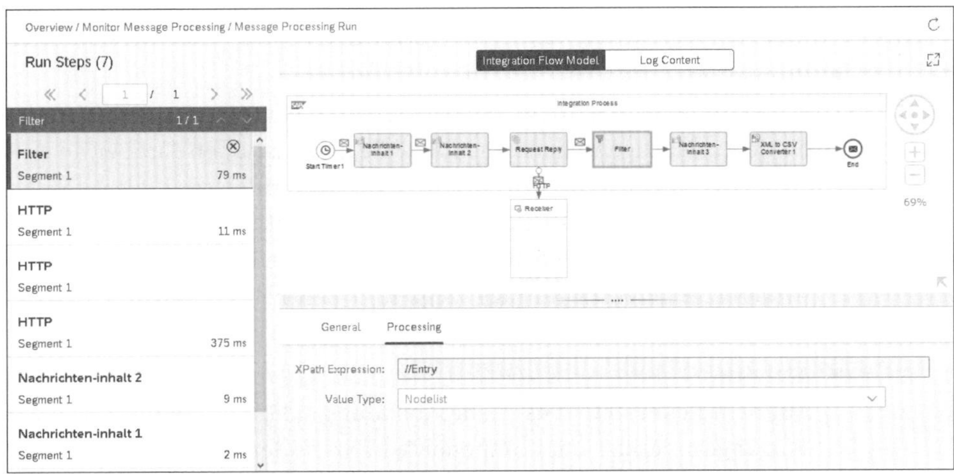

Abbildung 11.13 Debugging-Sicht »Message Processing Run« mit einem Integrationsfehler

Auf der linken Seite finden Sie eine Liste mit den Komponenten Ihrer Integration. Bei komplexeren Integrationen müssen Sie nach unten scrollen, um alle Komponenten zu sehen. Die Ansicht erlaubt Ihnen, den Nachrichtenfluss von Anfang bis Ende oder bis zu einem aufgetretenen Fehler nachzuverfolgen. Dabei zeigt die Liste auf der linken Seite die Reihenfolge an, in der die einzelnen Komponenten durchlaufen wurden. Die Liste ist absteigend sortiert, die zuerst angezeigt Komponente ist also die letzte, die in der Integration ausgeführt wurde. So sehen Sie sofort, welche Komponente zu einem Fehler geführt hat.

Fehlertext zu einer Komponente

Ein rotes Brief-Symbol (✉) im grafischen Modell des Integration Flows auf der rechten Seite zeigt Ihnen an, an welcher Stelle der Integration ein Fehler aufgetreten ist. Dies ist besonders hilfreich, wenn der Fehler bei einer Komponentenart mehrmals auftritt. Wenn Sie auf das rote X-Symbol (⊗) klicken, das in der linken Liste bei der fehlerhaften Komponente angezeigt wird, erscheint ein Fehlertext, den Sie in Abbildung 11.14 sehen. Der Text kann Ihnen bei der Fehlerbehandlung helfen.

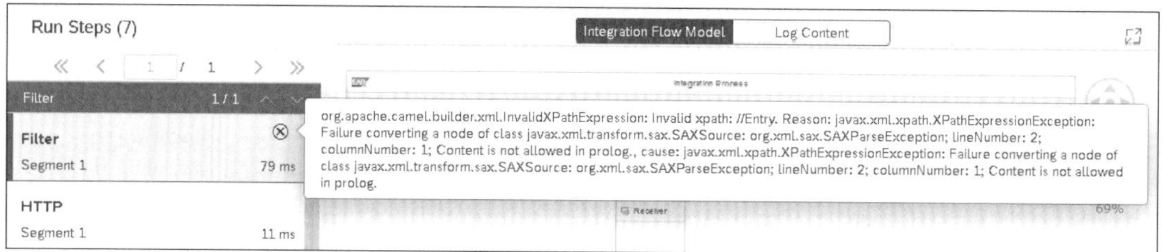

Abbildung 11.14 Fehlertext zu einer Komponente in einem Nachrichtenfluss

Ansichtsoption »Log Content«

Wählen Sie die Ansichtsoption **Log Content**, werden Ihnen die Reiter **Properties** und **Activities** der ausgewählten Komponente angezeigt:

- **Properties**
  Der Reiter **Properties** zeigt die Eigenschaften der ausgewählten Komponente. Zu den Eigenschaften gehören die Informationen darüber, an welcher Stelle des Prozesses die Komponente aufgerufen wird, wie lange der Aufruf gedauert hat, zu welcher Zeit der Aufruf gestartet wurde sowie eine Beschreibung. Je nach Art der Komponente können die Properties variieren. Eine HTTP-Anfrage zeigt zum Beispiel die Property `HTTPResponseHeaders` an.
- **Activities**
  Auf dem Reiter **Activities** (siehe Abbildung 11.15) werden die einzelnen Vorgänge innerhalb der Komponente während der Nachrichtenverarbeitung angezeigt. Wenn in einer Content-Modifier-Komponente beispiels-

weise eine neue Header-Variable angelegt wurde, steht dort `setHeader [<Name der Variablen>]` mit dem Zeitpunkt und der Dauer dieser Aktion.

Integration Flow Model | Log Content

Properties | Activities

Description	Started At	Duration
setHeader[TestHeader]	Nov 16, 2020, 16:16:40.482	1 ms
setProperty[TestProperty]	Nov 16, 2020, 16:16:40.483	
setBody	Nov 16, 2020, 16:16:40.491	

Abbildung 11.15 Aktivitäten einer Komponente

11.2.2 Log Level »Trace«

Das Log Level **Trace** lässt sich auf ähnliche Weise auswerten wie das Log Level **Debug**. Der Unterschied besteht darin, dass während der Aufzeichnung eines Trace sämtliche Daten innerhalb einer Integration gespeichert werden. Dieser Vorgang kostet viel Speicherplatz. Aus diesem Grund ist der Trace nur zehn Minuten lang aktiv, und die Daten werden lediglich für eine Stunde gespeichert. Sie erhalten bei der Aktivierung einen Hinweis in einem gelben Kasten, zu welchem Zeitpunkt der Trace endet (siehe Abbildung 11.16). Nach dem Beenden wird das Log Level auf das vorherige Log Level zurückgesetzt.

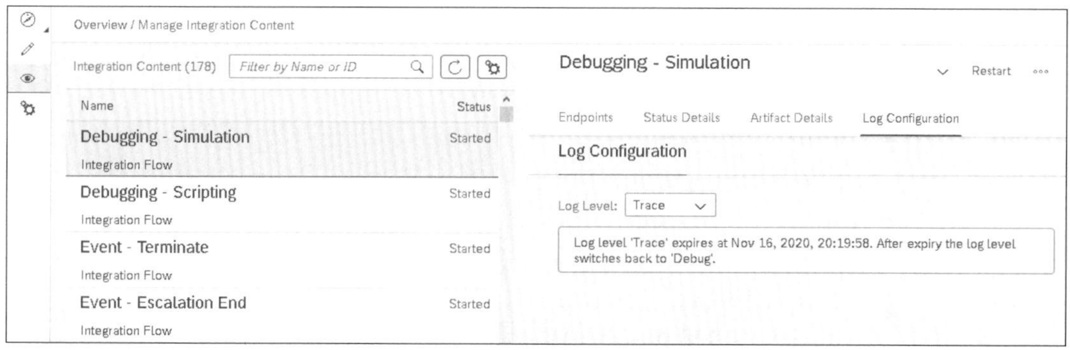

Abbildung 11.16 Hinweis nach Aktivierung des Log Level »Trace«

Trace-Ergebnis aufrufen

Sobald der Trace erfolgreich gestartet wurde und ein Nachrichtenfluss Ihre Integration durchlaufen hat, finden Sie im entsprechenden Message Processing Log den blauen Link **Trace** zum Aufruf des Trace-Ergebnisses (siehe Abbildung 11.17).

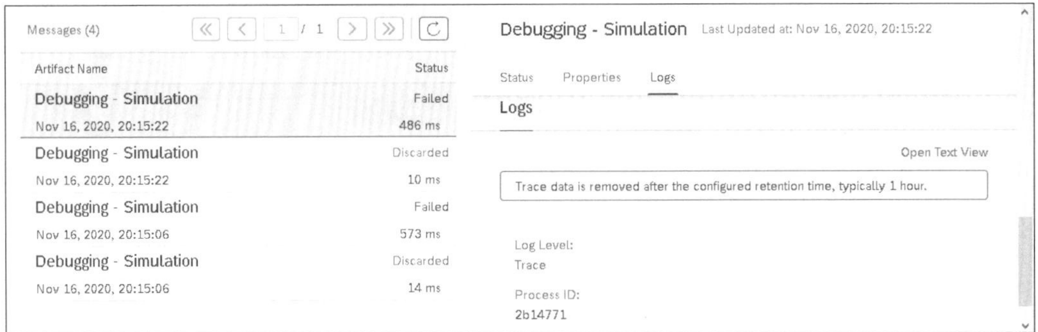

Abbildung 11.17 Aufgezeichnete Nachricht in der Ansicht »Monitor Message Processing«

Trace-Ergebnis betrachten

Sie gelangen in die Ansicht **Message Processing Run**. Der Unterschied im Vergleich zur Debugging-Sicht besteht darin, dass Sie neben den Ansichtsoptionen **Integration Flow Model** und **Log Content** noch die Option **Message Content** zur Auswahl haben. Des Weiteren sind die Brief-Symbole im grafischen Modell des Integration Flows in der **Trace**-Sicht ausgefüllt (✉). Dies soll verdeutlichen, dass an dieser Stelle der komplette Nachrichteninhalt vorhanden ist (siehe Abbildung 11.18).

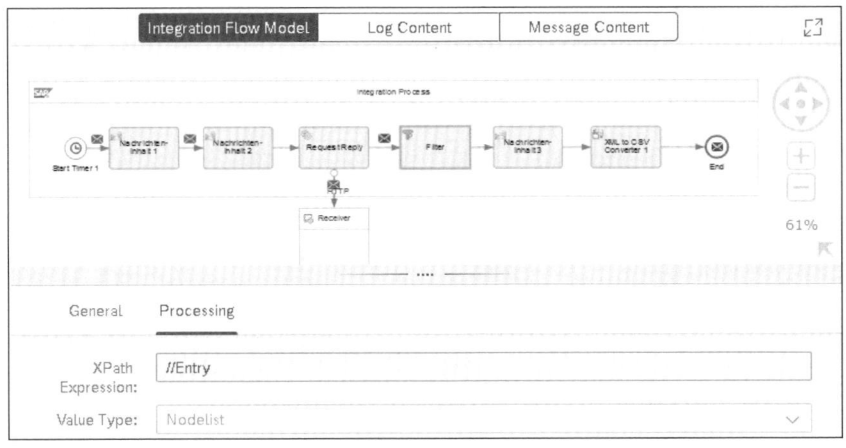

Abbildung 11.18 Ansicht »Message Processing Run« im »Trace«-Modus

Ansichtsoption »Message Content«

Um den Inhalt einer Nachricht zu betrachten, müssen Sie diese im grafischen Modell auswählen. Wechseln Sie im Anschluss zur Ansicht **Message Content**. In Abbildung 11.19 wird Ihnen die Überschrift **Message before Step** angezeigt. Dies bedeutet, dass die Aktivitäten der Komponente noch nicht durchgeführt wurden. Wenn Sie den Inhalt nach der Bearbeitung betrachten möchten, müssen Sie die nächste Komponente aus der Liste auf der linken Seite auswählen.

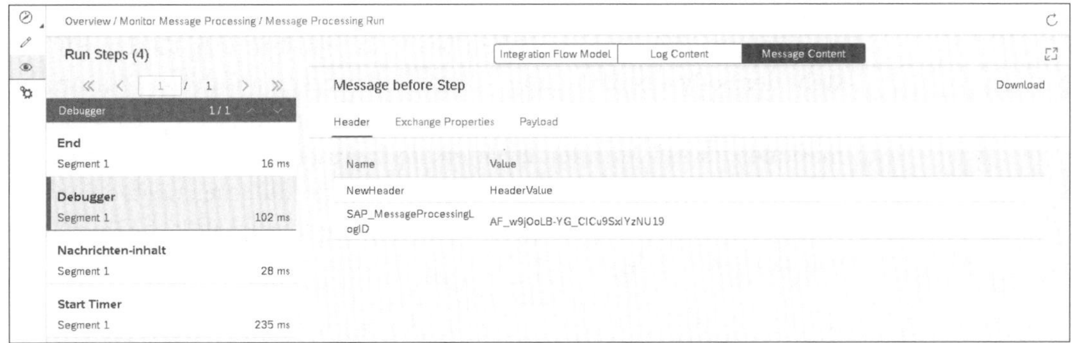

Abbildung 11.19 Sicht »Message Content« mit dem Reiter »Header« im Trace-Ergebnis

Header

Der Inhalt der Nachricht ist auf die drei Reiter **Header**, **Exchange Properties** und **Payload** aufgeteilt. Sie haben für eine spätere Betrachtung die Möglichkeit, den kompletten Inhalt über die Schaltfläche **Download** herunterzuladen. Dazu steht ein **.zip**-Archiv bereit, das drei Dateien beinhaltet, die die Bereiche **Header**, **Properties** und **Payload** repräsentieren.

Exchange Properties

Auf dem Reiter **Exchange Properties** werden in diesem Beispiel durch verschiedene automatisch gesetzte Werte deutlich mehr Inhalte aufgezeichnet als auf dem Reiter **Header** (siehe Abbildung 11.20). Beispielsweis werden durch den Wert `CamelMessageHistory` die letzten Aktionen protokolliert, wie das Entfernen einer Header-Variablen.

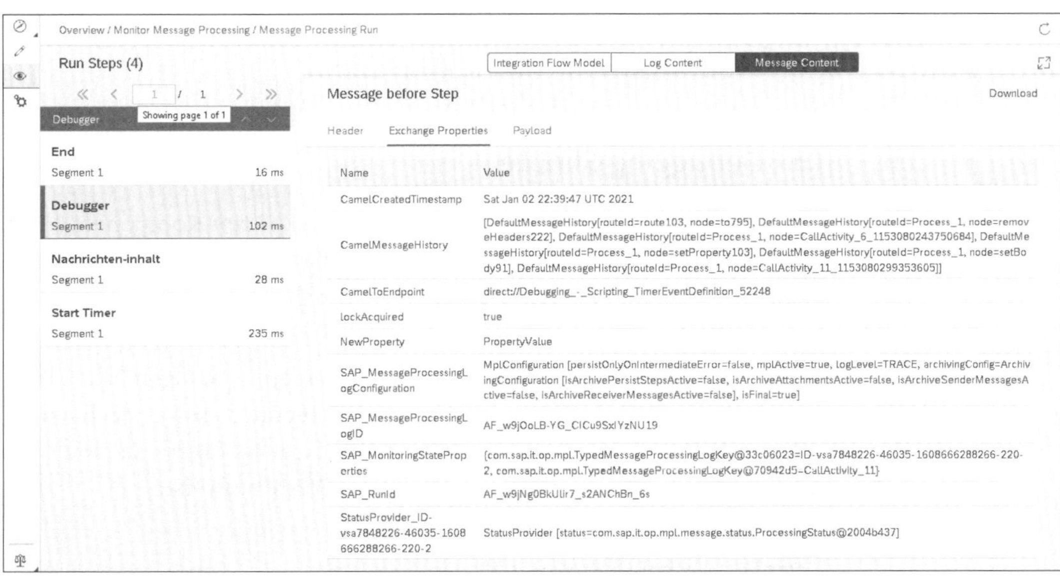

Abbildung 11.20 Reiter »Exchange Properties« in der Sicht »Message Content« im Trace-Ergebnis

Payload eines Trace

Abbildung 11.21 zeigt Ihnen den Inhalt des Bodys auf dem Reiter **Payload** zum Zeitpunkt des ausgewählten Bearbeitungsschritts. In diesem Fall besteht der Body aus XML-Daten, die zu Testzwecken aus der API zur Anlage von Custom Tags in SAP Cloud Integration kopiert wurden. Weitere Informationen zu API-Aufrufen erhalten Sie in Abschnitt 12.3, »API-Zugriff auf SAP Cloud Integration«. Sie können den Body der aufgezeichneten Komponente unabhängig vom Rest der Nachricht über die Schaltfläche **Download Payload** herunterladen.

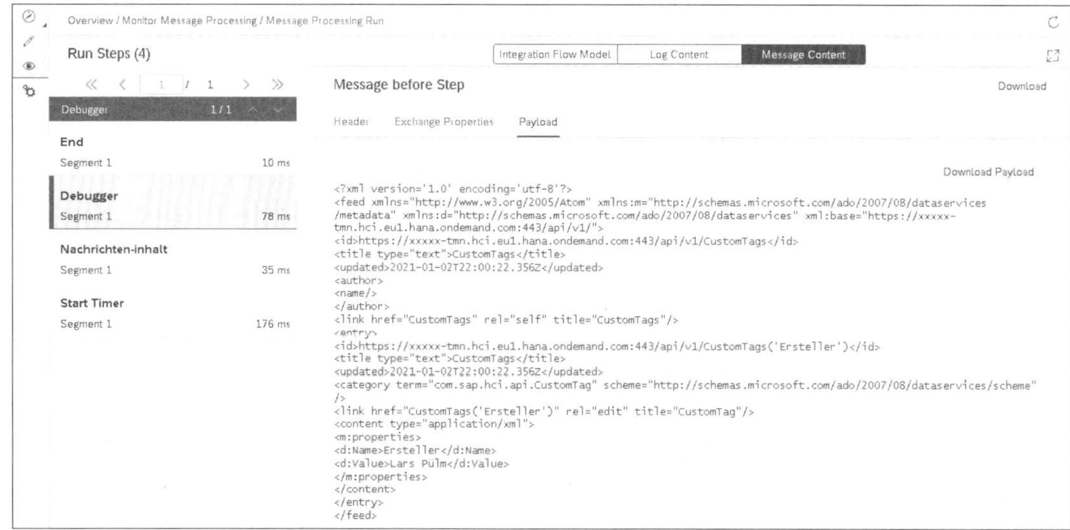

Abbildung 11.21 Reiter »Payload« in der Sicht »Message Content« im Trace-Ergebnis

11.3 Debugging-Skripte

In diesem Abschnitt geht es um den Einsatz der Skript-Komponente, um Daten, die zu einem bestimmten Zeitpunkt im Nachrichtenfluss existieren, anzuzeigen. Um Ihnen das Skript-Debugging näherzubringen, habe ich ein einfaches Beispiel vorbereitet.

Beispielintegration aufbauen

Erstellen Sie einen neuen Integration Flow in einem beliebigen Paket. Starten Sie mit einem Start Timer Event, das die Integration sofort nach der erfolgreichen Veröffentlichung ausführt. Im Anschluss fügen Sie eine Content-Modifier-Komponente ein, die folgende Werte aufweist:

- **Header**
  Der Header beinhaltet eine Variable `NewHeader` vom Typ `Constant`. Sie hat den Wert `HeaderValue`.

- **Property**
  Erstellen Sie eine Property-Variable `NewProperty` mit dem Typ `Constant` und dem Wert `PropertyValue`.
- **Body**
  Fügen Sie im `Message Body` einen einfachen String mit dem Inhalt »Nachrichteninhalt« ein.

Komponente »Groovy Script«

Nach der Content-Modifier-Komponente fügen Sie eine Groove-Script-Komponente ein. Nachdem Sie sie im Integration Flow platziert haben, wählen Sie sie und klicken im Kontextmenü auf das Symbol **Create** (🗎) neben der Komponente. Fügen Sie den Inhalt aus Listing 11.1 ein, indem Sie den Quellcode aus dem Download-Material zu diesem Buch kopieren, das Sie auf der Seite *www.sap-press.de/5248* auf dem Reiter **Materialien** finden. Laden Sie es dann über einen Klick auf das Symbol **Assign** (🗎) im Kontextmenü in die Skript-Komponente hoch.

```
import com.sap.gateway.ip.core.customdev.util.Message;
import java.util.HashMap;

def Message processData(Message message) {
    def head        = message.getHeaders()
    def property    = message.getProperties()
    def body        = message.getBody(java.lang.String) as String
    def messageLog  = messageLogFactory.getMessageLog(message)

    def tabname = "Debugger"

    head      = "Header\n======\n" +head.toString()
    property  = "\n\nProperty\n========\n"+ property.toString()
    body      = "\n\nBody\n====\n" +body+"\n"

    if(messageLog != null) {
        messageLog.addAttachmentAsString(tabname, head + property + b
ody, "text/plain")
    }
    return message;
}
```

Listing 11.1 Debugging-Skript

Den Abschluss des Integration Flows bildet ein End Message Event. In Abbildung 11.22 sehen Sie den kompletten Aufbau des Beispiels. Klicken Sie nun auf **Save** und anschließend auf **Deploy**.

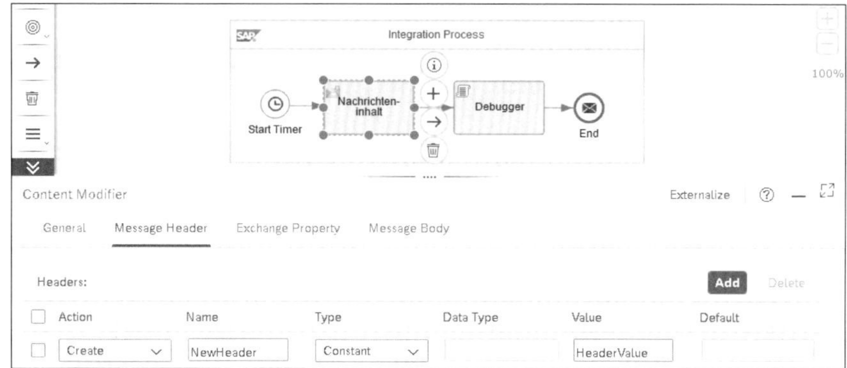

Abbildung 11.22 Exemplarischer Integration Flow mit einer Skript-Komponente namens »Debugger«

Monitoring

Nachdem Ihr Integration Flow erfolgreich deployt wurde und durchgelaufen ist, wechseln Sie in den Monitoring-Bereich . Navigieren Sie im Nachrichtenverarbeitungsprotokoll zu Ihrer Nachricht und öffnen Sie diese. Sie sollten nun einen neuen Reiter **Attachments** mit einem Eintrag wie in Abbildung 11.23 sehen. Jedes Attachment wird durch einen Namen und einen Typ charakterisiert. Außerdem finden Sie Angaben zum Bearbeitungszeitpunkt (**Modified At**) und zur Größe (**Size**).

Abbildung 11.23 Reiter »Attachments« in der Anwendung »Monitor Message Processing«

Attachment überprüfen

Sie können das erstellte Attachment mit einem Klick auf seinen Namen öffnen oder es über das Download-Symbol (⤓) in der Spalte **Actions** herunterladen und in einem beliebigen Editor öffnen. In den Attachments werden die Daten ausgewiesen, die durch die Skript-Komponente während der Integrationsdurchführung mitprotokolliert wurden (siehe Abbildung 11.24).

[»]

Anzeige großer Attachments

Sollte die Größe eines Attachments über 1 MB liegen, ist der Link zum Öffnen des Attachments in der Spalte **Name** ausgegraut, und das Attachment kann nicht mehr direkt in SAP Cloud Integration angezeigt werden. In Abbildung 11.25 kann beispielsweise das Attachment **Debugger Attachment 1.3** aufgrund seiner Größe nicht direkt angezeigt werden.

Abbildung 11.24 Attachment-Inhalt aus dem Beispiel

Attachment-Inhalt

In Abbildung 11.24 sehen Sie den Inhalt des Attachments aus unserem Beispiel. Auch dieses Skript finden Sie im Download-Bereich zu diesem Buch. Das zweite Skript habe ich nach meinem persönlichen Geschmack mithilfe von Zeilenumbrüchen optimiert, um Header-, Property- und Body-Daten getrennt voneinander betrachten zu können.

Sie können beliebig viele Debugging-Skripte in Ihre Integration einbauen. Die Debugging-Skripte werden auf dem Reiter **Attachments** in einer Liste angezeigt (siehe Abbildung 11.25). Nach dem Öffnen eines Eintrags, werden diese in einer Reiter-Darstellung angezeigt (siehe Abbildung 11.26).

Reihenfolge der Attachment-Reiter

Damit Sie die Übersicht nicht verlieren, sollten Sie den Namen des Reiters **Attachments** bei jedem weiteren Skript anpassen. SAP Cloud Integration sortiert die Reiter alphabetisch nach ihren Namen. Daher sollten Sie die Namen so wählen, dass die Reiter in der Reihenfolge angezeigt werden, die dem Verständnis Ihrer Integration am dienlichsten ist.

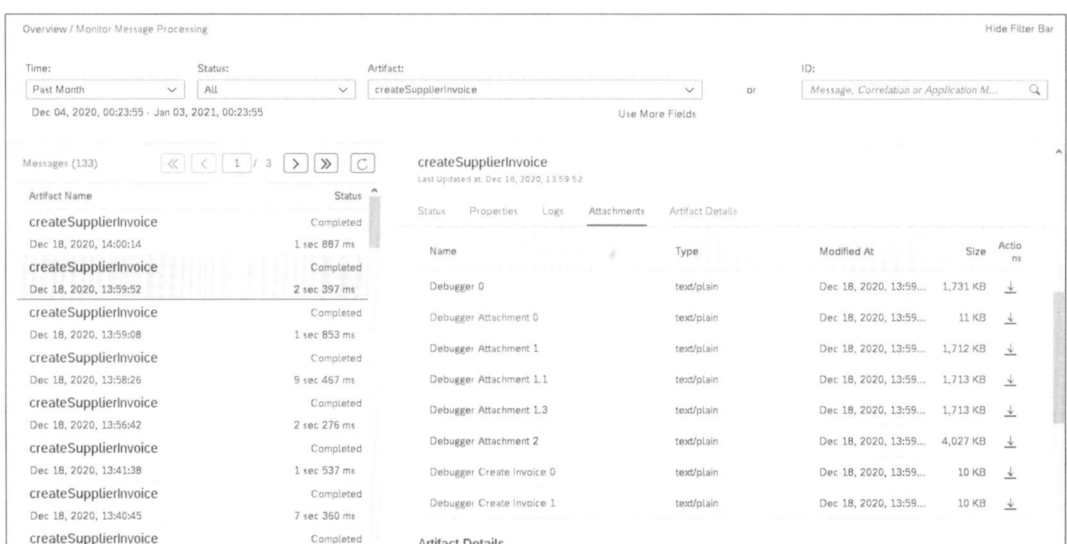

Abbildung 11.25 Reihenfolge der Attachments

Abbildung 11.26 Reiter-Darstellung mehrerer Attachments

Vor- und Nachteile von Debugging-Skripten

Die Vorteile von Debugging-Skripten liegen darin, dass Sie auch im laufenden Betrieb die Möglichkeit haben, Daten zu überprüfen. Dies ist beim Log Level **Trace** leider nur bedingt möglich, weil die Aufzeichnung nach zehn Minuten wieder endet und Sie nicht wissen, wann es zu einem Fehler kommen könnte. Des Weiteren stehen Ihnen die Attachments der Skripte 30 Tage lang zur Verfügung, d. h. so lange wie die Nachricht selbst.

Dennoch sollten Sie sparsam mit Debugging-Skripten umgehen, weil jede zusätzliche Komponente die Übersichtlichkeit einer Integration reduziert und diese etwas Performance einbüßt. Zusätzlich sollten Sie bedenken, dass der Speicher jedes Tenants endlich ist. Bei einer Nachricht von einigen Hundert Kilobytes stellt die Speicherung kein Problem dar, dennoch sollten Sie darauf achten, wenn Sie im Sekundentakt große Dateien wie Dokumente oder Bilder weiterverarbeiten.

11.4 Zusammenfassung

Dieses Kapitel hat Ihnen Möglichkeiten aufgezeigt, wie Sie Ihre Integrationen überwachen und deren Inhalte kontrollieren können. Sie haben zuerst den Simulationsmodus kennengelernt, den Sie während der Integrationsentwicklung einsetzen können. Im Anschluss haben Sie sich mit den beiden Log Levels **Debug** und **Trace** auseinandergesetzt, mit denen Sie den Nachrichtenfluss samt Fremdsystemdaten nachverfolgen können. Zum Abschluss haben Sie ein Skript in eine Integration eingebaut, das den kompletten Nachrichteninhalt anzeigt, der zum Zeitpunkt der Skripterstellung existiert.

Kapitel 12
Konnektivität

In diesem Kapitel zeige ich Ihnen, wie Sie Integration Flows von einem Tenant zu einem anderen transportieren können. Des Weiteren erfahren Sie, wie Sie Daten über den Cloud Connector an Ihre On-Premise-Landschaft versenden. Zum Abschluss stelle ich die API-Schnittstelle von SAP Cloud Integration, über die Sie Daten abrufen können, sowie ergänzende SAP-BTP-Services vor.

Dieses Kapitel befasst sich mit Themen der Konnektivität von SAP Cloud Integration. In Abschnitt 12.1, »Transport von Integrationen«, behandle ich den Transport von Nachrichten über den Service SAP Cloud Transport Management und CTS+ sowie den manuellen Transport.

In Abschnitt 12.2, »Cloud Connector«, widme ich mich dem Cloud Connector, der als Bindeglied zwischen SAP-Cloud-Lösungen und Ihrer On-Premise-Landschaft fungiert. Der Cloud Connector wird auf einem Server im eigenen Netz installiert, um Datenströme innerhalb eines geschützten Tunnels zu den Zielsystemen zu leiten.

SAP Cloud Integration bietet außerdem umfangreiche APIs an, um Daten anderen Systemen oder Anwendungen zur Verfügung zu stellen, die ich in Abschnitt 12.3, »API-Zugriff auf SAP Cloud Integration«, vorstelle. APIs können beispielsweise zum Monitoring oder dem Transport von Daten von einer Cloud-Integration-Instanz in eine andere dienen.

In Abschnitt 12.4, »SAP Cloud Integration im Zusammenspiel mit anderen Services der SAP BTP«, verweise ich schließlich auf einige Services der SAP BTP, die sehr gut mit SAP Cloud Integration zusammenarbeiten und die Sie bei Ihrer Arbeit unterstützen können.

12.1 Transport von Integrationen

Das Transportieren von Daten ist in einer Mehrsystemlandschaft ein wichtiges Thema. Der Transport erlaubt es Ihnen, neu entwickelte und getestete Integrationen von einem Testsystem in ein produktives System zu überführen. Sie können Integrationen standardmäßig in jedem Cloud-Integration-

Tenant manuell herunterladen und in einem zweiten wieder hochladen und dort deployen. Dieser Vorgang erfordert keine zusätzlichen Systeme oder Services. Wenn Sie diesen Vorgang optimieren wollen, können Sie den Service SAP Cloud Transport Management buchen. Sie können diesen Service auch zunächst in Ihrem Trial Account der SAP BTP testen.

In einer bestehenden On-Premise-Landschaft, die um Cloud-Produkte erweitert werden soll, können Sie das *Enhanced Change and Transport System* (CTS+) nutzen, um Änderungen zwischen SAP-Systemen in Ihrer Systemlandschaft zu organisieren, zu überwachen und zu transportieren.

12.1.1 SAP Cloud Transport Management

SAP Cloud Transport Management ist ein Service der SAP BTP, mit dem Daten von einem Tenant zu einem anderen transportiert werden können.

Zwei-System-Landschaft

In der Cloud nutzt man in der Regel eine Zwei-System-Landschaft aus Test- und Produktivinstanzen. Aus diesem Grund sollten Sie zwei Tenants der SAP BTP besitzen. Der erste Tenant versendet die zu transportierenden Daten, der andere empfängt sie. Für dieses Szenario benötigen Sie die folgenden drei Services:

- SAP Cloud Integration
- SAP Cloud Transport Management
- SAP Content Agent Service

Der *SAP Content Agent Service* bereitet die zu transportierenden Artefakte in einem Zwischenschritt so auf, dass diese mit SAP Cloud Transport Management transportiert werden können.

Ich zeige Ihnen das Szenario im Folgenden am Beispiel eines Trial Accounts der SAP BTP. Wenn Sie SAP Cloud Integration für Ihren Trial Account noch nicht aktiviert haben, können Sie dies unter Zuhilfenahme von Abschnitt 2.1, »Einen Trial Account für SAP Cloud Integration einrichten«, nachholen. Im Anschluss aktivieren Sie zuerst den Service SAP Cloud Transport Management und erstellen dann für diesen Service und den SAP Content Agent Service eine Instanz mit einem dazugehörigen Service Key. Als Nächstes können Sie den Service SAP Cloud Transport Management konfigurieren, wie in den folgenden Abschnitten beschrieben.

Services und Berechtigungen

SAP Cloud Transport Management aktivieren

Im ersten Schritt müssen Sie SAP Cloud Transport Management – ähnlich wie SAP Cloud Integration – in Ihrem Subaccount des Trial Accounts im Bereich **Subscriptions** aktivieren. Sie finden diesen Service in der Kategorie **Ex-**

tension Suite – Development Efficiency unter dem Kurznamen **Transport Management**. Öffnen Sie die Kachel, und klicken Sie auf die Schaltfläche **Subscribe**. Nach einer kurzen Aktivierungsdauer, während der der Status **Processing** angezeigt wird, steht Ihnen der Service, wie in Abbildung 12.1 zu sehen, zur Verfügung.

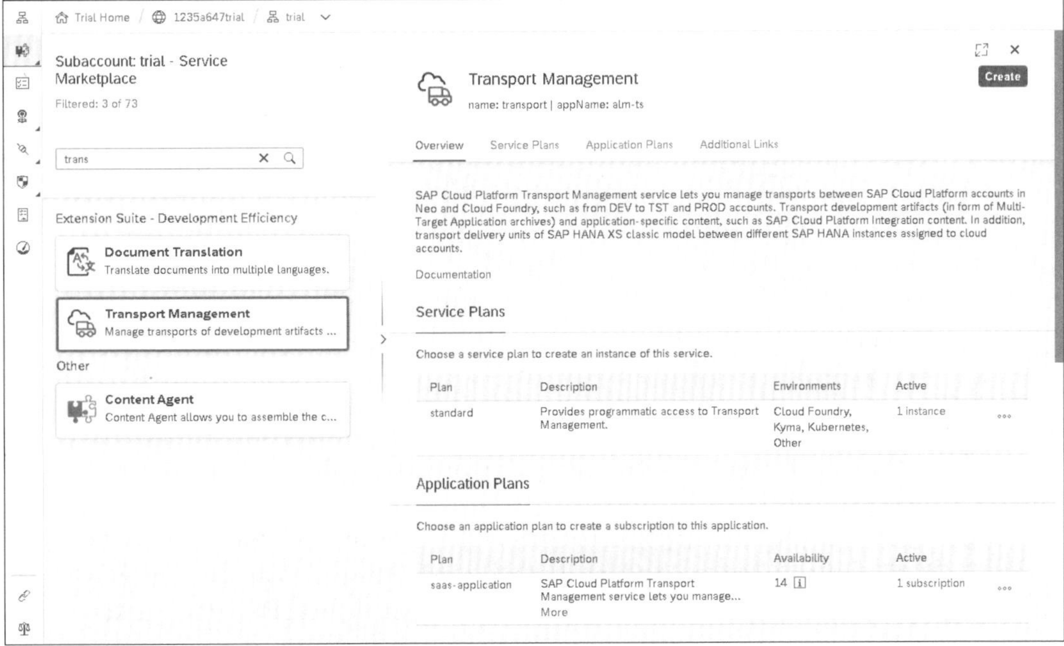

Abbildung 12.1 SAP Cloud Transport Management aktivieren

Serviceinstanz erstellen

Wechseln Sie im nächsten Schritt über den Menüeintrag **Cloud Foundry** in Ihren Space, und navigieren Sie über **Services** in den **Service Marketplace**. Wählen Sie dort die Kachel **Transport Management** in der Kategorie **Extension Suite – Development Efficiency** aus. Klicken Sie auf **Create Instance**, um das Pop-up-Fenster zur Erstellung einer neuen Serviceinstanz aufzurufen. Geben Sie im ersten Schritt des Anlegedialogs folgende Werte an (siehe Abbildung 12.2):

- **Service**: Cloud Transport Management
- **Plan**: standard
- **Runtime Environment**: Cloud Foundry
- **Space**: <Ihr Space> (Standardname in der Trial ist dev)
- **Instance Name**: <Name Ihrer Wahl>

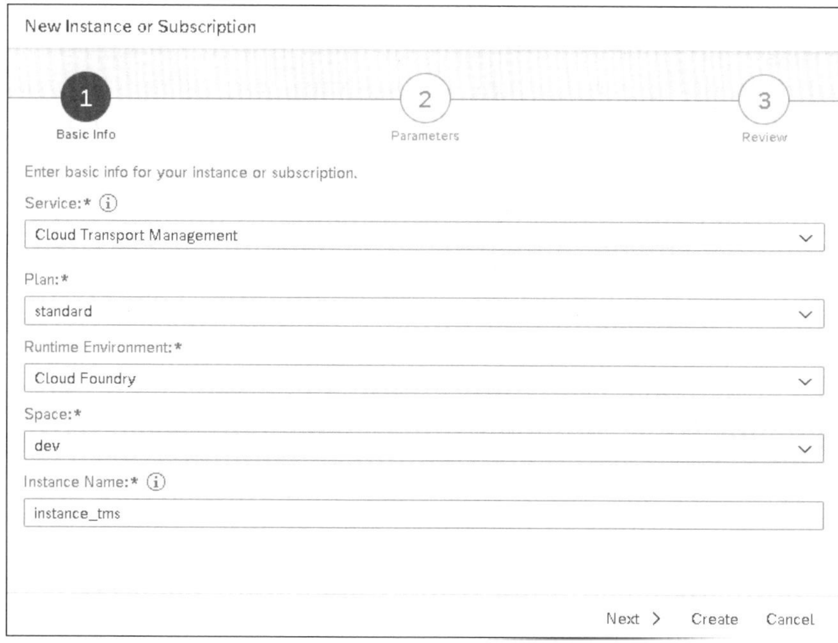

Abbildung 12.2 Anlegen einer Cloud-Transport-Management-Instanz

SAP Content Agent Service

Im nächsten Schritt benötigen Sie eine Serviceinstanz des SAP Content Agent Service. Anders als SAP Cloud Transport Management müssen Sie diesen Service in der Trial-Umgebung nicht erst aktivieren. Sie können direkt mit der Anlage einer Serviceinstanz beginnen.

1. Rufen Sie dazu Ihren Space im Trial Account auf, und wählen Sie im Service Marketplace in der Kategorie **Other** den **Content Agent** (siehe Abbildung 12.3).

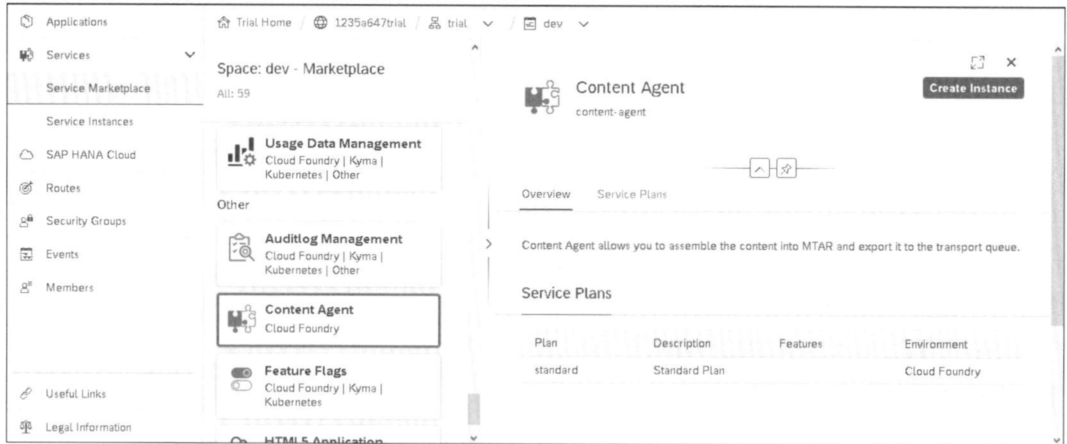

Abbildung 12.3 SAP Content Agent Service auswählen

2. Klicken Sie oben rechts auf **Create Instance**, um das Pop-up-Fenster zur Erstellung einer neuen Instanz zu öffnen.
3. Nehmen Sie dort die folgenden Einstellungen vor:
   - **Service**: Content Agent
   - **Plan**: standard
   - **Instance Name**: <Name Ihrer Wahl>
4. Im zweiten Schritt des Anlegedialogs müssen Sie keine weiteren Parameter eingeben. Klicken Sie zum Abschluss auf **Create Instance**.

Im Anschluss können Sie sich direkt zur erstellten Instanz weiterleiten lassen. Alternativ finden Sie Ihre Instanz unter **Services • Service Instances**.

Service Key für Content Agent

Erstellen Sie als Nächstes einen Service Key für die Content-Agent-Serviceinstanz. Rufen Sie dafür Ihre zuvor erstelle Instanz auf, und öffnen Sie im rechten Abschnitt das Aktionsmenü über das Symbol mit den drei Punkten (…). Wählen Sie den Eintrag **Create Service Key** (siehe Abbildung 12.4).

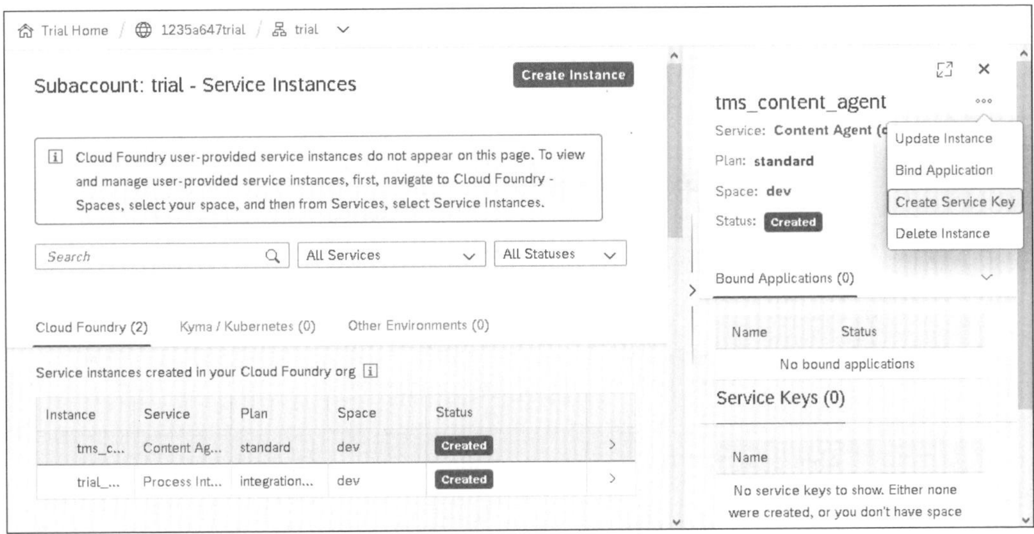

Abbildung 12.4 Service Key für die Content-Agent-Serviceinstanz anlegen

Es öffnet sich ein Pop-up-Fenster, in dem Sie einen Namen für den Service Key vergeben müssen. Es werden keine zusätzlichen Parameter benötigt. Klicken Sie auf **Create**, um den Service Key anzulegen.

Benutzerrollen zuweisen

Um die Funktionen der Services vollumfänglich nutzen zu können, benötigt Ihr Benutzer die entsprechenden Rollen. Für SAP Cloud Transport Management können Sie sich zu Testzwecken die Rolle **Administrator** zuweisen. Diese entspricht einem Super-Benutzer, der alle Berechtigungen innehat.

Destination konfigurieren

Als Nächstes müssen Sie eine Destination für jeden der beteiligten Services anlegen. Eine *Destination* stellt eine Verbindung zu einem anderen Service oder System dar. Sie gelangen zur Anlage einer Destination, indem Sie im Menü Ihres Subaccounts der SAP BTP den Eintrag **Connectivity • Destinations** auswählen. Über die Schaltfläche **New Destination** können Sie einen neuen Eintrag anlegen. Unterhalb der Liste mit den Destinations öffnet sich ein Bereich mit zwei Reitern für zwei Arten von Destinations und den zugehörigen Eingabefeldern (siehe Abbildung 12.5). Legen Sie die folgenden Destinations für das Szenario an.

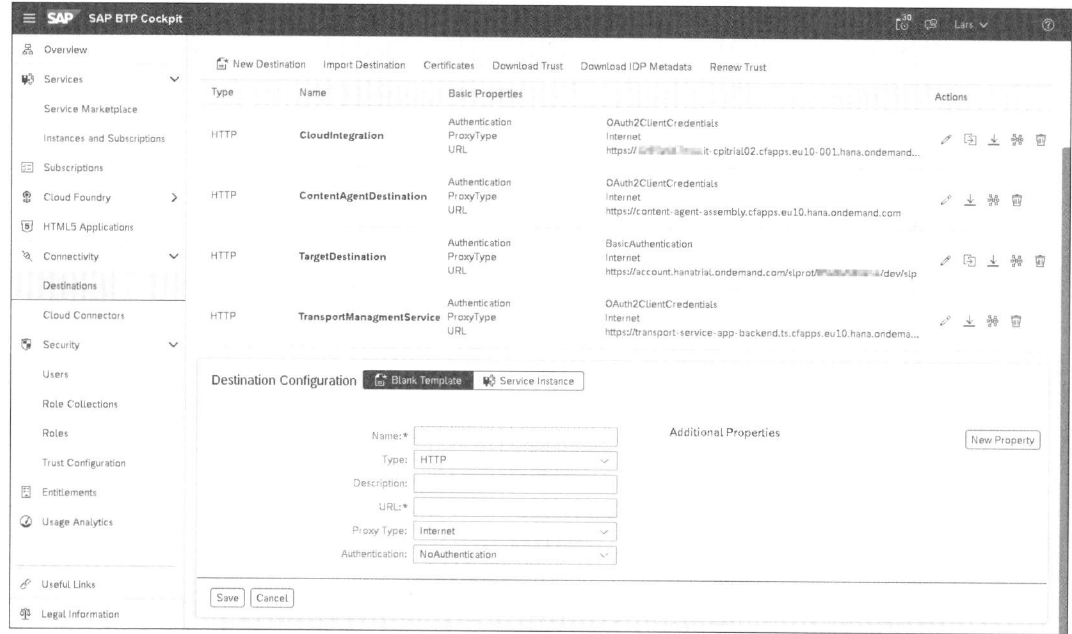

Abbildung 12.5 Eine neue Destination anlegen

Content Agent Legen Sie zuerst eine Destination für den SAP Content Agent Service an. Wechseln Sie dazu auf den Reiter **Service Instance**, und geben Sie in der Drop-down-Liste den Namen ein, den Sie für Ihre Serviceinstanz des SAP Content Agent Service verwendet haben. Vergeben Sie nun einen aussagekräftigen Namen und eine Beschreibung für die Destination. Klicken Sie anschließend auf **Next**, und speichern Sie die Destination mit **Save** (siehe Abbildung 12.6).

Cloud Integration Die nächste Destination legen Sie für Ihre Cloud-Integration-Instanz an. Wählen Sie dazu den Reiter **Blank Template**. Vergeben Sie einen Namen für die Destination, und wählen Sie Typ **HTTP**. Geben Sie im Feld **URL** den folgenden Wert ein: »<CPITestTenantUrl>/api/1.0/transportmodule/Transport« (siehe Abbildung 12.7).

Abbildung 12.6 Destination für den SAP Content Agent Service anlegen

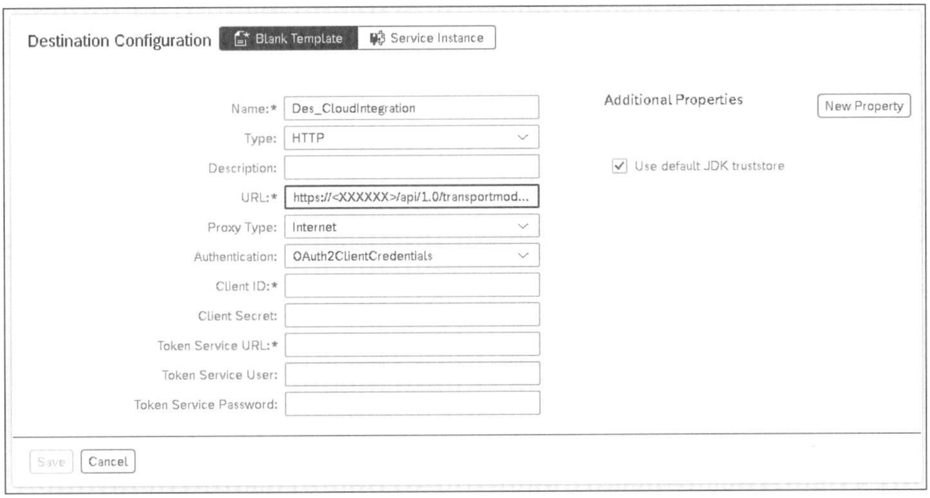

Abbildung 12.7 Destination für SAP Cloud Integration erstellen

Die Destination benötigt zur Authentifizierung OAuth-2.0-Client-Credentials. Die **Token Service URL** sowie die **Client ID** und das **Client Secret** finden Sie im Service Key der Cloud-Integration-Serviceinstanz. Nachdem Sie alle Angaben gemacht haben, speichern Sie die Destination.

Transport Management

Im nächsten Schritt legen Sie eine Destination für die Serviceinstanz von SAP Cloud Transport Management an. Wählen Sie hierzu wie zur Anlage der ersten Destination den Reiter **Service Instance**. Dort wählen Sie Ihre Instanz des Transport-Management-Service aus. Vergeben Sie einen Namen und eine Beschreibung, und klicken Sie auf **Next**.

Zusätzlich benötigen Sie für diese Destination eine **Additional Property** mit dem Wert »sourceSystemId=<Node des Testsystems>«. Den **Node** für das Testsystem legen wir später im Abschnitt »Transport Management konfigurieren« fest. Klicken Sie zum Abschluss auf **Save** (siehe Abbildung 12.8).

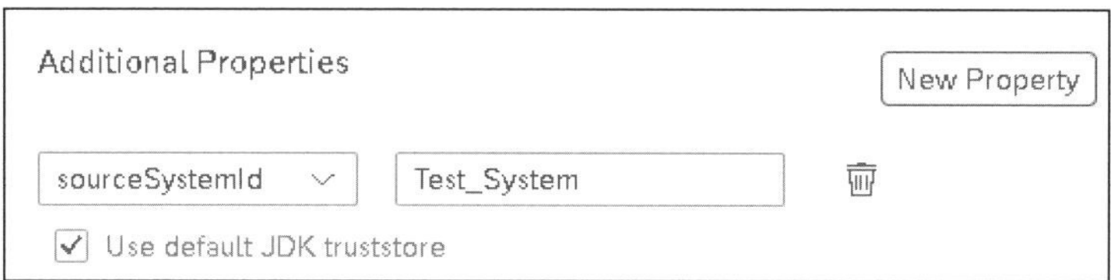

Abbildung 12.8 Zusätzliche Eigenschaften für die Destination festlegen

Destination des Zielsystems

Die letzte Destination, die Sie anlegen müssen, ist für das Zielsystem, also den Cloud-Integration-Tenant, in den Sie Inhalte aus Ihrem Test-Tenant transportieren möchten. Klicken Sie auf **New Destination**, und tätigen Sie die folgenden Eingaben auf dem Reiter **Blank Template**. Geben Sie als **URL** die Adresse des Ziel-Tenants ein. Für unser Beispiel können Sie die Adresse *https://account.hanatrial.ondemand.com/slprot/<trialAccount>/dev/slp* verwenden. Wählen Sie im Feld **Authentication** die Authentifizierungsmethode **Basic**.

Transport Management konfigurieren

Transport Management aktivieren

Damit Sie den Service SAP Cloud Transport Management zusammen mit SAP Cloud Integration nutzen können, müssen Sie den entsprechenden Transportmodus in Ihrem Cloud-Integration-Tenant aktivieren:

1. Öffnen Sie dazu die Weboberfläche Ihres SAP-Cloud-Integration-Tenants, und klicken Sie im Menü auf das Symbol **Settings** (), um in die Einstellungen zu gelangen.
2. Wechseln Sie auf den Reiter **Transport**, und wählen Sie in der Drop-down-Liste **Transport Mode** den Eintrag **Transport Management Service** aus (siehe Abbildung 12.9).
3. Speichern Sie Ihre Einstellung im Anschluss über die Schaltfläche **Save**.

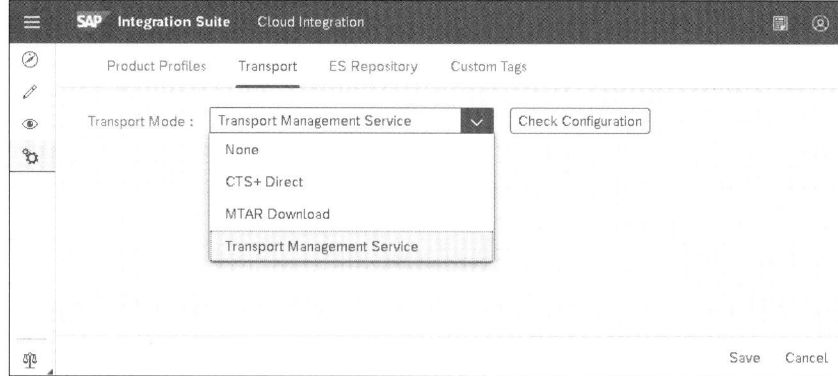

Abbildung 12.9 Transportmodus für SAP Cloud Integration einstellen

Starten Sie nun den Service SAP Cloud Transport Management, indem Sie im Subaccount Ihres Tenants unter **Subscriptions** in der Kachel **Transport Management** auf **Go to Application** klicken. Es öffnet sich die Startseite des Transport-Management-Service (siehe Abbildung 12.10).

SAP Cloud Transport Management konfigurieren

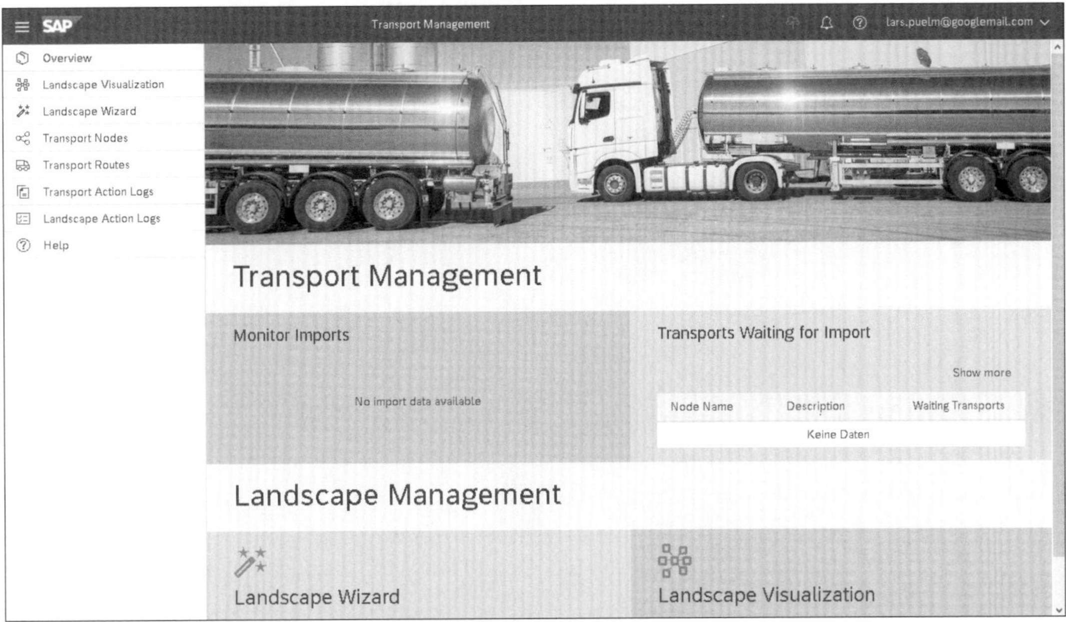

Abbildung 12.10 Übersichtsseite von SAP Cloud Transport Management

Im ersten Schritt müssen Sie im Bereich **Transport Nodes** für jedes System einen Knoten (*Node*) erstellen. Klicken Sie dazu in der Übersicht der Transport Nodes, die Sie in Abbildung 12.12 sehen, auf das Plus-Symbol (⊞), und legen Sie folgende Knoten an:

Nodes anlegen

- **Entwicklungs-Node**
  Vergeben Sie einen Namen, z. B. »Test_System«, sowie eine Beschreibung für den Entwicklungs-Node. Aktivieren Sie zusätzlich die Checkbox **Allow Upload to Node**. Wenn Sie die Checkbox aktiviert haben, können Sie Dateien zu diesem Knoten hochladen. Ansonsten wird dies von SAP Cloud Transport Management unterbunden. Die restlichen Einstellungen können Sie im Standard belassen (siehe Abbildung 12.11).
- **Produktiv-Node**
  Nennen Sie den produktiven Node z. B. »Produktiv_System«, und markieren Sie auch hier die Checkbox **Allow Upload to Node**. Wählen Sie im Feld **Content-Type** den Wert **Multi-Target Application** und im Feld **Destination** den Eintrag **TargetDestination**.

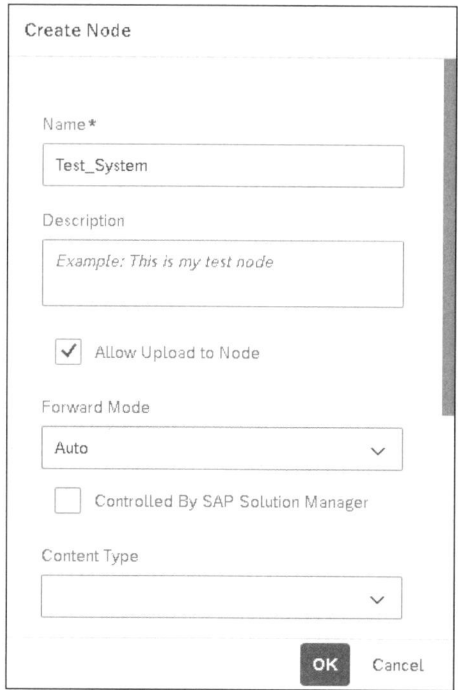

Abbildung 12.11 Node in SAP Cloud Transport Management anlegen

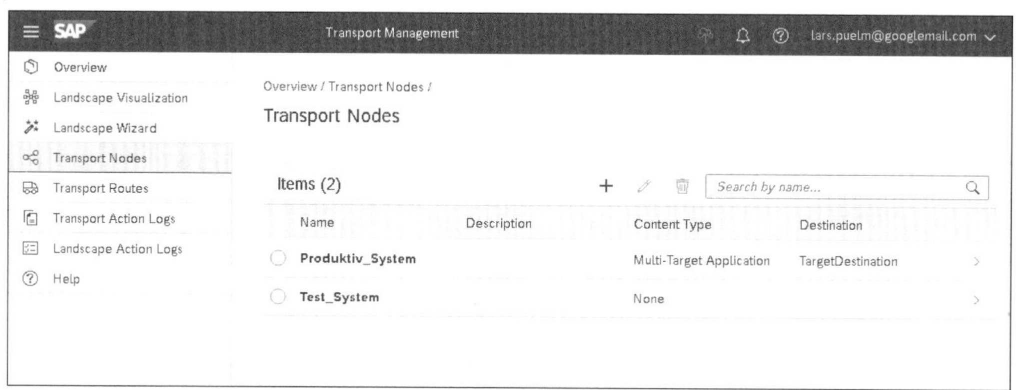

Abbildung 12.12 Übersicht der Transport Nodes

Transport-Route anlegen

Zur Verbindung der einzelnen Nodes benötigen Sie Routen. Um diese Routen anzulegen, wählen Sie im Menü des Transport-Management-Service den Eintrag **Transport Routes**. Klicken Sie in der Übersicht auf das Plus-Symbol (+), um eine neue Route zu erstellen. Geben Sie der neuen Route einen Namen, und wählen Sie im Feld **Choose a source node** den Node für das Entwicklungssystem und im Feld **Choose target node** den Node für das produktive System aus (siehe Abbildung 12.13).

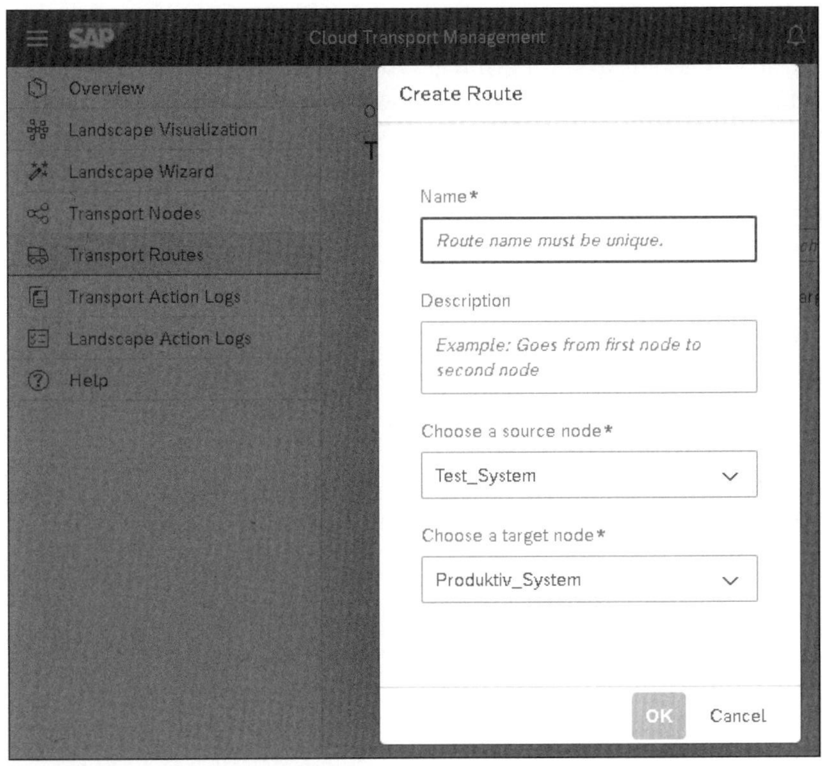

Abbildung 12.13 Eine neue Route vom Test- in das Produktivsystem anlegen

Paket transportieren

Nun können Sie in SAP Cloud Integration ein Paket auswählen, das Sie transportieren möchten, und oben rechts auf die Schaltfläche **Transport** klicken. Es öffnet sich ein Pop-up-Fenster, in dem Sie einen Kommentar für den Transport hinterlegen müssen. Bestätigen Sie den Vorgang mit einem Klick auf **Transport** (siehe Abbildung 12.14).

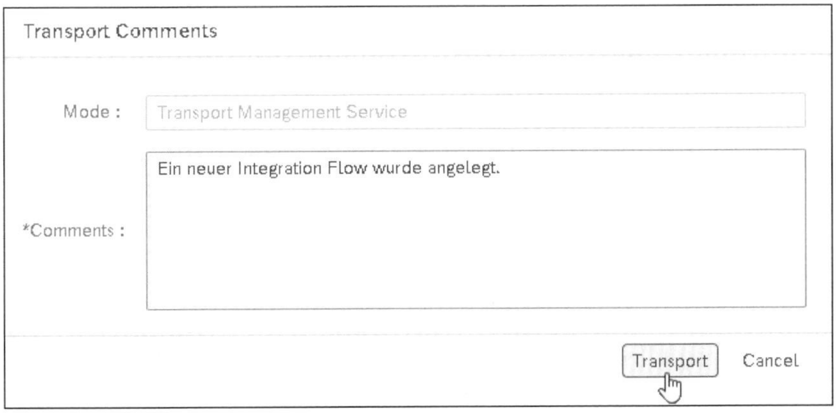

Transport Comments
Mode : Transport Management Service
*Comments : Ein neuer Integration Flow wurde angelegt.
Transport Cancel

Abbildung 12.14 Kommentar hinterlegen

12.1.2 CTS+

Eine weitere Möglichkeit, um Integrationspakete von einer Test- in eine Produktivumgebung zu transportieren, ist die On-Premise-Lösung CTS+. Da SAP jedoch auf die Verwendung von SAP Cloud Transport Management setzt, möchte ich dieses Thema nur sehr oberflächlich anschneiden.

Schritte im Test- und im Produktiv-Tenant

Die im Folgenden beschriebenen Schritte müssen Sie im Test- und im Produktiv-Tenant von SAP Cloud Integration ausführen. Um CTS+ in Ihrem Cloud-Integration-Tenant zu konfigurieren, benötigen Sie die Berechtigungsrolle **Tenant Administrator**.

1. Auf dem Reiter **Transport** im Bereich **Settings** wählen Sie in der Drop-down-Liste **Transport Mode** den Eintrag **CTS+ Direct** und speichern diese Einstellung über die Schaltfläche **Save** (siehe Abbildung 12.15).

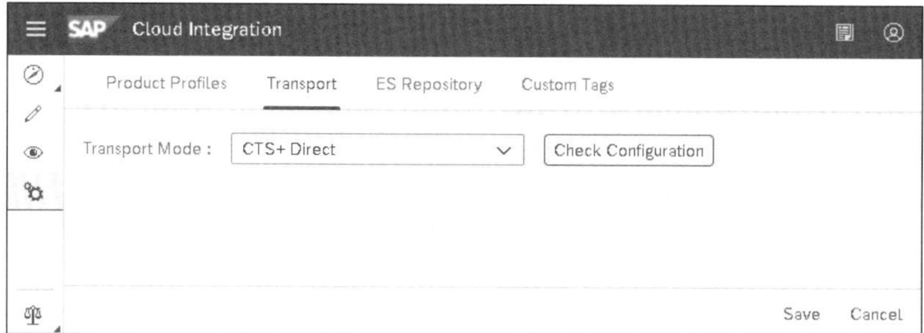

Abbildung 12.15 Konfiguration von SAP Cloud Integration CTS+

2. Aktivieren Sie in Ihrem Tenant der SAP BTP den *SAP Solutions Lifecycle Management Service*.
3. Da es sich bei CTS+ um eine On-Premise-Lösung handelt, sollten Sie den Cloud Connector als Schnittstelle zwischen Ihrem Netzwerk und der SAP BTP einrichten.

Weiterführende Informationen zur Konfiguration von CTS+

Weitere Informationen zur Konfiguration und zum Transport mit CTS+ finden Sie im SAP Help Portal unter folgender URL:
http://s-prs.de/v805320

12.1.3 Manuelle Transporte

Die Möglichkeit des manuellen Transports steht Ihnen in jeder Version Ihres Cloud-Integration-Tenants zur Verfügung. Sie können ein ganzes Paket oder eine einzelne Integration exportieren und anschließend wieder importieren.

Paket exportieren

Wenn Sie ein Paket exportieren möchten, gehen Sie wie folgt vor:

1. Wählen Sie in Ihrem Arbeitsbereich das gewünschte Paket aus. Klicken Sie oben rechts in der Ecke auf **Export**. Diese Schaltfläche können Sie nur sehen, wenn Sie sich nicht im Bearbeitungsmodus des Pakets befinden. Damit der Download des Pakets starten kann, benötigen alle Integrationen innerhalb des Pakets eine eigene Version und dürfen sich nicht mehr im Draft-Modus befinden (zur Versionierung siehe auch den gleichnamigen Abschnitt 4.2).
2. Es öffnet sich die Download-Funktion Ihres Browsers. In Abbildung 12.16 sehen Sie den Download über den Webbrowser Firefox von Mozilla. Bei der heruntergeladenen Datei handelt es sich um ein **.zip**-Archiv mit dem Namen des Pakets.
3. Wählen Sie **Datei speichern**, und bestätigen Sie den Download mit **OK**.

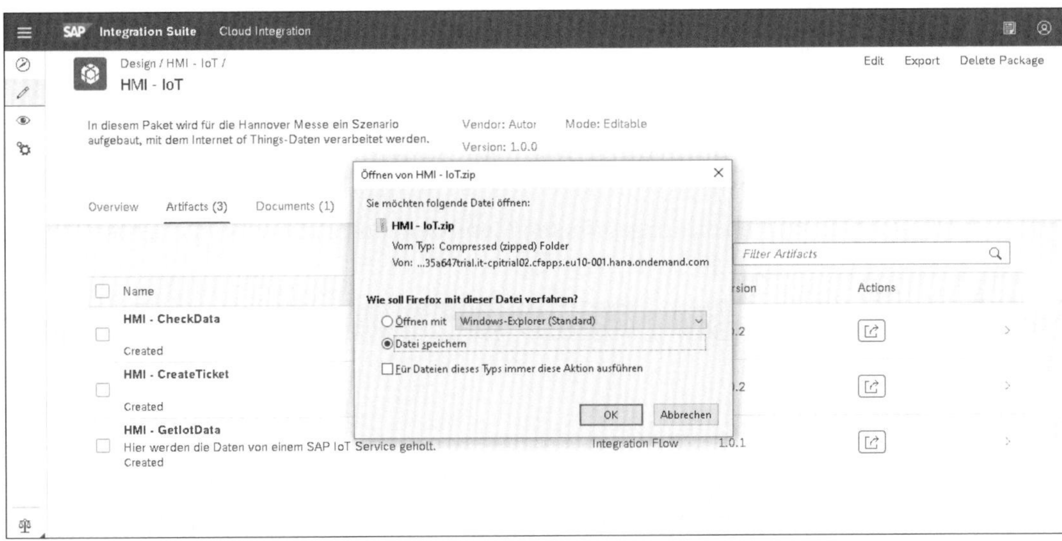

Abbildung 12.16 Paket exportieren

Paket importieren

Um ein Paket zu importieren, müssen Sie in die **Design**-Ansicht Ihres Arbeitsbereichs wechseln. Dort finden Sie in der oberen rechten Ecke die Schaltfläche **Import**. Nach dem Klick auf diese Schaltfläche öffnet sich die Upload-Funktion Ihres Browsers, in der Sie das **.zip**-Archiv des Pakets auf Ihrem Computer auswählen können (siehe Abbildung 12.17). Sollte es bereits ein Paket mit diesem Namen in SAP Cloud Integration geben, werden Sie gefragt, ob Sie das bestehende Paket überschreiben möchten.

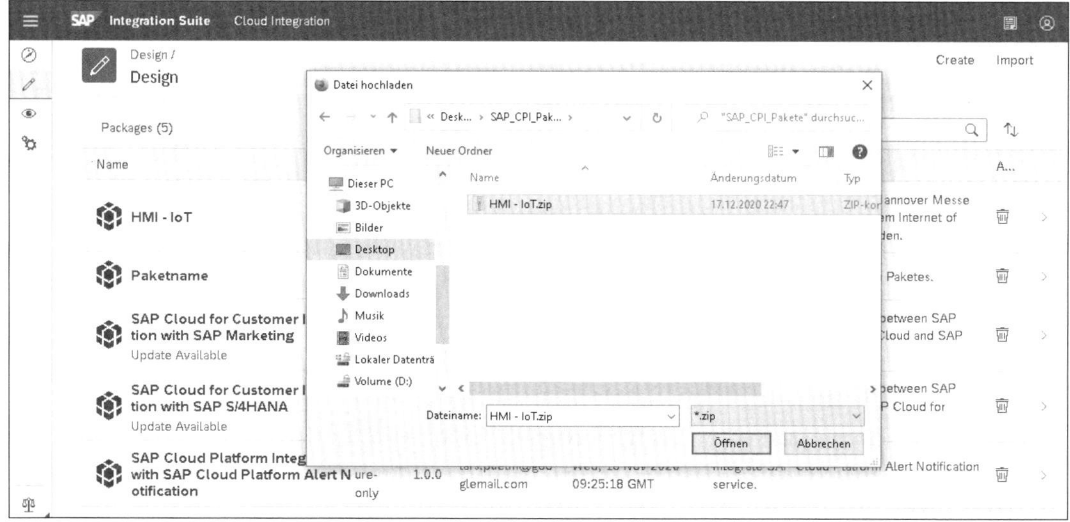

Abbildung 12.17 Paket importieren

Integration Flow exportieren

Sie können den gezeigten Vorgang auch mit einem einzelnen Integration Flow durchführen:

1. Öffnen Sie dazu das Paket, in dem sich der Integration Flow befindet, den Sie herunterladen wollen, und klicken Sie auf das Symbol [↗] in der Spalte **Actions**.
2. Wählen Sie im geöffneten Menü den Eintrag **Download** aus (siehe Abbildung 12.18).

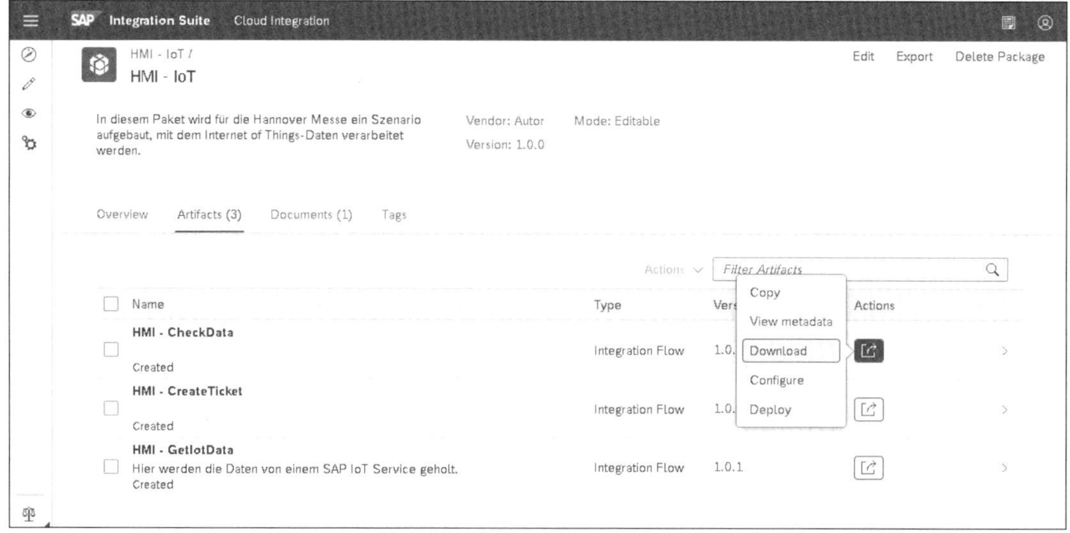

Abbildung 12.18 Integration herunterladen

3. Es öffnet sich ein Pop-up-Fenster, in dem Sie den Umgang mit den externalisierten Parametern bestimmen. Weitere Informationen zu diesen Parametern erhalten Sie in Abschnitt 8.4, »Parametrisierung mit der Funktion ›Externalize‹«. Der Vorgang muss mit einem Klick auf die Schaltfläche **Download** bestätigt werden.
4. Wie beim Paket-Download erhalten Sie ein **.zip**-Archiv, das den Namen des Integration Flows trägt.

Integration Flow importieren

Sie können einen einzelnen Integration Flow wie folgt hochladen:

1. Wechseln Sie in dem gewünschten Paket in den Bearbeitungsmodus.
2. Wählen Sie auf dem Reiter **Artifacts** neben der Suchleiste die Funktion **Add • Integration Flow** aus.
3. Es öffnet sich ein Pop-up-Fenster, das Sie in Abbildung 12.19 sehen. Wählen Sie die Option **Upload** aus, und klicken Sie neben dem Feld **Integration Flow** auf die Schaltfläche **Browse...**

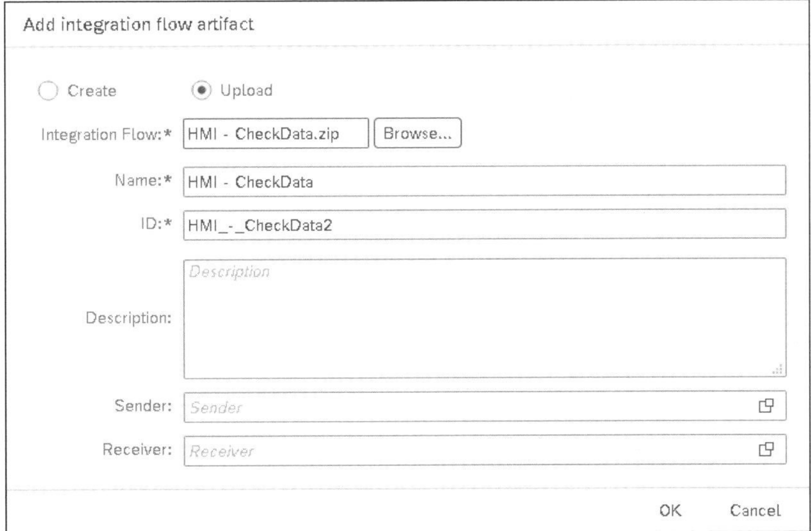

Abbildung 12.19 Integration hochladen

4. Es öffnet sich ein für Webbrowser typisches Fenster zum Hochladen von Dateien. Wählen Sie einen zuvor heruntergeladenen Integration Flow aus. Die Felder des Pop-up-Fensters werden automatisch mit den Informationen aus der Datei gefüllt. Bestätigen Sie den Upload.

Integration Flow bereits vorhanden

Wenn bereits ein Integration Flow mit dieser ID in Ihrem Cloud-Integration-Tenant vorhanden ist, erhalten Sie eine entsprechende Fehlermeldung. Als Information werden Ihnen der Name des Integration Flows und das Paket angezeigt, in dem sich der vorhandene Integration Flow befindet. Sie können den bereits vorhandenen Integration Flow nun löschen oder die ID des zu importierenden Integration Flows verändern, um den Integration Flow dennoch importieren zu können (siehe Abbildung 12.20).

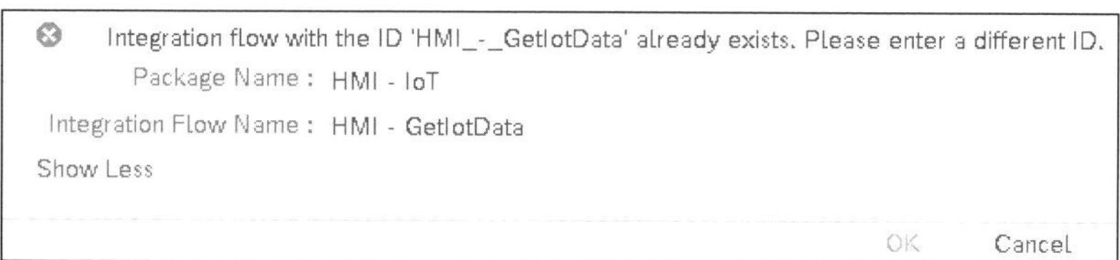

Abbildung 12.20 Fehlermeldung bei bereits vorhandener ID

12.2 Cloud Connector

Sichere Verbindung zu On-Premise-Systemen

Der Cloud Connector ist eine kostenlose Serverlösung von SAP, mit der Sie Ihre On-Premise-Systeme an Ihre SAP-Cloud-Produkte anschließen können. SAPs Produktstrategie ist klar auf die Cloud ausgerichtet. Dennoch werden uns On-Premise-Lösungen noch sehr lange begleiten, zum einen weil noch nicht alle Systeme optimal in der Cloud funktionieren (z. B. das Edge Computing), zum anderen weil die Themen Datenschutz und Privatsphäre nie an Wichtigkeit verlieren werden. Damit eine sichere Kommunikation gewährleistet wird, wird vom Cloud Connector ein Tunnel zwischen den Systemen aufgebaut.

Der Cloud Connector wird auf einem lokalen Gerät oder einer virtuellen Maschine in Ihrem Netz installiert. Des Weiteren können Sie durch Freischaltung bestimmter lokaler Ressourcen sicherstellen, dass nur benötigte Datenpunkte verwendet werden.

Um den Cloud Connector zu konfigurieren, benötigen Sie einen aktuellen Browser Ihrer Wahl. Sie können den Cloud Connector zu Testzwecken auch auf Ihrem lokalen Computer installieren.

Systemanforderungen

Für die Installation hat SAP die folgenden Voraussetzungen an die Hardware festgelegt:

- Minimale Systemanforderungen:
  - Arbeitsspeicher: 2 GB
  - Prozessor: Single Core 3 GHz, kompatibel mit x86-64-Architektur
  - Festplattenspeicher: 3 GB
- Empfohlene Systemeigenschaften:
  - Arbeitsspeicher: 4 GB
  - Prozessor: Dual Core 2 GHz, kompatibel mit x86-64-Architektur
  - Festplattenspeicher: 20 GB

Als Betriebssystem benötigen Sie Windows, Linux oder macOS X. Auf diesem Betriebssystemen sollte das *Java Development Kit* (JDK) in der Version 8 vorliegen. Sie können eine *SAP Java Virtual Machine* (SAP JVM) für den Cloud Connector unter folgendem Link direkt von der Seite der SAP Development Tools herunterladen (siehe Abbildung 12.21): *https://tools.hana.ondemand.com/#cloud*.

SAP Development Tools — Legal Disclosure | Privacy | Terms of Use | More

HOME ABAP BW **CLOUD** CLOUD INTEGRATION HANA IDM ML FOUNDATION MOBILE SAPUI5

SAP JVM

The SAP JVM is a prerequisite for local profiling with the SAP JVM Profiler. It is a standard compliant certified JDK, supplemented by additional supportability and developer features and extensive monitoring and tracing facilities. For more information, see the SAP JVM documentation.

Available SAP JVMs

Operating System*	Architecture	Version**	File Size	Download
Linux	x86_64	7.1.073	103.6 MB	sapjvm-7.1.073-linux-x64.zip (sha1)
Linux	x86_64	7.1.073	102.9 MB	sapjvm-7.1.073-linux-x64.rpm (sha1)
Linux	x86_64	8.1.067	123.1 MB	sapjvm-8.1.067-linux-x64.zip (sha1)
Linux	x86_64	8.1.067	119.0 MB	sapjvm-8.1.067-linux-x64.rpm (sha1)
Mac OS X	x86_64	7.1.073	105.4 MB	sapjvm-7.1.073-macosx-x64.zip (sha1)
Mac OS X	x86_64	8.1.067	123.6 MB	sapjvm-8.1.067-macosx-x64.zip (sha1)
Windows	x86_64	7.1.073	120.3 MB	sapjvm-7.1.073-windows-x64.zip (sha1)
Windows	x86_64	8.1.067	150.2 MB	sapjvm-8.1.067-windows-x64.zip (sha1)

*SAP JVM is supported for:

Abbildung 12.21 Download einer SAP JVM für den Cloud Connector

Softwareanforderungen

Die genannten Softwareanforderungen sind allgemeiner Natur. Je nach Auswahl des Betriebssystems können darüber hinaus andere Anforderungen gelten. Unter folgendem Link finden Sie die offizielle Übersicht der Voraussetzungen von SAP: *http://s-prs.de/v805321*

Netzwerkanforderungen

Damit sich der Cloud Connector mit der Cloud in Verbindung setzen kann, muss der Server, auf dem der Cloud Connector läuft, über eine stabile Internetverbindung verfügen. Zusätzlich müssen für den Server IP-Bereiche im Netzwerk freigeschaltet werden, damit eine Verbindung zur SAP BTP aufgebaut werden kann. Denn in der Regel sind aus Sicherheitsgründen alle IP-Adressen und Ports im Netzwerk gesperrt.

Bei den IP-Bereichen wird zwischen der Neo-Umgebung für SAP-Rechenzentren und der Cloud-Foundry-Umgebung für IaaS-Provider (Infrastructure as a Service) wie Amazon Web Services (AWS), Microsoft Azure oder Google Cloud unterschieden. Die IP-Bereiche können sich im Laufe der Zeit ändern, Änderungen werden vier Wochen im Voraus bekanntgegeben Alle aktuellen IP-Bereiche finden Sie auf folgender Seite im SAP Help Portal: *http://s-prs.de/v805322*.

Beispiel eines IP-Bereichs

Wenn Sie beispielsweise die Trial-Version der SAP BTP in der Cloud-Foundry-Umgebung eines Amazon-Rechenzentrums (Europe (Frankfurt) – AWS) nutzen, müssen Sie folgende IP-Adressen in den aufgelisteten Service-URLs in Ihrer Firewall freigeben:

- connectivitynotification.cf.eu10.hana.ondemand.com
  - 3.124.222.77
  - 3.122.209.241
  - 3.124.208.223
- connectivitycertsigning.cf.eu10.hana.ondemand.com
  - 3.124.222.77
  - 3.122.209.241
  - 3.124.208.223
- connectivitytunnel.cf.eu10.hana.ondemand.com
  - 3.124.222.77
  - 3.122.209.241
  - 3.124.208.223

Neben der Kommunikation ins Internet dürfen Sie die Kommunikation innerhalb des Netzwerks nicht vergessen. Die Maschine, auf der der Cloud Connector läuft, muss die Möglichkeit haben, mit anderen Servern im Netzwerk zu kommunizieren, über die ein Datenaustausch mit der Cloud stattfinden soll.

12.2.1 Installation

In diesem Abschnitt zeige ich Ihnen, wie Sie die Installation des Cloud Connectors selbstständig durchführen. Dabei beziehe ich mich auf eine Windows-Installation. Falls Sie den Cloud Connector auf einem Linux oder macOS-X-Betriebssystem installieren möchten, verweise ich Sie auf die offizielle Dokumentation des Cloud Connectors im SAP Help Portal:

http://s-prs.de/v805323

Installation auf Windows

Nachdem Sie die Softwareanforderungen erfüllt haben, indem Sie Java installiert und den Cloud Connector heruntergeladen haben, müssen Sie bei einer Installation auf Windows noch die Laufzeitkomponenten *Visual C++ Redistributable Packages for Visual Studio 2013* installieren. Sollten Sie bereits eine neuere Version dieser Packages installiert haben, müssen Sie dennoch die 2013er-Version installieren.

Cloud Connector herunterladen

Laden Sie zuerst die aktuelle Version des Cloud Connectors über folgenden Link von dem Reiter **CLOUD** herunter (siehe Abbildung 12.22): *https://tools.hana.ondemand.com/*.

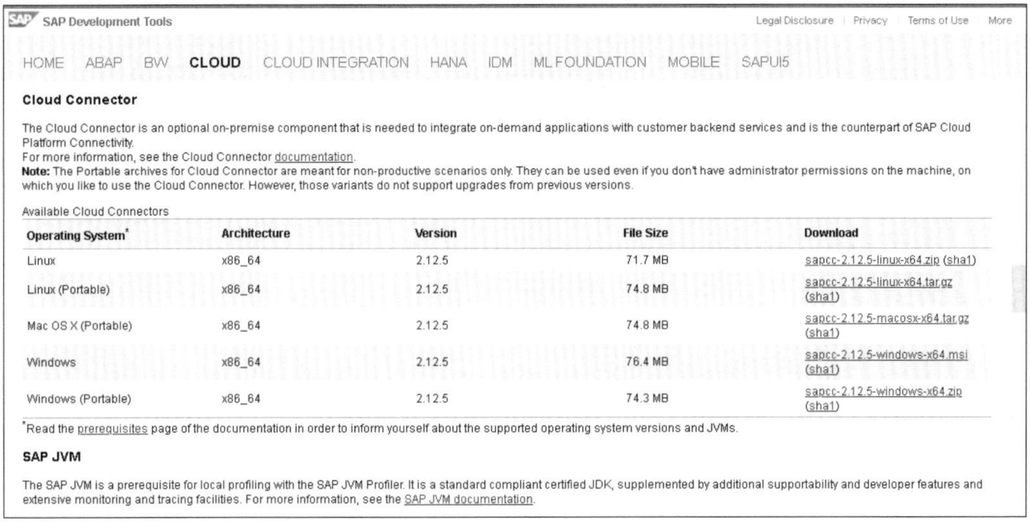

SAP Development Tools — Legal Disclosure | Privacy | Terms of Use | More

HOME ABAP BW **CLOUD** CLOUD INTEGRATION HANA IDM ML FOUNDATION MOBILE SAPUI5

Cloud Connector

The Cloud Connector is an optional on-premise component that is needed to integrate on-demand applications with customer backend services and is the counterpart of SAP Cloud Platform Connectivity.
For more information, see the Cloud Connector documentation.
Note: The Portable archives for Cloud Connector are meant for non-productive scenarios only. They can be used even if you don't have administrator permissions on the machine, on which you like to use the Cloud Connector. However, those variants do not support upgrades from previous versions.

Available Cloud Connectors

Operating System*	Architecture	Version	File Size	Download
Linux	x86_64	2.12.5	71.7 MB	sapcc-2.12.5-linux-x64.zip (sha1)
Linux (Portable)	x86_64	2.12.5	74.8 MB	sapcc-2.12.5-linux-x64.tar.gz (sha1)
Mac OS X (Portable)	x86_64	2.12.5	74.8 MB	sapcc-2.12.5-macosx-x64.tar.gz (sha1)
Windows	x86_64	2.12.5	76.4 MB	sapcc-2.12.5-windows-x64.msi (sha1)
Windows (Portable)	x86_64	2.12.5	74.3 MB	sapcc-2.12.5-windows-x64.zip (sha1)

*Read the prerequisites page of the documentation in order to inform yourself about the supported operating system versions and JVMs.

SAP JVM

The SAP JVM is a prerequisite for local profiling with the SAP JVM Profiler. It is a standard compliant certified JDK, supplemented by additional supportability and developer features and extensive monitoring and tracing facilities. For more information, see the SAP JVM documentation.

Abbildung 12.22 Download-Bereich für den Cloud Connector innerhalb der SAP Development Tools

Wählen Sie die Datei **sapcc-2.12.5-windows-x64.msi** für den Download aus. Im Anschluss öffnet sich die Lizenzvereinbarung, die Sie bestätigen müssen. Nach der Bestätigung startet der Download. Die heruntergeladene Datei sollten Sie im Standard-Download-Ordner Ihres Webbrowsers finden.

Installation starten

Öffnen Sie im Anschluss die ausführbare Datei des Cloud Connectors. Bei der Installation werden die folgenden Schritte durchlaufen:

1. Installationsort auswählen
2. HTTPS-Port definieren (als Port ist standardmäßig 8443 vordefiniert)
3. Installationsort des JDKs bestimmen
4. auswählen, ob Sie den Cloud Connector direkt nach der Installation starten wollen (siehe Abbildung 12.23)

Verknüpfungen und Dienste

Nach einem kurzen Installationsprozess erscheinen auf Ihrem Desktop die beiden folgenden Verknüpfungen:

- **Start Cloud Connector**
- **Stop Cloud Connector**

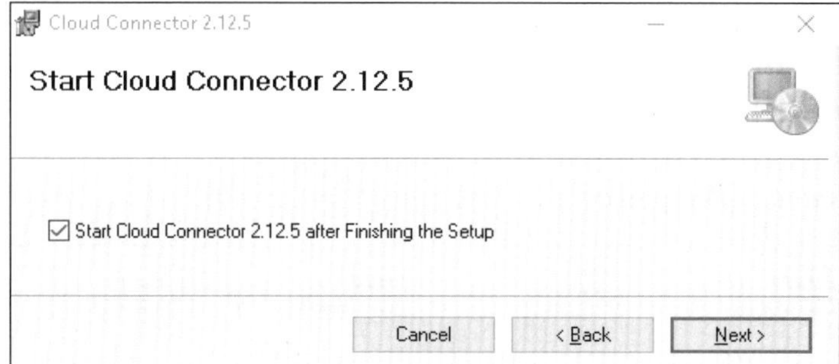

Abbildung 12.23 Vierter Schritt der geführten Installation des Cloud Connectors

Des Weiteren wird ein Hintergrundprozess namens **SAP Cloud Connector** in den Windows-Diensten hinterlegt (siehe Abbildung 12.24).

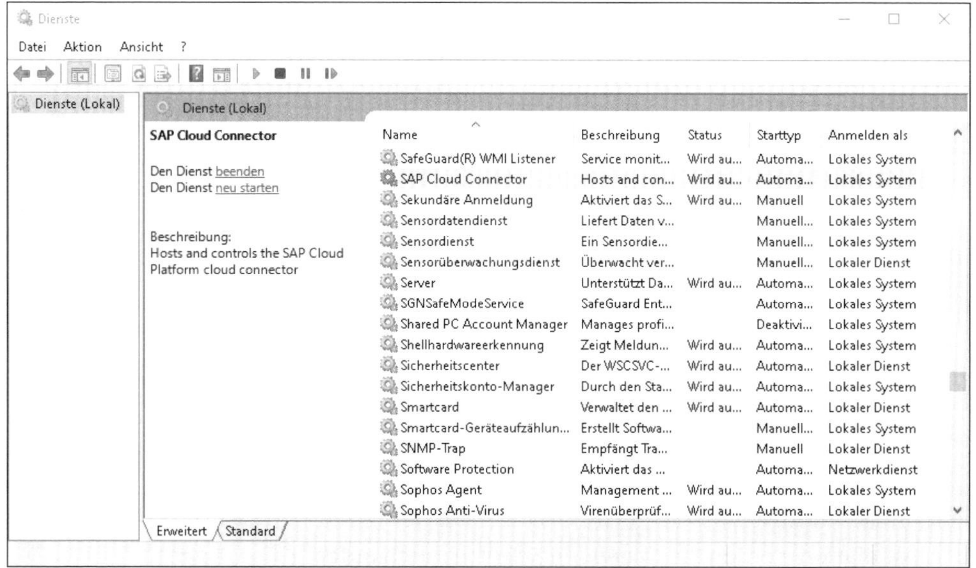

Abbildung 12.24 Cloud Connector als Hintergrundprozess in den Windows-Diensten

Automatischer Start des Cloud Connectors

Bei einer Windows-Installation wird der Cloud Connector als Windows-Service hinterlegt, der den Cloud Connector bei jedem Start oder Neustart des Systems mitstartet.

Cloud Connector starten

Wenn Sie den Cloud Connector auf Ihrem lokalen Computer installiert haben, können Sie die Weboberfläche über Ihren Browser unter der Adresse *https://localhost:<port>* aufrufen. Es öffnet sich ein Anmeldebildschirm (siehe Abbildung 12.25).

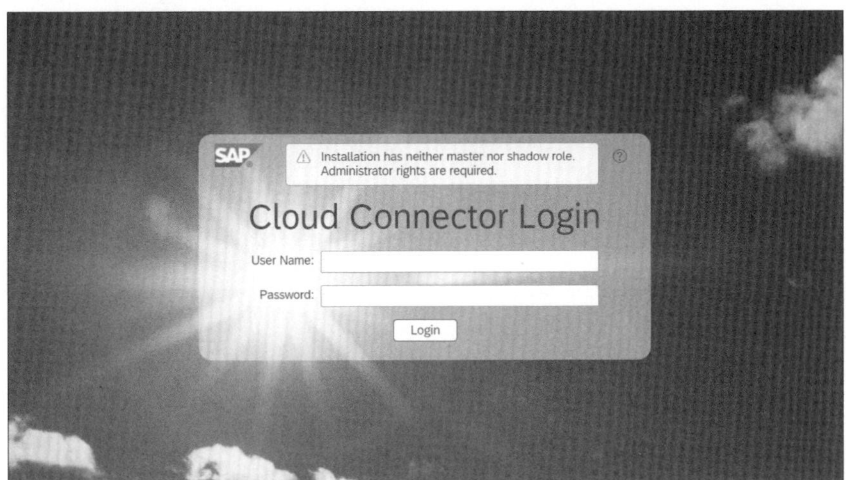

Abbildung 12.25 Anmeldebildschirm des Cloud Connectors

12.2.2 Konfiguration

Anmeldung

Nachdem Sie den Cloud Connector in Ihrem Browser aufgerufen haben, öffnet sich die Anmeldeoberfläche. Auf dieser müssen Sie die folgenden vorkonfigurierten Anmeldedaten eingeben:

- **User Name**: Administrator
- **Password**: manage

Initialsetup

Nach der erfolgreichen Anmeldung startet das Initialsetup. Dort müssen Sie ein neues Passwort vergeben, das nicht dem Initialpasswort entsprechen darf. Zusätzlich müssen Sie entscheiden, ob es sich um eine **Master**- oder **Shadow**-Instanz (Schatteninstanz) handelt (siehe Abbildung 12.26):

- Die *Master-Instanz* ist die Hauptinstanz und sollte für Ihre erste Installation gewählt werden.
- Eine *Schatteninstanz* ist eine Kopie der Hauptinstanz mit reduzierten Einstellungsmöglichkeiten. Durch diese Instanz kann eine Hochverfügbarkeit realisiert werden.

Die Instanzen können ihre Rollen tauschen, was ich in Abschnitt 12.2.5, »Hochverfügbarkeit«, detaillierter erläutere.

Zum Abschluss können Sie eine Beschreibung Ihrer Cloud-Connector-Instanz angeben. Nachdem Sie alle Eingaben getätigt haben, klicken Sie auf **Save**, um das Initialsetup abzuschließen.

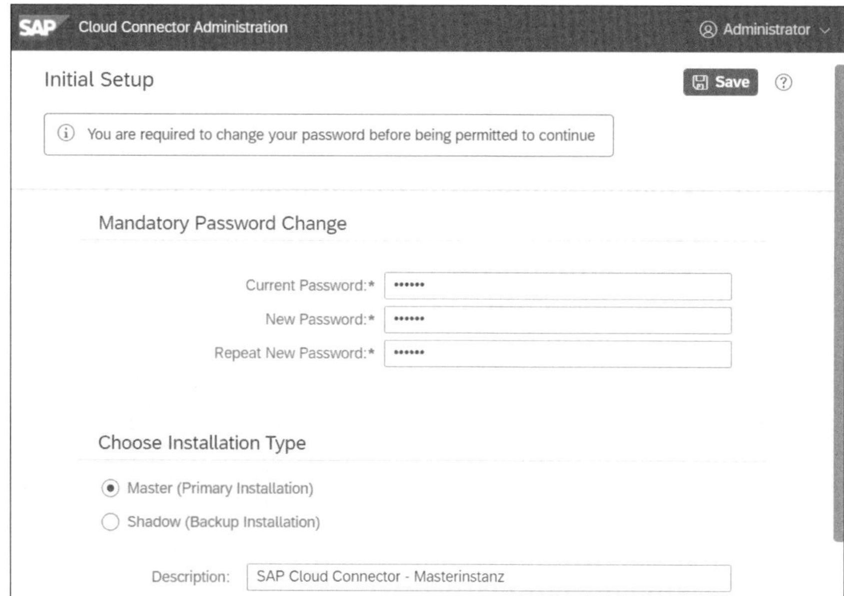

Abbildung 12.26 Initialsetup nach der Installation

Subaccount hinterlegen

Die SAP BTP binden Sie über Ihren Subaccount an. Klicken Sie auf der Administrationsoberfläche des Cloud Connectors auf **Add Subaccount** oben rechts in der Ecke (siehe Abbildung 12.27).

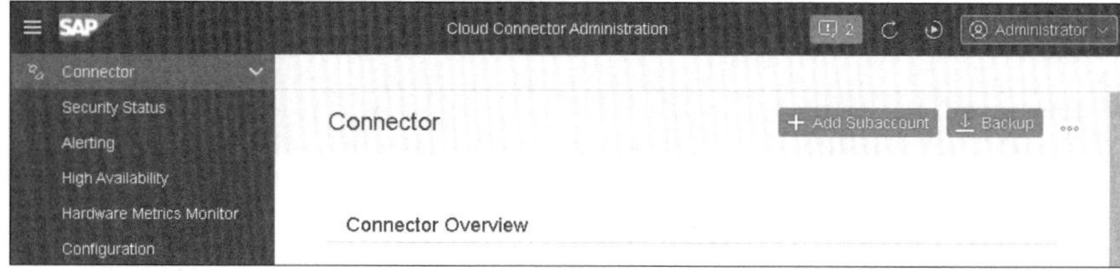

Abbildung 12.27 Einen neuen Subaccount hinzufügen

Es öffnet sich ein Pop-up-Fenster mit den folgenden Feldern (siehe Abbildung 12.28):

- **Region**
  Das Feld stellt Ihnen eine Drop-down-Liste mit allen konfigurierbaren Regionen zur Verfügung. Für die Trial-Version würde etwa die Region **Europe (Rot) – Trial** (hanatrial.ondemand.com) infrage kommen.
- **Subaccount**
  Hier wählen Sie aus, ob es sich um einen Subaccount der Neo- oder der Cloud-Foundry-Umgebung handelt.

- **Display Name**
  Als angezeigten Namen sollten Sie einen Wert wählen, der eindeutig auf den anzubindenden Subaccount verweist. Dies ist wichtig, weil im Laufe der Zeit mehrere Subaccounts hinzukommen können.
- **Subaccount User**
  Als **Subaccount User** tragen Sie einen Benutzer ein, der Berechtigungen für den Cloud Connector in der SAP BTP hat.
- **Password**
  In das Feld **Password** geben Sie das Passwort des angegebenen Benutzers ein. Über das Passwort meldet sich der Cloud Connector an der SAP BTP an.
- **Location ID**
  Die **Location ID** entspricht dem Standort des Cloud Connectors in Ihrem Netzwerk. Das Feld hilft Ihnen bei der korrekten Auswahl des Cloud Connectors, wenn es mehrere Installationen in Ihrem Netzwerk geben sollte. Sofern die Location ID angegeben ist, muss sie auch in SAP Cloud Integration mit angegeben werden.
- **Description**
  Im Feld **Description** sollte eine aussagekräftige Beschreibung des Cloud Connectors stehen.

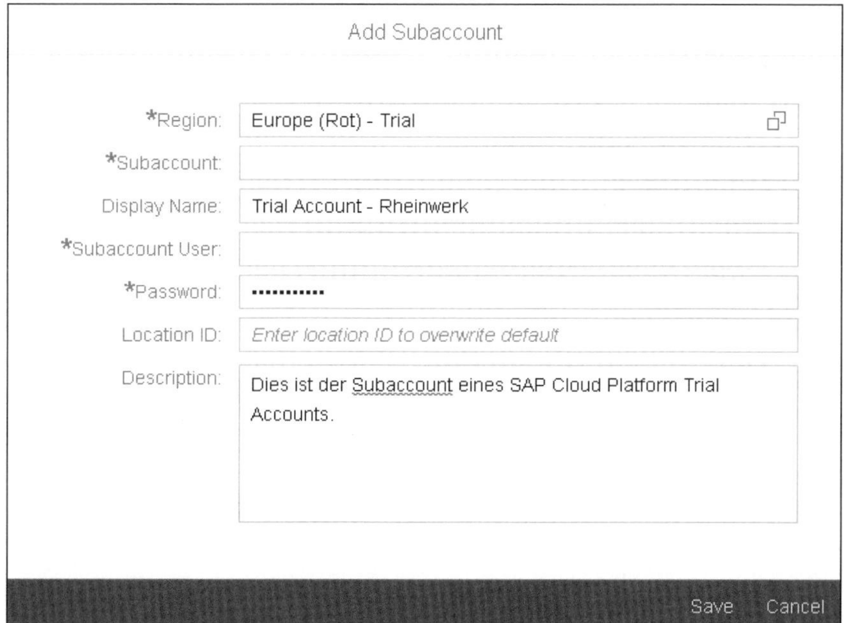

Abbildung 12.28 Einen neuen Subaccount im Cloud Connector anlegen

On-Premise-System anlegen

Nachdem Sie den Cloud Connector erfolgreich mit der SAP BTP verbunden haben, können Sie ihn mit einem beliebigen On-Premise-System verbinden:

1. Wählen Sie dazu im Menü den Eintrag **Cloud To On-Premise**, nachdem Sie den zuvor erstellten Subaccount ausgewählt haben.
2. Klicken Sie auf der rechten Seite auf das Plus-Symbol (⊞), um eine neue On-Premise-Verbindung hinzuzufügen.
3. Es öffnet sich ein Assistent, dem Sie in mehreren Schritten das Backend-System (siehe Abbildung 12.29), das Übertragungsprotokoll und die Adresse mitgeben müssen. Die virtuelle Adresse ist nur für den Cloud Connector gedacht und hat den Vorteil, dass Sie nicht jede Integration anpassen müssen, wenn sich die Adresse des On-Premise-Systems ändert.
4. Zum Abschluss der Konfiguration bestätigen Sie Ihre Eingaben mit der Schaltfläche **Finish**.

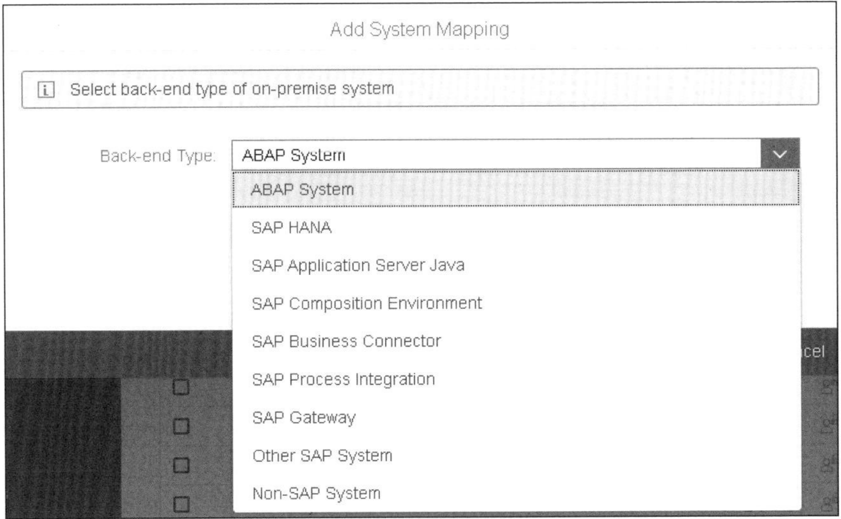

Abbildung 12.29 Neues On-Premise-System anlegen

Kommunikationsaufbau

Sobald Sie das On-Premise-System angegeben haben und alle Ressourcen erreichbar sind, können Sie mit der Nachrichtenübertragung beginnen. Im Folgenden stelle ich Ihnen die Monitoring-Möglichkeiten des Cloud Connectors vor.

12.2.3 Monitoring

Das Monitoring unterteilt sich in drei Bereiche: den Monitor sowie die Audits und Log- und Trace-Dateien.

Monitor

Wählen Sie im Menü der Administrationsoberfläche des Cloud Connectors den Bereich **Monitor**. Dort müssen Sie zuerst oben links den passenden Subaccount auswählen, falls Sie mehrere im Einsatz haben. Danach stehen Ihnen Daten auf den folgenden vier Reitern zur Verfügung:

- PERFORMANCE
  Auf dem Reiter **PERFORMANCE** werden alle Anfragen, die beim Cloud Connector angekommen sind und bis zum Zielsystem weitergereicht werden, in Blöcke unterteilt. Für jeden Block wird eine Bearbeitungsdauer in Millisekunden dargestellt. Die einzelnen Anfragen werden einem Block zugeordnet. Die Aufzeichnung der Performance-Daten beginnt beim ersten Start des Cloud Connectors. Sie können mit dem Löschsymbol (🗑) alle Daten löschen. Die neue Aufzeichnung beginnt sofort nach dem Löschen. Sie sollten bedenken, dass die Löschung auch die Daten auf dem Reiter **TOP TIME CONSUMERS** betrifft. Bei Bedarf können Sie die Daten mit der Funktion **Select Host** nach einem Zielsystem filtern, das an den ausgewählten Subaccount angeschlossen ist (siehe Abbildung 12.30).

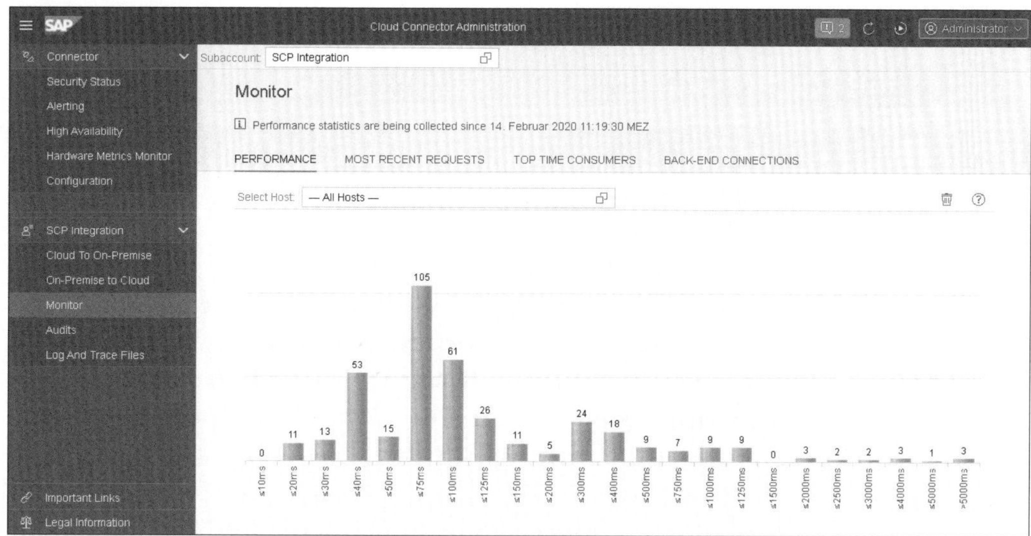

Abbildung 12.30 Reiter »PERFORMANCE« im »Monitor« des Cloud Connectors

- **MOST RECENT REQUESTS**

  Der Reiter **MOST RECENT REQUESTS** zeigt die letzten 50 Anfragen an. Zu jeder Anfrage werden ein Datum und eine Uhrzeit sowie der zugeordnete virtuelle Host angegeben. Zusätzlich werden noch das Protokoll und die Bearbeitungsdauer in Millisekunden angezeigt.

  Über das Symbol **Actions** (🔍) rufen Sie die Anfragedetails auf. Unter anderem beinhalten die Details ein Balkendiagramm, das die einzelnen Bestandteile der Bearbeitungszeit anzeigt (siehe Abbildung 12.31). Sollte ein Bestandteil einen kleineren Wert als eine Millisekunde aufweisen, wird dieser nicht angezeigt. Zur Sortierung können Sie einen Host auswählen und zur Filterung der Daten eine Ressource mit einem Suffix für einen virtuellen Host festlegen.

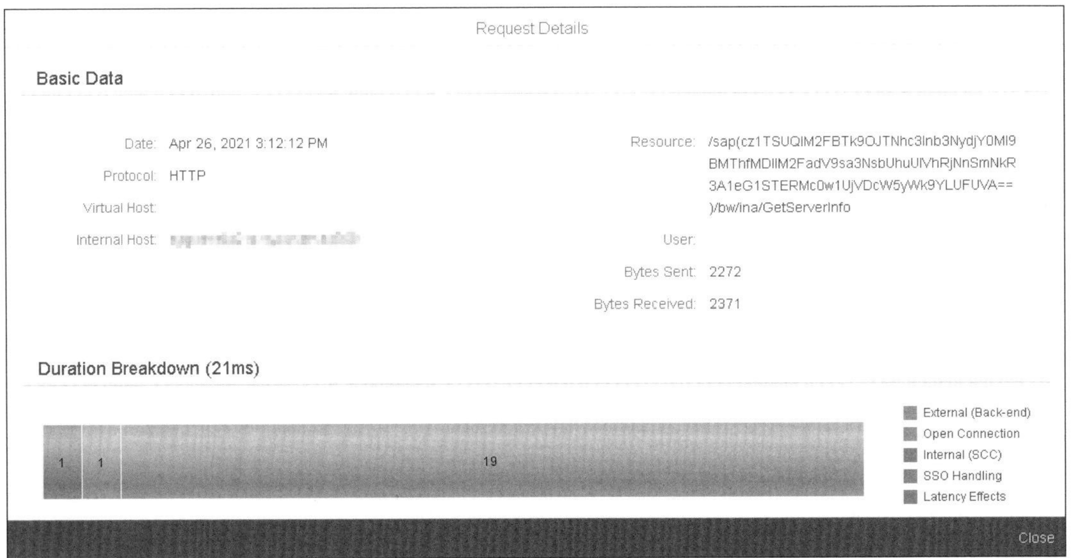

Abbildung 12.31 Balkendiagramm der letzten Abfragen

- **TOP TIME CONSUMERS**

  Auf dem Reiter **TOP TIME CONSUMERS** werden die 50 Anfragen angezeigt, die die höchste Bearbeitungsdauer aufweisen. Der Aufbau dieses Reiters entspricht dem des Reiters **MOST RECENT REQUESTS**.

- **BACK-END CONNECTIONS**

  Der Reiter **BACK-END CONNECTIONS** zeigt Ihnen gebündelt für jedes Zielsystem alle aktiven und inaktiven Verbindungen an. Wenn Sie einen Eintrag auswählen, werden Ihnen die Details der Verbindungen sowie eine grafische Darstellung aller inaktiven Verbindungen angezeigt.

Audits

Im Bereich **Audits** können Sie zum einen Anfragen zwischen dem Cloud Connector und der Cloud und zum anderen Konfigurationsänderungen im Cloud Connector überwachen (siehe Abbildung 12.32). Jedes Audit wird vom Cloud Connector digital signiert, sodass die Integrität sichergestellt werden kann.

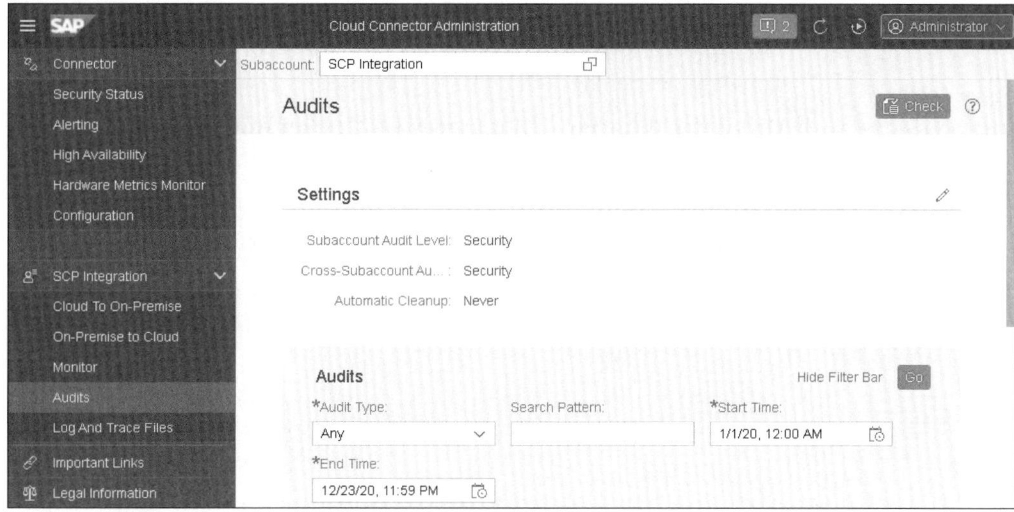

Abbildung 12.32 Übersicht des Bereichs »Audits«

Darstellung

Die Darstellung der Audits erfolgt jeweils in einer Liste mit zwei Spalten. Die erste Spalte beinhaltet einen Zeitstempel bestehend aus Datum und Uhrzeit. Die zweite Spalte beinhaltet den Audit-Log-Eintrag. Die Einträge können unter anderem folgende Aktionen protokollieren:

- *»Application tunnel [avrhcin:<tenant>|vsa7101007] stopped for account: ///<subaccount>/<locationId>«*
- *»User Administrator changed parameter Account from hana.ondemand.com # <tenant> # <benutzername> to hana.ondemand.com # <tenant> # <benutzername>«*
- *»User Administrator created new parameter AllowedResource. Value: < On-Premise-System><ressource> # enabled«*
- *»User Administrator deleted parameter AllowedResource. Value: <On-Premise-System># enabled«*

Separate Speicherung von Audit-Logs

Je nach örtlichen Bestimmungen kann es notwendig sein, dass Sie die Überwachungsprotokolle separat sichern. Um diese Bestimmungen zu erfüllen, können Sie die Protokolle aus folgendem Verzeichnis kopieren: **<SCC-Root-Verzeichnis>/log/audit/<subaccount-name>/audit-log_<timestamp>.csv**.

Audit-Einstellungen

Über das **Edit**-Symbol (✎) können Sie die Einstellungen der Audits bearbeiten. Dies umfasst die folgenden Punkte (siehe Abbildung 12.33):

- **Subaccount Audit Level und Cross-Subaccount Audit Level**
  - **Security**: Durch die Auswahl **Security** werden unter anderem blockierte Anfragen, Konfigurationsänderungen und erlaubte Ressourcen in die Logs geschrieben.
  - **All**: Bei der Einstellung **All** werden beispielsweise alle Anfragen unabhängig von Status, Konfigurationseinstellungen, Ressourcenänderungen usw. gespeichert.
  - **Off**: Wenn diese Einstellung aktiv ist, werden keine Einträge geschrieben.
- **Automatic Cleanup**
  Die Funktion **Automatic Cleanup** löscht die Audits in einer vorgegebenen Zeit.

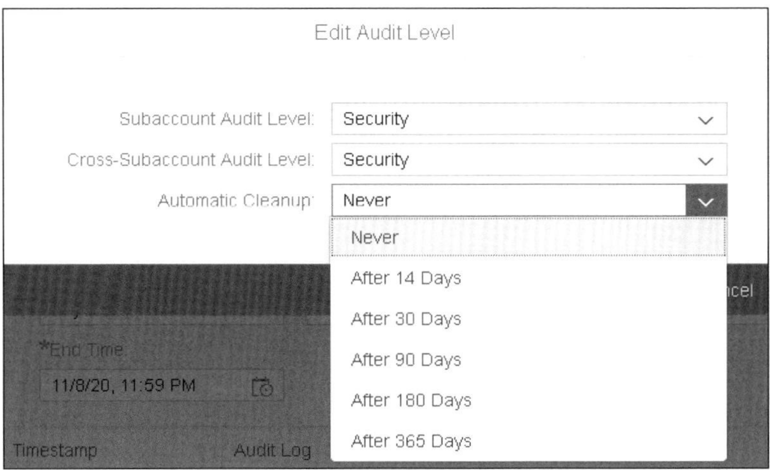

Abbildung 12.33 Audit-Einstellungen

Audits filtern

Um die Übersicht in den Audits nicht zu verlieren, können Sie den Audit-Typ, die Start- und Endzeit der Aufzeichnungen sowie ein Suchmustern festlegen (siehe Abbildung 12.32). Im Feld **Search Pattern** können Sie jegliche Art von Strings verwenden, die im Audit Log vorkommen.

Datensicherheit

SAP empfiehlt, die Überwachungsprotokolle für das Betriebssystem und den Cloud Connector von unterschiedlichen Personen verwalten zu lassen. Außerdem sollte die Überwachung von Dateiänderungen auf Betriebssystemebene aktiviert sein.

Log- und Trace-Dateien

Im Bereich **Log And Trace Files** können Sie Verbindungsprobleme analysieren (siehe Abbildung 12.34). Die Log- und Trace-Dateien in diesem Bereich können mehrere Megabyte groß werden. Aus diesem Grund können Sie die Dateien entweder herunterladen und lokal betrachten oder im Browser ansehen. Damit der Browser dabei nicht überlastet wird, wird immer nur eine Seite geladen. Über das Plus-Symbol (+) können Sie jeweils zur nächsten Seite springen.

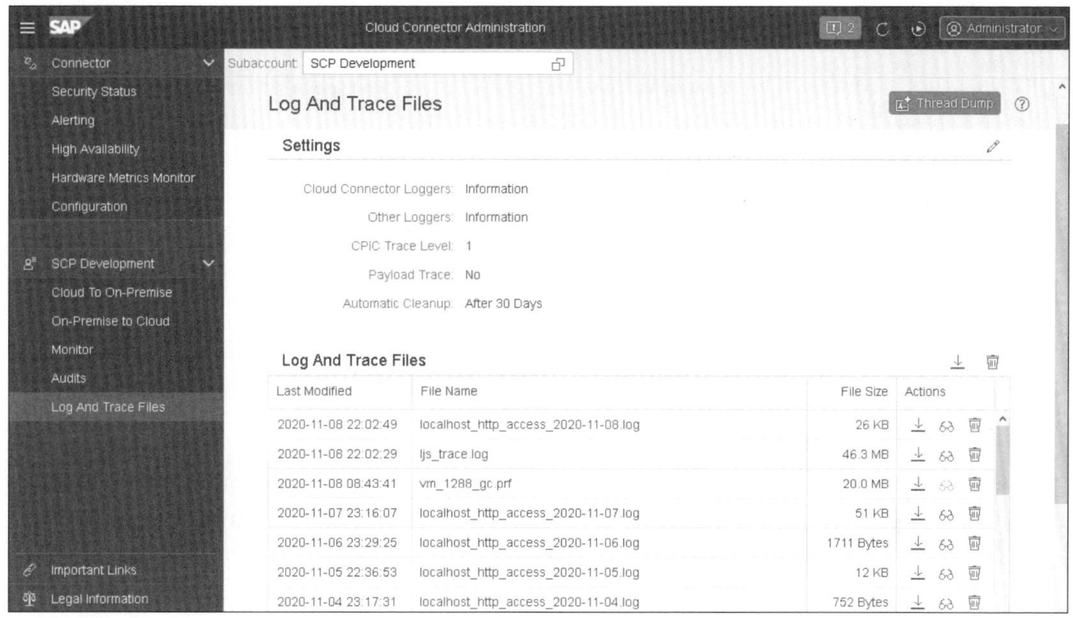

Abbildung 12.34 Bereich »Log And Trace Files« der Cloud-Connector-Oberfläche

Hardware-Monitoring

Hardware-Metriken

Neben der Betrachtung eingehender Nachrichten, den Audits und den Log-Dateien gibt es ein Hardware-Monitoring, das Sie im Menübereich **Connector** unter **Hardware Metrics Monitor** aufrufen können. Dort werden Ihnen die wichtigsten Kennzahlen zur Hardware in Kreisdiagrammen angezeigt (siehe Abbildung 12.35). Diese werden alle 15 Sekunden aktualisiert. Zusätzlich wird Ihnen ein Verlaufdiagramm für CPU-Last und Arbeitsspeicher-Verbrauch als Analysewerkzeug angeboten. Mit der Maus können Sie im Verlaufdiagramm einen Bereich auswählen, der durch die Auswahl vergrößert wird. Mit dem Zurück-Pfeil (↩) gelangen Sie wieder in die Ursprungsvergrößerung.

Abbildung 12.35 Bereich »Hardware Metrics Monitor« der Cloud-Connector-Oberfläche

Monitoring im SAP BTP Cockpit

Verbindungsdaten des Cloud Connectors

Neben den Monitoring-Tools, die der Cloud Connector bereitstellt, haben Sie die Möglichkeit, den Status des angebundenen Cloud Connectors innerhalb des SAP BTP Cockpits einzusehen. Öffnen Sie dazu Ihren SAP-BTP-Tenant und den Subaccount, mit dem der Cloud Connector verbunden wurde. Wählen Sie im Menü den Pfad **Connectivity • Cloud Connector**. Dort sehen Sie alle Cloud-Connector-Instanzen, die sich mit dem ausgewählten Subaccount verbunden haben.

Zu jeder Cloud-Connector-Instanz werden folgende Grunddaten angezeigt (siehe Abbildung 12.36):

- **Connector ID**: Identifikationsnummer der Cloud-Connector-Instanz
- **Connected since**: Zeitpunkt der Verbindung
- **Initiated by**: Identifikation des Benutzers, der für die Verbindung verantwortlich ist
- **Version**: Installierte Version des Cloud Connectors
- **Java Version**: Java-Version, die auf dem Server des Cloud Connectors installiert wurde
- **High Availability**: Angabe, ob die Hochverfügbarkeit im Cloud Connector aktiviert wurde

Unterhalb dieser Grunddaten finden Sie die Tabelle **Exposed Back-End Systems**. Hier werden alle konfigurierten Host-Systeme mit dem verwendeten Protokoll, dem Backend-Typ und der Verfügbarkeit der Ressourcen angezeigt. Bei Bedarf können Sie die Verbindung zum Cloud Connector über die Schaltfläche **Force Disconnect** beenden.

Verfügbare Ressoucen

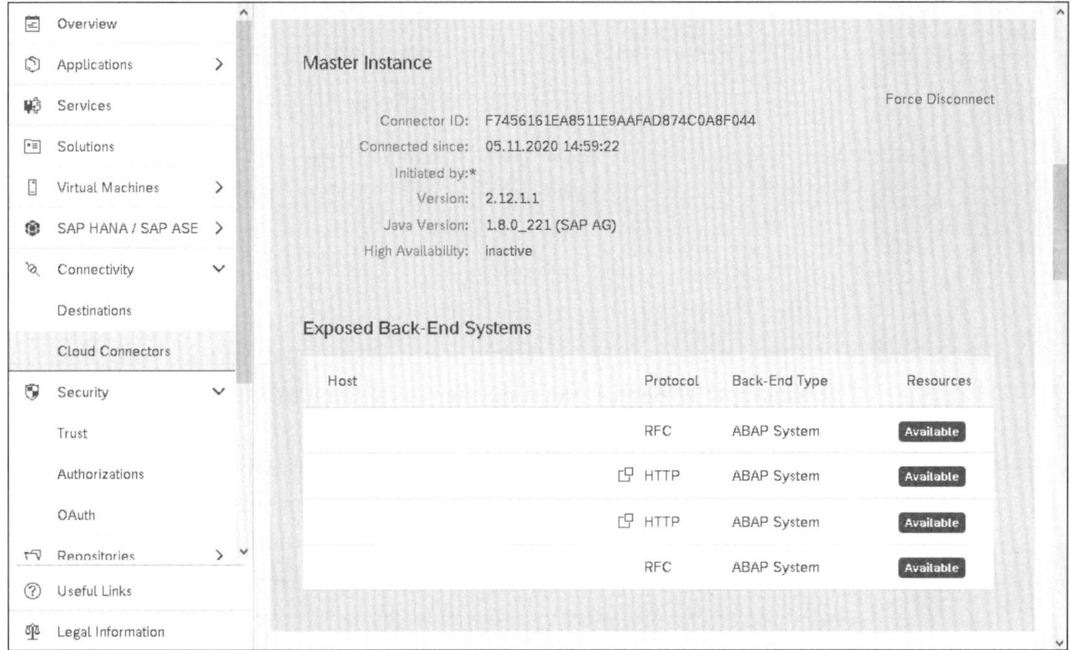

Abbildung 12.36 Cloud-Connector-Verbindungen im SAP BTP Cockpit überwachen

12.2.4 Alerting

Ereignisse innerhalb des Cloud Connectors

Das *Alerting* der Cloud-Connector-Administrationsoberfläche informiert Sie in einer Listenansicht mit unterschiedlichen Symbolen über verschiedene Ereignisse, beispielsweise eine hohe Auslastung der Hardware oder das Auslaufen von Zertifikaten. Die Symbole haben aufgrund ihrer Farbgebung einen informierenden oder einen warnenden Charakter. Die Spalte **Origin** zeigt an, ob das Ereignis in einer Master- oder einer Schatteninstanz stattfand (siehe Abbildung 12.37).

E-Mail-Benachrichtigung

Für eine produktive Umgebung kann es sinnvoll sein, dass Sie die E-Mail-Benachrichtigung aktivieren. Sollte die Funktion nicht aktiv sein, sehen Sie oben links in der Ecke den Hinweis: **Sending alert E-Mails is currently disabled**.

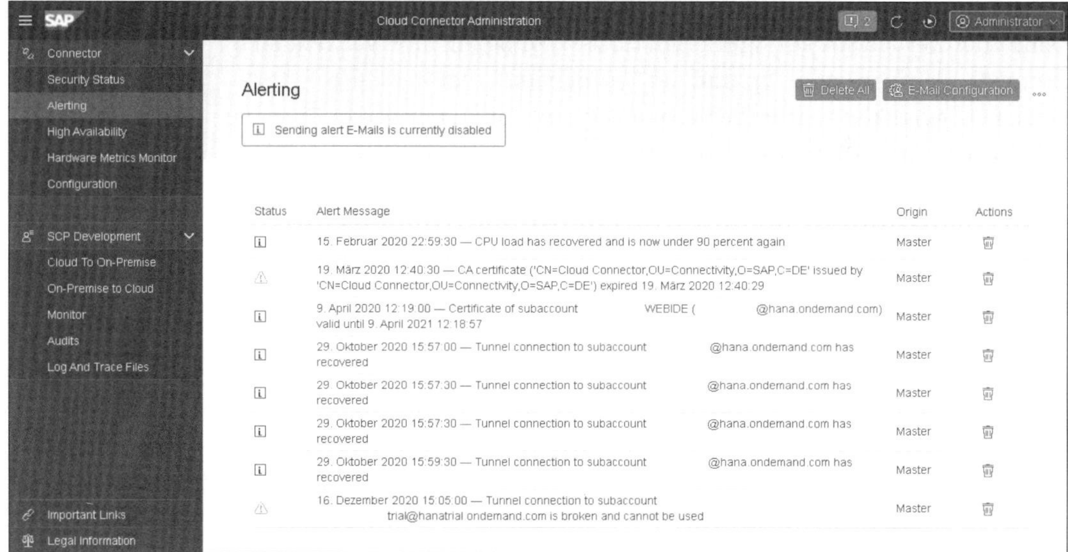

Abbildung 12.37 Bereich »Alerting« der Cloud-Connector-Oberfläche

Zur Aktivierung der E-Mail-Benachrichtigung müssen Sie auf die Schaltfläche **E-Mail Configuration** klicken. Aktivieren Sie in dem sich öffnenden Pop-up-Fenster die Checkbox **Sending Alert E-Mails Enabled**. Zusätzlich definieren Sie die Einstellungen für Ihren E-Mail-Server (siehe Abbildung 12.38).

E-Mail Configuration
Sending Alert E-Mails Enabled
Common Properties
*Send To: lars.puelm@sycor.de
*Sent From: Cloud Connector Alerting <scc@dont.reply>
*SMTP Server: IhrSMTPSrver
SMTP Port:
TLS Enabled:
User:
Password:
Additional Properties
Key
Value
Actions
Save
Save & Test
Cancel

Abbildung 12.38 E-Mail-Server-Konfiguration für Alertings zum Cloud Connector

Beispieldaten

In Abbildung 12.37 sehen Sie das Alerting unseres hausinternen Demo-Cloud-Connectors. Der erste Eintrag zeigt eine hohe CPU-Last mit einem Hinweissymbol (ℹ). Die Ursache der zu hohen CPU-Last kann beispielsweise eine zu klein dimensionierte Virtual Machine (VM) sein. Der zweite Eintrag weist mit einem Warnsymbol (⚠) auf ein auslaufendes Zertifikat hin.

Benachrichtigungswerte konfigurieren

Wenn Sie auf die Schaltfläche **Observation Configuration** klicken, öffnet sich ein Pop-up-Fenster. Darin können Sie entscheiden, über welche Bereiche Sie mit Alerts informiert werden möchten und in welchem Intervall die Daten abgefragt werden sollen (siehe Abbildung 12.39).

Observation Configuration
Observe: High Availability
Tunnel Health
Service Channels Health
CPU
CPU threshold load: 90 %
CPU threshold exceeded: 60 sec
Disc
Free space goes below: 10 MB
Certificates
Expiration occurs in: 30 days
Health Check Interval: 30 sec
Save Cancel

Abbildung 12.39 Alerting Einstellung für den Cloud Connector

12.2.5 Hochverfügbarkeit

Ein weiteres Thema in vielen produktiven Landschaften ist die *Hochverfügbarkeit*. Um diese mit dem Cloud Connector umzusetzen, benötigen Sie mindestens einen zweiten Cloud Connector. Es gibt dann den Haupt-Cloud-Connector, der die Rolle des Masters erhält, und jeder weitere erhält die

Rolle einer Schatteninstanz (Shadow). Sie müssen für sich definieren, wie Hochverfügbarkeit in Ihrem Unternehmen umgesetzt wird. Sie können den zweiten Cloud Connector beispielsweise auf einem anderen Server im gleichen Rechenzentrum installieren oder auf einem anderen Server in einem anderen Rechenzentrum.

Hochverfügbarkeit aktivieren

Um die Hochverfügbarkeit zu aktivieren, wählen Sie im Menü den Eintrag **High Availability** aus und klicken oben rechts auf die Schaltfläche **Enable**. Nach der Aktivierung heißt diese Schaltfläche **Disable**, und Sie erhalten mit **Disconnected** zunächst den Hinweis, dass zum aktuellen Zeitpunkt noch kein weiterer Cloud Connector angeschlossen ist (siehe Abbildung 12.40).

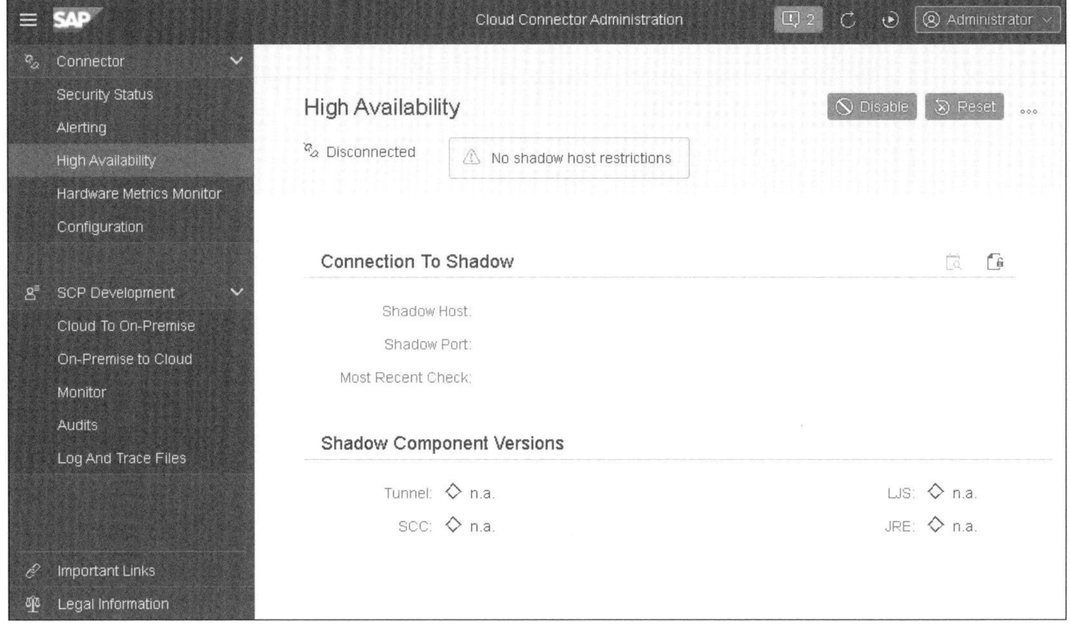

Abbildung 12.40 Hochverfügbarkeit für den Cloud Connector aktivieren

Shadow und Master verbinden

Wechseln Sie im nächsten Schritt in den zweiten Cloud Connector (Shadow), und klicken Sie im Menübereich **Shadow Connector** auf **Connect To Master** (siehe Abbildung 12.41).

Es öffnet sich ein Pop-up-Fenster, in das Sie die Verbindungsdetails zu Ihrem Cloud-Connector-Master eingeben. Bestätigen Sie Ihre Eingaben, und klicken Sie auf **Connect**.

Authentifizierung der Master-Instanz

Im Anschluss müssen Sie den Benutzernamen und das Passwort Ihres Cloud-Connector-Masters eingeben. Wenn der Verbindungsaufbau erfolgreich war, wird in grüner Schrift der Status **Connected** mit dem Datum und der Uhrzeit des Verbindungsaufbaus angezeigt.

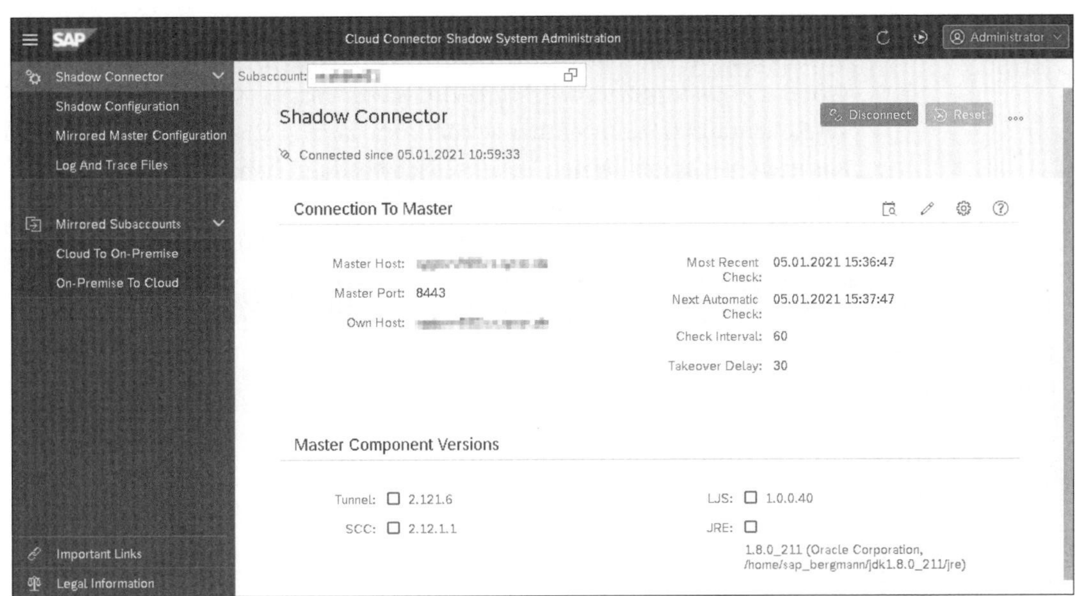

Abbildung 12.41 Shadow-Instanz anbinden

Im Menü sollten nun unter **Mirrored Subaccounts • Cloud to On-Premise** alle Daten aus dem Cloud-Connector-Master zu finden sein (siehe Abbildung 12.42).

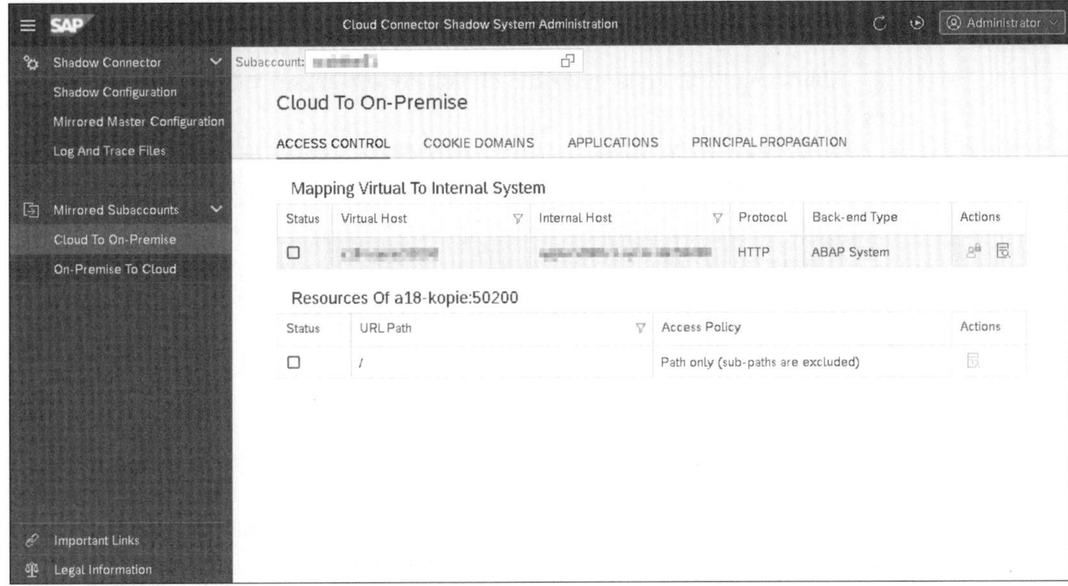

Abbildung 12.42 Erfolgreich übertragene Verbindungen aus der Master-Instanz

Rollentausch Im Cloud-Connector-Master können Sie unter **High Availability** den Menüeintrag **Switch Roles** auswählen (siehe Abbildung 12.43). Dadurch wird die Cloud-Connector-Shadow-Instanz zur Master-Instanz und umgekehrt. Dieser Rollentausch kann genutzt werden, um das alte Master-System zu aktualisieren. Nachdem Sie den Rollentausch bestätigt haben, werden Sie automatisch abgemeldet. Wenn Sie sich erneut anmelden, finden Sie in der ursprünglichen Master-Instanz die Shadow-Ansicht vor.

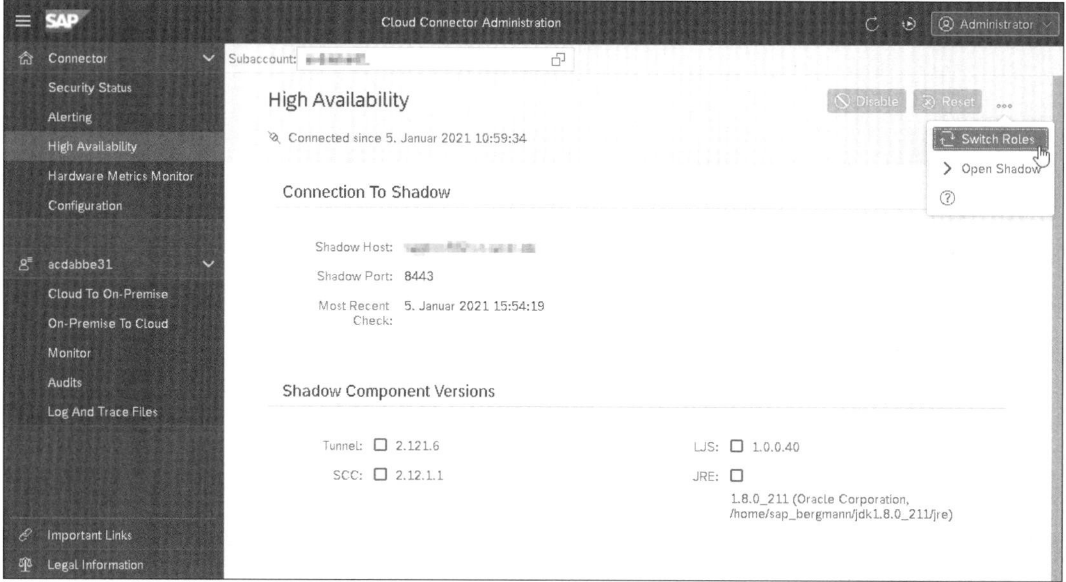

Abbildung 12.43 Rollentausch in der Master-Instanz anstoßen

Zeitpunkt für den Rollenwechsel

Sie sollten einen Rollenwechsel zwischen Master und Shadow in eine Zeit legen, in der kein großes Datenaufkommen herrscht. Der Wechsel hat eine Downtime zur Folge, auch wenn diese nur sehr kurz ist.

12.2.6 Cloud Connector aktualisieren

In diesem Abschnitt zeige ich Ihnen, wie Sie Ihren Cloud Connector in einem Windows-System aktualisieren. Sollten Sie ein anderes Betriebssystem nutzen, empfehle ich Ihnen die offizielle Dokumentation des Cloud Connectors oder entsprechende Blogbeiträge in der SAP Community, die Sie über entsprechende Stichwörter leicht finden. Ich gehe an dieser Stelle nur auf lokal installierte und nicht auf die portable Version des Cloud Connectors ein.

Versionsinformationen

Um herauszufinden, welche Version derzeit installiert ist, öffnen Sie rechts das Rollenmenü **Administrator** und wählen den Menüeintrag **About**. In der Überschrift sehen Sie die Version Ihres Cloud Connectors. In Abbildung 12.44 handelt es sich beispielsweise um die Version 2.11.0.3. Diese Versionsnummer können Sie jetzt mit der im Download-Bereich des Cloud Connectors zur Verfügung stehenden vergleichen.

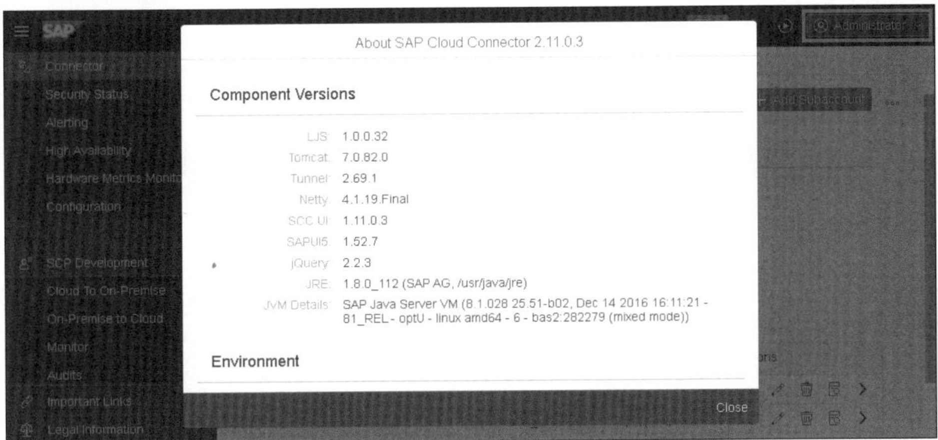

Abbildung 12.44 Aktuell installierte Version des Cloud Connectors herausfinden

Backup erstellen

Bevor Sie ein Update einspielen, sollten Sie auf jeden Fall ein oder mehrere Backups vornehmen, da es bei Updates immer zu Problemen kommen kann. Beispielsweise können manuell getätigte fehlerhafte Einstellungen oder der Absturz des Servers während der Installation das Einspielen eines Backups erforderlich machen.

Es gibt mehrere Möglichkeiten, ein Backup zu erstellen. Sie können einen Snapshot Ihrer VM erstellen oder die Backup-Funktion des Cloud Connectors nutzen. Des Weiteren sollten Sie das Hochverfügbarkeitsszenario des Cloud Connectors nutzen und bei einem Update die Rollen wechseln (siehe Abschnitt 12.2.5, »Hochverfügbarkeit«).

Backup über die Oberfläche des Cloud Connectors

Um ein Backup über die Verwaltungsoberfläche des Cloud Connectors zu erstellen, rufen Sie den obersten Menüpunkt **Connector** auf. In der rechten oberen Ecke finden Sie die beiden Schaltflächen **Backup** und **Restore**. Wenn Sie auf **Backup** klicken, öffnet sich ein Pop-up-Fenster, in dem Sie ein Passwort eingeben müssen, um einige Dateien vor unbefugtem Zugriff zu schützen (siehe Abbildung 12.45). Speichern Sie dieses Passwort an einem sicheren Ort, an dem Sie es auch wiederfinden. Nachdem Sie das Passwort und die Passwortwiederholung eingegeben und auf **Backup** geklickt haben, startet der Download. Das Download-Ergebnis ist ein Archiv mit dem Namen **scc_backup.zip**.

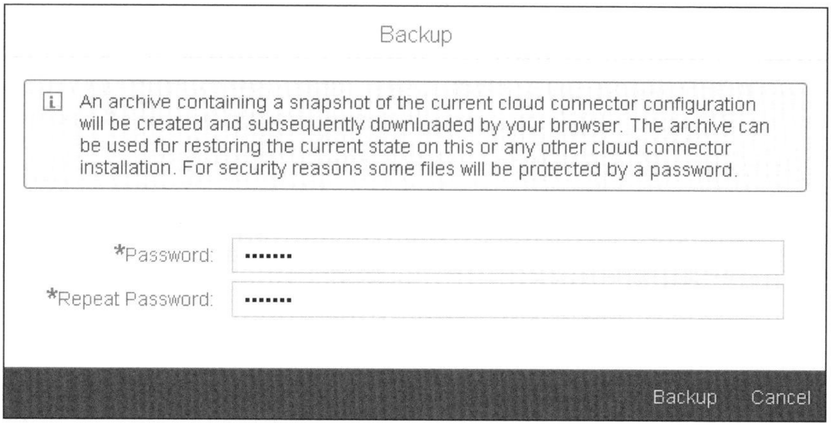

Backup
An archive containing a snapshot of the current cloud connector configuration will be created and subsequently downloaded by your browser. The archive can be used for restoring the current state on this or any other cloud connector installation. For security reasons some files will be protected by a password.
*Password:
*Repeat Password:
Backup
Cancel

Abbildung 12.45 Backup durchführen

Daten wiederherstellen

Wenn Sie ein Backup wieder einspielen möchten, klicken Sie im Bereich **Connector** auf **Restore**. Es öffnet sich wie beim Backup ein Pop-up-Fenster mit einem Hinweis und zwei Feldern (siehe Abbildung 12.46). Der Hinweis besagt, dass alle aktuellen Daten nach der Wiederherstellung verloren gehen. Sie sollten daher vor dem Einspielen ein weiteres Backup anlegen. In dem ersten Feld müssen Sie die Backup-Datei hinterlegen und im zweiten das Passwort angeben, das Sie bei der Erstellung des Backups hinterlegt haben.

Cloud Connector Administration
Restore From Archive
The current configuration of the cloud connector will be overwritten. It will be permanently lost unless a backup was created.
Upon successfully restoring the configuration the cloud connector will automatically restart. All sessions will be terminated.
*Archive File:
scc_backup.zip
Browse
*Password:
Restore
Cancel
Subaccount Dashboard

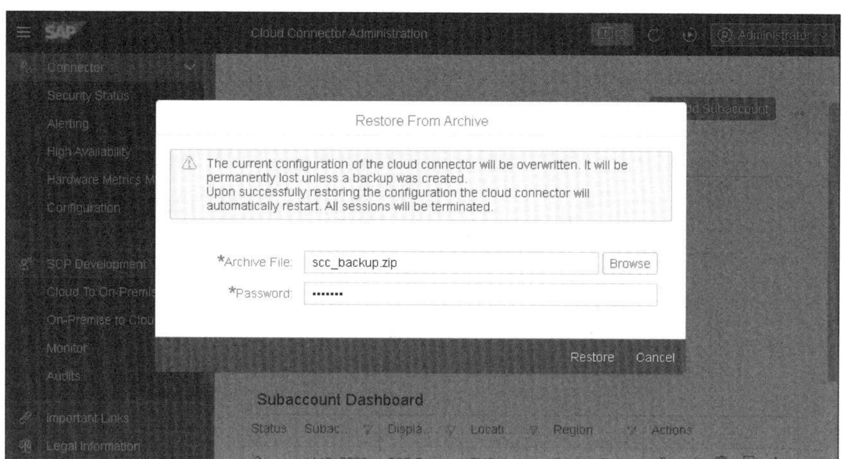

Abbildung 12.46 Backup wiederherstellen

Nach dem erfolgreichen Einspielen des Backups wird der Cloud Connector neu gestartet, und alle Sitzungen werden beendet. Planen Sie daher eine Wiederherstellung so ein, dass keine Systeme oder Benutzer im laufenden Betrieb gestört werden.

Cloud Connector herunterladen

Nachdem Sie ein Backup für den Cloud Connector erstellt haben, können Sie die aktuelle Version des Cloud Connectors von der offiziellen SAP-Seite herunterladen. Nachdem Sie die Lizenzvereinbarungen bestätigt haben und die Datei erfolgreich heruntergeladen wurde, können Sie diese ausführen.

Cloud Connector deinstallieren

Deinstallieren Sie im nächsten Schritt die ältere Version des Cloud Connectors. Rufen Sie dafür unter Windows in den Einstellungen die **Apps & Features** auf, und suchen Sie dort den Cloud Connector. Wählen Sie den Eintrag aus, und klicken Sie auf **Deinstallieren**. Während des Deinstallationsvorgangs werden Sie gefragt, ob Sie die Konfigurationsdateien behalten möchten. Aus Sicherheitsgründen empfehle ich Ihnen, **Ja** auszuwählen. Daraufhin wird ein Ordner mit dem Namen **config_backup** angelegt, der die Dateien beinhaltet. Sie können überprüfen, ob der Cloud Connector erfolgreich deinstalliert wurde, indem Sie versuchen, ihn im Browser aufzurufen.

Cloud Connector neu installieren

Wählen Sie für die Neuinstallation des Cloud Connectors die zuvor heruntergeladene **.msi**-Datei aus. Diese sollte sich, sofern Sie es nicht anders angegeben haben, in dem Download-Ordner Ihres Betriebssystems befinden. Der Installationsprozess entspricht nun dem in Abschnitt 12.2.1, »Installation«, beschriebenen.

Überprüfen Sie nach der Neuinstallation, ob der Cloud Connector in den Windows-Diensten zu finden ist. Melden Sie sich im Anschluss am Cloud Connector an, und überprüfen Sie die Version. Das Passwort zur Anmeldung ist das gleiche wie zuvor.

12.3 API-Zugriff auf SAP Cloud Integration

SAP Cloud Integration bietet neben dem Zugriff über die Weboberfläche die Möglichkeit, Daten über Application Programming Interfaces (APIs) abzufragen oder zu senden. Im Verlauf dieses Buchs habe ich hin und wieder auf konkrete API-Zugriffe hingewiesen. In diesem Abschnitt möchte ich im Detail auf diese Zugriffsmöglichkeit eingehen. Ich stelle Ihnen einige hilfreiche APIs sowie zugehörige Services und Werkzeuge vor. Auf die APIs können Sie beispielsweise in eigens dafür entwickelten Integrationen zugreifen oder diese in Drittanbieter-Monitoring-Tools nutzen.

12.3.1 SAP API Business Hub

Den *SAP API Business Hub* habe ich in Abschnitt 1.4.6, »Weitere Integrationswerkzeuge«, bereits kurz vorgestellt. Er dient als Anlaufstelle für viele APIs der SAP-Produkte. Sie rufen den SAP API Business Hub unter der folgenden URL auf: *https://api.sap.com*

Aufrufen und anmelden

Sobald Sie die URL in Ihrem Browser aufgerufen haben, werden Sie von der Startseite begrüßt (siehe Abbildung 12.47). Klicken Sie oben rechts auf **Log On**, um sich mit Ihrem S-User oder der E-Mail-Adresse, die Sie auch für Ihren Trial Account der SAP BTP verwendet haben, anzumelden. Wenn Sie sich in der bestehenden Session Ihres Browsers bereits bei einem SAP-Dienst angemeldet haben, werden keine Zugangsdaten abgefragt. Sie werden in diesem Fall direkt über Single Sign-on angemeldet.

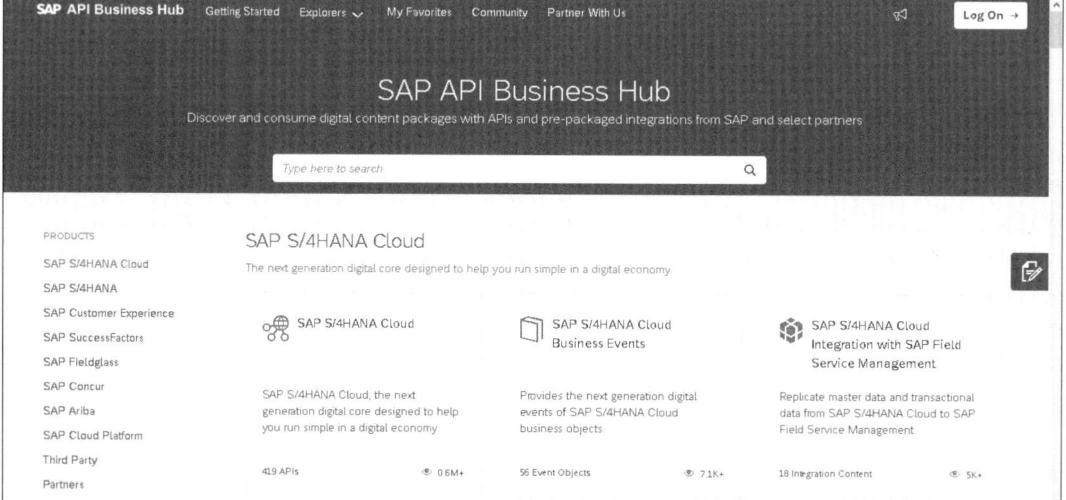

Abbildung 12.47 Startseite des SAP API Business Hub

APIs für SAP Cloud Integration suchen

Nach der erfolgreichen Anmeldung finden Sie anstelle der **Log On**-Schaltfläche eine Begrüßung mit Ihrem Vornamen. Suchen Sie nun auf der linken Seite unter der Kategorie **Products** nach **SAP BTP**, und wählen Sie diese Kategorie aus. Es erscheinen mehrere Kacheln, von denen eine den Namen **SAP Cloud Integration** trägt. Wenn Sie auf **View More** klicken, werden alle Dienste aufgelistet, die der SAP BTP zugeordnet sind. Auf der Kachel **SAP Cloud Integration** finden Sie die Information, dass für dieses Produkt sechs APIs zur Verfügung stehen und wie häufig diese bereits betrachtet wurden (siehe Abbildung 12.48).

Nachdem Sie die Kachel **SAP Cloud Integration** ausgewählt haben, sehen Sie auf dem Reiter **APIs** wiederum sechs Kacheln. Jede Kachel stellt eine Kategorie dar, in der APIs gebündelt sind (siehe Abbildung 12.49).

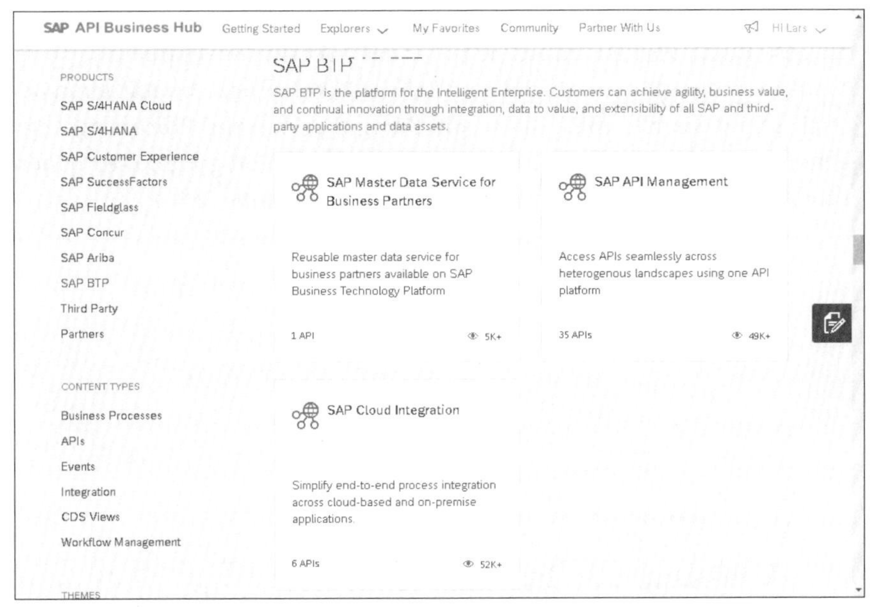

Abbildung 12.48 Kategorien für die SAP BTP

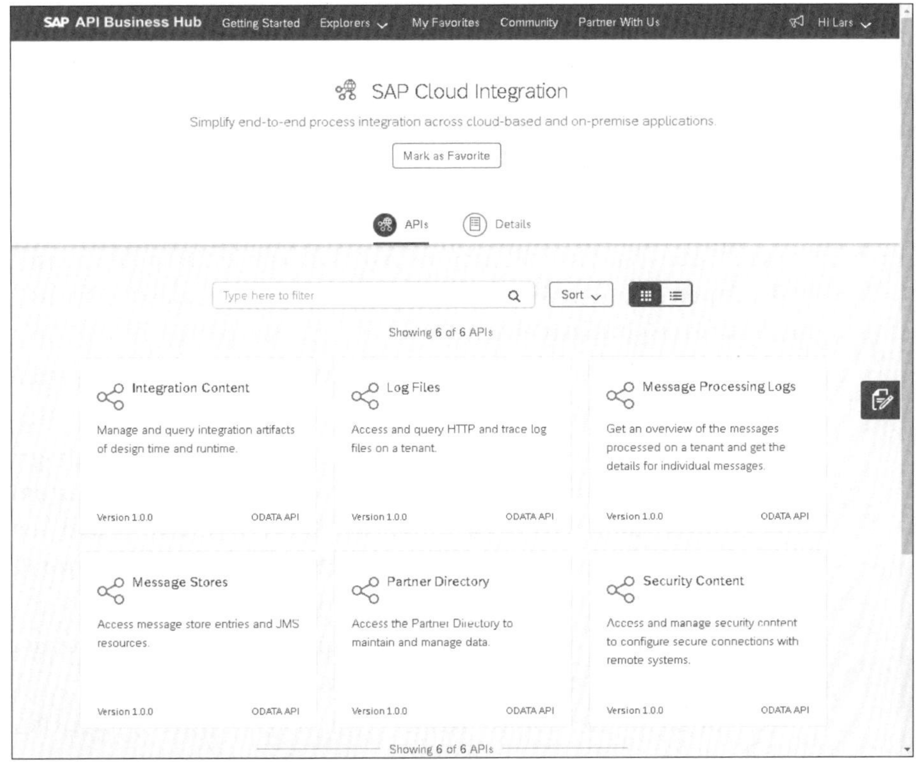

Abbildung 12.49 APIs für SAP Cloud Integration

Message Processing Logs

Öffnen Sie zunächst die Kachel **Message Processing Logs**. Über die hier bereitgestellten APIs können Sie die Daten des Nachrichtenverarbeitungsprotokolls aufrufen. Sie starten auf dem Reiter **API References**. Im mittleren Bereich sehen Sie alle APIs, die in die Kategorie **Message Processing Logs** gehören. Auf der linken Seite finden Sie weitere API-Kategorien, die mit den Protokollen in Zusammenhang stehen (siehe Abbildung 12.50).

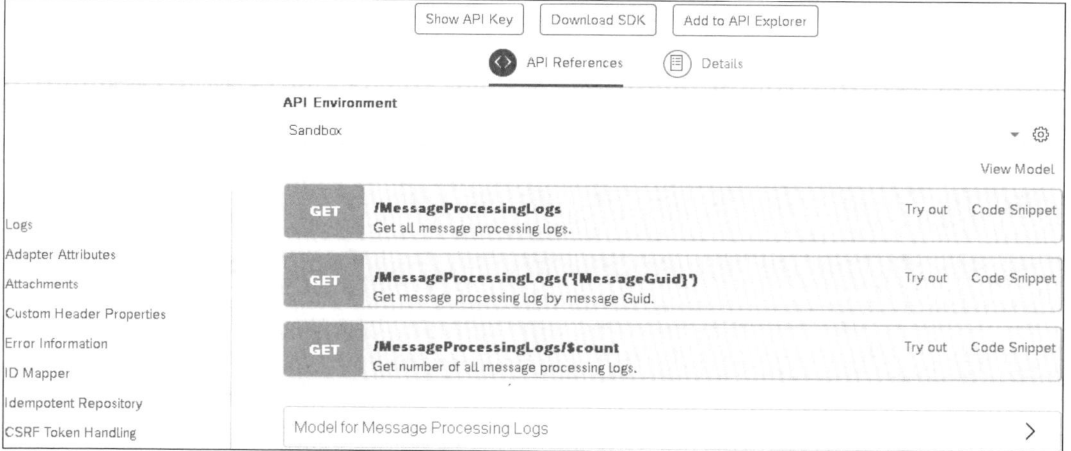

Abbildung 12.50 API-Referenzen des Message Processing Logs

API-Environment erstellen

Um die APIs mit Ihrem eigenen Cloud-Integration-Tenant zu testen, müssen Sie eine *API-Environment* erstellen. Standardmäßig ist die Sandbox-Umgebung konfiguriert, d. h. eine Testumgebung, die von SAP bereitgestellt wird.

1. Klicken Sie auf das Einstellungssymbol (⚙) neben der Drop-down-Liste, in der **Sandbox** ausgewählt ist. Für diesen Vorgang müssen Sie am SAP API Business Hub angemeldet sein.
2. Es öffnet sich ein Pop-up-Fenster, in dem Sie folgende Einstellungen treffen (siehe Abbildung 12.51):
   - **Starting URL**: Wenn Sie die Trial-Version der Cloud-Foundry-Umgebung nutzen, müssen Sie als **Starting URL** »https://{Custom Name}.{Domain}/api/v1« wählen. Wenn Sie im Besitz eines anderen Cloud-Integration-Tenants sind, müssen Sie die URL des Rechenzentrums eingeben.
   - **Display Name for Environments**: Der **Display Name** ist der Name, der für Ihre Environment angezeigt werden soll.
   - **Custom Name**: Der **Custom Name** ist die erste Variable in Ihrer URL, die Sie zum Aufruf der APIs benötigen.

- **Domain**: Die **Domain** lautet *hana.ondemand.com* und ist der zweite Teil Ihrer URL.
- **Resulting URL**: Das Aneinanderfügen der Starting URL, des Custom Names und der Domain ergibt den Eintrag im Feld **Resulting URL**. An diese wird der Ressourcen-Endpunkt gehängt, dessen Daten Sie anzeigen möchten.
- **Basic Authentication**: Im Feld **Basic Authentication** verwenden Sie denselben Benutzer, den Sie auch für Ihren Cloud-Integration-Tenant verwenden.

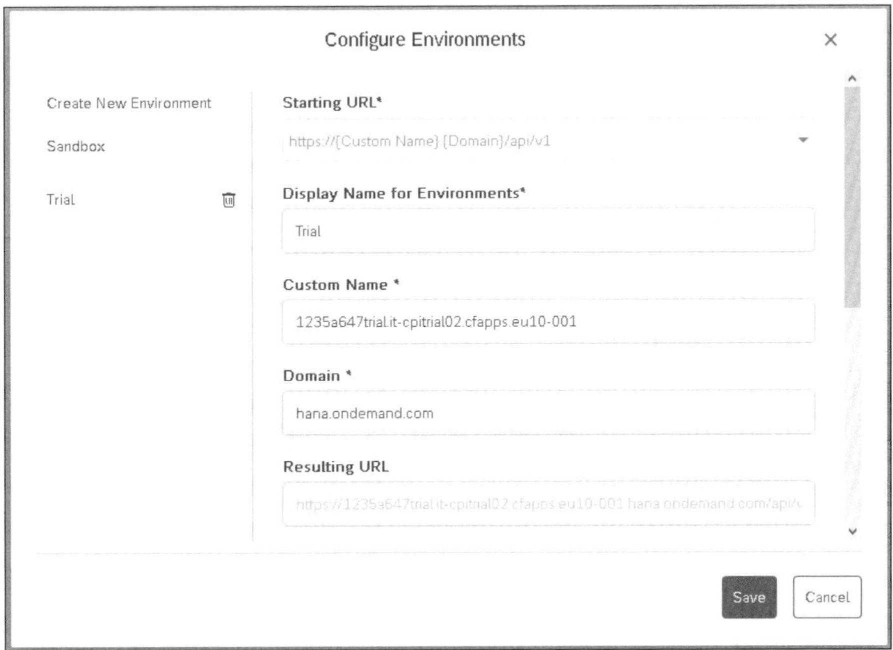

Abbildung 12.51 Dialog zur Erstellung einer eigenen Environment (oberer Abschnitt)

3. Zum Abschluss können Sie noch entscheiden, ob die Environment für alle APIs in diesem Paket zur Verfügung stehen soll. In unserem Fall wäre das Paket die Kachel **SAP Cloud Integration**.
4. Zusätzlich können Sie entscheiden, ob Sie die Daten mit **Use this environment for this session only** nur für diese Session oder mit **Save this environment for future sessions** auch darüber hinaus speichern möchten (siehe Abbildung 12.52).
5. Klicken Sie auf **Save**, um die konfigurierte Environment zu speichern und das Pop-up-Fenster zu schließen.

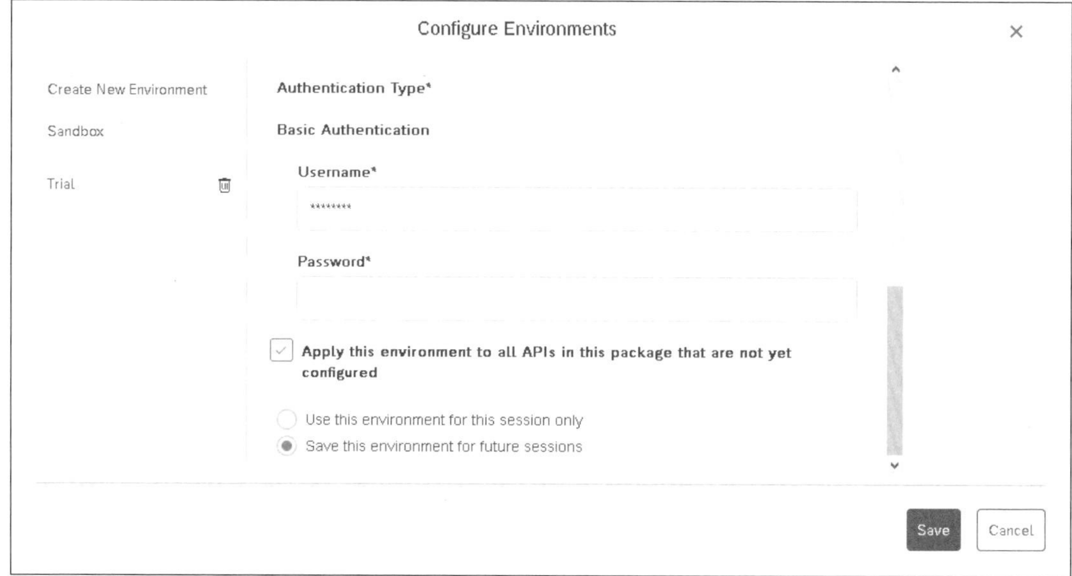

Abbildung 12.52 Dialog zur Erstellung einer eigenen Environment (unterer Abschnitt)

Parameter und Responses

Wählen Sie zum Testen der APIs Ihre soeben erstellte API-Environment aus. Jede API wird in einem aufklappbaren Block anzeigt. Die Farbe unterscheidet sich je nach HTTP-Methode. Öffnen Sie als Erstes die API **GET /MessageProcessingLogs**.

Eine API besteht aus den folgenden Bereichen (siehe Abbildung 12.53):

- **Parameters**
  Jede API hat unterschiedliche Parameter, bestehend aus Pflicht- und optionalen Feldern. Jedes Feld hat einen Datentyp, an dem Sie erkennen können, welche Eingabe erwartet wird, zum Beispiel die Datentypen integer, string oder array[string].
- **Responses**
  In dem Bereich **Responses** wird das Ergebnis Ihrer Anfrage dargestellt. Bevor Sie eine Anfrage abgeschickt haben, werden dort auch Beispiel-Responses für eine erfolgreiche und eine fehlgeschlagene Anfrage angezeigt.

  Je nach API können Sie auch die Art des Rückgabewerts bestimmen. Im Fall des API-Endpunkts */MessageProcessingLogs* steht Ihnen nur die Rückgabeart *application/json* zur Verfügung.

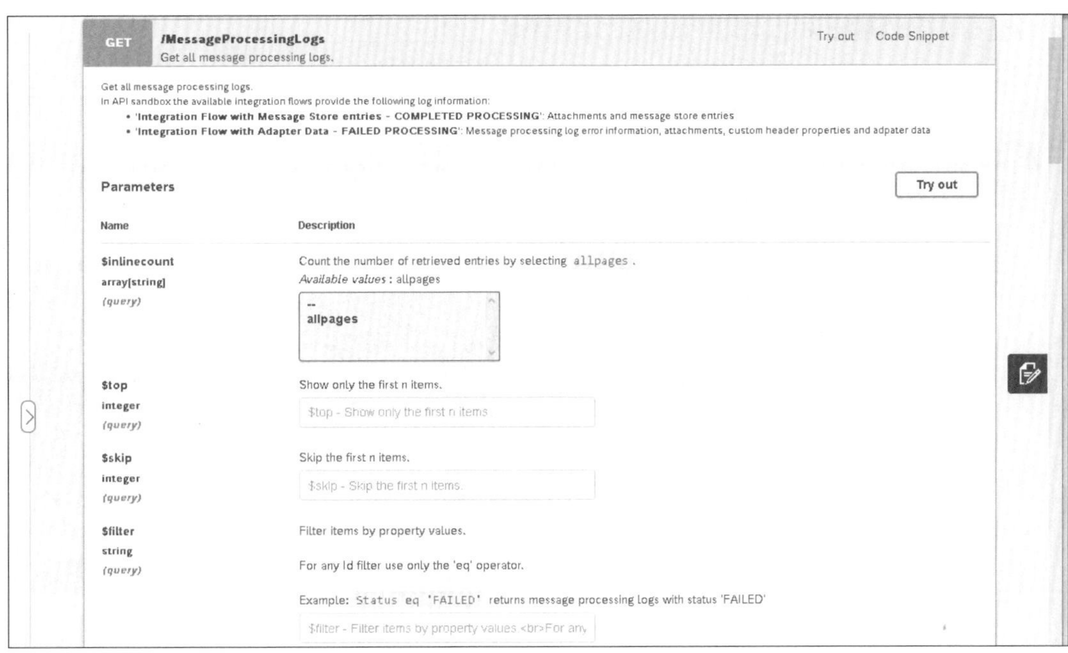

Abbildung 12.53 Parameter einer API-Anfrage

API-Anfrage testen

Wenn Sie die API testen möchten, klicken Sie auf **Try Out**. Dadurch gelangen Sie in den Bearbeitungsmodus, in dem Sie die gewünschten Parameter füllen können. Zusätzlich erscheint eine **Add**-Schaltfläche, über die Sie zusätzliche Header- oder Query-Parameter ergänzen können.

Sobald Sie mit Ihren Einstellungen zufrieden sind, klicken Sie zum Absenden der Anfrage auf **Execute**. Es erscheint nun zusätzlich eine **Clear**-Schaltfläche, über die Sie die Anfrage zurücksetzen können. Im Bereich **Responses** wird mit **Request URL** die verwendete URL angezeigt. Darunter befinden sich die Rückgabewerte für den Body und den Header der Anfrage. Auf der linken Seite sehen Sie den Statuscode der Anfrage. Bei einem erfolgreichen Ergebnis hat dieser in der Regel den Wert 200 (siehe Abbildung 12.54). Bei Bedarf können Sie das Ergebnis im Bereich **Response Body** über die Schaltfläche **Download** herunterladen.

Code Snippets

Für jede API im SAP API Business Hub werden *Code Snippets* bereitgestellt. Über diese Bausteine wird Ihnen Quellcode in verschiedenen Sprachen zur Verfügung gestellt, den Sie in Ihre Programme einbauen können, um diese API aufzurufen. Abbildung 12.55 den Aufruf der Code Snippets an einem Beispiel.

Abbildung 12.54 Rückgabewert der API-Anfrage

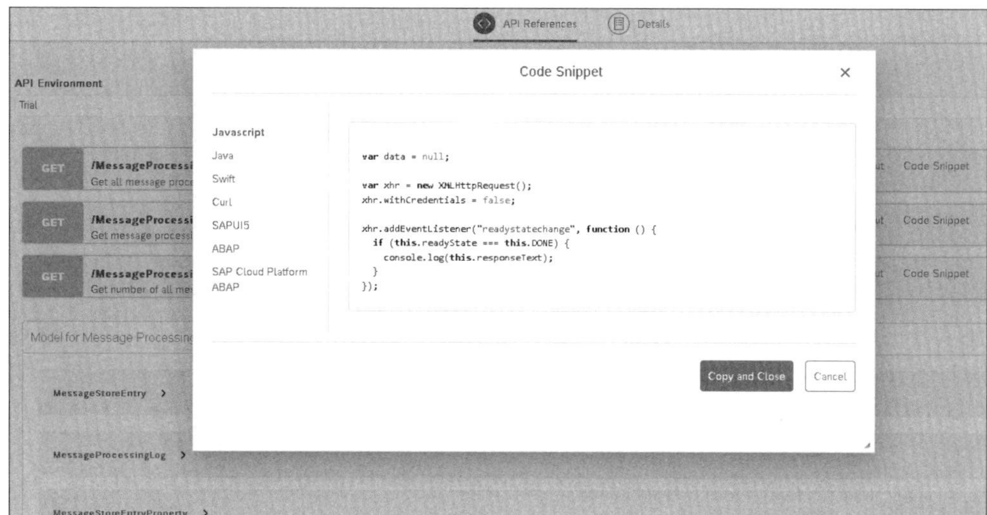

Abbildung 12.55 Code Snippets einer API

12.3.2 Postman

Postman haben Sie bei der Arbeit mit diesem Buch vermutlich schon einige Male verwendet. Sie können damit von Ihrem Desktop-Client aus HTTP-Anfragen an externe Systeme senden. Unter die möglichen Empfänger solcher Anfragen fallen auch die APIs von SAP Cloud Integration.

HTTP-Anfrage senden

Starten Sie für diesen Vorgang Ihre Postman-Installation auf Ihrem Computer, und öffnen Sie einen neuen Reiter. Sie können – wie im Beispiel des SAP API Business Hub – alle Nachrichten aus SAP Cloud Integration aufrufen, die zur Verfügung stehen. Tragen Sie für das folgende Beispiel folgende Werte ein:

- **Methode: GET**
  In diesem Beispiel wollen wir weder Daten löschen noch welche hinzufügen. Aus diesem Grund wählen wir für dieses Szenario die Methode `GET` zum Abfragen von Daten.
- **URL:** *https://<Custom Name>.<Domain>/api/v1/MessageProcessingLogs*
  Verwenden Sie als URL die gleiche, die Sie auch für die Anfrage im SAP API Business Hub verwendet haben.
- **Authorization: Basic Auth**
  Geben Sie als Benutzernamen und Passwort die Werte ein, die Sie auch für die Anmeldung an die SAP Cloud Integration verwenden.

Klicken Sie nach dem Eintragen der Werte auf **Send** (siehe Abbildung 12.56).

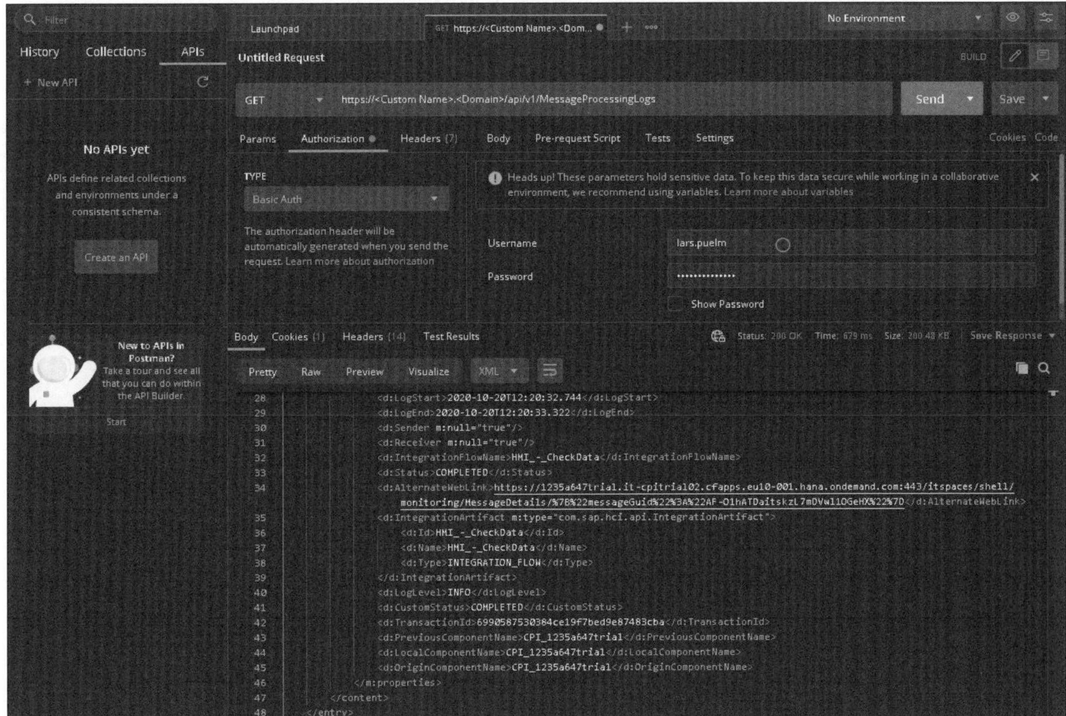

Abbildung 12.56 API-Aufruf über Postman senden

Rückgabewert Als Rückgabewert erhalten Sie eine Liste im XML-Format zurück. Jeder Eintrag beginnt und endet mit einem `entry`-Tag. Im Bereich der Links finden Sie weiterführende Informationen oder Ressourcen zu einem einzelnen Eintrag (siehe Abbildung 12.57).

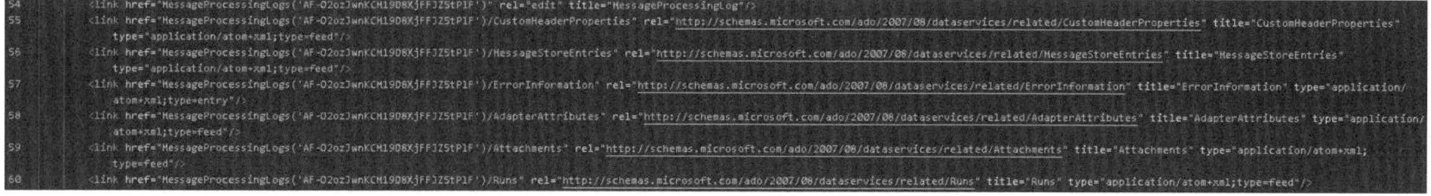

Abbildung 12.57 Endpunkte mit weiterführenden Informationen zu einem Eintrag

Abfragen speichern Nach dem erfolgreichen Abfragen von Daten können Sie die API-Aufrufe bei Bedarf in einer Postman Collection sammeln. Dadurch können Sie in Zukunft schneller auf die Daten zugreifen.

12.3.3 APIs für SAP Cloud Integration

Im Folgenden möchte ich Ihnen einige interessante APIs vorstellen, die SAP Cloud Integration bereitstellt. Dabei nenne ich jeweils die Endpunkte sowie deren Abfrageoptionen.

Authentifizierungs-Token Wenn Sie Daten an SAP Cloud Integration senden wollen, müssen Sie häufig ein Authentifizierungs-Token anfragen. Rufen Sie dazu in Postman folgende URL auf:

https://<Tenant>.hana.ondemand.com/api/v1/

Geben Sie dabei folgende Header-Informationen mit:

- **X-CSRF-Token**: Fetch
  Zur Authentifizierung verwenden Sie Ihren Standardbenutzer. Sie erhalten das Token von SAP Cloud Integration nach dem Absenden als Response-Header (siehe Abbildung 12.58). Das Token können Sie ebenso wie die Token-Anfrage in den Header-Bereich einbinden:
- **X-CSRF-Token**: <X-CSRF-Token>
  Wenn Sie sich mit dem Token authentifizieren, benötigen Sie keine weiteren Authentifizierungsmethoden.

Nachrichten überwachen Das Versenden von Nachrichten zwischen mehreren Systemen ist die Kernfunktion einer Middleware wie SAP Cloud Integration. Dabei ist es wichtig, einen Überblick über den Status dieser Nachrichten zu bekommen.

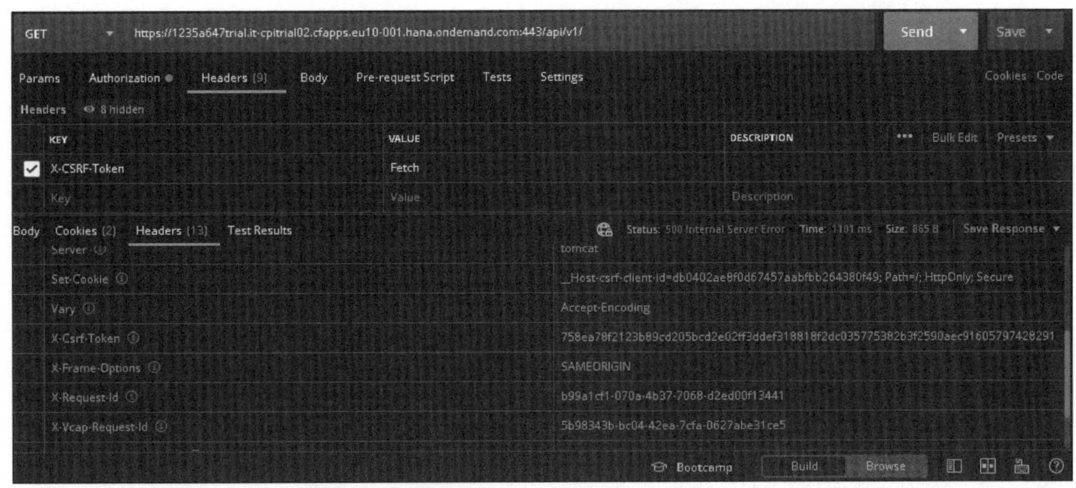

Abbildung 12.58 Token aus SAP Cloud Integration anfordern

SAP Cloud Integration bietet Ihnen dazu die folgenden APIs an:

- **GET: /MessageProcessingLogs**
  Zeigt Ihnen alle verfügbaren Nachrichten aus Ihrem Tenant an.
- **GET: /MessageProcessingLogs('<Message ID>')**
  Zeigt Ihnen nur eine Nachricht an.
- **GET: /MessageProcessingLogs('<Message ID>')/Attachments**
  Zeigt Ihnen die Grundinformationen aller Anhänge der Nachricht an.
- **GET: /MessageProcessingLogs('<Message ID>')/Attachments('< Attachment ID>')/$value**
  Zeigt Ihnen den Inhalt eines Anhangs an.
- **GET: /MessageProcessingLogs('<Message ID>')/ErrorInformation**
  Zeigt Ihnen die Grundinformation des Fehlers an.
- **GET: /MessageProcessingLogs('<Message ID>')/ErrorInformation/$value**
  Zeigt Ihnen den Fehlertext an.

Abbildung 12.59 zeigt ein Beispiel für einen Rückgabewert aus dem Message Processing Log.

Custom Tags verwalten

Sie haben die Möglichkeiten, Custom Tags für Ihre Integrationspakete anzulegen, in Abschnitt 6.4, »Custom Tags«, kennengelernt. Eventuell haben Sie bereits solche Tags angelegt und auch zum Teil gefüllt.

```xml
<entry>
    <id>https://xxxxx-tmn.hci.eu1.hana.ondemand.com:443/api/v1/MessageProcessingLogs('AF_vUwjjkNlq8XPAHzM7I3XfXdAG')</id>
    <title type="text">MessageProcessingLogs</title>
    <updated>2021-01-02T21:38:50.36Z</updated>
    <category term="com.sap.hci.api.MessageProcessingLog" scheme="http://schemas.microsoft.com/ado/2007/08/dataservices/scheme"/>
    <link href="MessageProcessingLogs('AF_vUwjjkNlq8XPAHzM7I3XfXdAG')" rel="edit" title="MessageProcessingLog"/>
    <link href="MessageProcessingLogs('AF_vUwjjkNlq8XPAHzM7I3XfXdAG')/CustomHeaderProperties" rel="http://schemas.microsoft.com/ado/2007/08/dataservices/related/CustomHeaderPro
    <link href="MessageProcessingLogs('AF_vUwjjkNlq8XPAHzM7I3XfXdAG')/MessageStoreEntries" rel="http://schemas.microsoft.com/ado/2007/08/dataservices/related/MessageStoreEntrie
    <link href="MessageProcessingLogs('AF_vUwjjkNlq8XPAHzM7I3XfXdAG')/ErrorInformation" rel="http://schemas.microsoft.com/ado/2007/08/dataservices/related/ErrorInformation" tit
    <link href="MessageProcessingLogs('AF_vUwjjkNlq8XPAHzM7I3XfXdAG')/AdapterAttributes" rel="http://schemas.microsoft.com/ado/2007/08/dataservices/related/AdapterAttributes" t
    <link href="MessageProcessingLogs('AF_vUwjjkNlq8XPAHzM7I3XfXdAG')/Attachments" rel="http://schemas.microsoft.com/ado/2007/08/dataservices/related/Attachments" title="Attach
    <link href="MessageProcessingLogs('AF_vUwjjkNlq8XPAHzM7I3XfXdAG')/Runs" rel="http://schemas.microsoft.com/ado/2007/08/dataservices/related/Runs" title="Runs" type="applicat
    <content type="application/xml">
        <m:properties>
            <d:MessageGuid>AF_vUwjjkNlq8XPAHzM7I3XfXdAG</d:MessageGuid>
            <d:CorrelationId>AF_vUwjOcnj8D4R3ssUswAsJHRKU</d:CorrelationId>
            <d:ApplicationMessageId m:null="true"/>
            <d:ApplicationMessageType m:null="true"/>
            <d:LogStart>2021-01-01T16:51:20.57</d:LogStart>
            <d:LogEnd>2021-01-01T16:51:20.74</d:LogEnd>
            <d:Sender m:null="true"/>
            <d:Receiver m:null="true"/>
            <d:IntegrationFlowName>Expressions</d:IntegrationFlowName>
            <d:Status>COMPLETED</d:Status>
            <d:AlternateWebLink>https://xxxxx-tmn.hci.eu1.hana.ondemand.com:443/itspaces/shell/monitoring/MessageDetails/%7B%22messageGuid%22%3A%22AF_vUwjjkNlq8XPAHzM7I3XfXdAG%
            <d:IntegrationArtifact m:type="com.sap.hci.api.IntegrationArtifact">
                <d:Id>Expressions</d:Id>
                <d:Name>Expressions</d:Name>
                <d:Type>INTEGRATION_FLOW</d:Type>
                <d:PackageId>RheinwerkBuchSAPCPI</d:PackageId>
                <d:PackageName>Rheinwerk Buch - SAP CPI</d:PackageName>
            </d:IntegrationArtifact>
            <d:LogLevel>INFO</d:LogLevel>
            <d:CustomStatus>COMPLETED</d:CustomStatus>
            <d:TransactionId>a3747b4069bb45f8bd2734d68e7f791b</d:TransactionId>
            <d:PreviousComponentName>CPI_p0307</d:PreviousComponentName>
            <d:LocalComponentName>CPI</d:LocalComponentName>
            <d:OriginComponentName>CPI</d:OriginComponentName>
        </m:properties>
    </content>
</entry>
```


Abbildung 12.59 Ausgabe eines Eintrags eines Message Processing Logs

Mit den folgenden APIs können Sie die Custom Tags eines Pakets anzeigen und befüllen:

- **GET: /IntegrationPackages('<Paket ID>')/CustomTags**
  Zeigt Ihnen alle Custom Tags innerhalb eines ausgewählten Pakets an.
- **PUT: /IntegrationPackages('<Paket ID>')/$links/CustomTags('<Tag Name>')**
  Mit der `PUT`-Methode können Sie Ihre Tags über die API füllen. Die Nutzung dieser API kann sinnvoll sein, wenn Sie ein Tag neu einführen. Durch die API können Sie das Befüllen automatisieren, wodurch sich je nach Anzahl der Pakete der Arbeitsaufwand gegenüber einer manuellen Befüllung reduziert.

  Als Wert geben Sie folgenden Body in Postman mit (siehe Abbildung 12.60): `{ "Value": "Wert" }`

Credentials für das Partner Directory

Das Partner Directory gehört zu den Funktionen von SAP Cloud Integration, die sich nicht über die Weboberfläche konfigurieren lassen. Stattdessen erfolgt die Konfiguration ausschließlich über APIs. Das Partner Directory wird in Abschnitt 8.9 detaillierter beschrieben.

```xml
<entry>
    <id>https://p0307-tmn.hci.eu1.hana.ondemand.com:443/api/v1/CustomTags('Ersteller')</id>
    <title type="text">CustomTags</title>
    <updated>2021-01-02T22:00:22.356Z</updated>
    <category term="com.sap.hci.api.CustomTag" scheme="http://schemas.microsoft.com/ado/2007/08/dataservices/scheme"/>
    <link href="CustomTags('Ersteller')" rel="edit" title="CustomTag"/>
    <content type="application/xml">
        <m:properties>
            <d:Name>Ersteller</d:Name>
            <d:Value>Lars Pülm</d:Value>
        </m:properties>
    </content>
</entry>
```

Abbildung 12.60 Befüllen von Custom Tags mit Namen und zugehörigem Wert

Im Folgenden sehen Sie zwei mögliche Beispiele für API-Aufrufe des Partner Directorys:

- **POST: /StringParameters?user=userName**
  Legt den String Parameter `strpara` mit dem Wert `wert123` für den Partner `pid1` an:

  ```
  {"Pid":"pid1","Id":"strpara","Value":"wert123"}
  ```

- **UPDAE: /BinaryParameters(Pid= pid1,Id='bipara')?user= username**
  Bearbeitet den Binary-Parameter `bipara` des Partners `pid1`:

  ```
  {"ContentType":"xml","Value":"a3Aydg=="}
  ```

Weiterführende Informationen zur Nutzung der OData-APIs
Weiterführende Informationen zu den OData-APIs erhalten Sie unter dem folgenden Link: *http://s-prs.de/v805324*

12.4 SAP Cloud Integration im Zusammenspiel mit anderen Services der SAP BTP

SAP Cloud Integration bietet durch die vielen Adapter und APIs optimale Möglichkeiten zur Konnektivität. Dadurch kann SAP Cloud Integration mit vielen anderen Services der SAP BTP zusammenarbeiten. Im Folgenden möchte ich Ihnen einige der Services vorstellen, die durch ihre Funktionalitäten besonders gut geeignet sind, um mit SAP Cloud Integration zusammen eingesetzt zu werden.

12.4.1 SAP Alert Notification Service

SAP Cloud Integration bietet leider keine Möglichkeit, um Sie proaktiv über Probleme in den Nachrichtenflüssen zu informieren. Sie können höchstens eine eigene Integration aufbauen, die in einem festgelegten Intervall die API abfragt, um fehlerhafte Nachrichten aufzuspüren. Die Benachrichtigungen können Sie dann über den Mail-Adapter an das Integrationsentwicklungsteam schicken.

Alerts für Cloud-Anwendungen und -Datenbanken

SAP hat jedoch den *SAP Alert Notification Service for SAP BTP* entwickelt, der Sie nicht nur über fehlerhafte Nachrichten in SAP Cloud Integration, sondern auch über Probleme in anderen Services der SAP BTP informieren kann. Der Service überwacht Monitoring-Services, Datenbankänderungen und abhängige Services und Anwendungen und gibt Alerts aus, wenn definierte Schwellenwerte überschritten wurden. Diese Alerts können über den SAP Solution Manager und das kostenpflichtige Add-on SAP Focused Run in einen Chat- oder E-Mail-Server ausgegeben oder in ein Ticket-System integriert werden. Abbildung 12.61 zeigt die Vorstellung des Service im SAP Discovery Center.

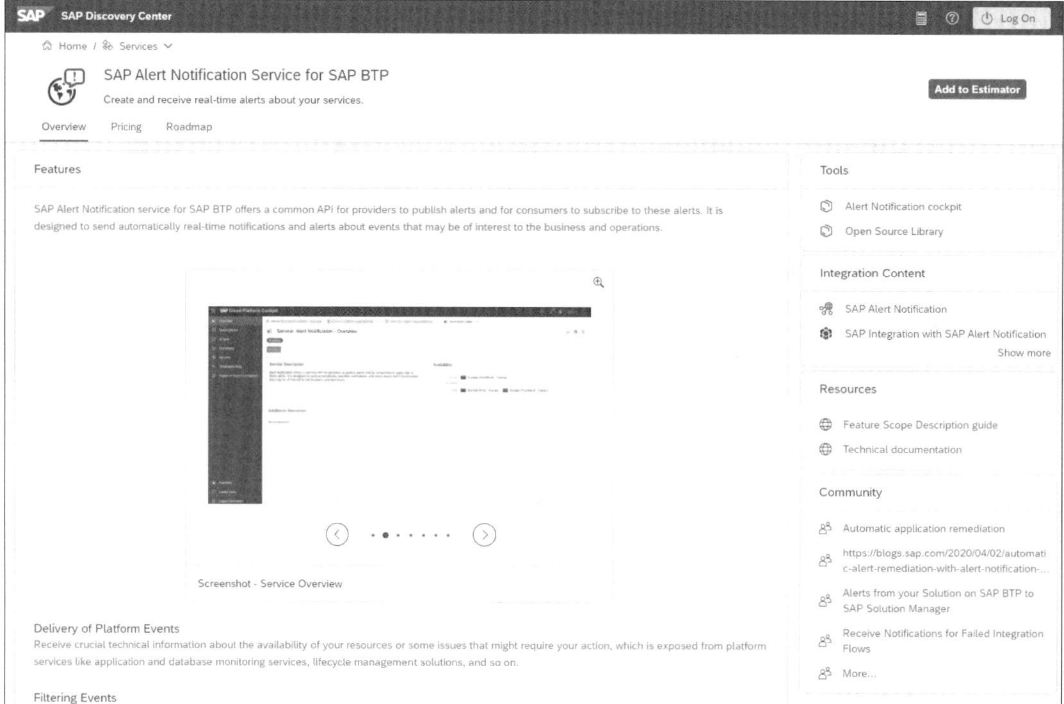

Abbildung 12.61 SAP Discovery Center – Alert Notification

Weiterführende Informationen zum SAP Alert Notification Service

Weitere Informationen über den Service erhalten Sie im SAP Discovery Center: *http://s-prs.de/v805325*

12.4.2 SAP Workflow Management

SAP Workflow Management ist ein weiterer Service der SAB BTP. Mit ihm können Sie in Kombination mit SAP Cloud Integration beispielsweise Arbeitsschritte implementieren, die einen manuellen Eingriff über entwickelte Anwendungen erlauben. Die Workflows werden im *SAP Business Application Studio* gebaut und basieren wie die Integration Flows in SAP Cloud Integration auf *Business Process Model and Notation* (BPMN). Das SAP Business Application Studio ist der Nachfolger der SAP Web IDE und ebenfalls ein Service der SAP BTP.

Beispiel-Workflow

Abbildung 12.62 zeigt einen Beispiel-Workflow von SAP. Die kleinen schwarzen Symbole in einer Workflow-Aufgabe zeigen jeweils an, ob es sich um einen manuellen oder automatischen Bearbeitungsschritt handelt.

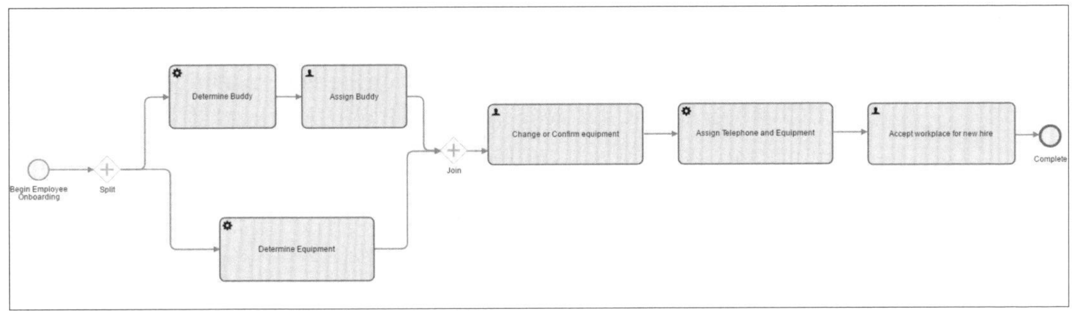

Abbildung 12.62 Beispielmodellierung eines Workflows in SAP Workflow Management

Weiterführende Informationen zu SAP Workflow Management

Weitere Informationen zu SAP Workflow Management finden Sie im SAP Discovery Center unter folgender URL: *http://s-prs.de/v805326*

Business Rules

SAP Workflow Management enthält die Komponente *Business Rules*, mit der Sie Ihre Integrationen mit Geschäftsregeln erweitern können, ohne sie durch einen Integrationsentwickler oder eine -entwicklerin anpassen lassen zu müssen. Die Regeln werden in Entscheidungstabellen aufgebaut, wobei jede Spalte vordefinierte Eingaben hat, beispielsweise:

»Wenn X kleiner gleich Y, dann ist der Wert Z«.

Eine konfigurierte Regel kann von SAP Cloud Integration über eine API angesprochen werden. Dabei kann der Wert X an den Business-Rule-Service gesendet werden, und dieser schickt den Wert Z an SAP Cloud Integration zurück.

12.5 Zusammenfassung

In diesem Kapitel haben Sie sich mit dem Thema Konnektivität auseinandergesetzt. Mithilfe des Service SAP Cloud Transport Management, CTS+ und der manuellen Transportmöglichkeiten können Sie Ihre Integrationen von einem System in ein anderes transportieren. Für die Kommunikation mit einer On-Premise-Landschaft müssen Sie den Cloud Connector installieren. Ich habe Ihnen gezeigt, wie Sie dabei vorgehen und wie Sie den Cloud Connector mit Ihrem Subaccount der SAP BTP verbinden.

Um Daten aus SAP Cloud Integration auch von Fremdsystemen aus abrufen zu können, haben Sie die von SAP zur Verfügung gestellten APIs kennengelernt. Zum Abschluss dieses Kapitels haben Sie sich mit einigen Services der SAP BTP beschäftigt, die Sie in Ihrer Arbeit mit SAP Cloud Integration unterstützen können und sich optimal mit dieser verbinden lassen.

Kapitel 13
Beispiele für Integrationsszenarien

Dieses Kapitel zeigt einige exemplarische Integration von SAP-Systemen über SAP Cloud Integration. Anders als in Kapitel 10 verwende ich in diesen Beispielen keine Standardintegrationspakete. Sie lernen also Schritt für Schritt, wie die Kommunikation zwischen den SAP-Produkten eingerichtet wird.

Dieses Kapitel befasst sich mit Integrationsszenarien, die drei unterschiedliche SAP-Lösungen an die SAP BTP anbinden, SAP Sales Cloud, SAP Field Service Management und SAP S/4HANA Cloud. Der Fokus liegt auf der Konfiguration dieser Systeme. Die Daten werden mit Postman an SAP Cloud Integration gesendet, dort aufbereitet und an die konfigurierten Zielsysteme gesendet.

Voraussetzungen

Leider gibt es nicht für jedes der hier als Beispiele herangezogenen Systeme einen Trial Account. Wenn Sie die beschriebenen Szenarien nachbauen möchten, wird daher vorausgesetzt, dass Sie die entsprechenden Lizenzen besitzen. Die Integrationsszenarien sind jedoch alle recht ähnlich aufgebaut und unterscheiden sich lediglich in wenigen Punkten, wie zum Beispiel der Authentifizierung.

Ich beschreibe zwei Möglichkeiten, wie Sie die Inhalte für die Zielsysteme bereitstellen können. Im ersten Szenario mit SAP Sales Cloud wird die Datenstruktur in einer Content-Modifier-Komponente erstellt und mit Property-Variablen gefüllt (siehe Abschnitt 13.1, »Einen Lead in SAP Sales Cloud anlegen«). In dem Szenario mit SAP S/4HANA Cloud wird eine Mapping-Komponente mit der bereitgestellten WSDL-Datei verwendet (siehe Abschnitt 13.3, »Lieferantenrechnung in SAP S/4HANA Cloud anlegen«). Selbstverständlich könnten Sie auch im ersten Szenario eine Mapping-Komponente verwenden und die dafür bereitgestellte WSDL-Datei nutzen. In diesem Kapitel möchte ich beide Varianten zeigen, um mehrere Lösungswege aufzuzeigen. Ein weiteres Szenario in Abschnitt 13.2, »Serviceabruf in SAP Field Service Management«, zeigt die Integration mit SAP Field Service Management. Dieses Produkt unterscheidet sich hinsichtlich der Konfiguration und Authentifizierung von den anderen in diesem Kapitel behandelten Produkten.

13.1 Einen Lead in SAP Sales Cloud anlegen

SAP Sales Cloud

SAP Customer Experience ist ein Portfolio von CRM-Lösungen (Customer Relationship Management) von SAP. Es beinhaltet z. B. die Lösungen *SAP Sales Cloud* und *SAP Service Cloud*. SAP Sales Cloud dient in erster Linie zur Kundengewinnung und beginnt mit der Generierung qualifizierter Kontakte mit Interessenten, sogenannter *Leads*. Es folgt die Umwandlung des Leads in eine Verkaufsmöglichkeit (*Opportunity*). Der *Lead to Quote* genannte Prozess endet mit der Erstellung eines Angebots, das hoffentlich zu einem Auftrag führt.

SAP Service Cloud wird für den Support und die Wartung von Produkten eingesetzt, die bereits an Kunden verkauft wurden. Sie können hier Servicetickets anlegen und diese einem Servicemitarbeiter oder einer -mitarbeiterin zuordnen, der oder die sich dann um eine Reparatur oder Wartung kümmert. SAP Service Cloud werde ich in diesem Buch nicht weiter erläutern. Die Kommunikation mit SAP Service Cloud wird ähnlich eingerichtet wie die mit SAP Sales Cloud. Des Weiteren werden Sie sich im nächsten Integrationsszenario mit SAP Field Service Management befassen, einer Lösung, die einen ähnlichen inhaltlichen Schwerpunkt hat.

Szenariobeschreibung

In diesem Abschnitt zeige ich Ihnen zuerst, welche Einstellungen Sie in SAP Sales Cloud vornehmen, um die Kommunikation mit SAP Cloud Integration zu ermöglichen. Anschließend erfahren Sie, wie Sie über SAP Cloud Integration die Anlage eines Leads in SAP Sales Cloud anstoßen können. Die dazu benötigten Daten geben Sie dem System über ein HTTP-Tool mit. Nachdem Sie ein Standard-Lead angelegt haben, zeige ich Ihnen, wie Sie es mit einem zusätzlichen Feld erweitern können. Für diesen Vorgang reicht es aus, den Anpassungsmodus von SAP Sales Cloud zu nutzen, d. h., es muss keine Programmierung vorgenommen werden.

Oberflächer der SAP Sales Cloud

Abbildung 13.1 zeigt die Oberfläche der SAP Sales Cloud. Auf der linken Seite befindet sich die Navigation, über die Sie zu den einzelnen Einstellungsbereichen gelangen können. Im rechten Bereich befindet sich die eigentliche Arbeitsfläche, in der Sie alle Einstellungen vornehmen. Oben rechts befindet sich ein weiteres Menü mit allgemeinen Einstellungen und Hinweisen. Hier finden Sie auch Ihr Profil (). Über dieses Menü können Sie den Anpassungsmodus einstellen, den Sie zur Erweiterung der Oberfläche von SAP Sales Cloud verwenden können.

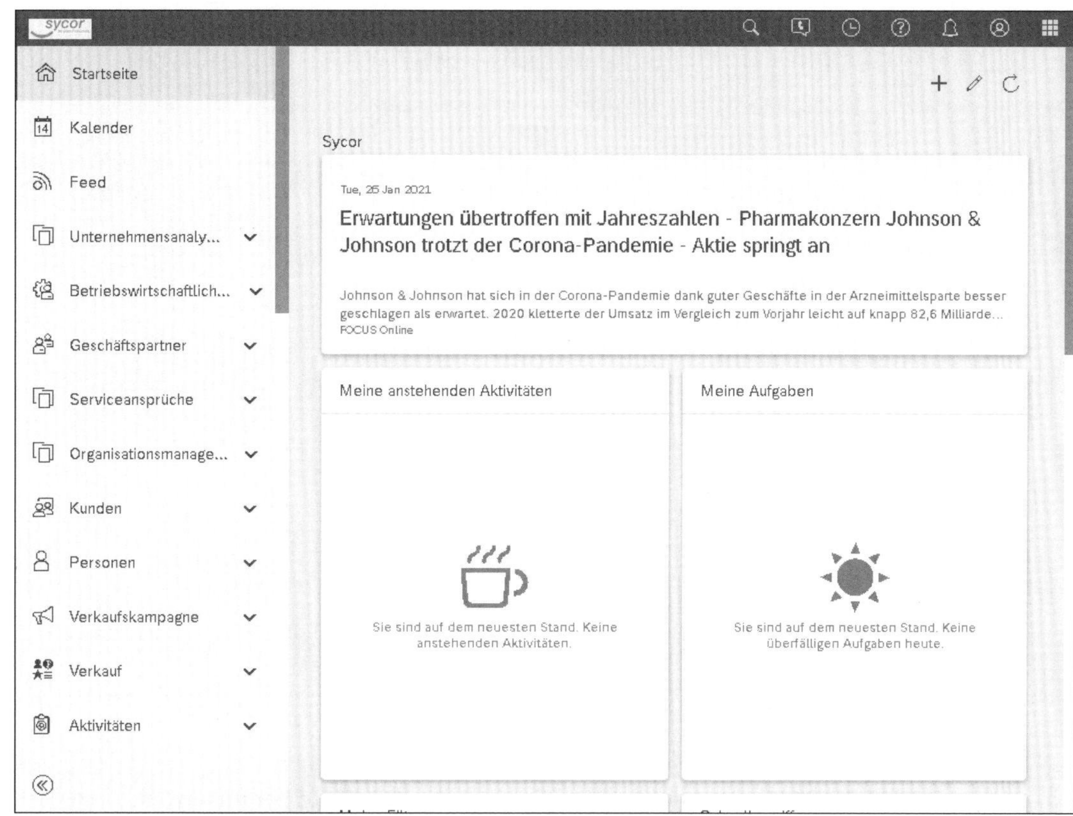

Abbildung 13.1 Startseite von SAP Sales Cloud

13.1.1 SAP Sales Cloud vorbereiten

Berechtigungen überprüfen

Bevor Sie mit den Vorbereitungen und der Konfiguration von SAP Sales Cloud beginnen können, sollten Sie sicherstellen, dass Ihr Benutzer die benötigten Berechtigungen hat. Sollte dies nicht der Fall sein, kontaktieren Sie das Administrationsteam Ihres Systems, um die notwendigen Berechtigungen zu erhalten. Mit der Benutzerrolle **Admin** können Sie sicher sein, dass Sie alle notwendigen Berechtigungen für die Konfiguration der Kommunikation haben. Diese Benutzerrolle für die Administration kann bei Ihnen mitunter einen anderen Namen haben. Der Name wird bei der Inbetriebnahme des Systems festgelegt.

Abbildung 13.2 zeigt meinen Benutzer mit der zugeordneten Benutzerrolle **ADMIN**.

Lösungsumfang überprüfen

Sehen Sie sich im nächsten Schritt Ihren Lösungsumfang an, um sicherzugehen, dass Sie Leads anlegen können.

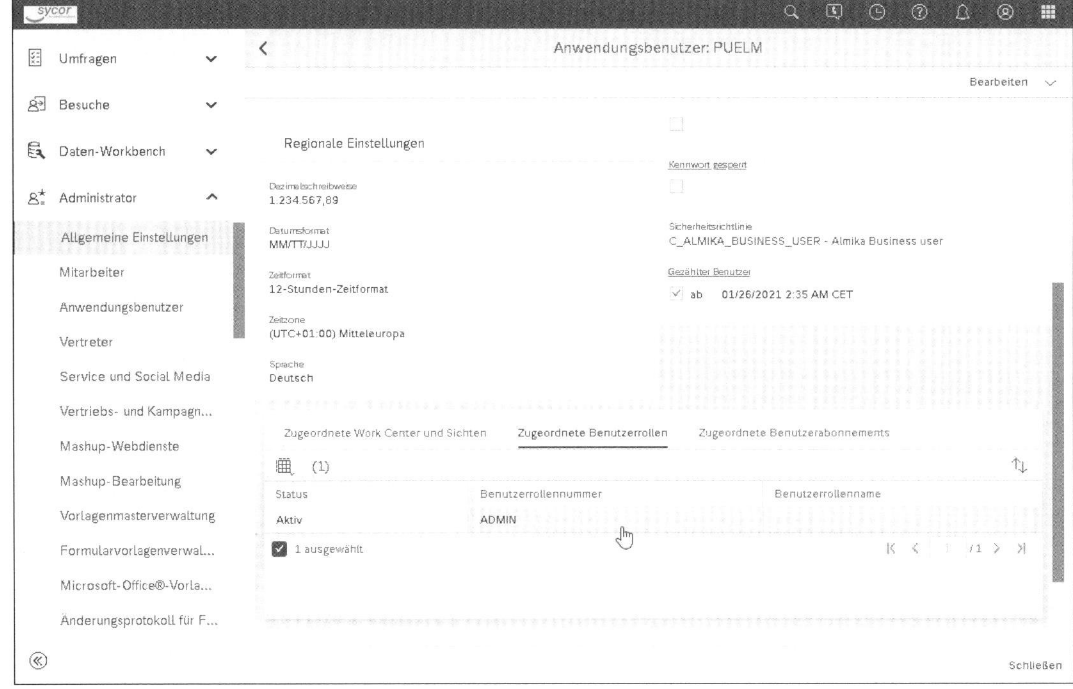

Abbildung 13.2 Berechtigungen in SAP Sales Cloud

Rufen Sie dazu folgenden Pfad über das Menü auf der linken Seite auf:

Betriebswirtschaftliche Konfiguration • Implementierungsprojekt • Projektumfang bearbeiten (Projektauswahl) • 3. Festlegung des Lösungsumfanges

Überprüfen Sie dort unter **Verkauf • Lead Management**, ob das Häkchen bei **Leads** gesetzt wurde (siehe Abbildung 13.3). Wenn dies nicht der Fall ist, aktivieren Sie die Checkbox und klicken auf **Weiter**. In den darauffolgenden Schritten sind keine weiteren Einstellungen notwendig.

Kommunikationsvereinbarungen prüfen

Sie können die Einstellungen auch überprüfen, indem Sie in die Kommunikationsvereinbarungen Ihres Systems navigieren und dort überprüfen, ob unter **Neu** der Eintrag **Leads verwalten** vorhanden ist. Die Kommunikationsvereinbarungen finden Sie im Menü unter **Administrator • Allgemeine Einstellungen** im Bereich **Integration** (siehe auch Abschnitt 13.1.2, »SAP Sales Cloud konfigurieren«).

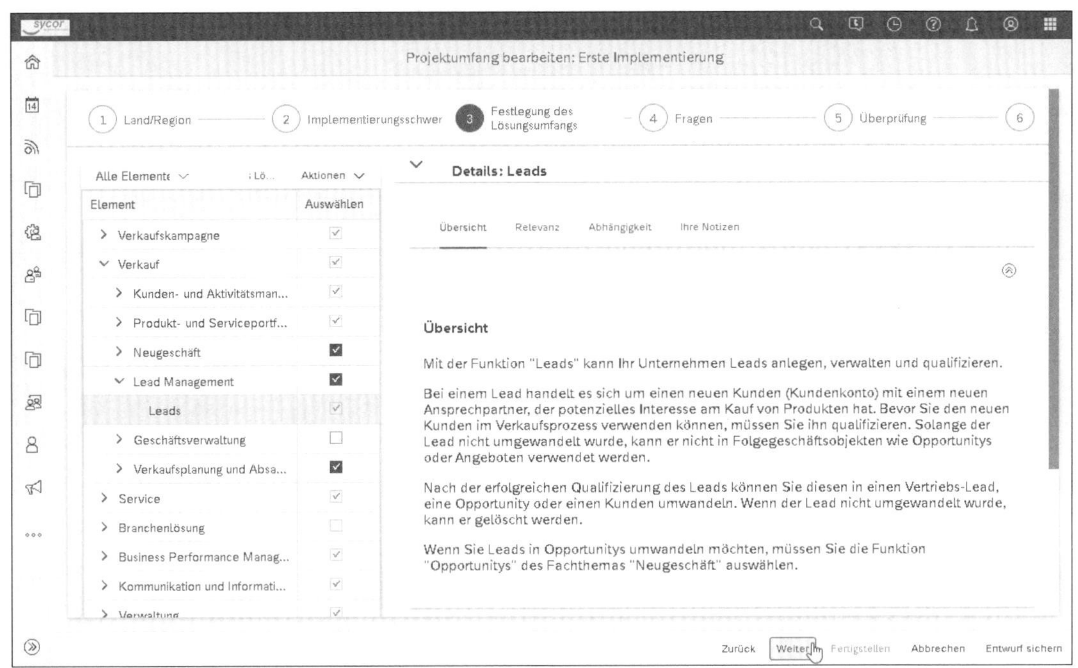

Abbildung 13.3 Lösungsumfang Ihres Projekts bearbeiten

13.1.2 SAP Sales Cloud konfigurieren

Kommunikationseinstellungen

Ihr Benutzer sollte nun alle benötigten Berechtigungen haben. Im Folgenden beschreibe ich die Konfiguration eines Kommunikationssystems und einer Kommunikationsvereinbarung zur Anlage eines Leads. In Abbildung 13.4 sehen Sie den Bereich **Allgemeine Einstellungen** innerhalb des Administrationsbereichs. Im markierten Bereich **Integration** finden Sie die Kommunikationseinstellungen, die Sie für die nächsten Schritte benötigen.

Kommunikationssystem anlegen

Bevor Sie die Endpunkte zur Lead-Generierung über eine Kommunikationsvereinbarung aktivieren, müssen Sie ein *Kommunikationssystem* anlegen. Dafür wählen Sie im Menü den Pfad **Administrator • Allgemeine Einstellungen • Kommunikationssysteme (Integration)**. Wenn Sie im Bereich **Kommunikationssysteme** angekommen sind, wählen Sie oben rechts die Schaltfläche **Neu**. Daraufhin öffnet sich eine Maske, in der Sie die folgenden Einstellungen tätigen müssen (siehe Abbildung 13.5).

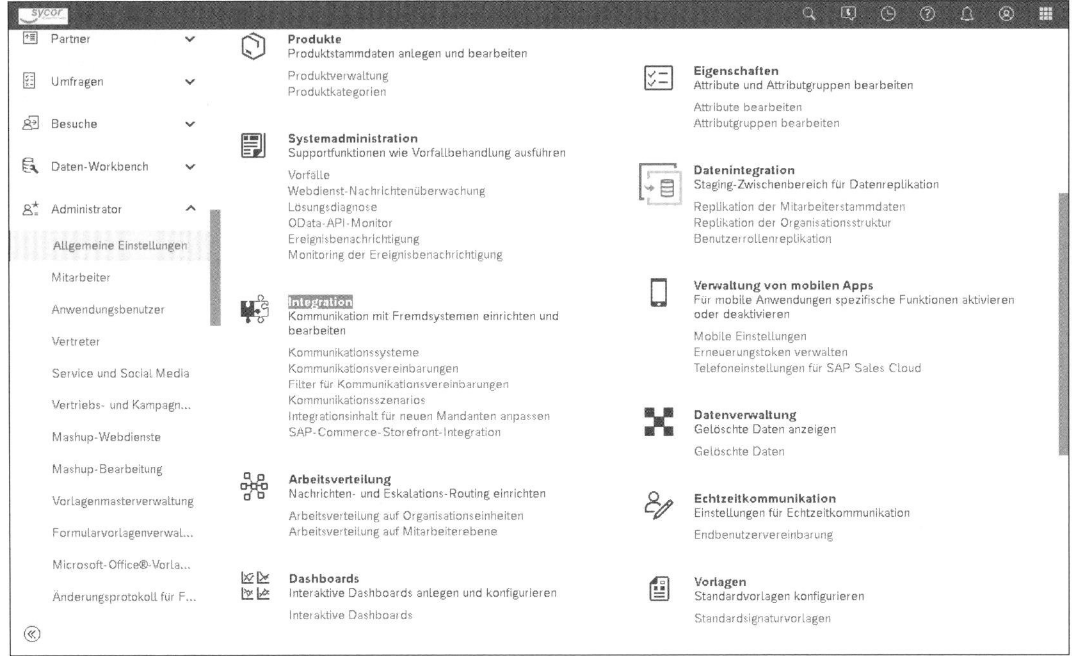

Abbildung 13.4 Allgemeine Einstellungen des Administrationsbereichs

- **Kennung**
  Die **Kennung** stellt die ID oder den Namen des Zielsystems dar. In unserem Fall ist bis auf SAP Cloud Integration kein anderes System angeschlossen. Aus diesem Grund können Sie als Kennung zum Beispiel den Namen Ihres Cloud-Integration-Tenants eingeben.
- **SAP Business Suite**
  Der Schalter **SAP Business Suite** wird bei der Anbindung an ein On-Premise-System gesetzt und braucht in diesem Szenario nicht gesetzt zu werden.
- **Hostname**
  Zur Anbindung von SAP Cloud Integration sollten Sie im Feld **Hostname** den Worker Node Ihres Cloud-Integration-Tenants angeben. Dieser lautet wie folgt:

  https://<Tenant Worker Node >.hana.ondemand.com

  Sie finden die genaue Angabe im Bereich **Endpoints** einer mit einem Start Message Event deployten Integration.
- **Systemzugriffsart**
  Wählen Sie als Zugriffsart **Internet**.

- **Technischen Ansprechpartner**
  Zusätzlich können Sie einen technischen Ansprechpartner oder eine Ansprechpartner*in für das System angeben sowie bei Bedarf einen internen Kommentar.

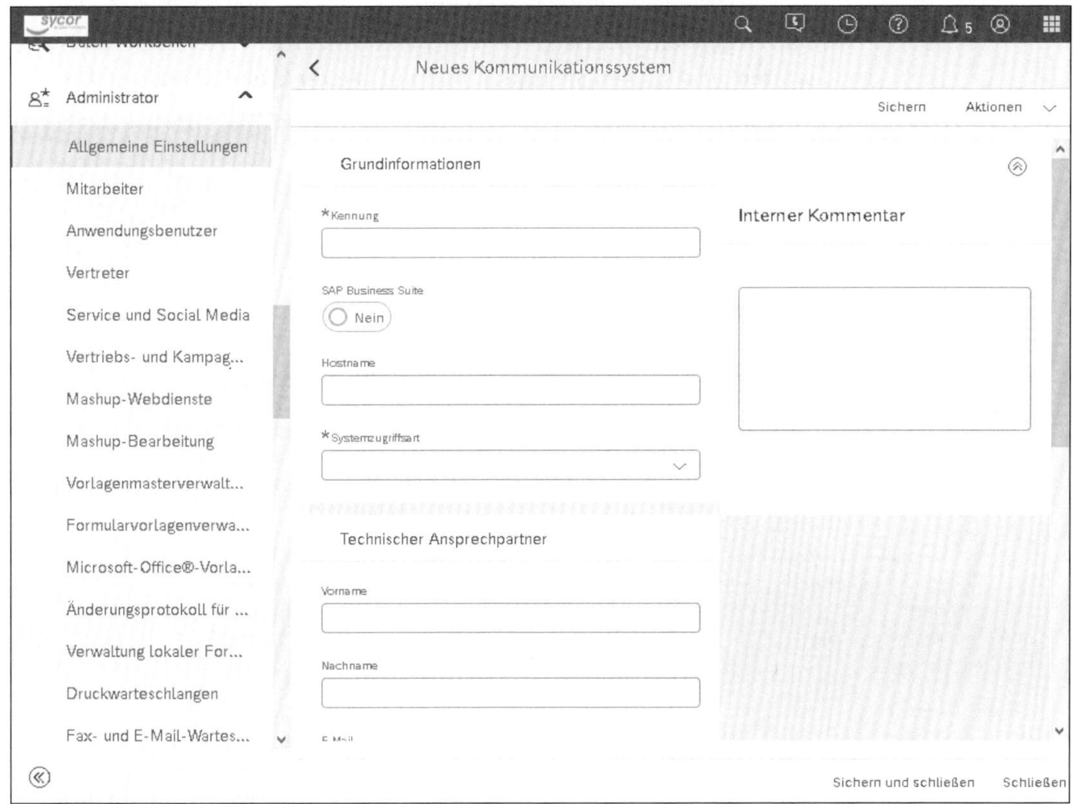

Abbildung 13.5 Kommunikationssystem anlegen

Speichern Sie die Angaben, und schließen Sie den Bereich zur Erstellung eines Kommunikationssystems.

Kommunikationsvereinbarung anlegen

Nachdem Sie das Kommunikationssystem erfolgreich angelegt haben, erstellen Sie auf dessen Basis die *Kommunikationsvereinbarung*. Eine Kommunikationsvereinbarung definiert den Endpunkt und die Authentifizierung für ein Integrationsszenario. Der Endpunkt kann zum Beispiel eine Tabelle mit Kundendaten oder die Funktion zur Anlage eines Materials sein.

Folgen Sie dem Menüpfad **Administrator • Allgemeine Einstellungen** und wählen Sie im Bereich **Integration** den Link **Kommunikationsvereinbarungen** (siehe Abbildung 13.4). Es öffnet sich eine Liste mit vordefinierten und bereits erstellten Kommunikationsvereinbarungen. Wählen Sie oben rechts die Schaltfläche **Neu** zur Anlage einer Kommunikationsvereinbarung. Führen Sie dann die folgenden Schritte aus:

1. **Szenario wählen**
   Wählen Sie das Kommunikationsszenario aus, bekommen Sie eine Liste, die basierend auf Ihrer Systemkonfiguration bereitgestellt wird. Die Szenarien sind alphabetisch sortiert. Suchen Sie in der Liste nach **Leads verwalten**, und klicken Sie unten links auf **Weiter** (siehe Abbildung 13.6).

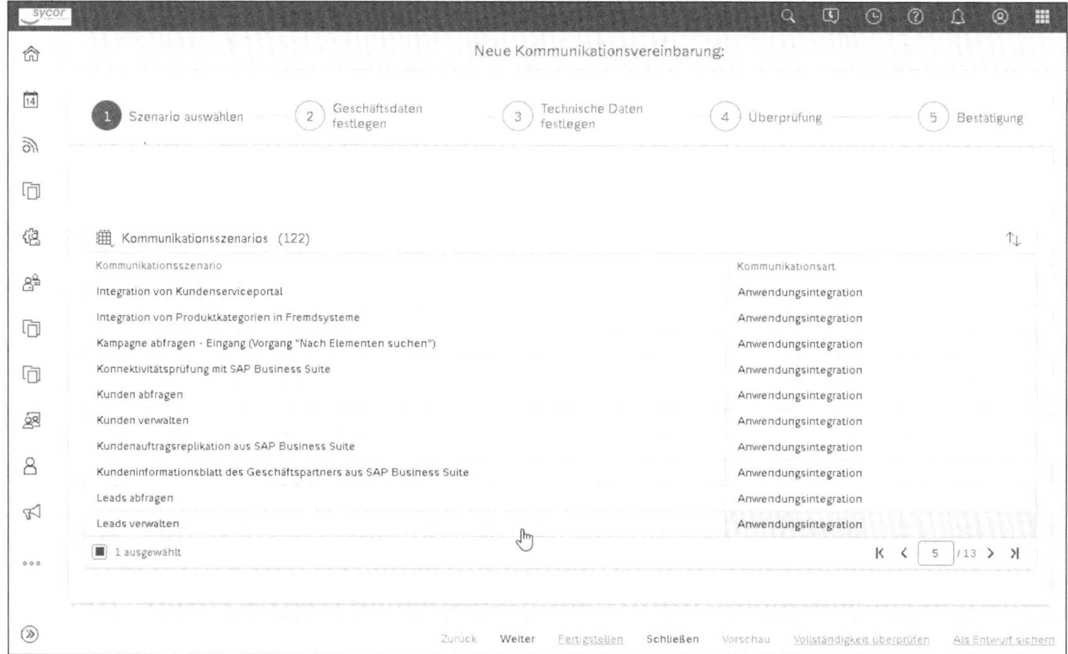

Abbildung 13.6 Szenarioauswahl zur Erstellung einer neuen Kommunikationsvereinbarung

2. **Geschäftsdaten festlegen**
   Im Schritt 2, **Geschäftsdaten festlegen**, benötigen Sie nur die Systeminstanznummer Ihres zuvor angelegten Kommunikationssystems. Auf der rechten Seite finden Sie unter **Meine Kommunikationsdaten** im Feld **Mein System** die Nummer Ihrer SAP-Sales-Cloud-Instanz. Diese Nummer ist für unser Szenario nicht relevant, wird aber von einigen Standardintegrationsszenarien von SAP als Zielsystemkennung benötigt. Klicken Sie auf **Weiter**.
3. **Technische Daten festlegen**
   In diesem Schritt legen Sie die technischen Daten fest. Als **Kommunikationsmethode** wählen Sie **Direktverbindung** und als **Anwendungsprotokoll** den **Webdienst**. Für die Authentifizierung haben Sie die Wahl zwischen

SSL-Client-Zertifikat und **Benutzerkennung / Kennwort** (siehe Abbildung 13.7). In diesem Beispiel verwenden wir **Benutzerkennung und Kennwort**. Notieren Sie sich die Benutzerkennung. Diese benötigen Sie für die Anlage der Credentials.

Klicken Sie dann auf **Legitimationsdaten bearbeiten**. Es öffnet sich ein Pop-up-Fenster, in dem Sie ein Kennwort erstellen, das Sie sich ebenfalls notieren sollten. Schließen Sie das Pop-up-Fenster, und wechseln Sie über die Schaltfläche **Erweiterte Einstellungen bearbeiten** in die erweiterten Einstellungen.

Hier finden Sie die Dienst-URL, die Sie für die Zieladresse in SAP Cloud Integration benötigen. Notieren Sie diese ebenfalls. Sollten die notierten Daten verloren gehen, können Sie diese bis auf das Passwort später unter den bereits konfigurierten Kommunikationsvereinbarungen einsehen. Wenn Ihnen das Passwort abhandenkommt, müssen Sie unter **Legitimationsdaten bearbeiten** ein neues vergeben. Klicken Sie anschließend auf **Weiter**.

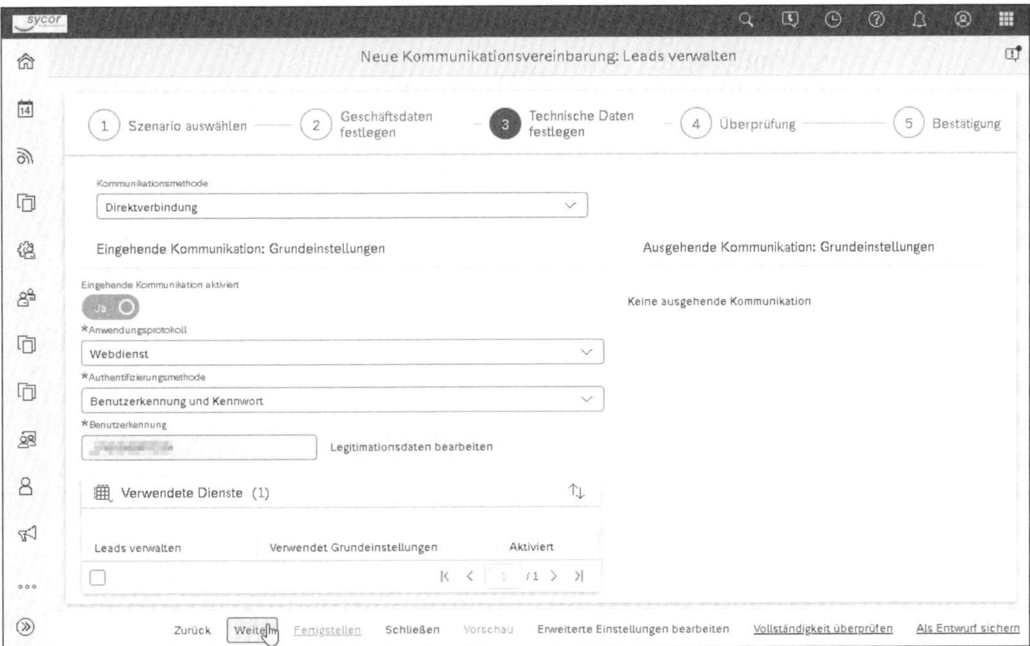

Abbildung 13.7 Technische Daten zur Anlage einer Kommunikationsvereinbarung

4. **Überprüfung**
   Im nächsten Schritt können Sie die eingegebenen Daten kontrollieren. Wenn Sie zufrieden sind, klicken Sie auf **Fertigstellen**.

5. **Bestätigung**
   Im letzten Schritt werden drei Links angezeigt. Über den ersten können Sie die Kommunikationsvereinbarung noch mal bearbeiten. Der zweite leitet Sie direkt zur Anlage einer neuen Kommunikationsvereinbarung weiter, und der letzte öffnet ein PDF-Dokument, das alle wichtigen Einstellungen übersichtlich darstellt.

13.1.3 Integrationsvorbereitung in SAP Cloud Integration

Credential anlegen

Nachdem Sie SAP Sales Cloud für die externe Lead-Erstellung konfiguriert haben, können Sie mit den Einstellungen in SAP Cloud Integration fortfahren. Geben Sie zunächst die Zugangsdaten (User Credentials) zur Kommunikation mit der SAP Sales Cloud an, die Sie während der Anlage der Kommunikationsvereinbarung definiert haben. Öffnen Sie dazu SAP Cloud Integration und navigieren Sie in den **Monitor**-Bereich. Öffnen Sie die Kachel **Security Material** im Bereich **Manage Security**. Wählen Sie **Create • User Credentials**. Den Namen, den Sie bei der Anlage der User Credentials im Feld **Name** festlegen, müssen Sie später im Adapter hinterlegen (siehe Abbildung 13.8).

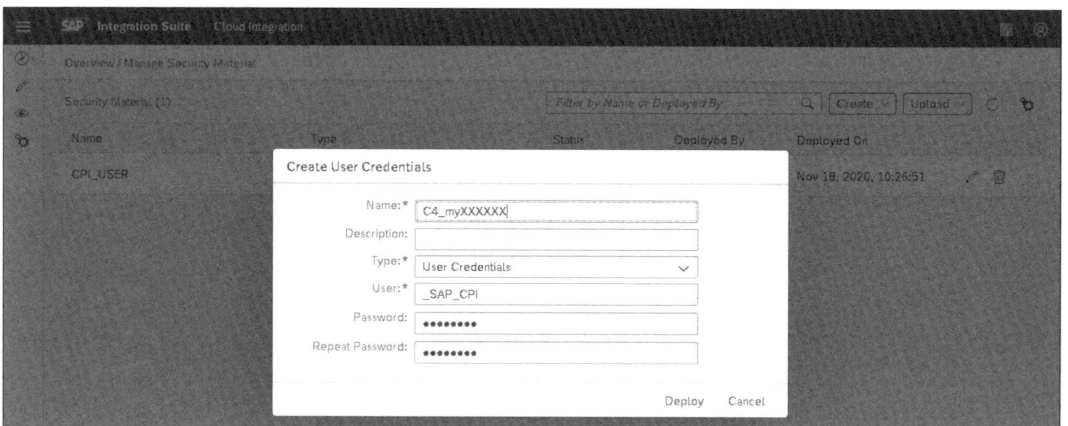

Abbildung 13.8 User Credential für SAP Sales Cloud anlegen

Paket anlegen

Legen Sie nun ein neues Paket für dieses Integrationsszenario in SAP Cloud Integration an. In diesem Paket können Sie auch weitere Szenarien mit SAP Sales Cloud testen. Öffnen Sie dazu den **Design**-Bereich, und klicken Sie oben rechts auf die Schaltfläche **Create**. Geben Sie in der darauffolgenden Ansicht alle notwendigen Daten ein, wie beispielhaft in Abbildung 13.9 gezeigt. Speichern Sie Ihre Angaben mit **Save**.

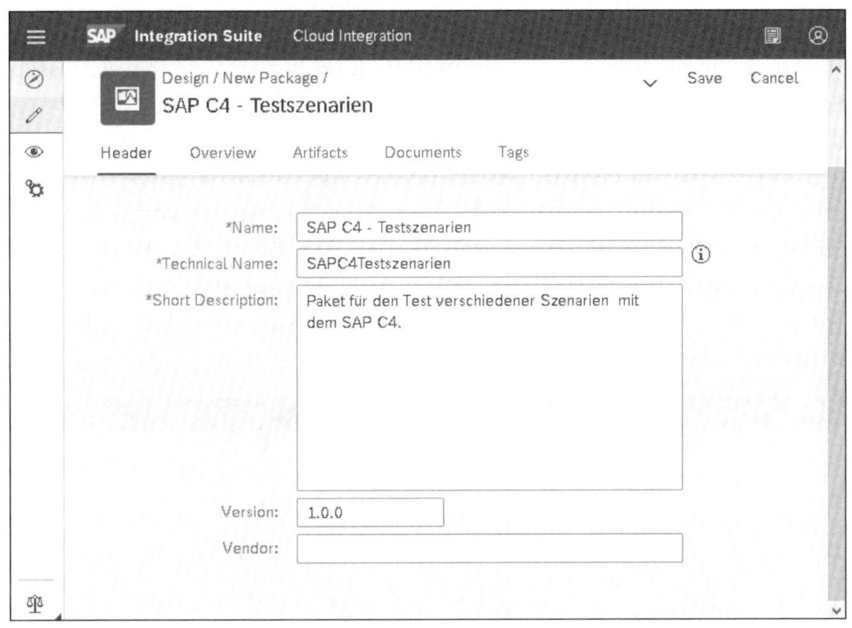

Abbildung 13.9 Paket für Integrationsszenarien mit SAP Sales Cloud anlegen

Wechseln Sie nach dem Speichern auf den Reiter **Artifacts**. Wählen Sie hier **Add • Integration Flow**, um eine neue Integration anzulegen. Vergeben Sie einen aussagekräftigen Namen und im Idealfall eine passende Beschreibung (siehe Abbildung 13.10).

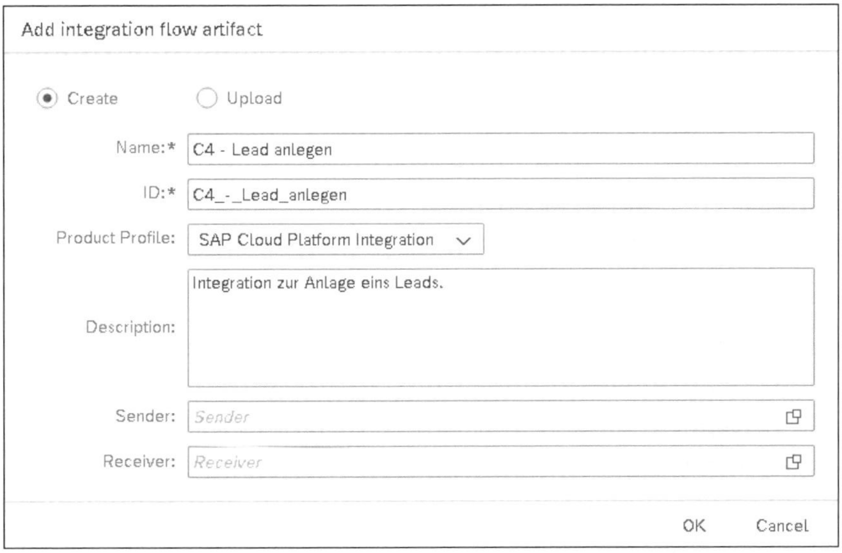

Integration anlegen

Add integration flow artifact

Create Upload

Name:* C4 - Lead anlegen

ID:* C4_-_Lead_anlegen

Product Profile: SAP Cloud Platform Integration

Description: Integration zur Anlage eins Leads.

Sender: Sender

Receiver: Receiver

OK Cancel

Abbildung 13.10 Integration Flow für die Lead-Anlage in SAP Sales Cloud erstellen

13.1.4 Integration Flow in SAP Cloud Integration modellieren

Nachdem Sie die Vorbereitungen in SAP Cloud Integration abgeschlossen haben, können Sie mit dem Aufbau der Integration beginnen. Sie können die Integration in diesem Abschnitt selbst nachbauen oder den fertigen Integration Flow aus dem Download-Bereich dieses Buchs unter *www.sap-press.de/5248* importieren. In Abbildung 13.11 sehen Sie den kompletten Integrationsaufbaus mit allen Komponenten. Die Daten zur Anlage eines Leads werden über Postman an SAP Sales Cloud gesendet. Sollte während der Datenübernahme oder beim Erstellen des Leads ein Fehler auftreten, wird ein Fehlertext an Postman zurückgegeben.

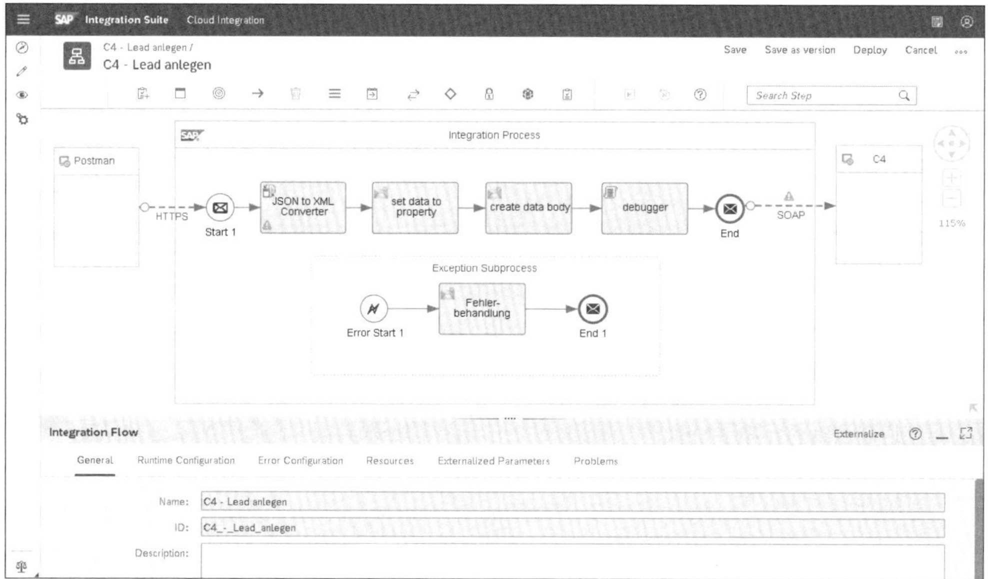

Abbildung 13.11 Integrationsaufbau im Überblick

HTTPS-Adapter und JSON To XML Converter

Die Integration beginnt mit einem HTTPS-Adapter, über den die Daten im JSON-Format an SAP Cloud Integration gesendet werden. Als Adresse habe ich */C4/LeadAnlegen* gewählt (siehe Abbildung 13.12). Durch das vorangestellte /C4 reduziert sich die Wahrscheinlichkeit, dass die Adresse bereits von einem anderen Szenario verwendet wird. Nachdem die Daten im Start Message Event **Start 1** angekommen sind, werden Sie durch den **JSON To XML Converter** umgewandelt. In der Konverter-Komponente müssen dazu keine Einstellungen vorgenommen werden.

Werte aus Postman-Nachricht zwischenspeichern

Nachdem die Daten in das XML-Format umgewandelt wurden, werden sie über einen XPath-Ausdruck als Property-Variablen in einer Content-Modifier-Komponente zwischengespeichert. Für jedes Feld wird eine eigene Variable definiert (siehe Abbildung 13.13).

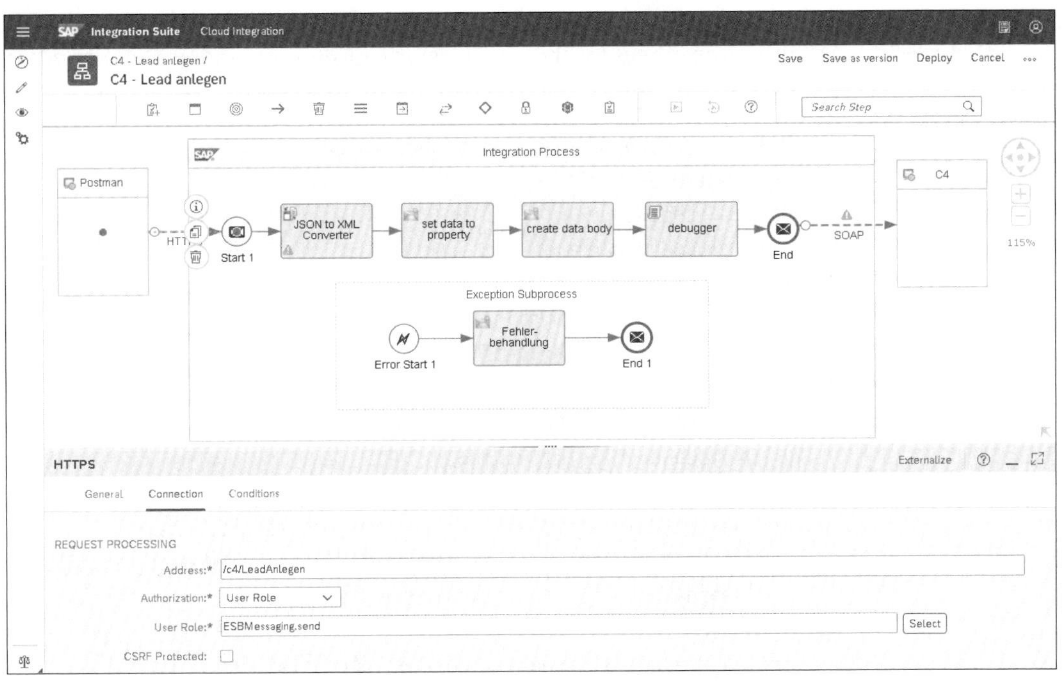

Abbildung 13.12 Konfiguration des HTTPS-Adapters

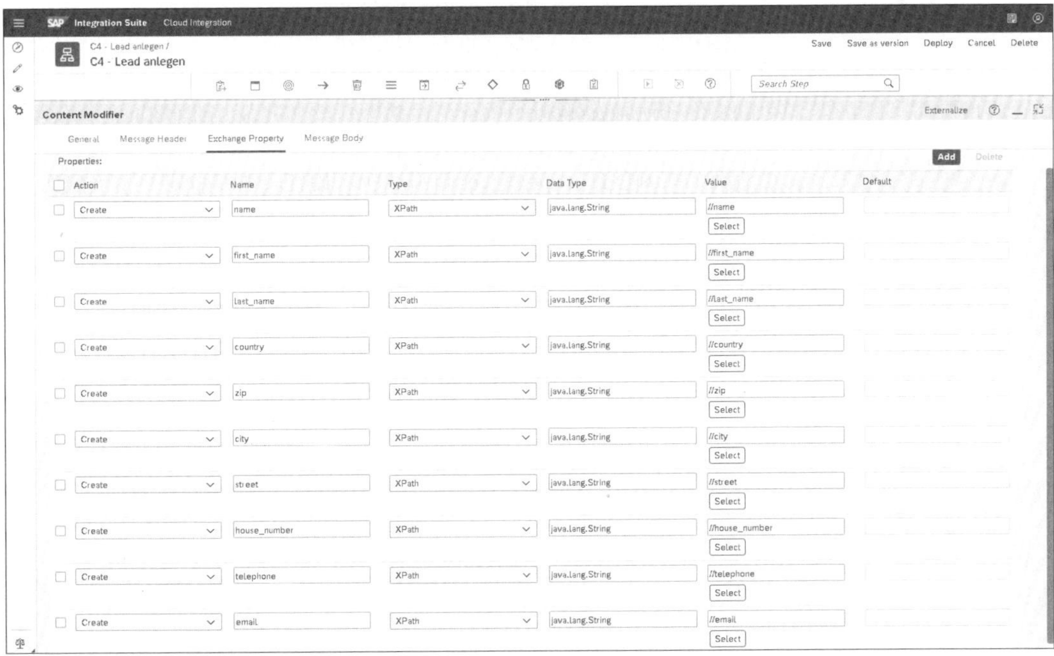

Abbildung 13.13 Konfiguration der Content-Modifier-Komponenten zur Speicherung der Werte als Property-Variablen

Nachricht zur Lead-Anlage

Die Werte aus den Property-Variablen werden in der nächsten Content-Modifier-Komponente über Expressions in den folgenden Datensatz zur Anlage des Leads eingefügt (siehe Listing 13.1).

```
<n0:MarketingLeadBundleMaintainRequest_sync xmlns:n0="http://sap.com/
xi/SAPGlobal20/Global">
   <BasicMessageHeader>
   </BasicMessageHeader>
   <MarketingLead actionCode=
"01" itemListCompleteTransmissionIndicator="true">
   <ObjectNodeSenderTechnicalID>Rheinwerk</
ObjectNodeSenderTechnicalID>
      <Name>Rheinwerk</Name>
      <GroupCode>0023</GroupCode>
      <Note>${property.name}</Note>
   <PersonFirstName>${property.first_name}</PersonFirstName>
   <PersonLastName>${property.last_name}</PersonLastName>
      <CompanyName>Privatperson</CompanyName>
      <Address>
      <CountryCode>${property.country}</CountryCode>
         <RegionCode>10</RegionCode>
   <StreetPostalCode>${property.zip}</StreetPostalCode>
         <CityName>${property.city}</CityName>
      <StreetName>${property.street}</StreetName>
      <HouseID>${property.house_number}</HouseID>
   <TelephoneFormattedNumberDescription>${property.telephone}
     </TelephoneFormattedNumberDescription>
         <EmailURI>${property.email}</EmailURI>
      </Address>
   </MarketingLead>
</n0:MarketingLeadBundleMaintainRequest_sync>
```

Listing 13.1 Datensatz zur Lead-Anlage

Abbildung 13.14 zeigt die Konfiguration dieser zweiten Content-Modifier-Komponente.

Debugging-Skript

Die nun folgende Script-Komponente **debugger** dient lediglich zur Überprüfung der Daten, bevor diese an SAP Sales Cloud geschickt werden. Sie können das Skript bei Bedarf an beliebig vielen weiteren Stellen einbinden, wenn Sie wissen möchten, wie die Nachricht an der entsprechenden Stelle aussieht. Es handelt sich dabei um das Debugging-Skript aus Abschnitt 11.3.

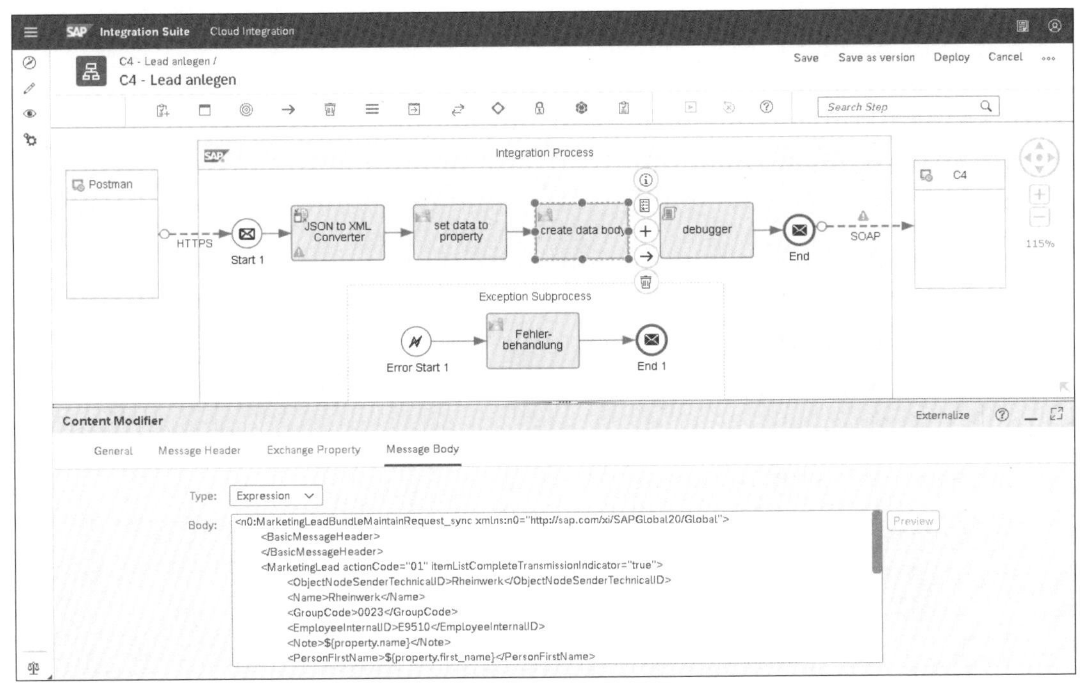

Abbildung 13.14 Konfiguration der Content-Modifier-Komponente zur Erstellung des Datensatzes zur Lead-Anlage

Im Anschluss werden die Daten über den SOAP-Adapter an SAP Sales Cloud geschickt. Als Adresse geben Sie den Endpunkt an, den Sie aus der Kommunikationsvereinbarung in SAP Sales Cloud kopiert haben. Wählen Sie im Feld **Authentication** den Wert **Basic**, wenn Sie sich für eine Authentifizierung mit Benutzerkennung und Kennwort entschieden haben. Im Anschluss müssen Sie bei dieser Art der Authentifizierung noch den **Credential Name** mitgeben, den Sie in Abschnitt 13.1.3, »Integrationsvorbereitung in SAP Cloud Integration« vergeben haben. Abbildung 13.15 zeigt die Konfiguration des SOAP-Adapters auf dem Reiter **Connection**.

SOAP-Adapter

Den Abschluss der Integration bildet die Fehlerbehandlung. Diese wird ausgelöst, sobald ein unerwartetes Ereignis auftritt. Dies kann z. B. das Nichterreichen des Zielsystems sein. Nachdem ein Fehler aufgetreten ist, springt der Integrationsfluss in den **Exception Subprocess**. Dieser beinhaltet eine einzelne Content-Modifier-Komponente mit einem Fehlertext im Message Body (siehe Abbildung 13.16).

Deployment

Nach dem SOAP-Adapter ist der Integrationsaufbau abgeschlossen. Speichern Sie die Integration und deployen Sie diese anschließend. Überprüfen Sie zum Abschluss im Monitoring, ob das Deployment erfolgreich war.

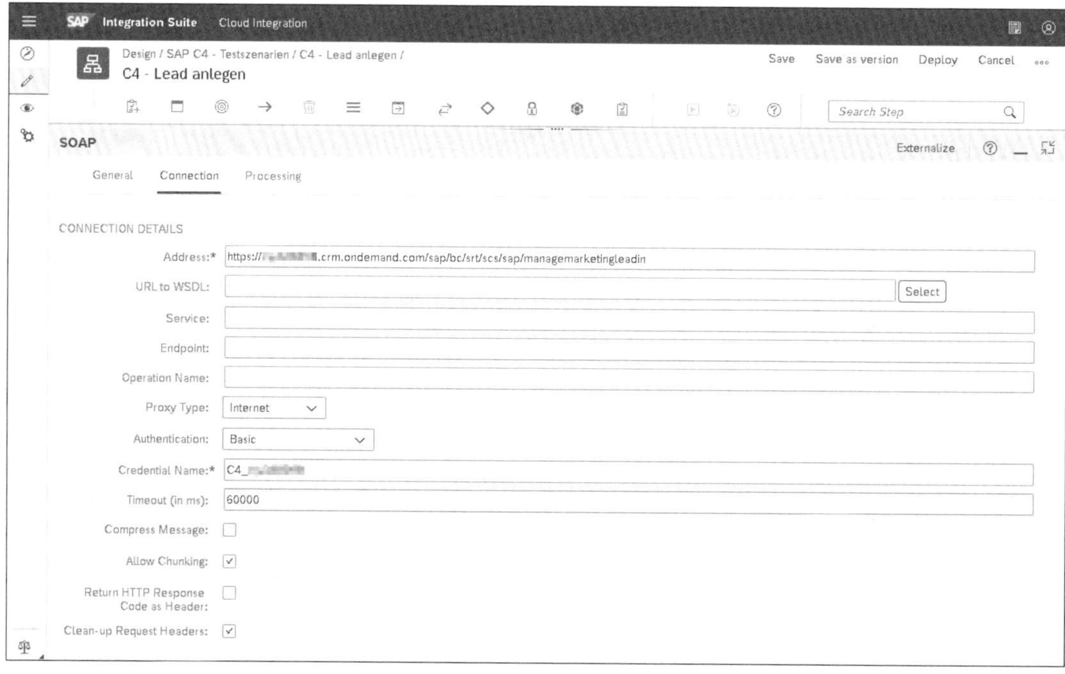

Abbildung 13.15 Konfiguration des SOAP-Adapters

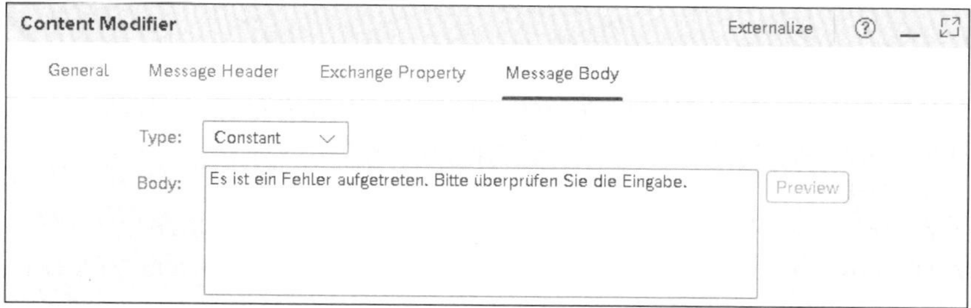

Abbildung 13.16 Konfiguration der Content-Modifier-Komponente mit einem Fehlertext im Exception Subprocess

13.1.5 Anlage eines Leads testen

Öffnen Sie zum Testen der Integration Ihre Postman-Instanz in einem neuen Browser-Tab. Verwenden Sie die Methode POST, und geben Sie zur Authentifizierung Ihre Zugangsdaten für SAP Sales Cloud ein. Als URL geben Sie die Adresse ein, die Sie im Monitoring im Bereich **Manage Integration Content** sehen, nachdem Sie Ihren Integration Flow veröffentlicht haben. Wählen Sie als Body den Inhalt aus Listing 13.1, den Sie auch im Download-Bereich dieses Buchs finden. Führen Sie anschließend die HTTP-Anfrage aus.

Bei einer erfolgreichen Lead-Erstellung sollten Sie als Ergebnis einen Rückgabewert im XML-Format erhalten, in dem Sie die ID des Leads finden, hier 37784 (siehe Abbildung 13.17). Bei einem Fehler sollten Sie als Rückgabewert den Fehlertext sehen, der in dem Content Modifier innerhalb des Exception Subprocess definiert wurde.

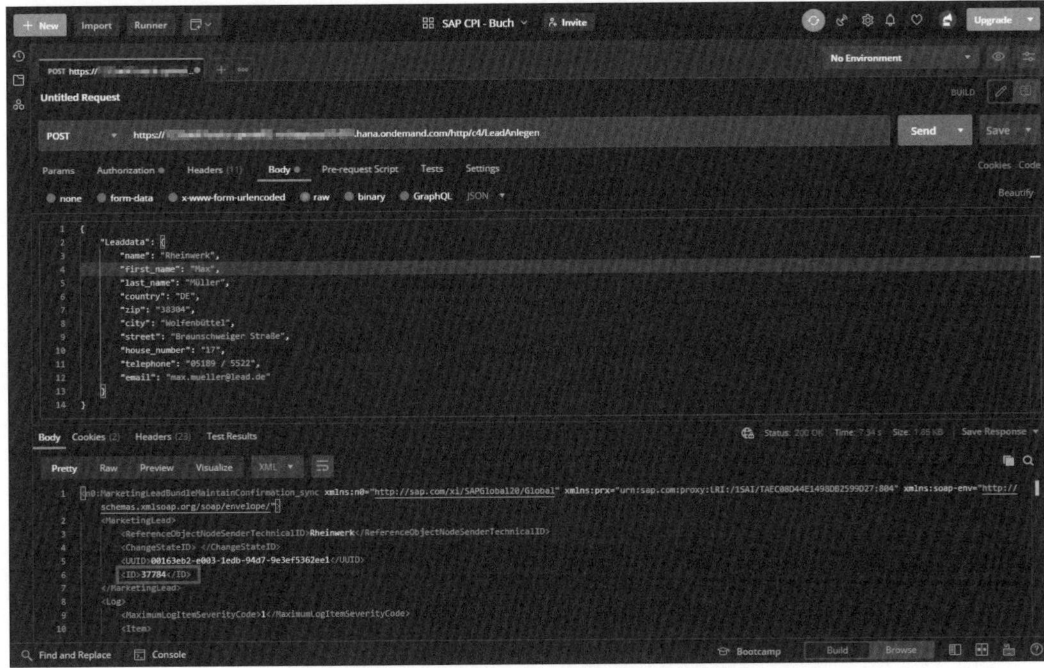

Abbildung 13.17 HTTP-Anfrage über Postman und Lead-ID im Rückgabewert

Ergebnis überprüfen

Bei Bedarf können Sie nun in den **Monitor**-Bereich von SAP Cloud Integration wechseln. Dort können Sie im Nachrichtenverarbeitungsprotokoll das Attachment kontrollieren, das durch das Skript angelegt wurde. Abbildung 13.18 zeigt Ihnen das Attachment mit den eingetragenen Werten. Alternativ können Sie das Log Level der Integration auf **Trace** setzen und die Lead-Erstellung ein weiteres Mal starten. Auf diese Weise können Sie jeden Schritt einzeln nachverfolgen.

Lead-Anlage in SAP Sales Cloud überprüfen

Zur Überwachung von eingehenden Nachrichten in SAP Sales Cloud rufen Sie im Menü den Pfad **Administrator • Allgemeine Einstellungen** auf. Dort finden Sie in der Kategorie **Systemadministration** den Eintrag **Webdienst-Nachrichtenüberwachung**. Dort sollten Sie den Eintrag aus Abbildung 13.19 mit der Serviceschnittstelle `ManageMarketingLeadIn` sehen. Sollte dies nicht der Fall sein, öffnen Sie oben rechts das Aktionsmenü (◦◦◦), um weitere Einstellungsoptionen anzuzeigen. Wählen Sie dort den Eintrag **Trace starten**, und versenden Sie die HTTP-Anfrage erneut.

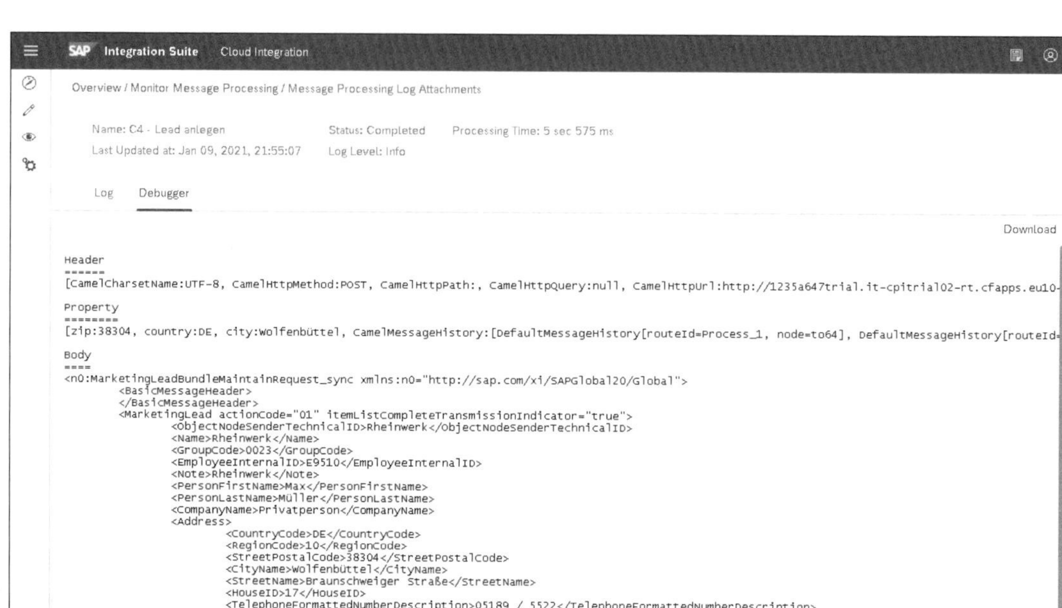

Abbildung 13.18 Debugger-Ergebnis nach dem Versenden der Anfrage

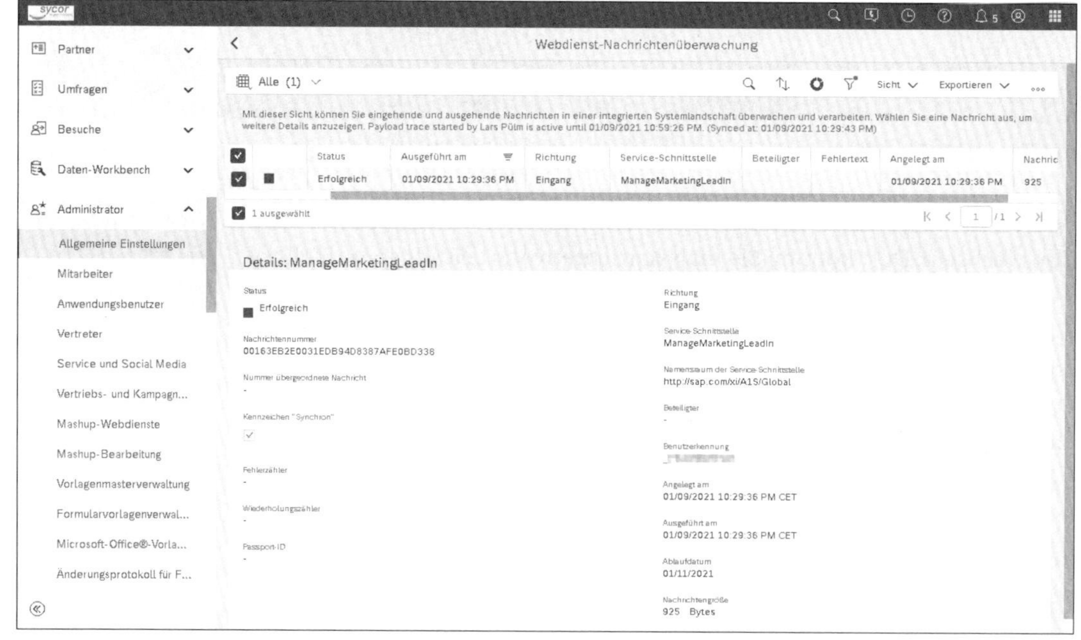

Abbildung 13.19 Webdienst-Nachrichtenüberwachung in SAP Sales Cloud

Lead aufrufen

Nachdem Sie die verschiedenen Monitoring-Werkzeuge genutzt haben und über den Rückgabewert wissen, dass der Lead erfolgreich angelegt wurde, können Sie den Lead in SAP Sales Cloud ansehen. Rufen Sie dazu im Menü den Pfad **Verkauf • Leads** auf. Es öffnet sich eine Liste mit allen verfügbaren Leads. Sollten Sie keine Leads sehen, ändern Sie oben links in der Ecke der Liste die Ansicht zu **Alle**.

Oberhalb der Liste der Leads befindet sich eine Suchleiste. Hier können Sie die Lead-ID aus dem Rückgabewert eintragen und nach dieser suchen. Als Ergebnis sollte das angelegte Lead mit Ihren eingetragenen Werten erscheinen. Mit einem Klick können Sie es öffnen, um weitere Daten einzusehen. Abbildung 13.20 zeigt die Übersichtsseite des Leads.

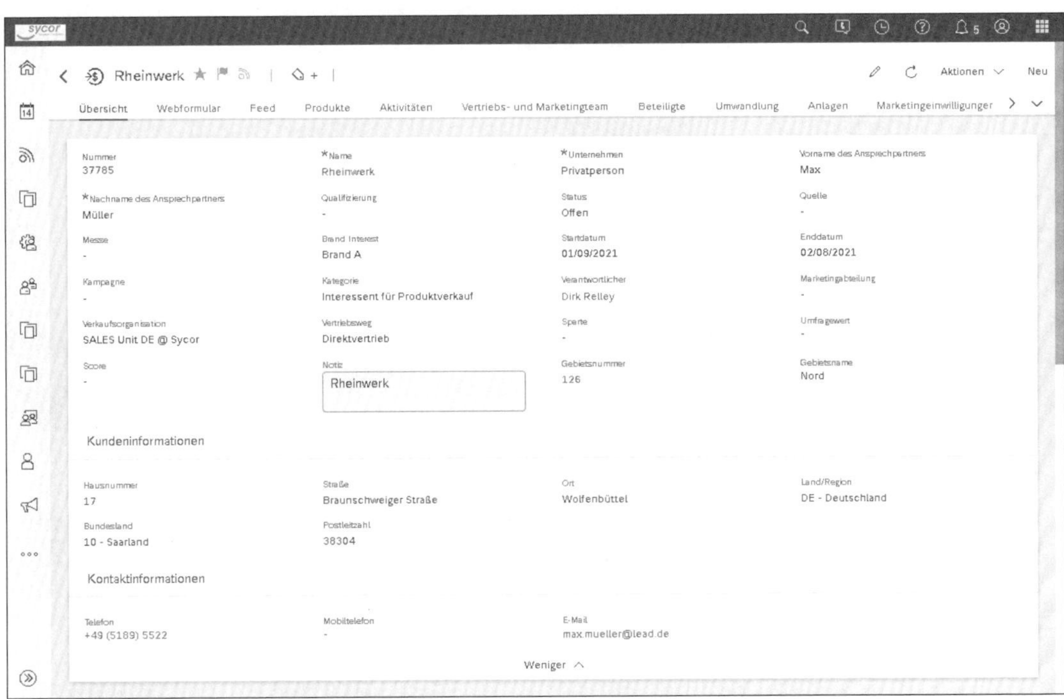

Abbildung 13.20 Lead überprüfen

13.1.6 Lead-Generierung erweitern

In diesem Abschnitt zeige ich Ihnen, wie Sie der Lead-Übersicht ein weiteres Feld hinzufügen können, ohne programmieren zu müssen. Im Anschluss wird dieses Feld dem Service zur Lead-Anlage hinzugefügt, sodass Sie es über die Kommunikationsvereinbarung befüllen können. Das Feld, das wir anlegen, soll in den Kopfdaten des Leads erscheinen. Es soll sich um ein Textfeld mit dem Label **Zusatzinformation** handeln.

Anpassungsmodus öffnen

Rufen Sie einen beliebigen Lead in SAP Sales Cloud auf, und klicken Sie oben im Menü auf das Profilsymbol (), um das Profilmenü zu öffnen. Dort wählen Sie den Eintrag **Anpassung starten**. Nach dem Anklicken wird stattdessen **Anpassung beenden** als Menüeintrag angezeigt. Über eine blau-rot gestrichelte Linie am oberen Bildrand wird gekennzeichnet, dass Sie sich im Anpassungsmodus befinden. Die verschiedenen Bereiche der Oberfläche werden mit roten und blauen Rahmen umschlossen. Der rote Rahmen markiert den aktuell ausgewählten Bereich. Auf der rechten Seite öffnet sich ein Menü, über das Sie Anpassungen vornehmen können (siehe Abbildung 13.21).

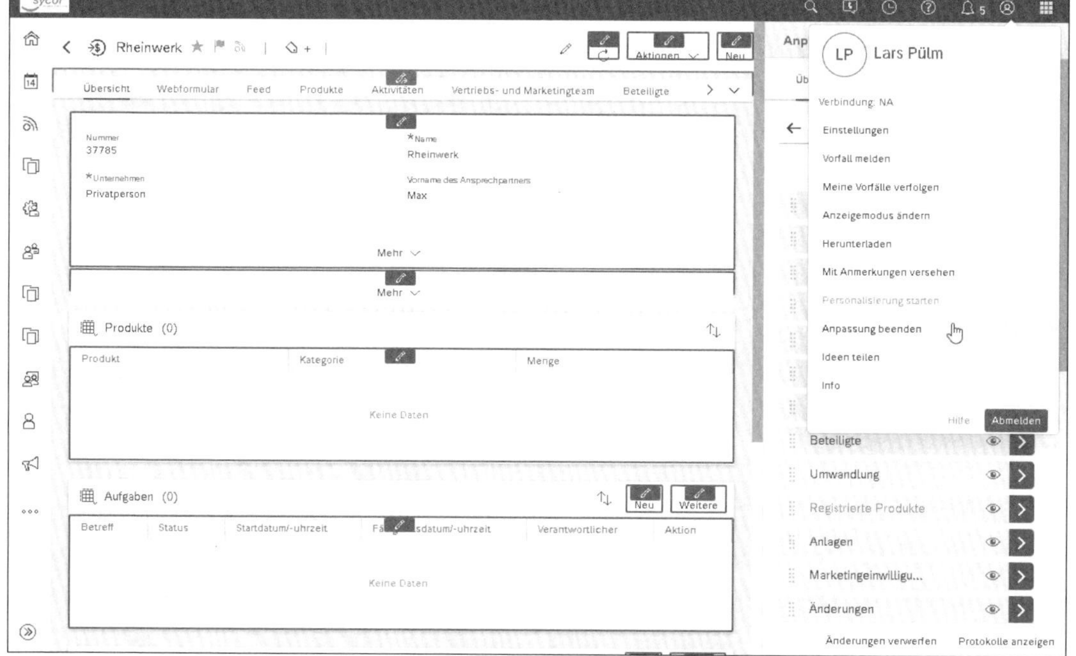

Abbildung 13.21 Oberfläche von SAP Sales Cloud im Anpassungsmodus

Kopfdaten

Die Kopfdaten des Leads, die wir erweitern möchten, sind in Abbildung 13.21 unterhalb der Reiterleiste zu sehen. Wählen Sie diesen Bereich aus, indem Sie auf das blau hinterlegte Stift-Symbol () klicken.

[»]

Kopfdaten im Seitenbereich

Sollte in den Einstellungen im Bereich **Unternehmenseinstellungen** die Funktion **Seitenbereich aktivieren** ausgewählt worden sein, befinden sich die Kopfdaten des ausgewählten Objekts im rechten Bereich der Benutzeroberfläche und nicht im oberen Bereich.

Abschnitt »Leadinformationen«

Nachdem Sie die Kopfdaten ausgewählt haben, ändert sich die Ansicht der Anpassungseinstellungen im rechten Bereich. Wählen Sie dort den Abschnitt **Leadinformationen** aus. In der Drop-down-Liste **Hinzufügen** wählen Sie die Option **Feld** (siehe Abbildung 13.22).

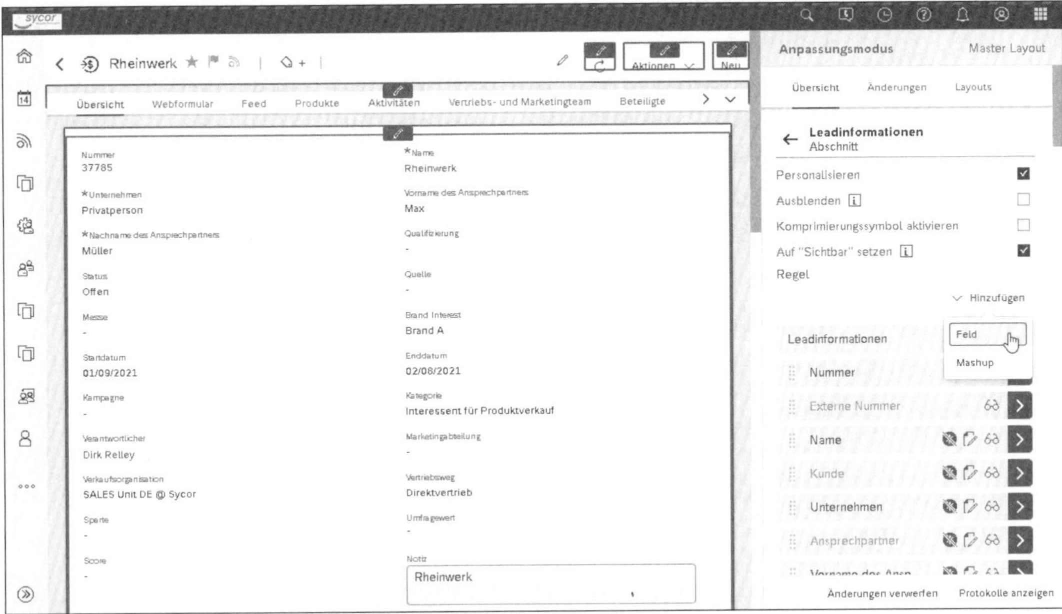

Abbildung 13.22 Ein neues Feld im Abschnitt »Leadinformationen« hinzufügen

Neues Feld hinzufügen

Es öffnet sich ein Pop-up-Fenster, in dem bereits angelegte Felder angezeigt werden. Klicken Sie hier auf **Felder anlegen**. Füllen Sie die folgenden Felder aus (siehe Abbildung 13.23):

- **Geschäftskontext**
  In unserem Beispiel hat das Feld **Geschäftskontext** nur einen Eintrag. Dieser zeigt auf die allgemeinen Daten des Leads.
- **Beschriftung**
  In das Feld **Beschriftung** tragen Sie den Namen des Felds ein, der in den Kopfdaten angezeigt werden soll.
- **Technischer Name**
  Der technische Name ist einmalig und dient später zur Datenzuweisung in Ihrer Integration. Das Feld wird basierend auf der Beschriftung automatisch gefüllt. Es empfiehlt sich, als Präfix z_ zu verwenden, um anzuzeigen, dass es sich um eine Erweiterung handelt. Dadurch ist das Feld auch in einem Mapping leichter zu finden.

- **Typ**
  In diesem Beispiel wird der Datentyp **Text** verwendet. Sie können auch Datumsfelder oder Indikatoren ergänzen, in denen die Werte wahr oder falsch angezeigt werden können. Jeder Typ hat weitere Einstellungsmöglichkeiten zur Folge.
- **Subtyp**
  Das Feld **Subtyp** erscheint beim Typ **Text** und definiert die Länge des Felds. In unserem Beispiel ist die Länge **Kurztext** mit maximal 40 Zeichen ausreichend.
- **Vorschlagswert**
  Im Feld **Vorschlagswert** können Sie einen automatisch vordefinierten Standardwert angeben. In unserem Beispiel verzichten wir darauf.

Sichern und schließen Sie die Feldkonfiguration im Anschluss.

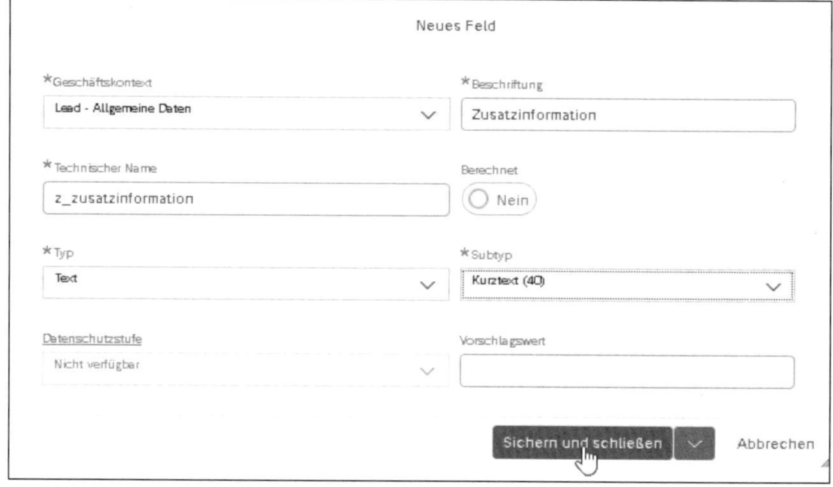

Abbildung 13.23 Konfiguration eines neuen Felds

Feld platzieren

Sie gelangen zurück zu der Liste aller bereits angelegten Felder. Wählen Sie dort Ihr neu angelegtes Feld aus, und klicken Sie auf die Schaltfläche **Anwenden**. Das Feld wird daraufhin hinter den anderen Feldern in den Lead-Informationen positioniert. Sie können das Feld mit gedrückter Maustaste an eine andere Position in der Liste verschieben, um die Anordnung in der Lead-Ansicht zu verändern (siehe Abbildung 13.24).

Feldeinstellungen

Wenn Sie mit der Platzierung Ihres Felds zufrieden sind, können Sie auf das blau hinterlegte Pfeil-Symbol (>) klicken, um weitere Einstellungsmöglichkeiten aufzurufen. Sie können das Feld hier bei Bedarf ausblenden, personalisierbar machen, damit jeder Benutzer es für sich ausblenden kann, oder es als Pflichtfeld kennzeichnen.

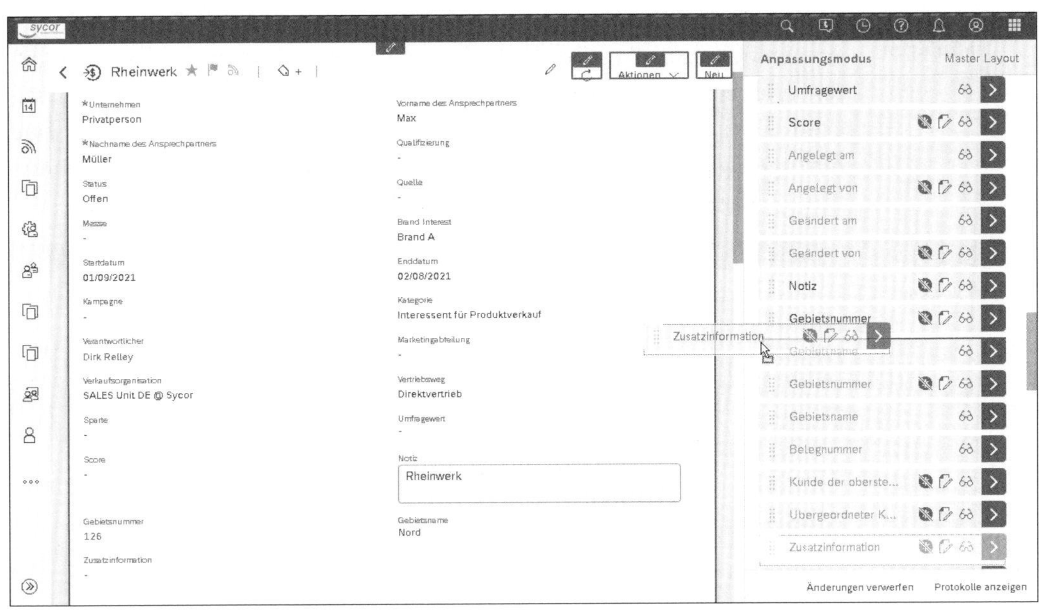

Abbildung 13.24 Verschiebung eines Felds innerhalb der Lead-Kopfdaten

In unserem Fall wollen wir es für Webservices nutzbar machen. Klicken Sie aus diesem Grund auf die Schaltfläche **Bearbeiten**. Im mittleren Arbeitsbereich öffnet sich eine Ansicht mit weiteren Einstellungsmöglichkeiten. Wählen Sie dort den Reiter **Services** (siehe Abbildung 13.25).

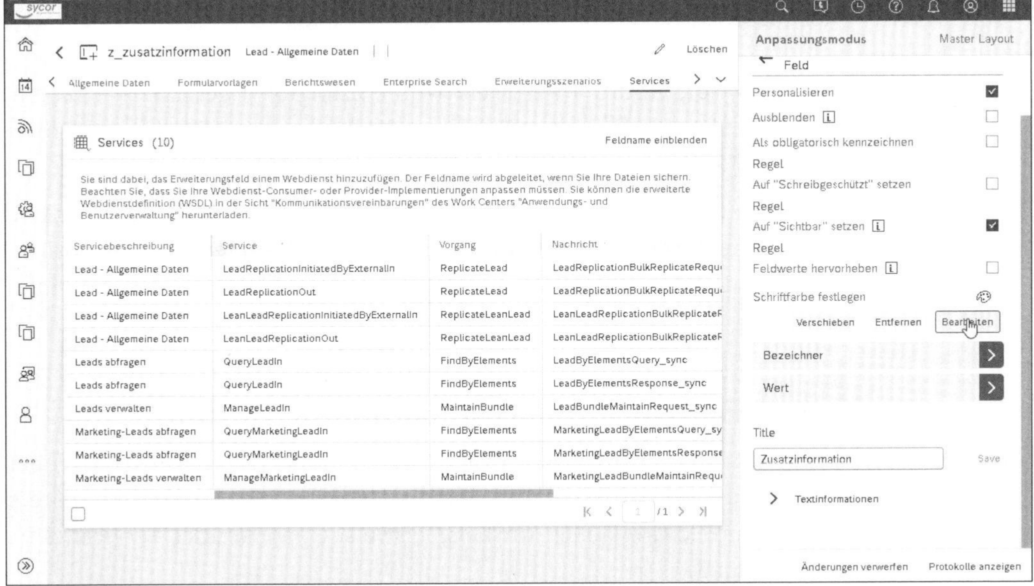

Abbildung 13.25 Neu erstelltes Feld bearbeiten

Feld einem Service hinzufügen

Klicken Sie im Menü oben auf das Stift-Symbol (✎), um in den Bearbeitungsmodus zu gelangen. Suchen Sie den Eintrag **Marketingleads verwalten**, und scrollen Sie nach rechts, bis Sie die Spalte **Aktion** sehen können. Klicken Sie in dieser Zeile auf das Plus-Symbol (+). In der Spalte **Feld hinzugefügt** sollte nun ein Häkchen erscheinen. Speichern Sie im Anschluss Ihre Konfiguration mit einem Klick auf **Sichern** (siehe Abbildung 13.26).

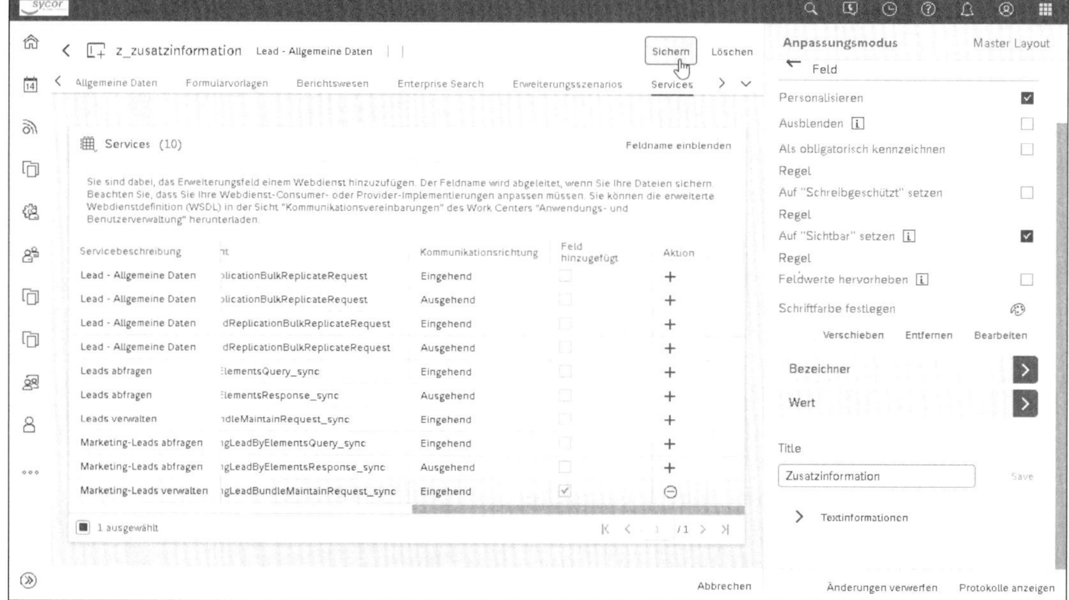

Abbildung 13.26 Feld im Marketing-Lead aktivieren

Sie sollten die Information »Feld wurde erfolgreich gesichert« erhalten. Beenden Sie den Anpassungsmodus mit **Anpassung beenden** im Profilmenü (◙).

Nachdem Sie das Feld erfolgreich angelegt haben, können Sie es über SAP Cloud Integration befüllen, indem Sie die WSDL-Datei der zugehörigen Kommunikationsvereinbarung herunterladen und in ein Mapping einbinden.

13.1.7 Alternative Herangehensweisen

Weitere Szenarien

Sie haben in diesem Beispiel erfolgreich einen Lead in SAP Sales Cloud über SAP Cloud Integration angelegt. Auf dem gleichen Weg können Sie weitere Integration Flows erstellen, um beispielsweise Opportunities, Servicetickets usw. anzulegen.

Message-Mapping-Komponente verwenden

In diesem Szenario wurden die Daten über Property-Variablen des Integration Flows direkt in den Nachrichten-Body geschrieben. Alternativ können Sie eine Message-Mapping-Komponente verwenden. Dafür benötigten Sie eine WSDL-Datei mit der Struktur des Webservice. Sie erhalten diese über die Kommunikationsvereinbarung **Leads verwalten**. Wählen Sie diese Kommunikationsvereinbarung in SAP Sales Cloud aus, und klicken Sie auf **Bearbeiten**. Wechseln Sie im Anschluss auf den Reiter **Technische Daten**, und klicken Sie oben rechts auf **Erweiterte Einstellungen bearbeiten**. Oberhalb der Liste der Webservices im Bereich **Eingang** wählen Sie die Schaltfläche **WSDL herunterladen** (siehe Abbildung 13.27). Die heruntergeladene WSDL-Datei können Sie in eine Mapping-Komponente in SAP Cloud Integration einbinden. Ein Beispiel für die Konfiguration einer solchen Mapping-Komponente zeige ich Ihnen in Abschnitt 13.3.4, »Integration Flow in SAP Cloud Integration modellieren«.

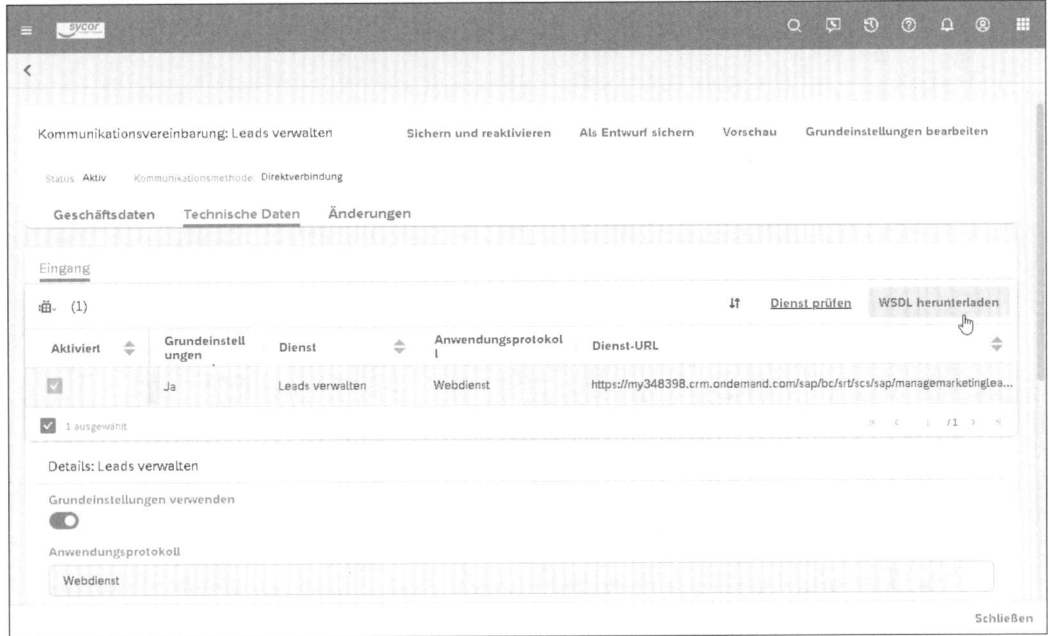

Abbildung 13.27 WSDL-Datei für den Webservice »Leads verwalten« herunterladen

Beta-Status des neuen Designs

SAP bereitete zum Zeitpunkt der Drucklegung dieses Buchs ein neues Design für SAP Sales Cloud vor, das zu Testzwecken bereits aktiviert werden konnte. Einen Vorgeschmack des neuen Designs erhalten Sie in Abbildung 13.27.

13.2 Serviceabruf in SAP Field Service Management

SAP Field Service Management

SAP Field Service Management ist eine Cloud-Lösung von SAP, die Unternehmen dabei helfen soll, Installations- und Wartungsarbeiten zu planen und auszuführen. Zusätzlich unterstützt sie Servicemitarbeitende bei der Organisation von Reparatureinsätzen, indem die Mitarbeitenden anhand ihrer zeitlichen Verfügbarkeit, der erforderlichen Fähigkeiten und der Fahrtwege eingeplant werden. Die Daten für die Planungen können über mehrere Kanäle (Omnichannel) wie Telefon, E-Mail, ein Serviceportal oder über die Integration von Maschinendaten aufgenommen werden. Servicemanager*innen können Auswertungen über die Kundenzufriedenheit, Bearbeitungszeit usw. erstellen. Abbildung 13.28 zeigt die Benutzungsoberfläche von SAP Field Service Management.

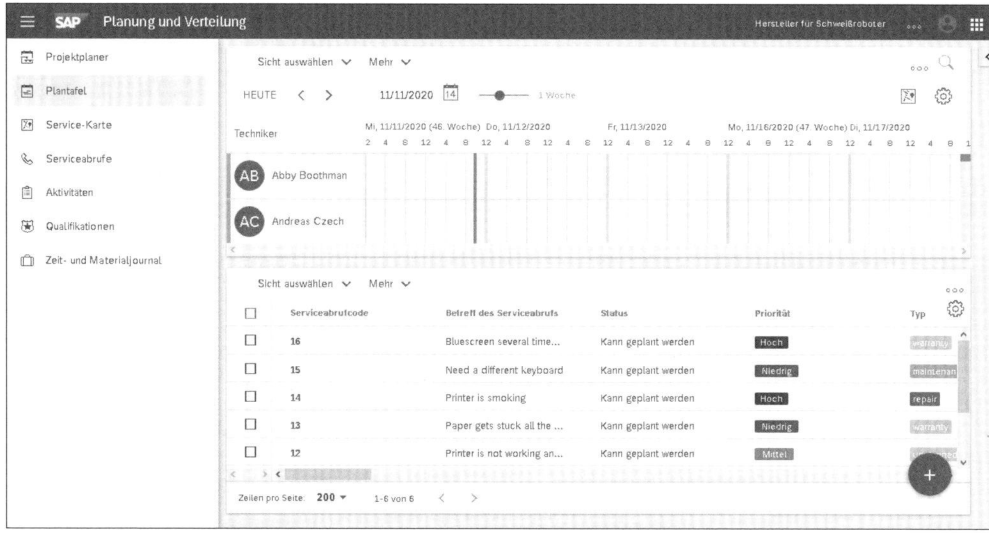

Abbildung 13.28 SAP Field Service Management

[»]

> **Zugriff über mehrere Adressen**
>
> SAP Field Service Management wird von außen über mehrere Adressen für unterschiedliche Bereiche aufgerufen. Ein Bereich ist zum Beispiel die **Planung und Verteilung** aus Abbildung 13.28, ein anderer die Administration, die Sie in Abbildung 13.33 sehen.

13.2.1 SAP Field Service Management vorbereiten

Für die Anlage von Serviceabrufen (*Service Calls*) in SAP Field Service Management sind einige Stammdaten notwendig. Sind diese noch nicht in Ihrem System vorhanden, müssen Sie zur Vorbereitung von Ihnen nachgetragen werden. Es werden die folgenden Daten benötigt:

- Geschäftspartner
- Equipment
- Typ des Serviceabrufs
- Status des Serviceabrufs
- Herkunft des Serviceabrufs
- Problemtyp

Geschäftspartner

Geschäftspartner legen Sie über das Menü **Stammdaten** an, das Sie oben links auf der Benutzeroberfläche finden. Über den ersten Eintrag werden Ihre Geschäftspartner aufgelistet. Klicken Sie auf das Plus-Symbol (+) in der Geschäftspartnerliste, um einen neuen Geschäftspartner anzulegen. Pflichtfelder in der Anlagemaske (siehe Abbildung 13.29) werden rot gekennzeichnet. Werden sie nicht gefüllt, erhalten Sie die Meldung **Daten nicht validiert**. Die **Geschäftspartner-ID** ist kein Pflichtfeld. Wenn Sie es leer lassen, vergibt SAP Field Service Management eine eigene ID.

13

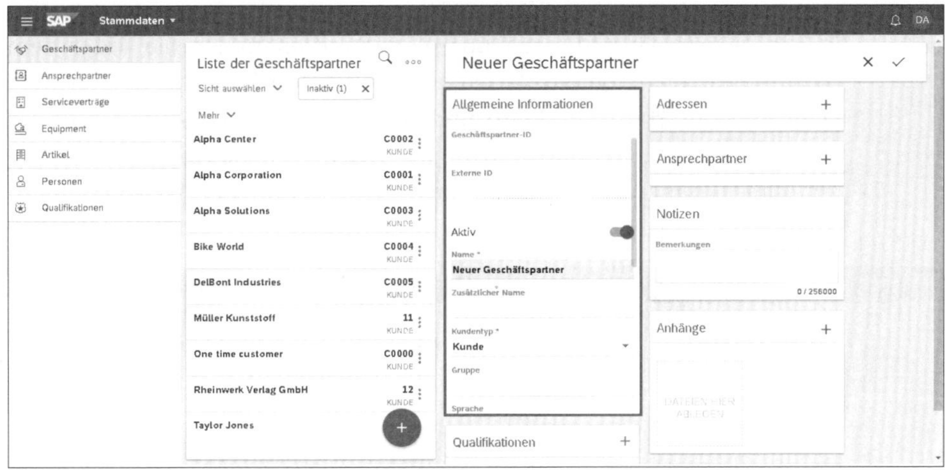

Abbildung 13.29 Anlage eines neuen Geschäftspartners

Equipment

Einem Geschäftspartner sollte ein Equipment zugeordnet werden, das gewartet werden muss. Ein Equipment ist ein Produkt mit einer Seriennummer. Dieses können Sie ebenfalls in den Stammdaten unter dem Menüeintrag **Equipment** pflegen. Hier gibt es die Pflichtfelder **Name** und **Seriennummer**. Die restlichen Angaben sind optional. Einem Equipment kann auch eine Adresse zugeordnet werden, damit die Servicemitarbeitenden das zu reparierende Gerät schnell und einfach anfahren können (siehe Abbildung 13.30).

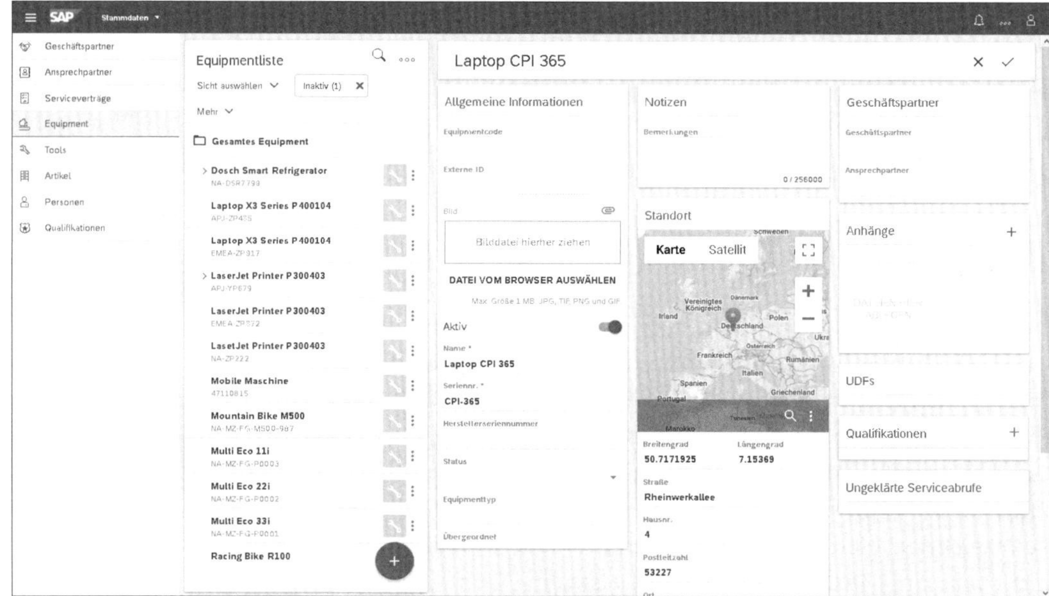

Abbildung 13.30 Equipment anlegen

Serviceeinstellungen

In der Ansicht **Einstellungen und Konfiguration** finden Sie unter dem Menüeintrag **Planung und Verteilung • Serviceabruf** die Einstellungsmöglichkeiten **Typ**, **Status**, **Herkunft** und **Problemtyp** für den Serviceabruf. Sie können hier neue Einträge hinzufügen und bestehende Einträge bearbeiten. Dabei können Sie den Code und den dazugehörigen Wert verändern (siehe Abbildung 13.31).

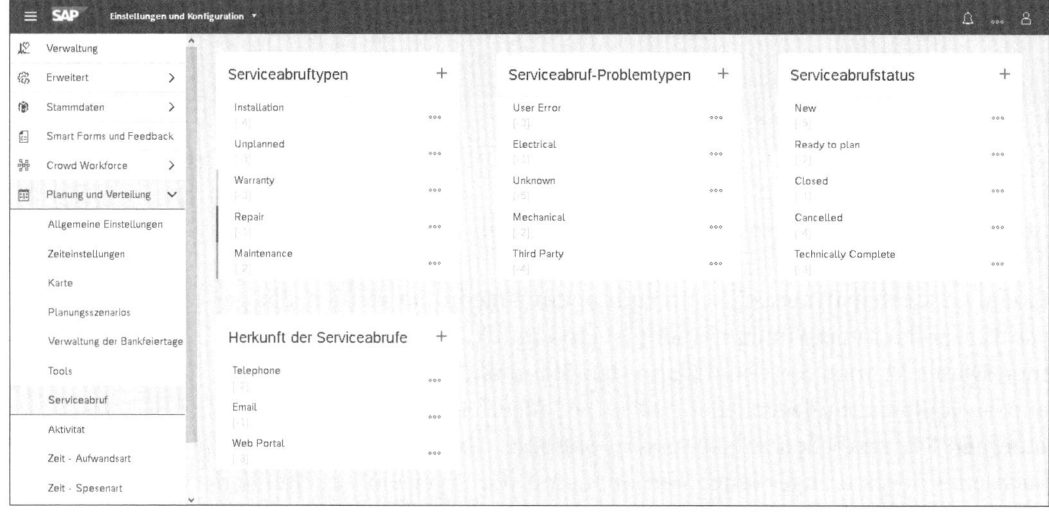

Abbildung 13.31 Serviceeinstellungen

Bei den Serviceabruftypen können Sie zusätzlich noch die Farbe einstellen, mit der sie angezeigt werden sollen. Dazu können Sie Schieberegler oder einen Hex-Farbcode einstellen. Für dieses Beispiel sind alle Parameter von Relevanz und sollten von Ihnen geprüft werden, da die Möglichkeit besteht, dass sie in Ihrem System andere IDs oder Werte aufweisen.

13.2.2 SAP Field Service Management konfigurieren

Die Oberfläche von SAP Field Service Management unterteilt sich in mehrere Bereiche, die über das Menü oben rechts (▦) mit den neun weißen Quadraten zu erreichen sind. Jeder Menüpunkt leitet Sie zu einer neuen Webadresse weiter. Für dieses Szenario bewegen wir uns in den beiden folgenden Bereichen:

- **Planung und Verteilung**
  Planung und Verteilung ist Ihr Arbeitsbereich, in dem Sie unter **Serviceabrufe** Ihre angelegten Tickets verwalten können (siehe Abbildung 13.32).
- **Verwaltung**
  In der **Verwaltung** werden administrative Aufgaben wie das Konfigurieren von Benutzerrollen und das Anlegen von Clients für die Kommunikation mit SAP Field Service Management erledigt.

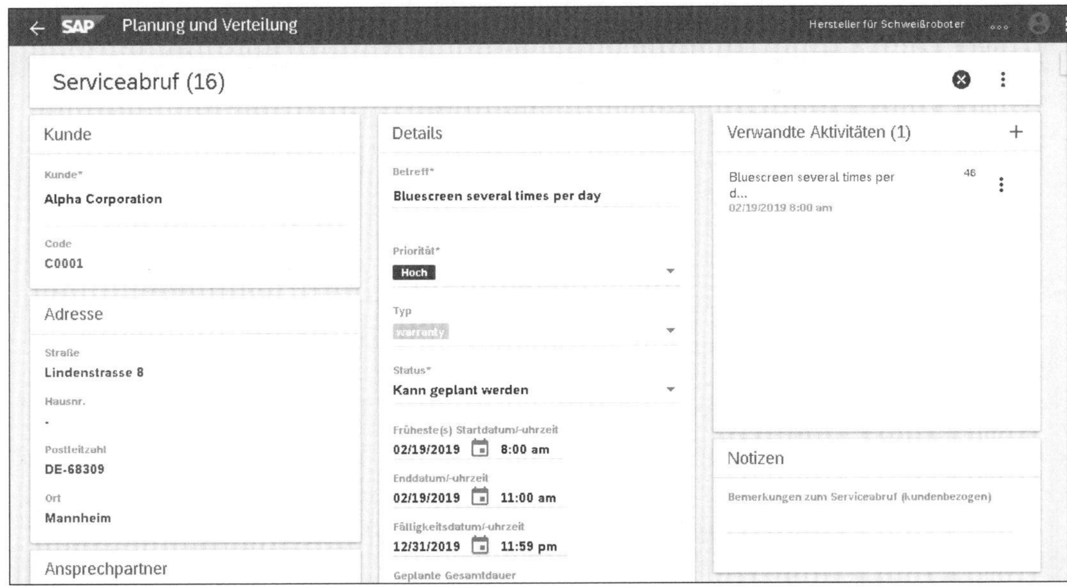

Abbildung 13.32 Übersicht eines Serviceabrufs im Bereich »Planung und Verteilung«

Client anlegen

Damit Sie mit SAP Field Service Management kommunizieren können, müssen Sie einen Client anlegen. Rufen Sie dazu den Bereich **Verwaltung** auf, und wechseln Sie in den Bereich **Clients**. Klicken Sie auf **Create**. Füllen Sie folgende Eingabefelder in der Anlagemaske (siehe Abbildung 13.33):

- **Create Client**
  - **Client Id**
    Die **Client Id** ist eine vom System generierte ID bestehend aus fünf Blöcken.
  - **Client Authentication Method**
    Bei der Authentifizierungsmethode haben Sie die Wahl, ob Sie **CLIENT_SECRET** oder **CLIENT_CERTIFICATE** verwenden wollen. In unserem Szenario verwenden wir die Methode **CLIENT_SECRET**, d. h. die Anmeldung mit einem Benutzernamen und einem Passwort. **CLIENT_CERTIFICATE** beschreibt die Anmeldung über ein Zertifikat.
- **User Groups**
  Im Abschnitt **User Groups** finden Sie alle in SAP Field Service Management angelegten Unternehmen. Für jedes Unternehmen können Sie eine Berechtigungsgruppe für den angelegten Client festlegen.

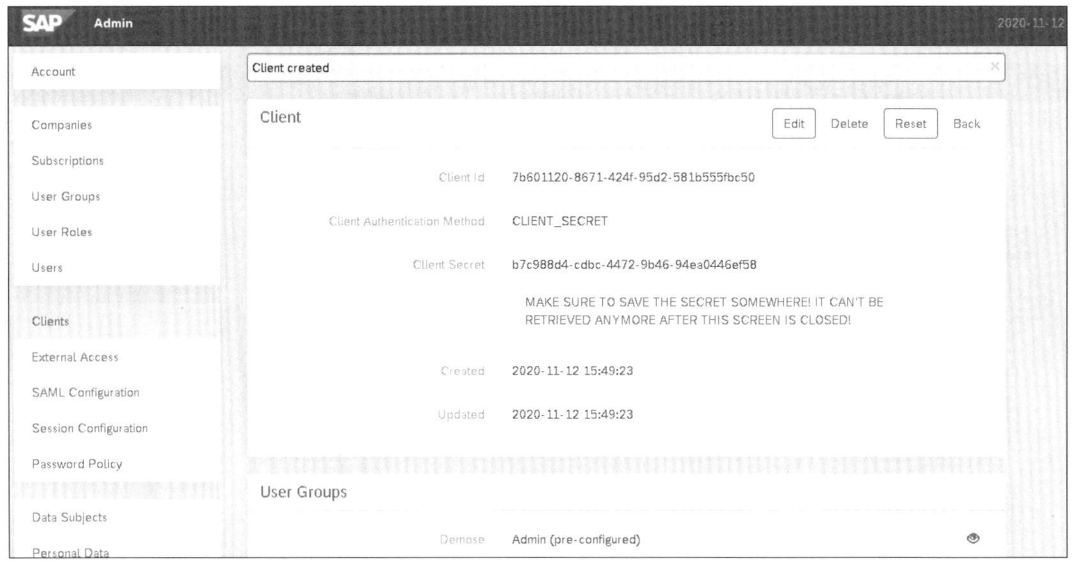

Abbildung 13.33 Authentifizierungs-Client in SAP Field Service Management anlegen

Passwortgenerierung

Nachdem Sie den Client angelegt haben, schließt sich der Bearbeitungsmodus, und ein Client Secret (Passwort) wird vom System generiert. Sie erhalten den Hinweis, dass das Passwort sicher notiert werden sollte, weil es in SAP Field Service Management nicht mehr abrufbar ist.

Passwort zurücksetzen

Sollten Sie das Passwort Ihrer Clients verlieren, müssen Sie entweder einen neuen Client anlegen oder können den Client über die Schaltfläche **Reset** zurücksetzen und damit ein neues Passwort erzeugen. Bei einem Zurücksetzen des Clients funktionieren jedoch alle Verbindungen, die das alte Passwort benutzen, nicht mehr. Des Weiteren finden Sie im Feld **Updated** das aktuelle Datum und die Uhrzeit der Neugenerierung.

[«]

APIs für SAP Field Service Management

Die folgenden Links führen zu allgemeinen Informationen und Angaben zu den APIs, die Sie zum Aufbau oder zur Erweiterung Ihrer SAP-Field-Service-Management-Szenarien gebrauchen könnten:

- SAP Field Service Management Developer Documentation: *http://s-prs.de/v805310*
- SAP Field Service Management – Integration Guidelines: *http://s-prs.de/v805311*
- SAP Field Service Management – Service API v2: *http://s-prs.de/v805312*
- Dokumentation zu SAP Field Service Management im SAP Help Portal: *http://s-prs.de/v805313*

13.2.3 Integrationsvorbereitung in SAP Cloud Integration

Zugangsdaten anlegen

In SAP Cloud Integration müssen Sie zunächst die Zugangsdaten für den Zugriff auf SAP Field Service Management hinterlegen:

1. Rufen Sie dazu den **Monitor**-Bereich auf, und navigieren Sie zu der Kachel **Security Material**.
2. Klicken Sie auf **Create • OAuth2 Client Credentials**.
3. Geben Sie folgende Angaben zur Authentifizierung des Clients ein (siehe Abbildung 13.34):
   - **Name**: Geben Sie hier einen aussagekräftigen Namen für die Zugangsdaten ein, z. B. `Field Service Management_CLIENT_<Companie>`.
   - **Grant Type**: Hier können Sie nur den vorgegebenen Wert **Client Credentials** wählen.
   - **Description**: In der Beschreibung können Sie auf das genaue Ziel Ihrer Integration eingehen.
   - **Token Service URL**: Geben Sie für die Token-URL folgende Adresse ein: *https://auth.coresuite.com/api/oauth2/v1/token*.

- **Client ID**: Die Client-ID ist die in SAP Field Service Management generierte ID für den Client.
- **Client Secret**: Das Client Secret ist die Zeichenfolge, die während der Erstellung Ihres Clients in SAP Field Service Management nur einmal angezeigt wurde.
- **Client Authentication**: Wählen Sie im Feld **Client Authentication** den Eintrag **Send as Request Header**.
- **Include Scope**: Aktivieren Sie die Checkbox **Include Scope**.
- **Scope**: In das Textfeld **Scope** geben Sie den Begriff »General« ein.
- **Content Type**: In der Drop-down-Liste **Content Type** wählen Sie **application/x-www-form-urlencoded**.

4. Nachdem Sie Ihre Eingaben getätigt haben, klicken Sie auf **Deploy**, um das OAuth-2.0-Credential zu speichern.

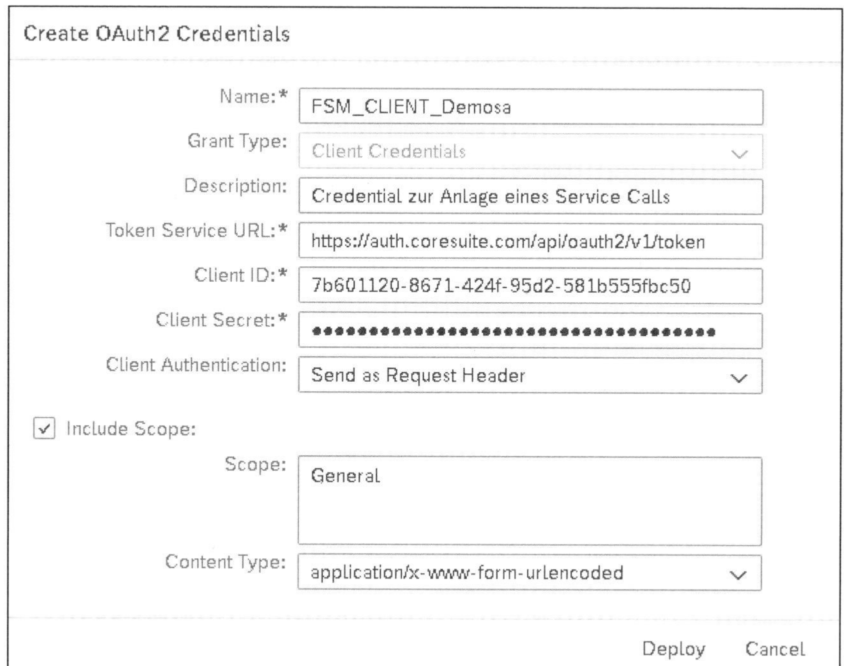

Abbildung 13.34 Zugangsdaten für SAP Field Service Management anlegen

Paket anlegen

Erstellen Sie nun ein neues Paket, das Ihre SAP-Field-Service-Management-Szenarien beinhaltet. Rufen Sie für diesen Vorgang den **Design**-Bereich von SAP Cloud Integration auf, und wählen Sie oben rechts die Schaltfläche **Create**. Geben Sie alle notwendigen Daten ein, und klicken Sie auf **Save** (siehe Abbildung 13.35).

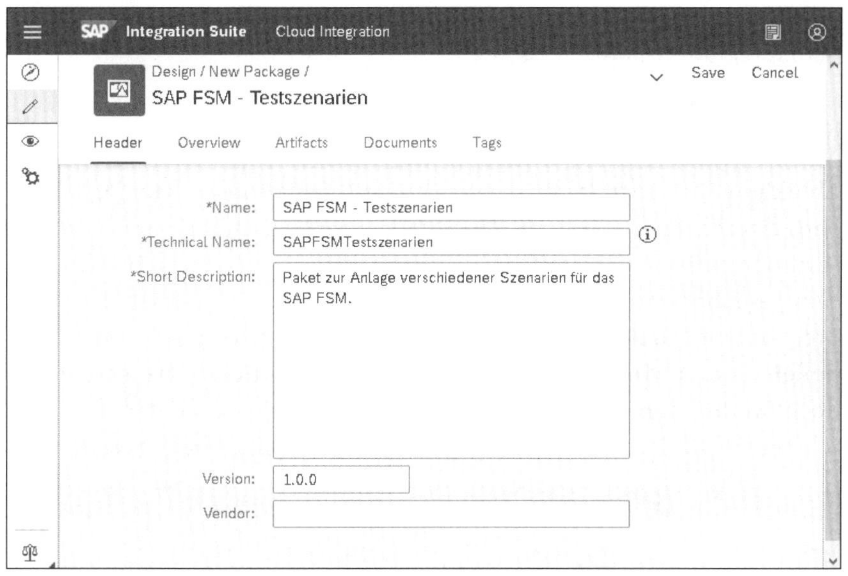

Abbildung 13.35 Paket für das Beispielszenario anlegen

Integration Flow anlegen

Klicken Sie im nächsten Schritt auf dem Reiter **Artifacts** auf **Add • Integration Flow**. Geben Sie auch hier alle notwendigen Daten ein, und schließen Sie die Anlage des Integration Flows mit **OK** ab (siehe Abbildung 13.36).

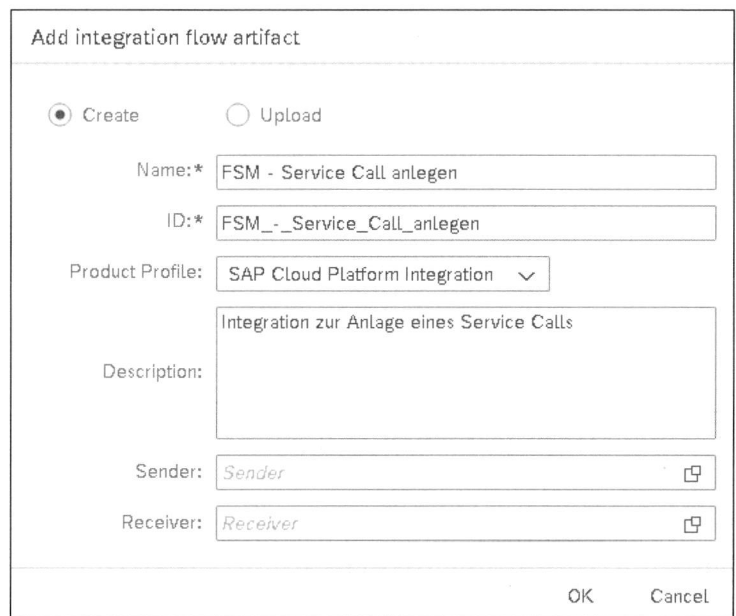

Abbildung 13.36 Integration Flow anlegen

Nachdem Sie die Vorbereitungen abgeschlossen haben, können Sie mit dem Integrationsaufbau beginnen.

13.2.4 Integration Flow in SAP Cloud Integration modellieren

Aufbau der Integration

Abbildung 13.37 zeigt Ihnen den gesamten Integrationsaufbau. Im Folgenden zeige ich Ihnen Schritt für Schritt, aus welchen Komponenten Sie die Integration aufbauen. Die Daten werden über Postman an SAP Cloud Integration gesendet und über einen Konverter in XML umgewandelt. Es folgen drei Content-Modifier-Komponenten, deren Inhalte Sie auch in einer Komponente unterbringen könnten. Zur besseren Übersicht habe ich mich jedoch für drei Komponenten entschieden. Im Anschluss werden die Daten über einen HTTPS-Adapter an SAP Field Service Management gesendet.

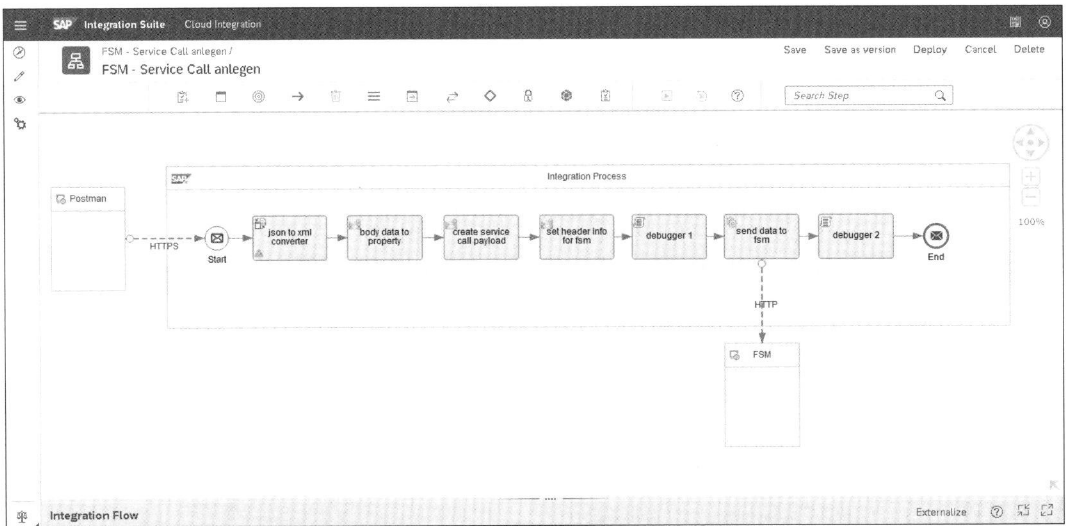

Abbildung 13.37 Übersicht des Integrationsaufbaus

Sender mit HTTPS-Adapter

Die Daten werden über den HTTPS-Adapter der Sender-Komponente **Postman** an SAP Cloud Integration gesendet. Im Feld **Address** der Konfiguration des Adapters wird der Wert */FSM/ServiceCallAnlegen* eingetragen (siehe Abbildung 13.38). Der erste Teil der Adresse soll anzeigen, dass es sich um ein SAP-Field-Service-Management-System handelt, und so etwaige Probleme reduzieren, falls das darauffolgende Suffix zu allgemein ist. Sollten Sie mit mehreren SAP-Field-Service-Management-Systemen arbeiten, empfiehlt es sich auch, eine System-ID in die Adresse einzubinden.

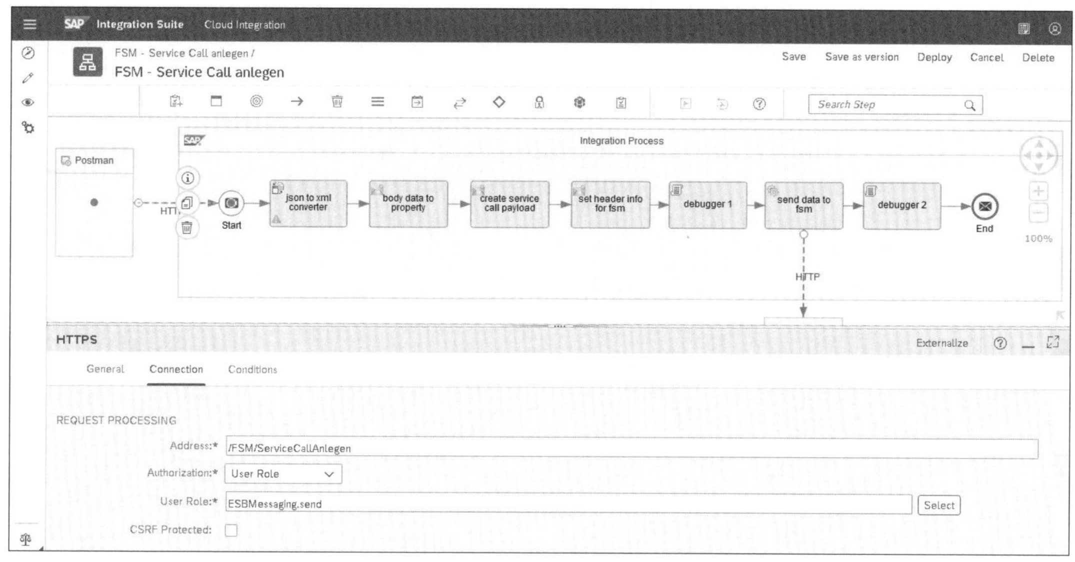

Abbildung 13.38 Konfiguration des HTTPS-Adapters der Sender-Komponente

Aus Sicherheitsgründen nutzen wir die Option **CSRF Protected**, sodass das Szenario vor Cross-Site-Request-Forgery-Angriffen geschützt ist. Die Sender-Komponente habe ich in diesem Beispiel nach dem sendenden Client Postman benannt. Wenn Sie andere Datenquellen wie zum Beispiel den Service SAP Internet of Things (SAP IoT) verwenden, können Sie den Namen entsprechend anpassen.

JSON To XML Converter

Für eine einfache Datenhandhabung in Postman oder weil das sendende System das Format so vorgibt, wird die Integration mit JSON-Daten versorgt. Da SAP Cloud Integration mit XML-Daten besser umgehen kann, wird ein **JSON To XML Converter** eingebaut. Die Einstellungen des Konverters brauchen Sie nicht anzupassen (siehe Abbildung 13.39).

Content Modifier für Property-Variablen

Die nachfolgende Content-Modifier-Komponente mit dem Namen **body data to property** speichert die umgewandelten Daten über XPath in Property-Variablen. Die Daten werden nicht im Header gespeichert, weil sie an SAP Field Service Management gesendet werden. Es gibt Zielsysteme, die nur eine maximale Header-Größe von 4 bis 16 Kilobyte akzeptieren. Des Weiteren wird die Anfrage durch die Nutzung der Property-Variablen schlanker. Abbildung 13.40 zeigt die Definition der Variablen `kunde`, `serial`, `equipment` und `subject`.

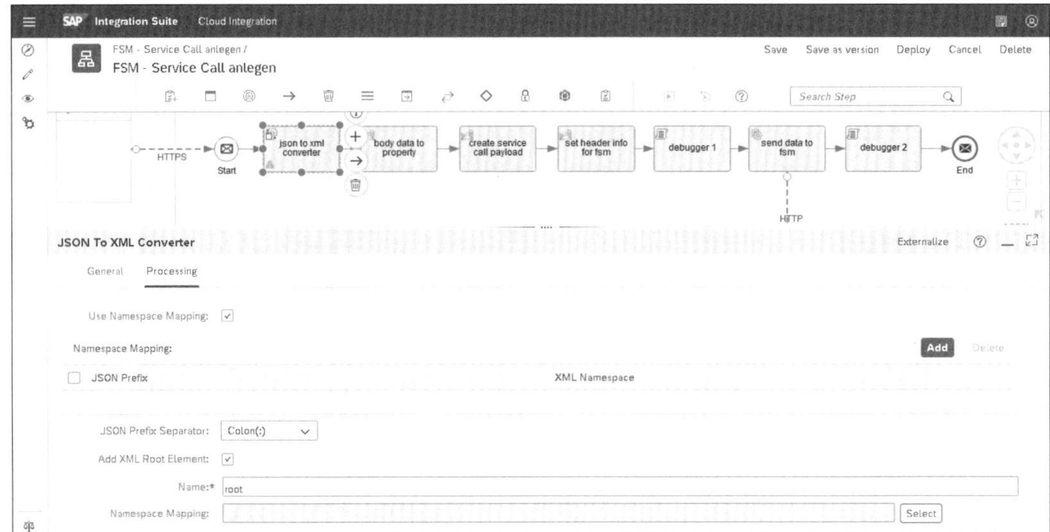

Abbildung 13.39 Standardeinstellungen der Komponente »JSON To XML Converter«

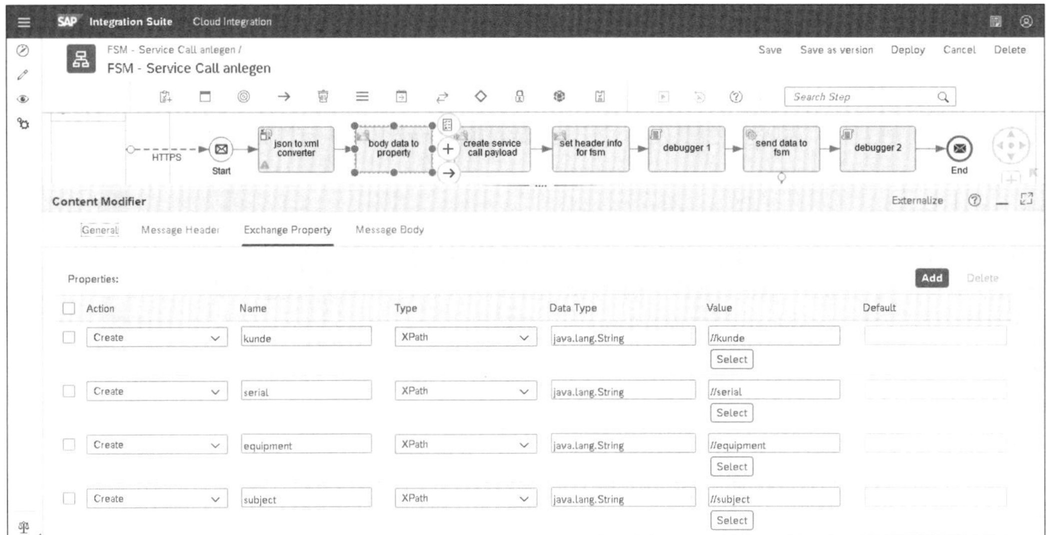

Abbildung 13.40 Konfiguration der Content-Modifier-Komponente zur Anlage von Property-Variablen

Content Modifier mit Daten des Serviceabrufs

In der zweiten Content-Modifier-Komponente wird der Nachrichteninhalt für den Serviceabruf in SAP Field Service Management definiert. Der Inhalt hat das JSON-Format. Die Werte sind zu einem Teil fest definiert und werden zum anderen Teil über die Property-Variablen durch Postman übergeben (siehe Abbildung 13.41). Folgende Werte wurden definiert:

- **subject**
  Der Betreff des Serviceabrufs in SAP Field Service Management. Dieser sollte kurz und aussagekräftig gestaltet sein.
- **status**
  Der Bearbeitungsstand des Serviceaufrufs:
  - -1 = Abgeschlossen
  - -2 = Kann geplant werden
  - -3 = Technisch abgeschlossen
  - -4 = Abgebrochen
  - -5 = Neu
- **businessPartner**
  Der Kunde, der in den Stammdaten als Geschäftspartner hinterlegt sein muss.
- **origin**
  Herkunft des Serviceabrufs:
  - -1 = E-Mail
  - -2 = Telefon
  - -3 = Webportal
- **problemType**
  Die Art des Problems. Es kann sich unter anderem um ein elektronisches Problem handeln:
  - -1 = Electrical (elektronisch)
  - -2 = Mechanical (mechanisch)
  - -3 = User Error (Anwenderfehler)
  - -4 = Third Party (Fremdsystem)
  - -5 = Unknown (unbekannt)
- **type**
  Die Art der Vorfallbehandlung, zum Beispiel Installation oder Reparatur:
  - -1 = repair (Reparatur)
  - -2 = maintenance (Wartung)
  - -3 = warranty (Garantie)
  - -4 = installation (Installation)
  - -5 = unplanned (ungeplant)
- **priority**
  Die Priorität wird in drei Stufen mit den Farben Grün, Orange oder Rot dargestellt:
  - LOW (niedrig)

- MEDIUM (mittel)
- HIGH (hoch)

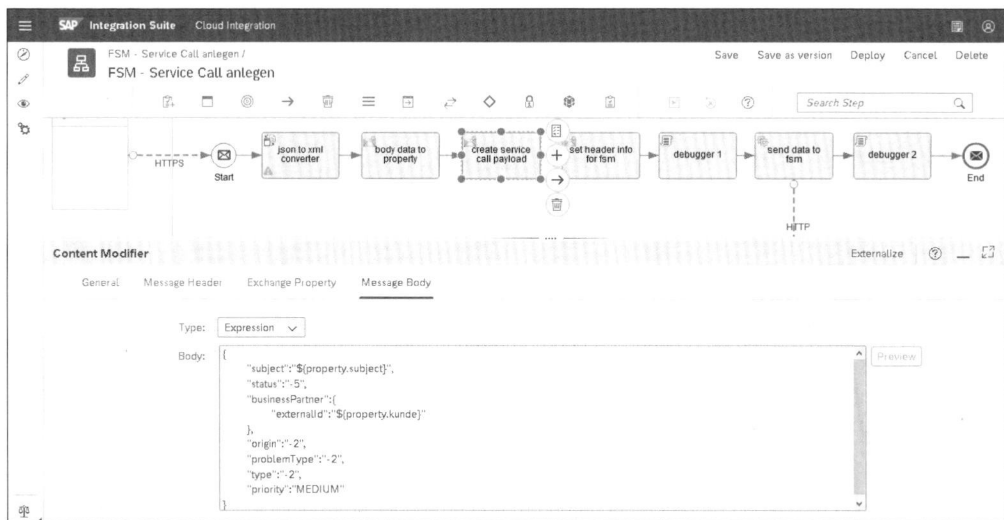

Abbildung 13.41 Nachrichteninhalt zur Anlage eines Serviceabrufs

Header-Informationen In der dritten Content-Modifier-Komponente werden die benötigten Header-Informationen für SAP Field Service Management bereitgestellt. Diese sind laut der Dokumentation Pflicht. Dennoch müssen die Header-Variablen nicht zwingend gefüllt sein, wie Sie am Eintrag für das Feld `X-Client-Version` in Abbildung 13.42 erkennen können.

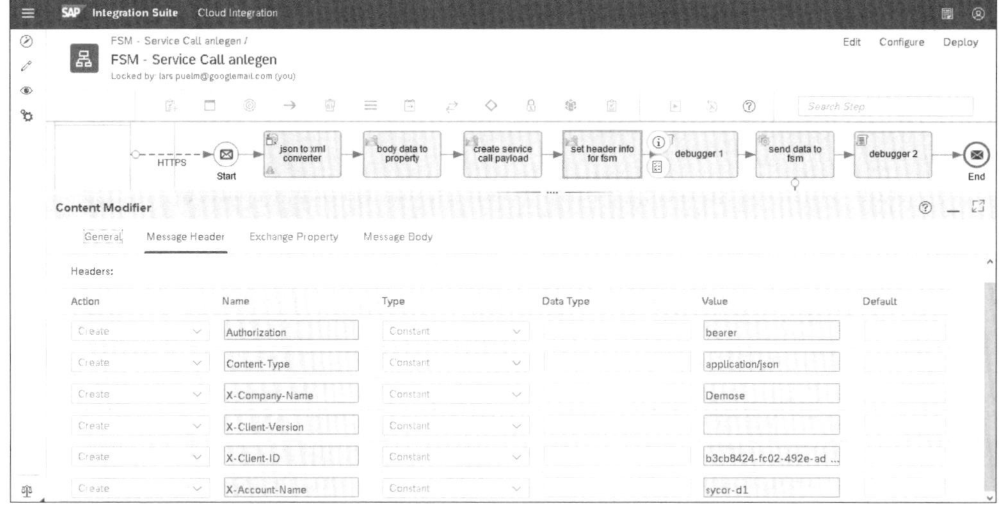

Abbildung 13.42 Header-Informationen zur Anlage eines Service Calls in SAP Field Service Management

Die folgende Auflistung stellt die Pflichtfelder dar, von denen Sie einige im Verwaltungsbereich von SAP Field Service Management finden:

- **Authorization**
  Der Wert `bearer` für die Header-Variable `Authorization` teilt SAP Field Service Management mit, dass es sich um eine OAuth-2.0-Token-Authentifizierung handelt.
- **Content-Type**
  Der Content-Typ sagt dem Zielsystem, um welches Datenformat es sich in der Nachricht handelt.
- **X-Company-Name**
  Eine *Company* stellt einen eigenen verschlüsselten Datenbereich für ein Unternehmen in SAP Field Service Management dar. Sie können mehrere Companies in Ihrem SAP-Field-Service-Management-Tenant anlegen. Den Bereich **Company** finden Sie im Menü des Verwaltungsbereichs. Wenn Sie die gewünschte Company geöffnet haben, finden Sie im oberen Bereich den dazugehörigen Namen.
- **X-Client-Version**
  Für die X-Client-Version kann eine beliebige Versionsnummer wie zum Beispiel 1.0.0 vergeben werden.
- **X-Client-ID**
  Die Client-ID identifiziert die sendende Anwendung. Es kann sich um einen beliebigen String, wie zum Beispiel »SAP S/4HANA« oder »Cloud Integration« handeln.
- **X-Account-Name**
  Den Account-Namen finden Sie im Verwaltungsbereich von SAP Field Service Management im Abschnitt **Account** im Feld **Name**.
- **X-Account-ID**
  Die Account-ID ist wie der Account-Name im Verwaltungsbereich unter **ID** zu finden.

Request Reply mit HTTPS-Adapter

Über eine Request-Reply-Komponente werden die Daten anschließend über einen HTTPS-Adapter an SAP Field Service Management gesendet. Für die Request-Reply-Komponente gibt es keine Konfigurationsmöglichkeiten. Der HTTPS-Adapter ruft die SAP-Field-Service-Management-Adresse mit dem Suffix */service-calls* auf. Als HTTP-Methode wird `POST` und als Authentifizierung **OAuth Client Credentials** eingestellt. Im Feld **Credential Name** tragen Sie den Alias für die Zugangsdaten ein, die Sie in Abschnitt 13.2.3, »Integrationsvorbereitung in SAP Cloud Integration«, erstellt haben (siehe Abbildung 13.43).

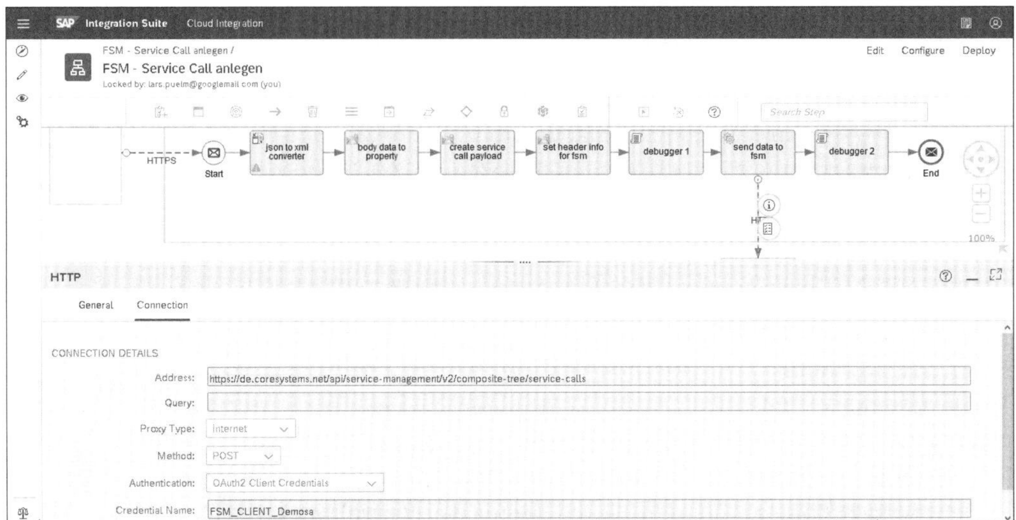

Abbildung 13.43 Konfiguration des HTTPS-Adapters zur Request-Reply-Komponente

Integration Flow veröffentlichen

Nachdem Sie das Integrationsszenario nachgebaut oder importiert haben, müssen Sie dieses speichern und deployen. Abbildung 13.44 zeigt den erfolgreich veröffentlichten Integration Flow im **Monitor**-Bereich von SAP Cloud Integration.

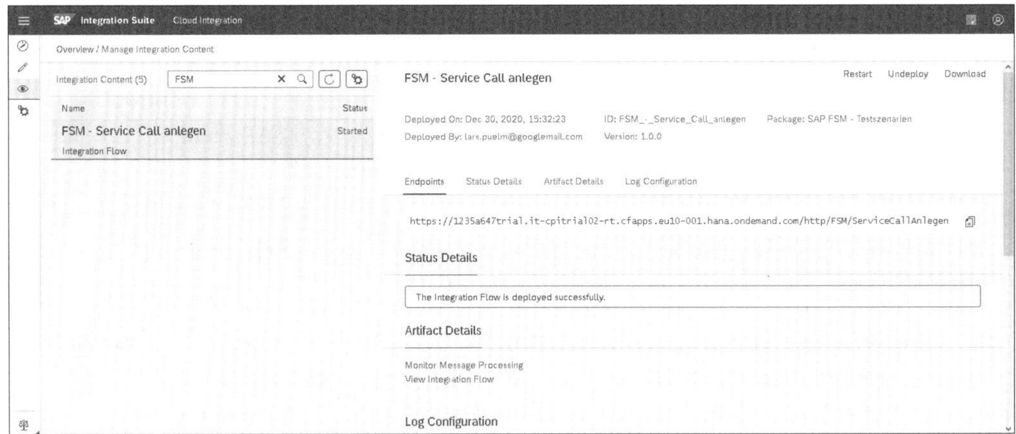

Abbildung 13.44 Monitoring der Integration zur Anlage eines Serviceabrufs in SAP Field Service Management

13.2.5 Integration testen

Daten für den Serviceabruf

Um zu prüfen, ob das Szenario wie beabsichtigt funktioniert, starten Sie Postman und öffnen zwei neue Reiter. Auf dem ersten Reiter versenden Sie die HTTP-Anfrage zur Anforderung des Tokens an SAP Cloud Integration. Auf dem zweiten Reiter versenden Sie die HTTP-Anfrage zum Versenden der Daten für den Serviceabruf. Tragen Sie im Body dieser Anfrage den Inhalt aus Listing 13.2 ein.

```
{
    "Kundenanfrage": [
        {
         "equipment": "APJ-YP679",
         "serial": "APJ-YP679",
         "kunde":"C0003",
         "subject": "Auslastung dauerhaft zu hoch!"
        }
    ]
}
```

Listing 13.2 Message Body der HTTP-Anfrage an SAP Cloud Integration

Rückgabewert von SAP Field Service Management

Nachdem Sie die Daten abgesendet haben, sollten Sie als Ergebnis den Statuscode »201 Created« erhalten. Im Body des Rückgabewerts werden Ihnen die Daten des in SAP Field Service Management angelegten Serviceabrufs angezeigt (siehe Abbildung 13.45).

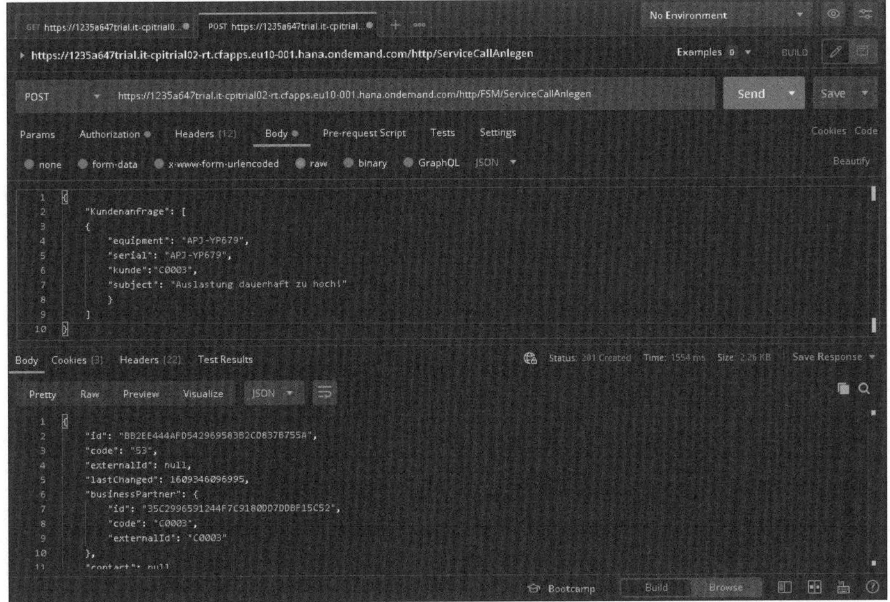

Abbildung 13.45 Rückgabewert nach der Erstellung eines Serviceabrufs

Ergebnis überprüfen

Rufen Sie im nächsten Schritt Ihr SAP-Field-Service-Management-System auf, und überprüfen Sie, ob der Serviceabruf nach Ihren Vorstellungen angelegt wurde. Abbildung 13.46 zeigt einen angelegten Serviceabruf innerhalb des Bereichs **Serviceabrufe**.

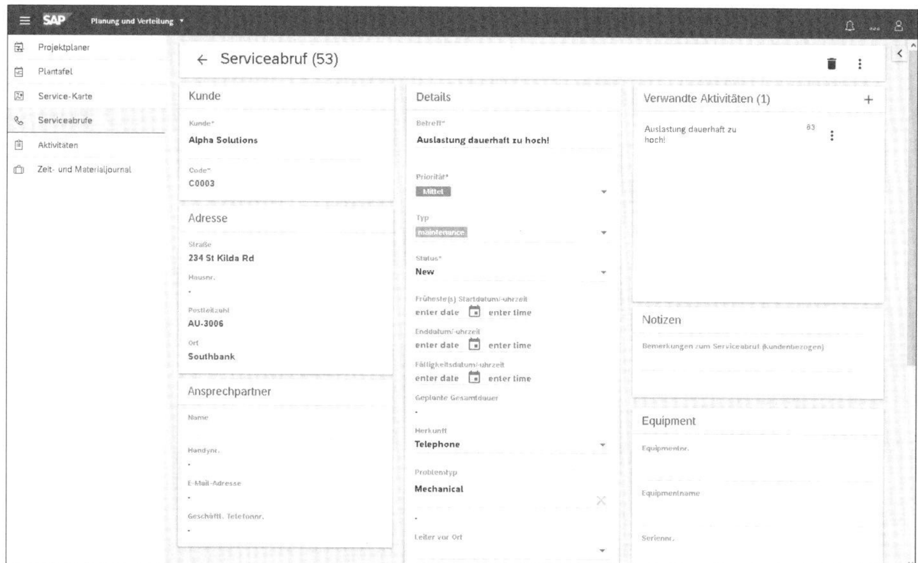

Abbildung 13.46 Angelegter Serviceabruf in SAP Field Service Management

Fehlerbehandlung

Sollten Sie trotz des Statuscodes 201 in Postman und eines Rückgabewerts mit einer ID keinen Serviceabruf in SAP Field Service Management finden können, überprüfen Sie, ob Sie in Ihrem Profil () das richtige Unternehmen (die Company) ausgewählt haben (siehe Abbildung 13.47).

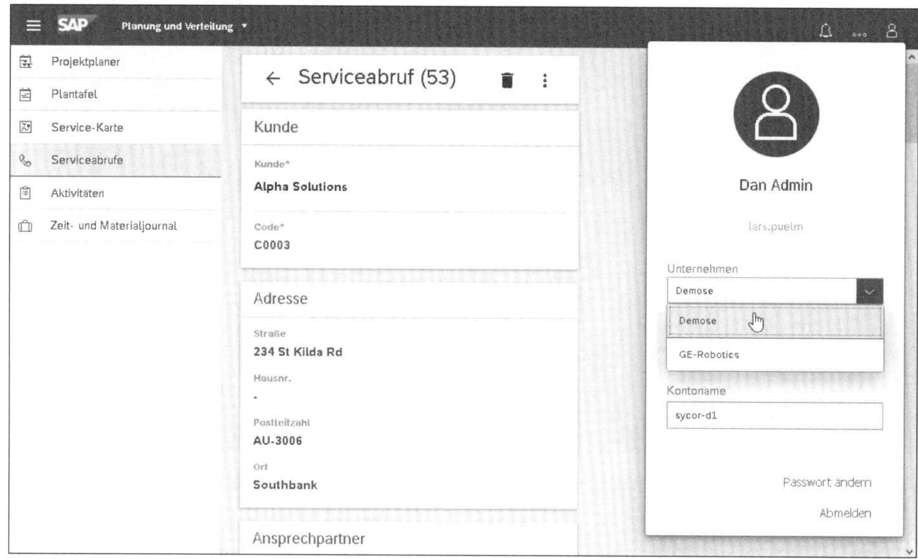

Abbildung 13.47 Unternehmensauswahl in der Profilansicht

13.3 Lieferantenrechnung in SAP S/4HANA Cloud anlegen

SAP S/4HANA Cloud

SAP S/4HANA Cloud ist die neueste Version des ERP-Systems von SAP. Mit SAP S/4HANA Cloud können Sie Ihre Geschäftsprozesse abbilden und optimieren. Zu diesen Prozessen gehört beispielsweise die Verwaltung eingehender Bestellungen und der daraus resultierenden Rechnungen. Rechnungen in Papierform sind nicht mehr zeitgemäß und verursachen einen hohen Verwaltungsaufwand. Um diesen Aufwand zu reduzieren, gibt es Programme, die die Rechnungen der Lieferanten auslesen und digitalisieren können. In dem in diesem Abschnitt beschriebenen Szenario sollen die Daten der digitalen Rechnungen über Postman an SAP Cloud Integration gesendet, dort Daten aufbereitet und an SAP S/4HANA Cloud übermittelt werden. Dort soll dann auf Basis dieser Daten eine neue Lieferantenrechnung angelegt werden.

[+]

Weiterführende Informationen zu SAP S/4HANA

Weitere Informationen zu SAP S/4HANA finden Sie unter dem folgenden Link: *http://s-prs.de/v805314*

Szenariobeschreibung

Im ersten Schritt dieses Szenarios werden Sie in SAP S/4HANA Cloud überprüfen, ob alle benötigten Berechtigungen vorhanden sind. Wenn dies nicht der Fall ist, weisen Sie diese zu. Im Anschluss wird die Kommunikation in SAP S/4HANA Cloud eingerichtet, wozu der Kommunikationsbenutzer, das Kommunikationssystem und die Kommunikationsvereinbarung gehören. Nach der Konfiguration wird das Integrationsszenario in SAP Cloud Integration aufgebaut. Dieses sendet eine Nachricht an SAP S/4HANA Cloud, woraufhin dort eine Lieferantenrechnung angelegt wird.

13.3.1 SAP S/4HANA Cloud konfigurieren

Berechtigungen

Bevor Sie mit der Konfiguration von SAP S/4HANA beginnen können, benötigt Ihr Benutzer die Rechte für die erforderlichen Anwendungen. Mit der Anwendungsrolle `SAP_BR_ADMINISTRATOR` haben Sie Zugriff auf alle Kacheln zur Konfiguration von SAP S/4HANA Cloud. Wenn Sie als Administrator*in einem weiteren Benutzer Zugriffsrechte auf bestimmte Anwendungen erteilen wollen, etwa die Anwendung **Kommunikationsvereinbarungen**, ohne dass dieser die Administrationsrolle erhält, müssen Sie den Namen oder die *Anwendungs-ID* der Kachel kennen. Die Anwendungs-ID können Sie zum Beispiel herausfinden, indem Sie die Anwendung als Administrationsbenutzer öffnen, den Menüpunkt **Profil von <Benutzername>** auswählen und über das Informationssymbol (ⓘ) das Fenster **Über** öffnen. Unter dem Eintrag **ID of the Application** finden Sie die Anwendungs-ID (siehe Abbildung 13.48).

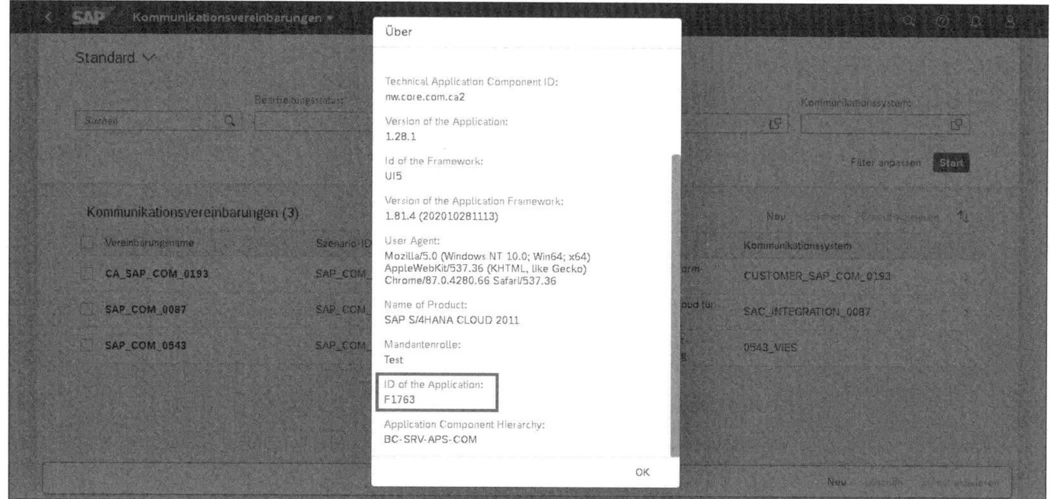

Abbildung 13.48 Metadaten zu einer Anwendung in SAP S/4HANA Cloud

Berechtigungen suchen

Die Anwendungs-ID oder den Namen der Kachel können Sie nun im Suchfeld der *SAP Fiori Apps Reference Library* eingeben, um Informationen zu den benötigten Berechtigungen zu erhalten. Die SAP Fiori Apps Reference Library finden Sie unter folgender URL: *http://s-prs.de/v805315*

Klicken Sie hier auf **All apps** (siehe Abbildung 13.49).

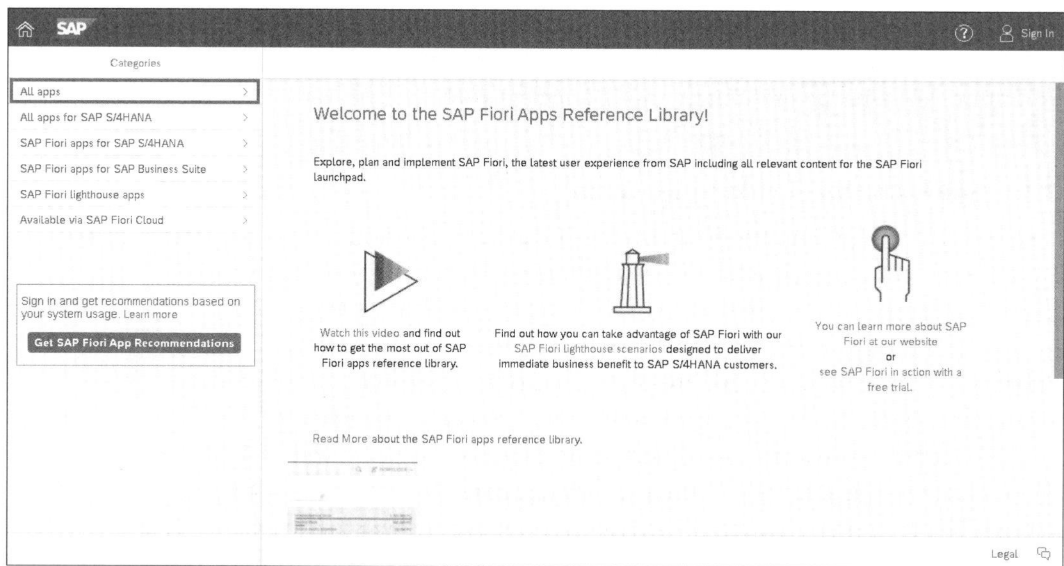

Abbildung 13.49 SAP Fiori Apps Reference Library

Suchen Sie in der Library nach den Berechtigungsinformationen für folgende Anwendungen:

- F1762 – Kommunikationssystem
- F1763 – Kommunikationsvereinbarungen
- F1338 – Kommunikationsbenutzer

Nachdem Sie die gewünschte Anwendung ausgewählt haben, wählen Sie den Reiter **IMPLEMENTATION INFORMATION**. Dort können Sie die von Ihnen verwendete Version von SAP S/4HANA Cloud auswählen. Unter **Configuration • Business Role(s)** finden Sie die Rollen, die die Nutzung der Anwendung erlauben. Abbildung 13.50 zeigt diese Informationen für die Anwendung **Communication Arrangements** (Kommunikationsvereinbarungen). Die benötigten Berechtigungen sind in der Abbildung markiert.

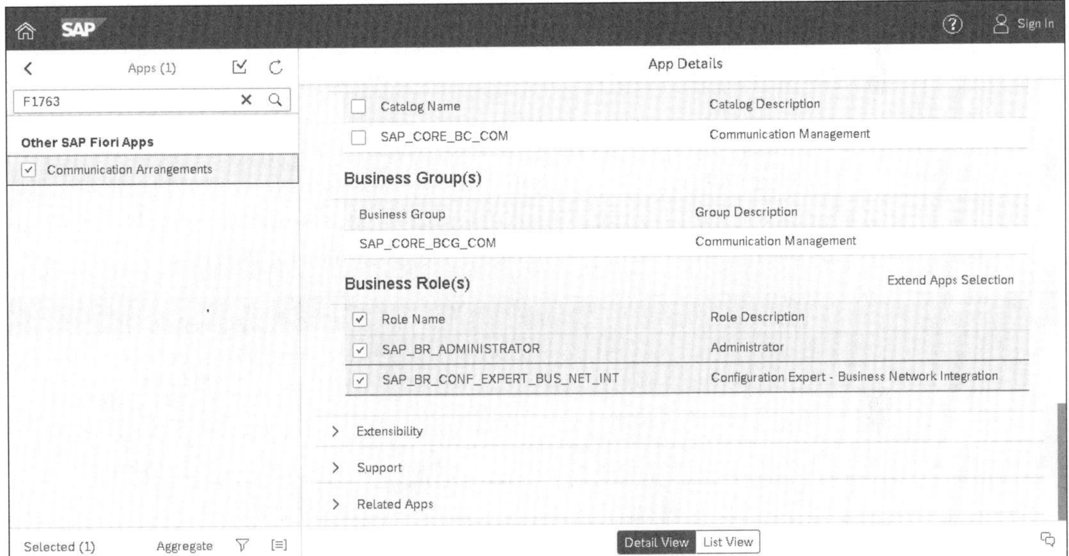

Abbildung 13.50 Benutzerrollen der Anwendung »Communication Arrangements«

Benutzerrolle zuweisen

Um die Benutzerrollen Ihrem Benutzer zuzuweisen, navigieren Sie im SAP Fiori Launchpad von SAP S/4HANA Cloud unter der Kategorie **Identitäts- und Zugriffsverwaltung** zur Kachel **Anwendungsbenutzer pflegen**. Wählen Sie den Benutzer, dem Sie eine neue Rolle zuweisen wollen, und klicken Sie auf **Hinzufügen** im Bereich **Zugeordnete Anwendungsrollen** (siehe Abbildung 13.51). Es öffnet sich ein Pop-up-Fenster, in dem Sie die benötigte Rolle auswählen können.

Abbildung 13.51 Anwendungsrolle einem Benutzer zuweisen

Neue Kacheln im SAP Fiori Launchpad

Sobald Sie über die benötigten Berechtigungen verfügen, sehen Sie im SAP Fiori Launchpad die Kategorie **Kommunikationsverwaltung** mit den Kacheln, die Sie zur Anlage des Kommunikationsbenutzers und der Kommunikationsvereinbarung benötigen (siehe Abbildung 13.52).

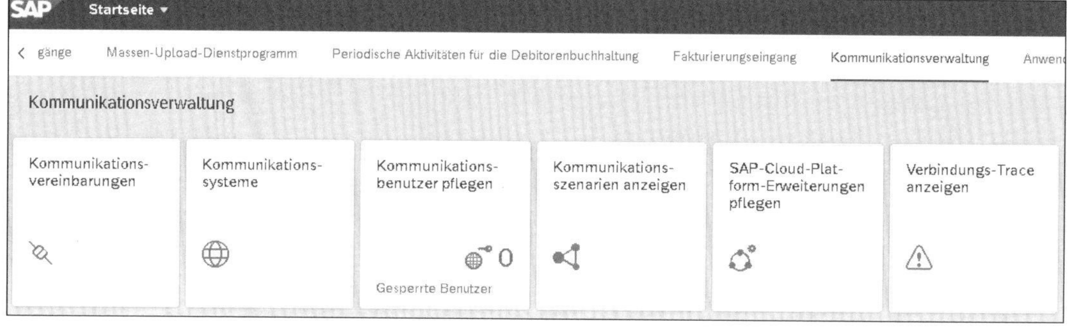

Abbildung 13.52 Kacheln in der Kategorie »Kommunikationsverwaltung« in SAP S/4HANA Cloud

Kommunikations-benutzer anlegen

Zur Authentifizierung gegenüber dem SAP-S/4HANA-Cloud-System müssen Sie einen *Kommunikationsbenutzer* anlegen. Wählen Sie für diesen Vorgang die Kachel **Kommunikationsbenutzer pflegen**. Legen Sie einen Benutzernamen und eine aussagekräftige Beschreibung fest. Wenn Sie keine eigene Präferenz für ein Passwort haben, können Sie sich über die Schaltfläche **Kennwort vorschlagen** ein Kennwort generieren lassen. Dieses taucht einmal als Klartext unter dem Passwortfeld auf. Sollten Sie sich für eine Authentifizierung per Zertifikat interessieren, können Sie unterhalb der Passworteingabe ein Zertifikat hochladen. Mit der Funktion **Kennwort deaktivieren** beenden Sie die Möglichkeit der Authentifizierung per Passwort (siehe Abbildung 13.53). Sobald Sie auf **Anlegen** geklickt haben, gelangen Sie automatisch zu der Sicht **Kommunikationsbenutzer pflegen**.

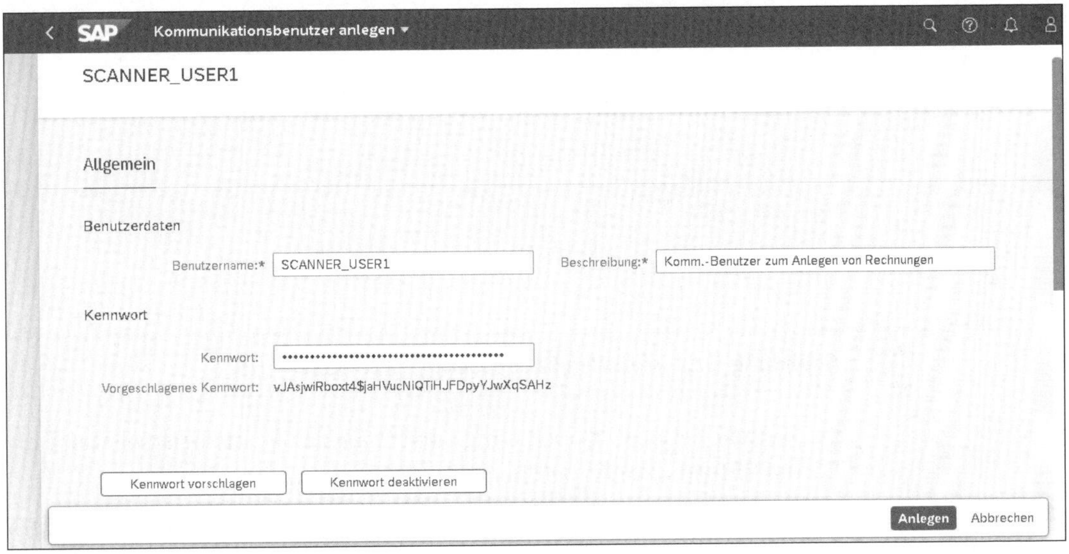

Abbildung 13.53 Kommunikationsbenutzer anlegen

Kommunikationsbenutzer pflegen

Dort erscheint unter dem Passwortfeld **Kennwortstatus: Produktiv** sowie unter dem Benutzernamen eine fortlaufende Benutzer-ID, beispielsweise CC0000000003. Des Weiteren erhalten Sie Informationen über den Benutzer, der den Kommunikationsbenutzer angelegt hat, und darüber, zu welchem Zeitpunkt er angelegt wurde. Bei Bedarf können Sie den Kommunikationsbenutzer sperren und erfahren, in welchen Kommunikationssystemen und Kommunikationsvereinbarungen er verwendet wird (siehe Abbildung 13.54). Oben rechts in der Ecke können Sie sich über den Link **Änderungen anzeigen** die komplette Änderungshistorie sämtlicher Kommunikationsbenutzer anzeigen lassen.

Kommunikationssystem anlegen

Im nächsten Schritt müssen Sie über die Kachel **Kommunikationssysteme** ein neues System anlegen. Sobald Sie auf die Schaltfläche **Neu** geklickt haben, öffnet sich ein Pop-up-Fenster, in dem Sie eine System-ID und einen Systemnamen eingeben müssen. Das Pflichtfeld **Host-Name** ist nur wichtig, wenn Sie neben der eingehenden auch eine ausgehende Kommunikation einrichten möchten. Sofern wie in unserem Szenario nur Daten von SAP S/4HANA Cloud empfangen werden sollen, können Sie die Checkbox **Nur eingehend** auswählen (siehe Abbildung 13.55).

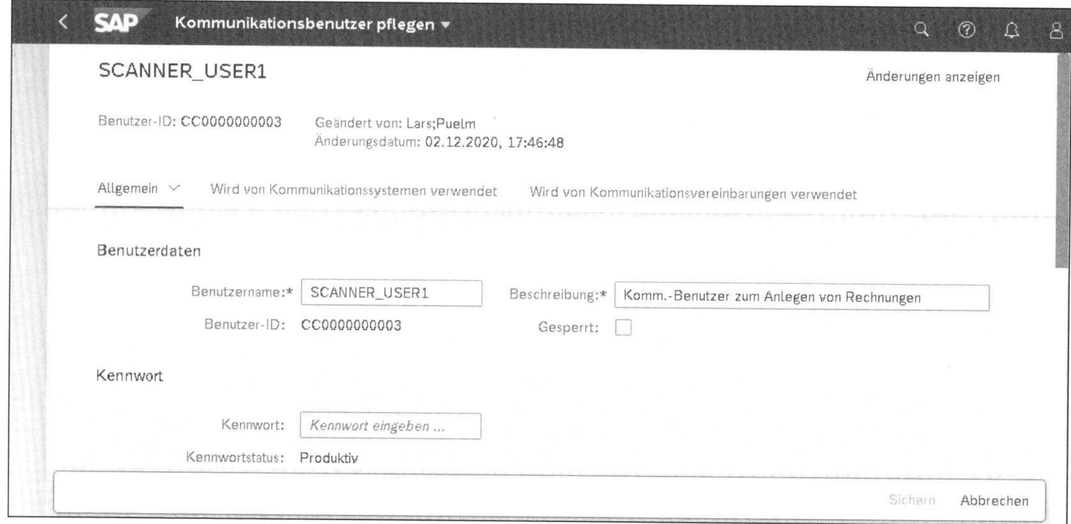

Abbildung 13.54 Kommunikationsbenutzer pflegen

Sie können bei Bedarf noch einige optionale Felder wie beispielsweise die Kontaktinformationen befüllen.

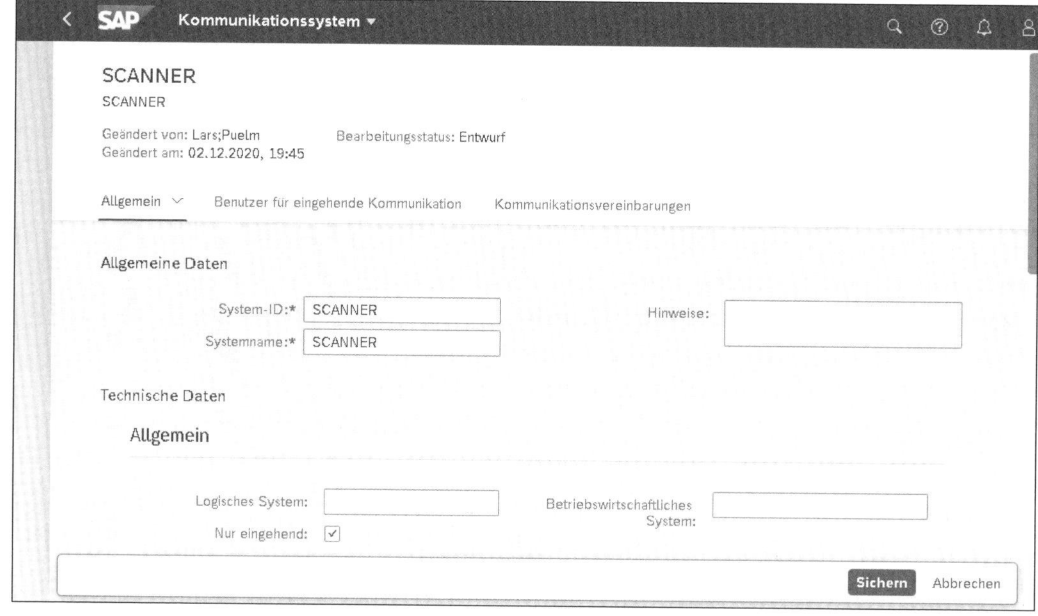

Abbildung 13.55 Kommunikationssystem anlegen

Eingehende Kommunikation

Im Bereich **Benutzer für eingehende Kommunikation** müssen Sie nur Ihren soeben angelegten Kommunikationsbenutzer auswählen (siehe Abbildung 13.56). Es öffnet sich ein Pop-up-Fenster, in dem Sie den Benutzer auswählen und die Authentifizierungsmethode festlegen. Sollten Sie zu diesem Zeitpunkt noch keinen Benutzer angelegt haben, können Sie dies über die Schaltfläche **Neuer Benutzer** nachholen. Sie können einer eingehenden Kommunikation auch mehrere Benutzer zuordnen. Nachdem Ihre Konfiguration abgeschlossen ist, können Sie die Anlage mit **Speichern** abschließen.

Abbildung 13.56 Eine eingehende Kommunikation festlegen

Kommunikationsvereinbarung anlegen

Im nächsten Schritt müssen Sie eine Kommunikationsvereinbarung anlegen. Wählen Sie dafür die Kachel **Kommunikationsvereinbarungen**. Es öffnet sich ein Pop-up-Fenster, in dem Sie ein Szenario benennen müssen. Öffnen Sie dazu die Wertehilfe (⧉), und suchen Sie nach dem Namen des Szenarios oder einer Szenario-ID. Die angezeigten Szenarios sind in SAP S/4HANA Cloud vordefiniert. Neben den vordefinierten Szenarien erscheinen dort auch auf Basis von CDS-Views erstellte Szenarien .

Suchen Sie für unser Beispiel das Szenario **Lieferantenrechnungsintegration** mit der ID `SAP_COM_0057`. Nach der Auswahl des Szenarios öffnet sich die Bearbeitungsansicht der Kommunikationsvereinbarung. Geben Sie das zuvor angelegte **Kommunikationssystem** an. Der Benutzer für die **Eingehende Kommunikation** wird automatisch anhand der Eingabe des Kommunikationssystems bestimmt. Klicken Sie nach der Konfiguration auf **Sichern** (siehe Abbildung 13.57).

Anwendungsprotokolle

Im unteren Bereich der Kommunikationsvereinbarungsanwendung, **Eingehende Services**, können nun die Service-URLs zu unterschiedlichen Anwendungsprotokollen wie SOAP oder OData V2 eingesehen werden. Für das SOAP-Anwendungsprotokoll können Sie hier außerdem die WSDL-Datei für das Mapping in SAP Cloud Integration herunterladen (siehe Abbildung 13.58).

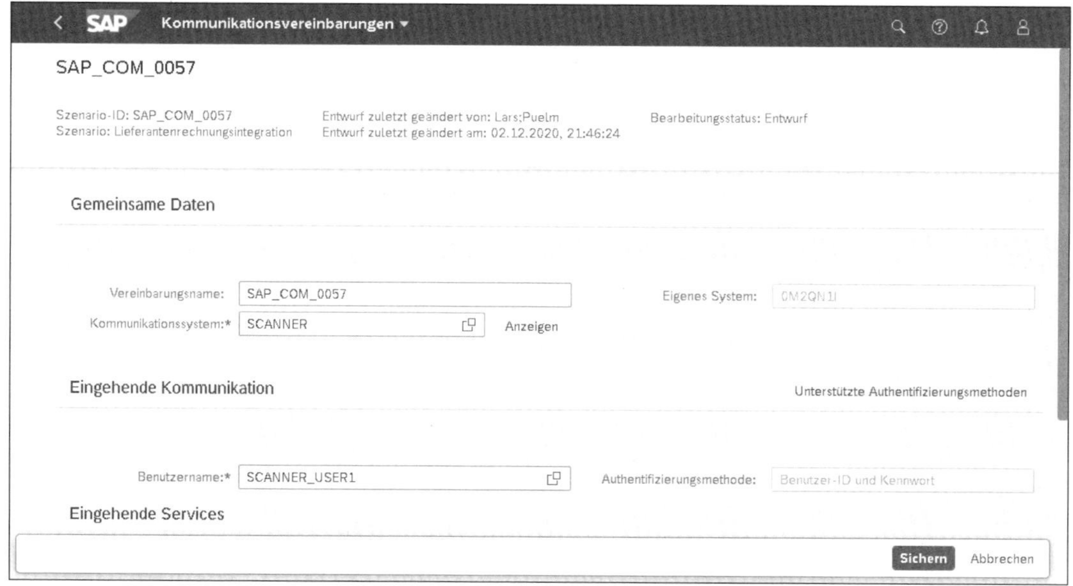

Abbildung 13.57 Kommunikationsvereinbarung anlegen

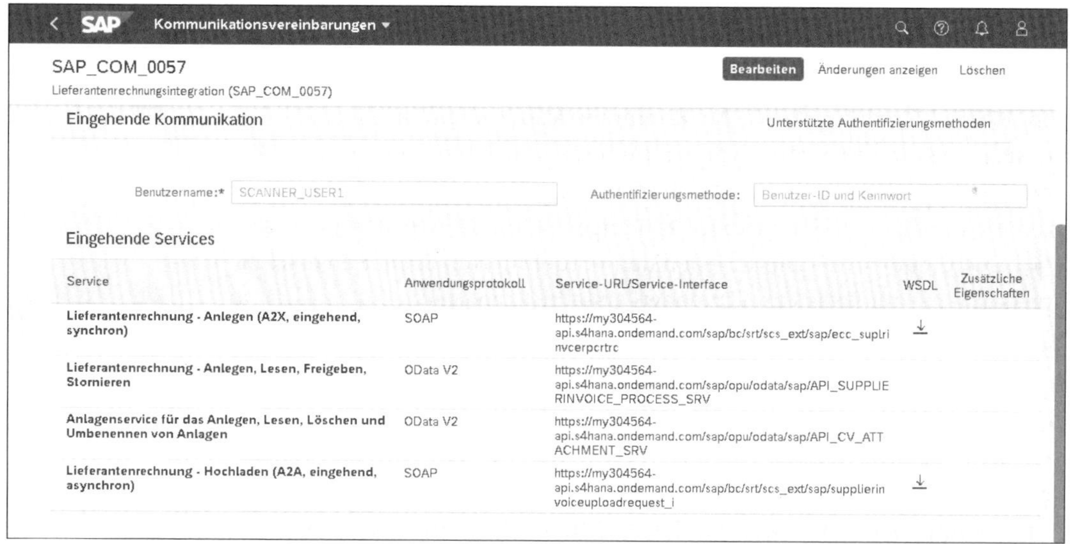

Abbildung 13.58 Anwendungsprotokolle der Kommunikationsvereinbarung

Weitere Kommunikationsvereinbarungen

Die Konfiguration von SAP S/4HANA Cloud für unser Beispielszenario ist damit abgeschlossen. Wenn Sie das Szenario später erweitern oder Stammdaten aus oder in einem Fremdsystem für die Anlage der Lieferantenrechnung nutzen wollen, empfehle ich Ihnen, folgende weitere Standard-Kommunikationsvereinbarungen zu konfigurieren:

- **Integration des Materialbelegs – SAP_COM_0108**
  Nachdem eine Lieferung eingegangen ist, kann auf Basis des dafür angelegten Materialbelegs die Lieferantenrechnung angelegt werden.
- **Bestellintegration – SAP_COM_0053**
  Eine mögliche Scansoftware benötigt zum Abgleich einer gescannten Rechnung die Bestellung als Referenz. Die Bestellungen können über die Bestellintegration abgefragt werden. Zusätzlich exponiert die Bestellintegration die Service-URL zur Anlage von Dokumenten. Dies kann z. B. die Lieferantenrechnung oder eine E-Mail mit Zusatzinformationen sein. Die Anlage von Anhängen ist nicht nur auf Bestellungen beschränkt, sondern kann für eine Vielzahl von Objekten in SAP S/4HANA Cloud verwendet werden.
- **Geschäftspartner-, Kunden- und Lieferantenintegration – SAP_COM_0008**
  Neben dem Abgleich von Bestellinformationen kann es zusätzlich Sinn ergeben, Lieferanten abzugleichen.

13.3.2 Daten über eine eigene CDS-View abrufen

Mithilfe von CDS-Views (Core Data Services) können Sie eigene Kommunikationsszenarien aufbauen, falls Ihnen die Daten aus den vorhandenen Kommunikationsvereinbarungen nicht ausreichen. CDS-Views sind Datenbankabfragen über eine oder mehrere Tabellen. Sie können genutzt werden, um Daten nach den eigenen Vorstellungen darzustellen.

Rufen Sie zur Anlage einer eigenen CDS-View die Kachel **Benutzerdefinierte CDS-Views** mit der Anwendungs-ID F1866A auf. Sie finden diese Kachel in der Kategorie **Erweiterbarkeit**. Abbildung 13.59 zeigt die Informationen zu dieser Anwendung.

CDS-View anlegen

Nachdem Sie die Kachel geöffnet haben, sehen Sie eine Listenansicht aller benutzerdefinierten CDS-Views, die Sie bereits angelegt haben. Klicken Sie zur Erstellung einer neuen CDS-View auf **Anlegen**. Es öffnet sich ein Pop-up-Fenster, in dem Sie die folgenden Werte eingeben können (siehe Abbildung 13.60):

- **Label**
  Das Label stellt den Namen der CDS-View dar und sollte die Daten beschreiben, die die CDS-View repräsentiert.
- **Name**
  Der Name hat standardmäßig ein Präfix und setzt als Suffix das Label `YY<aufsteigende Zahl>_<Label>`.

- **Szenario**
  Für das Erstellen von benutzerdefinierten CDS-Views ist die Auswahl des Szenarios **Standard-CDS-View** zielführend.

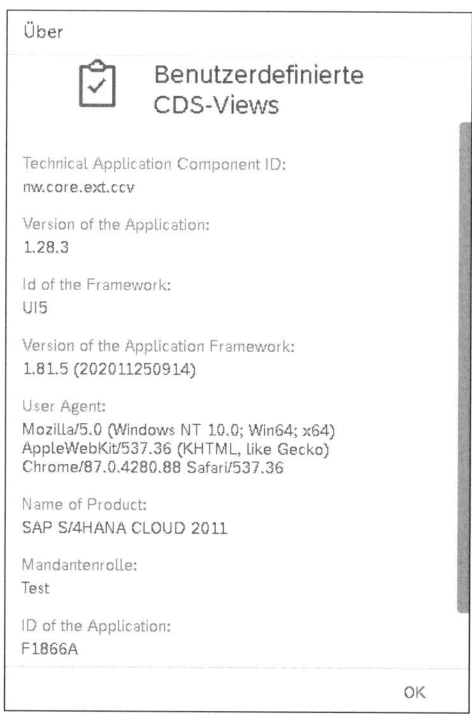

Abbildung 13.59 Metadaten der Anwendung »Benutzerdefinierte CDS-Views«

Nachdem Sie alle Felder ausgefüllt haben, klicken Sie auf **Anlegen**, um in die Ansicht der Datenquellen zu gelangen (siehe Abbildung 13.60).

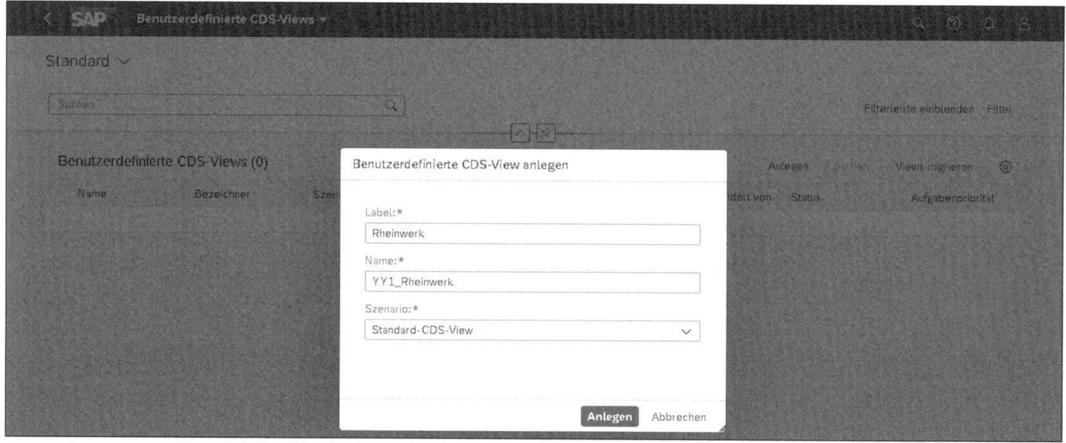

Abbildung 13.60 Grundeinstellungen für eine neue CDS-View

Primäre Datenquelle auswählen

In der nächsten Ansicht müssen Sie eine primäre Datenquelle für Ihre CDS-View auswählen. Falls Sie die richtige Datenquelle nicht gleich finden, können Sie über den Link **Erweiterte Suche einblenden** die Suchkriterien optimieren. Jeder Eintrag enthält neben dem technischen Namen eine sprechende Bezeichnung in der von Ihnen eingestellten Sprache (siehe Abbildung 13.61).

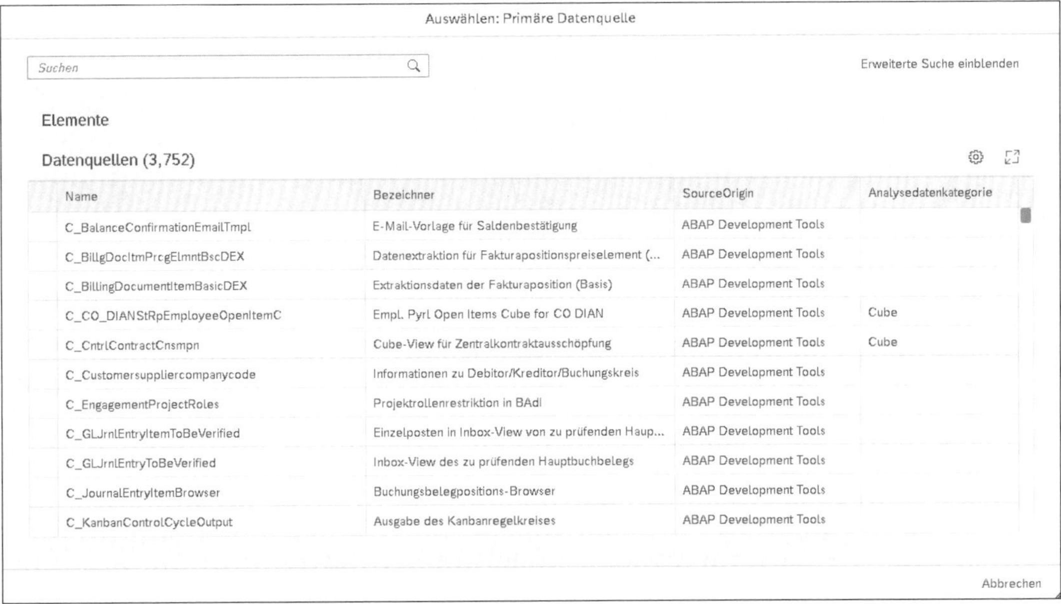

Abbildung 13.61 Primäre Datenquelle auswählen

Weitere Datenquellen hinzufügen

Nachdem Sie Ihre primäre Datenquelle ausgewählt haben, werden Sie zur Detailansicht weitergeleitet. In dieser können Sie die primäre Datenquelle anpassen und weitere assoziierte Datenquellen hinzufügen (siehe Abbildung 13.62). Aus den zwei Datensätzen müssen Sie mithilfe einer Join-Bedingung eine Ergebnistabelle bilden. Das Join-Symbol (🔗) in der Spalte **Join-Bedingung** erscheint, sobald Sie eine weitere Datenquelle hinzugefügt haben. Klicken Sie auf das Symbol. Anschließend müssen Sie die Abhängigkeit der beiden Tabellen zueinander festlegen.

Wenn Sie mit Ihren Datenquellen zufrieden sind, können Sie die Daten im Rahmen einer geführten Prozedur in den folgenden Schritten verfeinern:

1. **Parameter**
2. **Elemente**
3. **Elementeigenschaften**
4. **Filter**

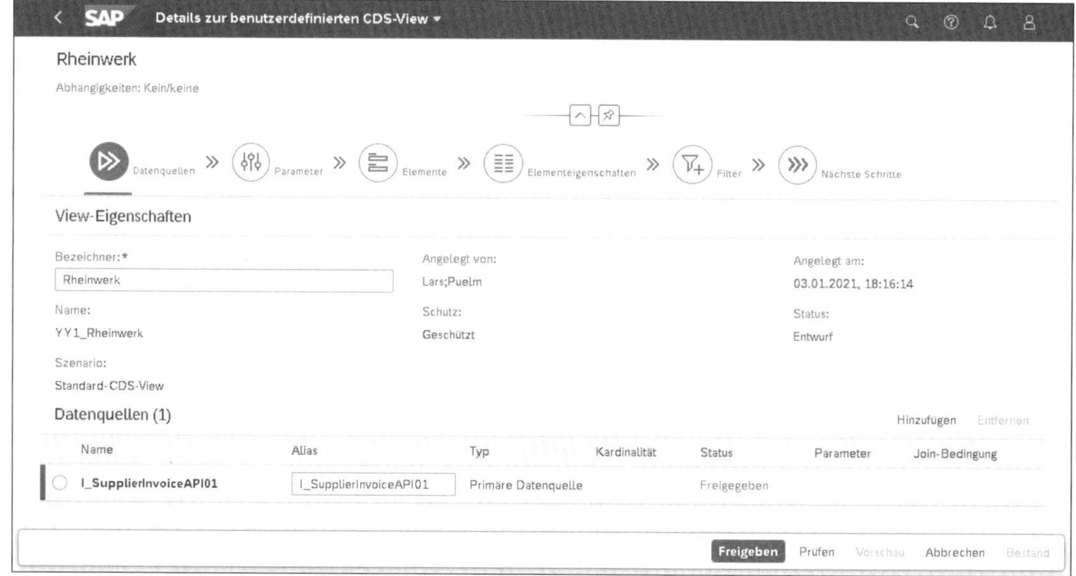

Abbildung 13.62 Übersicht der Datenquellen für benutzerdefinierte CDS-Views

Elemente hinzufügen

Im Schritt **Elemente** können Sie Ihrer CDS-View weitere Felder aus Ihren ausgewählten Datenquellen hinzufügen. Standardmäßig ist für jede Datenquelle, die Sie hinzugefügt haben, der zugehörige Schlüssel als Pflichtfeld eingetragen. Über die Schaltfläche **Hinzufügen** können Sie weitere Elemente oder Berechnungen ergänzen.

Wenn Sie sich für das Hinzufügen weiterer Elemente entschieden haben, öffnet sich ein Pop-up-Fenster, in dem Ihre ausgewählten Datenquellen angezeigt werden. Jede Datenquelle hat mehrere Felder, die Sie über die Auswahl der dazugehörigen Checkbox als Elemente hinzufügen können. Jedes Feld hat einen Bezeichner, der Ihnen Informationen über den Feldinhalt gibt, und einen Typ, der den Datentyp und die maximale Feldlänge aufzeigt. Nachdem Sie Ihre Feldauswahl getroffen haben, müssen Sie die Auswahl mit **OK** bestätigen. In Abbildung 13.63 wurden der CDS-View die beiden Felder `SAPBusinessObjectNodeKey1` und `WrkflwTskCreationUTCDateTime` hinzugefügt.

Elementeigenschaften

Im Schritt **Elementeigenschaften** können Sie für jedes Element verschiedene Aggregationen auswählen und diese erweitern. Zusätzlich können Sie auswählen, ob das Feld ausgeblendet sein soll (siehe Abbildung 13.64). Für unser Beispiel nehmen wir an dieser Stelle keine Einstellungen vor.

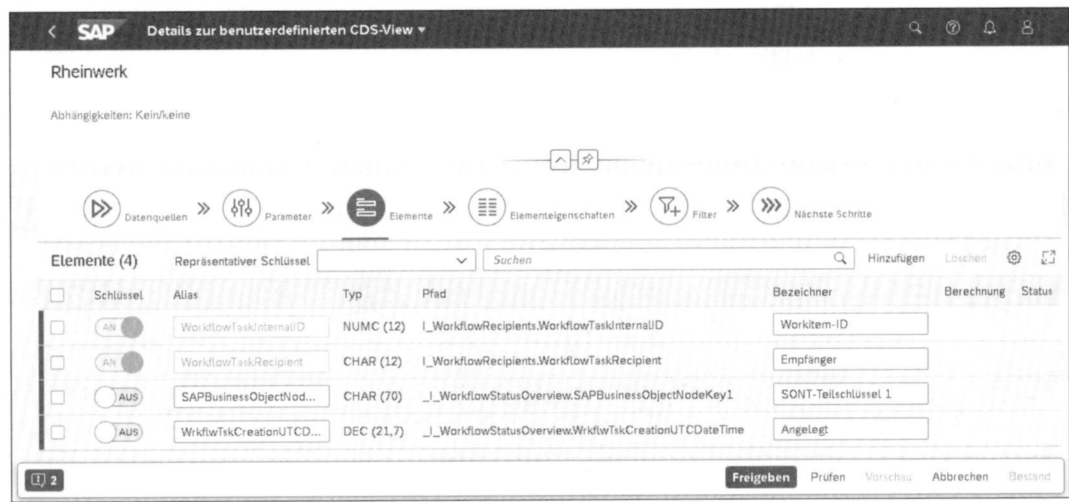

Abbildung 13.63 Feldauswahl im Schritt »Elemente«

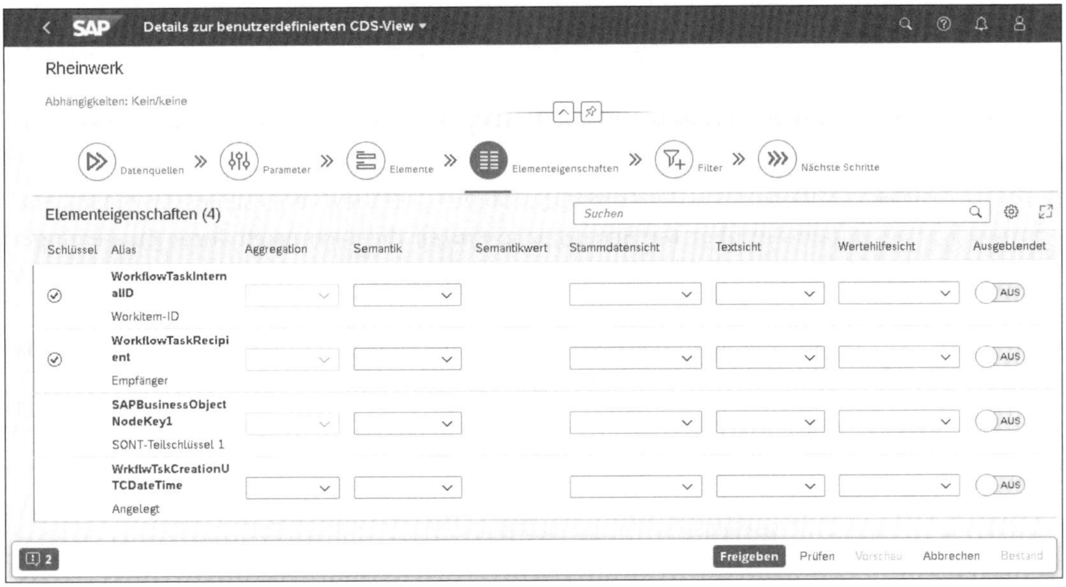

Abbildung 13.64 Elementeigenschaften einer benutzerdefinierten CDS-View

Filtereigenschaften

In den Filtereinstellungen im Schritt **Filter** können Sie die Ergebnisliste reduzieren und nach Ihren Wünschen anpassen. Dazu wählen Sie über die Schaltfläche **Hinzufügen** das Feld aus, auf das Sie einen Filter anwenden wollen. Im nächsten Schritt wählen Sie einen entsprechenden **Operator** aus. Die Auswahloptionen für den Operator sehen Sie in Abbildung 13.65. Im Anschluss entscheiden Sie sich für einen der folgenden Wertetypen:

- **Konstantenwert**
- **Feld**
- **Parameter**
- **Sitzungsvariable**

Abbildung 13.65 Filtereinstellung zur Reduzierung der Ergebnisliste

Prüfen

Nachdem Sie die Konfiguration der CDS-Views abgeschlossen haben, können Sie über die Schaltfläche **Prüfen** die Richtigkeit Ihrer Einstellungen überprüfen lassen. Dabei wird zum Beispiel festgestellt, ob die Join-Bedingungen zwischen zwei Datenquellen fehlen oder Abfragefelder nicht gefüllt sind. In Abbildung 13.66 wurde eine Prüfung durchgeführt, die fehlgeschlagen ist, weil ein Filterwert nicht gefüllt wurde.

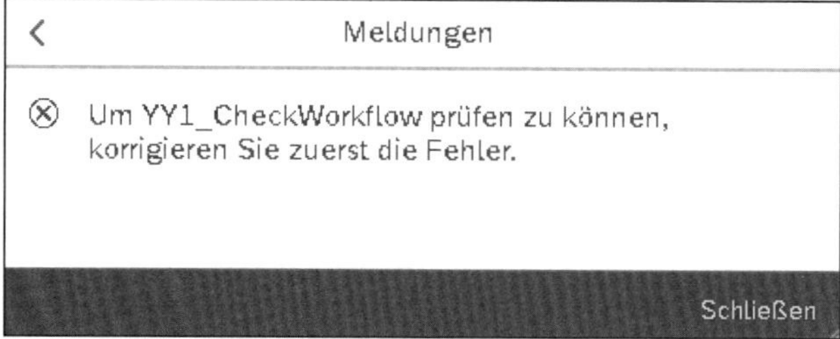

Abbildung 13.66 Prüfungsergebnis für die CDS-View YY1_CheckWorkflow bei einem nicht gefüllten Filterwert

Vorschau

Wenn die Prüfung Ihrer Eingaben erfolgreich war, können Sie eine Datenvorschau für die CDS-View starten. Die Vorschau zeigt einen Ausschnitt der bereitgestellten Daten. Standardmäßig werden 100 Eintrage aufgelistet. Sie können den Wert manuell auf bis zu 50.000 Einträge oder den Wert **Max.** erhöhen (siehe Abbildung 13.67).

Abbildung 13.67 Vorschauliste der CDS-View

Freigabe und Bestand

Sobald Sie mit dem Ergebnis zufrieden sind, können Sie die Freigabe starten. Nach einer kurzen Bearbeitungszeit durch SAP S/4HANA Cloud sollte der Status in der oberen rechten Ecke auf **Freigegeben** wechseln. Klicken Sie nun auf die Schaltfläche **Bestand**. Es öffnet sich eine grafische Übersicht der Datenquellen und deren Abhängigkeiten (siehe Abbildung 13.68).

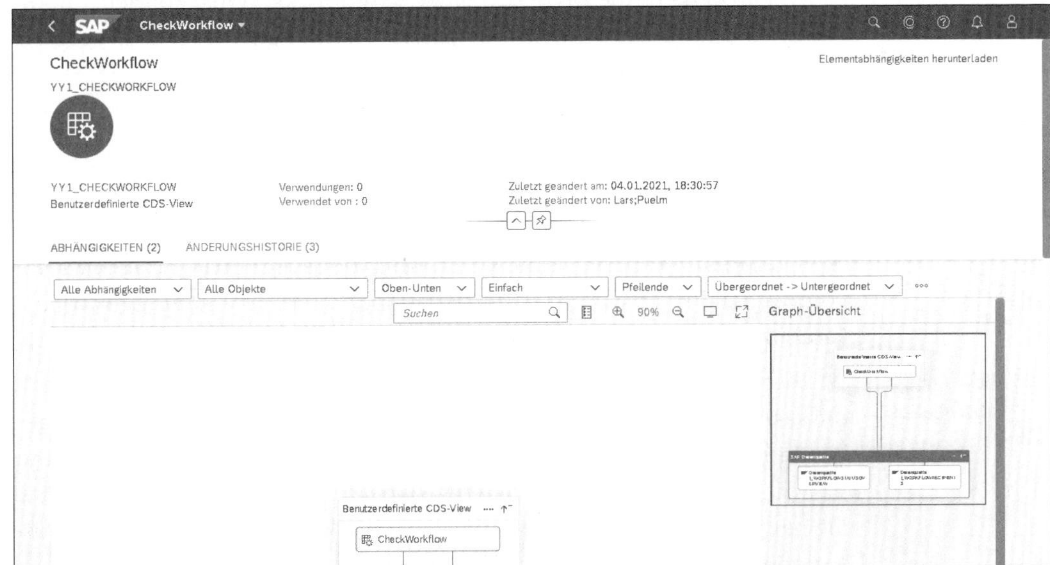

Abbildung 13.68 Grafische Darstellung der Datenquellen über die Funktion »Bestand«

Kommunikationsszenario anlegen

Nachdem Sie Ihre benutzerdefinierte CDS-View erstellt haben, können Sie im SAP Fiori Launchpad in der Kategorie **Erweiterbarkeit** die Kachel **Benutzerdefinierte Kommunikationsszenarien** mit der Anwendungs-ID F2177 aufrufen. Klicken Sie auf **Neu**, um ein neues Kommunikationsszenario für die CDS-Daten anzulegen. Es öffnet sich ein Pop-up-Fenster, indem Sie eine ID und eine Beschreibung vergeben müssen (siehe Abbildung 13.69).

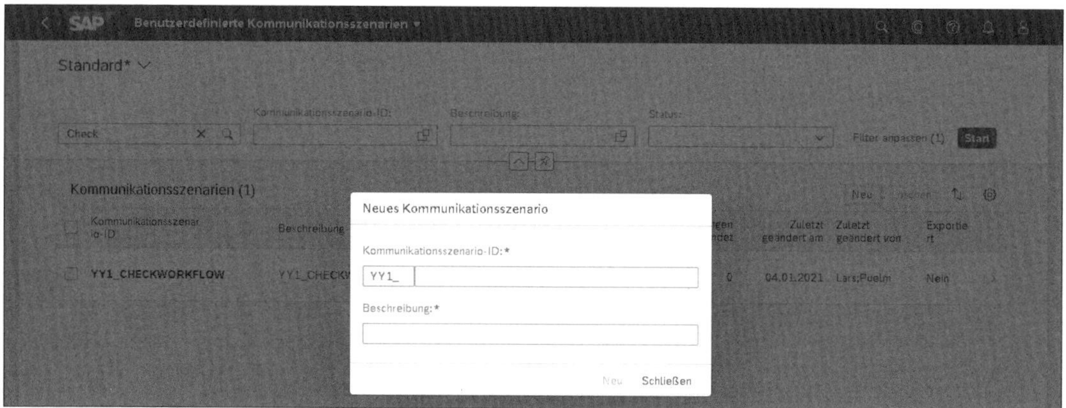

Abbildung 13.69 Erstellen eines neuen Kommunikationsszenarios

Eingehende Services festlegen

In der Ansicht des neu angelegten benutzerdefinierten Kommunikationsszenarios können Sie nun Services hinzufügen. Klicken Sie auf dem Reiter **Eingehende Services** auf das Plus-Symbol (+). Es öffnet sich ein Pop-up-Fenster, in dem Sie die zuvor erstellte CDS-View auswählen können. Im Anschluss klicken Sie auf **Publizieren** (siehe Abbildung 13.70). Dieser Vorgang des Systems nimmt etwas Zeit in Anspruch. Währenddessen wird der Status **Freigeben** in der Farbe Orange angezeigt. Sobald die Publizierung abgeschlossen ist, wechselt die Farbe zu Grün.

Das freigegebene Szenario können Sie jetzt als Kommunikationsvereinbarung verwenden, indem Sie auf die Schaltfläche **Vereinbarung anlegen** klicken. Alternativ können Sie die Kommunikationsvereinbarung auch wie im vorangehenden Abschnitt beschrieben über die Kachel **Kommunikationsvereinbarungen** konfigurieren.

CDS-View-Anlage abschließen

Wie bei den anderen Vereinbarungen auch, ordnen Sie ein Kommunikationssystem und einen Kommunikationsbenutzer zu. Im Bereich **Eingehende Services** sollte nun ein Eintrag mit dem Anwendungsprotokoll **OData V2** und einer Service-URL vorhanden sein. Mit der Service-URL können Sie die neue Kommunikationsvereinbarung über Postman testen, um herauszufinden, ob das Ergebnis Ihren Wünschen entspricht.

Abbildung 13.70 Eingehende Services in einem neuen Szenario festlegen

13

13.3.3 Integrationsvorbereitung in SAP Cloud Integration

Zugangsdaten anlegen

Damit Sie in SAP Cloud Integration Daten von der SAP S/4HANA Cloud abrufen können, müssen Sie die dort definierten angelegten Benutzerdaten in SAP Cloud Integration hinterlegen. Rufen Sie dazu im **Monitor**-Bereich die Kachel **Security Material** auf. Klicken Sie anschließend auf **Create • User Credential**. Geben Sie im Pop-up-Fenster folgende Daten ein (siehe Abbildung 13.71):

- **Name**
  Der Name sollte einen Bezug zum Quellsystem haben und könnte wie folgt aussehen: S4Cloud_my<XXXXXX>.
- **Type**
  Belassen Sie es bei dem Standard-Typ **User Credentials**.
- **User, Password und Repeat Password**
  Der Benutzername und das Kennwort wurden bei der Konfiguration des Kommunikationsbenutzers in SAP S/4HANA Cloud festgelegt (siehe Abbildung 13.53 in Abschnitt 13.3.1, »SAP S/4HANA Cloud konfigurieren«).

Paket anlegen

Legen Sie für den Fall, dass Sie weitere Kommunikationsvereinbarungen testen wollen, ein eigenes Paket für die Integrationsszenarien an. Nachdem Sie die Pflichtfelder gefüllt haben, klicken Sie auf **Save** (siehe Abbildung 13.72).

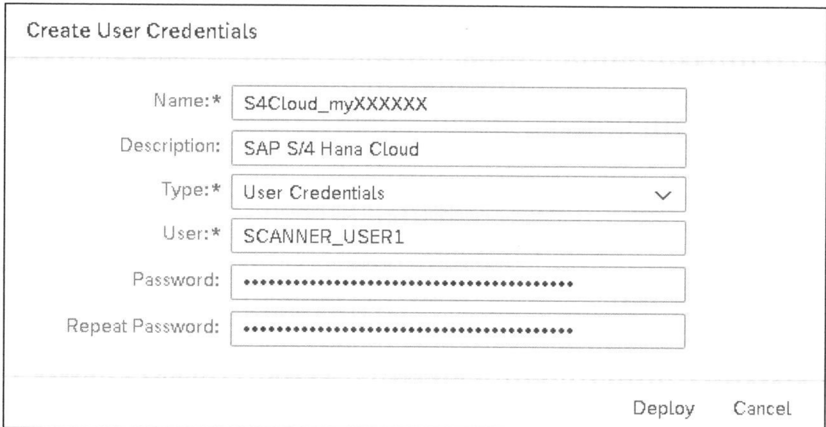

Abbildung 13.71 User Credential für den Kommunikationsbenutzer aus SAP S/4HANA Cloud anlegen

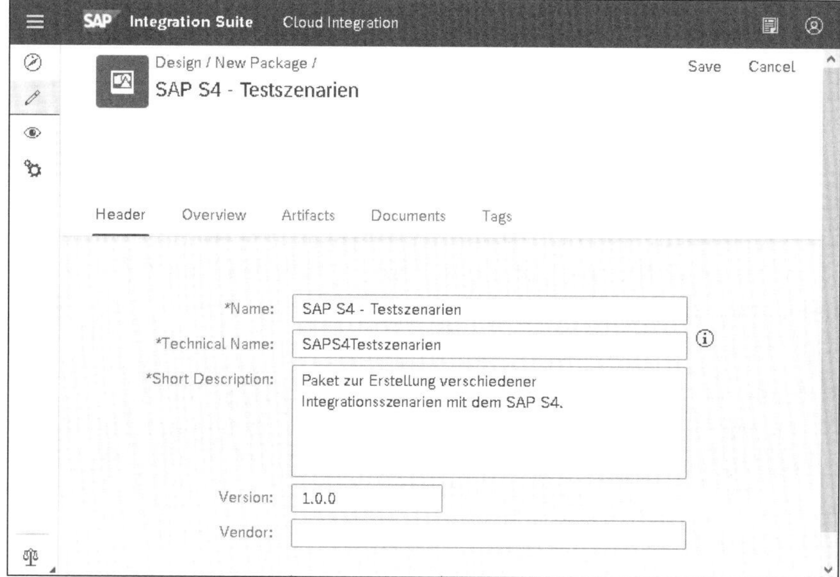

Abbildung 13.72 Paket für Integrationsszenarien mit SAP S/4HANA Cloud

Integration anlegen

Legen Sie im Anschluss auf dem Reiter **Artifacts** einen neuen Integration Flow über **Add • Integration Flow** in dem Paket an (siehe Abbildung 13.73).

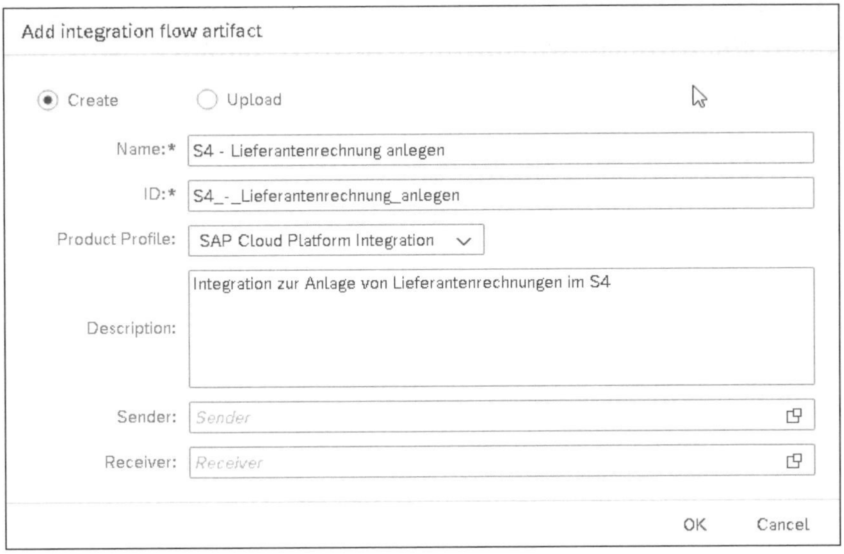

Add integration flow artifact

Create Upload

Name:* S4 - Lieferantenrechnung anlegen

ID:* S4_-_Lieferantenrechnung_anlegen

Product Profile: SAP Cloud Platform Integration

Description: Integration zur Anlage von Lieferantenrechnungen im S4

Sender: Sender

Receiver: Receiver

OK Cancel

Abbildung 13.73 Integration Flow für die Anlage von Lieferantenrechnungen erstellen

13.3.4 Integration Flow in SAP Cloud Integration modellieren

Der Aufbau des Integration Flows für dieses Szenario ist sehr übersichtlich. Er beginnt wie bei vielen anderen Szenarien mit einem Datenversand über Postman an einen HTTPS-Adapter in SAP Cloud Integration. Dies hat bei einem Testszenario den Vorteil, dass Sie verschiedene Parameter testen können, ohne die Integration bei einem neuen Parameter gleich neu deployen zu müssen.

Im Anschluss werden die Daten gemappt und über einen weiteren HTTPS-Adapter an SAP S/4HANA Cloud geschickt. Vor und nach dem Datenversand an SAP S/4HANA Cloud werden Überwachungsskripte eingebunden, um die Daten nach dem Mapping und nach der Anlage der Lieferantenrechnung überprüfen zu können. Kommt es zu einem Fehler, greift ein Exception Subprocess. Abbildung 13.74 zeigt den gesamten Integrationsaufbau. Im Folgenden erläutere ich die einzelnen Schritte.

HTTPS-Adapter

Die Daten werden im JSON-Format über einen HTTPS-Adapter an SAP Cloud Integration gesendet. Als Adresse habe ich */s4/LieferantenrechnungAnlegen* gewählt. Das Präfix */s4* beschreibt das Zielsystem und */LieferantenrechnungAnlegen* die Aktivität, die im Zielsystem ausgeführt wird. Die Authentifizierung erfolgt über die Benutzerkennung. Außerdem wähle ich die Einstellung **CSRF Protected** zur Absicherung (siehe Abbildung 13.75).

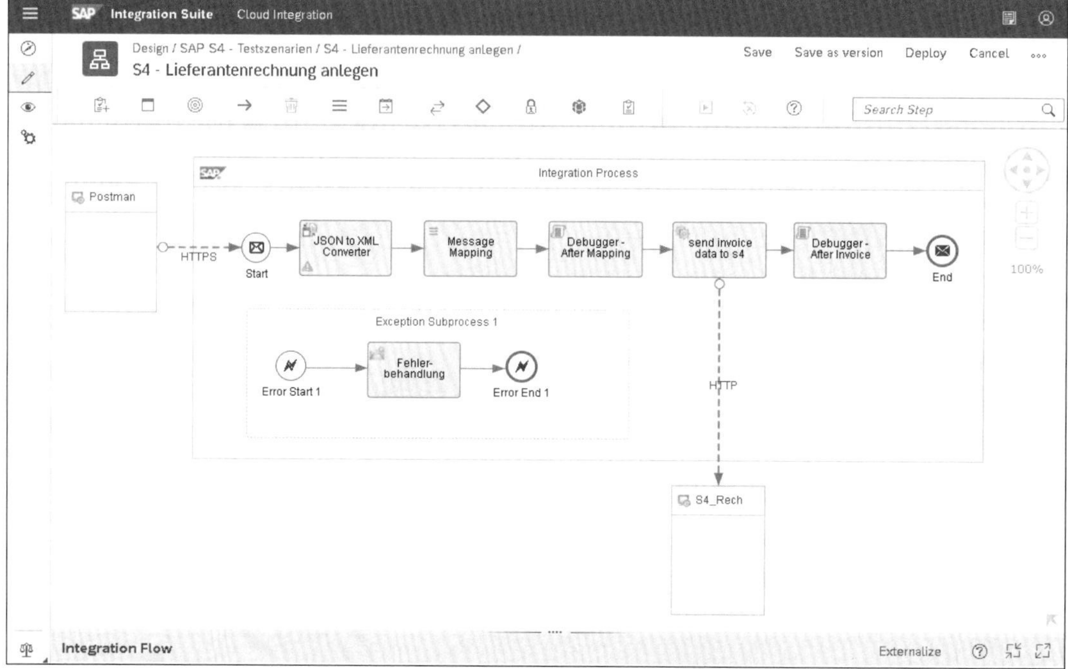

Abbildung 13.74 Übersicht des Integration Flows in SAP Cloud Integration

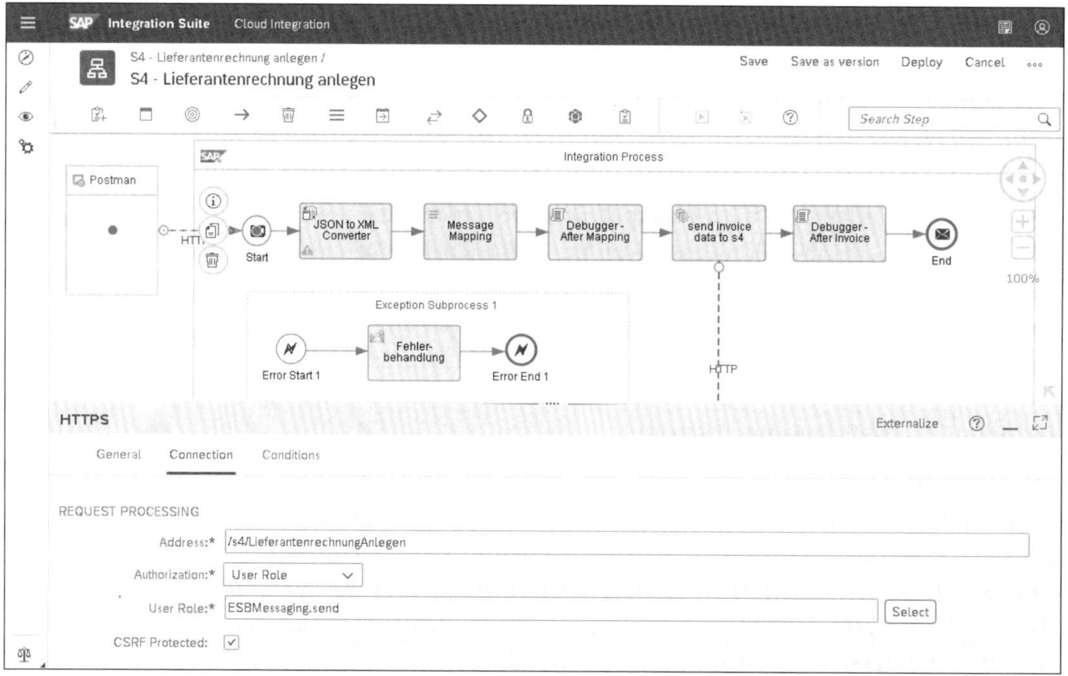

Abbildung 13.75 Konfiguration des HTTPS-Adapters zum Empfang der Daten

JSON To XML Converter

Nachdem die Daten über den HTTPS-Adapter in den Hauptprozess gelangt sind, werden sie durch einen JSON to XML Converter in XML-Daten umgewandelt, damit das nachfolgende Mapping keine Probleme bei der Verarbeitung bereitet. Die Einstellungen des Konverters können Sie bei den Standardeinstellungen belassen (siehe Abbildung 13.76).

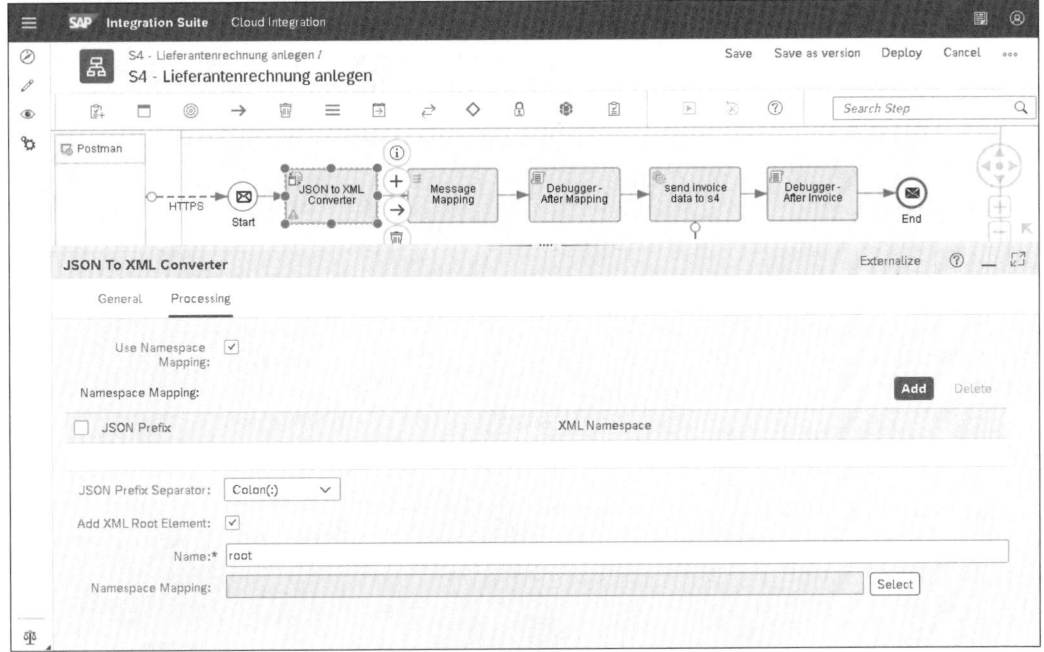

Abbildung 13.76 Konfiguration der Komponente »JSON To XML Converter«

Message-Mapping-Komponente

Bauen Sie nun eine Message-Mapping-Komponente ein. Dieser müssen Sie ein Mapping zuordnen oder ein neues erstellen.

1. Klicken Sie für eine Neuanlage des Mappings auf das **Create**-Symbol (⊜) im Kontextmenü der Komponente, und geben Sie einen beliebigen Namen für das Mapping ein.
2. Im Anschluss müssen Sie den beiden Seiten des Mappings jeweils eine Struktur zuweisen. Die Struktur für das Zielsystem, das sich auf der rechten Seite befindet, ist eine WSDL-Datei. Diese konnten Sie bei der Erstellung der Kommunikationsvereinbarung in SAP S/4HANA Cloud herunterladen. Wenn Sie dies noch nicht getan haben, können Sie den Download jetzt nachholen.
3. Für das sendende System muss eine eigene Struktur angelegt werden. Diese können Sie sich, je nach Format, mit verschiedenen Konverter-Tools selbst erstellen oder sie dem Download-Material dieses Buchs entnehmen. Die Datei im Download-Material habe ich erstellt, indem ich die

JSON-Daten in XML und die XML-Daten in eine XSD-Struktur (XML Schema Definition) umgewandelt habe. Die XSD-Daten können Sie in einer **.xsd**-Datei speichern.

4. Nachdem Sie beiden Seiten des Mappings eine Struktur zugewiesen haben, müssen Sie die einzelnen Werte miteinander verbinden, wie in Abbildung 13.77 gezeigt.

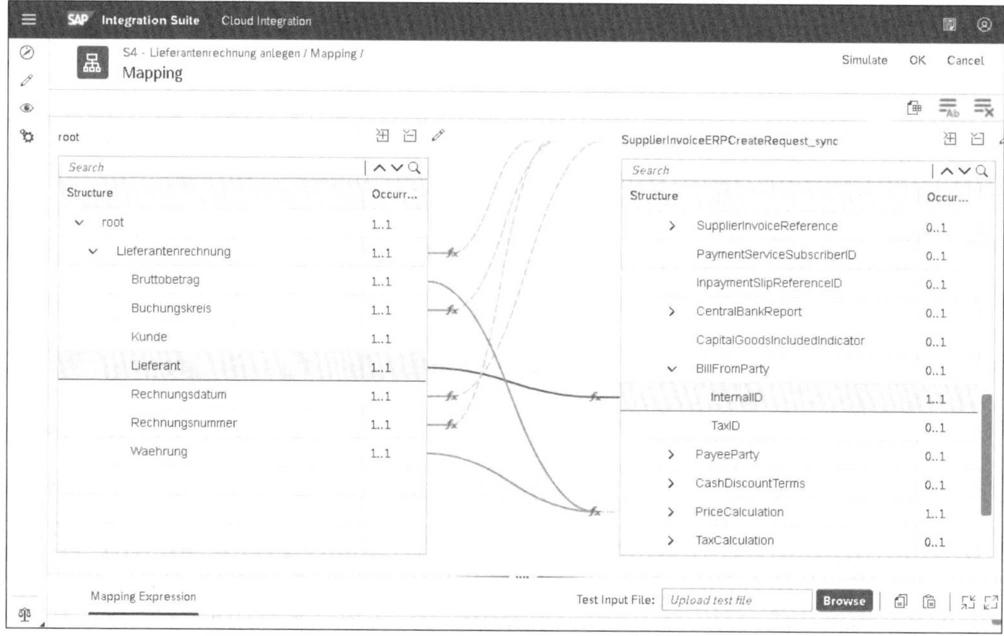

Abbildung 13.77 Mapping der Quell- und Zieldatenstruktur

Wertzuweisungen Da das Mapping recht komplex ist, stellt Tabelle 13.1 die Wertzuweisungen etwas übersichtlicher dar. Diese Wertzuweisungen stellen die Minimalanforderung für unser Demosystem dar. Sie können je nach Konfiguration Ihres Systems abweichen.

Sender	Receiver
Lieferantenrechnung	`MessageHeader`
Rechnungsnummer	`BillFromID`
Buchungskreis	`CompanyID`
Konstante = 004	`TypeCode`
Rechnungsdatum	`IssueDate`

Tabelle 13.1 Mapping-Werte für das Beispielszenario

Sender	Receiver
Konstante = D	CompletenessAndValidationStatusCode
Lieferant	BillFromParty - InteralID
Bruttobetrag	GrossAmount
Waehrung	GrossAmount - @currencyCode

Tabelle 13.1 Mapping-Werte für das Beispielszenario (Forts.)

Request Reply und HTTPS-Adapter

Nach dem Mapping können die Daten über eine Request-Reply-Komponente an das Zielsystem gesendet werden. An die Request-Reply-Komponente namens **Send invoice data to s4** ist ein HTTPS-Adapter angeschlossen, der mit der Receiver-Komponente verbunden ist, die das Zielsystem darstellt. Als Adresse wurde der Wert aus der Kommunikationsvereinbarung verwendet. Da eine Lieferantenrechnung im Zielsystem angelegt werden soll, wird die HTTP-Methode POST verwendet. Als Authentifizierung habe ich **Basic** gewählt, was eine Anmeldung mit Benutzernamen und Kennwort bedeutet. Der **Credential Name** ist der Alias des User Credentials, das Sie in Abschnitt 13.3.3, »Integrationsvorbereitung in SAP Cloud Integration«, angelegt haben (siehe Abbildung 13.78).

13

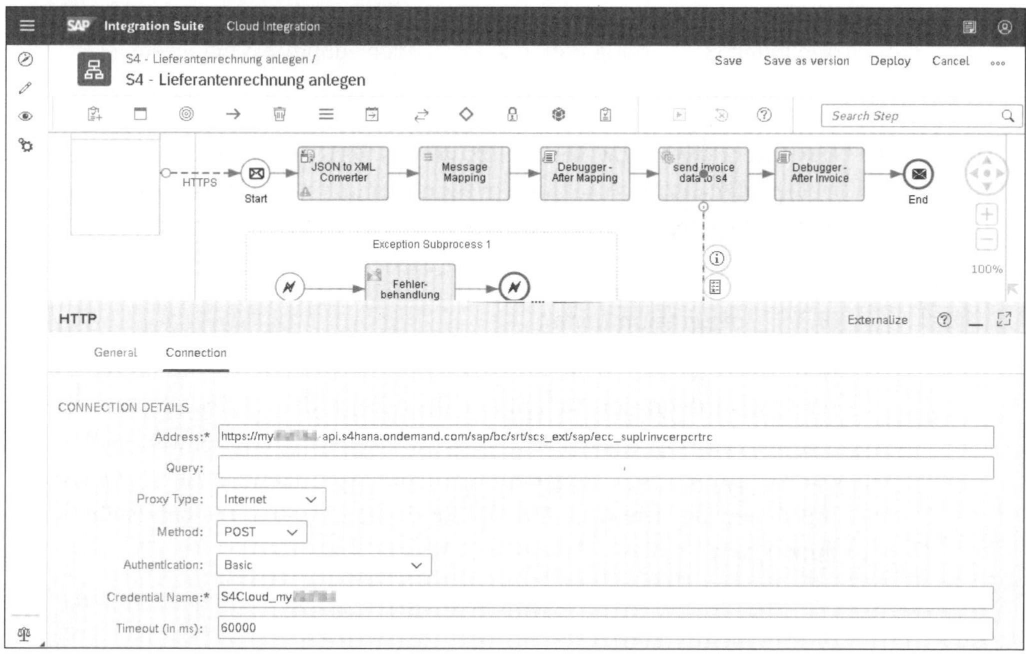

Abbildung 13.78 Konfiguration des HTTPS-Adapters für die Request-Reply-Komponente

Fehlerbehandlung

Sollte es zu Problemen innerhalb des Integrationsdurchlaufs kommen, wird der Ausnahmeprozess, umgesetzt durch die Komponente **Exception Subprocess**, ausgelöst, der eine Fehlermeldung ausgibt. Durch das Error End Event wird im Monitoring ein Fehler angezeigt (siehe Abbildung 13.79).

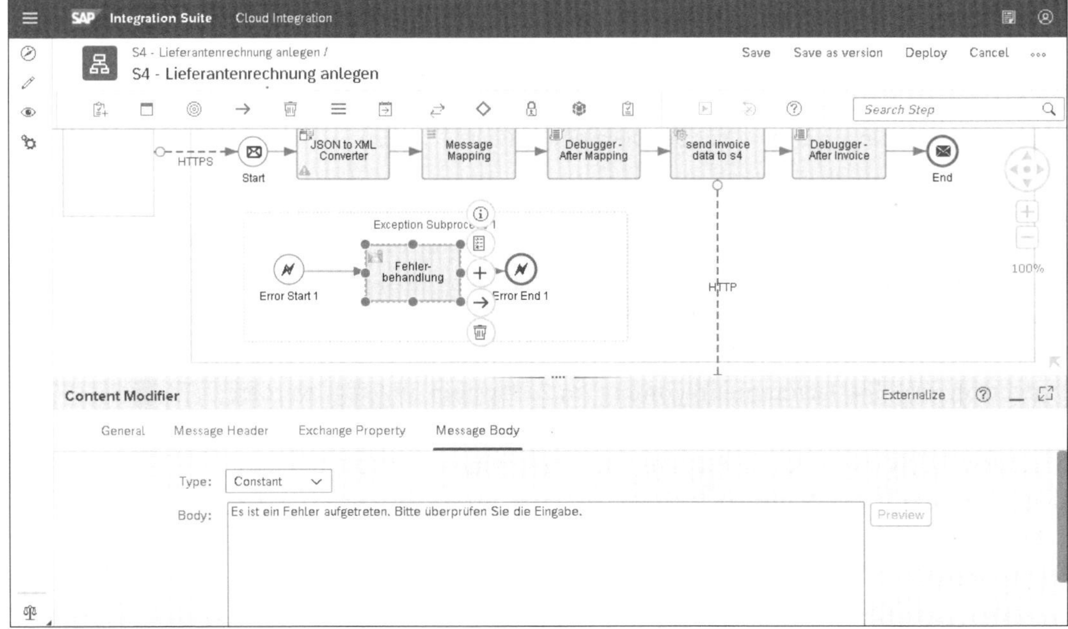

Abbildung 13.79 Konfiguration des Exception Subprocess mit einem Error End Event

Deployment

Der Integration Flow kann jetzt gespeichert und veröffentlicht werden. Überprüfen Sie im Anschluss im Monitoring, ob die Integration erfolgreich deployt wurde.

13.3.5 Integration testen

Rufen Sie zum Testen des Szenarios Postman auf. Geben Sie als Adresse Ihren Cloud-Integration-Tenant und die Adresse des HTTPS-Adapters ein, der mit dem Start Message Event verknüpft ist. Als Methode wählen Sie POST. Für die Authentifizierung benötigen Sie Ihren Benutzer und Ihr Passwort, mit denen Sie sich auch an SAP Cloud Integration anmelden (siehe Abbildung 13.80).

Als Ergebnis erhalten Sie in der Anwendung **Lieferanterechnungen** einen neuen Eintrag. Dieser enthält alle Daten, die wir über Postman und SAP Cloud Integration mitgegeben haben.

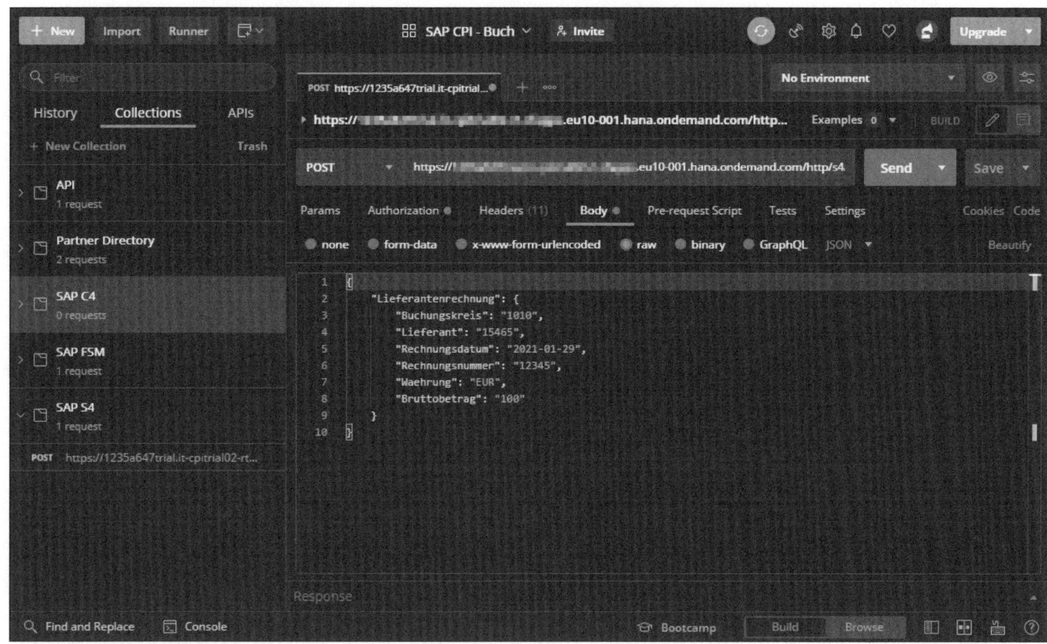

Abbildung 13.80 Test der Integration mit Postman durchführen

13.3.6 Erweiterbarkeit des Szenarios

An dieser Stelle möchte ich Ihnen mögliche Erweiterungen des Szenarios vorschlagen, die entweder Daten aus SAP S/4HANA Cloud abfragen oder Daten anlegen.

Stammdaten

Das sendende System könnte unter anderem eine Scansoftware sein, die für den OCR-Vorgang (*Optical Character Recognition*, d. h. die optische Zeichenerkennung) Daten zum Abgleich benötigt. Diese Daten können über SAP Cloud Integration aus SAP S/4HANA Cloud abgerufen und zum Beispiel im CSV-Format an die Scansoftware gesendet werden. Die Scansoftware kann die Daten auch über die SAP Cloud Integration aus SAP S/4HANA Cloud abrufen. Dabei könnten beispielsweise folgende Stammdaten eine Rolle spielen:

- Lieferantendaten
- Kundendaten
- Buchungskreise

Materialbelege abgleichen

Lieferantenrechnungen beziehen sich in der Regel auf Waren, die zuvor geliefert wurden. Diese Waren sollte im optimalen Fall durch einen Materialbeleg in SAP S/4HANA Cloud hinterlegt werden. Sie könnten das Szenario dahingehend erweitern, dass Sie Materialbelege abfragen, um die Daten aus der Scansoftware mit diesen Informationen abzugleichen. Sollte es zu Unstimmigkeiten kommen, weil zum Beispiel ein Materialbeleg falsch ist oder gar nicht hinterlegt wurde, können Sie eine verantwortliche Person über eine Benachrichtigung auf dieses Problem hinweisen.

Workflows abfragen

SAP S/4HANA Cloud bietet auch vordefinierte Workflows an, mit deren Hilfe berechtigte Personen Rechnungen freigeben müssen. Sie haben die Möglichkeit, die Daten aus den Workflows über eine Kommunikationsvereinbarung abzurufen. Mit dieser Information könnten Sie die Person, die eine Genehmigung ausführen soll, über einen beliebigen Kanal, wie zum Beispiel per E-Mail, direkt informieren, dass eine Workflow-Aufgabe zur Bearbeitung bereitsteht.

13.3.7 Änderungen in SAP S/4HANA Cloud transportieren

Wenn Sie mit einer Zwei-System-Landschaft arbeiten, kann es vorkommen, dass Sie keine Anpassungen im Produktivsystem vornehmen können. Dies betrifft unter anderem die Erstellung von CDS-Views. Sie können die Anpassungen in diesem Fall nur über einen Transport realisieren. Für den Transport von Änderungen, den ich in diesem Abschnitt beschreiben möchte, werden in SAP S/4HANA Cloud zwei Kacheln bereitgestellt (siehe Abbildung 13.81):

- Softwarekollektion exportieren (Anwendungs-ID: F1433)
- Kollektion importieren (App ID: F1432)

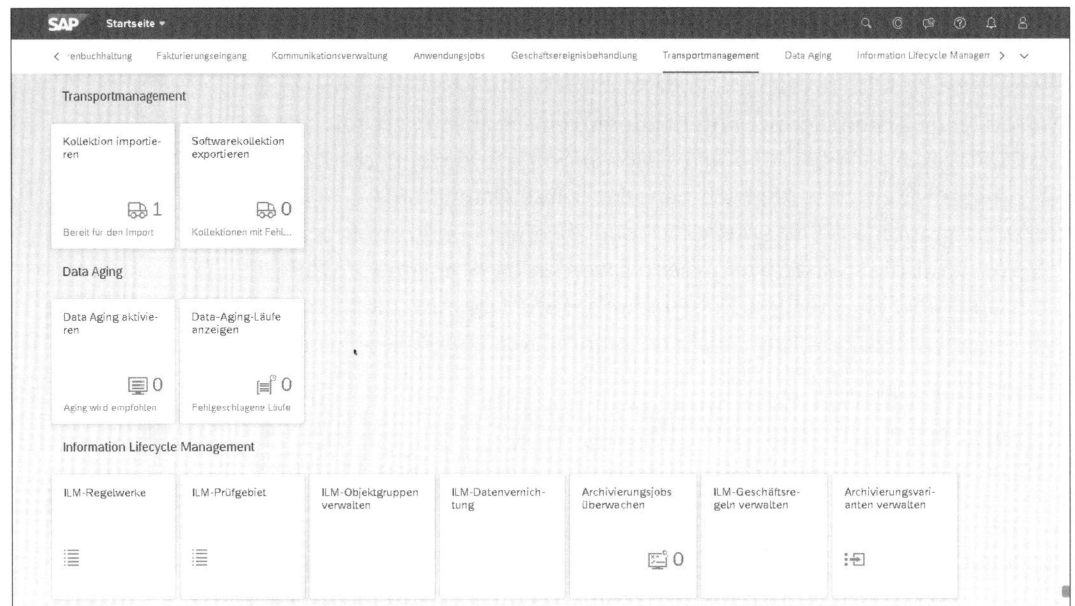

Abbildung 13.81 Kacheln zum Transport von Anpassungen

Kacheln der Transportanwendungen

Zwar werden sowohl im Test- als auch im Produktivsystem beide Kacheln angezeigt, dennoch können Sie nur die Anwendung verwenden, die für das jeweilige System vorgesehen ist. Wenn Sie versuchen, die andere zu öffnen, erhalten Sie folgende Meldungen:

- *»Testsystem = Import ist für das System gesperrt.«*
- *»Produktivsystem = Export ist für das System gesperrt.«*

Anpassungen exportieren

Um eine benutzerdefinierte CDS-View zu transportieren, rufen Sie im Testsystem die Kachel **Softwarekollektion exportieren** in der Gruppe **Transportmanagement** auf. Sie gelangen zu der Ansicht aus Abbildung 13.82. Als Nächstes erstellen Sie über das Plus-Symbol ([+]) auf der linken Seite eine neue Softwarekollektion. Es öffnet sich ein Pop-up-Fenster, in dem Sie einen Namen für die Kollektion eingeben müssen.

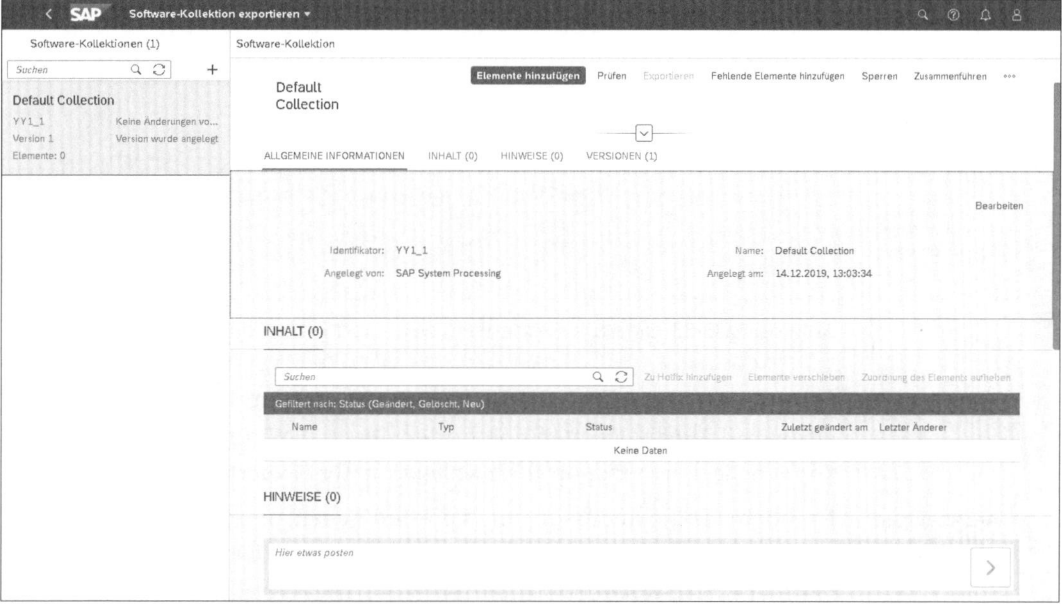

Abbildung 13.82 Ansicht »Softwarekollektion exportieren«

Über die Schaltfläche **Bearbeiten** auf dem Reiter **ALLGEMEINE INFORMATIONEN** können Sie den vergebenen Namen anpassen. Im nächsten Schritt können Sie für die Softwarekollektion über die Schaltfläche **Element hinzufügen** eine Anpassung hinzufügen.

Änderungsliste

Es öffnet sich eine Liste mit Einträgen, die exportiert werden können. Sie können die Einträge nach Typ, Änderungsdatum und ändernder Person filtern. Die Drop-down-Liste zur Auswahl des Typs ist dynamisch und erweitert sich mit den Einträgen aus der Liste. Wählen Sie die Elemente aus, die Sie exportieren wollen, und klicken Sie auf **OK** (siehe Abbildung 13.83). Die ausgewählten Einträge tauchen im Anschluss im Bereich der **Inhalte** auf. Im Bereich **Hinweis** können Sie noch Zusatzinformationen hinzufügen, die die Kollektion für andere Personen nachvollziehbar macht.

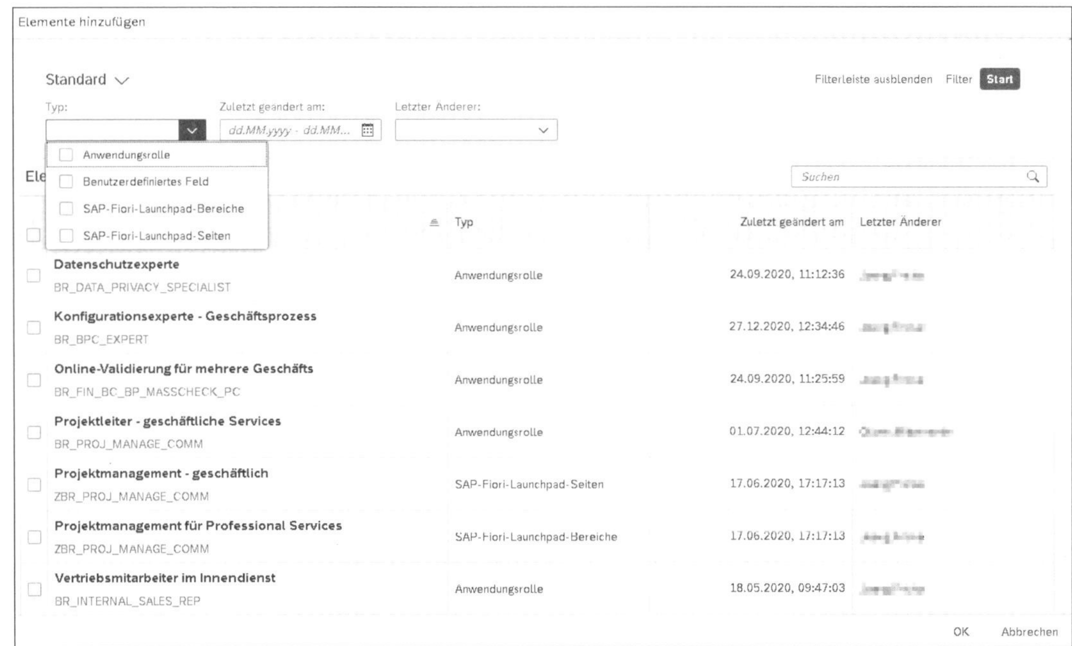

Abbildung 13.83 Liste mit Elementen, die exportiert werden können

Liste prüfen

Sobald Ihre Liste vollständig ist, können Sie die Einträge mit der Funktion **Prüfen** auf Abhängigkeiten überprüfen. Wenn die Prüfung erfolgreich war, können Sie den Transport Ihrer Kollektion über **Exportieren** starten.

Anpassungen importieren

Nachdem Sie die Anpassungen exportiert haben, müssen Sie die Änderungen durch einen Import in das Produktivsystem übernehmen. Rufen Sie dazu die Kachel **Kollektion importieren** auf. Die Zahl auf der Kachel zeigt die Anzahl an Transporten, die für den Import bereitstehen. Sie können die Kollektion direkt über die Listenansicht importieren, oder Sie rufen den entsprechenden Eintrag zunächst auf, um vor dem Start des Imports gegebenenfalls Informationen zu dem Transport zu überprüfen (siehe Abbildung 13.84). Wenn ein Transport bereit für den Import ist, hat die Kollektion den Status **Bereit für den Import**. Nach dem Import hat die Kollektion den Status **Importiert**.

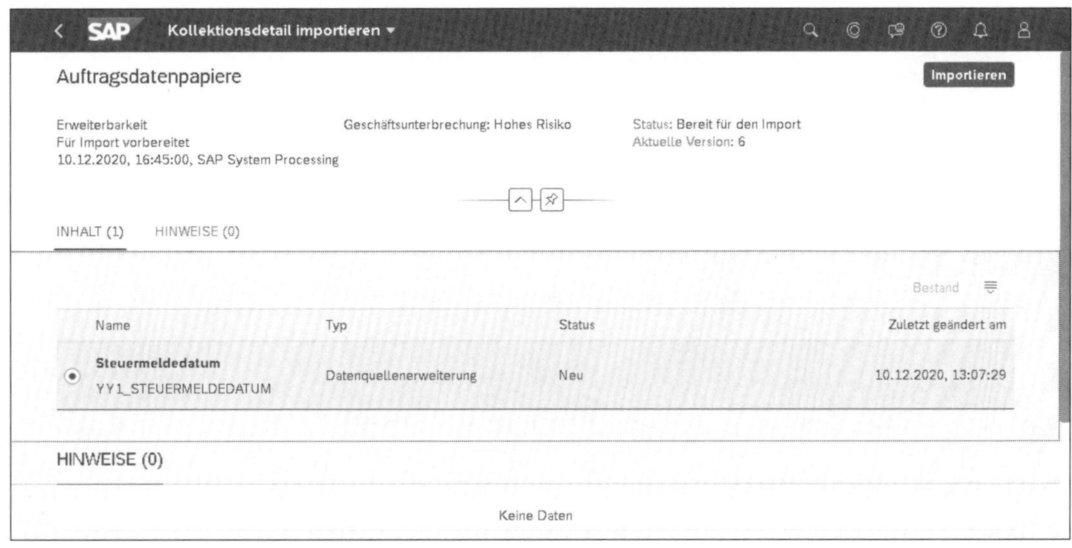

Abbildung 13.84 Kollektion in SAP S/4HANA Cloud importieren

13.4 Zusammenfassung

In diesem Kapitel haben Sie Integrationen mit verschiedenen SAP-Produkten eingerichtet. Als Beispiele habe ich SAP Sales Cloud, SAP Field Service Management und SAP S/4HANA Cloud herangezogen. Sie mussten neben SAP Cloud Integration auch die weiteren SAP-Produkte für die Kommunikation mit SAP Cloud Integration konfigurieren. Die einzelnen Schritte für jedes System habe ich detailliert erläutert.

Beim Aufbau der Integration Flows in SAP Cloud Integration haben Sie sich Komponente für Komponente bis zum Deployment vorgearbeitet, um am Ende die Integration testen zu können. Sie haben so die Erstellung eines Leads in SAP Sales Cloud, das Anlegen eines Serviceabrufs in SAP Field Service Management und die Erstellung von Lieferantenrechnungen in SAP S/4HANA Cloud realisiert. In jedem der genannten Systeme unterscheidet sich die Vorgehensweise für die Einrichtung der Kommunikationsverwendung etwas von der in den anderen Systemen.

Kapitel 14
Ausblick und weiterführende Informationen

In diesem Kapitel stelle ich Ihnen einige Informationsquellen vor, die Ihnen Anregungen für Problemlösungen rund um SAP Cloud Integration geben können. Zusätzlich erfahren Sie, welche Neuerungen Sie von SAP Cloud Integration in Zukunft erwarten können.

In Abschnitt 14.1, »Weiterführende Informationen«, lernen Sie zunächst verschiedene Möglichkeiten kennen, wie Sie Ihr Wissen rund um SAP Cloud Integration erweitern können. Die Quellen umfassen offizielle Videos, Roadmaps, Newsletter und Webinare von SAP sowie Informationen aus der SAP Community mit ihren Blogbeiträgen und Frage- und Antwortsammlungen. In Abschnitt 14.2, »Geplante Funktionen«, stelle ich den SAP Road Map Explorer und eine neue Version des SAP API Business Hub vor.

14.1 Weiterführende Informationen

Für SAP Cloud Integration gibt es eine Vielzahl an weiterführenden Informationsquellen, die ich Ihnen in diesem Abschnitt vorstellen möchte. Den Anfang macht openSAP, ein Portal von SAP, das Ihnen kostenlose Lernvideos zur Verfügung stellt. Im Anschluss stelle ich die SAP Community vor, ein Netzwerk, das Ihnen Fragen beantwortet und Blogbeiträge anbietet. Als Nächstes stelle ich Ihnen eine Quelle für Diagramme und Icons von SAP vor, die Ihnen dabei helfen können, Systemlandschaften in Diagrammen darzustellen. Zum Abschluss stelle ich Ihnen das SAP Discovery Center vor. Es beschreibt anschaulich, welche Möglichkeiten einzelne Services und Produkte von SAP bieten und wie man mit ihnen umgeht.

14.1.1 openSAP

openSAP ist eine Plattform von SAP, auf der kostenlose Massive Open Online Courses (MOOC) zu verschiedenen Themen angeboten werden, die aus Video-Tutorials bestehen. Um die Videos zu betrachten, müssen Sie sich in den jeweiligen Kurs einschreiben. Abbildung 14.1 zeigt die Startseite von openSAP mit den aktuellen und zukünftigen Kursen. Sie erreichen die Plattform unter folgendem Link: *https://open.sap.com/?locale=de*. Wenn ein neuer Kurs beginnt, steht Ihnen zunächst nur der Inhalt der ersten Woche zur Verfügung. Die Inhalte der folgenden Wochen werden nach und nach bis zum Abschluss des Kurses freigeschaltet.

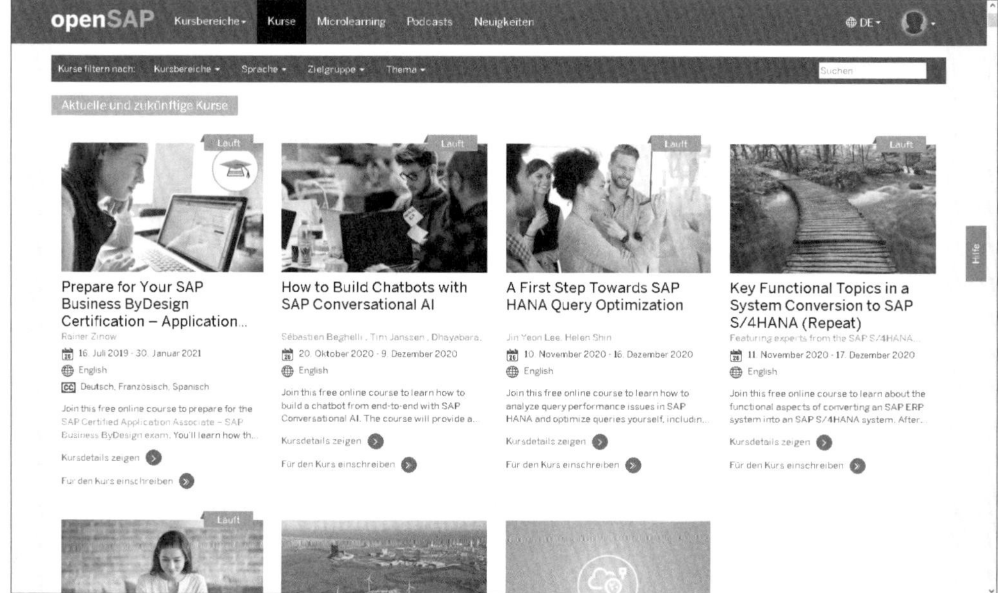

Abbildung 14.1 OpenSAP – Kursübersicht

Prüfung und Zertifikate

Wenn Sie sich in einen noch nicht abgeschlossenen Kurs einschreiben, haben Sie nach dem Ansehen der Videos die Möglichkeit, eine Prüfung durch das Beantworten von Fragen zu bestehen. Sofern Sie die Prüfung erfolgreich bestanden haben, bekommen Sie für den Kurs ein Zertifikat.

Kurse reaktivieren

Sollte ein Kurs bereits abgelaufen oder schon fast beendet sein, können Sie sich dennoch einschreiben, um das Kursmaterial zu studieren. Sollten Sie ein Interesse daran haben, das Zertifikat für einen bereits abgeschlossenen Kurs zu erhalten, können Sie den Kurs für sich kostenpflichtig reaktivieren. Die folgenden Kurse könnten für Sie interessant sein:

- Simplify Integration with SAP Cloud Platform Integration Suite
- SAP's Integrated Intelligent Suite
- Integration Advisor Capability of SAP Integration Suite

Kursbereiche

Nachdem Sie sich für einen Kurs entschieden und diesen ausgewählt haben, sehen Sie die folgenden Kursbereiche, die in mehrere Reiter aufgegliedert sind:

- **Lernmaterial**
  Das Lernmaterial beinhaltet die beschriebenen Lernvideos, Zusatzmaterialien und Prüfungen.
- **Diskussionen**
  Im Bereich **Diskussionen** können Sie während der Dauer eines Kurses Fragen stellen oder beantworten. Wenn ein Kurs beendet wurde, steht der Diskussionsbereich nur noch im Lesemodus zur Verfügung.
- **Fortschritt**
  Der Fortschritt zeigt die bearbeiteten Videos, Selbsttests und Prüfungen jeder Woche in einer Übersicht. Dadurch können Sie erkennen, wie weit Sie mit dem Kurs fortgeschritten sind und welche Bereiche Ihnen noch fehlen. Unbearbeitete Bereiche werden orange und erfolgreich bearbeitete grün dargestellt (siehe Abbildung 14.2).

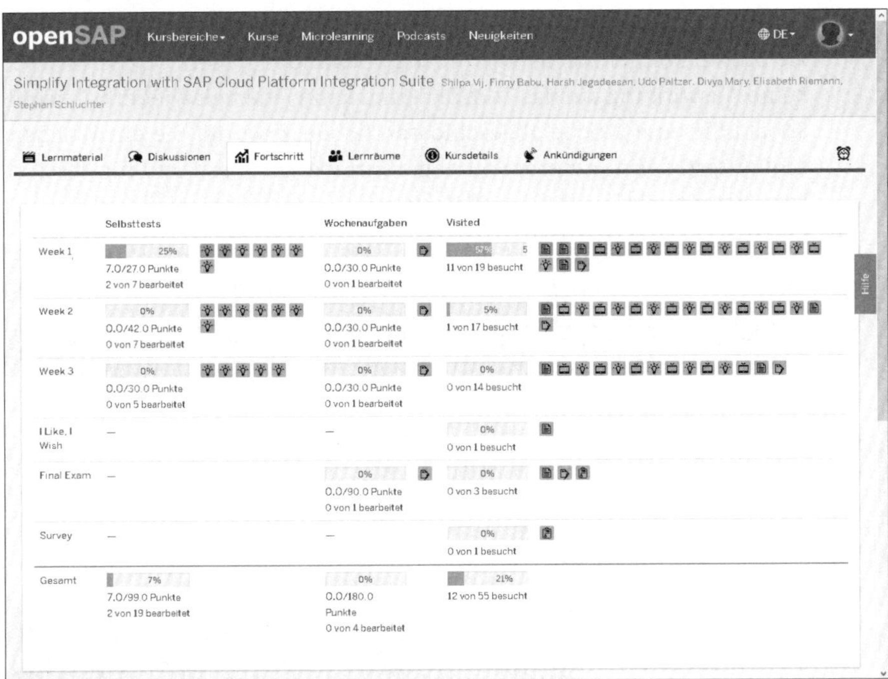

Abbildung 14.2 Fortschritt eines openSAP-Kurses

- **Lernräume**
  Sie können selbstständig Lernräume anlegen, um den Fokus auf ein bestimmtes Thema zu legen. Dies kann zum Beispiel ein Lernraum für Sie und andere Teilnehmende mit derselben Muttersprache sein. Sie können entscheiden, ob der Raum für alle betretbar ist oder ob eine Mitgliedschaft von den anderen Teilnehmenden beantragt werden muss.

- **Kursdetails**
  Der Reiter **Kursdetails** ist die erste Seite, die Sie sehen, wenn Sie einen Kurs öffnen. Dort erhalten Sie ein Informationsvideo über die Inhalte und Ziele des Kurses. Des Weiteren lernen Sie die Experten kennen, die Ihnen die Inhalte vermitteln. Außerdem können Sie sich an dieser Stelle in die Kurse einschreiben oder sie bei Bedarf reaktivieren. Sie erhalten auch Informationen über die Zielgruppen und vorausgesetztes Wissen.
- **Ankündigungen**
  Die Ankündigungen informieren Sie über den Beginn einer neuen Kurswoche und darüber, wann die letzte Prüfung zur Verfügung steht.

Lernmaterialien

Jeder Kurs ist in Wochen unterteilt, und für jede Woche werden mehrere Videos bereitgestellt. Es gibt einen Download-Bereich, in dem Sie die Videos in zwei Formaten, die verwendete Präsentation und die Audiospur, herunterladen können. Zusätzlich beinhaltet jedes Video einen Selbsttest, mit dem Sie prüfen können, ob Sie die Inhalte verstanden haben. Der Selbsttest hat keine Auswirkung auf das Zertifikat und kann jederzeit wiederholt werden. Sobald Sie eine Woche abgeschlossen haben, erwartet Sie ein Wochenabschlusstest, der nur einmal durchgeführt werden kann und für das Zertifikat gewertet wird.

Abbildung 14.3 zeigt Ihnen die erste Woche eines Kurses. Über die Reiter über dem Video können Sie die einzelnen Units (Lerneinheiten) auswählen.

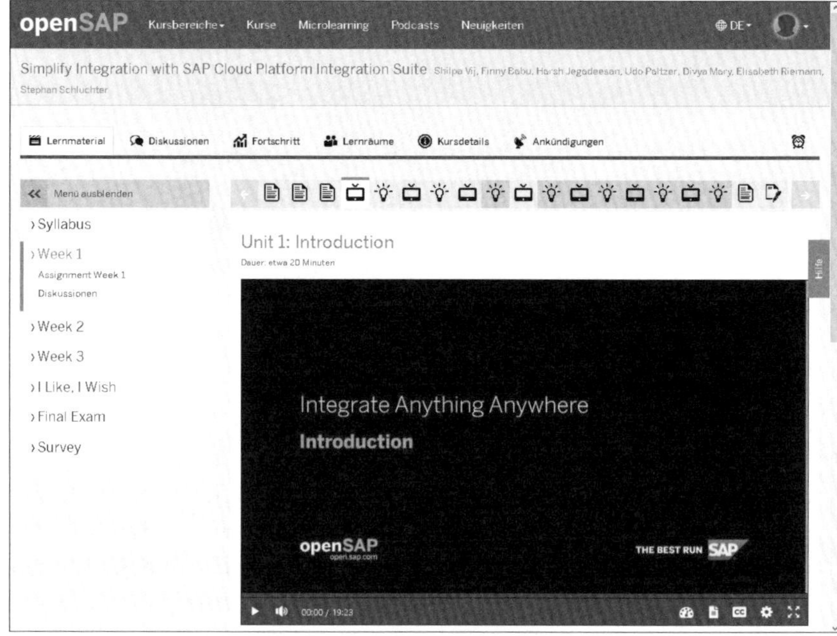

Abbildung 14.3 Videos in Woche 1 eines Kurses

Auf der linken Seite sehen Sie die einzelnen Wochen untereinander aufgelistet. Den Abschluss bildet die Abschlussprüfung mit dem Eintrag **Final Exam**.

14.1.2 SAP Community

Eine weitere nützliche Anlaufstelle ist die *SAP Community* (vormals SAP Community Network, kurz SCN). Dort finden Sie Blogeinträge und Q&A-Seiten von Benutzern aus allen Bereichen des SAP-Universums (siehe Abbildung 14.4). In Blogs werden neue Funktionen, Vorgehensweisen und Ideen für neue Szenarien präsentiert. Die Blogeinträge werden von SAP-Mitarbeitern, Partnern und anderen Personen geschrieben. Im Bereich Q&A, der auf dem Reiter **Answers** zu finden ist, können Sie Fragen zu Ihren eigenen Problemen stellen und anderen dabei helfen, ihre Probleme zu lösen.

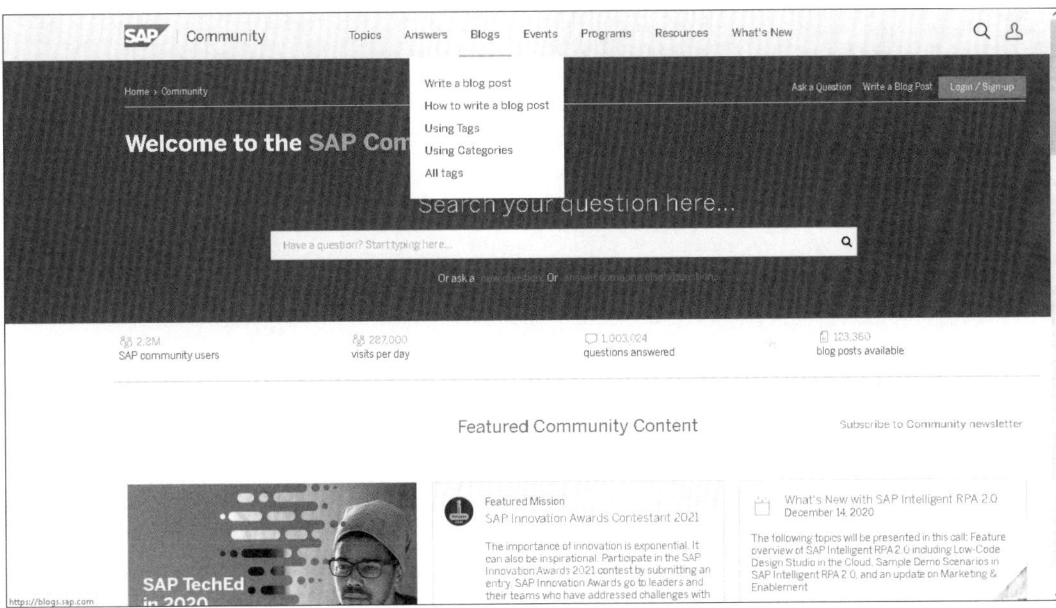

Abbildung 14.4 Startseite der SAP Community

Die folgenden Links leiten Sie zu den Blogs und Q&A-Seiten des Netzwerks weiter. Sie stellen eine wichtige Informationsquelle für Integrationsentwickler*innen dar:

- Blogeinträge: *https://blogs.sap.com/*
- Q&A-Seiten: *https://answers.sap.com/index.html*

Blogs

Blogbeiträge bieten eine gute Möglichkeit, Ihr Wissen mit anderen zu teilen oder von anderen Personen und ihren Beiträgen zu lernen. Auf der Seite **All**

Blog Posts sehen Sie jeweils die neuesten Blogeinträge, die gerade erschienen sind (siehe Abbildung 14.5). Sie können die Einträge nach Kategorien, beliebten Tags oder Monatszeiträumen filtern. Neben der eigentlichen Wissensvermittlung leben Blogbeiträge auch von den Kommentaren der Leser*innen. Wenn Ihnen etwas auffällt, freut sich der Autor oder die Autorin des Blogs sicher über eine konstruktive Kritik. Des Weiteren können Sie einen gut geschriebenen Blogeintrag mit einem Like unterstützen.

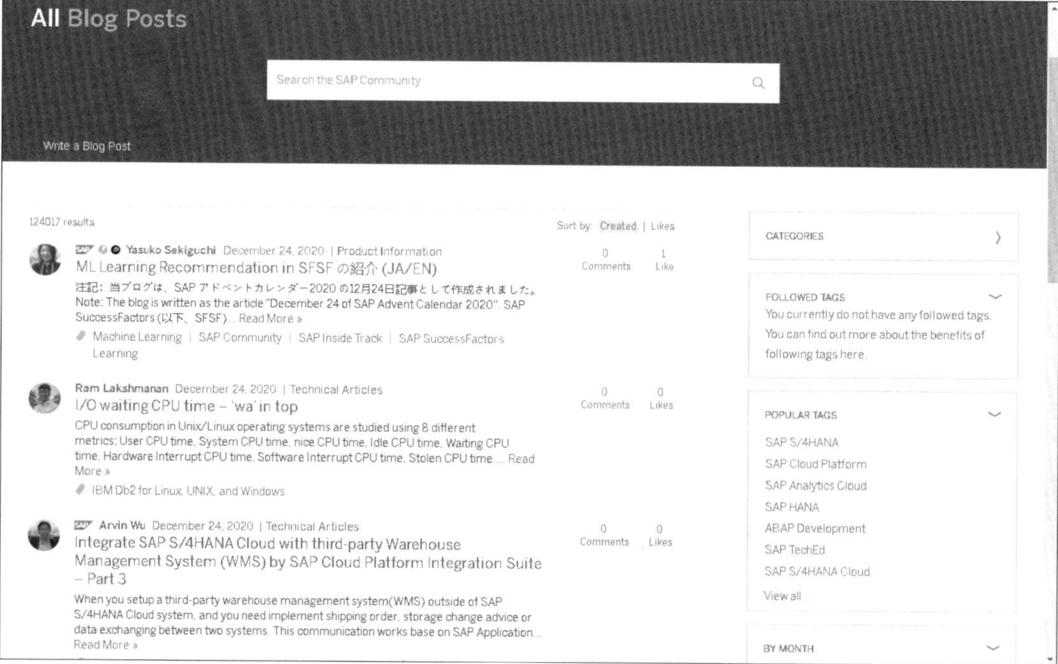

Abbildung 14.5 Auflistung aktueller Blogeinträge

Alle Nutzer*innen der SAP Community können Blogbeiträge schreiben. Ich empfehle Ihnen, sich andere gute Blogbeiträge anzusehen, bevor Sie mit dem Schreiben eines eigenen Beitrags beginnen.

Wie schreibe ich einen Blogbeitrag?

Um Ihnen den Einstieg zu erleichtern, bietet SAP unter folgendem Link ein Tutorial zum Schreiben von Blogbeiträgen an:

http://s-prs.de/v805340

Wenn Sie Blogeinträge zum Thema SAP Cloud Integration lesen möchten, können Sie beispielsweise die Tags **Cloud Integration** oder **SAP Integration Suite** auswählen.

Fragen stellen

Im Bereich **Ask a question** können Sie Ihre Fragen an die SAP Community stellen oder Fragen anderer Mitglieder beantworten. In Abbildung 14.6 sehen Sie das Formular zum Stellen einer Frage. Damit die Community Ihnen optimal bei Ihrer Problemstellung helfen kann, sollten Sie einige Punkte beachten:

- Bevor Sie Ihre Frage stellen, sollten Sie überprüfen, ob diese schon von einer anderen Person gestellt und von der Community beantwortet wurde.
- Ihre Fragen sollten nicht als Einzeiler formuliert sein. Versuchen Sie, das Problem klar und so detailliert wie möglich zu beschreiben.
- Sie haben zwar die Möglichkeit, Ihre Fragen in unterschiedlichen Sprachen zu stellen, und können diese auch im Formular festlegen, dennoch sollten Sie im Hinterkopf behalten, dass die Welt der IT sich im englischen Sprachraum am wohlsten fühlt. Sie bekommen dadurch schneller Antworten von einer größeren Anzahl an Personen, die Ihnen hoffentlich weiterhelfen.

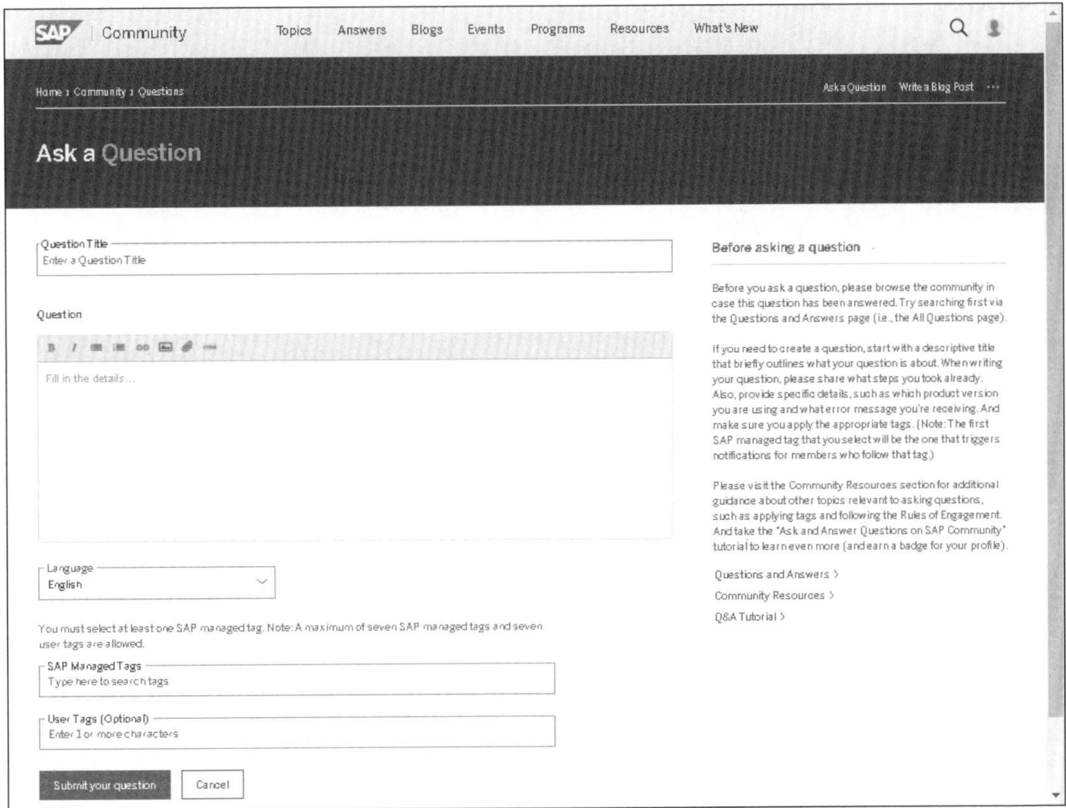

Abbildung 14.6 Frage zu einem Problem stellen

[+]

Wie stelle und beantworte ich Fragen?

SAP stellt unter folgendem Link ein Q&A-Tutorial zur Verfügung, in dem Empfehlungen zur Formulierung von Fragen und Antworten gegeben werden: *http://s-prs.de/v805341*

Beantwortung von Fragen

Nachdem Sie Ihre Frage gestellt haben, können andere Personen diese beantworten. Sie können der antwortenden Person und anderen Personen, die eine ähnliche Frage haben, durch *Upvotes/Downvotes* und die Kennzeichnung **Best Answer** zeigen, welche Antwort gute Hinweise oder den optimalen Lösungsvorschlag zu Ihrer Frage gibt. Eine Frage, zu der es bereits eine **Best Answer** gibt, erkennen Sie in der Fragen-Übersicht an einer grünen Markierung (siehe Abbildung 14.7).

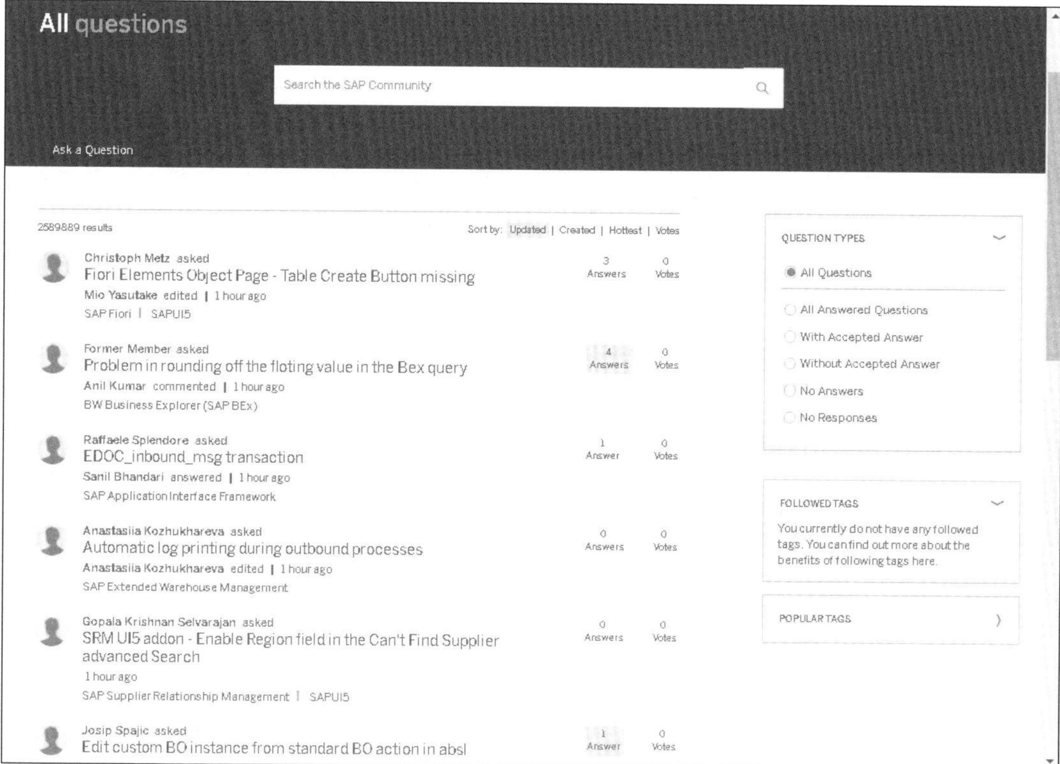

Abbildung 14.7 Übersicht bereits gestellter Fragen und Antworten

Feedreader

Wenn Sie keine neuen Blogbeiträge verpassen wollen, können Sie die Blogs beispielsweise in Ihrem bevorzugten *Feedreader* abonnieren, um regelmäßig über neue Blogbeiträge informiert zu werden. Abbildung 14.8 zeigt die Darstellung aktueller Blogeinträge einem Feedreader. Der folgende RSS-

Feed zeigt Ihnen Inhalte zum Thema SAP Integration Suite: *https://blogs.sap.com/tags/73554900100800003241/feed/*.

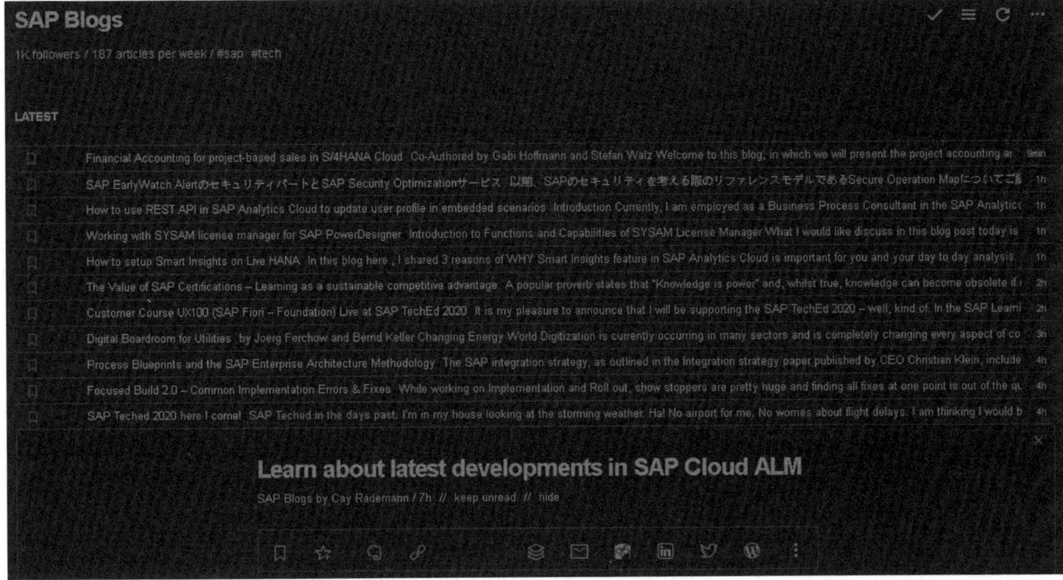

Abbildung 14.8 Aktuelle Blogbeiträge aus der SAP Community in einem Feedreader

Weiterführende Informationen zur SAP Community

Unter dem folgenden Link wird eine Vielzahl an Ressourcen rund um die SAP Community zur Verfügung gestellt: *https://community.sap.com/resources*.

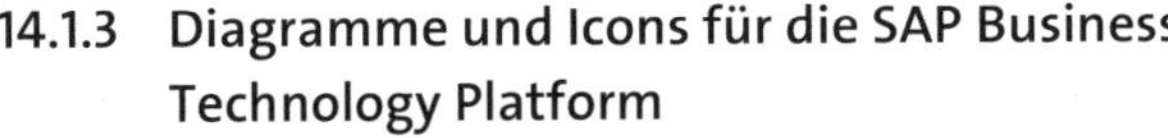

14.1.3 Diagramme und Icons für die SAP Business Technology Platform

Sofern Sie eine Systemlandschaft rund um die SAP BTP und deren Services aufbauen oder modellieren möchten, bietet es sich an, die originalen Icons und Symbole von SAP zu verwenden. Diese basieren auf einer einheitlichen Ikonografie und einem einheitlichen grafischen Design und folgen den User-Experience-Prinzipien für die SAP BTP und SAP Fiori 2.0. Abbildung 14.9 zeigt ein Beispieldiagramm. Die darin enthaltenen Icons und Grafiken stellen eine Teilmenge des gesamten Portfolios dar.

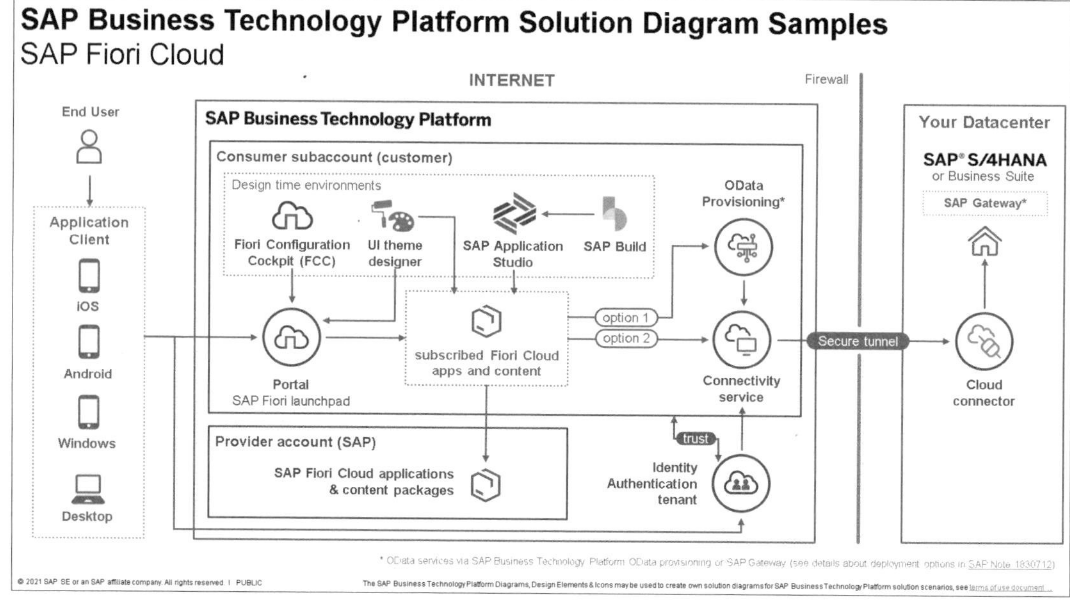

Abbildung 14.9 Beispiel für ein Architekturdiagramm

Download

Sie finden die Download-Möglichkeit der Icons und Symbole in einem SAP Community Wiki zur SAP BTP unter folgendem Link (siehe Abbildung 14.10): *http://s-prs.de/v805342*

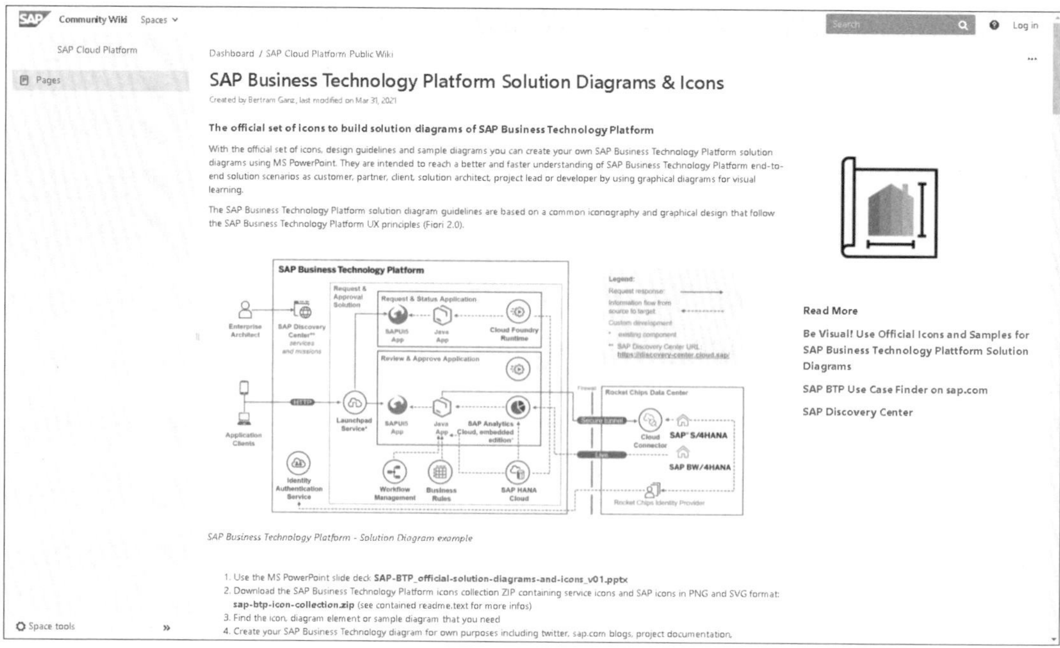

Abbildung 14.10 Download-Bereich für die SAP-Icons und Grafikelemente

Auf Updates prüfen

Die bereitgestellten Icons und Grafikelemente werden regelmäßig aktualisiert. Aus diesem Grund sollten Sie hin und wieder die aktuelle Version überprüfen.

Die Ressourcen sind auf zwei Downloads verteilt:

- **SAP-BTP_official-solution-diagrams-and-icons_v01.pptx**
  In der Präsentation mit dem Format **.pptx** finden Sie Icons, Schriftzüge, Farbbeschreibungen und andere Elemente wie verschiedene Verbindungspfeile, Linien und Kästchen in hellem und dunklem Design. Zusätzlich wird Ihnen anhand verschiedener Design-Richtlinien aufgezeigt, wie Sie die Ressourcen optimal in SAPs Sinne einsetzen.
- **sap-btp-icon-collection.zip**
  Dieses **.zip**-Archiv beinhaltet die zwei Ordner **SAP_Icons** und **SAP_BTP_Service_Icons**, die wiederum verschiedene Icons im **.png**- und **.svg**-Format beinhalten.

14.1.4 SAP Discovery Center

Das *SAP Discovery Center* ist ein Self-Service-Tool, das Ihnen dabei helfen soll, die SAP BTP und deren Services besser zu verstehen. Es beschreibt verschiedene Anwendersichten. Ihnen werden Missionen (Aufgabensammlungen) an die Hand gegeben, in denen Sie verschiedene Szenarien durchspielen können.

Sie finden das SAP Discovery Center unter folgenden Links:

- Allgemein: *https://discovery-center.cloud.sap*
- SAP Cloud Integration: *http://s-prs.de/v805343*
- SAP Integration Suite: *http://s-prs.de/v805344*

Startseite

Abbildung 14.11 zeigt die Startseite des SAP Discovery Center, über die Sie direkt zu den Missionen oder den einzelnen Services der SAP BTP springen können.

Serviceübersicht

In Abbildung 14.12 sehen Sie die Übersicht des Service SAP Integration Suite. Sie beinhaltet eine Servicebeschreibung, eine Kostenübersicht sowie zugehörige Missionen. Auf der rechten Seite der Übersichtsseite finden Sie weiterführende Informationen, Tools und Ressourcen zu diesem Service.

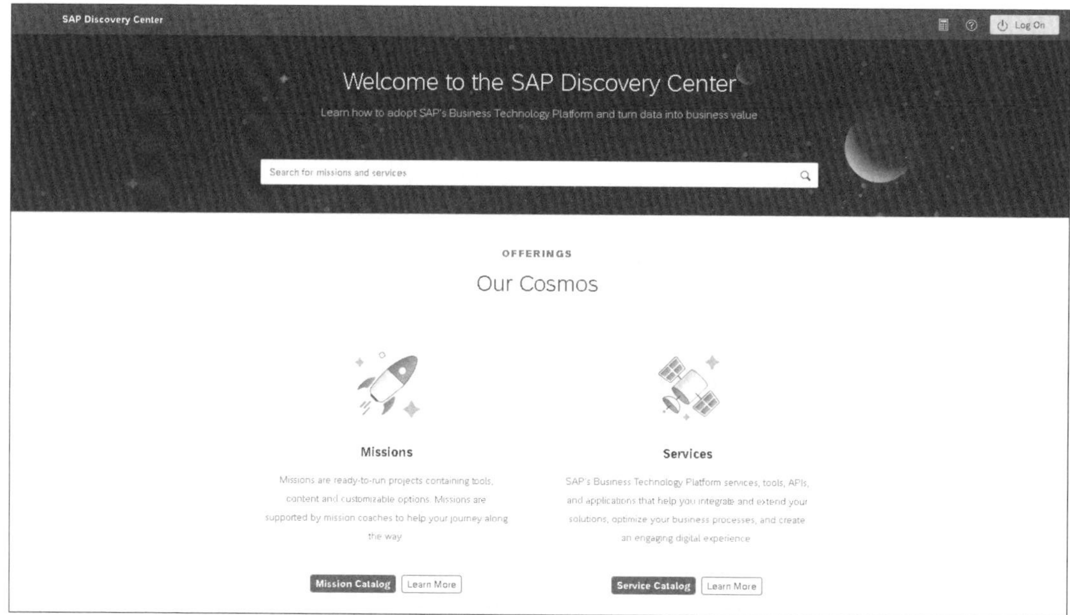

Abbildung 14.11 Startseite des SAP Discovery Center

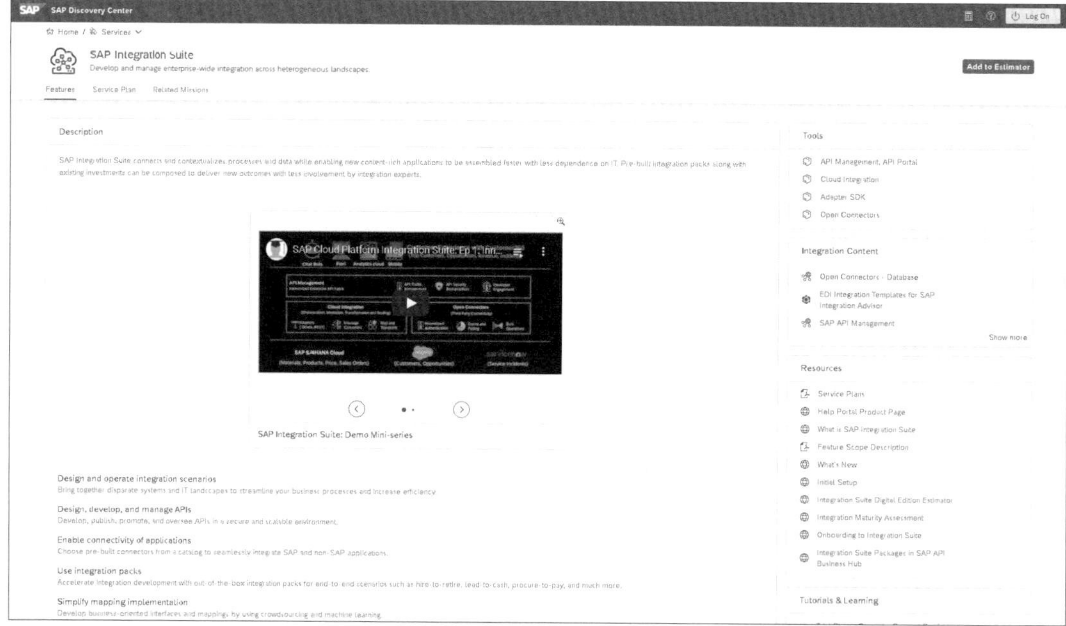

Abbildung 14.12 Übersichtsseite eines Service im SAP Discovery Center

Missionen Abbildung 14.13 zeigt Ihnen eine Mission zu SAP Cloud Integration. Auf der Übersichtsseite der Mission werden der Prozess und die jeweiligen Ziele, wie beispielsweise der Erhalt einer Übersicht über das Produkt Cloud Integration, erläutert. Die Mission unterteilt sich in drei Phasen, die jeweils eine geplante Dauer aufweisen. Jede Phase besteht aus verschiedenen Aufgaben, die Sie bearbeiten können. Darunter fallen unter anderem kurze Erläuterungstexte und Informationsvideos. Zu jeder Mission gehört eine Fortschrittsanzeige, die Sie am oberen Rand des Fensters sehen können.

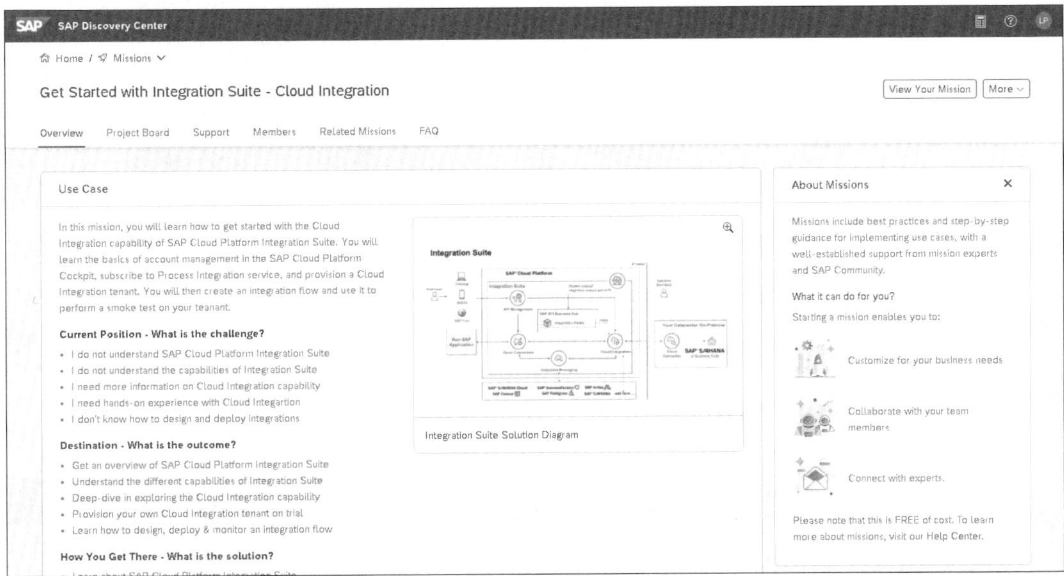

Abbildung 14.13 Mission zu SAP Cloud Integration im SAP Discovery Center

14.1.5 Weitere Informationsquellen

Webinare

SAP bietet zu verschiedenen Themenbereichen, worunter auch das Thema Integration fällt, Webinare an. Eine beispielhafte Ankündigung sehen Sie in Abbildung 14.14. Bereits gehaltene Webinare können jederzeit erneut angesehen werden. Für zukünftige Webinare können Sie sich einen Eintrag im Kalender erstellen, um diese nicht zu verpassen.

Auf folgenden Seiten finden Sie Informationen zu den Webinaren:

- Allgemeine Informationen: *http://s-prs.de/v805345*
- Integrated End-to-End Business Processes in the Intelligent Enterprise: *http://s-prs.de/v805346*
- International Focus Group for Integration mit Webinaren zum Thema Integration (siehe auch Abbildung 14.15): *http://s-prs.de/v805347*

Abbildung 14.14 Webinare von SAP zum Thema Integration

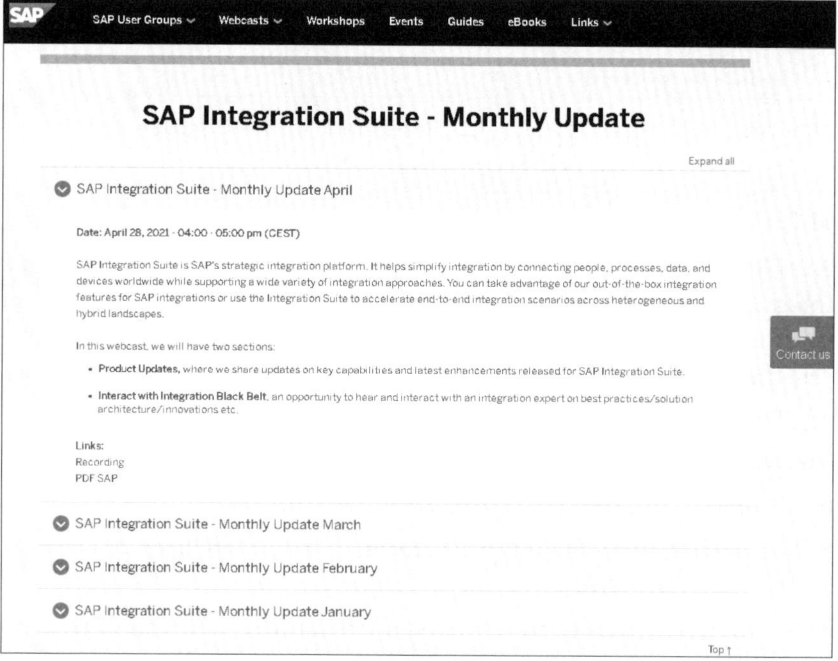

Abbildung 14.15 Monatliche Webinare zum Thema Integration

Newsletter

Wenn Sie monatlich per E-Mail über aktuelle Ereignisse im Bereich Integration informiert werden wollen, empfehle ich Ihnen, den Newsletter *SAP Integration Suite Monthly Update* zu abonnieren. Dieser informiert Sie über neue Webinare, Podcasts und weitere Neuigkeiten rund um den Cloud-Integration-Service (siehe Abbildung 14.16).

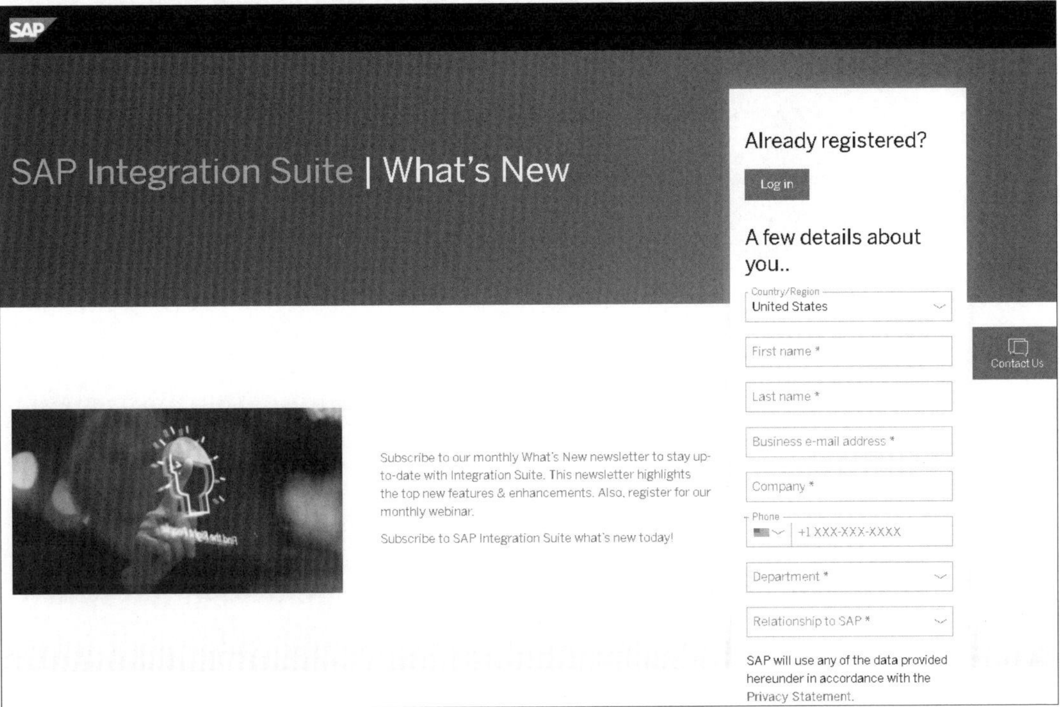

Abbildung 14.16 Newsletter abonnieren

Unter folgendem Link können Sie den Newsletter abonnieren:

http://s-prs.de/v805348

Podcasts

Wenn Sie häufig im Auto unterwegs sind, können Sie sich auch über Podcasts über das Thema SAP BTP informieren. Diese können Sie sich über die openSAP-Seite (siehe Abbildung 14.17) oder andere Plattformen wie Apple Podcasts, Spotify, Google Podcasts oder TuneIn anhören.

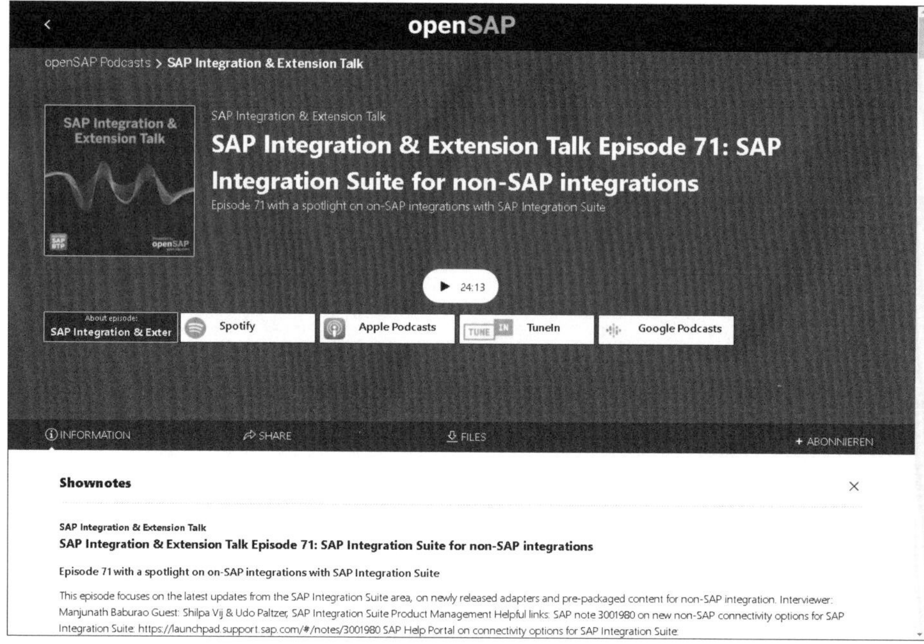

Abbildung 14.17 Podcasts über die SAP BTP

14.2 Geplante Funktionen

In diesem Abschnitt stelle ich Ihnen den *SAP Road Map Explorer* und eine geplante neue Version des SAP API Business Hub vor. Der SAP Road Map Explorer zeigt Ihnen geplante Funktionen für verschiedene SAP-Produkte an. Der SAP API Business Hub stellt APIs für verschiedene SAP-Produkte bereit, die Sie durchstöbern und über eine Sandbox-Funktion ausprobieren können.

14.2.1 SAP Road Map Explorer

SAP bietet einen Road Map Explorer an, in dem Sie nach bestimmten Produkten filtern können, um die Planung zukünftiger Funktionen und Anpassungen mitverfolgen zu können. Den SAP Road Map Explorer finden Sie unter folgendem Link:

https://www.sap.com/products/roadmaps.html

Anmeldung

Wenn Sie den Link aufgerufen haben, sehen Sie die Startseite aus Abbildung 14.18. Klicken Sie links unten auf die Weiterleitung **Use the SAP Road Map Explorer**. Es öffnet sich eine Anmeldemaske, über die Sie sich mit einem bestehenden Benutzer wie zum Beispiel S-User oder P-User anmelden können.

Wenn Sie zu diesem Zeitpunkt noch kein Benutzerkonto im SAP ID Service haben, können Sie über die Schaltfläche **Register** einen Benutzer anlegen.

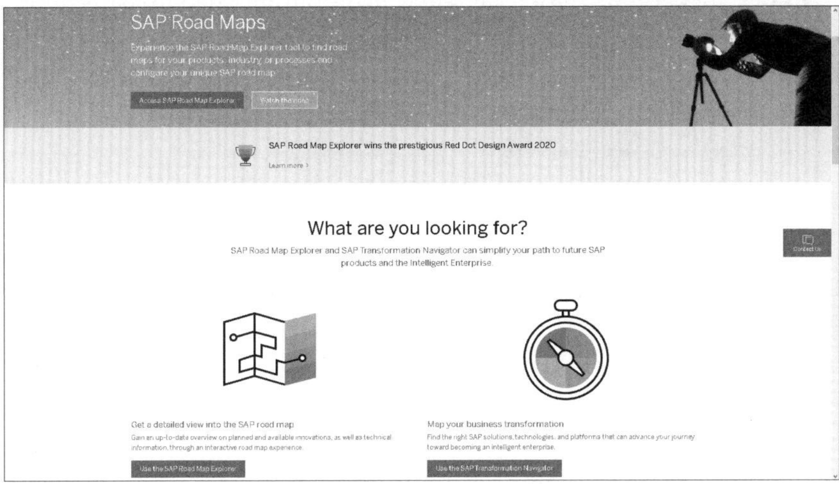

Abbildung 14.18 Startseite des SAP Road Map Explorer

Roadmap der Process Integration

Nach der erfolgreichen Anmeldung erscheint eine Oberfläche mit einer Suchleiste. Hier können Sie eine Produktbezeichnung oder ein Stichwort wie »Process Integration« eingeben. Unterhalb der Suchleiste wird eine Vorschlagsliste geöffnet. Wenn Sie das passende Produkt ausgewählt haben, öffnet sich die Roadmap im Format einer Kanban-Tafel (siehe Abbildung 14.19).

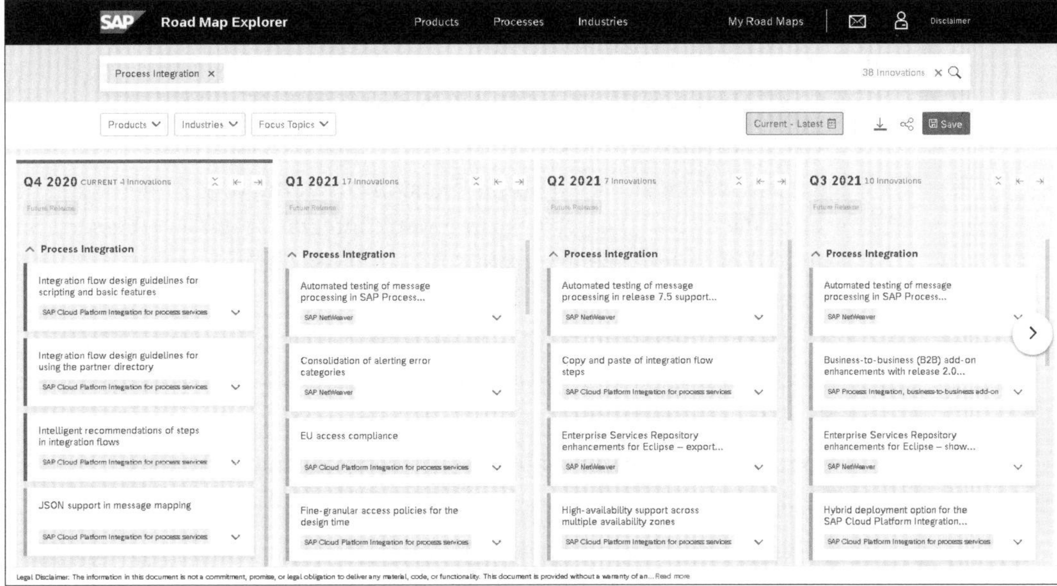

Abbildung 14.19 SAP Roadmap mit der Filterung »Process Integration«

Neue Funktion im Bereich »Process Integration«

Für den Themenbereich **Process Integration** werden die geplanten Innovationen der nächsten vier Quartale dargestellt. Wenn Sie auf den Pfeil auf der rechten Seite klicken, werden weitere geplante Funktionen im Jahresintervall angezeigt. Wählen Sie einen Eintrag aus, öffnet sich die Detailansicht (siehe Abbildung 14.20), in der Sie eine Beschreibung zur geplanten Funktion oder Anpassung finden.

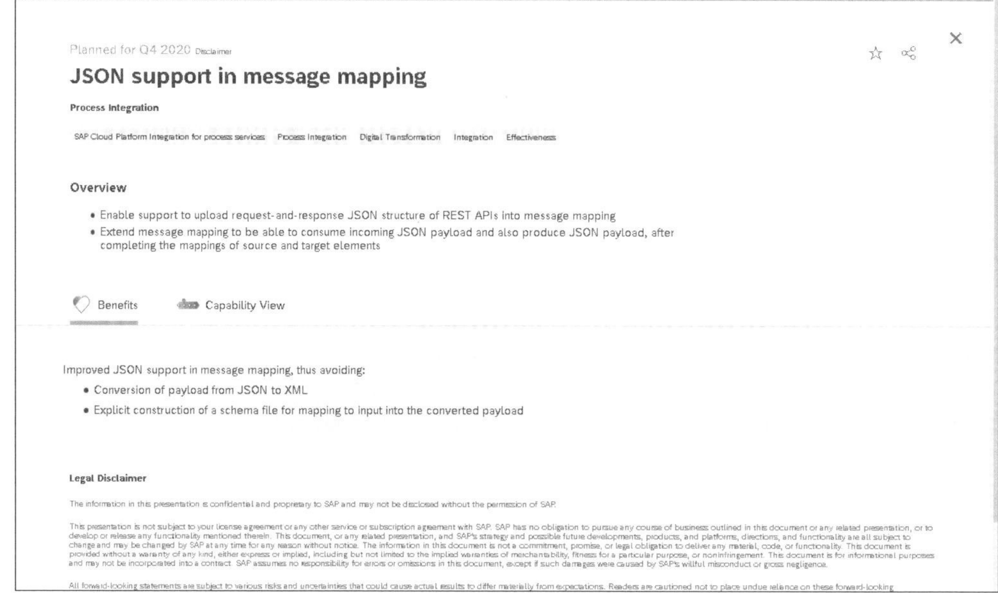

Abbildung 14.20 Detailansicht eines Eintrags in einer Roadmap

14.2.2 Neue Version des SAP API Business Hubs

SAP hat auf der Seite des SAP API Business Hub eine neue Version angekündigt. Diese steht zunächst als Betaversion zur Verfügung. Änderungen betreffen das Design, Vorschläge zur Produktintegration, eine verbesserte Suche und die Möglichkeit, Pakete direkt in Ihren Cloud-Integration-Tenant kopieren zu können (siehe Abbildung 14.21).

Herangehensweisen zu Integrationsthemen

Auf der Übersichtsseite werden Ihnen mehrere Reiter angeboten, die Ihnen verschiedene Herangehensweisen zu Integrationsthemen aufzeigen (siehe Abbildung 14.22):

- Produkte, die Sie selbst nutzen oder zukünftig nutzen wollen
- Geschäftsprozesse
- Integrationskategorien wie APIs, Integration Flows, Workflows und CDS-Views
- Partnerunternehmen und deren Produkte

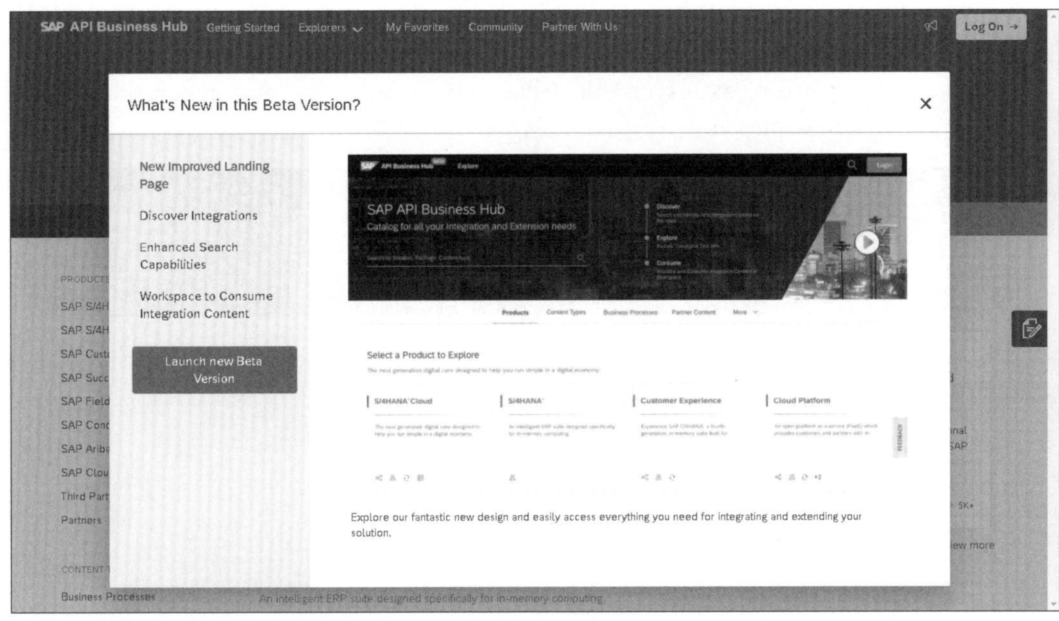

Abbildung 14.21 Ankündigung der neuen Betaversion des SAP API Business Hub

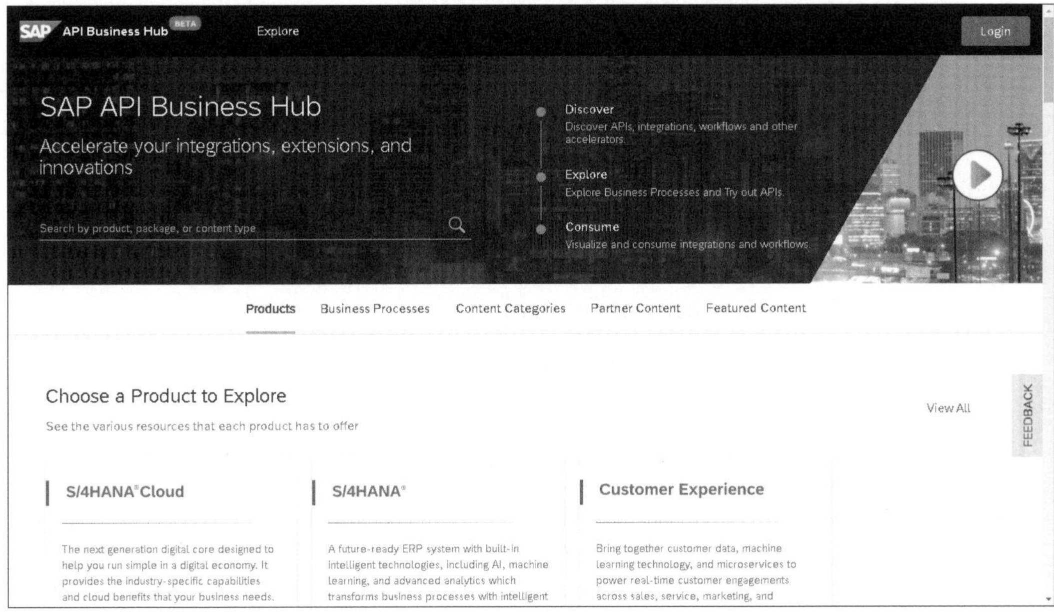

Abbildung 14.22 Landingpage des neuen SAP API Business Hub

Integrationspakete

Wenn Sie sich für ein Produkt, beispielsweise SAP S/4HANA Cloud, entschieden haben, werden Ihnen verschiedene Inhaltskategorien angezeigt. In der Kategorie **Integration** können Sie sich unter dem Punkt **Integration**

Flow komplette Integrationsaufbauten ansehen (siehe Abbildung 14.23). Unter dem Punkt **Packages** können Sie sich einen neuen Workspace anlegen, um das ausgewählte Paket in Ihren eigenen Cloud-Integration-Tenant zu kopieren.

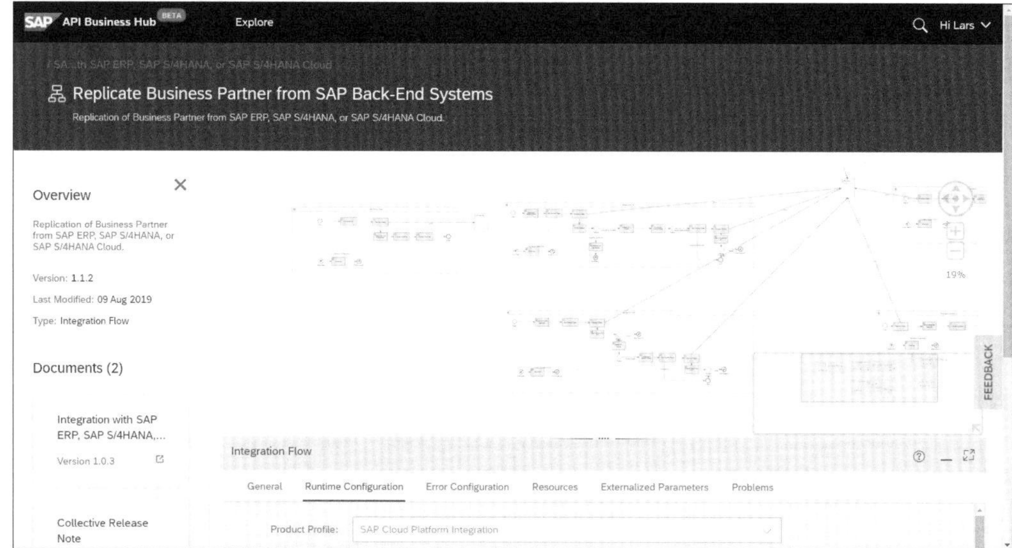

Abbildung 14.23 Ansicht einzelner Integration Flows

Sie finden die Betaversion des neuen SAP API Business Hubs unter folgendem Link:

https://beta.api.sap.com/

14.3 Zusammenfassung

In diesem Kapitel haben Sie verschiedene Möglichkeiten kennengelernt, Ihr Wissen zu SAP Cloud Integration zu erweitern, angefangen mit den Videos von openSAP über die Blogs der SAP Community bis hin zu den Lösungsdiagrammen und Icons, mit denen Sie eigene Landschaftsdiagramme in PowerPoint erstellen und präsentieren können. Des Weiteren haben Sie sich mit dem SAP Discovery Center auseinandergesetzt und weitere Informationsquellen wie Webinare, Newsletter und Podcasts kennengelernt.

Der zweite Teil dieses Kapitels informierte Sie über den SAP Road Map Explorer, der zukünftige Funktionen diverser SAP-Produkte auflistet. Den Umgang mit diesem Werkzeug habe ich Ihnen am Beispiel der Roadmap für den Bereich **Process Integration** gezeigt. Zum Abschluss des Kapitels habe ich Ihnen die neue Version des SAP API Business Hub vorgestellt.

Der Autor

Lars Pülm ist Integrationsentwickler bei der Sycor GmbH. Dort führt er Projekte rund um die SAP Business Technology Platform (vormals SAP Cloud Platform) und SAP Cloud Integration durch, unter anderem zur Anbindung von SAP ERP, SAP S/4HANA und SAP Customer Experience (SAP C/4HANA). In Proofs of Concepts evaluierte er unterschiedliche Services der Cloud-Plattform für den produktiven Einsatz bei den Kunden von Sycor. Zu diesen Services gehörten SAP IoT, SAP Workflow Management und SAP Business Rules Service. Anfang 2017 schloss Lars Pülm sein Bachelorstudium der Wirtschaftsinformatik mit dem Abschlussthema »SAP Cloud Platform Integration« erfolgreich ab.

Index

H

I

J

K

L

M

Q

R

S

T